"十四五"时期国家重点出版物出版专项规划项目

石墨烯手册

第4卷：复合材料

Handbook of Graphene

Volume 4: Composites

［美］坚吉兹·奥兹坎（Cengiz Ozkan） 主编

李兴无　王旭东　张海平　孙庆泽　译

国防工业出版社

·北京·

著作权登记号　图字:01-2022-4181号

图书在版编目(CIP)数据

石墨烯手册. 第4卷,复合材料/(美)坚吉兹·奥兹坎(Cengiz Ozkan)主编;李兴无,等译. —北京:国防工业出版社,2023.1
书名原文:Handbook of Graphene Volume 4: Composites
ISBN 978-7-118-12692-1

Ⅰ.①石… Ⅱ.①坚… ②李… ③等… Ⅲ.①石墨烯—应用—复合材料—手册 Ⅳ.①TB383-62

中国版本图书馆 CIP 数据核字(2022)第196382号

Handbook of Graphene, Volume 4: Composites by Cengiz Ozkan
ISBN 978-1-119-46968-1

Copyright © 2019 by John Wiley & Sons, Inc.

All rights reserved. This translation published under license. Authorized translation from the English language edition, Published by John Wiley & Sons. No part of this book may be reproduced in any form without the written permission of the original copyrights holder.

Copies of this book sold without a Wiley sticker on the cover are unauthorized and illegal.

本书中文简体中文字版专有翻译出版权由 John Wiley & Sons, Inc. 公司授予国防工业出版社出版社。未经许可,不得以任何手段和形式复制或抄袭本书内容。

本书封底贴有 Wiley 防伪标签,无标签者不得销售。

版权所有,侵权必究。

※

国防工业出版社出版发行
(北京市海淀区紫竹院南路23号　邮政编码100048)
北京虎彩文化传播有限公司印刷
新华书店经售

开本 787×1092　1/16　印张 30¾　字数 702 千字
2023年1月第1版第1次印刷　印数 1—1500 册　定价 271.00 元

(本书如有印装错误,我社负责调换)

国防书店:(010)88540777　　书店传真:(010)88540776
发行业务:(010)88540717　　发行传真:(010)88540762

石墨烯手册
译审委员会

主　　任　　戴圣龙
副 主 任　　李兴无　　王旭东　　陶春虎
委　　员　　王　刚　　李炯利　　郁博轩　　党小飞　　闫　灏　　杨晓珂
　　　　　　潘　登　　李文博　　刘　静　　王佳伟　　李　静　　曹　振
　　　　　　李佳惠　　李　季　　张海平　　孙庆泽　　李　岳　　梁佳丰
　　　　　　朱巧思　　李学瑞　　张宝勋　　于公奇　　杜真真　　王　珺
　　　　　　于　帆　　王　晶

译者序

碳，作为有机生命体的骨架元素，见证了人类的历史发展；碳材料和其应用形式的更替，也通常标志着人类进入了新的历史进程。石墨烯这种单原子层二维材料作为碳材料家族最为年轻的成员，自 2004 年被首次制备以来，一直受到各个领域的广泛关注，成为科研领域的"明星材料"，也被部分研究者认为是有望引发新一轮材料革命的"未来之钥"。经过近 20 年的发展，人们对石墨烯的基础理论和在诸多领域中的功能应用方面的研究，已经取得了长足进展，相关论文和专利数量已经逐渐走出了爆发式的增长期，开始从对"量"的积累转变为对"质"的追求。回顾这一发展过程会发现，从石墨烯的拓扑结构，到量子反常霍尔效应，再到魔角石墨烯的提出，人们对石墨烯基础理论的研究可以说是深入且扎实的。但对于石墨烯的部分应用研究而言，无论在研究中获得了多么惊人的性能，似乎都难以真正离开实验室而成为实际产品进入市场。这一方面是由于石墨烯批量化制备技术的精度和成本尚未达到某些应用领域的要求；另一方面，尽管石墨烯确实具有优异甚至惊人的理论性能，但受实际条件所限，这些优异的性能在某些领域可能注定难以大放异彩。

我们必须承认的是，石墨烯的概念在一定程度上被滥用了。在过去数年时间内，市面上出现了无数以石墨烯为噱头的商品，石墨烯似乎成了"万能"添加剂，任何商品都可以在掺上石墨烯后身价倍增，却又因为不够成熟的技术而达不到宣传的效果。消费者面对石墨烯产品，从最初的好奇转变为一次又一次的失望，这无疑为石墨烯应用产品的发展带来了负面影响。在科研上也出现了类似的情况，石墨烯几乎曾是所有应用领域的热门材料，产出了无数研究成果和水平或高或低的论文。无论对初涉石墨烯领域的科研工作者，还是对扩展新应用领域的科研工作者而言，这些成果和论文都既是宝藏也是陷阱。

如何分辨这些陷阱和宝藏？石墨烯究竟在哪些领域能够为科技发展带来新的突破？石墨烯如何解决这些领域的痛点以及这些领域的前沿已经发展到了何种地步？针对这些问题，以及目前国内系统全面的石墨烯理论和应用研究相关著作较为缺乏的状况，北京石墨烯技术研究院启动了《石墨烯手册》的翻译工作，旨在为国内广大石墨烯相关领域的工作者扩展思路、指明方向，以期抛砖引玉之效。

《石墨烯手册》根据 Wiley 出版的 *Handbook of Graphene* 翻译而成，共 8 卷，分别由来自世界各国的石墨烯及相关应用领域的专家撰写,对石墨烯基础理论和在各个领域的应用研究成果进行了全方位的综述,是近年来国际石墨烯前沿研究的集大成之作。《石墨烯手册》按照卷章,依次从石墨烯的生长、合成和功能化;石墨烯的物理、化学和生物学特性研究;石墨烯及相关二维材料的修饰改性和表征手段;石墨烯复合材料的制备及应用;石墨烯在能源、健康、环境、传感器、生物相容材料等领域的应用;石墨烯的规模化制备和表征,以及与石墨烯相关的二维材料的创新和商品化展开每一卷的讨论。与国内其他讨论石墨烯基础理论和应用的图书相比,更加详细全面且具有新意。

《石墨烯手册》的翻译工作历时近一年半,在手册的翻译和出版过程中,得到国防工业出版社编辑的悉心指导和帮助,在此向他们表示感谢!

《石墨烯手册》获得中央军委装备发展部装备科技译著出版基金资助,并入选"十四五"时期国家重点出版物出版专项规划项目。

由于手册内容涉及的领域繁多,译者的水平有限,书中难免有不妥之处,恳请各位读者批评指正!

北京石墨烯技术研究院

《石墨烯手册》编译委员会

2022 年 3 月

前言

石墨烯虽然只是一个单原子厚的碳薄片,却是最有价值的纳米材料之一。通过机械剥离法使用透明胶带首次发现石墨烯后,现在已经可以使用多种化学技术批量合成石墨烯。石墨烯非常珍贵,它具有很多与众不同的特性,包括重量轻、超轻薄、柔韧性、透明度、强度和电阻等,以及优越的电性能、热性能、力学性能和光学性能。石墨烯这些优异特性引起了广泛关注,目前石墨烯广泛应用于技术行业的最先进应用领域中,有望给世界带来巨大改变。

《石墨烯手册》共分8卷,涵盖了有关石墨烯的所有方面,包括:石墨烯生长、合成、应用技术和集成方法;石墨烯及其相关二维材料的修饰改性、功能化和表征手段;石墨烯及相关二维材料的物理、化学和生物研究;石墨烯复合材料;石墨烯在能源、医疗保健和环境(电子学、光子学、自旋电子学、生物电子学和光电子学领域以及光伏电池、能量储存、燃料电池和储氢以及石墨烯基器材)等领域的应用;石墨烯的大规模生产和特点;石墨烯二维材料的创新和商业化。

本书是《石墨烯手册》的第4卷,内容主要集中于石墨烯复合材料。一些重要课题包括:石墨烯复合材料;石墨烯增强先进复合材料;石墨烯/基底体系的界面力学特性:测量方法和实验分析;石墨烯陶瓷复合材料;二维和三维石墨烯基纳米结构的第一原理设计;石墨烯基复合纳米结构;具有形状记忆效应的石墨烯基复合材料;石墨烯基涡卷结构:光学特性及其在电阻开关存储设备中的应用;铜-石墨烯复合材料的制备和性能;石墨烯-金属氧化物复合材料作为锂离子电池中的负极材料;石墨烯/TiO_2纳米复合材料的合成路线、表征和太阳能电池应用;还原氧化石墨烯-纳米氧化锌复合材料在气敏特性中的应用能;功能化氧化石墨烯/环氧纳米保护涂层;基于超分子石墨烯的药物传递系统;含有石墨烯纳米片的聚合纳米复合材料;氧化石墨烯-聚丙烯酰胺复合材料:光学和力学表征;聚合物/氧化石墨烯复合材料的合成、表征和应用。

感谢所有作者以其在各自领域的专长为本书做出的贡献,并由衷地感谢国际先进材料协会为本书创作提供的支持。

2019年2月15日

目录

■ 第1章 石墨烯复合材料 ·· 001

  1.1 引言 ·· 001
  1.2 石墨烯的发展历史 ·· 002
  1.3 石墨烯的合成 ··· 002
      1.3.1 自上而下法 ·· 002
      1.3.2 自下而上法 ·· 003
      1.3.3 其他方法 ··· 004
  1.4 表征与性能 ·· 005
      1.4.1 表征 ··· 005
      1.4.2 性能 ··· 006
      1.4.3 应用 ··· 007
  1.5 石墨烯复合材料 ·· 008
      1.5.1 石墨烯-高分子复合材料 ·························· 008
      1.5.2 石墨烯-纳米粒子复合材料 ······················ 011
  1.6 未来展望 ·· 012
  参考文献 ·· 013

■ 第2章 石墨烯增强先进复合材料 ································· 021

  2.1 引言 ·· 021
  2.2 石墨烯增强金属基复合材料 ································· 023
      2.2.1 金属基复合材料的制备过程的制备 ············ 023
      2.2.2 石墨烯增强金属基复合材料的性能 ············ 034
  2.3 石墨烯增强聚合物基复合材料 ······························ 038
      2.3.1 石墨烯高分子复合材料的制备 ·················· 040
      2.3.2 石墨烯增强聚合物基复合材料的性能 ········· 042

2.4 石墨烯增强陶瓷基复合材料 046
    2.4.1 制备方法 046
    2.4.2 性能 052
2.5 石墨烯增强复合材料的应用 054
    2.5.1 低摩擦和磨损部件 054
    2.5.2 智能界面及防腐蚀涂层 056
    2.5.3 抗菌和生物相容性植入物 057
    2.5.4 阻燃材料 058
2.6 小结 059
参考文献 059

第3章 石墨烯基复合材料 070

3.1 引言 070
3.2 石墨烯复合材料 071
    3.2.1 石墨烯填充聚合物复合材料 071
    3.2.2 石墨烯纳米结构复合材料 073
    3.2.3 混合石墨烯/超细纤维复合材料 073
    3.2.4 石墨烯胶体与涂层 075
    3.2.5 石墨烯生物活性复合材料 076
3.3 石墨烯复合材料制备方法 076
    3.3.1 熔融共混 077
    3.3.2 熔液共混 078
    3.3.3 原位聚合/结晶 078
    3.3.4 叠层组装 079
    3.3.5 其他制备工艺 080
3.4 小结 081
参考文献 082

第4章 石墨烯/基底体系的界面力学性能 091

4.1 石墨烯拉曼力学测量的方法 091
    4.1.1 石墨烯应变测量理论 092
    4.1.2 原位拉曼光谱表征石墨烯应变 094
4.2 石墨烯界面力学行为的实验研究 095
    4.2.1 基于拉曼光谱研究石墨烯界面性质 095
    4.2.2 界面性能实验测量的影响因素 096
4.3 石墨烯/基底界面力学性能的实验研究 096
    4.3.1 石墨烯/基底样品及拉曼实验 096
    4.3.2 石墨烯/基底界面的界面应变传递 097
    4.3.3 石墨烯/基体界面剪应力 100

- 4.4 尺寸对石墨烯/基底界面力学性能的影响 ············ 101
  - 4.4.1 石墨烯/基底界面的系列实验 ············ 101
  - 4.4.2 石墨烯/基底界面尺寸效应 ············ 103
- 4.5 循环加载对石墨烯/基底界面力学性能的影响 ············ 106
  - 4.5.1 石墨烯初始应变 ············ 106
  - 4.5.2 循环加载处理初始应变释放 ············ 107
  - 4.5.3 提高界面力学性能 ············ 109
  - 4.5.4 讨论 ············ 110
- 4.6 小结 ············ 112
- 参考文献 ············ 113

第5章 石墨烯陶瓷复合材料的制备工艺与应用 ············ 117

- 5.1 引言 ············ 117
  - 5.1.1 工业陶瓷 ············ 117
  - 5.1.2 石墨烯 ············ 118
- 5.2 石墨烯陶瓷复合材料制备工艺 ············ 118
  - 5.2.1 粉末制备工艺 ············ 118
  - 5.2.2 胶态成型 ············ 119
  - 5.2.3 溶胶-凝胶制备工艺 ············ 120
  - 5.2.4 聚合物衍生陶瓷 ············ 121
  - 5.2.5 分子级混合 ············ 121
  - 5.2.6 致密化和固化 ············ 122
- 5.3 石墨烯陶瓷复合材料的性质 ············ 123
  - 5.3.1 力学性能和增韧机理 ············ 123
  - 5.3.2 电学性能 ············ 126
  - 5.3.3 摩擦性能 ············ 128
- 5.4 石墨烯陶瓷复合材料的应用 ············ 129
  - 5.4.1 锂离子电池负极材料 ············ 129
  - 5.4.2 超级电容器 ············ 130
  - 5.4.3 发动机部件/轴承/切割工具 ············ 130
- 5.5 小结 ············ 131
- 参考文献 ············ 131

第6章 二维和三维石墨烯基纳米结构的第一性原理设计 ············ 136

- 6.1 引言 ············ 136
- 6.2 模拟的主体和方法 ············ 137
  - 6.2.1 一维建模 ············ 137
  - 6.2.2 二维建模 ············ 137
  - 6.2.3 三维建模 ············ 138

6.3 原子结构和力学性能的第一原理建模 ················· 138
  6.3.1 卡拜的结构和强度 ················· 138
  6.3.2 二维结构中接触结合不稳定与断裂的原子 ················· 142
6.4 三维晶体结构建模 ················· 145
6.5 热力学稳定性 ················· 153
  6.5.1 波动模型 ················· 153
  6.5.2 寿命预测 ················· 154
6.6 小结 ················· 158
参考文献 ················· 159

第 7 章 石墨烯基复合纳米结构的合成、性能和应用 ················· 161

7.1 引言 ················· 161
7.2 碳纳米材料 ················· 162
7.3 石墨烯 ················· 162
  7.3.1 石墨烯结构 ················· 163
  7.3.2 石墨烯合成 ················· 164
  7.3.3 石墨烯性能 ················· 167
7.4 碳基纳米复合材料 ················· 169
  7.4.1 石墨烯基复合材料 ················· 170
  7.4.2 石墨烯复合材料合成 ················· 171
  7.4.3 石墨烯基复合材料性能 ················· 172
7.5 应用 ················· 173
  7.5.1 气体吸附与储存 ················· 173
  7.5.2 氢储存 ················· 174
  7.5.3 储能装置 ················· 174
  7.5.4 抗菌活性 ················· 176
  7.5.5 生物成像 ················· 176
  7.5.6 生物传感 ················· 177
  7.5.7 光催化 ················· 177
参考文献 ················· 178

第 8 章 具有形状记忆效应的石墨烯基复合材料的性能、应用和未来展望 ················· 187

8.1 引言 ················· 188
  8.1.1 石墨烯 ················· 188
  8.1.2 形状记忆聚合物 ················· 189
  8.1.3 形状记忆聚合物复合材料 ················· 190
8.2 石墨烯掺杂形状记忆聚合物复合材料 ················· 191
  8.2.1 形态特性 ················· 193
  8.2.2 光学性能 ················· 195

8.2.3	力学性能	196
8.2.4	电学性能	197
8.2.5	形状记忆表征	199

8.3 应用 ········ 202
8.4 未来展望 ········ 204
参考文献 ········ 204

第9章 石墨烯的涡卷结构：光学表征及其在电阻式开关存储设备中的应用 ········ 209

9.1 石墨烯的涡卷结构 ········ 209
 9.1.1 引言 ········ 209
 9.1.2 氧化铁插层还原氧化石墨烯粉末 ········ 210
 9.1.3 磷插层形成涡卷结构 ········ 211
 9.1.4 还原氧化石墨烯-磷杂化涡卷的光学特性 ········ 213
 9.1.5 涡卷的拉曼光谱 ········ 214

9.2 还原氧化石墨烯基电阻开关器件 ········ 217
 9.2.1 氧化石墨烯-磷混合涡卷的电阻开关 ········ 219
 9.2.2 氧化石墨烯-氧化铁杂化薄膜的电阻开关 ········ 222

参考文献 ········ 226

第10章 铜-石墨烯复合材料的制备与性能 ········ 230

10.1 引言 ········ 230
10.2 粉末冶金技术 ········ 231
 10.2.1 热压技术 ········ 232
 10.2.2 微波加热 ········ 234
 10.2.3 放电等离子体烧结 ········ 235

10.3 电化学沉积 ········ 236
 10.3.1 直流电方式沉积 ········ 237
 10.3.2 脉冲电沉积制备铜-石墨烯复合材料 ········ 240
 10.3.3 电化学沉积制备纳米孪晶 Cu-Gr 复合材料 ········ 245

10.4 电沉积 ········ 248
10.5 分子水平混合技术 ········ 249
10.6 化学气相沉积技术 ········ 252
10.7 铜粉表面功能化 ········ 255
10.8 小结 ········ 256
参考文献 ········ 256

第11章 石墨烯-金属氧化物锂离子电池负极材料 ········ 261

11.1 引言 ········ 261
11.2 负极材料类型 ········ 262

11.3 金属氧化物用作锂离子电池负极材料 ……………………………………… 263
11.4 锂离子电池负极中的石墨烯/石墨烯金属氧化物 …………………………… 264
  11.4.1 石墨烯作为锂离子电池的负极材料 …………………………………… 264
  11.4.2 石墨烯-MnO_2锂离子电池负极材料 ………………………………… 267
  11.4.3 石墨烯-SnO_2锂离子电池负极材料 ………………………………… 271
  11.4.4 石墨烯-Co_3O_4锂离子电池负极材料 ……………………………… 276
  11.4.5 石墨烯-Fe_2O_3锂离子电池负极材料 ……………………………… 278
11.5 小结 ………………………………………………………………………… 279
参考文献 …………………………………………………………………………… 279

第12章 石墨烯/二氧化钛纳米复合材料的合成、表征及太阳能电池应用 …… 285

12.1 引言 ………………………………………………………………………… 285
12.2 太阳能电池的历史 …………………………………………………………… 287
12.3 染料敏化太阳能电池的结构和工作方式 …………………………………… 289
  12.3.1 透明导电膜 ……………………………………………………………… 291
  12.3.2 半导体膜电极 …………………………………………………………… 291
  12.3.3 二氧化钛 ………………………………………………………………… 292
  12.3.4 还原氧化石墨烯 ………………………………………………………… 293
  12.3.5 rGO-TiO_2纳米复合材料 ……………………………………………… 294
  12.3.6 染料敏化剂 ……………………………………………………………… 296
  12.3.7 液体电解质 ……………………………………………………………… 298
  12.3.8 负极电极 ………………………………………………………………… 299
12.4 rGO-TiO_2纳米复合材料的性能 …………………………………………… 300
  12.4.1 rGO-TiO_2纳米复合材料的机理 ……………………………………… 301
  12.4.2 染料敏化太阳能电池中rGO-TiO_2纳米复合材料的机理 …………… 302
12.5 rGO-TiO_2纳米复合材料的合成 …………………………………………… 303
  12.5.1 溶胶-凝胶合成 …………………………………………………………… 303
  12.5.2 溶液混合合成 …………………………………………………………… 304
  12.5.3 原位生长合成 …………………………………………………………… 304
12.6 rGO-TiO_2纳米复合材料基光电阳极制备
  技术在染料敏化太阳能电池中的应用 ……………………………………… 305
  12.6.1 物理气相沉积技术-rGO-TiO_2纳米复合材料(液相工艺) ………… 306
  12.6.2 物理气相沉积技术-rGO-TiO_2纳米复合材料(气相工艺) ………… 308
参考文献 …………………………………………………………………………… 313

第13章 还原氧化石墨烯-纳米氧化锌复合材料在气敏特性中的应用 ……… 321

13.1 引言 ………………………………………………………………………… 321
13.2 实验 ………………………………………………………………………… 323
  13.2.1 ZnO纳米结构的合成 …………………………………………………… 323

  13.2.2 还原氧化石墨烯纳米片的合成 ……………………………………… 324
  13.2.3 ZnO 纳米结构 - 还原氧化石墨烯混合物的合成 ………………… 325
  13.2.4 设备制造 ………………………………………………………… 325
  13.2.5 表征和传感器测试 ……………………………………………… 325
 13.3 成果与讨论 ………………………………………………………………… 326
  13.3.1 ZnO 纳米结构的形貌研究 ……………………………………… 326
  13.3.2 氧化石墨烯和还原氧化石墨烯的形貌及元素研究 …………… 328
  13.3.3 氧化石墨烯和还原氧化石墨烯的化学成分研究 ……………… 329
  13.3.4 ZnO 纳米结构 - 还原氧化石墨烯混合物的形貌和元素分析 … 330
  13.3.5 氧化石墨烯、还原氧化石墨烯、ZnO 纳米结构和 ZnO 纳米结构 -
     还原氧化石墨烯混合物的结构研究 …………………………… 332
  13.3.6 气敏机理 ………………………………………………………… 333
  13.3.7 气体传感器研究 ………………………………………………… 335
 13.4 小结 ………………………………………………………………………… 337
 参考文献 ……………………………………………………………………………… 338

第 14 章　高防护性功能化氧化石墨烯/环氧树脂纳米复合涂层 …………… 341

 14.1 引言 ………………………………………………………………………… 341
 14.2 实验 ………………………………………………………………………… 343
  14.2.1 材料 ……………………………………………………………… 343
  14.2.2 复合材料合成 …………………………………………………… 343
  14.2.3 复合材料表征 …………………………………………………… 344
  14.2.4 附着力 …………………………………………………………… 345
  14.2.5 电化学测量 ……………………………………………………… 345
  14.2.6 重量分析 ………………………………………………………… 345
  14.2.7 热分析和紫外线降解 …………………………………………… 346
  14.2.8 抗冲击性能 ……………………………………………………… 346
 14.3 成果与讨论 ………………………………………………………………… 346
  14.3.1 复合材料表征 …………………………………………………… 346
  14.3.2 附着力 …………………………………………………………… 348
  14.3.3 重量分析 ………………………………………………………… 349
  14.3.4 阻抗力 …………………………………………………………… 350
  14.3.5 动电位极化 ……………………………………………………… 353
  14.3.6 热力学稳定性及紫外线降解 …………………………………… 354
  14.3.7 耐冲击性 ………………………………………………………… 357
 14.4 小结 ………………………………………………………………………… 357
 参考文献 ……………………………………………………………………………… 358

第 15 章　基于超分子石墨烯的药物传递系统 ……………………………… 360

 15.1 引言 ………………………………………………………………………… 361

15.2 氧化石墨烯和环糊精在药物传递中的应用 361
   15.2.1 氧化石墨烯 361
   15.2.2 环糊精 368
15.3 用作药物传递系统的氧化石墨烯 – 环糊精纳米复合材料 372
   15.3.1 氧化石墨烯 – 环糊精制备方法 372
   15.3.2 生物相容性 376
   15.3.3 药物释放曲线 379
15.4 小结 383
参考文献 384

第16章 含有石墨烯纳米微片的聚合物纳米复合材料 396

16.1 引言 396
16.2 石墨烯纳米片的功能化 397
   16.2.1 共价修饰 397
   16.2.2 非共价修饰 398
16.3 聚合纳米复合材料的制备方法 399
16.4 聚合物/石墨烯纳米复合材料的结晶行为 400
   16.4.1 等温结晶动力学 400
   16.4.2 非等温结晶动力学 403
16.5 导电性能 405
16.6 力学性能 408
16.7 阻气性能 411
16.8 导热性能 414
16.9 流变性能 415
16.10 石墨烯和其他纳米填充物等杂化纳米材料 418
16.11 聚合物/石墨烯纳米复合材料的应用 420
参考文献 421

第17章 氧化石墨烯 – 聚丙烯酰胺复合材料的光学和力学表征 426

17.1 引言 426
17.2 理论研究 429
   17.2.1 普适性 429
   17.2.2 分形分析 430
   17.2.3 光学能带隙 430
   17.2.4 弹性 430
17.3 实验 431
   17.3.1 PAAm – GO 复合材料的制备 431
   17.3.2 荧光测量 431
   17.3.3 紫外检测 431

	17.3.4 力学测量	431

17.4 结果与讨论 … 432
17.5 小结 … 440
参考文献 … 441

第18章 聚合物/氧化石墨烯复合材料的合成、表征及应用 … 445

18.1 引言 … 445
18.2 氧化石墨烯合成 … 447
 18.2.1 改进的 Hummers 法合成氧化石墨烯 … 448
 18.2.2 剥落法合成氧化石墨烯 … 448
 18.2.3 氧化石墨烯电还原 … 448
18.3 氧化石墨烯表征 … 449
18.4 聚合物/氧化石墨烯复合材料的应用 … 451
 18.4.1 防腐涂层的应用 … 451
 18.4.2 储能应用 … 458
 18.4.3 太阳能热水器应用 … 465
参考文献 … 468

第1章 石墨烯复合材料

Xiao–Jun Shen, Xiao–Ling Zeng, Chen–Yang Dang
中国嘉兴,嘉兴学院材料与纺织工程学院

摘　要　目前,石墨烯及其复合材料的制备和应用已成为材料行业关注的焦点。石墨烯是一种由碳原子通过sp^2杂化形成的六角蜂窝状平面材料,具有多种优异的物理和化学性能,因而应用前景广阔。剥离解理法、化学气相沉积法、外延生长法和化学衍生法是制备石墨烯的四种基本方法。本章在简要介绍上述制备方法的基础上,对石墨烯及其复合材料的结构和性能进行了综述,系统讨论了石墨烯及其聚合物基复合材料的相关研究和应用,并阐述了石墨烯纳米复合材料在电子器件、微波吸收、生物工程等领域的独特优势。

关键词　石墨烯,石墨烯复合材料制备,应用

1.1　引言

石墨烯是一种二维碳纳米材料,具备六角蜂窝状sp^2杂化轨道,曾认为无法存在于自然界上。石墨烯的发现一经报道,就引起了全球的广泛关注。2004年,Geim和Novoselov[1]发现一种通过极为简单的微机械剥离手段制备石墨烯的方法,推翻了完美二维结构不可能在非绝对零度条件下稳定存在的理论。与此同时,石墨烯在光[3-5]、电[2]、热[2]、机械[6-7]、生物医学[8]等领域显示出的独特优势,也使其受到了研究者的广泛青睐,并成为相关领域的研究热点。

首先,石墨烯的局部超导性和高载流子迁移率可用于等离子体[9-10]。多种复合材料基于此性质,已在过去几年中得到成功应用,包括光调节器[11-13]、等离子体激发组件[14-16]以及广谱光电探测器[17]等。最近,有研究者提出了一种覆盖单层石墨烯的金属薄层阵列,其在太赫兹(THz)波段下能够高效激发多电子共振,可应用于显示器[18]、多通道传感器[19]等。其次,石墨烯的优点,如高热导率(约5000W/(m·K))、高载流子迁移率(约200000cm^2/(V·s))和高的比表面积(约2600m^2/g)[20],使其成为理想的载体材料,可作为光催化剂载体[21]、光子晶体[22]或微波吸收载体[23]。石墨烯的化学衍生物含有丰富的官能团,如羟基、羧基和环氧基,这有利于增强其改性材料的界面结合力;同时,其高强度性能也有利于与其他材料[24]的结合。此外,石墨烯优异的导热性能可用于提高太

阳能电池的导热性能，从而提高其潜热蓄能能力[25]。石墨烯杰出的生物相容性和溶解性使其在生物材料领域具有良好的应用价值，作为生物传感器和生物成像材料具有巨大潜力[26]；而其优异的选择透过性也使其在膜分离领域表现出广阔的应用前景[27]。

1.2 石墨烯的发展历史

虽然石墨烯在自然界中是自然存在的，但很难剥离出其单层结构。石墨即是由石墨烯片层堆叠而成，1mm 厚度的石墨中含有大约 300 万层石墨烯[28]。当铅笔在纸上轻轻划过时，留下的痕迹可能是好几层甚至只有一层石墨烯。

2004 年，曼彻斯特大学的两位科学家 Andre Geim 和 Konstantin Novoselov 首先从高定向热解石墨上剥离了石墨薄片；然后他们把薄片的两面都粘在一种特殊的胶带上。通过撕胶带，石墨片可以分成两半，经过反复的操作使石墨片不断变薄；最后他们得到了一个只有一层碳原子组成的薄片，即为石墨烯。

此后，又出现了不同的制备石墨烯的新方法。2009 年，Andre Geim 和 Konstantin Novoselov 因量子 Hall(quantum Hall，QH)效应获得 2010 年诺贝尔物理学奖。他们在单层和双层石墨烯体系中发现了整数量子霍尔效应，此外还发现了石墨烯在常温下的量子霍尔效应[29-31]。在石墨烯发现之前，大多数物理学家认为热力学涨落不允许任何二维晶体在有限温度下存在。虽然理论界和实验界都认为，在非热力学零度下完美的二维结构不可能稳定存在，但单层石墨烯确实可以在实验中制备[32-34]。因此，石墨烯的发现立即震惊了凝聚态物理学界。

2018 年 3 月 31 日，中国第一条全自动量产石墨烯有机太阳能光电子器件生产线在山东菏泽投产。该项目主要生产石墨烯有机太阳能电池(organic solar cell，OSC)，这种电池可在弱光下发电[35]。它解决了太阳能三大问题：应用局限性、角度敏感性和建模困难。

1.3 石墨烯的合成

石墨烯，因优异的性能和迅速发展的生产技术而备受研究者关注，优异的性能及巨大的应用潜力也推动了石墨烯制备技术的快速发展。石墨烯的合成方法主要分为两大类：自上而下法和自下而上法。自上而下法将石墨烯前驱体(石墨)从叠层状态分解成单层原子；自下而上法是将从其他来源获得的碳原子作为原料构建单层碳原子层[36]。

自上向下的制备石墨烯方法包括机械剥离[37]、球磨[38]、超声[39]和电化学剥离[40]；自下向上的方法包括化学气相沉积[41]、碳化硅(SiC)外延生长[42]、金属碳熔体生长[43]、沉积[44]等。以下是自上而下和自下而上两种方法合成石墨烯的例子。

1.3.1 自上而下法

1.3.1.1 剥离和解理

1. 机械剥落

机械剥离法是首次制备石墨烯时所使用的方法。该方法是石墨烯发展史上的一个转折点。机械剥离法采用透明胶带将高定向热解石墨(highly oriented pyrolytic graphite，

HOPG)片压在另一表面,反复剥落,得到单层或多层石墨烯。2004年,Andre Geim 和 Konstantin Novoselov 通过这种方法首次获得了单层石墨烯[45],他们使用非常简单的方法,即"胶带法",或剥离法,将石墨晶体反复分裂成越来越薄的薄片。他们证明二维晶体结构在室温下可以存在。

机械或微机械剥离法仍是获得优质无缺陷石墨烯的主要手段。机械剥离法操作简便,能获得优质样品,是目前制备单层高质量石墨烯的主要方法。但是其可控性差,用该方法生产的石墨烯尺寸小、不确定性大,还存在效率低、成本高的缺点,不适合大规模生产。

2. 石墨插层

石墨烯可以通过石墨插层法合成。石墨插层可以通过两种方式进行:一种是在石墨层间引入小分子;另一种是通过非共价键将分子或聚合物附着到石墨层上,从而形成石墨层间化合物(graphite intercalation compound,GIC)。An 等[46]分别用硫酸和过氧化氢作为 GIC 形成的平衡剂和氧化剂,将球型天然石墨(spheroidized natural graphite,SNG)成功地转化为膨胀石墨和石墨烯纳米片(graphene nanoplatelet,GNP)。Bae 等[47]研究了聚合物插层对吸音性能的影响,并报道了聚合物插层改善传声损失的效果。

在 GIC 中,石墨层保持不变而客体分子插入层间通道中[48]。不同的插层剂可能导致 GIC 具备不同的性能,这对专注于电性能[49-50]、热性能[51]、化学性能[52-53]和磁性能[49]的应用大有裨益。而另一些插层剂会带来一些特殊的功能,如 Horiel 等[54]研究了肉桂醛(cinnamaldehyde,CAL)在铂纳米片插层石墨层片间的转化和选择性。

1.3.1.2 化学衍生石墨烯

目前,将石墨通过化学方法转化为氧化石墨烯(graphene oxide,GO)已成为可行的途径[55]。通过这种方法可以得到大量的石墨烯基单片,即通过化学还原得到石墨烯纳米片/粉体。该方法比自下而上法更易于实现石墨烯的大规模生产。其原因是用该方法处理石墨和可膨胀石墨的剥落程度较低[36],GO 经超声处理后,很容易得到 GO。GO 还原法是目前制备石墨烯的最佳方法之一。这种方法简单易行,制备成本低廉,可实现大规模制备。该方法的另一个优点是可以制备功能化石墨烯和 GO,具有广阔的应用前景。

合成 GO 的方法很多[56-59],应用最为广泛的是 Hummers 方法,许多研究者也对其进行了进一步完善[60-61]。典型制备方法的具体操作过程如下[62]:①用浓硫酸、浓硝酸、高锰酸钾等强氧化剂将石墨氧化成氧化石墨。在氧化过程中,含氧官能团在石墨层之间相互渗透,从而形成石墨层之间的空隙。随着石墨层间距的增大,下一阶段石墨烯片的形成将变得更加容易。②经超声处理一段时间后,在该阶段可形成单层或多层 GO。③GO 被强还原剂如水合肼或硼氢化钠($NaBH_4$)还原成石墨烯。

然而,这种方法也存在一些问题。由于石墨烯的厚度较低,其导电性和比表面积会因石墨烯的团聚而下降,影响其在光电器件中的应用。此外,在这一过程中,碳环上的碳原子缺失等晶体结构缺陷也会出现。

1.3.2 自下而上法

1.3.2.1 化学气相沉积

化学气相沉积(chemical vapor deposition,CVD)是以含碳有机气体为原料制备石墨烯薄膜的一种气相沉积方法[63],这是制备石墨烯薄膜最有效的方法,因而 CVD 是最有可能实现石墨烯大规模生产的方法。CVD 法是制备高质量、大面积石墨烯的最有前景的方法,是工业化生产石墨烯薄膜最理想的方法[64]。CVD 可分为两大类[65]:热 CVD 和等离子 CVD,它们之间的区别在于采用不同手段降低生长过程的温度。等离子体增强化学气相沉积(PECVD)提供了另一种与热 CVD 不同的低温石墨烯合成途径[36]。

典型 CVD 法的具体过程如下[66]:①将烃类、甲烷和乙醇等气体注入在高温金属基底上加热的铜和镍表面;②在连续反应完成后冷却材料。在冷却过程中,基体表面会形成多层或单层石墨烯。这个过程包括两个部分:碳原子在基体上的溶解和扩散。

研究者继续研究这种方法。Rybin 等[67]获得了在镍箔上制备石墨烯薄膜的 CVD 方法的更多细节,并报道获得了不同厚度的薄膜(从 3 层到 53 层及更多)。Dong 等[68]关注石墨烯薄膜中的晶界(grain boundary, GB),并为重叠晶界(overlapping grain boundary, OLGB)的形成确定了一些参数,从而深入了解了石墨烯的 CVD 生长。通过引入超薄 Ti 催化层,可将其应用于制备具有高质量石墨烯顶电极的电容器[69]。

采用这种方法制备石墨烯具有面积大、质量高的优点,但生产成本较高,现阶段工艺条件有待进一步改善。大面积石墨烯薄膜由于厚度较低,不能单独使用,因而必须将其附着在宏观器件上(如触摸屏、加热设备等)以供使用。

1.3.2.2 外延生长

外延生长方法包括 SiC 外延生长法和金属催化外延生长法。

1. SiC 外延生长

SiC 外延生长法是在高温下加热 SiC 单晶体,使得 SiC 表面的硅原子被蒸发而脱离表面,剩下的碳原子通过自组形式重构,从而得到基于 SiC 基底的石墨烯。石墨烯可以在 SiC 基片上进行外延生长,通过这种方法可以获得尺寸大于 $50\mu m$ 的石墨烯薄膜。其石墨烯的尺寸大小取决于 SiC 晶片的尺寸。该方法对石墨烯的制备具有重要意义,可制备高品质的石墨烯,但对设备的要求很高。

2. 金属碳熔体的生长

金属催化外延生长法是在超高真空条件下将烃类通入到具有催化活性的过渡金属基底如 Pt、Ir、Ru、Cu 等表面,通过加热使吸附气体催化脱氢从而制得石墨烯,类似于 CVD 法。比较这两种方法,CVD 法的优点是可在较低的温度下进行,这样降低了制备过程的能耗,并且用化学腐蚀金属法容易将石墨烯和金属基体分离,有利于石墨烯的后续制备工艺。

相较于 SiC 外延生长法,金属催化外延生长法需要超高真空条件,在高温环境下稳定进行。气体在吸附过程中可以长满整个金属基底,并且其生长过程为一个自限过程,即基底吸附气体后不会重复吸收,因此,所制备出的石墨烯多为单层,且可以大面积地制备出均匀的石墨烯。

1.3.3 其他方法

制备石墨烯的其他方法包括碳纳米管切割法、石墨插层法[70]、离子注入法、高压高温(high-pressure and high-temperature, HPHT)生长法、爆炸法和有机合成法。

目前,现有方法仍无法满足石墨烯产业化的要求,特别是产业化要求石墨烯制备技术能稳定、低成本地生产大面积、纯度高的石墨烯,这一制备技术上的问题尚未解决。

这种制备方法制约了石墨烯的产业化,石墨烯的各种顶尖性能只有在其质量很高时才能体现。随着层数的增加和内部缺陷的累积,石墨烯诸多优越性能都将降低。只有适合工业化的石墨烯制法出现了,石墨烯产业化才能真正到来。

1.4 表征与性能

1.4.1 表征

随着石墨烯研究的蓬勃发展,科学家们开发了许多新的重要的分析测试技术来研究石墨烯的表面形貌、化学结构和性能。并且,这些技术为推断石墨烯的物理化学性质,以及复合材料中的界面形成和界面功能奠定了实验基础。目前,石墨烯的表面形貌和化学结构的分析技术发展比较成熟。

石墨烯的表征主要分为图像类和图谱类。图像类以光学显微镜、透射电子显微镜(transmission electron microscopy, TEM)、扫描电子显微镜(scanning electron microscopy, SEM)和原子力显微镜(atomic force microscopy, AFM)为主。图谱类以拉曼光谱、红外光谱(infrared spectroscopy, IR)、X 射线光电子能谱(X-ray photoelectron, spectroscopy, XPS)、紫外可见光谱(UV-visible spectrum, UV-vis)为代表。其中,TEM、SEM、拉曼光谱、AFM、光学显微镜等常用来判断石墨烯的层数,而 IR、XPS、UV 可对石墨烯的结构进行表征,用来监控石墨烯的合成过程。

1.4.1.1 石墨烯层光学成像

目前,用于分析石墨烯表面形貌和化学结构的技术已经发展得相当完善,包括 AFM、TEM 和 SEM 等。单层石墨烯的厚度为 0.335nm,在垂直方向约有 1nm 的波动[71]。不同工艺制备的石墨烯在形态、数量和结构上有很大不同。但是,任何一种方法制备的成品都会或多或少掺杂多层石墨烯片。在这种情况下,对单层石墨烯的识别将受到阻碍。如何有效识别出石墨烯的数量和结构是获得高质量石墨烯的关键步骤之一。

在发现石墨烯后,光学显微镜主要用于石墨烯的成像,因为它成本最低,属于无损检测,并且在实验室中很容易实现[72]。然而,当寻找不同层数的石墨烯时,通常需要结合两种或两种以上的技术来进行成像。

1.4.1.2 原子力显微镜

AFM 相关的内容则相对简单。目前 AFM 主要有三种运行模式[73]:接触模式[74]、轻敲模式[75]和侧向力模式[76]。每一个模式的操作都有自己的特点,适用于不同的实验需求。

石墨烯的原子力表征一般采用轻敲模式[77],轻敲模式介于接触模式和非接触模式之间,是一种混合概念。AFM 可以用来获悉石墨烯精细的形貌和精确的厚度信息。它利用针尖与样品之间的作用力来感应微悬臂,然后利用激光反射系统检测悬臂梁的弯曲变形。这一方法利用测量针尖样品之间的作用力来间接地反映样品表面形貌。因此,此表征方法主要是用来表征层的厚度、表面波动和起伏,以及测量层与层之间的高度差。

判断是否为石墨烯的最佳方法是 AFM,因为它可以直接观察石墨烯的表面形貌。同时,石墨烯的厚度是可以测量的,通过比较石墨烯的单层厚度确定是否存在单层石墨烯。然而,AFM 同样有效率低的缺点,因为在石墨烯表面通常会吸附一些物质,使得测量的石墨烯厚度略大于其本身实际的厚度。

1.4.1.3 透射电子显微镜

TEM[78]电子束穿过超薄样品,到达成像透镜和探测器。TEM 具有更高分辨率的成像能力。它可以观察到石墨烯表面的微观形貌,能够测量悬浮石墨烯的清晰结构和原子级的细节。同时,单层和多层的石墨烯可以通过电子衍射花样来识别。

利用 TEM,可以通过石墨烯边缘或交叠处的高分辨电子显微像来估计石墨烯片的层数和尺寸。这是一种相对简便快捷的方法。由于石墨烯和还原氧化石墨烯(reduced graphene oxide,rGO)都是原子级厚度,TEM 是唯一能够解析石墨烯原子特性的工具。

1.4.1.4 拉曼光谱

对于研究石墨烯而言,确定层数和混乱度是非常重要的。激光拉曼光谱[79-80]是精确描述这两种性质的标准且理想的分析工具。通过拉曼光谱检测石墨烯,可以确定石墨烯层、堆垛方式、缺陷、边缘结构、张力和掺杂状态的结构和性质。此外,拉曼光谱在认识石墨烯的电声反应方面也起着重要的作用[81]。

多层石墨烯与单层石墨烯的电子色散差异导致了拉曼光谱的显著不同。大量研究表明,石墨烯含有一些二阶和倍频拉曼峰。这些拉曼信号由于强度较弱,经常被忽视。如果这些微弱的信号被收集分析,就可以系统地研究电子-电子和电子-声子相互作用以及石墨烯的拉曼散射过程。

众所周知,石墨烯是一种具有二维蜂窝碳晶格的零带隙材料[82]。为了适应其快速的应用,人们开发了一系列新型的方法打开石墨烯的带隙,如钻孔、掺杂 B 或 N 等元素以及化学修饰。这些方法会将缺陷引入石墨烯,这将对其电学性能和器件性能产生很大影响。而拉曼光谱在表征石墨烯材料缺陷方面具有独特的优势。总之,拉曼光谱是判断石墨烯缺陷类型和缺陷密度的一种非常有效的工具。

当某些分子被吸附在一种特定材料(如金和银)的表面时,分子拉曼光谱的信号强度将显著增加。把这种拉曼散射增强现象称为表面增强拉曼散射(surface-enhanced Raman scattering,SERS)效应[83]。SERS 技术克服了传统的拉曼信号弱的缺点,并且可以使拉曼强度提高几个数量级。当然,如果想获得一个强大的增强信号,需要先得到一个好的基底。石墨烯作为一种新型的二维超薄碳材料,具有易吸附分子的特点并能轻易满足天然基底的需要。当特定的分子吸附在石墨烯表面时,分子的拉曼信号会明显增强。

1.4.2 性能

石墨烯具有与碳纳米管(carbon nanotube,CNT)类似的力学性能。然而,由于自身的二维晶体结构,石墨烯具有优异的电学性能、热学性能以及较大的比表面积。这使得石墨烯具备许多优异特性。

1.4.2.1 电传输性能

石墨烯的每个碳原子都是 sp^2 杂化,并贡献其中一个 p 轨道上的电子形成大的键,且电子可以自由移动,赋予了石墨烯良好的导电性。当电子在石墨烯中传递时,它们不大可能会分散,迁移率可以达到 200000cm²/(V·s)[84],石墨烯复合材料中电子迁移率大约是硅中电子的 140 倍。其电导率可达 10⁴S/m,为室温下最佳的导电性能。

关于石墨烯的导电性质有很多的研究。在 Bang 等[84]的研究中,发现了带宽对石墨烯纳米带(graphene nanoribbon,GNR)导电性质的影响,这个发现拓宽了石墨烯的应用领域。也有很多科研人员通过研究石墨烯改性来提升这种新材料的性能[85-86]。

石墨烯稳定的晶格结构赋予了碳原子极好的导电性。当石墨烯中的电子在轨道中运动时,它们不会因为晶格的缺陷或外来原子的引入而分散。因为室温下原子之间的作用力非常强,即使周围的碳原子存在碰撞,也几乎不会干涉石墨烯中的电子。

1.4.2.2 光学性能

布里渊区的 k 点与动能呈线性关系,并且载流子的有效质量为 0[87]。不同于传统电子结构材料,室温下它具有量子霍尔效应和载流子近弹道传输特性。单层石墨烯具有较高的光吸收能力,而且狄拉克电子的线性分布导致石墨烯每层会吸收 2.3% 的来自可见波段到太赫兹卡宽波段的光[88]。狄拉克电子的超快动力学和泡利阻隔在锥形能带结构中的存在,赋予了石墨烯优异的非线性光学性能。

石墨烯具有优异的光学和电学性能。它可与硅基半导体工艺相兼容,具有独特的二维原子晶体结构、超高的导热性能和载流子迁移率,以及强非线性光学性能中的超宽带宽光响应光谱。新的石墨烯光电器件在新的光学和光电子器件领域得到了很好的发展。其光学性能和电学性能的结合在许多领域得到了应用[89-92]。

1.4.2.3 力学性能

石墨烯是人类已知的最硬的物质,它的硬度比金刚石高,并且比世界上最好的钢铁还要高 100 倍。石墨烯的弹性模量、泊松比、抗拉强度及其他基本的力学性能是近年来用于评价石墨烯力学性能的主要参数。尤其需要指出的是,弹性模量等力学性能参数属于连续介质的力学概念。因此,其厚度必须用连续介质假说进行计算,它的力学性质之所以有意义,是因为石墨烯的单层碳原子结构。

在实验检测方面,由于石墨烯的二维结构很难通过传统的宏观材料的测试方法和技术得到有效的力学检测数据,因此原子力纳米压痕实验系统得到了进一步的应用[93]。石墨烯通常用于提高聚合物基复合材料的力学性能。

1.4.2.4 热学性能

石墨烯是一种层状结构材料,其热性能主要由晶格振动引发。据报道,通过计算石墨烯中光学声子和声学声子的色散曲线,已经发现 6 种极性声子[94]。

(1) 平面外声学声子(ZA 模式声子)和光学声子(ZO 模式声子);
(2) 平面内横向声学声子(TA 模式声子)和横向光学声子(TA 模式声子);
(3) 平面内纵向声学声子(LA 模式声子)和纵向光学声子(LO 模式声子)。

目前,常用的导热材料中,铝箔的热导率为 160W/(m·K),铜的热导率为 380W/(m·K),单壁 CNT 的热导率为 3500W/(m·K),多壁碳纳米管(multiwalled carbon nanotube,MWCNT)的热导率为 3000W/(m·K)。金刚石的热导率为 1000~2200W/(m·K)。结果表明,单层石墨烯热导率可达 5000W/(m·K)[48]。

1.4.3 应用

石墨烯的应用范围很广,从电子产品到防弹衣和纸张,甚至未来的太空电梯都可以使用石墨烯作为原材料。

石墨烯独特的二维结构使其在传感器领域具有广阔的应用前景。巨大的比表面积使它对周围环境非常敏感,甚至气体分子的吸附或释放也能被探测到。这个检测可分为直接检测和间接检测。单原子的吸附或释放过程可以通过 TEM 直接观察,霍尔效应测试方法可以间接检测单个原子的吸附和释放。当一个气体分子被吸附在石墨烯表面时,吸附部位的电阻会发生局部变化。石墨烯良好的电学和光学性能使其成为透明导电电极的备选材料。触摸屏、液晶显示器、有机光伏电池、有机发光二极管等都需要优良的透明导电电极材料。特别是,石墨烯在力学强度和柔韧性方面都优于常用材料氧化铟锡。氧化铟锡具有较高的脆性,比较容易损坏。溶液中的石墨烯薄膜可大面积沉积。采用 CVD 法可以制备出大面积、连续、透明、高导电性、层数少的石墨烯薄膜,主要用于光伏器件的阳极,其能量转换效率可高达 1.71%,约为用氧化铟锡材料制成元件能量转换效率的 55.2%。

众所周知,垂直于基底表面的石墨烯纳米墙于 2002 年得到成功制备,并被认为是一种非常好的场发射电子源材料。2011 年,佐治亚理工学院的学者首次报道了一种垂直三维结构的功能化多层石墨烯在热界面材料领域的应用,以及其超高当量的导热性和超低的界面热阻。

石墨烯的比表面积特别高,因此可以用作超级电容器的导电电极[95]。科学家认为,这种超级电容器比现有的电容器具有更高的储能密度。由于其化学功能的可修饰性、大的接触面积、原子级厚度、分子栅结构以及其他特性,石墨烯可作为细菌检测和诊断设备的一种选择。科学家认为石墨烯是在该领域极具潜力的一种材料。

根据美国研究人员的说法,"太空电梯"的最大障碍之一是制造一根长达 23000mile(3700km,1 英里 =1609.3m)连接着太空卫星的坚固电缆。美国科学家认为,石墨烯是地球上最硬的物质,完全适合用于制造太空电梯电缆。

一些研究人员已经证明,精确地堆叠单分子层将创造出大量的新材料和设备。石墨烯和相关的单原子厚度晶体为此提供了广泛的选择。石墨烯的单原子层晶体和氮化硼被堆叠起来(一层接一层)形成一个"多层蛋糕",可用作纳米级变压器。

1.5 石墨烯复合材料

基于石墨烯的特殊特性,人们开发了各种聚合物和纳米粒子复合材料。石墨烯具有与 CNT 相似的力学性能。然而,基于其二维晶体结构,石墨烯具有优异的电学和热学性能,以及大的比表面积。聚合物基复合材料是石墨烯应用的一个重要研究方向。石墨烯在储能[96-97]、液晶器件[98-99]、电子器件[100-101]、生物材料[102]、传感材料[104-105]和催化剂载体[106-107]等领域表现出了优异的性能,具有广阔的应用前景。目前,石墨烯复合材料的研究主要集中在石墨烯-高分子复合材料和石墨烯-纳米粒子复合材料。

1.5.1 石墨烯-高分子复合材料

石墨烯及其衍生物作为高分子复合材料的填充剂在许多领域已表现出良好的潜力[108-110]。在过去几年里,研究人员已成功合成了石墨烯复合材料。但实现石墨烯或氧化石墨烯高分子复合材料的广泛使用,仍需要克服以下几个挑战。

(1) 石墨烯片的功能化[48]。
(2) 材料的有效混合和均匀分散[108]。
(3) 在石墨烯片与聚合物基体之间建立良好的相互作用/界面结合。
(4) 明确界面结构和性能[48]。

这一部分主要针对石墨烯和石墨烯高分子复合材料来论述它们的性质和应用。

1.5.1.1 石墨烯增强高分子复合材料的合成

石墨烯增强高分子复合材料的合成方法与 CNT 类似,最常用的高分子复合材料的合成方法有原位聚合法、溶液混合法和熔化混合法。下面将对这些方法进行综述。

1. 原位聚合法

原位聚合法是一种将石墨烯片和聚合物单体共同聚合,形成复合材料的制备方法。这种方法还可以在引发剂的作用下打开石墨烯片中的化学键,或使石墨烯片表面官能团参与聚合反应,从而获得聚合物/石墨烯复合材料[111]。

这种方法已经制备出了多种复合材料,如羧基功能化氧化石墨烯-聚苯胺(carboxyl-functionalized graphene oxide-polyaniline,CFGO-PANI)复合物[112],聚(丁二酸乙二醇酯)(poly ethylene succinate,PES)/石墨烯纳米复合材料[113]等。

2. 溶液混合法

溶液混合法中:首先将石墨烯片和聚合物分别加入到溶剂中,或者将石墨烯片直接添加到液体聚合物中使其均匀混合;然后在该阶段实现石墨烯片的分散;最后通过蒸发或沉淀的方法去除溶剂来制备出复合材料。

3. 熔化混合法

聚合物/石墨烯复合材料可通过熔化混合法制备,这种方法首先熔化聚合物基体,然后与石墨烯片混合、分散和固化。

熔化混合方法的一个重要特点是利用高温和高剪切力分散石墨烯,这种工艺与现有工业化设备是匹配的,所需要的一般为挤出机、注塑机之类的设备。其优点如下:①制备方法简单;②在制备过程中未添加表面活性剂或溶剂。因此,制备的复合材料不会因为添加溶剂或表面活性剂而受到污染。

1.5.1.2 力学性能

聚合物基复合材料以其独特的力学等性能在许多行业中得到了广泛应用。石墨烯优异的力学性能已经引起了研究人员的关注。他们研究发现将石墨烯添加到聚合物基体中可显著改善其力学性能和导电性[89]。其力学性能取决于基体中增强相的含量、分布、界面结合、长径比等因素。

由于很难控制石墨烯在高分子复合材料中的分散,充分发挥石墨烯的独特物理性能仍然是一个挑战。控制好石墨烯分散不仅有利于提高复合材料的力学性能,而且有利于提高复合材料的其他性能[114]。一项研究表明,石墨烯能增强环氧树脂复合材料的冲击性能。下面详细介绍在一定含量下,石墨烯的加入可以提高复合材料的低温拉伸和冲击强度[115]。

1.5.1.3 电性能

石墨烯最吸引人的特性是它的导电性。许多学者对其高导电性进行了研究。其介电性能、电化学性能、电磁波吸收性能等也已进行了多年研究[116-119]。

随着超级电容器的发展,许多学者致力于用石墨烯合成一种具有高载流子迁移率、高导热性、高弹性和高刚度的新型电极材料。主要原因是,在实验过程中石墨烯的理论比表面积为 2630g/m²[120]。在 Boothroyd 等[114]的研究中,不仅为理解和控制复合材料中 GNP 的取向和分散提供了重要的见解,而且提高了复合材料的导电性能。该研究提出了一种新的、简便的石墨烯复合材料合成方法,有助于高性能超级电容器的发展[121]。GNP 作为一种有效的纳米填充物,会影响聚乳酸(MG/PLA)/邻苯二甲酸二丁酯(DBP)复合材料的机电响应性能。时间响应实验表明,该复合材料在电场作用下具有良好的可恢复性[122]。

即使氧化石墨烯是电绝缘的,还原氧化石墨烯也适合作为复合材料的填充物。热还原可以消除氧化石墨烯的含氧官能团,从而可以部分地恢复导电性能。可用于制备还原氧化石墨烯基复合材料。Pham 等[123]报道了一种简单、环保制备聚甲基丙烯酸甲酯-还原氧化石墨烯(PMMA-rGO)复合材料的方法。所得聚甲基丙烯酸甲酯-还原氧化石墨烯复合材料具有良好的电学性能。这种高导电复合材料是首先通过带正电荷的聚甲基丙烯酸甲酯胶乳粒子与带负电荷的氧化石墨烯薄片间的静电吸引完成自组装,然后通过肼还原得到。

可以肯定的是,NiO 纳米粒子可以在石墨烯层间均匀分散,同时使氧化石墨烯发生还原[124]。他们提出了一种提高环氧树脂(epoxy,EP)复合材料刚度的方法,并在碳/高分子复合材料中表现出了巨大的应用潜力[125]。

综上所述,石墨烯作为绝缘聚合物基体的填充物,可以极大地提高复合材料的导电性。

1.5.1.4 导热性能

导热性能(λ/κ)受晶格振动(声子)影响。石墨烯具有极高的热导率(约 5000W/(m·K))[48],是提高材料导热性能的良好填充物。研究人员希望获得导热性能高、力学性能好的材料来解决目前电子产品的散热问题。石墨烯优异的热力学稳定性使其成为制备热稳定复合材料的理想填充物。一项研究表明,氧化石墨烯膦酸(GO phosphonic and phosphinic acid,GOPA)可以改善 C-P 共价键的热力学稳定性[126]。

基于石墨烯的独特性能,多个领域的研究人员制备了高性能石墨烯基复合材料。作为一种导热材料,它具有巨大的潜力[127-130]。新型稳定复合相变材料(phase change materials,PCM)的热导率可从 0.305W/(m·K)提高到 0.985W/(m·K)[131]。聚偏二氟乙烯(poly vinylidene fluoride,PVDF)是一种热塑性聚合物,具有优良的耐蚀性、电化学稳定性和热性能。研究人员将石墨烯掺杂到聚偏氟乙烯基体中制备石墨烯/聚偏氟乙烯复合膜。结果表明,石墨烯的加入显著提高了复合膜的导热性[132]。Zhang 等[133]在高导热材料领域研究了石墨烯规则排列的复合材料。此外,他们还讨论了规则排列复合材料的性能、石墨烯与聚合物界面相互作用的影响,并取得了一些成果。

随着科学技术的飞速发展,越来越多的高分子材料和纳米材料应运而生。对各种新材料的导热性的研究将是一个崭新而迷人的领域,并将促进多功能复合材料的发展。

1.5.1.5 其他性能

石墨烯增强聚合物的电磁吸收性能和热力学稳定性也得到了证实。由于阻抗匹配和多界面极化的改善,材料的电磁吸收性能得到了提高。Huang 等[134]成功制备了具有增强电磁吸收性能的 $CoNi/SiO_2$/石墨烯/聚苯胺的四元复合材料,并对所得复合材料的结构、形貌和电磁参数进行了详细分析。简言之,石墨烯的加入可增强材料的电磁吸收性能。

与碳纳米管相似,石墨烯薄片在摩擦学性能方面表现出优异的选择性[135]。Hassan 等对石蜡油制备的低密度聚乙烯(low-density polyethylene,LDPE)/石墨烯纳米片复合材料进行了详细的研究。结果表明,与纯 LDPE 相比,复合材料具有更低的摩擦系数(coefficient of friction,COF)和磨损率[136]。

1.5.1.6 应用

石墨烯高分子复合材料在航空航天、汽车、涂料、包装材料等领域的广泛应用,已解决了许多问题。石墨烯/高分子复合材料在储能、导电聚合物、防静电涂层和电磁屏蔽等领域也得到了少量的应用。

石墨烯高分子复合材料的其他潜在应用也得到了研究[137],如作为光催化剂降解孟加拉玫瑰(Rose Bengal,RB)染料。受天然珍珠层的启发,Chen 等设计并合成了氧化石墨烯-聚多巴胺(graphene oxide-polydopamine,GO-PDA)纳米复合材料,复合材料的导电性能明显提高,他们还提出了 PDA 和 GO 之间最稳定的化学连接[138]。

1.5.2 石墨烯-纳米粒子复合材料

1984 年,Roy[139] 首次提出了纳米复合材料的概念,该纳米复合材料是一种具有至少一个分散相且有一维尺寸小于 100nm 的复合材料。纳米粒子的合成和应用相对成熟,而石墨烯的加入开拓了纳米粒子(nanoparticle,NP)复合材料的新领域。最近,各种金属[140]、金属氧化物[141]和半导体纳米粒子[142]被添加到石墨烯二维结构中,获得了优异性能的复合材料。这些复合材料的优异性能表明,石墨烯对位错增殖具有阻断作用。换句话说,石墨烯可以防止沿薄片上出现额外的势阱。

纳米粒子直接负载在石墨烯薄片上,并且没有分子连接纳米粒子与石墨烯。因此,许多类型的纳米粒子被沉积在石墨烯片上,为其在不同领域的应用赋予新的功能。

1.5.2.1 石墨烯-纳米粒子复合材料的合成

石墨烯基纳米复合材料在储能、液晶器件、电子器件、生物材料、传感材料、催化剂载体等方面表现出许多优异的性能,具有广阔的应用前景。主要的制备方法有原位聚合法、直接分散法和同步合成法。本节将对这些方法进行回顾。

1. 原位聚合

原位聚合是指先制备合适的聚合物,然后在聚合物提供的可控环境(纳米模板或纳米反应器)下通过化学反应原位生成纳米粒子[143]。这些聚合物可以在分子结构中提供具有强极性基团的纳米模板,如磺酸基团、羧酸基团、羟基、氟基和丁腈基[144]。强极性无机纳米粒子中的金属离子与这些强极性基团之间可以形成离子键和复杂配位键等强相互作用。因此,可以降低粒子之间的碰撞概率。同时,聚合物链可以防止粒子的过度团聚,促进纳米粒子的形成。这些极性聚合物可以是离子聚物、离子交换树脂、含有极性基团的均聚物、共聚物(无规共聚物、嵌段共聚物)聚合物化合物及其共混物、树状大分子等。聚酯/还原氧化石墨烯复合材料是采用含有良好分散氧化石墨烯的乙二醇与对苯二甲酸(polymerization with terephthalic acid,PTA)进行原位聚合制备而成的[89]。

2. 直接分散

直接分散法是指先通过一定的方法制备纳米粒子,然后通过适合于该纳米粒子和聚合物组分(单体或聚合物)的方法制备聚合物基无机纳米复合材料。该方法是制备聚合物基无机纳米复合材料应用最广泛的方法之一,大多数纳米粒子都可以通过该方法制备成相应的聚合物基纳米复合材料。

NP 具有很强的团聚倾向,一旦出现团聚现象,传统的处理方法无法恢复纳米级分布。因此,直接分散法的首要问题是如何保持粒子的纳米尺度。同时,可以通过将聚合物组分均匀分散的方法制备聚合物基无机纳米复合材料。

3. 同步合成

同步合成是指作为分散相的纳米粒子和作为基质的聚合物在相同的制备过程中产生,但在单体聚合时优先形成纳米粒子。这与直接分散法不同,直接分散法是先制备无机纳米粒子,然后在聚合物单体中分散和聚合。这种方法只有几个实例,但是它有自己独有的特点。

1.5.2.2 性能

具有独特的热、电、抗菌性能或其他特殊性能的复合材料在科学和工业领域具有重要价值。石墨烯基纳米复合材料在热、电、光电以及其他潜在领域已表现出了优异的性能。

1. 热性能

石墨烯(GN)和银纳米粒子(AgNP)组成的复合材料由于纳米流体的存在而具有较低的热性能。出于这种考虑,Myekhlai 等[145]采用一种简便、环保的方法合成了 GN – AgNP 复合材料,并对其导热性能进行了研究。他们发现,制备的 GN – AgNP 复合材料导热性能得到大幅提高。

2. 电学性能

有很多学者研究石墨烯片和纳米粒子。Kholmanov 等[146]发现 rGO/Cu 纳米线杂化膜提高了导电性能、抗氧化性、基材附着力和恶劣环境下的稳定性,使其具备更好的应用能力。Dimiev 等[147]制备了新型轻质柔性介电复合材料,研究了复合材料的介电常数和损耗正切值,这些参数随导电填充物的种类和含量而变化。将 $BaTiO_3$ 纳米粒子填充物添加到石墨烯 – 聚酰亚胺(polyimide,PI)体系中[148],制备出了具有更强介电常数的柔性三相(PI – 石墨烯 – $BaTiO_3$)复合材料。由于石墨烯独特的空间结构,复合材料具有良好的介电常数和较低的介电损耗。

3. 其他性能

石墨烯纳米复合材料也具有良好的摩擦性能[149]。如果研究者能通过改变相关参数来调节复合材料的磨损系数,将有利于复合材料的发展。

另外,不断增长的能源需求促使研究人员研究更多的材料,如储能材料。本节主要介绍了储能的离子电池和超级电容器两个主要方面。

随着石墨烯研究的深入,石墨烯增强材料在复合材料中的应用也日益受到关注。含有石墨烯的多功能 NP 复合材料和高强度多孔陶瓷材料[150]能提高复合材料的特殊性能。

1.6 未来展望

石墨烯具有优异的电学、光学、热学和力学性能,但仍然有诸多问题亟待解决。在石墨烯的应用发展过程中,其表面特性导致的分散难度极大地限制了石墨烯优异性能的表现。实现石墨烯的良好分散是解决目前石墨烯应用研究困境的有效途径。

虽然石墨烯有着丰富而有趣的历史,但是人们越来越关注它未来的发展。结合前人对石墨烯性质的研究成果,提出以下建议。

(1) 为了得到表面结构、表面性质和性能的三维网络关系,可以从石墨烯的表面结构入手,并结合实际应用性能,采用多种分析技术全面定量研究石墨烯表面结构与表面性能之间的关系。

(2) 在石墨烯的制备过程中,实现对石墨烯表面结构、尺寸和数量的精确控制,将对深入研究石墨烯表面性质起到关键作用,并为石墨烯的功能化提供准确的范本。

(3) 在界面相互作用方面,石墨烯及其衍生物与复合材料或基底之间的界面可以得到进一步研究。

总之,对石墨烯性能的深入研究,将对促进石墨烯在复合材料、纳米涂层、电子器件等领域的应用起到积极作用,同时对拓展石墨烯的潜在性能也具有重要意义。

参考文献

[1] Geim, A. K. and Novoselov, K. S., The rise of graphene. *Nat. Mater.*, 6, 183 – 191, 2007.

[2] Verma, D., Gope, P. C., Shandilya, A. et al., Mechanical – thermal – electrical and morphological properties of graphene reinforced polymer composites: A review. *T. Indian I. Metals*, 67, 6, 803 – 816, 2014.

[3] Diez – Pascual, A. M., Sanchez, J. A. L., Capilla, R. P. et al., Recent developments in graphene/ polymer nanocomposites for application in polymer solar cells. *Polymers*, 10, 2, 217, 2018.

[4] Liu, J., Zhang, L., Ding, Z. et al., Tuning work functions of graphene quantum dot – modified electrode for polymer solar cells application. *Nano*, 9, 10, 3524, 2017.

[5] Kim, H. and Yong, K., A highly efficient light capturing 2D (nanosheet) – 1D (nanorod) combined hierarchical ZnO nanostructure for efficient quantum dot sensitized solar cells. *Phys. Chem. Chem. Phys.*, 15, 6, 2109 – 2116, 2013.

[6] Li, X., Sun, M., Shan, C. et al., Mechanical properties of 2D materials studied by *in situ* microscopy techniques. *Adv. Mater Interfaces*, 1701246, 2018.

[7] Argentero, G., Mittelberger, A., Reza, M., Monazam, A. et al., Unraveling the 3D atomic structure of a suspended graphene/hBN van der Waals Heterostructurep. *Nano Lett.*, 17, 1409 – 1416, 2017.

[8] Mohan, V. B., Lau, K. T., Hui, D. et al., Graphene – based materials and their composites: A review on production, applications and product limitations. *Compos. Part B – Eng.*, 142, 200 – 220, 2018.

[9] Novoselov, K. S., Fal'Ko, V. I., Colombo, L. et al., A roadmap for graphene. *Nature*, 490, 7419, 192 – 200, 2012.

[10] Koppens, F. H. L., Chang, D. E., Abajo, F. J. G. D., Graphene plasmonics: A platform for strong lightmatter interactions. *Nano Lett.*, 11, 8, 3370, 2011.

[11] Liu, M., Yin, X., Ulin – Avila, E., Geng, B., Zentgraf, T., Ju, L. et al., A graphene – based broadband optical modulator. *Nature*, 474, 7349, 64 – 67, 2011.

[12] He, X., Zhao, Z. – Y., Shi, W., Graphene – supported tunable near – IR metamaterials. *Opt. Lett.*, 40, 2, 178 – 181, 2015.

[13] Xiao, S., Wang, T., Liu, T., Yan, X., Li, Z., Xu, C., Active modulation of electromagnetically induced transparency analogue in terahertz hybrid metal – graphene metamaterials. *Carbon*, 126, 271 – 278, 2018.

[14] Arezoomandan,S.,Quispe,H. O. C.,Ramey,N.,Nieves,C. A.,Sensale – Rodriguez,B.,Graphene based reconfigurable terahertz plasmonics and metamaterials. *Carbon*,112,177 – 184,2017.

[15] He,X.,Gao,P.,Shi,W.,A further comparison of graphene and thin metal layers for plasmonics. *Nano*,8,19,10388 – 10397,2016.

[16] He,X.,Lin,F.,Liu,F. *et al.*,Terahertz tunable graphene Fano resonance. *Nanotechnology*,27,48,485202,2016.

[17] Pospischil,A.,Humer,M.,Furchi,M. M. *et al.*,CMOS – compatible graphene photodetector covering all optical communication bands. *Nat. Photonics*,7,11,892 – 896,2013.

[18] Tuteja,S. K.,Ormsby,C.,Neethirajan,S.,Noninvasive label – free detection of cortisol and lactate using graphene embedded screen – printed electrode. *Nano – Micro Lett.*,10,3,41,2018.

[19] Chen,X.,Fan,W.,Song,C.,Multiple plasmonic resonance excitations on graphene metamaterials for ultrasensitive terahertz sensing. *Carbon*,133,416 – 422,2018.

[20] Qi,L.,Yu,J.,Jaroniec,M.,Preparation and enhanced visible – light photocatalytic H_2 – production activity of CdS – sensitized Pt/TiO_2 nanosheets with exposed (001) facets. *Phys. Chem. Chem. Phys.*,13,19,8915,2011.

[21] Qian,X. F.,Ren,M.,Fang,M. Y. *et al.*,Hydrophilic mesoporous carbon as iron(III)/(II) electron shuttle for visible light enhanced Fenton – like degradation of organic pollutants. *Appl. Catal. B – Environ.*,231,108 – 114,2018.

[22] Likodimos,V.,Photonic crystal – assisted visible light activated TiO_2 photocatalysis. *Appl. Catal. B – Environ.*,230,269 – 303,2018.

[23] Li,C.,Huang,Y.,Chen,J.,Dopamine – assisted one – pot synthesis of grapheme @ Ni@ C composites and their enhanced microwave absorption performance. *Mater. Lett.*,154,136 – 139,2015.

[24] Imtiaz,S.,Siddiq,M.,Kausar,A. *et al.*,A review featuring fabrication,properties and applications of carbon nanotubes (cnts) reinforced polymer and epoxy nanocomposites. *Chinese J. Polym. Sci.*,36,4,445 – 461,2018.

[25] Atinafu,D. G.,Dong,W. J.,Huang,X. B. *et al.*,One – pot synthesis of light – driven polymeric composite phase change materials based on N – doped porous carbon for enhanced latent heat storage capacity and thermal conductivity. *Sol. Energ. Mat. Sol. C*,179,392 – 400,2018.

[26] Banerjee,A. N.,Graphene and its derivatives as biomedical materials:Future prospects and challenges. *J. R. Soc. Interface*,6,8,3,2018.

[27] Song,N.,Gao,X. L.,Ma,Z. *et al.*,A review of graphene – based separation membrane:Materials,characteristics,preparation and applications. *Desalination*,437,59 – 72,2018.

[28] Fan,Y.,Jiao,W.,Huang,C.,Effect of the noncovalent functionalization of graphite nanoflakes on the performance of MnO_2/C composites. *J. Appl. Electrochem.*,48,2,187 – 199,2018.

[29] Gerstner,E.,Nobel Prize 2010:Andre Geim & Konstantin Novoselov. *Nat. Phys.*,6,11,836,2010.

[30] Ledwith,P.,Kort – Kamp,W. J. M.,Dalvit,D. A. R.,Topological phase transitions and quantum hall effect in the graphene family. *Front. Optics*,97,16,165426,2017.

[31] Zhu,J.,Li,J.,Wen,H.,Gate – controlled tunneling of quantum Hall edge states in bilayer graphene. *Phys. Rev. Lett.*,120,5,057701,2018.

[32] Sun,X.,Mu,Y.,Zhang,J. *et al.*,Tuning the self – assembly of oligothiophenes on chemical vapor deposition graphene:Effect of functional group,solvent,and substrate. *Chem. Asian J.*,9,7,1888 – 1894,2014.

[33] Zhang,H.,Yin,H. F.,Zhang,K. B. *et al.*,Progress of surface plasmon research based on time – dependent density functional theory. *Acta Phys. Sin – Ch. Ed.*,64,7,2015.

[34] Ariga,K.,Li,M.,Richards,G. J. et al.,Nanoarchitectonics: A conceptual paradigm for design and synthesis of dimension – controlled functional nanomaterials. *J. Nanosci. Nanotechnol.*,11,1,1 – 13,2011.

[35] Dong,H. S.,Sang,W. S.,Kim,J. M. et al.,Graphene transparent conductive electrodes doped with graphene quantum dots – mixed silver nanowires for highly – flexible organic solar cells. *J. Alloy Compd.*,744,1 – 6,2018.

[36] Saqib Shams,S.,Zhang,R.,Zhu,J. et al.,Graphene synthesis: A review. *Mater. Sci. Poland*,33,3,566 – 578,2015.

[37] Martinez,A.,Fuse,K.,Yamashita,S.,Mechanical exfoliation of graphene for the passive mode – locking of fiber lasers. *Appl. Phys. Lett.*,99,12,3077,2011.

[38] Jeon,I. Y.,Shin,Y. R.,Sohn,G. J. et al.,Edge – carboxylatedgraphene nanosheets via ball milling. *Proc. Natl. Acad. Sci. USA*,109,15,5588 – 5593,2012.

[39] Lin,Z.,Karthik,P.,Hada,M. et al.,Simple technique of exfoliation and dispersion of multilayer graphene from natural graphite by ozone – assisted sonication. *Nanomaterials*,7,6,125,2017.

[40] Dai,W.,Chung,C. Y.,Hung,T. T. et al.,Superior field emission performance of graphene/ carbon nanofilament hybrids synthesized by electrochemical self – exfoliation. *Mater. Lett.*,205,223 – 225,2017.

[41] Habib,M. R.,Liang,T.,Yu,X. et al.,A review of theoretical study of graphene chemical vapor deposition synthesis on metals: Nucleation,growth,and the role of hydrogen and oxygen. *Rep. Prog. Phys.*,81,3,036501,2018.

[42] Forti,S.,Rossi,A.,Büch,H. et al.,Electronic properties of single – layer tungsten disulfide on epitaxial graphene on silicon carbide. *Nano*,9,42,16412 – 16419,2017.

[43] Carreño,N. L. V.,Barbosa,A. M.,Duarte,V. C. et al.,Metal – carbon interactions on reduced graphene oxide under facile thermal treatment: Microbiological and cell assay. *J. Nanomater.*,2017,4,6059540,2017.

[44] Trudeau,C.,Dionbertrand,L. I.,Mukherjee,S. et al.,Electrostatic deposition of large – surface graphene. *Materials*,11,1,2018.

[45] Novoselov,K. S.,Geim,A. K.,Morozov,S. V.,Jiang,D.,Zhang,Y.,Dubonos,S. V.,Grigorieva,I. V.,Firsov,A. A.,Electric field effect in atomically thin carbon films. *Science*,306,666 – 669,2004.

[46] An,J. C.,Lee,E. J.,Hong,I.,Preparation of the spheroidized graphite – derived multi – layered grapheme via GIC (graphite intercalation compound) method. *J. Ind. Eng. Chem.*,47,56 – 61,2016.

[47] Bae,Y. H.,Kwon,T. S.,Yu,M. J. et al.,Acoustic characteristics and thermal properties of polycarbonate/(graphite intercalation compound) composites. *Polym – Korea*,41,2,189,2017.

[48] Singh,V.,Joung,D.,Lei,Z. et al.,Graphene based materials: Past,present and future. *Prog. Mater. Sci.*,56,8,1178 – 1271,2011.

[49] Ovsiienko,I.,Matzui,L.,Berkutov,I. et al.,Magnetoresistance of graphite intercalated with cobalt. *J. Mater. Sci.*,53,1,716 – 726,2018.

[50] Maruyama,S.,Fukutsuka,T.,Miyazaki,K. et al.,Observation of the intercalation of dimethyl sulfoxide – solvated lithium ion into graphite and decomposition of the ternary graphite intercalation compound using in situ,Raman spectroscopy. *Electrochim. Acta*,265,41 – 46,2018.

[51] Poláková,L.,Sedláková,Z.,Ecorchard,P. et al.,Poly(meth)acrylate nanocomposite membranes containing in situ,exfoliated graphene platelets: Synthesis,characterization and gas barrier properties. *Eur. Polym. J.*,94,431 – 445,2017.

[52] Rozmanowski,T. and Krawczyk,P.,Influence of chemical exfoliation process on the activity of $NiCl_2$ – $FeCl_3$ – $PdCl_2$ – graphite intercalation compound towards methanol electrooxidation. *Appl. Catal. B – Envi-*

ron. ,224,53-59,2017.

[53] Jeon,I. ,Yoon,B. ,He,M. et al. ,Hyperstage graphite: Electrochemical synthesis and spontaneous reactive exfoliation. *Adv. Mater.* ,30,3,1704538,2018.

[54] Horie,M. ,Takahashi,K. ,Nanao,H. et al. ,Selective hydrogenation of cinnamaldehyde over platinum nanosheets intercalated between graphite layers. *J. Nanosci. Nanotechnol.* ,18,1,80-85,2018.

[55] Marcano,D. C. ,Kosynkin,D. V. ,Berlin,J. M. et al. ,Improved synthesis of graphene oxide. *ACS Nano*, 12,2,2078,2018.

[56] Justh,N. ,Berke,B. ,László,K. et al. ,Thermal analysis of the improved Hummers' synthesis of graphene oxide. *J. Therm. Anal. Calorim.* ,1-6,2017.

[57] Wu,X. ,Ma,L. ,Sun,S. et al. ,A versatile platform for the highly efficient preparation of grapheme quantum dots: Photoluminescence emission and hydrophilicity – hydrophobicity regulation and organelle imaging. *Nano* ,10,3,1532-1539,2017.

[58] Mandal,P. ,Naik,M. J. P. ,Saha,M. ,Room temperature synthesis of graphene nanosheets. *Cryst. Res. Technol.* ,53,2,1700250,2018.

[59] Mazanek,V. ,Matejkova,S. ,Sedmidubsky,D. et al. ,One step synthesis of B/N co-doped graphene as highly efficient electrocatalyst for oxygen reduction reaction – synergistic effect of impurities. *Chemistry*, 24,4,928-936,2017.

[60] Hack,R. ,Correia,C. H. G. ,Zanon,R. A. D. S. et al. ,Characterization of graphene nanosheets obtained by a modified Hummer's method. *Matéria* ,23,1,2018.

[61] Sinitsyna,O. V. ,Meshkov,G. B. ,Grigorieva,A. V. et al. ,Blister formation during graphite surface oxidation by Hummers' method. *Beilstein J. Nanotech.* ,9,407-414,2018.

[62] Yuan,R. ,Yuan,J. ,Wu,Y. et al. ,Graphene oxide – monohydrated manganese phosphate composites: Preparation via modified Hummers method. *Colloid Surface A* ,547,56-63,2018.

[63] Li,X. ,Cai,W. ,An,J. et al. ,Large-area synthesis of high-quality and uniform graphene films on copper foils. *Science* ,324,5932,1312,2009.

[64] Ani,M. H. ,Kamarudin,M. A. ,Ramlan,A. H. et al. ,A critical review on the contributions of chemical and physical factors toward the nucleation and growth of large-area graphene. *J. Mater. Sci.* ,53,10,7095-7111,2018.

[65] Naghdi,S. ,Rhee,K. Y. ,Park,S. J. ,A catalytic,catalyst-free,and roll-to-roll production of graphene via chemical vapor deposition: Low temperature growth. *Carbon* ,127,1-12,2018.

[66] Tu,R. ,Liang,Y. ,Zhang,C. et al. ,Fast synthesis of high-quality large-area graphene by laser CVD. *Appl. Surf. Sci.* ,445,204-210,2018.

[67] Rybin,M. G. ,Kondrashov,I. I. ,Pozharov,A. S. et al. ,In situ control of CVD synthesis of grapheme film on nickel foil. *Phys. Status Solidi.* ,255,1700414,2017.

[68] Dong,J. ,Wang,H. ,Peng,H. et al. ,Formation mechanism of overlapping grain boundaries in graphene chemical vapor deposition growth. *Chem. Sci.* ,8,3,2209,2017.

[69] Park,B. J. ,Choi,J. S. ,Eom,J. H. et al. ,Defect-free graphene synthesized directly at 150℃ via chemical vapor deposition with no transfer. *ACS Nano* ,12,2,2008-2016,2018.

[70] Lobiak,E. V. ,Shlyakhova,E. V. ,Gusel'Nikov,A. V. et al. ,Carbon nanotube synthesis using Fe-Mo/MgO catalyst with different ratios of CH_4 and H_2 gases. *Phys. Status Solidi* ,255,1,1700274,2018.

[71] Wang,C. Y. ,Jing,W. X. ,Jiang,Z. D. et al. ,The measurement of single-layer thickness of grapheme materials by high resolution transmission electron microscopy. *Acta Metrologica Sinica* ,38,2,145-148,2017.

[72] Duong,D. L. ,Gang,H. H. ,Lee,S. M. et al. ,Probing graphene grain boundaries with optical microscopy.

Nature,490,7419,235,2012.

[73] Almeida,C. M.,Carozo,V.,Prioli,R. et al.,Identification of graphene crystallographic orientation by atomic force microscopy. *J. Appl. Phys.*,110,8,666 – 301,2011.

[74] Lindvall,N.,Kalabukhov,A.,Yurgens,A.,Cleaning graphene using atomic force microscope. *J. Appl. Phys.*,111,6,666,2012.

[75] Nemes – Incze,P.,Osváth,Z.,Kamarás,K. et al.,Anomalies in thickness measurements of graphene and few layer graphite crystals by tapping mode atomic force microscopy. *Carbon*,46,11,1435 – 1442,2008.

[76] Sun,Z.,Hamalainen,S. K.,Sainio,J. et al.,Topographic and electronic contrast of the grapheme moiré on Ir(111) probed by scanning tunneling microscopy and noncontact atomic force microscopy. *Phys. Rev. B Condens. Matter.*,83,8,210 – 216,2010.

[77] Chu,L.,Korobko,A. V.,Bus,M. et al.,Fast and controlled fabrication of porous grapheme oxide: Application of AFM tapping for mechano – chemistry. *Nanotechnology*,29,18,185301,2018.

[78] Ziatdinov,M.,Dyck,O.,Maksov,A. et al.,Deep learning of atomically resolved scanning transmission electron microscopy images: Chemical identification and tracking local transformations. *ACS Nano*,12742 – 12752,2018.

[79] Xia,M.,A review on applications of two – dimensional materials in surface enhanced Raman spectroscopy. *Internet. J. Spectro.*,2018 – 1 – 1,2018,2018.

[80] Wu,J. B.,Lin,M. L.,Cong,X. et al.,Raman spectroscopy of graphene – based materials and its applications in related devices. *Chem. Soc. Rev.*,47,5,1822 – 1873,2018.

[81] Ferrari,A.,Ferrante,C.,Virga,A. et al.,Raman spectroscopy of graphene under ultrafast laser excitation. *Nat. Commun.*,9,1,2018.

[82] Dass,D.,Structural analysis,electronic properties,and band gaps of a graphene nanoribbon: A new 2D materials. *Superlattice Microst.*,115,88 – 107,2018.

[83] Cai,Q.,Mateti,S.,Yang,W. et al.,Boron nitride nanosheets improve sensitivity and reusability of surface enhanced Raman spectroscopy. *Angew. Chem. Int. Ed.*,128,29,8597 – 8597,2016.

[84] Bang,K.,Chee,S. S.,Kim,K. et al.,Effect of ribbon width on electrical transport properties of graphene nanoribbons. *Nano Converg.*,5,1,7,2018.

[85] Shcherbakov,D.,Stepanov,P.,Watanabe,K. et al.,*Electrical Transport in hybrid graphene/CrI_3 junctions*,APS March Meeting. American Physical Society,2018.

[86] Nazir,G.,Khan,M. F.,Aftab,S. et al.,Gate tunable transport in graphene/MoS_2/(Cr/Au) vertical field – effect transistors. *Nanomaterials*,8,1,14,2018.

[87] Warmbier,R. and Quandt,A.,Brillouin zone grid refinement for highly resolved *ab initio* THz optical properties of graphene. *Comput. Phys. Commun.*,228,96 – 99,2018.

[88] Lin,I. T.,Liu,J. M.,Shi,K. Y. et al.,Terahertz optical properties of multilayer graphene: Experimental observation of strong dependence on stacking arrangements and misorientation angles. *Phys. Rev. B Condens. Matter.*,86,23,278 – 281,2012.

[89] Liu,K.,Chen,L.,Chen,Y. et al.,Preparation of polyester/reduced graphene oxide composites via *in situ* melt polycondensation and simultaneous thermo – reduction of graphene oxide. *J. Mater. Chem.*,21,24,8612 – 8617,2011.

[90] Anishmadhavan,A.,Kalluri,S.,Kchacko,D. et al.,Electrical and optical properties of electro – spun TiO_2 – graphene composite nanofibers and its application as DSSC photo – anodes. *RSC Adv.*,2,33,13032 – 13037,2012.

[91] Yuan,J.,Ma,L. P.,Pei,S. et al.,Tuning the electrical and optical properties of graphene by ozone treat-

ment for patterning monolithic transparent electrodes. *ACS Nano*, 7, 5, 4233 – 4241, 2013.

[92] Ho, X., Lu, H., Liu, W. et al., Electrical and optical properties of hybrid transparent electrodes that use metal grids and graphene films. *J. Mater. Res.*, 28, 4, 620 – 626, 2013.

[93] Roos, W. H., How to perform a nanoindentation experiment on a virus. *Methods Mol. Biol.*, 783, 251 – 264, 2011.

[94] Zou, J. H., Ye, Z. Q., Cao, B. Y., Phonon thermal properties of graphene from molecular dynamics using different potentials. *J. Chem. Phys.*, 145, 13, 134705, 2016.

[95] Qiu, B., Li, Q., Shen, B. et al., Stöber – like method to synthesize ultradispersed Fe_3O_4, nanoparticles on graphene with excellent Photo – Fenton reaction and high – performance lithium storage. *Appl. Catal. B – Environ.*, 183, 216 – 223, 2016.

[96] Huo, P., Zhao, P., Wang, Y. et al., A roadmap for achieving sustainable energy conversion and storage: Graphene – based composites used both as an electrocatalyst for oxygen reduction reactions and an electrode material for a supercapacitor. *Energies*, 11, 1, 167, 2018.

[97] Kim, M., Hwang, H. M., Park, G. H. et al., Graphene – based composite electrodes for electrochemical energy storage devices: Recent progress and challenges. *Flatchem*, 6, 48 – 76, 2017.

[98] Wang, H., Liu, B., Wang, L. et al., Graphene glass inducing multidomain orientations in cholesteric liquid crystal devices toward wide viewing angles. *ACS Nano*, 12(7), 2018.

[99] Zhang, J., Seyedin, S., Gu, Z. et al., Liquid crystals of graphene oxide: A route towards solution – based processing and applications. *Part. Part. Syst. Char.*, 34, 9, 1600396, 2017.

[100] Shtein, M., Nadiv, R., Buzaglo, M. et al., Graphene – based hybrid composites for efficient thermal management of electronic devices. *ACS Appl. Mater. Interfaces*, 7, 42, 23725 – 23730, 2015.

[101] Wan, S. J., Wei, H. U., Jiang, L. et al., Bioinspired graphene – based nanocomposites and their application in electronic devices. *Chinese Sci. Bull.*, 62, 27, 3173 – 3200, 2017.

[102] Ryan, A. J., Kearney, C. J., Shen, N. et al., Electroconductive biohybrid collagen/pristine graphene composite biomaterials with enhanced biological activity. *Adv. Mater.*, 1706442, 2018.

[103] Weng, W., Nie, W., Zhou, Q. et al., Controlled release of vancomycin from 3D porous graphene – based composites for dual – purpose treatment of infected bone defects. *RSC Adv.*, 7, 5, 2753 – 2765, 2017.

[104] D'Elia, E., Barg, S., Ni, N. et al., Self – healing graphene – based composites with sensing capabilities. *Adv. Mater.*, 27, 32, 4788, 2015.

[105] Samaddar, P., Son, Y. S., Tsang, D. C. W. et al., Progress in graphene – based materials as superior media for sensing, sorption, and separation of gaseous pollutants. *Coordin. Chem. Rev.*, 368, 93 – 114, 2018.

[106] Cao, P., Huang, C., Zhang, L. et al., One – step fabrication of RGO/HNBR composites *via* selective hydrogenation of NBR with graphene – based catalyst. *RSC Adv.*, 5, 51, 41098 – 41102, 2015.

[107] Gürsel, S. A., Layer – by – layer polypyrrole coated graphite oxide and graphene nanosheets as catalyst support materials for fuel cells. *Fullerene Sci. Technol.*, 21, 3, 233 – 247, 2013.

[108] Silva, M., Alves, N. M., Paiva, M. C., Graphene – polymer nanocomposites for biomedical applications. *Polym. Adv. Technol.*, 29, 2, 687 – 700, 2017.

[109] He, D., Xue, W., Zhao, R. et al., Reduced graphene oxide/Fe – phthalocyanine nanosphere cathodes for lithium – ion batteries. *J. Mater. Sci.*, 53, 12, 9170 – 9179, 2018.

[110] Embrey, L., Nautiyal, P., Loganathan, A. et al., Three – dimensional graphene foam induces multifunctionality in epoxy nanocomposites by simultaneous improvement in mechanical, thermal, and electrical properties. *ACS Appl. Mater. Interfaces*, 9, 45, 39717 – 39727, 2017.

[111] Yoo, Y., Choi, H. S., Kim Y. S. et al., Polyamide based polymer compositions comprising cyclic com-

pound and polymer based composite material using the same. US 20180030220,2018.

[112] Liu,Y.,Deng,R.,Wang,Z. et al.,Carboxyl – functionalized graphene oxide – polyaniline composite as a promising super capacitor material. *J. Mater. Chem.*,22,27,13619 – 13624,2012.

[113] Zhao,J.,Wang,X.,Zhou,W. et al.,Graphene – reinforced biodegradable poly(ethylene succinate) nanocomposites prepared by *in situ* polymerization. *J. Appl. Polym. Sci.*,130,5,3212 – 3220,2014.

[114] Boothroyd,S. C.,Johnson,D. W.,Weir,M. P. et al.,Controlled structure evolution of grapheme networks in polymer composites. *Chem. Mater.*,30,5,1524 – 1531,2018.

[115] Shen,X. J.,Liu,Y.,Xiao,H. M. et al.,The reinforcing effect of graphene nanosheets on the cryogenic mechanical properties of epoxy resins. *Compos. Sci. Technol.*,72,13,1581 – 1587,2012.

[116] Rubrice,K.,Castel,X.,Himdi,M. et al.,Dielectric characteristics and microwave absorption of graphene composite materials. *Materials*,9,10,825,2016.

[117] Almadhoun,M. N.,Alshareef,H. N.,Bhansali,U. S. et al.,Graphene – based composite materials,method of manufacture and applications thereof: US,WO 2014058860 A1,2014.

[118] Bica,I.,Anitas,E. M.,Averis,L. M. E. et al.,Magnetodielectric effects in composite materials based on paraffin,carbonyl iron and graphene. *J. Ind. Eng. Chem.*,21,1,1323 – 1327,2014.

[119] Li,H.,Xu,C.,Chen,Z. et al.,Graphene/poly(vinylidene fluoride) dielectric composites with polydopamine as interface layers. *Sci. Eng. Compos. Mater.*,24,3,327 – 333,2017.

[120] Kandasamy,S. K. and Kandasamy,K.,Recent advances in electrochemical performances of graphene composite (graphene – polyaniline/polypyrrole/activated carbon/carbon nanotube) electrode materials for supercapacitor: A review. *J. Inorg. Organomet P.*,3,559 – 584,2018.

[121] Liu,T.,Zhang,X.,Liu,K. et al.,A novel and facile synthesis approach of porous carbon/ graphene composite for the supercapacitor with high performance. *Nano*,29,9,2018.

[122] Thummarungsan,N.,Paradee,N.,Pattavarakorn,D. et al.,Influence of graphene on electromechanical responses of plasticized poly(lactic acid). *Polymer*,138,169 – 179,2018.

[123] Pham,V. H.,Dang,T. T.,Hur,S. H. et al.,Highly conductive poly(methyl methacrylate)(PMMA) – reduced graphene oxide composite prepared by self – assembly of PMMA latex and graphene oxide through electrostatic interaction. *ACS Appl. Mater. Interfaces*,4,5,2630,2012.

[124] Sun,X.,Lu,H.,Liu,P. et al.,A reduced graphene oxide – NiO composite electrode with a high and stable capacitance. *Sustain. Energ. Fuels*,2,3,673 – 678,2017.

[125] Tschoppe,K.,Beckert,F.,Beckert,M. et al.,Thermally reduced graphite oxide and mechanochemically functionalized graphene as functional fillers for epoxy nanocomposites. *Macromol. Mater. Eng.*,300,2,140 – 152,2015.

[126] Li,J.,Song,Y.,Ma,Z. et al.,Preparation of polyvinyl alcohol graphene oxide phosphonate film and research of thermal stability and mechanical properties. *Ultrason. Sonochem.*,43,1,2018.

[127] Xin,F.,Fan,L. W.,Ding,Q. et al.,Increased thermal conductivity of eicosane – based composite phase change materials in the presence of graphene nanoplatelets. *Energ. Fuel.*,27,7,4041 – 4047,2013.

[128] Han,P.,Fan,J.,Jing,M. et al.,Effects of reduced graphene on crystallization behavior,thermal conductivity and tribological properties of poly(vinylidene fluoride). *J. Compos. Mater.*,48,6,659 – 666,2013.

[129] Choi,J. Y.,Lee,J. H.,Mi,R. K. et al.,Graphene attached on microsphere surface for thermally conductive composite material. *Clean Technol. Environ.*,19,3,243 – 248,2013.

[130] Kumar,P.,Yu,S.,Shahzad,F. et al.,Ultrahigh electrically and thermally conductive self – aligned graphene/polymer composites using large – area reduced graphene oxides. *Carbon*,101,120 – 128,2016.

[131] Mehrali,M.,Latibari,S. T.,Mehrali,M. et al.,Shape – stabilized phase change materials with high thermal

[132] Guo, H., Li, X., Li, B. et al., Thermal conductivity of graphene/poly(vinylidene fluoride) nanocomposite membrane. *Mater. Des.*, 114, 355-363, 2016.

[133] Zhang, Z., Qu, J., Feng, Y. et al., Assembly of graphene-aligned polymer composites for thermal conductive applications. *Com. Commun.*, 9, 33-41, 2018.

[134] Huang, Y., Yan, J., Zhou, S. et al., Preparation and electromagnetic wave absorption properties of CoNi@ SiO_2, microspheres decorated graphene-polyaniline nanosheets. *J. Mater. Sci. Mater. El.*, 29, 1, 1-10, 2017.

[135] Shen, X. J., Pei, X. Q., Fu, S. Y. et al., Significantly modified tribological performance of epoxy nanocomposites at very low graphene oxide content. *Polymer*, 54, 3, 1234-1242, 2013.

[136] Hassan, E. S. M., Eid, A. I., El-Sheikh, M. et al., Effect of graphene nanoplatelets and paraffin oil addition on the mechanical and tribological properties of low-density polyethylene nanocomposites. *Ara. J. Sci. Eng.*, 11, 1-9, 2017.

[137] Ameen, S., Seo, H. K., Akhtar, M. S. et al., Novel graphene/polyaniline nanocomposites and its photocatalytic activity toward the degradation of rose Bengal dye. *Chem. Eng. J.*, 210, 6, 220-228, 2012.

[138] Chen, C. T., Martinmartinez, F. J., Ling, S. et al., Nacre-inspired design of graphene oxidepolydopamine nanocomposites for enhanced mechanical properties and multi-functionalities. *Nano Futures*, 1, 1, 011003, 2017.

[139] Roy, C. S., Introduction to nursing: An adaptation model. *Am. J. Nurs.*, 84, 10, 1331, 1984.

[140]. Kim, Y., Lee, J., Yeom, M. S. et al., Strengthening effect of single-atomic-layer graphene in metal-graphene nanolayered composites. *Nat. Commun.*, 4, 2114, 2013.

[141] Zhang, J., Xiong, Z., Zhao, X. S., Graphene-metal-oxide composites for the degradation of dyes under visible light irradiation. *J. Mater. Chem.*, 21, 11, 3634-3640, 2011.

[142] Xiang, H., Zhang, K., Ji, G. et al., Graphene/nanosized silicon composites for lithium battery anodes with improved cycling stability. *Carbon*, 49, 5, 1787-1796, 2011.

[143] Iqbal, N., Khan, I., Yamani, Z. H. A. et al., Corrigendum to "A facile one-step strategy for *in-situ* fabrication of WO_3-$BiVO_4$, nanoarrays for solar-driven photoelectrochemical water splitting applications" [Solar Energy 144 (2017) 604-611]. *Sol. Energy*, 160, 604-611, 2018.

[144] Wang, G., Chen, R., Zhao, S. et al., Efficient synthesis of 1,2,4-Oxadiazine-5-ones via [3+3] cycloaddition of *in situ* generated aza-oxyallylic cations with nitrile oxides. *Tetrahedron Lett.*, 59, 21, 2018-2020, 2018.

[145] Myekhlai, M., Lee, T., Baatar, B. et al., Thermal conductivity on the nanofluid of graphene and silver nanoparticles composite material. *J. Nanosci. Nanotechnol.*, 16, 2, 1633, 2016.

[146] Kholmanov, I. N., Domingues, S. H., Chou, H. et al., Reduced graphene oxide/copper nanowire hybrid films as high-performance transparent electrodes. *ACS Nano*, 7, 2, 1811-1816, 2013.

[147] Dimiev, A., Zakhidov, D., Genorio, B. et al., Permittivity of dielectric composite materials comprising graphene nanoribbons. The effect of nanostructure. *ACS Appl. Mater. Interfaces*, 5, 15, 7567, 2013.

[148] Liu, J., Tian, G., Qi, S. et al., Enhanced dielectric permittivity of a flexible three-phase polyimide-graphene-$BaTiO_3$ composite material. *Mater. Lett.*, 124, 124, 117-119, 2014.

[149] Zhai, W., Shi, X., Wang, M. et al., Effect of graphene nanoplate addition on the tribological performance of Ni_3Al matrix composites. *J. Compos. Mater.*, 48, 30, 3727-3733, 2014.

[150] Zhou, M., Lin, T., Huang, F. et al., Highly conductive porous graphene/ceramic composites for heat transfer and thermal energy storage. *Adv. Funct. Mater.*, 23, 18, 2263-2269, 2013

第2章 石墨烯增强先进复合材料

Xiaochao Ji[1], Shaojun Qi[1], Rajib Ahmed[2] 和 Ahmmed A. Rifat[3]

[1] 英国伯明翰,伯明翰大学冶金与材料学院
[2] 英国伯明翰,伯明翰大学工程学院,英纳米技术实验室
[3] 澳大利亚堪培拉,澳大利亚国立大学物理与工程研究学院,非线性物理中心

摘 要 石墨烯是最有前景的二维材料之一,其吸引人的力学、电子和热学性能在过去的10年中引起了人们广泛的关注。由于石墨烯的独特性,石墨烯增强复合材料被用作结构材料和功能材料。有关石墨烯增强复合材料的几个关键问题包括制造技术、分散、连接、增强机理和力学性能。本章综述了合成石墨烯增强复合材料(聚合物、金属和陶瓷)的方法,这些方法的目的是在基体中形成均匀分布的石墨烯。本章还综述了石墨烯增强复合材料的力学性能以及影响其强度和界面性能的重要因素,并总结了不同基体中石墨烯增强复合材料的应用。本章强调了以后需要促进石墨烯增强复合材料发展的方向。

关键词 石墨烯,复合材料,聚合物基体,金属基体,陶瓷基体

2.1 引言

研究人员使用复合材料可以灵活设计材料的形状、强度和性能,由于复合材料的多功能性,它们可以应用于不同的领域。一般来说,复合材料的定义是多个物理或化学性质不同的相排列或分布而形成的材料。连续相称为基体,分散相称为增强体。通常,复合材料可根据基体或增强体的类型进行分类,如金属基复合材料(metal matrix composite,MMC)、陶瓷基复合材料(ceramic matrix composite,CMC)、聚合物基复合材料(polymer matrix composite,PMC)、粒子增强复合材料、短纤维增强复合材料、连续光纤增强复合材料和层压复合材料。高强度和轻质复合材料可设计用来满足工业的要求,如在航空航天和汽车的应用中形成高效载荷和燃油效率等优势。

除了传统复合材料,纳米技术的出现使纳米复合材料的制备成为可能,纳米复合材料具有的特殊结构使其拥有广泛的应用前景。到目前为止,相关人员已经对纳米填充物及纳米复合材料进行了大量的研究,如碳纳米管、碳纳米纤维(carbon nanofiber,CNF)、炭黑等。纳米复合材料与含有大量填充物的传统复合材料不同,纳米复合材料中含有的纳米填充物体积比很低,但是因为纳米填充物比表面积较大,因此它可以显著改变复合材料的性能。

A. K. Geim 和 K. S. Novoselov 最早于 2004 年通过机械剥离法合成了石墨烯这一最有前景的二维材料[1],这项开创性的工作引导了石墨烯研究的趋势。理论和实验结果表明,这种单层碳具有许多优异的性能[2-5]。石墨烯除了具有优异的力学性能外,还具有高导电性和导热性、高比表面积和惰性表面特性,这使得石墨烯在电子器件、热传感器、能量储存和生物医学应用等领域都有很好的应用前景。石墨烯由六边形晶格排列的碳原子构成,这决定了石墨烯具有高弹性模量(约 1TPa)和抗拉强度(约 130GPa)等特点[2-5]。

石墨烯相对于石墨、炭黑和碳纳米管等其他碳同素异形体具有一些固有的优势。由于石墨烯拥有高比表面积,这使得石墨烯与基体的相互作用面积较大,因此石墨烯是复合材料理想的纳米填充物。石墨烯的高比表面积有助于声子、电子、热能或力学应力的传输。石墨烯可以通过自下而上或自上而下的方法合成。纯石墨烯可以通过化学气相沉积或机械剥离石墨获得。石墨的化学剥离是一种相对简单和廉价的合成氧化石墨烯的方法,但获得氧化石墨烯还需要再进行还原。图 2.1 所示为石墨烯和氧化石墨烯。自 2004 年制备出石墨烯以来,石墨烯增强复合材料的研究发展迅速。金属和陶瓷基复合材料的制备需要高压高温,而聚合物基复合材料的制备过程相对简单,使聚合物基复合材料的研究比金属基和陶瓷基复合材料的研究更加深入。

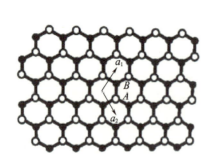
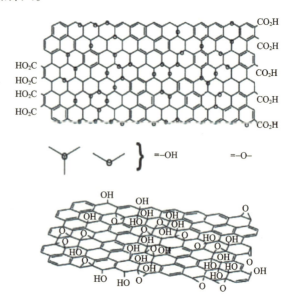

图 2.1　石墨烯和氧化石墨烯的示意图[6]

聚合物由于力学强度低不能用于结构材料,而金属和陶瓷基复合材料广泛用于轻质、高强度和长寿命构件的结构材料中。由于石墨烯增强金属和陶瓷基复合材料的潜力,人们越来越关注石墨烯增强金属和陶瓷基复合材料。

在本章中,概述了石墨烯增强复合材料的几个关键问题,包括制造技术、分散、连接、增强机理和力学性能。本章重点综述了石墨烯增强复合材料(聚合物、金属和陶瓷)的合成方法,这些方法的目的是石墨烯在基体中均匀分布。本章还概述了目前研究的复合材料的力学性能,并对影响复合材料强度和界面性能的重要因素进行了综述。本章综述了石墨烯在不同材料体系中的界面反应和稳定性。结合石墨烯均匀分布的化学稳定性,讨论了石墨烯在基体中的分散行为,综述了石墨烯对复合材料的电子、热学、腐蚀和催化性能的影响以及不同基体石墨烯增强复合材料的应用前景。基于前面的讨论,对石墨烯增强复合材料的研究方向进行了展望。

2.2 石墨烯增强金属基复合材料

石墨烯是增强金属基复合材料的最有前景的增强物。近年来,已经有学者报道了有关石墨烯增强金属基复合材料的研究发现。过去几年发表的论文数量如图 2.2 所示,这表明与聚合物基复合材料相比,该领域并未得到足够的重视。原因可以归结为在石墨烯增强金属基复合材料的分散过程中存在许多困难和其他如界面化学反应或连接等处理问题。石墨烯在增强过程中引起的缺陷和孔隙率直接影响复合材料的力学性能。目前,石墨烯增强金属基复合材料的制备方法主要有粉末冶金、熔化和凝固、电化学沉积和其他创新制备技术等。相关人员对不同的金属基复合材料进行了处理,并对其微观结构和界面反应进行了研究,从而对石墨烯增强金属基复合材料有了清楚的认识。本章根据不同基体,对最近发表的关于石墨烯增强金属基复合材料的论文进行了分类,如表 2.1 所列,列出了它们的混合方法、制备工艺技术、增强机理和性能等。尽管石墨烯具有优良的电子、热学和力学性能,但值得注意的是,所有这些性能都是单层石墨烯的理想性能。在表 2.1 所列的大多数情况下,纳米填充物是多层石墨烯或氧化石墨烯,它们的性能可能不如单层石墨烯。因此,在实验中使用的特定石墨烯列于表 2.1 中,用于概述石墨烯在金属基复合材料中的应用状态。

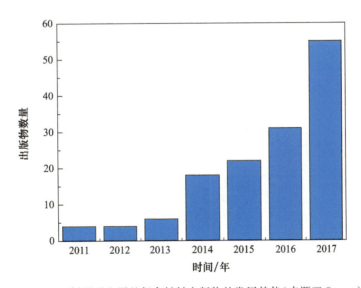

图 2.2 石墨烯增强金属基复合材料出版物的发展趋势(来源于 Scopus)

2.2.1 金属基复合材料的制备过程的制备

由于石墨烯与金属基体表面能相差很大,因此制备石墨烯增强金属基复合材料(MMC)面临的巨大挑战是纳米填充物在金属基体中均匀分散的问题。相关人员已经研究了石墨烯增强 MMC 的各种制备方法,如粉末冶金、熔化和凝固、电沉积等。

表 2.1 石墨烯增强金属基复合材料的制备工艺、基体和增强材料概述

作者	混合法	制备工艺	基体	增强材料	性能
Bastwros 等[7]	球磨	半固态烧结	Al6061	质量分数为 1.0% 石墨烯	抗弯强度提高 47%
Bartolucci 等[8]	球磨	热等静压挤压	Al	质量分数为 0.1% 石墨烯	低硬度和抗拉强度
Yang 等[9]	球磨	压力渗透法	Al	质量分数为 0.06%、0.14%、0.21%、0.54% 石墨烯	屈服强度提高 228%、抗拉强度增加 93%
Gao 等[10]	静电自组装	热压	Al	质量分数为 0.1%、0.3% 和 0.5% 氧化石墨烯	质量分数为 0.3% 氧化石墨烯,抗拉强度 110MPa
Li 等[11]	高能球磨	烧结	Al	质量分数为 0.25%、0.5% 和 1% 石墨烯	硬度 81HV,屈服强度和抗拉强度分别提高 38.27% 和 56.19%
Kumar 等[12]	磁力搅拌	热挤压	Al	石墨烯	硬度约 75HV;抗拉强度提高 46%;伸长率降低
Wang 等[13]	机械搅拌	热挤压	Al	氧化石墨烯	249MPa 的抗拉强度
Li 等[14]	机械搅拌	热压	Al	质量分数为 0.3% 氧化石墨烯	弹性模量和硬度分别增加 18% 和 17%
Jeon 等[15]	溶剂混合	搅拌摩擦制备工艺	Al	氧化石墨烯	导热性能提高 15%
Pérez 等[16]	高能球磨	烧结	Al	质量分数为 0.25%、0.50% 和 1.0% 石墨烯	硬度增加约 138%
Zhang 等[17]	球磨	热挤压	Al5083	质量分数为 0.5% 和 1.0% 石墨烯	质量分数为 1.0% 石墨烯,屈服强度和抗拉强度分别为 332MPa 和 470MPa
Khodabakhshi 等[18]	湿混合	搅拌摩擦制备工艺	Al-Mg	石墨烯	84 硬度;300% 屈服强度
Kavimani 等[19]	湿混合	烧结	AZ31	氧化石墨烯	硬度 64HV;低腐蚀速率
Liu 等[20]	溶剂混合	脉冲电沉积	Co	氧化石墨烯	硬度 430HV;低摩擦系数 −0.55;低腐蚀速率
Rekha 等[21]	溶剂混合	电沉积	Cr	石墨烯	增强耐腐蚀性
Jiang 等[22]	溶剂混合	放电等离子烧结	Cu	氧化石墨烯	屈服强度和抗压强度分别提高 90% 和 81%;导电性能高
Kim 等[23]	球磨	高比差速轧制	Cu	体积分数为 0.5% 和 1% 多层石墨烯	优化晶粒尺寸;体积分数为 1% 多层石墨烯,屈服强度和抗拉强度分别为 360MPa 和 425MPa

续表

作者	混合法	制备工艺	基体	增强材料	性能
Hwang 等[24]	分子级混合	放电等离子烧结	Cu	氧化石墨烯	弹性模量和屈服强度分别为131GPa和284MPa
Tang 等[25]	溶剂混合	放电等离子烧结	Cu	石墨烯/镍	体积分数为1.0%,弹性模量和屈服强度分别为132GPa和268MPa
Raghupathy 等[26]	溶剂混合	电沉积	Cu	氧化石墨烯	低腐蚀速率
Akbulut 等[27]	溶剂混合	电泳沉积	Cu	碳化钨/石墨烯	低摩擦系数0.2和低磨损率
Hu 等[28]	溶剂混合	激光添加剂制造	Cu	氧化石墨烯	弹性模量和屈服强度分别为118.9GPa和3GPa
Luo 等[29]	球磨	热压烧结	Cu	氧化石墨烯/银	89.1HV;高热学、电学性能
Jagannadham 等[30]	溶剂混合	电化学沉积	Cu	石墨烯	导热性能
Jagannadham 等[31]	溶剂混合	电化学沉积	Cu	石墨烯	导热性能
Chu 等[32]	球磨	热压	Cu	体积分数为3%、5%、8%和12%石墨烯	体积分数为8%,屈服强度和弹性模量分别提高了114%和37%
Pavithra 等[33]	溶剂混合	电化学沉积	Cu	氧化石墨烯	硬度约2.5GPa;弹性模量约137GPa;可比导电性能
Xie 等[34]	溶剂混合	电化学沉积	Cu	氧化石墨烯	电活性
Li 等[35]	溶剂混合	放电等离子烧结	Cu	体积分数为0.8%氧化石墨烯/镍	拉伸强度提高42%
Peng 等[36]	溶剂混合	化学镀	Cu	氧化石墨烯/钯	夹层结构
Zhao 等[37]	溶剂混合	化学镀	Cu	氧化石墨烯	质量分数为1.3%,拉伸强度和弹性模量分别增加了107%和21%

续表

作者	混合法	制备工艺	基体	增强材料	性能
Dutkiewicz等[38]	球磨	热压	Cu	质量分数为1%和2%氧化石墨烯	质量分数为2%氧化石墨烯,硬度提高20HV
Xiong等[39]	溶剂混合	热压	Cu	体积分数为0.3%和1.2%氧化石墨烯或氧化石墨烯	体积分数为1.2%,屈服强度233MPa,拉应力308MPa
Zhao等[40]	溶剂混合	包层轧制	Cu-Al	质量分数为3%氧化石墨烯	抗拉强度和硬度分别提高77.5%和29.1%
Liu等[41]	溶剂混合	真空冷喷涂	HA	质量分数为0.1%和1%石墨烯	断裂性能增强
Turan等[42]	溶剂混合	热压烧结	Mg	质量分数为0.1%、0.25%和0.5%石墨烯	硬度和耐磨性提高,降低腐蚀速率
Rashad等[43]	溶剂混合	热挤压	Mg-Al	质量分数为0.5%石墨烯/0.1%碳纳米管	硬度63HV;抗拉强度和抗压强度提高
Qi等[44]	溶剂混合	电刷镀	Ni	氧化石墨烯	硬度8.65GPa,低腐蚀速率
Algul等[45]	溶剂混合	脉冲电镀	Ni	石墨烯	高硬度和低摩擦系数0.2
Jabbar等[46]	溶剂混合	电化学沉积	Ni	石墨烯	增强耐蚀性
Zhou等[47]	溶剂混合	反向脉冲电沉积	Ni	铈/氧化石墨烯	优良的防腐性能
Kumar等[48]	溶剂混合	电沉积	Ni	氧化石墨烯	低腐蚀速率
Kuang等[49]	溶剂混合	电沉积	Ni	石墨烯	低硬度,高导热性能
Szeptyck等[50]	溶剂混合	电沉积	Ni	石墨烯	较好的耐蚀性
Chen等[51]	溶剂混合	脉冲电沉积	Ni	石墨烯	高硬度约223HV;低摩擦系数
Ren等[52]	溶剂混合	电化学沉积	Ni	多层石墨烯	硬度4.6GPa,弹性模量240GPa
Khalil等[53]	溶剂混合	电沉积	Ni	氧化石墨烯/TiO_2	低腐蚀速率

续表

作者	混合法	制备工艺	基体	增强材料	性能
Jiang等[54]	溶剂混合	电化的沉积	Ni	石墨烯	晶粒尺寸小；腐蚀速率低
Zhai等[55]	球磨	放电等离子烧结	Ni₃Al	质量分数为1%石墨烯	低温下低摩擦系数
Qiu等[56]	溶剂混合	脉冲电流沉积	氢氧化镍	氧化石墨烯	较好的耐蚀性
Zhang等[57]	溶剂混合	电沉积	Ni–Fe	石墨烯	3倍硬度和弹性模量提高14.9%
Gao等[58]	溶剂混合	电化学沉积	PtNi	氧化石墨烯	对葡萄糖敏感
Berlia等[59]	溶剂混合	电沉积	Sn	石墨烯	较好的耐蚀性
Song等[60]	球磨	放电等离子烧结	Ti	质量分数为0.5%和1.5%多层石墨烯	硬度约15GPa；弹性模量约264GPa；屈服强度约918MPa；耐刮伤性24GPa
Hu等[61]	溶剂混合	激光烧结	Ti	质量分数为1%、2.5%和5%氧化石墨烯	硬度约11GPa
Zhang等[62]	机械搅拌	放电等离子烧结	Ti	体积分数为3.0%和7%氧化石墨烯	体积分数为7%氧化石墨烯，抗压强度2.64GPa和屈服强度1.93GPa
Cao等[63]	机械搅拌	热等静压	Ti	质量分数为0.5%石墨烯	弹性模量125GPa；拉伸强度1.06GPa；屈服强度1.02GPa
Mu等[64]	溶剂混合	放电等离子烧结	Ti	石墨烯	质量分数为0.1%，拉伸强度增加54.2%
Xu等[65]	球磨	放电等离子烧结	Ti, Al	质量分数为3.5%多层石墨烯	低摩擦系数低磨损率
Kumar等[66]	溶剂混合	电沉积	Zn	石墨烯	较好的耐蚀性
Lin等[67]	溶剂混合	激光烧结	Fe	质量分数为2%氧化石墨烯	硬度提高93.5%；疲劳寿命提高167%
Rashad等[68]	机械搅拌	搅拌	Mg合金	质量分数为1.5%和3.0%石墨烯	质量分数为3%，屈服强度195MPa，抗拉强度299MPa
Liu等[69]	溶剂混合	电化学沉积	Au	氧化石墨烯	导电率提高
Shin等[70]	球磨	热压	Ti, Al	体积分数为0.3%、0.5%和0.7%石墨烯	弹性模量约148GPa；屈服应力约1.5GPa

2.2.1.1 粉末冶金

粉末冶金广泛应用于石墨烯增强金属基复合材料的制备。石墨烯增强金属基复合材料的粉末冶金制备工艺基本上分为两步。首先,石墨烯和金属粉末经研磨或机械合金化混合;然后,采用烧结、放电等离子烧结、冷等静压、热等静压等不同工艺对混合粉末进行合成。混合工序在保证石墨和金属粉末的均匀混合过程中起着重要的作用。为处理石墨烯的高表面能问题,需要高的混合能,这会导致石墨烯的团聚。合成过程受到二次变形过程的影响,如轧制和挤压。所有的方法都致力于实现石墨烯在金属基体和良好结合界面中的均匀分布。纳米填充物的团聚对复合材料的力学性能和电学性能有显著影响。表2.2表明,大多数金属基复合材料都可以通过粉末冶金工艺制备,如铝-、铜-、镁-、镍-、银-和钛-基复合材料。

球磨广泛应用于粉末混合,这是一种高能磨粉过程,可以破坏团聚,增加石墨烯纳米填充物与金属粉末之间的附着力。不论是否有研磨球,都可以在干燥或液体的环境中进行球磨。像丙酮或水这样的液体可以改善脱离团聚现象,并阻止金属粒子的长大。研磨球可以提供剪切力来破坏石墨烯的团聚。另外,湿搅拌工艺也是粉末混合的首选,因为这种工艺相对简单。可利用超声振动对石墨烯浆料和金属粉末进行混合,超声波能在液体中产生空化,从而搅动混合物。振动力不像球磨过程中产生的力那么高,因此需要更长的振动时间来减少团聚。溶剂不能与石墨烯发生反应,并且应该在烘干过程中可以轻松地挥发掉。Wang等介绍了氧化石墨烯增强铝复合材料的四步粉末冶金工艺。少层氧化石墨烯在与铝片混合之前,应在去离子水中进行分散。在球磨过程中用亲水性PVA膜对铝片进行改性。将铝粉浆加入氧化石墨烯水分散体中,并搅拌至棕色浆料透明。在氩气环境下烧结干燥和固结的复合粉末,然后将复合粉末通过热挤压变形。

研究表明,采用高能球磨或机械合金化混合工艺可以获得较好的分散效果。机械合金化提供了一种固态方法,可以均匀分散复合粉体,并使得复合材料粉末细化。复合材料和纯铝的拉伸性能如图2.3(a)所示。图2.3(b)显示了石墨烯/铝复合材料的断裂表面,而在拉伸端口观察到了石墨烯[13]。

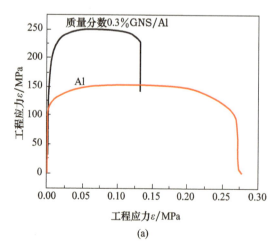
(a)

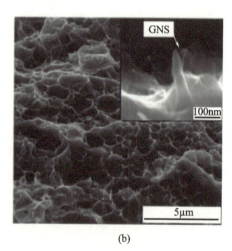
(b)

图2.3 (a)石墨烯增强铝复合材料和纯铝试样的拉伸性能;(b)石墨烯/铝复合材料的断裂表面[13]

如图 2.4 所示,氧化石墨烯表面存在一些有利于氧化石墨烯在溶液中分散的羟基和环氧基团。这使得氧化石墨烯比纯石墨烯纳米片具有更好的增强性[13,71-72]。Mina 等报道了一种用于制备少层氧化石墨烯增强铝合金复合材料的半固态制备工艺技术。图 2.5 所示的拉曼光谱表明,石墨烯内部的应力结构可以随波数位移的变化而改变。相关人员采用压力辅助烧结法合成了石墨烯/铝复合材料。结果表明,复合材料粒子的尺寸随球磨次数增加而增大,石墨烯片被反复包裹、折叠并嵌入到铝粒子中。很难区分石墨烯和复合粒子,它们的形状由薄片变成粒子形状[7]。

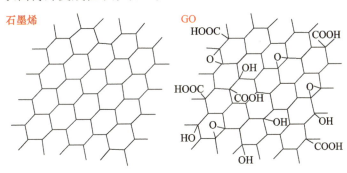

图 2.4 具有官能团的石墨烯和氧化石墨烯的示意图结构[13]

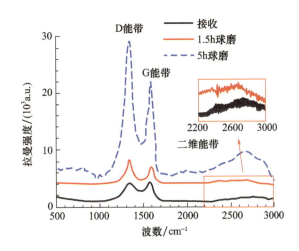

图 2.5 石墨烯和石墨烯/Al6061 在不同条件下球磨的拉曼光谱[7]

与烧结相比,热压更广泛地应用于混合粉末的固结。Bartolucci 等将热还原石墨烯与球磨铝粉混合,以硬脂酸为控制剂抑制石墨烯的团聚。采用热等静压和热挤压工艺对混合粉末进行了制备。石墨烯的固有缺陷导致了铝碳化物的形成,从而降低了复合材料的硬度和拉伸强度[8]。Chu 等在氩气下球磨铜基体粉末,从而获得了良好分散性的石墨烯片;所得球磨粉末被压实到密度为 75% 后采用热等静压技术进行烧结。复合材料的粉末在 40MPa 压力下压实,并在 800℃ 下烧结 15min[32]。Luo 等在不同压力下,采用热压烧结法制备了氧化石墨烯/银增强铜基复合材料。结果表明,复合材料的显微硬度、导电性能和导热性能均与热压压力有关。银-铜/氧化石墨烯复合材料的性能和形貌如图 2.6 所示。与纯铜相比,50MPa 压力压成的复合材料的导热性能和电传输性能提高了 18.6% 和 21.8%[29]。热压工艺是一种适用于生产大型复合材料零件的技术,对石墨烯纳米填充物损伤有限,但工艺过程相对较长,可能导致晶粒生长过大。

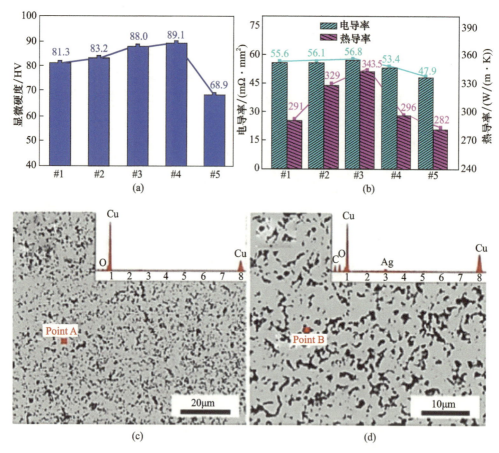

图 2.6 铜/氧化石墨烯/银复合材料的性能和形貌
(a)硬度;(b)导电性能及导热性能;(c)低功率复合材料;(d)大功率复合材料[29]。

放电等离子体烧结技术是一种较新的烧结方法,这种技术利用脉冲直流电快速加热。快速的烧结速度可用于固结纳米粉末。快速固结过程可以限制晶粒的生长,但高能会导致石墨烯纳米填充物的石墨化。制备工艺质量取决于材料的导电性,且材料的尺寸会受到限制。Jiang 等用类似的方法制备了石墨烯/铜和氧化石墨烯/铜复合材料,如图 2.7 所示。由于二维结构的强度也限制了位错运动,因此屈服强度和压缩强度都得到了提高[22]。

Xu 等在真空下通过球磨将多层石墨烯与 TiAl 复合材料粉体混合,在 1100℃下,施加 50MPa 的压力,在真空中热压混合粉体,并通过放电等离子体法将粉末烧结成型。球磨工艺可以使多层石墨烯发生裂纹和尺寸减小,而引入石墨烯片则可以细化晶粒,因为纳米填充物可以减少热压过程中的扩散[65]。Song 等报道了用放电等离子体烧结法制备石墨烯增强钛基复合材料。将复合粉末混合在乙醇中,并利用 Si_3N_4 研磨球球磨 12h。然后将干燥后的粉末装入石墨模具中。SEM 观察结果和拉曼光谱表明,多层石墨烯在强放电等离子体烧结过程中得以保存[60]。

Zhai 等发现石墨烯纳米片可以细化 Ni_3Al 晶粒。原料复合材料粉末经球磨混合 6h 后,采用放电等离子烧结法对粉末进行烧结[55]。

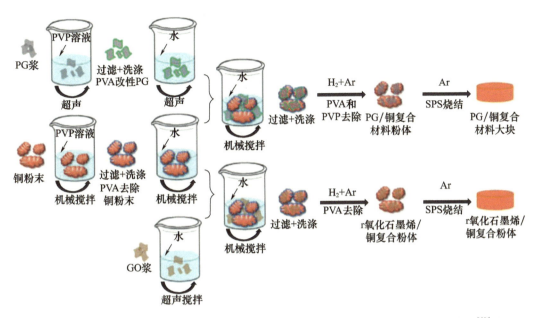

图 2.7　放电等离子体烧结法制备石墨烯/铜和氧化石墨烯/铜复合材料的过程示意图[22]

2.2.1.2　熔化和凝固

熔化和凝固是制备金属基复合材料的传统方法，该方法也可用于石墨烯增强金属复合材料的制备。由于熔化的高温会破坏石墨烯，而在石墨烯/金属界面会产生化学反应，因此对这一过程的研究很少。此外，由于表面张力的作用，也可能形成碳团。采用浸渗法制备石墨烯增强铝基复合材料。图 2.8 所示为石墨烯增强铝基复合材料的制备工艺示意图。

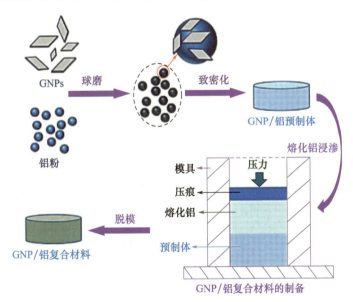

图 2.8　石墨烯增强铝复合材料粉末冶金路线示意图[9]

Yang 等指出，在浸渗过程中没有形成 Al_4C_3 相，热挤压前后屈服强度和抗拉强度均有显著提高。含有质量分数为 0.54% 石墨烯的复合材料具有优良的力学性能，如图 2.9 所示[9]。Hu 等报道了利用激光烧结法生成单层 GO 增强钛基纳米复合材料。通过 XRD、EDS 和拉曼光谱证实了氧化石墨烯在复合材料中的存在[61]。

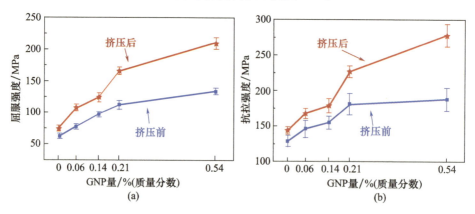

图 2.9　不同含量石墨烯的石墨烯增强铝基复合材料的屈服强度和拉伸强度[9]
(a) 屈服强度；(b) 拉伸强度。

采用激光增材制造烧结铁基复合材料，发现了快速激光加热工艺可以防止 GO 粉末的团聚，铁基复合材料涂层示意图和 TEM 图像如图 2.10 所示。石墨烯/铁复合材料的拉伸强度、弹性模量和表面硬度均有提高[67]。搅拌铸造法用来制备石墨烯增强镁合金。首先熔化 AZ31 合金；然后在 740℃加入石墨烯粉末；最后将混合物倒入模具里凝固。在 350℃下，铸锭以 5.2∶1 的挤压比挤成棒材。Rashad 等[68]发现，石墨烯在凝固过程中影响了金属间化合物相的形成，增加了 AZ31 基体的断裂应变。

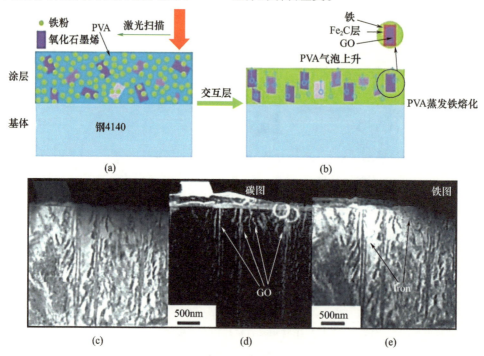

图 2.10　激光烧结前后铁基复合涂层的示意图和 TEM 图像[67]
(a)(b) 显示激光烧结过程及复合涂层的示意图；(c) 复合结构的 TEM 图像；(d)(e) 碳和铁的 EDS 映射。

2.2.1.3 电化学沉积

CVD 是制备石墨烯增强复合材料涂层的常用方法,这种石墨烯增强复合材料涂层适用于电极和传感器等应用。使用 CVD 法可灵活地将石墨烯浆料与金属离子溶液混合而用于复合涂层的沉积。首先将电流密度固定为 $5A/dm^2$;然后采用脉冲电镀方法制备石墨烯/镍复合材料。在镍中加入石墨烯可以降低镍的晶粒尺寸并改变复合材料涂层的微观结构。电沉积过程如图 2.11 所示[45]。

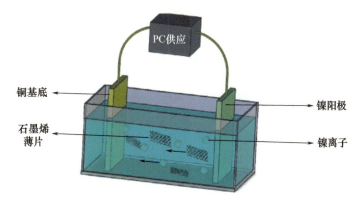

图 2.11　电沉积过程示意图[45]

Kuang 等用氧化石墨烯片与氨基磺酸镍的混合溶液制备石墨烯/镍纳米复合涂层。他们用电化学方法还原了镍离子和氧化石墨烯片[49]。Liu 等将氧化石墨烯和 $HAuCl_4$ 溶液混合,通过直接电沉积法制备了石墨烯/金纳米复合材料薄膜。纳米金粒子嵌入石墨烯表面后可提高复合材料结构的导电性[69]。Gao 等[58]合成了用于葡萄糖检测的石墨烯增强 PtNi 纳米复合材料,并用电化学方法将 PtNi 纳米粒子沉积在 Na_2SO_4、H_2PtCl_6 和 $NiSO_4$ 混合溶液中。与单纯石墨烯相比,复合涂层对葡萄糖更敏感。

研究人员采用电刷镀技术制备了氧化石墨烯/镍纳米复合涂层:首先在镀镍溶液中加入氧化石墨烯悬浮液,并通过超声振动将它们混合;然后在 14V 电压下使用擦拭电镀笔沉积制备了纳米复合涂层[44]。Jabbar 等[46]使用 CVD 法在不同温度下制备了镍/石墨烯复合涂层,并通过加入石墨烯使镀层表面变粗糙且细化晶粒尺寸。他们还采用反向脉冲 CVD 法制备了石墨烯和铈增强镍基复合涂层,并通过加入增强物细化了镍沉积物的微观结构[47]。

2.2.1.4　热喷涂

热喷涂技术广泛应用于发动机、涡轮叶片和滚轴厚涂层的制备。通过热射流将熔化或半熔化的粉末喷射成液滴,并在基底上形成涂层。凝固过程中的快速冷却速率(10^8K/s)会形成纳米晶。热喷涂可分为等离子喷涂、火焰喷涂、电弧喷涂、高速氧燃料喷涂(high-velocity oxyfuel spraying,HVOF)或基于热源的冷喷涂。等离子喷涂和 HVOF 广泛应用于纳米复合涂层的制备。阴极和阳极之间的电弧使进料气体离子化而产生等离子喷涂的热源。粉末以 1000m/s 的速度吸收热力并加速撞击基体,形成具有良好附着力的致密涂层。燃料(甲烷、氢气或煤油)和氧气混合物的高压燃烧形成了 HVOF 中的热源,粉末可以约 1500m/s 高速喷射,从而提高涂层的密度。热喷涂为石墨烯增强金属基复合涂层的制备提供了一种精密成型的方法。已有学者对碳纳米管增强金属基复合材料的制备进行了若干研究[73-75],然而关于石墨烯增强金属基复合材料的热喷涂工艺的研究很少。Liu 等报道了使用真空冷喷涂技术制备适用于生物医学应用的石墨烯增强羟基磷灰石复合涂层。因石墨烯片可均匀地嵌入羟基磷灰石基体,致使复合涂层具有良好的粘接强度和断裂韧性[41,76]。

2.2.1.5 其他技术

还有一些研究探索了石墨烯增强金属基复合材料的独特制备工艺。其中一部分方法是在传统制备工艺基础上更新的;另一部分方法是制备复合材料的新方法。研究人员采用高比差速轧制法制备了多层石墨烯增强铜复合材料,由于石墨烯片的均匀分散,其强度得到了明显的提高[23]。Zhao 等首次采用高压扭力技术制备石墨烯增强铝基复合材料。使用行星球磨混合铝粉和石墨烯填充物 5h,使混合粉末均匀。研磨后的粉末在 60MPa 以下由压片机压制成片,然后在 3GPa 压力下通过高压扭力使圆片固结。高压扭力通常用于大塑性变形,以减小晶粒尺寸。该过程可以在室温下进行,从而降低增强复合材料的结构损伤[9]。Zhang 等利用一种新的包层成型技术对石墨烯增强铜/铝复合材料进行了制备。将 $CuCl_2$ 溶液与氧化石墨烯混合,再加入 $N_2H_4H_2O$ 后得到石墨烯–铜混合物。铝粉与石墨烯–铜浆料混合后轧制形成最终的复合材料[40],研究人员报道了采用多道摩擦搅拌工艺形成石墨烯增强 AA5052 铝镁合金纳米复合材料,并观察到石墨烯的轻微损伤[18]。相关人员采用分子级混合工艺和放电等离子体烧结工艺制备了石墨烯增强铜纳米复合材料,研究报道了该工艺可以减少纳米粒子填充物的分散和热损伤问题。在分子水平混合过程中,官能团附着在石墨烯表面,然后采用快速加热和冷却工艺来限制晶粒的生长[24]。

2.2.2 石墨烯增强金属基复合材料的性能

2.2.2.1 力学性能

Yang 等在铝基体中增加了质量分数为 0.54% 的石墨烯,他们发现挤压前材料的屈服强度和拉伸强度分别提高了 116% 和 45%。挤压后材料的屈服强度和拉伸强度分别提高 228% 和 93%[9]。Gao 等发现石墨烯/铝复合材料的极限抗拉强度先提高、后随石墨烯含量的增大而降低,在加入质量分数为 0.3% 的石墨烯后材料达到最大极限抗拉强度,但断裂伸长率随石墨烯含量的增加而降低。图 2.12 所示为铝基体的 TEM 图像,清楚可见其晶粒边界。石墨烯含量的增加将使铝基复合材料的断裂模式由延性模式转变为脆性模式[10]。研究人员观察到在球磨、热压和热挤压法制备的石墨烯增强 Al5083 复合材料中存在 Al_4C_3 相。

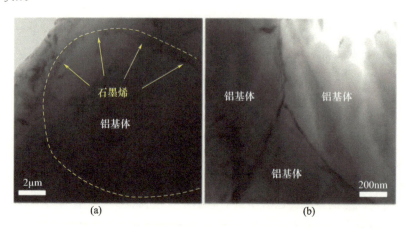

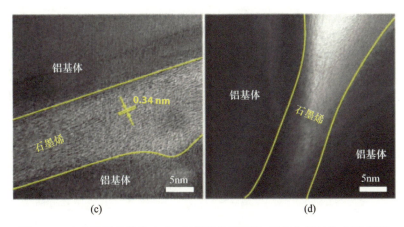

图 2.12 含有质量分数为 0.5% 石墨烯的石墨烯/铝复合材料的 TEM 图像
(a)、(b)铝晶粒；(c)、(d)晶界[10]。

少量石墨烯与铝基体在固结过程中发生反应，从而形成 Al_4C_3。加入质量分数为 1% 的石墨烯后，铝基复合材料的屈服强度和抗拉强度都增加了 50%[17]。高能球磨和真空热压法制备的石墨烯/铝复合材料界面结合良好，界面处出现棒状碳化铝 Al_4C_3，如图 2.13 所示。随着增强物含量的增加，碳化铝的含量也增加。加入质量分数为 0.25% 的石墨烯后，该复合材料的屈服强度和极限抗拉强度分别增加 38.27% 和 56.19%[11]。包覆轧制石墨烯增强铜/铝复合材料的抗拉强度和硬度分别提高了 77.5% 和 29.1%。应力传递和强化分散的协同作用可以提高复合材料的力学性能[40]。大量的摩擦搅拌过程会导致石墨烯平面结构的损伤，但增强石墨烯/铝/镁复合材料的硬度提高了 53%，屈服强度提高了 3 倍以上。研究人员还观察到复合材料出现一种混合韧脆断裂行为，其延展性提高了 20%[18]。Latief 等采用粉末冶金工艺制备了不同石墨烯含量的石墨烯增强铝基复合材料。结果表明，复合材料的硬度和压缩强度随石墨烯含量的增加而提高，而密度随石墨烯含量的增加而降低。

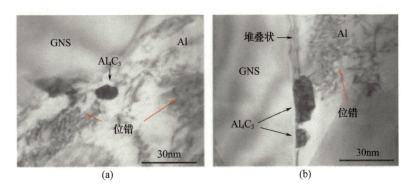

图 2.13 界面处带有碳化铝的石墨烯/铝复合材料的 TEM 图像[11]
(a)显示铝基体内形成 Al_4C_3；(b)显示在界面形成的碳化物。

Tang 等报道了采用放电等离子体烧结制备石墨烯/镍纳米粒子增强铜基复合材料。强界面相互作用导致弹性模量提高 61%，屈服强度提高 94%，并采用荷载传递机制解释了弹性模量的增强[25]。Hwang 等采用分子水平混合工艺制备了石墨烯-氧化物增强铜基复合材料,该工艺可以有效抑制纳米粒子填充物的团聚,并提高石墨烯与铜基体的附着力。在铜基体中增加体积分数为 2.5% 的氧化石墨烯后,复合材料的屈服强度与纯铜的屈服强度相比提高了 80%[24]。Kim 等指出,高比差速轧制技术制备的石墨烯增强铜基体复合材料的纳米尺寸石墨烯粒子的密度高于常规轧制技术制备的铜复合材料。Orowan 增强机理可以解释复合材料强度的提高,石墨烯/铜复合材料的微观结构 TEM 图像如图 2.14 所示,可以发现多层石墨烯均匀分散在铜基体中[23]。

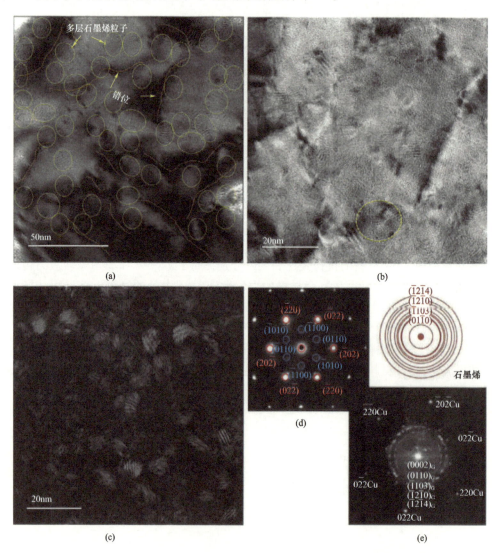

图 2.14 (a)、(b) 多层石墨烯/铜复合材料的 TEM 图像;(c)、(b) 区域的暗场图像;
(d) 黄圈区域是衍射图案;(e)、(b) 中晶格图像的 FFT 图像[23]。

体积分数为 0.7% 的低体积比石墨烯增强钛复合材料的强度约为 1.5GPa,这个强度高于纯钛。强度受到增强物的高比表面积和基体与增强物界面特征等因素影响[70]。由于快速加热和冷却过程,在激光烧结石墨烯/钛复合材料后,石墨烯薄片得以保存。石墨烯/钛复合材料的硬度是不含石墨烯的钛材料硬度的 2 倍。在烧结过程中,石墨烯的分散、界面和缺陷是影响复合材料性能的 3 个主要因素[62]。在 970℃等温锻造过程中，TiC 粒子在石墨烯增强钛复合材料的界面原位上形成。加入质量分数为 0.5% 的石墨烯片后，复合材料的屈服强度由 850MPa 提高到 1021MPa，极限抗拉强度由 942MPa 提高到 1058MPa，并且无明显的延性损失[63]。Mu 等发现仅加入质量分数为 0.1% 的纳米填充物后，钛基复合材料的极限抗拉强度提高了 54.2%。石墨烯可以阻止位错滑移，因此随着纳米粒子填充物含量的增加，在轧制过程中基体会产生压缩缠绕。他们将强化的原因归结为 3 个主要因素，即载荷传递、晶粒细化和织构强化[64]。研究人员通过 XRD 和拉曼光谱证明氧化石墨烯在激光烧结过程中得以保存，石墨烯/钛复合材料的纳米硬度比纯钛基体提高了 3 倍左右。在激光烧结过程中，石墨烯含量太高可能使复合材料产生孔隙，因此为提高维氏硬度应使用最优石墨烯含量[61]。

2.2.2.2 腐蚀性能

当钢材暴露在高的温度、湿度和 pH 值等腐蚀性环境中时，人们通常使用金属涂层来保护钢材不受腐蚀。研究表明，加入纳米增强物可以提高材料的耐蚀性。少层石墨烯可以作为腐蚀防护屏障来降低腐蚀速率[77]。Kumar 等报道了电沉积法沉积制备石墨烯/镍复合材料，镍和石墨烯/镍镀层的表面形貌如图 2.15 所示。石墨烯/镍复合涂层具有更优异的性能，腐蚀电流的减小表明它有比纯镍涂层更高的耐蚀性[48]。在电沉积过程中掺入氧化石墨烯片会影响石墨烯/钴复合涂层的相结构和形貌。复合涂层具有比纯钴涂层更低的腐蚀电流[20]。将氧化石墨烯增强铜复合涂层电镀在低碳钢上可以提高钢的耐蚀性。复合材料粒子形貌良好，铜基体呈 <220> 择优取向。涂层试样对 Cl^{-1} 伤害易感性降低，表明氧化石墨烯/铜复合涂层具有良好的防腐性能。与纯软钢相比，这个优化的样品的腐蚀速率降低了 88%。受氧化石墨烯影响的纳米晶微结构有助于在铜上形成钝化膜[26]。

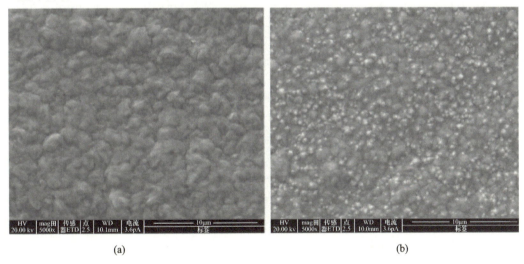

图 2.15　(a)镍镀层形貌；(b)石墨烯/镍复合镀层的形貌[48]

Qiu 等报道了用脉冲电流沉积技术在 316 不锈钢表面制备 $GO/Ni(OH)_2$ 复合涂层。氧化石墨烯的亲水性使其可以很容易地分散在极性溶剂中，因此将 $Ni(OH)_2$ 和氧化石墨烯粒子混合后可以制备紧密的 $GO/Ni(OH)_2$ 复合涂层。$GO/Ni(OH)_2$ 缓蚀效率达到 97.1%，表明该复合涂层能起到屏障作用，防止腐蚀介质渗透[56]。Kavimani 等报道了通过粉末冶金途径制备氧化石墨烯纳米片增强镁基金属基复合材料。含有质量分数为0.3%氧化石墨烯的复合涂层具有96%良好的缓蚀率和较低的腐蚀率(3.57×10^{-7}英寸/年)[19]。研究人员通过极化实验和电化学阻抗光谱研究了石墨烯/镍复合涂层的耐蚀性能。结果表明,在一定温度下沉积制备的复合涂层具有较好的耐蚀性[46]。

2.2.2.3 摩擦特性

Liu等发现氧化石墨烯增强钴涂层的摩擦系数在0.33左右,比纯钴涂层0.8的摩擦系数低。摩擦系数和磨损率的显著降低是由于氧化石墨烯的自润滑特性所致[20]。Zhai等指出石墨烯–纳米片增强复合材料由于石墨烯的存在可以用作固体润滑剂。低含量的石墨烯已足够显著降低高温下的摩擦系数和磨损率。实验结果表明,氧化石墨烯可以细化Ni_3Al晶粒,应力通过石墨烯片层的滑移而消散,从而改善了摩擦性能。磨损机理如图2.16[55]所示。

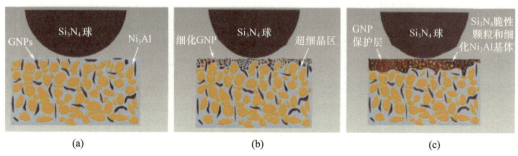

图2.16 石墨烯/Ni_3Al复合材料的磨损机理示意图[55]
(a)原始复合材料;(b)形成的细化GNP;(c)形成的保护层。

石墨烯/钛铝复合材料的摩擦系数明显下降0.4,磨损率降低为1/9～1/4。磨损减少的原因是在复合材料的接触界面上形成了耐磨保护层[65]。研究人员采用AFM在石墨烯相关复合涂层上进行了微观摩擦实验。与纯$Ni(OH)_2$涂层相比,GO/$Ni(OH)_2$复合涂层具有较低的摩擦系数[56]。Kavimani等研究了氧化石墨烯含量对氧化石墨烯/镁复合材料耐磨性的影响。研究人员发现添加石墨烯片能提高复合涂层的硬度,并且复合涂层的磨损性能受氧化石墨烯纳米填充物含量的影响。磨损减少是因为界面形成了自润滑层[19]。

2.2.2.4 其他性能

研究人员采用对氧化石墨烯有还原作用的电沉积法制备了石墨烯增强镍复合材料。在电沉积过程中,镍的生长方向由(200)变为(111)。石墨烯/镍复合材料的导热性能比整块镍高15%[49]。合成的混合石墨烯/银粒子填充物可以用作热界面材料。加入的石墨烯填充物含量较低时,复合材料的导热性能可显著提高。使用体积分数为5%石墨烯增强的复合材料其导热性能提高了5倍左右,导热性能提高的原因是石墨烯/银复合填充物固有的优良导热性能[78]。

2.3 石墨烯增强聚合物基复合材料

聚合物以其多性能在当今社会得到了普遍使用。天然聚合物和合成聚合物相对便宜且制造简单。一些合成聚合物在日常生活中起着重要作用,如聚氨酯、聚酰亚胺、聚乙烯、聚丙烯、聚碳酸酯、聚(甲基丙烯酸甲酯)和聚(乙烯醇)。然而,由于其物理性能的限制,一些聚合物基复合材料只能开发用于某些特定领域。石墨烯和氧化石墨烯由于其优异的力学、电子和热学性能,在过去的几十年中得到广泛的研究。这些优异的性能来自于单碳层二维结构。将这些碳纳米填充物加入到聚合物链中,可以显著提高复合材料的力学强度、导电性能和导热性能。制备石墨烯增强聚合物基复合材料(polymer matrix composite, PMC)的工艺相对简单,并且学者对此已经进行了大量的研究,根据过去几年的出版物数量可以发现对这一课题的研究呈上升趋势(图2.17)。表2.2所列为石墨烯增强聚合物基复合材料的制备方法和性能。

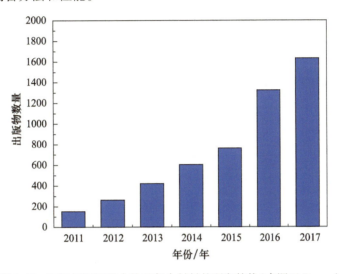

图2.17　石墨烯增强聚合物基复合材料的研究趋势(来源于Scopus)

表2.2　石墨烯增强聚合物基复合材料的制备方法和性能

作者	方法	基体	增强材料	性能
Shen 等[79]	熔化共混	聚苯乙烯	质量分数为5%石墨烯	π-π堆叠的形成
Bao 等[80]	熔化共混	聚乳酸	质量分数为0.08%~2%石墨烯	储存模量4.04GPa;抗拉强度60MPa
Zhang 等[81]	熔化共混	聚乙烯对苯二甲酸	体积分数为1%~7%石墨烯	体积分数为3.0%石墨烯下,电导率2.11S/m
Pang 等[82]	熔化共混	聚苯乙烯	质量分数为0.25%、0.5%、0.75%和1%石墨烯或碳纳米管	石墨烯增强导电网络的活化能为80kJ/mol
Zeng 等[83]	溶液复配	聚甲基丙烯酸甲酯	质量分数为0.1%、0.5%、1%和2% GO	质量分数为2.0% GO下,电导率0.037S/m
He 等[84]	溶液复配	聚偏二乙烯氟化物	体积分数为0.4%~3% GO	体积分数为2.5% GO下,介电常数108
Stankovich 等[85]	溶液复配	聚苯乙烯	体积分数为0.1%~2.4% GO	体积分数为2.5% GO下,电导率为1S/m

续表

作者	方法	基体	增强材料	性能
Kim 等[86]	溶液复配	低密度聚乙烯	质量分数为5%、7%和12%多层石墨烯	高导热性能
Wang 等[87]	原位聚合	聚氨酯	质量分数为0.5%、1%和2% GO	质量分数为2% GO下,抗拉强度和杨氏模量分别提高了239%和202%
Aidan 等[88]	原位聚合	聚酰胺6	质量分数为0.1%、0.25%、0.5%、0.75%和1% GO	质量分数为0.75% GO下,抗拉强度62MPa;屈服强度51.2MPa
Yu 等[89]	原位聚合	环氧	体积分数为0.1%、10%和25%多层石墨烯	热导率提高3000%;热导率提高6.44W/(m·K)
Min 等[90]	原位聚合	环氧	体积分数为0.270%和2.703%多层石墨烯	热导率0.72W/(m·K);体积分数为2.703%多层石墨烯下,提高240%
Ren 等[91]	原位聚合	氰酸酯酯-环氧	质量分数为0.1%、0.3%、0.5%、0.7%、0.9%和1% GO	抗弯强度128.1MPa;冲击强度11.5kJ/m²
Zhao 等[92]	叠层组装	聚乙烯醇	GO	弹性提高98.7%,硬度提高240.4%

2.3.1 石墨烯高分子复合材料的制备

学术界广泛研究了将石墨烯相关材料用于聚合物基复合材料的制备。自2004年首次分离石墨烯以来,人们对石墨烯的制备方法进行了不同的研究。石墨烯增强聚合物基复合材料制造过程中的主要问题是需要确保纳米填充物的均匀分散。石墨烯的分散性直接影响复合材料的力学性能。此外,填充物与基体之间的界面特征对石墨烯增强复合材料的制备具有重要意义。目前,已经发展了许多制备复合材料的技术,如熔化共混、原位聚合、溶液复配以及一些新的制备方法。

2.3.1.1 熔化共混

熔化共混在热塑性复合材料的制备中得到了广泛的应用,这是因为熔化共混方法相对简单、快速、经济。首先,在高温下熔化聚合物,在熔化的溶液中加入石墨烯粉体并混合。然后,通过单螺杆、双螺杆或四螺杆挤压器挤压混合物。制备过程应严格控制工作温度,这是因为高温可能导致聚合物的降解。此外,搅拌所需的高剪切力也会对石墨烯片造成损害。虽然熔化共混工艺存在一定的局限性,但适用于大规模制备具有较好性能的石墨烯基纳米复合材料。Shen等通过调整熔化共混时间,研究了熔化共混对石墨烯与PS相互作用的影响。在熔化共混过程中,PS与氧化石墨烯形成了π-π堆叠,从而改善了PS与石墨烯之间的相互作用[79]。图2.18所示为采用熔化共混法制备的石墨烯增强聚(乳酸)复合材料。经过加压氧化还原工艺从石墨中制备石墨烯,再将石墨烯在PLA中分散。特征结果表明,石墨烯质量分数含量为0.08%时达到渗透阈值,并且石墨烯增强物降低了聚合物基体间的相互作用,导致力学性能的降低[80]。

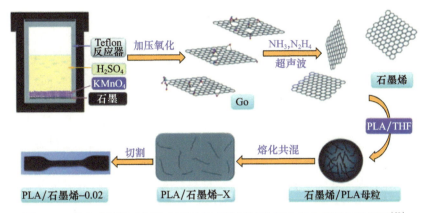

图 2.18 熔化共混技术制备石墨烯和石墨烯增强 PLA 复合材料的示意图[80]

2.3.1.2 溶液复配

溶液复配方法是基于在溶液中混合石墨烯悬浮液与聚合物。石墨烯悬浮液与聚合物的混合物首先采用搅拌或超声振动的方式进行混合,以实现纳米填充物的均匀分散;然后将混合溶液注入模具中除去溶剂。这个过程是相对通用的,各种溶剂都可用于混合。该工艺的一个缺点是溶剂的去除可能导致纳米填充物的重堆叠或团聚。He 等采用溶液混合工艺制备了石墨烯增强 PVDF 复合材料。石墨烯体积分数含量为 1% 时达到渗透阈值,在 1kHz 的渗透阈值附近介电常数为 200[84]。石墨烯/聚甲基丙烯酸甲酯(PMMA)纳米复合材料可用简单的溶液混合方法制备:首先将一定体积的氧化石墨烯悬浮液与 PMMA 混合,连续搅拌并超声处理 2h;然后将混合物倒入甲醇烧杯中。为进一步表征沉淀物,将其过滤并干燥[83](图 2.19)。

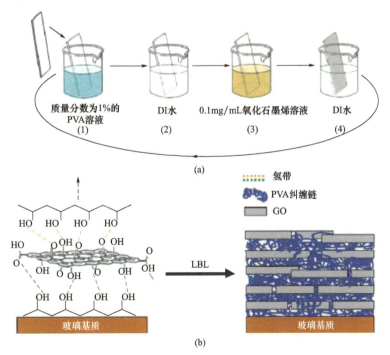

图 2.19 使用叠层组装的 GO/PVA 复合膜的沉积过程示意图
(a)基本序列;(b)合成薄膜的示意图[92]。

2.3.1.3 原位聚合

原位聚合工艺可以将纳米填充物嫁接到聚合物上,以改善复合材料中各元素之间的兼容性。但在聚合过程中,混合物的黏度增加,限制了纳米填充物的负载含量。功能化氧化石墨烯增强聚酰亚胺复合材料可用原位聚合法制备,在氧化石墨烯表面添加胺基以改善分散,使石墨烯和聚合物之间形成强键[93]。Bielawski 等[94]指出,氧化石墨烯增强物在催化失水聚合过程中发挥了作用,在反应后形成了类石墨烯片状物。Yu 等用原位交联法将石墨烯嵌入环氧树脂中。首先将石墨烯浆料与环氧树脂在丙酮中进行剪切,以保证分散均匀防止团聚;然后将混合物与固化剂混合[89]。Aidan 等通过 ε - 己内酰胺与单层氧化石墨烯原位聚合制备了 GO/PA6 纳米复合材料。纳米复合材料的热力学稳定性较好,但氧化石墨烯的诱导直接影响纳米复合材料的相对分子质量和结晶度[88]。

2.3.1.4 其他方法

石墨烯增强聚合物基复合材料通过叠层组装被制备出来。通过相的交替作用,可以制备出具有特定厚度和纳米结构的多层膜。在组装过程中,氧化石墨烯表面的各种羟基和环氧基团产生相互作用。这种功能复合膜可广泛应用于超级电容器、锂离子电池和电极等领域。采用叠层组装法制备的石墨烯 – 氧化物增强 PVA 复合薄膜的双层厚度为 3nm。与纯薄膜相比,复合薄膜的模量增加了 1 倍[92]。Singh 等[101]报道了用阴极电泳沉积(electrophoretic deposition,EPD)处理石墨烯增强羟基功能丙烯酸复合涂层,以保护铜基体不受电化学降解的影响。

2.3.2 石墨烯增强聚合物基复合材料的性能

2.3.2.1 电性能

石墨烯具有优异的电传输性能,因此它是聚合物的理想填充物,可以用于柔性传感器、导电薄膜和微波吸收器的制造。石墨烯填充物之间的相互作用可以在复合材料中形成连续的导电网络[1]。与其他碳材料的电渗透阈值相比,石墨烯的比表面积使得绝缘体聚合物能够在很低的石墨烯含量下成为导电复合材料[4,96]。

文献报道了几种石墨烯增强高分子复合材料,其基体包括环氧、聚烯烃、聚酰胺、聚酯、乙烯基、PS、PU 和合成橡胶[97-100]。渗透阈值取决于电填充物的含量,其导电性能随电填充物的增大呈非线性增长。Stankovich 等报道了 PS/GO 纳米复合材料在氧化石墨烯体积分数为 0.1% 时达到渗透阈值,这与其他的碳填充物相当,如 SWCNT 和 MWCNT。氧化石墨烯的电导率与负载含量之间的关系如图 2.20 所示[85]。Xie 等[101]发现石墨烯填充物的导电性能比圆柱形的碳纳米管的电导率更高。Kalaitzidou 等[102]表示,石墨烯体积分数为 0.1% ~ 0.3% 时可以达到 PP 的电渗透阈值。Steurer 等[98]报道了当石墨烯体积分数为 1.3% ~ 3.8% 时达到石墨烯增强热塑性复合材料的渗透阈值。

这里,综述了影响石墨烯增强高分子复合材料导电性能和电渗透阈值的几个因素,如制备方法、石墨烯含量、石墨烯填充物的功能化、石墨烯在基体中的内部分布等。

制备工艺和制备方法直接影响石墨烯填充物在聚合物基体中的分布,从而影响复合材料的电性能。溶剂共混工艺和原位聚合工艺制备的复合材料比熔化共混工艺制备的复合材料具有更高的导电性能[103],因为基于溶液的制备过程会使材料更好分散。另外,熔化共混工艺会带来退火效应,这有助于调整填充物之间的连接。使用溶剂热还原工艺制备的石墨烯增强 PVDF 的电渗透阈值比直接混合 PVDF 和石墨烯得到的复合材料的电渗透阈值更低[104-105]。在基于溶剂工艺的制备过程中,石墨烯片均匀分布且相对稳定,因此渗透阈值较低。由于很难在溶液中折叠石墨烯,因此石墨烯的比表面积得以保留。然而,由于石墨烯在混合过程中的分布较差,因此即使石墨烯填充物的含量很高,获得的复合材料的导电性能也很低。纳米复合材料通过原位聚合工艺被沉积制备出来,这种工艺足以在没有其他预处理的情况下使复合材料获得纳米级的分布。

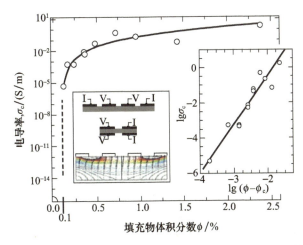

图 2.20 石墨烯/聚苯乙烯复合材料的电导性和石墨烯含量的函数关系[85]

为了在聚合物基复合材料中实现电流流动,在填充物基的聚合物中应该有一个导电网络。然而,无须直接接触石墨烯填充物,因为可以通过填充物与其周围的薄聚合物层之间的隧穿而导电。因此不需要添加高浓度的纳米粒子填充物来渗透。此外,研究人员还发现聚合物的渗透阈值不同,且纳米粒子填充物的浓度对聚合物的导电性起重要作用。Pang 等报道了石墨烯增强超高分子量聚乙烯的导电性能。图 2.21 表明石墨烯体积分数为 0.07% 时达到导电性能的渗透阈值[106]。

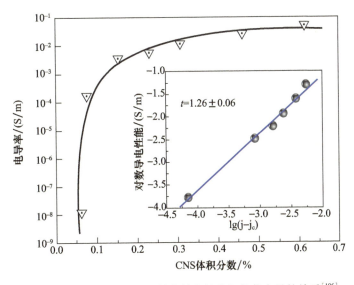

图 2.21 UHMWPE 中石墨烯的导电性能与负载含量的关系[106]

Zhang 等[81]制备了石墨烯/聚对苯二甲酸乙二醇酯纳米复合材料,石墨烯体积分数为 0.47%时达到其导电性能的渗透阈值。Liang 等[107]指出,与纯纳米复合材料相比,石墨烯/环氧树脂纳米复合材料的溶液渗透性能更低,仅在石墨烯体积分数为 0.1%时就能达到渗透阈值。Pang 等指出,导电纳米片可以克服基体屏障膜的阻挡而相互重叠。图 2.22 显示了石墨烯增强聚苯乙烯导电网络的形成。导电通道在"导电方"中形成并对电场产生响应[82]。

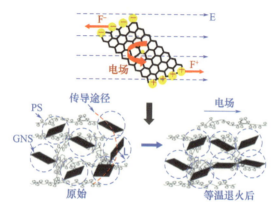

图 2.22　电场诱导前后石墨烯导电网络示意图(电子在蓝圈中循环[82])

石墨烯改性是提高石墨烯基高分子复合材料导电性能的可行方法。石墨烯可以被共价或非共价功能化,以促进石墨烯的分散并使其更稳定。为了防止纳米粒子填充物在混合过程中团聚[108-109],可以将官能团附着在石墨烯上,从而改善聚合物的分散性和增强聚合物之间的相互作用。一些化学方法也应用于石墨烯的功能化,如胺化和酯化[110-111]。Liu 等[112]利用离子液体电化学方法对石墨烯进行改性。Park 等[113]通过在稳定介质中化学还原氧化石墨烯得到稳定的石墨烯悬浮物。Li 等[114]使用简便的静电稳定法大规模制备了水相石墨烯悬浮液。

Stankovich 等[115]报道了可以通过不同的化学试剂改变氧化石墨烯片的吸湿度,如使用有机胺和异氰酸酯。他们还报道了通过异氰化将氧化石墨烯改性为纳米填充物,这样当石墨烯体积分数为 0.1%时就可以达到低渗透阈值[85]。改性后的氧化石墨烯具有较高的导电性能,并且可以均匀分散在聚合物中。Chen 等研究了化学还原工艺制备的氧化石墨烯增强聚二甲基硅氧烷复合材料的导电性能,以及通过 CVD 法直接沉积制备的石墨烯/聚二甲基硅氧烷复合材料的导电性能。

由于改性后的石墨烯片相互连接,改性样品具有较高的导电性能[116]。Stankovich 等[117]通过附着长链脂肪族胺来改性氧化石墨烯,使改性后的氧化石墨烯更容易在有机溶剂中分散。Zhang 等[81]报道了超声波方法不能使石墨烯很好地分散在水溶性聚合物中,因此可以用聚合物阴离子改性石墨烯,使石墨烯在聚合物中稳定分散。Kim 等[118]指出,用芘改性石墨烯可以显著提高石墨烯/环氧树脂纳米复合材料的导电性能,因为芘可以通过 π-π 键牢牢地附着在石墨烯表面。

2.3.2.2　力学性能

Wang 等报道了用原位聚合法制备石墨烯纳米填充物增强聚氨酯复合材料。他们发现石墨烯片由于化学键的作用在聚氨酯基体中分散良好。加入质量分数为 2.0%的纳米填充物后,氧化石墨烯/聚氨酯复合材料的抗拉强度提高了239%[87]。Song 等采用两步混合工艺制备了分散良好的石墨烯增强聚丙烯复合材料。他们首先在石墨烯上涂覆聚丙烯胶乳;然后与聚丙烯基体熔化共混。在基体中加入体积分数为0.42%的石墨烯后,聚丙烯复合材料的屈服强度和弹性模量分别提高了约75%和74%。拉伸实验后复合材料的横截面图像如图2.23所示[119]。

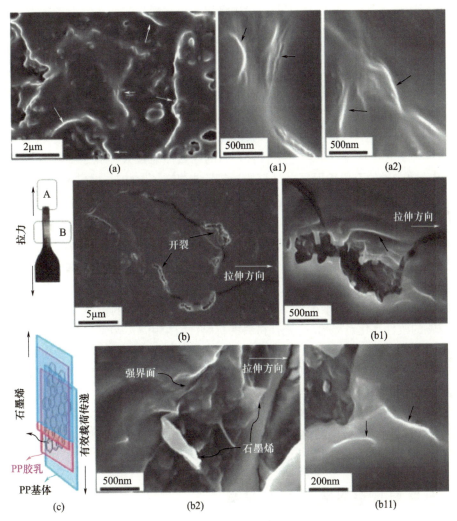

图 2.23 拉伸实验后,质量分数为 1% 石墨烯下,石墨烯/聚丙烯复合材料
横截面图的 SEM 图像(黑色箭头指向石墨烯薄片[119])
(a)石墨烯/PP 复合材料;(b)复合材料的断口;(c)拉伸实验示意图。

采用 LBL 工艺制备的氧化石墨烯增强 PVA 薄膜的弹性模量提高了 98.7%,硬度提高了 240.4%。这些性能提高是因为氧化石墨烯片的均匀分散和方向,从而可以最大限度地增加氧化石墨烯与基体之间的相互作用,并限制聚合物链的运动[92]。Aidan 等发现,随着氧化石墨烯含量的增加,GO/PA6 复合材料的屈服强度呈线性增加。然而,拉伸强度的增加与氧化石墨烯含量的增加并不呈线性关系。由于原位聚合工艺使用了水,因此降低了复合材料的力学性能[88]。

2.3.2.3 导热性能

Alexander 等报道了单层石墨烯片在室温下的优异导热性能,导热性能的范围为 $(4.84\pm0.44)\times10^3 \sim (5.30\pm0.48)\times10^3$ 不等。这种极高的导热性能使石墨烯成为导热复合材料的理想填充物[4]。Kim 等通过 TGA 和 TMA 测试发现多层石墨烯增强的低密度聚乙烯纳米复合材料显示出更优良的热力学稳定性。纳米填充物的质量分数直接影响复合材料的热膨胀系数[86]。Yu 等测量了含有不同负载含量石墨烯的石墨烯/环氧树脂复合材料的导热性能。结果表明,石墨烯有效地提高了环氧树脂基体的导热性能(图 2.24)。在纳米填充物体积分数为 25% 时,复合材料的导热性能最大提高了 3000% 以上,相当于每体积分数含量的石墨烯下复合材料的导热性能提高了 100% 左右[89]。

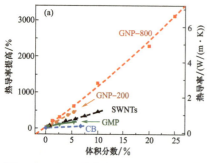

图 2.24 含不同碳填充物的环氧树脂基复合材料的导热性能[89]

2.3.2.4 耐蚀性能

Chang 等将疏水石墨烯/环氧树脂复合涂层作为保护冷轧钢板的防腐蚀剂。具有比表面积的石墨烯片嵌入到环氧树脂基体中可以防止腐蚀[120]。功能化后的类石墨烯片在聚苯胺中具有较好的分散性。复合涂层可以作为阻止 O_2 和 H_2O 的屏障,并且在更高的腐蚀电压和较低的腐蚀电流下展示比纯钢更好的耐蚀性[121]。采用原位微乳液聚合法制备分散良好的氧化石墨烯/聚苯乙烯纳米复合材料展示了良好的抗腐蚀性能。加入质量分数为 2% 的改性氧化石墨烯后,复合材料的抗腐蚀效果由 37.90% 提高到 99.53%[122]。

Singh 等在铜上制备了氧化石墨烯增强羟基功能丙烯酸复合涂层,以提高铜的抗腐蚀性能。采用阴极电泳沉积法沉积制备的复合涂层的厚度在 40nm 左右。Tafel 分析结果表明,复合涂层的抗腐蚀速率比未经处理的铜低一个数量级[95]。Qiu 等[123]通过脉冲电流沉积制备了氧化石墨烯/聚苯胺复合涂层,并用此涂层对 316 不锈钢表面进行功能化。复合涂层显示较高的耐蚀效率和保护效率,分别为 98.4% 和 99.3%。复合涂层的吸湿性和孔隙率受沉积参数的影响。

2.4 石墨烯增强陶瓷基复合材料

2.4.1 制备方法

2.4.1.1 石墨烯类型

自 2004 年首次成功地通过机械剥离分离(Scotchtape 方法)石墨烯以来[1],已经发展了许多自上而下的合成石墨烯的方法,包括液相剥离[124]和还原氧化石墨烯[125],以及自下而上合成石墨烯的方法,如 CVD 法[126]和 SiC 的外延生长[127]。虽然最初的机械剥离法可以得到优异原始电学性能和力学性能的高质量石墨烯,但这种方法得到的石墨烯产量太低,因此这种方法不再是人们制备复合材料增强相的选择。使用 CVD 生长石墨烯的最新进展表明连续生长 100m 长的高质量石墨烯已经成为可能[128],毋庸置疑,CVD 是大规模生产高质量石墨烯的最有潜力的途径。然而,在这种石墨烯产品中,仍然无法避免生长基底(通常是铜或镍箔)复杂的分离和转移过程,致使它们不适用于复合材料[128]。

目前关于石墨烯增强陶瓷复合材料的文献中,少层石墨烯(few – layer graphene,FLG,1~5层)、石墨烯/石墨纳米片(通常在5~50层范围内)和氧化石墨烯/还原氧化石墨烯(GO/rGO)是增强陶瓷复合材料的最佳选择,这是因为它们不仅在市场上具有广泛的可用性和有竞争力的价格,而且与许多陶瓷制备工艺兼容。表2.3列出了相关研究中石墨烯填充物的类型。值得注意的是,此处FLG和GNP是指没有或只有非常小的化学改性的石墨烯结构,因此与通过化学途径合成的石墨烯相比,即与GO/rGO相比,它们保持了更原始的性质。

一些研究中采用了少层石墨烯。FLG确实通常比多层石墨烯薄得多,因此在不牺牲石墨烯巨大的力学强度的情况下,具有更高的灵活性。考虑到普通陶瓷通常具有很高的强度和很低的延展性,这种石墨烯结构成为提高韧性的理想材料。与GO或rGO相比,FLG的另一个重要优点是前者通常没有像GO和rGO那样经历任何严重的化学氧化和还原过程,因此含有更少的结构缺陷。为了获得FLG,可以采用不同的能量输入方法将厚石墨剥离成薄片。例如,Kim等[129]在含锂电解液中电化学扩展石墨,并在超声波的帮助下进一步剥离。在Fan等关于石墨烯 – 氧化铝复合材料的研究中,他们在氮气气氛中加热到1000℃对石墨进行热膨胀。结合以下机械剥离法与粉末混合步骤在行星式磨机中处理 α – Al_2O_3 粉末[130]。为了提高石墨烯的质量和均匀性,Porwal等[131]在超声作用下对 n – 甲基吡咯烷酮(NMP)进行了液相剥离。

从表2.3可以看出,石墨烯纳米片尤其受到石墨烯 – 陶瓷基复合材料研究人员的欢迎。这主要是由于它价格很低(0.5英镑,价格仍然在下降)且具有稳定的力学、热学和电学性能。在文献中,它可以命名为石墨烯纳米薄片、石墨烯纳米片(graphene nanosheet,GNS)或石墨烯平板片(graphene platelet,GPL),但都指的是高达100nm的未氧化的石墨烯结构[132]。GNP的合成方法包括但不限于热膨胀、液相剥离、机械研磨等。起始材料通常是天然石墨片或可膨胀石墨粉(通过热冲击或化学插层预膨胀)。在典型的粉末工艺中,Tapasztó等[133]在高能研磨器中对石墨进行3h热膨胀制备工艺,最终得到几层到多层石墨烯薄片(1~30层),其尺寸为几平方微米。Kun等[134]在制备氮化硅基复合材料之前,采用类似的机械剥离技术制备了MLG,并将一些商业来源的GNP作为比较组。他们发现,在复合材料的弹性模量和抗弯强度方面,MLG的表现甚至超过了商业GNP。引起学者们兴趣的是Fan等所采用的方法,即在NMP为分散溶剂的情况下,在行星式磨机中研磨可膨胀石墨和 Al_2O_3 粉末30h。利用该方法,将石墨的剥离和粉末的混合统一为一个阶段。在此方法中使用行星式磨机而不是振动式磨机,因为前者有利于粒子的劈裂[130]。所得的石墨烯片的厚度在2.5~20nm之间。

众所周知,原始石墨烯具有惊人的弹性模量为1TPa,强度为130GPa,而GO和rGO的有效弹性模量分别为约200GPa和250GPa,这说明结构紊乱对石墨烯产品力学性能具有反作用[135]。这主要是由于氧化过程导致石墨烯平面出现官能团和结构缺陷。然而,GO和rGO仍然存在一些优势。例如,易于分散,由GO片上的官能团可能增强与陶瓷基体的相互作用,以及GO的还原可以改善力学性能和电学性能的潜力等。可以通过Hummers方法或衍生方法[136]轻易大量合成GO(在实验室中每批次1~5g,在工业中的量更高),并使用天然石墨片或可膨胀石墨为起始原料[137-140]。氧化后,温和超声足以将膨胀的石墨结构进一步分解为少层甚至单层石墨烯片。

表 2.3 以前研究中使用的不同石墨烯相关纳米填充物

石墨烯类型	合成方法	层数	横向尺寸/μm	复合基体	混合法	预期性能	文献
少层石墨烯(FLG)	电化膨胀	<5	10~20	Al_2O_3	球磨24h	耐磨性,韧性	[129]
	液相剥离	<3	1.5	Al_2O_3	超声,球磨	韧性,硬度,弹性模量	[131]
多层石墨烯(MLG)	高能球磨	10~20	—	Si_3N_4	球磨,600r/min 30min	弹性,抗弯强度	[134]
石墨烯纳米片(GNP)	商业来源	约60	2	Si_3N_4	超声,搅拌叶片	韧性	[141]
	商业来源	—	—	Si_3N_4	超声	摩擦	[142]
	商业来源	6~8nm	—	Si_3N_4	1h超声	电气	[143]
	商业来源	5~50nm	5	ZrB_2	胶体,球磨	韧性,抗弯强度	[144]
	机械研磨;商业来源	6~8nm	1	Si_3N_4	球磨	韧性	[145]
	商业来源	<32	4~12	ZrB_2、Si_3N_4	胶体,搅拌	硬度,韧性	[146]
	化学剥离和热还原	3~4	—	Si_3N_4	超声	韧性	[147]
	热膨胀	6~8nm	15~25	Al_2O_3	超声,球磨	导电性能	[132]
	热剥离;球磨	2.5~20nm	—	Al_2O_3	胶体	耐磨性	[130]
氧化石墨烯(GO)	Hummers法	—	—	Al_2O_3	胶体	韧性	[148]
	Hummers法	约10	3	Si_3N_4	桨叶混频	韧性	[141]
	Hummers法	1	—	Al_2O_3	水热合成	韧性	[149]
还原氧化石墨烯(rGO)	Hummers法;原位还原	—	—	羟基磷灰石	胶体	生物医学,韧性,硬度,弹性	[150]
	Hummers法;化学还原	—	—	YSZ	胶体	导电性能,韧性	[151]
	Hummers法;原位还原	—	—	Al_2O_3	胶体	导电性能,韧性	[152]
	Hummers法;原位还原	—	10	ZrB_2-SiC	球磨	韧性	[153]

2.4.1.2 粉末加工

在石墨烯增强陶瓷和金属复合材料中，为了充分利用石墨烯的特殊力学性能、热学性能和电学性能，必须保证石墨烯增强材料在目标基体中均匀分布。因此，粉末的混合步骤在整个复合材料制造过程中起着重要的作用。然而，由于碳质材料和大部分陶瓷粉末表面能的不同，石墨烯材料在制备工艺过程中会自然团聚，就像碳纳米管增强复合材料一样[154-155]。因此，在发表的研究中，作者仔细地定制了粉末制备工艺配方以改善这种情况。

球磨已经普遍用于减少石墨烯相关材料的团聚，并改善这些材料在陶瓷粉末前驱体中的分散。重要的参数包括研磨介质（液体或干燥）、研磨球的选择、球料比以及球磨研磨时间。为了防止石墨烯片表面的高能量产生团聚，通常需要输入高能量。使用球磨的另一个优点是，球磨过程中引入的剪切力也能破坏将石墨烯层结合在一起的范德瓦耳斯（van der Waals）力，并将较厚的石墨烯片剥离成几层薄片。不可避免的是，最终得到的粉末的平均粒度将减少，并且可能在剥离过程中发生污染（使用超硬陶瓷研磨罐和像 WC 这样的球）。球磨过程中涉及的溶剂因情况而异。表面活性剂有助于解决团聚问题。已发现 CTAB[147] 和聚乙二醇（polyethylene glycol，PEG）[134] 均能有效地改善石墨烯在复合材料基体中的分散性。另外，Coleman 等[156] 通过对液体剥离石墨烯片的定量分析，预测任何具有 $40 \sim 50 \text{mJ/m}^2$ 表面张力的溶剂都满足需求，因为这种溶剂的表面能量与石墨烯相匹配。因此，选择合适的溶剂对混合和球磨石墨烯纳米填充物有益[130]。球磨过程中典型的溶剂是去离子水加表面活性剂[134,145]、异丙醇[142-143]、DMF[129,131-132]、乙醇[146] 和 NMP[130] 等。

胶态成型也常用于制备 CNT 基和石墨烯基的 CMC[131,144,146]。除球磨外的替代能量输入，如超声和机械搅拌可用于帮助减少石墨烯纳米片的团聚。与球磨不同，由于搅拌不会产生强剪切力，因此搅拌过程中粒子尺寸不会减小。胶态成型也避免了球磨带来的污染问题。但问题是液体介质附着在最终粒子上，这可能导致较差的致密性，以及陶瓷粉末和石墨烯之间的密度差增加了复合材料产品不均匀的风险。液体介质可以在混合过程结束时烘烤去除[143,145]。

2.4.1.3 致密化

在粉末混合和压实之后，复合材料坯料需要通过烧结进行致密化或固结段。烧结方法包括热压（hot pressing，HP）、热等静压（hot isostatic pressing，HIP）、放电等离子烧结（spark plasma sintering，SPS）和无压烧结。这些技术以及典型的处理条件和参考见表 2.4。无压烧结作为一种传统的烧结技术，具有成本低、环保等优点。与其他技术相比，无压烧结技术需要较高的温度和较长的烧结时间才能使材料达到完全致密化。Kim 等采用无压烧结法制备了未氧化石墨烯/Al_2O_3 复合材料，并对其韧性、强度和耐磨性进行了研究。首先对使用球磨方法制备的干粉混合物施加单轴压力；然后将其经过 200MPa 冷等静压初步成型；最后在氩气气氛下，将混合物在电炉中烧结 3h 形成棒材。在不施加压力的情况下，根据试样的成分，将烧结温度设定为 1450~1700℃ 不等。HP 和 HIP 技术使用了单轴（供 HP 技术使用）或等静压（供 HIP 技术使用）压力，从而使大型陶瓷完全致密化。在保持较高的烧结温度的同时，通常在模具之间施加一个单轴压力，如 20MPa。通常需要将压力保持几小时。需要注意的是，在长时间的烧结过程中，陶瓷粒子会大规模持续增长，从而在力学性能方面产生"软化"效应。与传统的烧结方式不同，放电等离子体烧结是一种快速烧结技术。在压力和电场的帮助下，烧结时间可以从几小时显著缩短到几分钟。Gutierrez-Gonzalez 等[148] 用放电等离子体烧结技术合成了石墨烯纳米片/氧化铝复合材料。在压力 80MPa 且温度为 1500℃ 条件下，烧结压实粉末坯料，加热速率为 100℃/min，烧结时间只有 1min。与使用 HP、HIP 或无压烧结制备石墨烯基陶瓷基复合材料相比，放电等离子体烧结效率不仅显著提高，而且可以显著降低烧结温度。

表 2.4 石墨烯增强复合材料的制备技术、性能和条件

致密化方法	条件	基体	填充物类型及含量	改善	参考文献
热压	加热15℃/min,1000℃下加热15min,1850℃下加热60min,真空下单轴压20MPa	ZrB_2-SiC	GNP,质量分数为5%	致密化提高,相对密度大于99%,硬度提高30%,压痕断裂韧性提高250%,维氏硬度提高	[146]
热压	样木坯料干压@220MPa,预热@400℃,热等静压@1700℃,20MPa,3h	Al_2O_3	MLG,GNP,质量分数为1%~3%	弹性模量提高14%,抗弯强度提高20%	[134]
热等静压	N_2 中加热到1700℃ <25℃/min,20MPa,3h	$\alpha-Si_3N_4$	MLG,GNP	使用最小石墨烯填充物的复合材料的最佳韧性提高(整片上9.9对6.9 MPa)	[145]
热等静压	1700℃,20MPa	$\alpha-Si_3N_4$	CNT,FLG,质量分数为3%	FLG复合材料的力学性能比CNT复合材料高出10%~50%,在中子散射分析中,CNT在基体中团聚,而FLG分散良好	[133]
放电等离子法(SPS)	1350℃(100℃/min),50MPa,5min	$\alpha-Al_2O_3,20nm$	FLG,0.2%~5%(体积分数)	断裂韧性提高40%	[131]
放电等离子法(SPS)	真空预烧结(<6 Pa),加热140℃/min,1300℃,60 MPa	$\alpha-Al_2O_3,100nm$	FLG,0.8%~15%(体积分数)	体积分数3%导电性能接近渗透阈值,增加体积分数15%,比优化的CNT/Al_2O_3高170%	[130]
放电等离子法(SPS)	加热100℃/min,1500~1550℃,50MPa,3min,真空5Pa	$\alpha-Al_2O_3,150nm$	GNP,0~1.33%(体积分数)	弯曲强度提高30.75%,断裂韧性提高27.20%	[132]
放电等离子法(SPS)	加热100℃/min,1500℃,80 MPa,1min	Al_2O_3	GO,0.22%(质量分数)	摩擦系数降低10%,磨损率减少1/2	[148]
放电等离子法(SPS)	1625℃,50MPa,5min,真空5Pa	Si_3N_4	GNP,4%~24%(体积分数)	大块导电性能表现出强烈的各向异性效应;垂直于压轴的GNP的ab一平面是最导电的	[143]
放电等离子法(SPS)	1625℃,50MPa,5min,真空4~6Pa	$\alpha-Si_3N_4$	GNP,1%~5%(质量分数) GO,1%~5%(质量分数)	实验与建模的协调影响增韧效果,石墨烯桥接机理占主导地位	[141]
放电等离子法(SPS)	1625℃,50MPa,5min,6Pa以下	Si_3N_4	GNP,4.4%(体积分数)	高含量下的摩擦降低11%,耐磨性提高56%	[142]
放电等离子法(SPS)	加热100℃/min,1900℃,70MPa,在氩气中15min	$ZrB_2,1~2\mu m$	GNP,2~6%(体积分数)	双轴弯曲强度提高100%,抗弯强度提高83%	[144]
无压法	单轴冷等静压成型(200 MPa),在氩气中烧结3h,加热10℃/min,1450~1700℃	Al_2O_3	FLG,0.25%~1.5%(体积分数)	断裂韧性提高75%,断裂强度提高25%,耐磨性提高1个数量级	[129]

研究人员发现在烧结初期,石墨烯通过粒子重排促进了复合材料的致密化[144]。对于某些特定的陶瓷,碳可以帮助去除陶瓷粉末表面的氧化物杂质(如 ZrB_2 上的 ZrO_2 和 B_2O_3),从而促进材料的致密化[146]。Yadhukulakrishnan 等[144]通过监测烧结过程中压头的位移,研究了整体 ZrB_2 和 ZrB_2/GNP 复合材料的致密化行为。研究发现,通过将烧结过程中的热膨胀 – 致密化转变点提前(图 2.25),GNP 不仅在早期提高了粉末混合物的压实度,而且在后期明显地促进了粉末混合物的致密化。从这个意义上说,GNP 发挥了如同传统助烧结剂(Al_2O_3 和 Y_2O_3)一样的作用[134,141]。改善的致密化过程反过来可以促进复合材料强度的提高,因为最终复合材料的致密化程度越高,其硬度就越高。

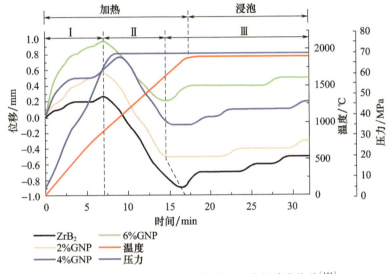

图 2.25 不同纳米填充物在烧结过程中的冲孔位移[144]

Porwal 等[131]研究了增强物含量对石墨烯/氧化铝纳米复合材料微观结构的影响。当石墨烯浓度小于 2% 时,未发现明显的团聚现象,但石墨烯含量的进一步增加导致了石墨烯片在复合基体中重叠,这从拉曼光谱的 I_D/I_G 减少和通过扫描电子显微镜的观察两方面都得到了证实[131]。然而,许多作者报道了石墨烯材料比碳纳米管在基体中更能均匀分布[130,133]。Tapasztó 等在论文中报道了他们利用小角度中子散射(small – angle neutron scattering,SANS)对整个氮化硅基体中纳米填充物的分布进行了数学分析。通过对 CNT 增强复合材料和 FLG 增强 Si_3N_4 复合材料的中子散射谱及 SEM 的分析,得出结论:CNT 在陶瓷复合材料中容易形成致密团聚,而石墨烯纳米填充物在整个基体中表现为单个的二维片[133]。在压力辅助烧结过程中,可能发生石墨烯纳米填充物的择优取向[143]。通过测量放电等离子体烧结制备的 GNP/Si_3N_4 复合材料电导性,Ramirez 等发现沿垂直于压缩轴方向的电导性比平行方向的电导性高出一个数量级,他们认为石墨烯纳米片的上下面可能是垂直方向,因为在 SPS 中施加的压力会导致择优取向。

尤其需要注意石墨烯在复合基质中会引入孔隙,许多研究小组也对此进行了报道[129,132,145,148]。石墨烯片与陶瓷基体之间的结合不足可能会产生孔隙,这是由于石墨烯填充物与基体之间的热膨胀系数不同造成残余应力在冷却过程中不均匀[132]。在 GO 的情况下,孔隙可以归因于在低温下 GO 还原过程中气体的形成[129]。孔隙导致复合材料的力学强度降低,甚至比纯陶瓷的力学强度还要低[145,157]。这种石墨烯导致的孔隙问题可以通过使用更小的石墨烯填充物或进一步改善石墨烯薄片的分散来解决[134]。

如上所述，在使用 GO 纳米片作为增强物的情况下，GO 可以在烧结过程中还原为 rGO[141,149,152-153]。众所周知，较低的温度 200~250℃足以使 GO 上的含氧基团热分解，从而导致 GO 的还原[158]。与大多数烧结技术一样，在 1900℃的高温下，GO 很有可能发生热还原，其速度非常快[152]。这种还原效应通常伴随气体生成，会导致烧结体产生孔隙。解决这一问题的一个可能方法是在高温下通过压力或无压力最终烧结前，在较低温度下预热陶瓷复合材料坯料。

2.4.1.4 热/冷/等离子喷涂

Liu 等[159]利用常压等离子喷涂技术在 Ti-6Al-4V 基底上制备了石墨烯纳米片（graphene nanosheet, GN）增强氧化锆陶瓷涂层。他们为了提高材料间的附着力，采用了镍-铬黏合层。在较高的电流 630A 和 67V 电压下，以在 120mm 喷雾距离处 20g/min 的送粉速率制备了具有较高均匀性的 ZrO_2/GN 混合粉。石墨烯纳米片经受等离子喷涂过程中的高温后仍然存在。在类似的制备条件下制备的 ZrO_2/石墨复合材料具有大量空隙、孔隙和石墨团聚物，而石墨烯增强复合材料与之相比具有更致密的结构。研究发现添加质量分数为 1% 的石墨烯纳米片能将磨损率降低 50%，而当石墨烯的正常含量从 10N 增加到 100N 时，摩擦系数由 0.27 降低到 0.19。GN 性能得到改善，尤其是高含量 GN 的性能得到改善是因为形成了一个连续的 GN 增强传递层，这个传递层能有效防止进一步损伤基底。相反，由于形成的传递层不连续，石墨性能较低。

Liu 等[159-160]采用真空冷喷涂方法成功地制备了羟基磷灰石（hydroxyapatite, HA）/氧化石墨烯复合涂层。传统的热喷涂方法通常在高温下进行，这是为了熔化粒子涂层前驱体并获得具有足够附着力和黏合性的良好涂层，真空冷喷涂与传统的热喷涂方法不同，它是一种基于冲击加载凝固的方法，可以在室温下使用这种技术，且不会牺牲制备效率。Liu 等发现，用这种方法制备的涂层不仅保留了羟基磷灰石和石墨烯片的细化纳米结构，而且展示了与人类成骨细胞的良好生物相容性，这表明该涂层具有很好的生物医学应用前景。

2.4.1.5 电泳沉积

Li 等[198-199]报道了 GO/羟基磷灰石纳米复合涂层的制备和表征。在他们的研究中，通过电泳沉积法（electrophoretic deposition, EPD）将 GO 和 HA 纳米粒子的悬浮液混合以此在钛基底上制备了涂层。TEM 观察证实了 HA 粒子在 GO 片上均匀分布，SEM 图像显示氧化石墨烯增强羟基磷灰石涂层形貌致密且裂纹少。除了增强的力学性能外，含有 GO 的涂层在模拟体液（simulated body fluid, SBF）中的耐腐蚀性能有所提高，并显示了优异的体外生物相容性（含有质量分数为 2% 的 GO，可以达到约 95% 细胞活性）。在最近的一份报道中，Janković 等[245]制备了类似的氧化石墨烯/羟基磷灰石复合涂层，并在模拟体液中对其生物活性和腐蚀行为进行了评估，他们发现复合材料的硬度、弹性模量和热力学稳定性均有所提高，并在 SBF 中形成了新的磷灰石层，这表明复合涂层具有良好的生物相容性。GO/羟基磷灰石复合涂层经 EIS 测试证实具有较好的耐蚀性，尽管未发现抗菌活性。

2.4.2 性能

2.4.2.1 力学性能

在概念上，力学强度和断裂韧性相互排斥。高强度材料的强结合和低塑性极限往往导致材料在高应力和连续应力下的脆性断裂，即低断裂韧性。石墨烯的特殊结构决定了它不仅可以提供强大的力学强度,还能展示非凡的韧性,这是由于石墨烯拥有强大的C—C键和比表面积。石墨烯的这种优点有利于陶瓷制备,因为大多数陶瓷由于具有较低的断裂韧性,在反复和持久的应力作用下容易疲劳和开裂。

研究表明,只要添加少量石墨烯,就能增强复合材料的强度。与纯 Al_2O_3 烧结陶瓷相比,在 Al_2O_3 基体中添加体积分数为0.25%~0.5%的石墨烯,就可使断裂韧性提高约75%,弯曲强度提高约25%[129]。这是由石墨烯的比表面积决定的,而传统的增强物,如碳纳米管和纤维,通常要求较高的含量,即体积分数为1%~10%[129]。然而,石墨烯含量较高可能限制了断裂韧性的提高[131-132]。这一点也得到了Kim等的回应,他们报道了无论使用的是何种性质的石墨烯(未氧化石墨烯、GO、rGO),韧化效应都会随着石墨烯在 Al_2O_3 基体中含量的增加而降低[129]。

Porwal等研究了石墨烯含量增加后氧化铝复合材料的微观结构。材料组的晶粒尺寸无显著性差异,硬度值相近。虽然加入0.8%(体积分数)的FLG后,复合材料的断裂韧性比纯氧化铝高40%左右,但是弹性模量在添加2%(体积分数)FLG前保持不变。当FLG含量增加到5%(体积分数)时,复合材料的韧性和弹性模量都显著降低。由于石墨烯互连网络密度的增加,复合材料的力学性能变差[131]。Dusza等研究了不同石墨烯几何形状(厚度和横向尺寸)对 GNP/Si_3N_4 复合材料韧性机理的影响。他们发现,当复合材料的平均横向尺寸最小,而且GNP分布尺寸最窄时,韧性增强程度最高。相反,最小的断裂韧性提高与GNP最大的平均尺寸和最宽的尺寸分布有关。由于陶瓷晶界存在石墨烯,强化机理可能抑制位错运动[129]。然而,较大尺寸的石墨烯片可能表现为结构性缺陷,会降低复合材料韧性。

除了含量和致密化技术,强化效率主要受几个因素的制约[133]:①纳米填充物的固有力学性能;②填充物与复合基体之间的载荷传递效率;③纳米填充物在整个基体体积中的分布均匀性。尽管在许多情况下,机械剥离的石墨烯片明显优于化学方法制备的石墨烯片,如GO和rGO。但是,对于相同类型的石墨烯纳米填充物,它们的内在力学强度应该保持一致。另外,考虑到纳米填充物含量较小,最终产品的力学性能不应该主要由纳米填充物的内在力学性能所决定(因素1),而更可能由填充物与基体的相互作用所决定(因素2和因素3)。我们并不奇怪任何可能导致两个相位之间键合不足或引入空隙、局部缺陷或石墨烯团聚的因素都会导致复合材料的力学性能出乎意料的差。

因此石墨烯填充物与陶瓷基体之间的相互作用对复合材料的强化和增韧都至关重要。研究表明,GNP/ZrB_2 复合材料的拉曼光谱 I_D/I_G 比值大于整体陶瓷,这可能是由GNP与 ZrB_2 基体之间的界面相互作用所致[144]。

文献[131,144]中提出的韧性改善机制包括晶间断裂到穿晶断裂、石墨烯互连网络、石墨烯拔出、裂纹桥接、裂纹偏转和裂纹分支。根据不同作者的SEM观察结果发现,裂纹桥接可能是主导机制,就像普通的补强填充物,如晶须和纤维一样。石墨烯填充物的优点是促进了断裂韧性的一致性,这是由于石墨烯纳米片沿晶界均匀分布[129]。石墨烯纳米微片能够包裹复合粒子,有助于复合材料的韧性加强[146-147]。由于石墨烯的内在力学强度和柔韧性,在晶粒内嵌入石墨烯可以潜在地提高复合材料的强度和韧性[132]。

石墨烯摩擦学在CMC中的应用也越来越受到人们的关注。Belmonte等制备了 GNP/Si_3N_4 复合材料,发现GNP在高载荷下可以润滑摩擦系统,使最小摩擦系数达到0.16,比整体陶瓷低11%。GNP增强复合材料在不考虑正常含量的情况下表现出更高的耐磨性。在含量最高的情况下,复合材料的耐磨性比整片材料高56%,这是由于连续剥落GNP从而形成附着在摩擦片之间的摩擦膜[142]。在 Gutierrez – Gonzalez 等[148]的论文中发现,在氧化石墨烯/氧化铝复合材料中,在干滑动条件下,含 GO 的复合材料的摩擦系数比整体陶瓷低 10%,磨损率只有整体陶瓷的 1/2。摩擦的减少是由于 GO 片的润滑性能够润滑滑动接触点。磨损的抑制被认为是加入石墨烯微片减轻了晶粒间拉应力。由于这种应力释放,氧化铝粒子的拔出减少,这反过来又减少了磨损碎片的形成和伴随的严重磨损。

2.4.2.2 电学性能

石墨烯/氧化铝复合材料中石墨烯含量的渗透阈值高于碳纳米管增强的材料[130]。然而,即使在渗透阈值以上,电导性也会迅速增加,这与碳纳米管增强 CMC 的性能不同,因为这些复合材料的电导性通常在渗透阈值上逐渐降低。石墨烯/氧化铝复合材料理想的电导行为是由于石墨烯纳米填充物在氧化铝基体中的无团聚分布,这应归因于石墨烯粉末制备方法的改进,以及高纵横比的二维几何结构,可以在基体中形成一个均匀的网络,而不是通常与碳纳米管有关的"束"或"绳子"状的团聚体。此外,石墨烯网络中的面对面接触被认为比碳纳米管的点对点接触的电学性能更高[130]。

Shin 等[151]采用放电等离子体烧结法制备钇稳氧化锆/还原氧化石墨烯陶瓷复合材料,采用肼还原氧化石墨烯纳米片作为增强相。随着增强物含量的增加,复合材料的压痕硬度逐渐降低,断裂韧性由 4.4MPa 提高到 5.9MPa,这与其他人发现的结果相似。更重要的是,钇稳氧化锆/还原氧化石墨烯复合材料的导电性能至少比整片材料高出一个数量级,表现为约 2.5%(体积分数)的渗透阈值。这些改进再次归因于导电且互连的三维石墨烯网络。

Centeno 等[152]通过 SPS 制备了 Al_2O_3/GO 复合材料。氧化石墨烯在烧结状态下的热还原作用以及氧化石墨烯片在基体中的良好分散,使复合材料的导电性能显著提高 80%,而氧化石墨烯的含量仅为 0.22%(体积分数)。石墨烯薄片的优先取向即垂直于压缩轴的平面,与 Ramirez 等[143]的发现一致。

2.5 石墨烯增强复合材料的应用

2.5.1 低摩擦和磨损部件

石墨烯经常是有史以来最强的材料,其性能超过结构钢 200 倍[161]。近年来,石墨烯摩擦学也引起了人们广泛的研究兴趣。原子水平的研究证明,石墨烯可以表现出极低的摩擦系数,约为 0.03,远远优于石墨(约 0.1)[162-164]。由于石墨烯的厚度为 0.34nm,它可能是迄今为止发现的最薄的固体润滑剂[163]。此外,据记载,石墨在潮湿环境下润滑良好,但在干燥环境下效果较差,而石墨烯无论环境湿度如何,都具有优异的润滑性[165]。这些不寻常的性质表明石墨烯在摩擦学应用中具有巨大的潜力。然而,单层石墨烯的润滑性不仅受到平面外变形的影响,而且受到与底层支撑的弱结合的影响[166-168]。因此,结合实际应用条件的复杂性,设计石墨烯复合材料以开发石墨烯的摩擦特性更为实际。

Tai 等[169]报道了热压法制备的氧化石墨烯/超高分子量聚乙烯(UHMWPE)复合材料的摩擦学性能,这种复合材料可以通过 HP 制备。氧化石墨烯/增强复合材料的硬度和耐磨性随氧化石墨烯/含量增加到质量分数 1% 而增加。氧化石墨烯增加到 3% 时,磨损率显著降低了40%。人们提出来一种转移层机制来解释磨损的减少,这与其他报告一致[170-173]。随着氧化石墨烯含量的增加,摩擦略有增加,符合有关碳纳米管/UHMWPE 复合材料的报道[169]。相比之下,Lahiri 等[174]研究表明,随着石墨烯纳米微片(GNP)的增加,UHMWPE 基复合材料的摩擦系数降低。这种差异可以归因于石墨烯材料类型、测试条件的差异以及石墨烯-基体相互作用的可能性。Kandanur 等[175]研究了氧化石墨烯增强聚四氟乙烯(PTFE)复合材料在50N 高正常载荷下的摩擦性能。在氧化石墨烯的质量分数只有0.32%时,磨损率显著降为原来的1/10,而在加入质量分数为10%的氧化石墨烯增强物时,则剧烈降为原来的1/4000。与之相比,石墨强化 PTFE 的耐磨性提高了10~30倍。

石墨烯增强金属和陶瓷复合材料的摩擦学改进也得到了证明[170,172,176-177]。Xu 等采用放电等离子体烧结法制备多层石墨烯(MLG)增强 TiAl 复合材料。基体中多层石墨烯分布均匀性改善了力学性能,发现石墨烯纳米粒子片使得摩擦系数降为原来的1/4,磨损率降低了4~9个数量级。

最近,Berman 等[178]报道了关于石墨烯包裹纳米钻石球体的超润滑性(摩擦系数约0.004)的重要发现。受此启发,另一小组对非晶态碳薄膜的减摩机理进行了详细的研究,发现在摩擦接触时,在摩擦薄膜中形成了大量具有内非晶态碳硬核的石墨烯纳米滚轴,从而显著地降低了摩擦系数(图2.26)。

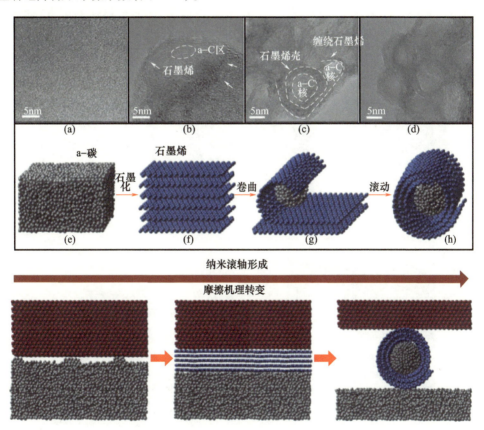

图2.26 非晶碳材料上低摩擦石墨烯涡卷的示意图[179]
(a)~(d)形成纳米滚轴的 TEM 图像;(e)~(h)形成过程的示意图。

2.5.2 智能界面及防腐蚀涂层

石墨烯独特的二维结构产生了一些独特的特性,包括它的不透水性。石墨烯虽然只有一个原子厚,但它能阻止包括氦(最小分子)等所有分子通过,因为它没有缺陷[180]。此外,在石墨烯基面附近重叠的 π - 电子云使外部原子和分子产生排斥场,而对电子保持透明[181]。这些特征表明石墨烯可以成为世界上最薄的分离膜[180]和腐蚀屏障[182]。石墨烯基材料,特别是 GO,已被加入到聚合物[95,183-196]、无机/陶瓷材料[197-199]和金属基体中[200-201],以形成防腐蚀的复合材料。

同时,石墨烯和石墨通常被认为是一种疏水材料,尽管最近一些作者指出,石墨烯的润湿性应该受到环境(即可以吸附在石墨烯表面的污染和碳氢化合物)[202-203]或液体 - 石墨烯和液体 - 基底相互作用的影响[204]。石墨烯的疏水性已被用于自清洁复合涂层[205]。在本书中,将硅藻土(diatomaceous earth,DE)、还原氧化石墨烯和一部分 TiO_2 纳米粒子混合制成复合材料。该复合材料的水接触角为(170 ± 2)°,因此具有持久的自清洗行为(图 2.27)。自清洗特性即使在喷砂或横切划伤后也不会被破坏,而且可以通过喷涂、刷涂或浸涂方便地应用在任何基材上。

石墨烯在水和油介质中的不同润湿行为可能产生基于石墨烯的智能界面的应用。在一个非常有趣的工作中,Nguyen 等通过在 100℃下浸泡 2h 的石墨烯纳米片,制备了一种商业上可用的海绵,这种海绵通常具备高度亲水性。最终的复合产品显示了 162°的水接触角,同时保持了对油的较高润湿性。也就是说,它具有超疏水性但也具有超亲油性(图 2.28)。

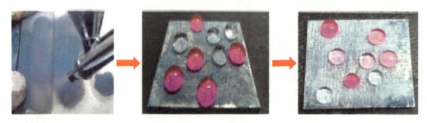

图 2.27 通过喷涂制备 DE/rGO/TiO_2 复合涂层及复合材料的超疏水性能[205]

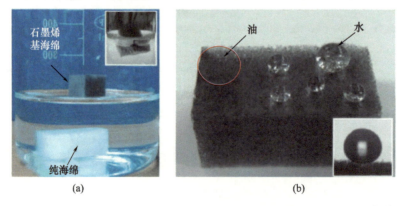

图 2.28 石墨烯涂层的海绵完美地排斥水,同时表现出对油的强烈吸附[206]
(a)水中的石墨烯基海绵;(b)涂在石墨烯海绵上的水和油滴。

2.5.3 抗菌和生物相容性植入物

石墨烯的比表面积促进了各种生物反应。如果没有对 CNT 进行特定的功能化,它会在活体中引起损伤[207],石墨烯材料则与碳纳米管不同,它通常表现出令人满意的生物相容性。人类细胞培养研究表明,GO 并没有引起细胞毒性[208-209]或轻度浓度依赖毒性[210],尽管少数特定细胞可能会不一样,因为它们会表现出毒性[211]。与此同时,有报道称 GO 促进了干细胞的分化、生长和增殖(图 2.29),这可能是由于 GO 层与细胞的静电相互作用和氢黏合[212]。

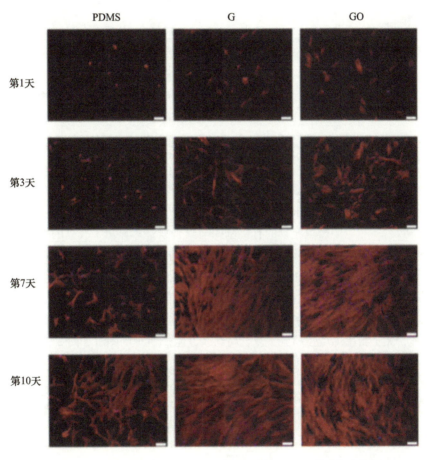

图 2.29 在 PDMS(参考)、CVD 生长石墨烯和 GO 上增殖的人体间充质干细胞(mesenchymal stem cell,MSC)的荧光图像(比例尺,100μm[212])

然而,报道发现一些石墨烯材料显示了对生物细胞的良好生物相容性的同时,还有抗菌性,并且这个概念已经被应用到一些含有石墨烯衍生物的复合材料中。Kulshrestha 等[213]通过简单的胶体法制备了石墨烯/氧化锌纳米复合材料(graphene/zinc oxide nanocomposite,GZNC),并研究了变形链球菌(S. mutans)的活性,这种致癌细菌在纳米复合材料的牙科实践中很常见。结果清楚地表明,在 GZNC 涂层的丙烯酸齿面上,变形链球菌生物膜的形成基本受到抑制(图 2.30)。

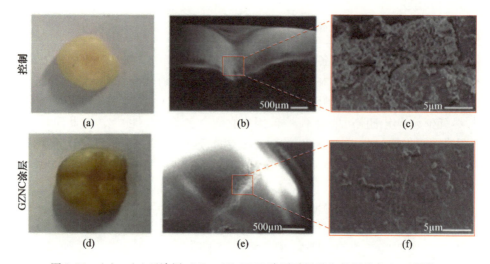

图 2.30 （a）~（c）无涂层；（d）~（f）GZNC 涂层丙烯酸齿的照片和 SEM 图像；(c) 在非涂层牙齿上显示清晰的生物膜生成，(f) 在 GZNC 涂层牙齿上显示几乎可以忽略的生物膜[213]

2.5.4 阻燃材料

在传统上，阻燃填充物的大家族是无机材料，包括氢氧化物、金属氧化物、磷酸盐和硅酸盐。这些材料在复合材料中要求具有良好的热力学稳定性、低毒性、低污染、低成本和高承载性，以提高效率[214]。阻燃填充物的有机基团与聚合物基体显示了较高的效率和较好的相容性，但不可避免地含有卤素或磷氮，燃烧过程中产生的有毒气体会对人体产生很大的危害。

石墨烯基材料可以替代传统的阻燃填充物，主要的原因是：①具有优良的物理屏障作用，在发生火灾时阻隔热量和燃料；②具有较大的比表面积，可有效吸收易燃蒸气，为其他材料如金属氧化物提供催化和碳化平台[215]；③具有高的热力学稳定性，防止阻燃复合材料的自蔓延分解。关于石墨烯增强高分子复合材料及其阻燃机理的图解如图 2.31 所示[214]。

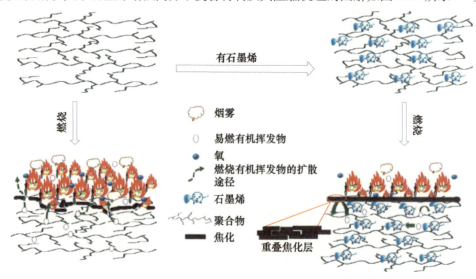

图 2.31 Sang 等[214] 提出的石墨烯阻燃剂的阻燃机理

2.6 小结

石墨烯是 21 世纪最令人兴奋的科学发现之一。它带来了惊喜并提供了很多可能性,人们目前还没有完全揭开石墨烯的面纱。人们相信石墨烯和其衍生物将促进一种新型复合材料的发展。然而应当指出,为了充分实现石墨烯的潜力,必须克服若干技术问题:①石墨烯的质量,如在层数、横向尺寸和结构缺陷方面,需要稳定和可调性,以满足不同应用的不同需求;②石墨烯填充物在复合基体中的分散需要进一步改进和充分调节,以保证均匀的复合组织微结构,从而保证可靠的性能;③石墨烯填充物与基体的相互作用,不论是力学的还是电子的,都必须相应地加强以避免结构空洞和缺陷,并保证所需的力学稳定性、导电性能和导热性能。石墨烯增强复合材料的应用将有助于提高开发能量收集装置和 MEMS 器件等新的可能性。

参考文献

[1] Novoselov, K. S. et al., Electric field effect in atomically thin carbon films. Science, 306, 5696, 666 – 669, 2004.

[2] Lee, C. et al., Measurement of the elastic properties and intrinsic strength of monolayer graphene. *Science*, 321, 5887, 385 – 388, 2008.

[3] Balog, R. et al., Bandgap opening in graphene induced by patterned hydrogen adsorption. *Nat. Mater.*, 9, 4, 315 – 319, 2010.

[4] Balandin, A. A. et al., Superior thermal conductivity of single – layer graphene. *Nano Lett.*, 8, 3, 902 – 907, 2008.

[5] Park, S. and Ruoff, R. S., Chemical methods for the production of graphenes. *Nat. Nanotechnol.*, 4, 4, 217 – 224, 2009.

[6] Zhu, Y. W. et al., Graphene and graphene oxide: Synthesis, properties, and applications. *Adv. Mater.*, 22, 35, 3906 – 3924, 2010.

[7] Bastwros, M. et al., Effect of ball milling on graphene reinforced Al6061 composite fabricated by semi – solid sintering. *Compos. Part B Eng.*, 60, 111 – 118, 2014.

[8] Bartolucci, S. F. et al., Graphene – aluminum nanocomposites. *Mater. Sci. Eng. A Struct. Mater.*, 528, 27, 7933 – 7937, 2011.

[9] Yang, W. et al., Microstructure and mechanical properties of graphene nanoplates reinforced pure Al matrix composites prepared by pressure infiltration method. *J. Alloys Compd.*, 732, 748 – 758, 2018.

[10] Gao, X. et al., Preparation and tensile properties of homogeneously dispersed graphene reinforced aluminum matrix composites. *Mater. Des.*, 94, 54 – 60, 2016.

[11] Li, G. and Xiong, B., Effects of graphene content on microstructures and tensile property of graphene – nanosheets/aluminum composites. *J. Alloys Compd.*, 697, 31 – 36, 2017.

[12] Kumar, S. J. N. et al., Mechanical properties of aluminium – graphene composite synthesized by powder metallurgy and hot extrusion. *T. Indian I. Metals*, 70, 3, 605 – 613, 2017.

[13] Wang, J. Y. et al., Reinforcement with graphene nanosheets in aluminum matrix composites. *Scr. Mater.*, 66, 8, 594 – 597, 2012.

[14] Li, Z. *et al.*, Uniform dispersion of graphene oxide in aluminum powder by direct electrostatic adsorption for fabrication of graphene/aluminum composites. *Nanotechnology*, 25, 32, 2014.

[15] Jeon, C. H. *et al.*, Material properties of graphene/aluminum metal matrix composites fabricated by friction stir processing. *Int. J. Precis. Eng. Man.*, 15, 6, 1235 – 1239, 2014.

[16] Perez – Bustamante, R. *et al.*, Microstructural and hardness behavior of graphene – nanoplatelets/aluminum composites synthesized by mechanical alloying. *J. Alloys Compd.*, 615, S578 – S582, 2014.

[17] Zhang, H. *et al.*, Enhanced mechanical properties of Al5083 alloy with graphene nanoplates prepared by ball milling and hot extrusion. *Mater. Sci. Eng. A*, 658, 8 – 15, 2016.

[18] Khodabakhshi, F. *et al.*, Fabrication of a new Al – Mg/graphene nanocomposite by multipass friction – stir processing: Dispersion, microstructure, stability, and strengthening. *Mater. Charact.*, 132, 92 – 107, 2017.

[19] Kavimani, V., Prakash, K. S., Pandian, M. A., Influence of r – GO addition on enhancement of corrosion and wear behavior of AZ31 MMC. *Appl. Phys. A Mater. Sci. Process.*, 123, 8, 2017.

[20] Liu, C. S., Su, F. H., Liang, J. Z., Producing cobalt – graphene composite coating by pulse electrodeposition with excellent wear and corrosion resistance. *Appl. Surf. Sci.*, 351, 889 – 896, 2015.

[21] Rekha, M. Y., Kumar, M. K. P., Srivastava, C., Electrochemical behaviour of chromium – graphene composite coating. *RSC Adv.*, 6, 67, 62083 – 62090, 2016.

[22] Jiang, R. R. *et al.*, Copper – graphene bulk composites with homogeneous graphene dispersion and enhanced mechanical properties. *Mater. Sci. Eng. A Struct. Mater.*, 654, 124 – 130, 2016.

[23] Kim, W. J., Lee, T. J., Han, S. H., Multi – layer graphene/copper composites: Preparation using high – ratio differential speed rolling, microstructure and mechanical properties. *Carbon*, 69, 55 – 65, 2014.

[24] Hwang, J. *et al.*, Enhanced mechanical properties of graphene/copper nanocomposites using a molecular – level mixing process. *Adv. Mater.*, 25, 46, 6724 – 6729, 2013.

[25] Tang, Y. X. *et al.*, Enhancement of the mechanical properties of graphene – copper composites with graphene – nickel hybrids. *Mater. Sci. Eng. A Struct. Mater.*, 599, 247 – 254, 2014.

[26] Raghupathy, Y. *et al.*, Copper – graphene oxide composite coatings for corrosion protection of mild steel in 3.5% NaCl. *Thin Solid Films*, 636, 107 – 115, 2017.

[27] Akbulut, H. *et al.*, Co – deposition of Cu/WC/graphene hybrid nanocomposites produced by electrophoretic deposition. *Surf. Coat. Technol.*, 284, 344 – 352, 2015.

[28] Hu, Z. R. *et al.*, Laser additive manufacturing bulk graphene – copper nanocomposites. *Nanotechnology*, 28, 44, 2017.

[29] Luo, H. B. *et al.*, Copper matrix composites enhanced by silver/reduced graphene oxide hybrids. *Mater. Lett.*, 196, 354 – 357, 2017.

[30] Jagannadham, K., Orientation dependence of thermal conductivity in copper – graphene composites. *J. Appl. Phys.*, 110, 7, 2011.

[31] Jagannadham, K., Thermal conductivity of copper – graphene composite films synthesized by electrochemical deposition with exfoliated graphene platelets. *Metall. Mater. Trans. B*, 43, 2, 316 – 324, 2012.

[32] Chu, K. and Jia, C. C., Enhanced strength in bulk graphene – copper composites. *Phys. Status Solidi A*, 211, 1, 184 – 190, 2014.

[33] Pavithra, C. L. P. *et al.*, A new electrochemical approach for the synthesis of copper – graphene nanocomposite foils with high hardness. *Sci. Rep.*, 4, 2014.

[34] Xie, G. X., Forslund, M., Pan, J. S., Direct electrochemical synthesis of reduced graphene oxide (rgo)/copper composite films and their electrical/electroactive properties. *ACS Appl. Mater. Interfaces*, 6, 10, 7444 – 7455, 2014.

[35] Li, M. X. et al., Highly enhanced mechanical properties in Cu matrix composites reinforced with graphene decorated metallic nanoparticles. *J. Mater. Sci.*, 49, 10, 3725 – 3731, 2014.

[36] Peng, Y. T. et al., Ultrasound – assisted fabrication of dispersed two – dimensional copper/reduced graphene oxide nanosheets nanocomposites. *Compos. Part B Eng.*, 58, 473 – 477, 2014.

[37] Zhao, C. and Wang, J., Fabrication and tensile properties of graphene/copper composites prepared by electroless plating for structrual applications. *Phys. Status Solidi A*, 211, 12, 2878 – 2885, 2014.

[38] Dutkiewicz, J. et al., Microstructure and properties of bulk copper matrix composites strengthened with various kinds of graphene nanoplatelets. *Mater. Sci. Eng. A Struct. Mater.*, 628, 124 – 134, 2015.

[39] Xiong, D. B. et al., Graphene – and – copper artificial nacre fabricated by a preform impregnation process: Bioinspired strategy for strengthening – toughening of metal matrix composite. *ACS Nano*, 9, 7, 6934 – 6943, 2015.

[40] Zhao, Z. Y. et al., Microstructures and properties of graphene – Cu/Al composite prepared by a novel process through clad forming and improving wettability with copper. *Adv. Eng. Mater.*, 17, 5, 663 – 668, 2015.

[41] Liu, Y. et al., Hydroxyapatite/graphene – nanosheet composite coatings deposited by vacuum cold spraying for biomedical applications: Inherited nanostructures and enhanced properties. *Carbon*, 67, 250 – 259, 2014.

[42] Turan, M. E. et al., The effect of GNPs on wear and corrosion behaviors of pure magnesium. *J. Alloys Compd.*, 724, 14 – 23, 2017.

[43] Rashad, M. et al., Synergetic effect of graphene nanoplatelets (GNPs) and multi – walled carbon nanotube (MW – CNTs) on mechanical properties of pure magnesium. *J. Alloys Compd.*, 603, 111 – 118, 2014.

[44] Qi, S. J. et al., Fabrication and characterisation of electro – brush plated nickel – graphene oxide nano – composite coatings. *Thin Solid Films*, 644, 106 – 114, 2017.

[45] Algul, H. et al., The effect of graphene content and sliding speed on the wear mechanism of nickel – graphene nanocomposites. *Appl. Surf. Sci.*, 359, 340 – 348, 2015.

[46] Jabbar, A. et al., Electrochemical deposition of nickel graphene composite coatings: Effect of deposition temperature on its surface morphology and corrosion resistance. *RSC Adv.*, 7, 49, 31100 – 31109, 2017.

[47] Zhou, P. W. et al., Fabrication and corrosion performances of pure ni and ni – based coatings containing rare earth element ce and graphene by reverse pulse electrodeposition. *J. Electrochem. Soc.*, 164, 2, D75 – D81, 2017.

[48] Kumar, C. M. P., Venkatesha, T. V., Shabadi, R., Preparation and corrosion behavior of Ni and Ni – graphene composite coatings. *Mater. Res. Bull.*, 48, 4, 1477 – 1483, 2013.

[49] Kuang, D. et al., Graphene – nickel composites. *Appl. Surf. Sci.*, 273, 484 – 490, 2013.

[50] Szeptycka, B., Gajewska – Midzialek, A., Babul, T., Electrodeposition and corrosion resistance of Ni – graphene composite coatings. *J. Mater. Eng. Perform.*, 25, 8, 3134 – 3138, 2016.

[51] Chen, J. J. et al., Preparation and tribological behavior of Ni – graphene composite coating under room temperature. *Appl. Surf. Sci.*, 361, 49 – 56, 2016.

[52] Ren, Z. et al., Mechanical properties of nickel – graphene composites synthesized by electrochemical deposition. *Nanotechnology*, 26, 6, 2015.

[53] Khalil, M. W. et al., Electrodeposition of Ni – GNS – TiO2 nanocomposite coatings as anticorrosion film for mild steel in neutral environment. *Surf. Coat. Technol.*, 275, 98 – 111, 2015.

[54] Jiang, K., Li, J. R., Liu, J., Electrochemical codeposition of graphene platelets and nickel for improved corrosion resistant properties. *RSC Adv.*, 4, 68, 36245 – 36252, 2014.

[55] Zhai, W. Z. et al., Grain refinement: A mechanism for graphene nanoplatelets to reduce friction and wear of Ni3Al matrix self-lubricating composites. *Wear*, 310, 1-2, 33-40, 2014.

[56] Qiu, C. C. et al., Corrosion resistance and micro-tribological properties of nickel hydroxide-graphene oxide composite coating. *Diam. Relat. Mater.*, 76, 150-156, 2017.

[57] Zhang, L. et al., Preparation and mechanical properties of (Ni-Fe)-Graphene composite coating. *Adv. Eng. Mater.*, 18, 10, 1716-1719, 2016.

[58] Gao, H. C. et al., One-step electrochemical synthesis of ptni nanoparticle-graphene nanocomposites for nonenzynnatic amperometric glucose detection. *ACS Appl. Mater. Interfaces*, 3, 8, 3049-3057, 2011.

[59] Berlia, R., Kumar, M. K. P., Srivastava, C., Electrochemical behavior of Sn-graphene composite coating. *RSC Adv.*, 5, 87, 71413-71418, 2015.

[60] Song, Y. et al., Microscopic mechanical properties of titanium composites containing multilayer graphene nanofillers. *Mater. Des.*, 109, 256-263, 2016.

[61] Hu, Z. R. et al., Laser sintered single layer graphene oxide reinforced titanium matrix nanocomposites. *Compos. Part B Eng.*, 93, 352-359, 2016.

[62] Zhang, X. J. et al., Microstructural and mechanical characterization of in-situ TiC/Ti titanium matrix composites fabricated by graphene/Ti sintering reaction. *Mater. Sci. Eng. A Struct. Mater.*, 705, 153-159, 2017.

[63] Cao, Z. et al., Reinforcement with graphene nanoflakes in titanium matrix composites. *J. Alloys Compd.*, 696, 498-502, 2017.

[64] Mu, X. N. et al., Microstructure evolution and superior tensile properties of low content graphene nanoplatelets reinforced pure Ti matrix composites. *Mater. Sci. Eng. A Struct. Mater.*, 687, 164-174, 2017.

[65] Xu, Z. S. et al., Preparation and tribological properties of TiAl matrix composites reinforced by multilayer graphene. *Carbon*, 67, 168-177, 2014.

[66] Kumar, M. K. P., Singh, M. P., Srivastava, C., Electrochemical behavior of Zn-graphene composite coatings. *RSC Adv.*, 5, 32, 25603-25608, 2015.

[67] Lin, D., Liu, C. R., Cheng, G. J., Single-layer graphene oxide reinforced metal matrix composites by laser sintering: Microstructure and mechanical property enhancement. *Acta Mater.*, 80, 183-193, 2014.

[68] Rashad, M. et al., High temperature formability of graphene nanoplatelets-AZ31 composites fabricated by stir-casting method. *J. Magnesium Alloys*, 4, 4, 270-277, 2016.

[69] Liu, C. B. et al., Direct electrodeposition of graphene enabling the one-step synthesis of graphene-metal nanocomposite films. *Small*, 7, 9, 1203-1206, 2011.

[70] Shin, S. E. et al., Strengthening behavior of carbon/metal nanocomposites. *Sci. Rep.*, 5, 2015.

[71] Shukla, A. K. et al., Processing copper-carbon nanotube composite powders by high energy milling. *Mater. Charact.*, 84, 58-66, 2013.

[72] Zhou, T. N. et al., A simple and efficient method to prepare graphene by reduction of graphite oxide with sodium hydrosulfite. *Nanotechnology*, 22, 4, 2011.

[73] Laha, T., Liu, Y., Agarwal, A., Carbon nanotube reinforced aluminum nanocomposite via plasma and high velocity oxy-fuel spray forming. *J. Nanosci. Nanotechnol.*, 7, 2, 515-524, 2007.

[74] Bakshi, S. R. et al., Aluminum composite reinforced with multiwalled carbon nanotubes from plasma spraying of spray dried powders. *Surf. Coat. Technol.*, 203, 10-11, 1544-1554, 2009.

[75] Balani, K. et al., Plasma-sprayed carbon nanotube reinforced hydroxyapatite coatings and their interaction with human osteoblasts in vitro. *Biomaterials*, 28, 4, 618-624, 2007.

[76] Liu, Y., Huang, J., Li, H., Nanostructural characteristics of vacuum cold-sprayed hydroxyapatite/grap-

hene – nanosheet coatings for biomedical applications. *J. Therm. Spray Technol.* ,23,7,1149 – 1156,2014.

[77] Kirkland,N. T. et al. ,Exploring graphene as a corrosion protection barrier. *Corros. Sci.* ,56,1 – 4,2012.

[78] Goyal,V. and Balandin,A. A. ,Thermal properties of the hybrid graphene – metal nanomicro – composites: Applications in thermal interface materials. *Appl. Phys. Lett.* ,100,7,2012.

[79] Shen,B. et al. ,Melt blending *in situ* enhances the interaction between polystyrene and grapheme through pi – pi stacking. *ACS Appl. Mater. Interfaces* ,3,8,3103 – 3109,2011.

[80] Bao,C. L. et al. ,Preparation of graphene by pressurized oxidation and multiplex reduction and its polymer nanocomposites by masterbatch – based melt blending. *J. Mater. Chem.* ,22,13,6088 – 6096,2012.

[81] Zhang,H. B. et al. ,Electrically conductive polyethylene terephthalate/graphene nanocomposites prepared by melt compounding. *Polymer* ,51,5,1191 – 1196,2010.

[82] Pang,H. A. et al. ,The effect of electric field,annealing temperature and filler loading on the percolation threshold of polystyrene containing carbon nanotubes and graphene nanosheets. *Carbon* ,49,6,1980 – 1988,2011.

[83] Zeng,X. P. ,Yang,J. J. ,Yuan,W. X. ,Preparation of a poly(methyl methacrylate) – reduced grapheme oxide composite with enhanced properties by a solution blending method. *Eur. Polym. J.* ,48,10,1674 – 1682,2012.

[84] He,F. et al. ,High Dielectric Permittivity and Low Percolation Threshold in Nanocomposites Based on Poly (vinylidene fluoride) and Exfoliated Graphite Nanoplates. *Adv. Mater.* ,21,6,710,2009.

[85] Stankovich,S. et al. ,Graphene – based composite materials. *Nature* ,442,7100,282 – 286,2006.

[86] Kim,S. ,Do,I. ,Drzal,L. T. ,Thermal Stability and Dynamic Mechanical Behavior of Exfoliated Graphite Nanoplatelets – LLDPE Nanocomposites. *Polym. Compos.* ,31,5,755 – 761,2010.

[87] Wang,X. et al. ,*In situ* polymerization of graphene nanosheets and polyurethane with enhanced mechanical and thermal properties. *J. Mater. Chem.* ,21,12,4222 – 4227,2011.

[88] O'Neill,A. et al. ,Polymer nanocomposites: *In situ* polymerization of polyamide 6 in the presence of graphene oxide. *Polym. Compos.* ,38,3,528 – 537,2017.

[89] Yu,A. P. et al. ,Graphite nanoplatelet – epoxy composite thermal interface materials. *J. Phys. Chem. C* ,111,21,7565 – 7569,2007.

[90] Min,C. et al. ,A graphite nanoplatelet/epoxy composite with high dielectric constant and high thermal conductivity. *Carbon* ,55,116 – 125,2013.

[91] Ren,F. et al. ,*In situ* polymerization of graphene oxide and cyanate ester – epoxy with enhanced mechanical and thermal properties. *Appl. Surf. Sci.* ,316,549 – 557,2014.

[92] Zhao,X. et al. ,Alternate multilayer films of poly(vinyl alcohol) and exfoliated graphene oxide fabricated via a facial layer – by – layer assembly. *Macromolecules* ,43,22,9411 – 9416,2010.

[93] Wang,J. Y. et al. ,Preparation and properties of graphene oxide/polyimide composite films with low dielectric constant and ultrahigh strength via *in situ* polymerization. *J. Mater. Chem.* ,21,35,13569 – 13575,2011.

[94] Dreyer,D. R. ,Jia,H. P. ,Bielawski,C. W. ,Graphene oxide: A convenient carbocatalyst for facilitating oxidation and hydration reactions. *Angew. Chem. Int. Ed.* ,49,38,6813 – 6816,2010.

[95] Singh,B. P. et al. ,The production of a corrosion resistant graphene reinforced composite coating on copper by electrophoretic deposition. *Carbon* ,61,47 – 56,2013.

[96] Gudarzi,M. M. and Sharif,F. ,Enhancement of dispersion and bonding of graphene – polymer through wet transfer of functionalized graphene oxide. *Express Polym. Lett.* ,6,12,1017 – 1031,2012.

[97] Vermant,J. et al. ,Quantifying dispersion of layered nanocomposites via melt rheology. *J. Rheol.* ,51,3,

429-450,2007.

[98] Steurer, P. et al., Functionalized graphenes and thermoplastic nanocomposites based upon expanded graphite oxide. *Macromol. Rapid Commun.*, 30, 4-5, 316-327, 2009.

[99] Jang, J. Y. et al., Graphite oxide/poly(methyl methacrylate) nanocomposites prepared by a novel method utilizing macroazoinitiator. *Compos. Sci. Technol.*, 69, 2, 186-191, 2009.

[100] Kim, H. and Macosko, C. W., Processing-property relationships of polycarbonate/grapheme composites. *Polymer*, 50, 15, 3797-3809, 2009.

[101] Xie, S. H., Liu, Y. Y., Li, J. Y., Comparison of the effective conductivity between composites reinforced by graphene nanosheets and carbon nanotubes. *Appl. Phys. Lett.*, 92, 24, 2008.

[102] Kalaitzidou, K. et al., The nucleating effect of exfoliated graphite nanoplatelets and their influence on the crystal structure and electrical conductivity of polypropylene nanocomposites. *J. Mater. Sci.*, 43, 8, 2895-2907, 2008.

[103] Lotya, M. et al., High-concentration, surfactant-stabilized graphene dispersions. *ACS Nano*, 4, 6, 3155-3162, 2010.

[104] Hussain, F. et al., Review article: Polymer-matrix nanocomposites, processing, manufacturing, and application: An overview. *J. Compos. Mater.*, 40, 17, 1511-1575, 2006.

[105] Kalaitzidou, K., Fukushima, H., Drzal, L. T., A new compounding method for exfoliated graphite-polypropylene nanocomposites with enhanced flexural properties and lower percolation threshold. *Compos. Sci. Technol.*, 67, 10, 2045-2051, 2007.

[106] Pang, H. et al., An electrically conducting polymer/graphene composite with a very low percolation threshold. *Mater. Lett.*, 64, 20, 2226-2229, 2010.

[107] Liang, J. J. et al., Electromagnetic interference shielding of graphene/epoxy composites. *Carbon*, 47, 3, 922-925, 2009.

[108] Geng, Y., Wang, S. J., Kim, J. K., Preparation of graphite nanoplatelets and graphene sheets. *J. Colloid Interface Sci.*, 336, 2, 592-598, 2009.

[109] An, J. C., Kim, H. J., Hong, I., Preparation of Kish graphite-based graphene nanoplatelets by GIC (graphite intercalation compound) via process. *J. Ind. Eng. Chem.*, 26, 55-60, 2015.

[110] Niyogi, S. et al., Solution properties of graphite and graphene. *J. Am. Chem. Soc.*, 128, 24, 7720-7721, 2006.

[111] Ling, C. et al., Electrical transport properties of graphene nanoribbons produced from sonicating graphite in solution. *Nanotechnology*, 22, 32, 2011.

[112] Liu, N. et al., One-step ionic-liquid-assisted electrochemical synthesis of ionic-liquid-functionalized graphene sheets directly from graphite. *Adv. Funct. Mater.*, 18, 10, 1518-1525, 2008.

[113] Park, S. et al., Aqueous suspension and characterization of chemically modified grapheme sheets. *Chem. Mater.*, 20, 21, 6592-6594, 2008.

[114] Li, D. et al., Processable aqueous dispersions of graphene nanosheets. *Nat. Nanotechnol.*, 3, 2, 101-105, 2008.

[115] Stankovich, S. et al., Synthesis and exfoliation of isocyanate-treated graphene oxide nanoplatelets. *Carbon*, 44, 15, 3342-3347, 2006.

[116] Chen, Z. P. et al., Three-dimensional flexible and conductive interconnected graphene networks grown by chemical vapour deposition. *Nat. Mater.*, 10, 6, 424-428, 2011.

[117] Stankovich, S. et al., Stable aqueous dispersions of graphitic nanoplatelets via the reduction of exfoliated graphite oxide in the presence of poly(sodium 4-styrenesulfonate). *J. Mater. Chem.*, 16, 2, 155-

158,2006.

[118] Kim, S. C. et al., Effect of pyrene treatment on the properties of graphene/epoxy nanocomposites. *Macromol. Res.*, 18, 11, 1125 – 1128, 2010.

[119] Song, P. G. et al., Fabrication of exfoliated graphene – based polypropylene nanocomposites with enhanced mechanical and thermal properties. *Polymer*, 52, 18, 4001 – 4010, 2011.

[120] Chang, K. C. et al., Room – temperature cured hydrophobic epoxy/graphene composites as corrosion inhibitor for cold – rolled steel (vol 66, pg 144, 2014). *Carbon*, 82, 611 – 611, 2015.

[121] Chang, C. H. et al., Novel anticorrosion coatings prepared from polyaniline/graphene composites. *Carbon*, 50, 14, 5044 – 5051, 2012.

[122] Yu, Y. H. et al., High – performance polystyrene/graphene – based nanocomposites with excellent anti – corrosion properties. *Polym. Chem.*, 5, 2, 535 – 550, 2014.

[123] Qiu, C. C. et al., Electrochemical functionalization of 316 stainless steel with polyaniline – graphene oxide: Corrosion resistance study. *Mater. Chem. Phys.*, 198, 90 – 98, 2017.

[124] Coleman, J. N., Liquid exfoliation of defect – free graphene. *Acc. Chem. Res.*, 46, 1, 14 – 22, 2013.

[125] Eda, G. and Chhowalla, M., Chemically derived graphene oxide: Towards large – area thin – film electronics and optoelectronics. *Adv. Mater.*, 22, 22, 2392 – 415, 2010.

[126] Li, X. et al., Large – area synthesis of high – quality and uniform graphene films on copper foils. *Science*, 324, 5932, 1312 – 1314, 2009.

[127] Norimatsu, W. and Kusunoki, M., Epitaxial graphene on SiC {0001}: Advances and perspectives. *Phys. Chem. Chem. Phys.*, 16, 8, 3501 – 3511, 2014.

[128] Kobayashi, T. et al., Production of a 100 – m – long high – quality graphene transparent conductive film by roll – to – roll chemical vapor deposition and transfer process. *Appl. Phys. Lett.*, 102, 2, 023112, 2013.

[129] Kim, H. J. et al., Unoxidized graphene/alumina nanocomposite: Fracture – and wear – resistance effects of graphene on alumina matrix. *Sci. Rep.*, 4, 5176, 2014.

[130] Fan, Y. et al., Preparation and electrical properties of graphene nanosheet/Al2O3 composites. *Carbon*, 48, 6, 1743 – 1749, 2010.

[131] Porwal, H. et al., Graphene reinforced alumina nano – composites. *Carbon*, 64, 359 – 369, 2013.

[132] Liu, J., Yan, H., Jiang, K., Mechanical properties of graphene platelet – reinforced alumina ceramic composites. *Ceram. Int.*, 39, 6, 6215 – 6221, 2013.

[133] Tapasztó, O. et al., Dispersion patterns of graphene and carbon nanotubes in ceramic matrix composites. *Chem. Phys. Lett.*, 511, 4 – 6, 340 – 343, 2011.

[134] Kun, P. et al., Determination of structural and mechanical properties of multilayer grapheme added silicon nitride – based composites. *Ceram. Int.*, 38, 1, 211 – 216, 2012.

[135] Zheng, Q. et al., Molecular dynamics study of the effect of chemical functionalization on the elastic properties of graphene sheets. *J. Nanosci. Nanotechnol.*, 10, 11, 7070 – 7074, 2010.

[136] Hummers, W. S. and Offeman, R. E., Preparation of graphitic oxide. *JACS*, 1958.

[137] Marcano, D. C., Kosynkin, D. V., Berlin, J. M., Improved synthesis of graphene oxide. *ACS Nano*, 4, 4806 – 4814, 2010.

[138] Park, S. et al., Aqueous suspension and characterization of chemically modified grapheme sheets. *Chem. Mater.*, 20, 6592 – 6594, 2008.

[139] Zhao, J. et al., Efficient preparation of large – area graphene oxide sheets for transparent conductive films. *ACS Nano*, 4, 5245 – 5252, 2010.

[140] Kovtyukhnova, N. I. et al., Layer – by – layer assembly of ultrathin composite films from micronsized

[141] Ramirez, C. and Osendi, M. I., Toughening in ceramics containing graphene fillers. *Ceram. Int.*, 40, 7, 11187 – 11192, 2014.

[142] Belmonte, M. *et al.*, The beneficial effect of graphene nanofillers on the tribological performance of ceramics. *Carbon*, 61, 431 – 435, 2013.

[143] Ramirez, C. *et al.*, Graphene nanoplatelet/silicon nitride composites with high electrical conductivity. *Carbon*, 50, 10, 3607 – 3615, 2012.

[144] Yadhukulakrishnan, G. B. *et al.*, Spark plasma sintering of graphene reinforced zirconium diboride ultra – high temperature ceramic composites. *Ceram. Int.*, 39, 6, 6637 – 6646, 2013.

[145] Dusza, J. *et al.*, Microstructure and fracture toughness of Si3N4 + graphene platelet composites. *J. Eur. Ceram. Soc.*, 32, 12, 3389 – 3397, 2012.

[146] Shahedi Asl, M. and Ghassemi Kakroudi, M., Characterization of hot – pressed graphene reinforced ZrB2 – SiC composite. *Mater. Sci. Eng. A*, 625, 385 – 392, 2015.

[147] Walker, L. S. *et al.*, Toughening in graphene ceramic composites. *ACS Nano*, 5, 4, 3182 – 3190, 2011.

[148] Gutierrez – Gonzalez, C. F. *et al.*, Wear behavior of graphene/alumina composite. *Ceram. Int.*, 41, 6, 7434 – 7438, 2015.

[149] Wang, K. *et al.*, Preparation of graphene nanosheet/alumina composites by spark plasma sintering. *Mater. Res. Bull.*, 46, 2, 315 – 318, 2011.

[150] Baradaran, S. *et al.*, Mechanical properties and biomedical applications of a nanotube hydroxyapatite – reduced graphene oxide composite. *Carbon*, 69, 32 – 45, 2014.

[151] Shin, J. – H. and Hong, S. – H., Fabrication and properties of reduced graphene oxide reinforced yttria – stabilized zirconia composite ceramics. *J. Eur. Ceram. Soc.*, 34, 5, 1297 – 1302, 2014.

[152] Centeno, A. *et al.*, Graphene for tough and electroconductive alumina ceramics. *J. Eur. Ceram. Soc.*, 33, 15 – 16, 3201 – 3210, 2013.

[153] Zhang, X. *et al.*, Graphene nanosheet reinforced ZrB2 – SiC ceramic composite by thermal reduction of graphene oxide. *RSC Adv.*, 5, 58, 47060 – 47065, 2015.

[154] Puertolas, J. A. and Kurtz, S. M., Evaluation of carbon nanotubes and graphene as reinforcements for UHMWPE – based composites in arthroplastic applications: A review. *J. Mech. Behav. Biomed. Mater.*, 39, 129 – 45, 2014.

[155] Lahiri, D., Ghosh, S., Agarwal, A., Carbon nanotube reinforced hydroxyapatite composite for orthopedic application: A review. *Mater. Sci. Eng. C*, 32, 7, 1727 – 1758, 2012.

[156] Hernandez, Y. *et al.*, High – yield production of graphene by liquid – phase exfoliation of graphite. *Nat. Nanotechnol.*, 3, 9, 563 – 568, 2008.

[157] Kvetková, L. *et al.*, Fracture toughness and toughening mechanisms in graphene platelet reinforced Si3N4 composites. *Scr. Mater.*, 66, 10, 793 – 796, 2012.

[158] Stankovich, S. *et al.*, Synthesis of graphene – based nanosheets via chemical reduction of exfoliated graphite oxide. *Carbon*, 45, 7, 1558 – 1565, 2007.

[159] Liu, Y., Huang, J., Li, H., Nanostructural characteristics of vacuum cold – sprayed hydroxyapatite/graphene – nanosheet coatings for biomedical applications. *J. Therm. Spray Technol.*, 23, 7, 1149 – 1156, 2014.

[160] Liu, Y. *et al.*, Hydroxyapatite/graphene – nanosheet composite coatings deposited by vacuum cold spraying for biomedical applications: Inherited nanostructures and enhanced properties. *Carbon*, 67, 250 – 259, 2014.

[161] Columbia Engineers Prove Graphene is the Strongest Material. [Internet] 2008 [cited 2016 August 03]; Available from: http://www.columbia.edu/cu/news/08/07/graphene.html.

[162] Marchetto, D. et al., Friction and wear on single-layer epitaxial graphene in multi-asperity contacts. *Tribol. Lett.*, 48, 1, 77–82, 2012.

[163] Kim, K. S. et al., Chemical vapor deposition-grown graphene: The thinnest solid lubricant. *ACS Nano*, 5, 6, 5107–5114, 2011.

[164] Penkov, O. et al., Tribology of graphene: A review. *Int. J. Precis. Eng. Man.*, 15, 3, 577–585, 2014.

[165] Berman, D., Erdemir, A., Sumant, A. V., Reduced wear and friction enabled by graphene layers on sliding steel surfaces in dry nitrogen. *Carbon*, 59, 167–175, 2013.

[166] Lee, C. et al., Elastic and frictional properties of graphene. *Phys. Status Solidi B*, 246, 11–12, 2562–2567, 2009.

[167] Lee, C. et al., Frictional characteristics of atomically thin sheets. *Science*, 328, 5974, 76–80, 2010.

[168] Cho, D. H. et al., Effect of surface morphology on friction of graphene on various substrates. *Nanoscale*, 5, 7, 3063–3069, 2013.

[169] Tai, Z. et al., Tribological behavior of UHMWPE reinforced with graphene oxide nanosheets. *Tribol. Lett.*, 46, 1, 55–63, 2012.

[170] Li, H. et al., Microstructure and wear behavior of graphene nanosheets-reinforced zirconia coating. *Ceram. Int.*, 40, 8, 12821–12829, 2014.

[171] Li, Y. et al., Preparation and tribological properties of graphene oxide/nitrile rubber nanocomposites. *J. Mater. Sci.*, 47, 2, 730–738, 2011.

[172] Xu, Z. et al., Preparation and tribological properties of TiAl matrix composites reinforced by multilayer graphene. *Carbon*, 67, 168–177, 2014.

[173] Xu, Z. et al., Formation of friction layers in graphene-reinforced TiAl matrix self-lubricating composites. *Tribol. Trans.*, 58, 4, 668–678, 2015.

[174] Lahiri, D. et al., Nanotribological behavior of graphene nanoplatelet reinforced ultra high molecular weight polyethylene composites. *Tribol. Int.*, 70, 165–169, 2014.

[175] Kandanur, S. S. et al., Suppression of wear in graphene polymer composites. *Carbon*, 50, 9, 3178–3183, 2012.

[176] Xu, S. et al., Mechanical properties, tribological behavior, and biocompatibility of high-density polyethylene/carbon nanofibers nanocomposites. *J. Compos. Mater.*, 2014.

[177] Dorri Moghadam, A. et al., Mechanical and tribological properties of self-lubricating metal matrix nanocomposites reinforced by carbon nanotubes (CNTs) and graphene – A review. *Compos. Part B Eng.*, 77, 402–420, 2015.

[178] Berman, D. et al., Macroscale superlubricity enabled by graphene nanoscroll formation. *Science*, 348, 6239, 1118–1122, 2015.

[179] Gong, Z. et al., Graphene nano scrolls responding to superlow friction of amorphous carbon. *Carbon*, 116, 310–317, 2017.

[180] Bunch, J. S. et al., Impermeable atomic membranes from graphene sheets. *Nano Lett.*, 8, 8, 2458–2462, 2008.

[181] Berry, V., Impermeability of graphene and its applications. *Carbon*, 62, 1–10, 2013.

[182] Raman, R. S. and Tiwari, A., Graphene: The thinnest known coating for corrosion protection. *JOM*, 66, 4, 637–642, 2014.

[183] Merisalu, M. et al., Graphene-polypyrrole thin hybrid corrosion resistant coatings for copper. *Synth.*

Met.,200,16-23,2015.

[184] Chang,C.-H. et al.,Novel anticorrosion coatings prepared from polyaniline/graphene composites. Carbon,50,14,5044-5051,2012.

[185] Mayavan,S.,Siva,T.,Sathiyanarayanan,S.,Graphene ink as a corrosion inhibiting blanket for iron in an aggressive chloride environment. RSC Adv.,3,47,24868-24871,2013.

[186] Sahu,S. C. et al.,A facile electrochemical approach for development of highly corrosion protective coatings using graphene nanosheets. Electrochem. Commun.,32,22-26,2013.

[187] Singh,B. P. et al.,Development of oxidation and corrosion resistance hydrophobic graphene oxide-polymer composite coating on copper. Surf. Coat. Technol.,232,475-481,2013.

[188] Park,J. H. and Park,J. M.,Electrophoretic deposition of graphene oxide on mild carbon steel for anti-corrosion application. Surf. Coat. Technol.,254,167-174,2014.

[189] Krishnamoorthy,K. et al.,Graphene oxide nanopaint. Carbon,72,328-337,2014.

[190] Yu,Y.-H. et al.,High-performance polystyrene/graphene-based nanocomposites with excellent anti-corrosion properties. Polym. Chem.,5,2,535-550,2014.

[191] Sun,W. et al.,Synthesis of low-electrical-conductivity graphene/pernigraniline composites and their application in corrosion protection. Carbon,79,605-614,2014.

[192] Sun,W. et al.,Inhibiting the corrosion-promotion activity of graphene. Chem. Mater.,27,7,2367-2373,2015.

[193] Ramezanzadeh,B. et al.,Covalently-grafted graphene oxide nanosheets to improve barrier and corrosion protection properties of polyurethane coatings. Carbon,93,555-573,2015.

[194] Yu,Z. et al.,Fabrication of graphene oxide-alumina hybrids to reinforce the anti-corrosion performance of composite epoxy coatings. Appl. Surf. Sci.,351,986-996,2015.

[195] Ramezanzadeh,B. et al.,Enhancement of barrier and corrosion protection performance of an epoxy coating through wet transfer of amino functionalized graphene oxide. Corros. Sci.,103,283-304,2016.

[196] Chang,K.-C. et al.,Room-temperature cured hydrophobic epoxy/graphene composites as corrosion inhibitor for cold-rolled steel. Carbon,66,144-153,2014.

[197] Janković,A. et al.,Bioactive hydroxyapatite/graphene composite coating and its corrosion stability in simulated body fluid. J. Alloy. Compd.,624,148-157,2015.

[198] Li,M. et al.,Electrophoretic deposition and electrochemical behavior of novel graphene oxide-hyaluronic acid-hydroxyapatite nanocomposite coatings. Appl. Surf. Sci.,284,804-810,2013.

[199] Li,M. et al.,Graphene oxide/hydroxyapatite composite coatings fabricated by electrophoretic nanotechnology for biological applications. Carbon,67,185-197,2014.

[200] Jiang,K.,Li,J.,Liu,J.,Electrochemical codeposition of graphene platelets and nickel for improved corrosion resistant properties. RSC Adv.,4,68,36245-36252,2014.

[201] Kumar,C. M. P.,Venkatesha,T. V.,Shabadi,R.,Preparation and corrosion behavior of Ni and Ni-graphene composite coatings. Mater. Res. Bull.,48,4,1477-1483,2013.

[202] Editorial,Not so transparent. Nat. Mater.,12,10,865-865,2013.

[203] Li,Z. et al.,Effect of airborne contaminants on the wettability of supported graphene and graphite. Nat. Mater.,12,10,925-931,2013.

[204] Shih,C.-J.,Strano,M. S.,Blankschtein,D.,Wetting translucency of graphene. Nat. Mater.,12,10,866-869,2013.

[205] Nine,M. J. et al.,Robust superhydrophobic graphene-based composite coatings with selfcleaning and corrosion barrier properties. ACS Appl. Mater. Interfaces,7,51,28482-28493,2015.

[206] Nguyen, D. D. et al., Superhydrophobic and superoleophilic properties of graphene – based sponges fabricated using a facile dip coating method. *Energ. Environ. Sci.*, 5, 7, 7908, 2012.

[207] Castranova, V., Schulte, P. A., Zumwalde, R. D., Occupational nanosafety considerations for carbon nanotubes and carbon nanofibers. *Acc. Chem. Res.*, 46, 3, 642 – 649, 2013.

[208] Chang, Y. et al., *In vitro* toxicity evaluation of graphene oxide on A549 cells. *Toxicol. Lett.*, 200, 3, 201 – 210, 2011.

[209] Wang, K. et al., Biocompatibility of graphene oxide. *Nanoscale Res. Lett.*, 6, 1 – 8, 2011.

[210] Hu, W. et al., Protein Corona – mediated mitigation of cytotoxicity of graphene oxide. *ACS Nano*, 5, 5, 3693 – 3700, 2011.

[211] Liao, K. H. et al., Cytotoxicity of graphene oxide and graphene in human erythrocytes and skin fibroblasts. *ACS Appl. Mater. Interfaces*, 3, 7, 2607 – 2615, 2011.

[212] Lee, W. C. et al., Origin of enhanced stem cell growth and differentiation on graphene and graphene oxide. *ACS Nano*, 5, 9, 7334 – 7341, 2011.

[213] Kulshrestha, S. et al., A graphene/zinc oxide nanocomposite film protects dental implant surfaces against cariogenic Streptococcus mutans. *Biofouling*, 30, 10, 1281 – 1294, 2014.

[214] Sang, B. et al., Graphene – based flame retardants: A review. *J. Mater. Sci.*, 51, 18, 8271 – 8295, 2016.

[215] Shi, Y. and Li, L. – J., Chemically modified graphene: Flame retardant or fuel for combustion? *J. Mater. Chem.*, 21, 10, 3277 – 3279, 2011.

第3章 石墨烯基复合材料

Munirah Abdullah Almessiere[1], Kashif Chaudhary[2], Jalil Ali[2], Muhammad Sufi Roslan[3]

[1] 沙特阿拉伯达曼,伊玛目阿卜杜勒拉曼·本·费萨尔大学理学院物理系
[2] 马来西亚柔佛巴鲁,马来西亚泰诺基大学(UTM),伊卜努·辛纳科学院工业研究所(ISI-SIR)激光中心
[3] 马来西亚柔佛,马来西亚敦胡先翁大学(UTHM)认证研究中心(CeDS)

摘 要 石墨烯是六边形晶体结构的单层碳片,具有量子霍尔效应、载流子迁移率高、理论比表面积大、光学透明度好、弹性模量高、导热性良好等特点。一块 $1m^2$ 重 0.0077g 的石墨烯可以承重高达 4kg 的物体。石墨烯的二维结构、大的比表面积和非凡的力学特性使得其成为各种复合材料中纳米填充物的潜在候选材料。其显著优点是:即使纳米填充物(石墨烯)含量较低,也有可能提高其力学性能、有效分散、界面化学和纳米尺度形貌。石墨烯独特的性能和其他令人难以置信的特性使得石墨烯成为未来重要的材料之一。据预测,石墨烯将彻底改变人类所知的每一个行业。为了利用石墨烯的这些特性,人们开发了各种可靠的合成技术来制备石墨烯及其衍生物,包括通过氧化、插层和/或超声等自下而上外延生长法到石墨的自上而下剥离法。石墨烯及其衍生物如氧化石墨烯和还原氧化石墨烯的产量的增加为应用各种技术制备石墨烯基功能材料提供了许多可能性。石墨烯复合材料取得了令人难以置信的进步,其性能取决于纳米填充物(如石墨烯及其衍生物)的固有特性。在基体材料中加入石墨烯及其衍生物提高了其复合特性,使其可以适合各种应用,如电子、光学、电化学能量转换和储存等。石墨烯作为纳米填充物已成功地加入到无机纳米结构、有机晶体、聚合物、生物材料、金属有机框架等领域。这种改性允许纳米晶(基体材料)和/或石墨烯薄片之间形成相互作用或化学结合。石墨烯及其衍生物添加到纳米复合材料中,使复合材料在电导性、热力学稳定性和力学特性方面都得到了显著的提高,并将石墨烯及其衍生物用于电池、超级电容器、燃料电池、光伏器件、光催化、传感平台等领域。

关键词 石墨烯复合材料,石墨烯填充聚合物,石墨烯纳米结构,混合石墨烯,超细纤维复合材料,石墨烯胶体和涂层,石墨烯生物活性,石墨烯复合材料制备

3.1 引言

石墨烯可以引入或混合到金属、聚合物和陶瓷中,形成具有可控导电和电阻特性的特殊应用的复合材料。石墨烯的应用似乎无穷无尽:一种石墨烯聚合物复合材料具有是轻、

柔的性质,且是优秀的导电体;而另一种石墨烯-二氧化物复合材料具有有趣的光催化性能。石墨烯有望与其他材料进行多种类型的耦合,以制备各种复合材料。本章将讨论不同类型的石墨烯复合材料和制备工艺,如图3.1所示。

图3.1　本章的组织框架

3.2　石墨烯复合材料

石墨烯基复合材料已经得到显著发展,其性质和性能依赖于石墨烯及其衍生物等纳米填充物的固有特性。石墨烯或其衍生物使复合材料特性得到增强,这些特性适合各种技术应用,如电子、光学、电化学能量转换和储存等。石墨烯及其衍生物等纳米填充物已成功地加入到了无机纳米结构、有机晶体、聚合物、生物材料和金属-有机框架、金属及其氧化物等多种基体材料中[1]。

3.2.1　石墨烯填充聚合物复合材料

近年来,纳米尺度下石墨烯粒子在聚合物基体分散的发展为材料科学开辟了一个新的领域,这些聚合物纳米混合物性能的提高让人难以置信。这些材料性能的改善程度取决于聚合物基体中纳米填充物分散的程度[2-3]。总的来说,石墨烯基聚合物纳米复合材料在各应用中表现出令人印象深刻的功能特性和打破纪录的力学性能、导电性,独特的光学输运、各向异性的输运和低渗透率[4-6]。相关人员已报道,即使在基体材料中加入少量石墨烯,也能显著提高聚合物基质的性能,并提供非凡的增强和功能特性[7]。不同类型的纳米石墨形式还用来生长具有增强物理化学特性的导电纳米复合材料,如环氧树脂[8-9]、PMMA、聚丙烯[10]、LLDPE[11]、聚苯乙烯[12]、尼龙[13]、聚苯胺[14]、苯乙基醚端聚酰亚胺[15]和硅橡胶[16]。不同石墨形式或石墨烯/石墨烯衍生物复合材料的导电性和渗透阈值取决于制备工艺材料的制备方法、聚合物基体和填充物类型[17]。

石墨烯基材料与聚合物的界面相互作用对纳米复合材料的性能和完整性起着重要的作用。由于石墨烯中碳原子均匀组成,因此聚合物的分子相互作用仅限于弱范德瓦耳斯力、堆叠和疏水-疏水相互作用[18]。范德瓦耳斯力是分子间由瞬变偶极子或永久偶极子产生的弱吸引相互作用。这些作用力在石墨烯基材料和基体聚合物之间的界面强度的发展中发挥了重要作用,这主要是由于石墨烯基材料和基体聚合物的亲密接触及较大的比表面积[19]。在疏水聚合物基体中,疏水-疏水相互作用是石墨烯与基体结合的主要手段。这种相互作用在具有丰富电子的芳香环(如苯基环)的聚合物中更占优势。堆叠能适应不同的结构排列,显著改善石墨烯纳米复合材料的结合性能[20]。

与纯石墨烯相比,氧化石墨烯具有含氧极性官能,如环氧、羰基、羟基和羧基[21]。氧化石墨烯功能化后与不同聚合物的相互作用更为广泛。此外,在氧化石墨烯表面共价接枝聚合物链可以使聚合物基体和氧化石墨烯组分更好混合。共价结合在分子间相互作用中具有较高的力学强度,而由于置换暴露官能团的可能性,接枝氧化石墨烯的相容性较高,具有羟基官能团的聚合物通过酯化直接将氧化石墨烯片与羧基交联。这种界面交联显著提高了纳米复合材料的弹性模量。但是,由于共价交联,顺应性可能被破坏[22]。在某些聚合物中,极性官能团的存在产生了静电相互作用,这可以是氧化石墨烯共价结合的更强大且可恢复的替代品。由于这些静电相互作用,纳米复合材料比没有氧化石墨烯填充物的复合材料更加坚固[23]。对于氧化石墨烯,高极化供体和受体基团之间的氢结合作用也很重要。在氧化石墨烯上的环氧、羟基、羰基和羧基官能团都是高度极化,其中氧原子起着负中心的作用[24],使氧化石墨烯能够与不同极性聚合物,特别是聚电解质和蛋白质建立氢键结合[25]。高极化官能团的高密度通过氢键结合网络在聚合物-石墨烯纳米复合材料中形成了强的界面相互作用。然而,通过氢键结合网络的相互作用不如共价交联纳米复合材料强[7]。根据石墨烯材料与聚合物之间的空间排列和相互作用,可将石墨烯基高分子复合材料分为三种类型,即石墨烯填充高分子复合材料、层状石墨烯聚合物薄膜和聚合物功能化石墨烯纳米片[1]。

3.2.1.1 石墨烯填充聚合物

传统上,碳基材料,如 CNT、非晶态碳和石墨粒子被用作填充物以增强聚合物基体的电子、力学和热学特性。CNT 是一种有效的填充物材料,但成本较高。石墨烯基材料有望成为替代或补充 CNT 填充物的有前景的材料。为了达到复合材料的最佳性能,降低石墨烯填充物的含量,石墨烯填充物的分散性及其与聚合物基体的结合是关键因素。通常采用溶剂混合、熔化共混或原位聚合的方法制备石墨烯基高分子复合材料[1]。

3.2.1.2 层状石墨烯聚合物

在层状石墨烯高分子复合材料中,石墨烯衍生物与聚合物基体在层状结构中形成复合材料,而在石墨烯填充物的复合材料中,填充物随机分布在聚合物基体中。层状石墨烯复合材料用于特定的应用,如定向承载膜和用于光伏应用的薄膜。通过叠层组装(Layer-by-layer,LbL),使用 Langmuir-Blodgett(LB)技术将石墨烯衍生物和聚合物沉积在聚芳胺盐酸盐(poly(allylaminehydrochloride),PAH)和聚4-苯乙烯磺酸钠(poly(sodium 4-styrene sulfonate),PSS)的聚电解质多层膜上[1,23]。采用相似的方法制备了具有较好弹性模量和硬度的 PVA-GO 多层膜[26]。使用各种功能单元按照器件组成依次旋涂以生长复合薄膜。Li 等[65]通过在 ITO 基底上逐层沉积氧化石墨烯和聚(3-己基噻吩)(poly(3-hexylthiophene),P3HT)/苯基 C61-丁酸(phenylC61-butyric acid,PCBM)薄膜,可用于光伏应用。

3.2.1.3 聚合物功能化石墨烯纳米片

在功能化石墨烯纳米片聚合物中,通过共价和非共价功能化将石墨烯衍生物作为聚合物修饰的模板,而不是用作填充物。另外,聚合物涂层被用来提高石墨烯衍生物的溶解度,这可以为生长的杂化纳米片提供额外的功能。例如,在 GO-PVA 复合材料片中,氧化石墨烯上的羧基与 PVA 中的羟基相连[28]。同样,氧化石墨烯上的羧基涉及碳二酰亚胺催化的酰胺形成过程,以与六臂聚乙二醇(polyethylene glycol,PEG) - 胺星相结合[29]。然而,羧基通常局限在氧化石墨烯片的边缘,而且某些聚合物的接枝也需要石墨烯片上的非氧化官能团,如胺或氯。因此,研究人员开发了具有其他化学反应的替代策略,在聚合物接枝前可以利用适当的官能团改变氧化石墨烯片表面。由于表面化学的丰富性,聚合物在石墨烯基片上的共价功能化具有广泛的可能性。非共价功能化只依赖于范德瓦耳斯力、静电相互作用或 p—p 堆叠[30],这些作用力在不改变化学结构的前提下就易于形成,因而非共价功能化是制备纳米片的电子/光学性能和溶解性的有效方法。例如,在聚 4 -苯磺酸钠存在下,用肼原位还原氧化石墨烯片,其中 PSS 的疏水主干使氧化石墨烯片和亲水磺酸盐侧基在水中保持很好的分散性[1,31]。

3.2.2 石墨烯纳米结构复合材料

石墨烯基纳米复合材料受到了人们的广泛关注,并促进了一个广泛的新类别的发展[32]。纳米粒子的制备已经较为成熟,并在各种领域得到了很好的应用。纳米粒子与石墨烯基材料的复合为实现单个组件的合成效应开辟了新的途径[33]。为了增强电子、光学和电化学的能量转换特性,无机纳米结构和金属(如金、银、钯、铂、镍、铜、钌和铑[25,34-36]),氧化物(如 TiO_2、ZnO、SnO_2、MnO_2、Co_3O_4、Fe_3O_4、NiO、Cu_2O、RuO_2 和 SiO_2 等),硫属化合物(如 CdS 和 CdSe)都已与石墨烯及其衍生物合成[1,37-41]。纳米粒子可以直接在石墨烯片上修饰纳米粒子,而无须建立分子连接器来连接纳米粒子和石墨烯。因此,许多类型的第二相可以以纳米粒子的形式加入石墨烯,从而为不同的应用引入新的功能,如催化、储能、光催化、传感器和光电应用[33]。Chao Xu 等合成了石墨烯 - 金属(金、铂、钯)纳米粒子,他们利用氧化石墨烯片作为溶液的前驱体。石墨烯包含了功能粒子的特定性质,对技术应用很有用[42]。在石墨烯基金属纳米复合材料中,贵金属主要用作第二组件。石墨烯的加入不仅减少了贵金属的消耗,而且显著提高了电子相互作用[43]。其他金属纳米材料/纳米粒子,如双金属[44]和合金[45]也与石墨烯复合制成无机石墨烯复合材料。石墨烯和无机材料的结合产生了碳材料,具有较大的比表面积、高的导电性和独特的力学性能。石墨烯(及其衍生物)与附着半导体氧化物或磁性纳米材料之间的电荷转移电子和磁性相互作用得到发展[46]。石墨烯作为电子传输通道,提高了金属化合物纳米材料在各种应用中的性能。非金属材料,如 S、Si、SiO_2、Si_3N_4、SiOC、CN 和 C_3N_4[47,48]也用作制备开发无金属催化剂,以替代金属催化剂。石墨烯基 C_3N_4 纳米复合材料提高催化剂的性能,激活了分子氧对饱和烷烃的 C—H 键的次级氧化,具有良好的转化率和相应酮的高选择性[32]。

3.2.3 混合石墨烯/超细纤维复合材料

制备石墨烯复合材料的一种很有前景的方法是使用杂化填充物,其中包括石墨烯基材料和一种无机材料。杂化组合具有优势,如由填充物之间的加性或合成效应所产生的最终性质。杂化过程中会遇到填充物的一些缺点,并根据功能化过程改善其与基体材料的相互作用。多功能性是制备杂化复合材料的关键参数,因为不同填充物的集体特性导致复合材料的性能与单个材料的性能不同。此外,可以通过使用完备的微尺度增强材料(如碳和玻璃纤维)再加上少量石墨烯来降低最终产品的成本,在这些材料中,应力可以从微观转移到纳米尺度增强物,并增强最终的力学特性和其他特性[49]。

混合石墨烯材料和其他无机家族成员在纳米或原子尺度上表现出特殊的特征,或者除了互补性外,它们也可能显示出合成作用。石墨烯及其他二维材料杂化可以改善石墨烯的电子特性,更重要的是,杂化可以用来调节石墨烯的带隙[50-52]。原始石墨烯的零带隙不适合半导体器件[53-54],但复合材料可以解决这一特性,这是石墨烯电子学的一个重大突破[55-57]。例如,石墨烯(零带隙)与h-氮化硼(BN)(B5.8eV)的带隙调谐,扩大了半导体应用的范围。在石墨烯上使用h-BN进行平面内改性(64%C),可使带隙扩大到4eV。相反,在h-BN域中加入碳后形成的复合材料,可以使初始为绝缘态的h-BN的电导率得到提升。石墨烯诱导带隙可以有效地制备石墨烯/h-BN薄膜场效应晶体管,这个晶体管具有190~2000cm^2/(V·s)载流子[58]。化学交联石墨烯和氮化硼材料的复合材料可以提高储能效率。石墨烯/h-BN超级电容器的最大比电容为B240F/g[59-60]。

石墨烯与单个填充物之间的结合作用对增强复合材料的最终物理化学特性起着至关重要的作用。研究人员为提高填充物之间的亲和力,探索了不同的方法,如化学功能化、溶液混合、顶部生长、机械搅拌等。由于范德瓦耳斯力相互作用和高比表面积,石墨烯容易团聚。石墨烯的改性修饰是避免与其他纳米材料团聚的最主要的方法。石墨烯(石墨烯衍生物)的功能化增加了石墨烯的活性中心,从而提高了石墨烯与其他纳米材料的结合作用,并导致杂化填充物与基体的共价键明显减少[33]。Yang等制备了无功能化和胺功能化的多壁碳纳米管和多石墨烯薄片(multi-graphene platelet,MGP)环氧树脂复合增强复合材料,提高了材料的力学性能和热性能。MWCNT的功能化在填充物与MGP之间形成了强的结合。二维填充物(MGP)和一维填充物(MWCTN)的结合形成了具有高比表面积的三维结构。与原有的混合填充物相比,功能化MWCNT的热导率提高了50%以上[61]。Lin等报道了首先通过静电方法制备二氧化硅/还原氧化石墨烯(SiO_2/rGO)混合材料;然后将混合填充物与丁苯橡胶基体机械混合。与单个填充物相比,杂化材料具有更好的分散性,与基体有很强的相互作用[62]。

纤维增强复合材料已经取代了传统的金属,并应用于航空航天、汽车、海洋和建筑业。纤维复合材料的最终性能取决于纤维与基体间的强界面。在纤维基体中加入石墨烯基材料会带来真正的差异。这种微米大小的长纤维能够将纳米粒子限制在界面区域。在应力传递或电子/声子传导区存在局域化纳米粒子,这可以显著减少增强所需的纳米粒子的数量。Yavari等在玻璃纤维上直接喷涂石墨烯,制备石墨烯/玻璃纤维/环氧树脂复合材料。对于石墨烯含量很低的杂化填充物,弯曲疲劳强度有3个数量级的增强[63]。Pathak等通过氧化石墨烯增强环氧树脂,合成了碳纤维/石墨烯-氧化物/环氧树脂复合材料,然后将碳纤维布浸渍到改性环氧树脂中,复合材料的弯曲强度提高了66%,弹性模量提高到72%。由于氢结合的发展,层间剪切强度增加了25%[64]。为提高杂化复合材料的韧性,Mannov等[65]层压交叉玻璃纤维和碳纤维,引入热还原氧化石墨烯。结果表明,由于基体中含有氧化石墨烯,复合材料的残余抗压强度和韧性增加、冲击损伤减少,且残余抗压强度增加。Knoll等[66]研究了碳纤维增强环氧树脂与层状石墨烯和多壁碳纳米管的疲劳性能,疲劳载荷提高15倍,疲劳退化寿命显著降低。Wang等将石墨烯纳米薄片与玻璃纤维结合起来,以增强聚丙烯基体。含有石墨烯纳米薄片的基体的拉伸模量比原始拉伸模量高3倍,而拉伸强度也显著提高[33,67]。

3.2.4 石墨烯胶体与涂层

表面涂层是一种改善表面质量的重要方法,并在许多应用中为基底提供防护。石墨烯由于其独特的结构特点而具有无与伦比的性能,是一种很有前景的新一代材料,可以在不同类型的基体上沉积制备先进涂层。Somani 等[68]通过 CVD 技术在镍箔基底上沉积石墨烯,并把樟脑用作前驱体。化学气相沉积是一种很有前景的大规模沉积石墨烯的方法。研究人员根据基底的性质使用不同的方法在基底上生长石墨烯,例如选择具有中高碳溶解度的基底,如镍、铜等[33]。溶解碳原子的浓度取决于基底类型和基底厚度以及烃类气体(前驱体)的浓度。反过来,石墨烯层的厚度取决于溶解的碳原子和基底的冷却速率[69]。在低碳溶解性基底中,在基底表面形成的石墨烯层并不遵循扩散过程[70]。

在工业应用中,石墨烯的电子特性是最有应用前景的性能。在铜基底上制备了用于实际触摸屏的石墨烯基透明导电涂层。Ishikawa 等[71]在玻璃基底上沉积了石墨烯膜。研究人员生产并使用多层 GO/MnO_2 纳米结构海绵作为电池的超级电容器,这是由于它除了良好导电性能外,还具有高比电容、宽操作范围、良好的能量和功率密度以及优良的循环稳定性。Jeon 等[72]展示了在聚合物太阳电池中,适度还原的氧化石墨烯可以用作孔传输层(hole transporting layer,HTL)。

相关人员使用铝膜上的还原氧化石墨烯涂层来产生光声发射器需要的高压高频超声[73]。与铝基发射器相比,涂覆还原氧化石墨烯的铝制发射器提高了64倍的光声压力。采用石墨烯基材料包覆的 TiO_2 薄膜具有较好的光催化性能,这是由于它具有较大的π连接体系和较高的比表面积。然而,大量的石墨烯材料由于光子的吸收和散射而降低了 TiO_2 材料的光催化活性[74]。石墨烯由于对氧化气体和液体溶液的惰性,为氧化和腐蚀提供了有效的屏障,如氧化石墨烯/聚酰亚胺(poly(ethylene imide),PEI)涂层通过逐层法沉积,形成用于屏障氧的氧化石墨烯/聚(酰亚胺)双层膜。然而,石墨烯的抗氧化能力仅限于在压力下[75-76]。Singh 等[77]研究了在不同金属基底上石墨烯涂层的抗腐蚀行为。

石墨烯基材料在传感和吸收应用中也是很有前景的候选材料[78]。石墨烯涂层的超疏水和超亲水海绵在腐蚀性环境中显示了比其重量高165倍的吸收能力、高选择性、良好的可回收性、重量轻、坚固性和惰性[79]。除了使用石墨烯及其衍生物来生长新的传感结构外,石墨烯基材料涂层也用于商用设备,以提高设备的性能和效率。Zhang 等[80]展示了使用溶胶-凝胶法在柱塞式微型注射器上生长石墨烯涂层,并将该涂层用在固相微量萃取(solid-phase micro-extraction,SPME)装置中作为 UV 过滤器的吸附剂材料。

信号增强也是一个可以受益于石墨烯材料的领域。石墨烯涂层也应用在传统的金属表面增强拉曼散射(surface enhanced Raman scattering,SERS)基底上,以提高 SERS 检测的灵敏度[81]。Wang 等[82]报道了用氧化石墨烯涂层硫磺粒子,使用该涂层改善可充电锂硫电池阴极材料的容量和循环稳定性。研究人员利用球磨机的方法制备 SnO_2-SiC/G 纳米复合材料。在聚合物上涂覆石墨烯基材料不仅能显著提高聚合物的性能,而且能同时提高聚合物的电子和力学等性能。Liao 等[83]用原位聚合法在 TEFLON 板上用石墨烯涂层聚氨酯丙烯酸酯,以增强聚合物的性能。复合材料的导电性能随着石墨烯含量的增加而提高[84]。

石墨烯具有的大离域 π 电子系统使其成为吸附苯系化合物的理想吸附剂。石墨烯基固相微萃取纤维用于有机污染物的提取[85]。胶体是结晶的形成阶段,原子在不同类型的溶液或熔体中形成团簇;胶体在成核过程中形成并促进晶体生长。胶体纳米晶强大的尺寸和形状依赖的物理特性、易于制造和制备等优点,使其具有预期设计功能,可以成为未来材料的潜在基础材料。与其他形式的石墨烯相比,胶体形式的石墨烯能够提供更好的性能。胶体石墨烯通过溶液方法可以提供制造设备的多功能的平台。然而,从石墨材料中制备胶体石墨烯溶液是商业应用的关键[86]。Wu 等[85]用石墨烯涂层 SPME 纤维,并将其应用于水样品中提取 4 种三嗪类除草剂(莠去津、扑灭通、莠灭净和扑草净)。Chen 等[87]制备了一种石墨烯涂层的 SPME 纤维,以从水中提取拟除虫菊酯类农药。Lee 等[88]生产了基于石墨烯的 SPME 薄膜,以从水样中提取多溴联苯醚。

3.2.5 石墨烯生物活性复合材料

基于石墨烯材料的不同生物传感器在不同的传感应用中使用了不同的光学和电化学信号转化机制[89]。石墨烯具有灵敏度高、成本低、响应速度快、电化学性能好、操作方便等优点,它是生物分子检测的潜在候选材料[90-92]。Zhou 等研究了石墨烯改性电极对过氧化氢的电化学行为。与纯电极相比,石墨烯基电极的电子转移速率显著增加[93]。Shao 等[94-95]报道,与石墨烯相比,N 掺杂石墨烯具有更好的电催化过氧化氢还原活性,这归因于 N 掺杂石墨中存在氮官能团、含氧基团和结构缺陷。氧化石墨烯的荧光波长范围很广(200~1200nm)[96],这有效地抑制了其他荧光染料的荧光[97]。这些光学特性使得氧化石墨烯成为制造荧光共振能量转移(fluorescence resonance energytransfer, FRET)传感器的潜在材料。相关人员已经制造了用于 ssDNA 监测的石墨烯基 FRET 传感器。研究人员还将荧光分子引入氧化石墨烯中,得到的功能化石墨烯被用作体外和体内成像探针。Liu 等[98]已经用聚乙二醇结合纳米石墨烯薄片(nano-graphene sheet, NGS)与 Cy7。在氧化石墨烯上用氨基葡聚糖涂层铁氧体纳米粒子,所制备的复合物可以提高磁共振成像(magnetic resonance imaging, MIR)。与纯铁氧体相比,石墨烯涂层铁氧体纳米粒子的细胞 MRI 信号有明显的改善[99]。与其他纳米粒子相比,石墨烯基材料的优势是超高比表面积和 sp2 杂化碳原子,这使得它成为一个潜在的药物载体,可以在单原子层的两面大量装载药物分子[29]。

石墨烯由于其优异的光学性能,已用于光热治疗(photothermal therapy, PTT)。Zhang 等[100]已经制备了 DOX 负载聚乙二醇化纳米氧化石墨烯(NGO-PEG(聚乙二醇)-DOX),这种复合物能传热并将药物输送到肿瘤发生区,以促进信号系统中的联合化疗和光热治疗。石墨烯基场效应晶体管用于生物分子和电生理信号的灵敏检测。石墨烯衍生物,如氧化石墨烯广泛应用于生物成像、药物传递和癌症治疗中,这是由于其比表面积大、易于制备和功能化[92]。

3.3 石墨烯复合材料制备方法

相关人员通过化学气相沉积、石墨微机械剥离和结晶碳化硅生长等不同技术,制备出了一种无异质缺陷的纯 sp^2 混合石墨烯层(原始石墨烯)。然而,合成大数量的石墨烯粉末样品仍然是一项具有挑战性的任务[101]。石墨烯复合材料的最终性能主要取决于制备方法和条件[102]。功能化石墨烯在基体中降低填充物加载速率、分散度和薄片组织等方面起着至关重要的作用,以提高复合材料的整体性能。例如,石墨烯复合材料的力学性能取决于石墨烯材料的长径比、薄片组织、比表面积和加载量,而界面强度、分散度、空间组织和组分的亲和力决定了复合材料的最终强度、刚度、韧性和延伸率[103]。预处理过程和合成方法决定了复合材料的形态和理化特性。在几种石墨烯高分子复合材料中,石墨烯层的分散和剥落受剪切力、温度和溶剂极性的控制。高性能复合材料的发展需要有效地控制石墨烯片的重堆叠、起皱和团聚。石墨烯的韧性和高比表面积在材料制备过程中容易产生随机起皱、屈曲或折叠,极大地影响了复合材料的最终性能。因此,完整石墨片的表面功能化决定了合成方法的选择。通常,传统的合成技术包括基于熔体的处理和基于溶液的处理[104]。石墨烯复合材料的相互作用机制取决于其极性、相对分子质量、疏水性、反应基团等[105]。最常用的化学改性和组装方法是原位聚合、化学接枝、共混、逐层组装和定向组装[7]。

3.3.1 熔融共混

熔化混合技术是不使用溶剂制备石墨烯复合材料的一种方法。熔化混合过程包括高温和机械剪切力,通过螺杆挤出机或混合搅拌机将强化相(填充物)分布在基体中。石墨烯或改性石墨烯衍生物在熔化状态下与基体混合。高温使聚合物液化,从而使石墨烯薄片及其衍生物易于分散和插层。这个过程适用于极性基体和非极性基体的两种类型。这种技术通过压制不利的相互作用和诱导组分分散,使石墨烯或还原氧化石墨烯片剥离成黏性的基体。熔化混合认为是制备石墨烯基聚合物纳米复合材料的一种实用方法。然而,热熔性引起的高局部机械应力会影响组元的稳定性、片的形状和氧化石墨烯片的还原状态[7]。熔化混合是一种快速、相对便宜的工艺,在工业上广泛应用于热塑性纳米复合材料的生产。聚合物在高温下熔化,使用单螺杆、双螺杆、三螺杆,甚至四螺杆挤出机混合粉末形式的石墨烯基材料。这个过程不使用任何有毒溶剂。相关人员利用该技术制备了许多石墨烯纳米复合材料[106-109]。一般情况下,可以通过熔化混合工艺制备出具有一定分散度的复合材料。但是,应仔细选择混合温度,因为高温会导致体材料的退化。在某些情况下,需要高剪切力将聚合物与石墨烯薄片混合,这可能导致石墨烯片弯曲或断裂。尽管该过程分散性差,但可用于制备性能良好的石墨烯纳米复合材料。需要调整熔体混合过程,以改善复合材料的分散性和随后的增强性能。Li 等采用力组装将石墨烯纳米薄片引入聚甲基丙烯酸甲酯/聚苯乙烯(poly(methyl methacrylate)/polystyrene,PMMA/PS)和 PMMA/PMMA 多层膜中。填充物平面取向使制备的复合材料具有较高的强化度[49,110]。研究人员用熔化混合技术[17]合成了各种聚合物纳米复合材料,如 PP/EG[111]、HDPE/EG[112]、PPS/EG[113]、PA6/EG[114]等。

在工业实践中,熔融混合方法通常是更有成本效益和兼容性的方法[115]。然而,溶融混合技术或原位聚合的过程并不提供填充物的分散性[116]。石墨烯干粉的低密度为工业实践带来困难,并对制备工艺设备(熔体挤出机)构成了挑战[117]。在另一种方法中,基体材料和填充物在熔融混合之前先在非溶剂中进行预混,从而降低了石墨烯纳米片/聚丙烯复合材料的电渗透阈值[111]。在氧化石墨烯薄片作为填充物的情况下,熔融处理和成型会导致薄片由于热不稳定性而大量减少[101,118]。热还原会导致官能团的损失,这也是在聚合物基体中获得均匀分散的另一个障碍,特别是在非极性聚合物中。Kim 和 Macosko 未观察到聚碳酸酯石墨烯复合材料的力学性能有任何显著提高,因为氧官能团的去除会影响界面结合[33]。

3.3.2 熔液共混

溶液混合是合成聚合物基石墨烯复合材料的最广泛的方法,前提是该聚合物可溶于水、丙酮、DMF、氯仿、DCM 和甲苯等水性或有机溶剂。基于溶液的过程包括将石墨烯薄片胶体悬浮液或其他石墨烯基材料与所需的聚合物在溶液中混合或通过搅拌、剪切混合或超声溶解石墨烯薄片悬浮液中的聚合物。聚合物溶解在合适的溶剂中,并与分散的石墨烯悬浮液混合。PMMA、PAA、PAN 和聚酯等极性聚合物有效地与石墨烯材料混合。在混合前用异氰酸酯、烷胺、烷基氯硅烷等将石墨烯材料的表面功能化,这是为了增强石墨烯材料在有机溶剂中的分散性[33]。石墨烯薄片在复合材料中的分散程度主要取决于混合前或混合过程中薄片的剥离程度。因此,溶液混合是一种有潜力的简单方法,可以将薄片分散到聚合物基体中。冻干法[119]、相转移法[120-121]和表面活性剂[122]用来促进石墨烯复合材料溶液混合的分散。然而,表面活性剂的使用会导致热导率的衰减[101,123]。用一种非溶剂可以从混合悬浮液中将最终产物沉淀出来,使聚合物链在沉淀时包裹填充物。然后过滤、干燥和处理沉淀后的复合材料以供使用。在另一种方法中,悬浮液直接浇铸成型并烘干。然而,这个过程会导致复合材料中填充物的团聚[101]。溶液处理方法使填充物(石墨烯片)在聚合物基体中的分散性最大化。该技术具有分散效率高、制备方便、制备速度快、能控制组分性能等优点,广泛应用于高分子复合材料的制备中。这项技术面临的关键挑战是需要寻找常用溶剂、利用有毒溶剂、限制薄膜的生长、去除溶剂以及常见的团聚等问题[7]。一般来说,溶液混合技术可以制备足够的分散片或薄片,它的应用相当广泛,因为有许多不同的溶剂溶解基体和分散填充物[49]。在合成 PVA-GO 复合材料时,酯化的 GO 与溶解在 DMSO 中的 PVA 溶液混合[28]。研究人员为了获得石墨烯片的均匀分散,采用了超声法。然而,长时间暴露在大功率超声下可能会导致石墨烯片的缺陷,这反过来又会损害复合材料的性能。通过石墨烯的功能化,可以获得在水和其他有机溶剂中具有较高分散性能的大量石墨烯片。在混合过程中,将聚合物涂在一个单独的薄片上,去除溶剂后每个薄片会相互连接。在溶液混合过程中,在溶剂蒸发缓慢的情况下,GO 和 rGO 片会团聚,从而导致基体中的薄片不均匀化。研究人员使用滴注或旋转涂膜,通过调整蒸发时间来控制填充物在基体中的分布[33]。溶剂分子解吸导致的熵增加是聚合物插层的驱动力。得到的熵通过插层聚合物链的构象熵的降低来补偿。因此,为了适应引入的聚合物链,需要相对大量的溶剂分子来解吸。熔化混合可以制造低极性甚至无极性的聚合物插层纳米复合材料[124]。Liao 等通过溶液混合的方法,采用共溶剂工艺制备了水性还原石墨烯热塑性聚氨酯复合材料。在除去水之前加入有机溶剂(二甲基甲酰胺,DMF),以避免填充物的重堆叠和团聚[49]。

3.3.3 原位聚合/结晶

首先使用原位聚合法合成石墨烯纳米复合材料需要在纯单体或多单体或单体溶液中

混合填充物;然后将填充物聚合,石墨烯或改性石墨烯片会溶胀成液态单体,最后在溶液中加入合适的引发剂。聚合是由热或辐射而引发[101]。原位聚合是一种低成本的热制备方法,具有很高的成型性和较好的光学性能[125]。与溶液混合方法类似,进行石墨烯薄片的功能化可以改善单体溶液和复合材料中的初始分散。原位聚合通过单体的插层作用将石墨烯层状结构剥离成纳米片,从而在聚合物基体中产生分散良好的石墨烯聚合物[33]。在原位聚合过程中,石墨烯片先分散成单体或预聚物,再进行聚合,使复合材料结晶/析出,而且复合材料的分散性良好,基体与填充物相互作用强。原位聚合过程允许在聚合物上的填充物接枝,可以对填充物进行功能化或不进行功能化,以提高系统各组分间的相容性。然而,在聚合过程中系统黏度的增加限制了复合材料的含量和制备[49]。与溶液混合和熔化技术相比,通过原位聚合合成法不进行先前的剥离步骤,可以实现高水平石墨烯基填充物的分散。在这项技术中:首先在石墨烯层之间插入单体;然后聚合单体用以隔离层。该方法也称为插层聚合,主要用于石墨烯基高分子复合材料的研究和测试[49]。

碱金属和单体(如异戊二烯或苯乙烯)可以用来插入石墨烯,并由带负电荷的石墨烯薄片聚合。在原位聚合过程中,基体与填充物之间形成共价结合。然而,也可以通过原位聚合过程促进非共价结合来制备各种聚合物,如聚乙烯、PMMA 和聚吡咯。与石墨相比,GO 层间距越大,越有利于单体和聚合物的插层,而极性官能团支持亲水分子的直接插层,因为插层空间随着单体或聚合物的吸收而增加[101]。功能化方法可以使填充物和基体之间形成强的界面。石墨烯的含氧官能团为基体或二次填充物的结合提供了足够的活性位置,显著提高了复合材料的最终性能[49]。采用原位聚合法制备环氧树脂纳米复合材料。首先将填充物分散到树脂中;然后再加入固化剂[126]。利用该技术[33]制备了多种复合材料,如聚苯胺-氧化石墨烯/聚苯胺-石墨烯[127]、石墨烯纳米片/碳纳米管/聚苯胺[128]和聚苯胺-氧化石墨烯[129]。在最近的一项研究中,在分散的 GNP 存在下,通过金属茂介导的聚乙烯聚合生长了石墨层之间的 PE 链[101]。Wang 等采用原位聚合法合成了氧化石墨烯/聚酰亚胺(graphene oxide/polyimide, PI/GO)复合材料。氧化石墨烯与胺(ANH2)(ODA-GO)基团功能化,以增强片的分散[130]。Bielawski 等[131-132]提出,在聚合过程中,氧化石墨烯具有两种不同的功能。最初,它催化脱水聚合,而氧化石墨烯催化剂中的残碳在反应过程中进行脱氢,并作为复合材料中的添加剂[49]。

3.3.4 叠层组装

叠层组装是一种用于石墨烯复合材料制造的通用技术。叠层组装是制备超强坚固涂层和薄膜的有效方法之一,可以制备具有控制附着力、柔韧性和环境稳定性的薄膜[133-134]。在叠层组装中,通过在基底上交替的阳离子和阴离子相,可以以特定厚度或层次的多层薄膜形式沉积各种纳米体系结构。在叠层组装方法中,堆叠组件通过互补组分的交替沉积(聚合物溶液和石墨烯填充物悬浮液),来精确控制石墨烯的分布和含量,从而在分子水平上形成石墨烯-聚合物界面[135]。叠层组装的制备方法还可以通过操纵沉积模式(浸渍或旋转和喷射)、溶剂去除过程或施加剪切力,来微调纳米复合薄膜的形貌。在真空辅助沉积技术中,在过滤/溶液界面上采用微流量控制器对沉积层进行沉积。叠层组装方法能够在各种基底上制备均匀、大面积、厚度精确控制的薄膜[5]。然而,真空辅助方法可能无法控制不同互补成分的精确沉积(叠层组装),这会成为真空辅助技术的挑战。通过化学和电化学后还原,导电纳米复合膜可以得到高度结构均匀性和化学稳定性[7]。通过操作沉积序列可以制备新型功能复合材料,这种材料应用范围广泛,如薄膜、锂离子电池、场效应晶体管、阳极和超级电容器。在叠层组装沉积过程中,温度、离子强度、pH 值、实际聚电解质等实验参数发挥了重要作用,影响了氢键、共价键、静电、电荷转移和配位化学相互作用[49]。

Zhao 等[26]采用氢结合叠层组装技术,沉积了剥离的氧化石墨烯和 PVA 的多层薄膜,并测量了薄膜的力学性能。Zhu 等采用真空辅助技术和浸渍辅助 LbL 技术,沉积了 PVA 和氧化石墨烯纳米复合材料,并对其电学性能和力学性能进行了比较。据报道,形貌(层状结构)决定了纳米结构的力学行为,而电导率取决于纳米结构的色散,因为电子输运依赖于精细分布的导电元件之间的隧穿势垒[136]。Li 等[25]利用浸渍辅助静电 LbL 技术,用负电石墨烯纳米片和含阳离子聚电解质的多金属氧酸盐簇沉积杂化多层膜。Kulkarni 等利用 Langmuir – Blodgett 方法和自旋辅助 LbL,制备了超薄氧化石墨烯/聚电解质多层。LbL 与 Langmuir – Blodgett 的结合,通过抑制石墨烯薄片的折叠和起皱,促进了高度集成的纳米复合膜的生长。在力学性能和弹性模量方面有显著的提高[23]。在另一项研究中,Hu 等通过非均匀表面相互作用,利用自旋辅助的 LbL 将氧化石墨烯片加入丝素基质中。已观察到 LbL 制备的膜具有不可思议的力学性能,这归因于丝素基质石墨烯填充物的有效耦合[5]。Choi 等通过将石墨烯包覆的 PS 微米球压成薄膜,制备了具有石墨烯导电网络的纳米复合薄膜。采用 PS 聚合物乳液使聚合物基体中的填充物分散均匀。采用胶乳技术和 LbL 组件相结合的方法制备了导电石墨烯/PS 纳米复合材料,这种方法简单、高效、环保。由于不同的化学功能,界面黏附显著增强[137]。Kesong 等利用界面介导的组装技术制备了胶束修饰的氧化石墨烯片。两亲性异臂星形共聚物(PSnP2VPn 和 PSn(P2VP – b – PtBA)n(n = 28 臂))已被吸附在空气 – 水界面的预悬浮氧化石墨片上。得到的高阶离散组合具有两亲性恒星胶束,被饼状构象的扁平氧化石墨烯片均匀覆盖。由此得到的形态归因于星形聚合物的正电吡啶基团与氧化石墨烯带负电荷基面之间的强亲和力[7,137]。

3.3.5 其他制备工艺

3.3.5.1 化学还原

石墨烯衍生物,如 GO 薄片具有丰富的活性官能团表面,研究人员已经开发了许多技术来发展在氧化石墨烯片和聚合物之间的共价联系,例如,引入了接枝到主链法和主链接枝法等广泛的聚合物的连接方法。Lee 等[138]通过酯化将共价原子转移自由基聚合(atom transfer radical polymerization,ATRP)启动子与氧化石墨烯薄片中的醇类连接。研究人员通过添加与 ATRP 相容的单体(如苯乙烯、丁腈橡胶或甲基丙烯酸甲酯)和碘化铜的来源,以受控的方式制备了聚合物刷。在这种基于 ATRP 方法的类似研究中,报告了单体反应性范围的增加[139]。据报道,与纯基质聚合物相比,聚合物接枝 CMG 薄片在热学和力学性能方面有了显著的改善[140]。基于接枝的方法也用于基体中聚合物功能化氧化石墨烯的异质混合,由导电聚合物组成,如聚 3 – 己基噻吩(P3HT)和三苯胺基聚偶氮甲碱[141]。接枝到主链法包括通过 CuI 催化的 1,3 – 二极环加物将聚(苯乙烯)(PS)链接枝到炔基功能化的氧化石墨烯上[142],通过碳二酰亚胺活化的酯化反应 PVA 接枝到氧化石墨烯片中。接枝到主链法和主链接枝法的选择取决于所合成的聚合物。然而,接枝方法可以降低链与薄片表面的接枝密度[143],从而减少这些聚合物接枝薄片的分散[144]。在某些聚合物中,氧化石墨烯片和基质之间的共价连接是在聚合过程中形成的,不需要进行任何先前的功能化。在环氧树脂复合材料中,用胺类固化剂固化可导致氧化石墨烯片直接加入交联网络[145]。Xu 等[101,146]通过在氧化石墨烯片的羧基和含单体的胺之间的缩合反应,将聚酰胺刷接枝到氧化石墨烯上。

3.3.5.2 溶胶-凝胶法

采用溶胶-凝胶法合成石墨烯玻璃/陶瓷复合材料。这个过程包括制备一个前驱体,它经过冷凝,生长分散良好的石墨烯物质。在该方法中:首先采用超声波浴法制备了分散良好的石墨烯的稳定悬浮体;然后加入酸性水等催化剂,在室温下凝结后促进水解和凝胶形成。主要采用溶胶-凝胶技术制备二氧化硅纳米复合材料和碳纳米管-二氧化硅复合材料[147-148]。

3.3.5.3 胶态成型

胶态成型是在胶体化学的基础上制备陶瓷悬浮物的方法。该技术还通过混合石墨烯胶体悬浮液和陶瓷粉末制备石墨烯-陶瓷混合物。在通常情况下,选择相同的溶剂制备悬浮液以获得均匀的分散,方法是采用磁搅拌/超声缓慢混合。胶态成型还需要对基体和石墨烯进行表面改性,这种改性可以通过直接功能化(即氧化)或异凝(利用表面活性剂在石墨烯和陶瓷粒子之间产生相同/相反电荷)来实现[149-150]。

3.3.5.4 粉末成型

粉末成型技术常用于制备具有氧化铝、氧化锆[151-152]、氮化硅、硅[153]和硼硅酸盐玻璃[154]等不同基体的碳纳米管-陶瓷复合材料。在粉末成型中,填充材料(石墨烯或碳纳米管)去团聚化,方法是通过超声然后在溶液中与陶瓷粉末混合或使用常规球磨法,以此生产分散良好的陶瓷复合材料的浆料。Kun 等以 n-甲基吡咯烷酮/乙醇为分散介质,通过球磨得到分散良好的石墨烯-陶瓷复合材料。与碳纳米管相比,石墨烯通过粉末成型更容易制备分散良好的复合材料[155]。

3.4 小结

石墨烯可以引入或混合各种材料,如金属、聚合物和陶瓷,以制造特殊应用所需的具有可控导电和电阻特性的复合材料。石墨烯基复合材料取得了令人难以置信的进展,其性能取决于纳米填充物(如石墨烯及其衍生物)的固有特性。在基体材料中加入石墨烯及其衍生物可以增强材料的复合特性,从而将复合物投入各种技术应用中,如电子、光学、电化学能量转换和存储。本章介绍了石墨烯纳米复合材料的不同类型及其制备方法。石墨烯纳米复合材料在先进的工程应用中具有无限的可能性和能力,这得益于石墨烯纳米填充物的多功能性。本章详细介绍了不同的合成工艺,分析了在不同基体范围内对不同类型石墨烯复合材料进行评价的文献。纳米复合材料的增强效率取决于其合成方法。对于先进石墨烯复合材料的成功合成,填充物在基体中的均匀分散和基体与填充物之间的强结合是决定复合材料最终性能的关键因素。尽管已经存在大量的研究,但在大规模生产石墨烯纳米复合材料之前,仍有一些问题需要解决和处理。

参考文献

[1] Huang, X., Qi, X., Boey, F., Zhang, H., Graphene – based composites. *Chem. Soc. Rev.*, 41, 666 – 686, 2012.

[2] Stankovich, S., Dikin, D. A., Dommett, G. H., Kohlhaas, K. M., Zimney, E. J., Stach, E. A., Piner, R. D., Nguyen, S. T., Ruoff, R. S., Graphene – based composite materials. *Nature*, 442, 282 – 286, 2006.

[3] Dikin, D. A., Stankovich, S., Zimney, E. J., Piner, R. D., Dommett, G. H., Evmenenko, G., Nguyen, S. T., Ruoff, R. S., Preparation and characterization of graphene oxide paper. *Nature*, 448, 457 – 460, 2007.

[4] El – Kady, M. F. and Kaner, R. B., Scalable fabrication of high – power graphene microsupercapacitors for flexible and on – chip energy storage. *Nat. Commun.*, 4, 1475, 2013.

[5] Hu, K., Gupta, M. K., Kulkarni, D. D., Tsukruk, V. V., Ultra – robust graphene oxide – silk fibroin nanocomposite membranes. *Adv. Mater.*, 25, 2301 – 2307, 2013.

[6] Shahil, K. M. and Balandin, A. A., Thermal properties of graphene and multilayer graphene: Applications in thermal interface materials. *Solid State Commun.*, 152, 1331 – 1340, 2012.

[7] Hu, K., Kulkarni, D. D., Choi, I., Tsukruk, V. V., Graphene – polymer nanocomposites for structural and functional applications. *Prog. Polym. Sci.*, 39, 1934 – 1972, 2014.

[8] Park, J. K., Do, I. – H., Askeland, P., Drzal, L. T., Electrodeposition of exfoliated graphite nanoplatelets onto carbon fibers and properties of their epoxy composites. *Compos. Sci. Technol.*, 68, 1734 – 1741, 2008.

[9] Ye, L., Meng, X. – Y., Ji, X., Li, Z. – M., Tang, J. – H., Synthesis and characterization of expandable graphite – poly (methyl methacrylate) composite particles and their application to flame retardation of rigid polyurethane foams. *Polym. Degrad. Stab.*, 94, 971 – 979, 2009.

[10] Wakabayashi, K., Pierre, C., Dikin, D. A., Ruoff, R. S., Ramanathan, T., Brinson, L. C., Torkelson, J. M., Polymer – graphite nanocomposites: Effective dispersion and major property enhancement via solid – state shear pulverization. *Macromolecules*, 41, 1905 – 1908, 2008.

[11] Kim, S., Seo, J., Drzal, L. T., Improvement of electric conductivity of LLDPE based nanocomposite by paraffin coating on exfoliated graphite nanoplatelets. *Compos. Part A Appl. Sci. Manuf.*, 41, 581 – 587, 2010.

[12] Kim, H., Hahn, H. T., Viculis, L. M., Gilje, S., Kaner, R. B., Electrical conductivity of graphite/ polystyrene composites made from potassium intercalated graphite. *Carbon*, 45, 1578 – 1582, 2007.

[13] Scully, K. and Bissessur, R., Decomposition kinetics of nylon – 6/graphite and nylon – 6/graphite oxide composites. *Thermochim Acta*, 490, 32 – 36, 2009.

[14] Du, X., Xiao, M., Meng, Y., Facile synthesis of highly conductive polyaniline/graphite nanocomposites. *Eur. Polym. J.*, 40, 1489 – 1493, 2004.

[15] Du, X., Xiao, M., Meng, Y., Synthesis and characterization of polyaniline/graphite conducting nanocomposites. *J. Polym. Sci. Part B: Polym. Phys.*, 42, 1972 – 1978, 2004.

[16] Cho, D., Lee, S., Yang, G., Fukushima, H., Drzal, L. T., Dynamic mechanical and thermal properties of phenylethynyl – terminated polyimide composites reinforced with expanded graphite nanoplatelets. *Macromol. Mater. Eng.*, 290, 179 – 187, 2005.

[17] Kuilla, T., Bhadra, S., Yao, D., Kim, N. H., Bose, S., Lee, J. H., Recent advances in graphene based polymer composites. *Prog. Polym. Sci.*, 35, 1350 – 1375, 2010.

[18] Israelachvili, J. N., *Intermolecular and Surface Forces*, Second Edition, Academic Press, University of California, Santa Barbara, USA, 2011.

[19] Jiang, L. Y., Huang, Y., Jiang, H., Ravichandran, G., Gao, H., Hwang, K., Liu, B., A cohesive law for carbon nanotube/polymer interfaces based on the van der Waals force. *J. Mech. Phys. Solids*, 54, 2436 – 2452, 2006.

[20] Shen, B., Zhai, W., Chen, C., Lu, D., Wang, J., Zheng, W., Melt blending *in situ* enhances the interaction between polystyrene and graphene through π – π stacking. *ACS Appl. Mater. Interfaces*, 3, 3103 – 3109, 2011.

[21] Pei, S. and Cheng, H. -M., The reduction of graphene oxide. *Carbon*, 50, 3210 – 3228, 2012.

[22] Cheng, Q., Wu, M., Li, M., Jiang, L., Tang, Z., Ultratough artificial nacre based on conjugated cross – linked graphene oxide. *Angew. Chem. Int. Ed.*, 52, 3750 – 3755, 2013.

[23] Kulkarni, D. D., Choi, I., Singamaneni, S. S., Tsukruk, V. V., Graphene oxide – polyelectrolyte nanomembranes. *ACS Nano*, 4, 4667 – 4676, 2010.

[24] Compton, O. C. and Nguyen, S. T., Graphene oxide, highly reduced graphene oxide, and graphene: Versatile building blocks for carbon – based materials. *Small*, 6, 711 – 723, 2010.

[25] Liu, J., Fu, S., Yuan, B., Li, Y., Deng, Z., Toward a universal "adhesive nanosheet" for the assembly of multiple nanoparticles based on a protein – induced reduction/decoration of grapheme oxide. *J. Am. Chem. Soc.*, 132, 7279 – 7281, 2010.

[26] Zhao, X., Zhang, Q., Chen, D., Lu, P., Enhanced mechanical properties of graphene – based poly (vinyl alcohol) composites. *Macromolecules*, 43, 2357 – 2363, 2010.

[27] Li, S. -S., Tu, K. -H., Lin, C. -C., Chen, C. -W., Chhowalla, M., Solution – processable grapheme oxide as an efficient hole transport layer in polymer solar cells. *ACS Nano*, 4, 3169 – 3174, 2010.

[28] Salavagione, H. J., Gomez, M. A., Martínez, G., Polymeric modification of graphene through esterification of graphite oxide and poly (vinyl alcohol). *Macromolecules*, 42, 6331 – 6334, 2009.

[29] Liu, Z., Robinson, J. T., Sun, X., Dai, H., PEGylated nanographene oxide for delivery of water – insoluble cancer drugs. *J. Am. Chem. Soc.*, 130, 10876 – 10877, 2008.

[30] Björk, J., Hanke, F., Palma, C. -A., Samori, P., Cecchini, M., Persson, M., Adsorption of aromatic and anti – aromatic systems on graphene through π – π stacking. *J. Phys. Chem. Lett.*, 1, 3407 – 3412, 2010.

[31] Stankovich, S., Piner, R. D., Chen, X., Wu, N., Nguyen, S. T., Ruoff, R. S., Stable aqueous dispersions of graphitic nanoplatelets via the reduction of exfoliated graphite oxide in the presence of poly (sodium 4 – styrenesulfonate). *J. Mater. Chem.*, 16, 155 – 158, 2006.

[32] Bai, S. and Shen, X., Graphene – inorganic nanocomposites. *RSC Adv.*, 2, 64 – 98, 2012.

[33] Singh, V., Joung, D., Zhai, L., Das, S., Khondaker, S. I., Seal, S., Graphene based materials: Past, present and future. *Prog. Mater. Sci.*, 56, 1178 – 1271, 2011.

[34] Zhou, X., Huang, X., Qi, X., Wu, S., Xue, C., Boey, F. Y., Yan, Q., Chen, P., Zhang, H., *In situ* synthesis of metal nanoparticles on single – layer graphene oxide and reduced graphene oxide surfaces. *J. Phys. Chem. C*, 113, 10842 – 10846, 2009.

[35] Hassan, H. M., Abdelsayed, V., Abd El Rahman, S. K., AbouZeid, K. M., Terner, J., El – Shall, M. S., Al – Resayes, S. I., El – Azhary, A. A., Microwave synthesis of graphene sheets supporting metal nanocrystals in aqueous and organic media. *J. Mater. Chem.*, 19, 3832 – 3837, 2009.

[36] Marquardt, D., Vollmer, C., Thomann, R., Steurer, P., Mülhaupt, R., Redel, E., Janiak, C., The use of microwave irradiation for the easy synthesis of graphene – supported transition metal nanoparticles in ionic liquids. *Carbon*, 49, 1326 – 1332, 2011.

[37] Nethravathi, C., Nisha, T., Ravishankar, N., Shivakumara, C., Rajamathi, M., Graphene – nanocrystalline metal sulphide composites produced by a one – pot reaction starting from graphite oxide. *Carbon*, 47, 2054 –

2059, 2009.

[38] Lin, Y., Zhang, K., Chen, W., Liu, Y., Geng, Z., Zeng, J., Pan, N., Yan, L., Wang, X., Hou, J., Dramatically enhanced photoresponse of reduced graphene oxide with linker – free anchored CdSe nanoparticles. *ACS Nano*, 4, 3033 – 3038, 2010.

[39] Yang, X., Zhang, X., Ma, Y., Huang, Y., Wang, Y., Chen, Y., Superparamagnetic graphene oxide – Fe_3O_4 nanoparticles hybrid for controlled targeted drug carriers. *J. Mater. Chem.*, 19, 2710 – 2714, 2009.

[40] Williams, G. and Kamat, P. V., Graphene – semiconductor nanocomposites: Excited – state interactions between ZnO nanoparticles and graphene oxide. *Langmuir*, 25, 13869 – 13873, 2009.

[41] Zhang, Y., Tang, Z., Fu, X., Xu, Y., TiO_2 – graphene nanocomposites for gas – phase photocatalytic degradation of volatile aromatic pollutant: Is TiO_2 – graphene truly different from other TiO_2 – carbon composite materials? *ACS Nano*, 4, 7303 – 7314, 2010.

[42] Xu, C., Wang, X., Zhu, J., Graphene – metal particle nanocomposites. *J. Phys. Chem. C*, 112, 19841 – 19845, 2008.

[43] Subrahmanyam, K., Manna, A. K., Pati, S. K., Rao, C., A study of graphene decorated with metal nanoparticles. *Chem. Phys. Lett.*, 497, 70 – 75, 2010.

[44] Bian, J., Wei, X. W., Wang, L., Guan, Z. P., Graphene nanosheet as support of catalytically active metal particles in DMC synthesis. *Chin. Chem. Lett.*, 22, 57 – 60, 2011.

[45] Bai, S., Shen, X., Zhu, G., Xu, Z., Liu, Y., Reversible phase transfer of graphene oxide and its use in the synthesis of graphene – based hybrid materials. *Carbon*, 49, 4563 – 4570, 2011.

[46] Das, B., Choudhury, B., Gomathi, A., Manna, A. K., Pati, S., Rao, C., Interaction of inorganic nanoparticles with graphene. *Chem. Phys. Chem.*, 12, 937 – 943, 2011.

[47] Cao, Y., Li, X., Aksay, I. A., Lemmon, J., Nie, Z., Yang, Z., Liu, J., Sandwich – type functionalized graphene sheet – sulfur nanocomposite for rechargeable lithium batteries. *Phys. Chem. Chem. Phys.*, 13, 7660 – 7665, 2011.

[48. Xiang, Q., Yu, J., Jaroniec, M., Preparation and enhanced visible – light photocatalytic H2 – production activity of graphene/C3N4 composites. *J. Phys. Chem. C*, 115, 7355 – 7363, 2011.

[49] Papageorgiou, D. G., Kinloch, I. A., Young, R. J., Mechanical properties of graphene and graphene – based nanocomposites. *Prog. Mater. Sci.*, 90, 75 – 127, 2017.

[50] Geim, A. K. and Grigorieva, I. V., Van der Waals heterostructures. *Nature*, 499, 419 – 425, 2013.

[51] Chen, X., Wu, B., Liu, Y., Direct preparation of high quality graphene on dielectric substrates. *Chem. Soc. Rev.*, 45, 2057 – 2074, 2016.

[52] Wang, H., Liu, F., Fu, W., Fang, Z., Zhou, W., Liu, Z., Two – dimensional heterostructures: Fabrication, characterization, and application. *Nanoscale*, 6, 12250 – 12272, 2014.

[53] Niu, T. and Li, A., From two – dimensional materials to heterostructures. *Prog. Surf. Sci.*, 90, 21 – 45, 2015.

[54] Zeng, Q., Wang, H., Fu, W., Gong, Y., Zhou, W., Ajayan, P. M., Lou, J., Liu, Z., Band engineering for novel two – dimensional atomic layers. *Small*, 11, 1868 – 1884, 2015.

[55] Tan, C. and Zhang, H., Two – dimensional transition metal dichalcogenide nanosheet – based composites. *Chem. Soc. Rev.*, 44, 2713 – 2731, 2015.

[56] Koppens, F., Mueller, T., Avouris, P., Ferrari, A., Vitiello, M., Polini, M., Photodetectors based on graphene, other two – dimensional materials and hybrid systems. *Nat. Nanotechnol.*, 9, 780 – 793, 2014.

[57] Xie, C., Mak, C., Tao, X., Yan, F., Photodetectors based on two – dimensional layered materials beyond graphene. *Adv. Funct. Mater.*, 27, 1 – 41, 2017.

[58] Ci, L., Song, L., Jin, C., Jariwala, D., Wu, D., Li, Y., Srivastava, A., Wang, Z., Storr, K., Balicas, L.,

Atomic layers of hybridized boron nitride and graphene domains. *Nat. Mater.* ,9,430 – 435,2010.

[59] Chang,C. – K.,Kataria,S.,Kuo,C. – C.,Ganguly,A.,Wang,B. – Y.,Hwang,J. – Y.,Huang,K. – J.,Yang,W. – H.,Wang,S. – B.,Chuang,C. – H.,Band gap engineering of chemical vapor deposited graphene by *in situ* BN doping. *ACS Nano*,7,1333 – 1341,2013.

[60] Rao,C. and Gopalakrishnan,K.,Borocarbonitrides,B x C y N z: Synthesis,characterization,and properties with potential applications. *ACS Appl. Mater. Interfaces*,9,19478 – 19494,2016.

[61] Jiang,X. and Drzal,L. T.,Multifunctional high density polyethylene nanocomposites produced by incorporation of exfoliated graphite nanoplatelets 1: Morphology and mechanical properties. *Polym. Compos.* ,31,1091 – 1098,2010.

[62] Compton,O. C.,Kim,S.,Pierre,C.,Torkelson,J. M.,Nguyen,S. T.,Crumpled grapheme nanosheets as highly effective barrier property enhancers. *Adv. Mater.* ,22,4759 – 4763,2010.

[63] Liu,N.,Luo,F.,Wu,H.,Liu,Y.,Zhang,C.,Chen,J.,One – step ionic – liquid – assisted electrochemical synthesis of ionic – liquid – functionalized graphene sheets directly from graphite. *Adv. Funct. Mater.* ,18,1518 – 1525,2008.

[64] Wang,S.,Tambraparni,M.,Qiu,J.,Tipton,J.,Dean,D.,Thermal expansion of graphene composites. *Macromolecules*,42,5251 – 5255,2009.

[65] Lape,N. K.,Nuxoll,E. E.,Cussler,E.,Polydisperse flakes in barrier films. *J. Membr. Sci.* ,236,29 – 37,2004.

[66] Wang,H.,Hao,Q.,Yang,X.,Lu,L.,Wang,X.,A nanostructured graphene/polyaniline hybrid material for supercapacitors. *Nanoscale*,2,2164 – 2170,2010.

[67] Wang,D. – W.,Li,F.,Zhao,J.,Ren,W.,Chen,Z. – G.,Tan,J.,Wu,Z. – S.,Gentle,I.,Lu,G. Q.,Cheng,H. – M.,Fabrication of graphene/polyaniline composite paper via *in situ* anodic electropolymerization for high – performance flexible electrode. *ACS Nano*,3,1745 – 1752,2009.

[68] Somani,P. R.,Somani,S. P.,Umeno,M.,Planer nano – graphenes from camphor by CVD. *Chem. Phys. Lett.* ,430,56 – 59,2006.

[69] Kim,K. S.,Zhao,Y.,Jang,H.,Lee,S. Y.,Kim,J. M.,Kim,K. S.,Ahn,J. – H.,Kim,P.,Choi,J. – Y.,Hong,B. H.,Large – scale pattern growth of graphene films for stretchable transparent electrodes. *Nature*,457,706 – 710,2009.

[70] Li,X.,Cai,W.,Colombo,L.,Ruoff,R. S.,Evolution of graphene growth on Ni and Cu by carbon isotope labeling. *Nano Lett.* ,9,4268 – 4272,2009.

[71] Yamada,T.,Ishihara,M.,Hasegawa,M.,Large area coating of graphene at low temperature using a roll – to – roll microwave plasma chemical vapor deposition. *Thin Solid Films*,532,89 – 93,2013.

[72] Jeon,Y. – J.,Yun,J. – M.,Kim,D. – Y.,Na,S. – I.,Kim,S. – S.,High – performance polymer solar cells with moderately reduced graphene oxide as an efficient hole transporting layer. *Sol. Energy Mater. Sol. Cells*,105,96 – 102,2012.

[73] Hwan Lee,S.,M. – a. Park,J. J.,Song,H.,Yun Jang,E.,Hyup Kim,Y.,Kang,S.,Seop Yoon,Y.,Reduced graphene oxide coated thin aluminum film as an optoacoustic transmitter for high pressure and high frequency ultrasound generation. *Appl. Phys. Lett.* ,101,241909,2012.

[74] Yoo,D. – H.,Cuong,T. V.,Pham,V. H.,Chung,J. S.,Khoa,N. T.,Kim,E. J.,Hahn,S. H.,Enhanced photocatalytic activity of graphene oxide decorated on TiO_2 films under UV and visible irradiation. *Curr. Appl. Phys.* ,11,805 – 808,2011.

[75] Yu,L.,Lim,Y. – S.,Han,J. H.,Kim,K.,Kim,J. Y.,Choi,S. – Y.,Shin,K.,A graphene oxide oxygen barrier film deposited via a self – assembly coating method. *Synth. Met.* ,162,710 – 714,2012.

[76] Nayak, P. K., Hsu, C.-J., Wang, S.-C., Sung, J. C., Huang, J.-L., Graphene coated Ni films: A protective coating. *Thin Solid Films*, 529, 312-316, 2013.

[77] Raman, R. S., Banerjee, P. C., Lobo, D. E., Gullapalli, H., Sumandasa, M., Kumar, A., Choudhary, L., Tkacz, R., Ajayan, P. M., Majumder, M., Protecting copper from electrochemical degradation by graphene coating. *Carbon*, 50, 4040-4045, 2012.

[78] Novoselov, K. S. and Geim, A., The rise of graphene. *Nat. Mater.*, 6, 183-191, 2007.

[79] Nguyen, D. D., Tai, N.-H., Lee, S.-B., Kuo, W.-S., Superhydrophobic and superoleophilic properties of graphene-based sponges fabricated using a facile dip coating method. *Energ. Environ. Sci.*, 5, 7908-7912, 2012.

[80] Zhang, H. and Lee, H. K., Simultaneous determination of ultraviolet filters in aqueous samples by plunger-in-needle solid-phase microextraction with graphene-based sol-gel coating as sorbent coupled with gas chromatography-mass spectrometry. *Anal. Chim. Acta*, 742, 67-73, 2012.

[81] Hao, Q., Wang, B., Bossard, J. A., Kiraly, B., Zeng, Y., Chiang, I.-K., Jensen, L., Werner, D. H., Huang, T. J., Surface-enhanced Raman scattering study on graphene-coated metallic nanostructure substrates. *J. Phys. Chem. C*, 116, 7249-7254, 2012.

[82] Wang, H., Yang, Y., Liang, Y., Robinson, J. T., Li, Y., Jackson, A., Cui, Y., Dai, H., Graphenewrapped sulfur particles as a rechargeable lithium-sulfur battery cathode material with high capacity and cycling stability. *Nano Lett.*, 11, 2644-2647, 2011.

[83] Liao, K.-H., Qian, Y., Macosko, C. W., Ultralow percolation graphene/polyurethane acrylate nanocomposites. *Polymer*, 53, 3756-3761, 2012.

[84] Tong, Y., Bohm, S., Song, M., Graphene based materials and their composites as coatings. *Austin J. Nanomed. Nanotechnol.*, 1, 1003, 2013.

[85] Wu, Q., Feng, C., Zhao, G., Wang, C., Wang, Z., Graphene-coated fiber for solid-phase microextraction of triazine herbicides in water samples. *J. Sep. Sci.*, 35, 193-199, 2012.

[86] Yin, Y. and Alivisatos, A. P., Colloidal nanocrystal synthesis and the organic-inorganic interface. *Nature*, 437, 664, 2004.

[87] Chen, J., Zou, J., Zeng, J., Song, X., Ji, J., Wang, Y., Ha, J., Chen, X., Preparation and evaluation of graphene-coated solid-phase microextraction fiber. *Anal. Chim. Acta*, 678, 44-49, 2010.

[88] Zhang, H. and Lee, H. K., Plunger-in-needle solid-phase microextraction with graphene-based sol-gel coating as sorbent for determination of polybrominated diphenyl ethers. *J. Chromatogr. A*, 1218, 4509-4516, 2011.

[89] Liu, Y., Dong, X., Chen, P., Biological and chemical sensors based on graphene materials. *Chem. Soc. Rev.*, 41, 2283-2307, 2012.

[90] Liu, G., Riechers, S. L., Mellen, M. C., Lin, Y., Sensitive electrochemical detection of enzymatically generated thiocholine at carbon nanotube modified glassy carbon electrode. *Electrochem. Commun.*, 7, 1163-1169, 2005.

[91] Liu, G. and Lin, Y., Electrochemical stripping analysis of organophosphate pesticides and nerve agents. *Electrochem. Commun.*, 7, 339-343, 2005.

[92] Yang, Y., Asiri, A. M., Tang, Z., Du, D., Lin, Y., Graphene based materials for biomedical applications. *Mater. Today*, 16, 365-373, 2013.

[93] Zhou, M., Zhai, Y., Dong, S., Electrochemical sensing and biosensing platform based on chemically reduced graphene oxide. *Anal. Chem.*, 81, 5603-5613, 2009.

[94] Shao, Y., Zhang, S., Engelhard, M. H., Li, G., Shao, G., Wang, Y., Liu, J., Aksay, I. A., Lin, Y., Nitro-

gendoped graphene and its electrochemical applications. *J. Mater. Chem.* ,20,7491 – 7496,2010.

[95] Wu,P. ,Qian,Y. ,Du,P. ,Zhang,H. ,Cai,C. ,Facile synthesis of nitrogen – doped graphene for measuring the releasing process of hydrogen peroxide from living cells. *J. Mater. Chem.* ,22,6402 – 6412,2012.

[96] Loh,K. P. ,Bao,Q. ,Eda,G. ,Chhowalla,M. ,Graphene oxide as a chemically tunable platform for optical applications. *Nat. Chem.* ,2,1015 – 1024,2010.

[97] Liu,Z. ,Liu,Q. ,Huang,Y. ,Ma,Y. ,Yin,S. ,Zhang,X. ,Sun,W. ,Chen,Y. ,Organic photovoltaic devices based on a novel acceptor material：Graphene. *Adv. Mater.* ,20,3924 – 3930,2008.

[98] Yang,K. ,Zhang,S. ,Zhang,G. ,Sun,X. ,Lee,S. – T. ,Liu,Z. ,Graphene in mice：Ultrahigh *in vivo* tumor uptake and efficient photothermal therapy. *Nano Lett.* ,10,3318 – 3323,2010.

[99] Chen,W. ,Yi,P. ,Zhang,Y. ,Zhang,L. ,Deng,Z. ,Zhang,Z. ,Composites of aminodextran – coated Fe_3O_4 nanoparticles and graphene oxide for cellular magnetic resonance imaging. *ACS Appl. Mater. Interfaces* ,3,4085 – 4091,2011.

[100] Zhang,W. ,Guo,Z. ,Huang,D. ,Liu,Z. ,Guo,X. ,Zhong,H. ,Synergistic effect of chemophotothermaltherapy using PEGylated graphene oxide. *Biomaterials* ,32,8555 – 8561,2011.

[101] Potts,J. R. ,Dreyer,D. R. ,Bielawski,C. W. ,Ruoff,R. S. ,Graphene – based polymer nanocomposites. *Polymer* ,52,5 – 25,2011.

[102] Ramanathan,T. ,Abdala,A. ,Stankovich,S. ,Dikin,D. ,Herrera – Alonso,M. ,Piner,R. ,Adamson,D. ,Schniepp,H. ,Chen,X. ,Ruoff,R. ,Functionalized graphene sheets for polymer nanocomposites. *Nat. Nanotechnol.* ,3,327 – 331,2008.

[103] Xu,Y. ,Wang,Y. ,Liang,J. ,Huang,Y. ,Ma,Y. ,Wan,X. ,Chen,Y. ,A hybrid material of grapheme and poly (3,4 – ethyldioxythiophene) with high conductivity,flexibility,and transparency. *Nano Res.* ,2,343 – 348,2009.

[104] Liang,J. ,Huang,Y. ,Zhang,L. ,Wang,Y. ,Ma,Y. ,Guo,T. ,Chen,Y. ,Molecular – level dispersion of graphene into poly (vinyl alcohol) and effective reinforcement of their nanocomposites. *Adv. Funct. Mater.* ,19,2297 – 2302,2009.

[105] Zhang,H. – B. ,Zheng,W. – G. ,Yan,Q. ,Yang,Y. ,Wang,J. – W. ,Lu,Z. – H. ,Ji,G. – Y. ,Yu,Z. – Z. ,Electrically conductive polyethylene terephthalate/graphene nanocomposites prepared by meltcompounding. *Polymer* ,51,1191 – 1196,2010.

[106] Istrate,O. M. ,Paton,K. R. ,Khan,U. ,O'Neill,A. ,Bell,A. P. ,Coleman,J. N. ,Reinforcement inmelt – processed polymer – graphene composites at extremely low graphene loading level. *Carbon* ,78,243 – 249,2014.

[107] Vasileiou,A. A. ,Kontopoulou,M. ,Docoslis,A. ,A noncovalent compatibilization approach to improve the filler dispersion and properties of polyethylene/graphene composites. *ACS Appl. Mater. Interfaces* ,6,1916 – 1925,2014.

[108] Maio,A. ,Fucarino,R. ,Khatibi,R. ,Rosselli,S. ,Bruno,M. ,Scaffaro,R. ,A novel approach to prevent graphene oxide re – aggregation during the melt compounding with polymers. *Compos. Sci. Technol.* ,119,131 – 137,2015.

[109] Vallés,C. ,Abdelkader,A. M. ,Young,R. J. ,Kinloch,I. A. ,Few layer graphene – polypropylene nanocomposites：The role of flake diameter. *Faraday Discuss.* ,173,379 – 390,2014.

[110] Li,X. ,McKenna,G. B. ,Miquelard – Garnier,G. ,Guinault,A. ,Sollogoub,C. ,Regnier,G. ,Rozanski,A. ,Forced assembly by multilayer coextrusion to create oriented graphene reinforced polymer nanocomposites. *Polymer* ,55,248 – 257,2014.

[111] Kalaitzidou,K. ,Fukushima,H. ,Drzal,L. T. ,A new compounding method for exfoliated graphite – poly-

[111] propylene nanocomposites with enhanced flexural properties and lower percolation threshold. *Compos. Sci. Technol.* ,67,2045 - 2051,2007.

[112] Kim,S. ,Do,I. ,Drzal,L. T. ,Thermal stability and dynamic mechanical behavior of exfoliated graphite nanoplatelets - LLDPE nanocomposites. *Polym. Compos.* ,31,755 - 761,2010.

[113] Chen,G. ,Wu,C. ,Weng,W. ,Wu,D. ,Yan,W. ,Preparation of polystyrene/graphite nanosheet composite. *Polymer*,44,1781 - 1784,2003.

[114] Weng,W. ,Chen,G. ,Wu,D. ,Transport properties of electrically conducting nylon 6/foliated graphite nanocomposites. *Polymer*,46,6250 - 6257,2005.

[115] Anwar,Z. ,Kausar,A. ,Rafique,I. ,Muhammad,B. ,Advances in epoxy/graphene nanoplatelet composite with enhanced physical properties: A review,*Polymer - Plastics Technology and Engineering*,55,643 - 662,2015.

[116] Kim,H. ,Miura,Y. ,Macosko,C. W. ,Graphene/polyurethane nanocomposites for improved gas barrier and electrical conductivity. *Chem. Mater.* ,22,3441 - 3450,2010.

[117] Steurer,P. ,Wissert,R. ,Thomann,R. ,Mülhaupt,R. ,Functionalized graphenes and thermoplastic nanocomposites based upon expanded graphite oxide. *Macromol. Rapid Commun.* ,30,316 - 327,2009.

[118] Jeong,H. - K. ,Lee,Y. P. ,Jin,M. H. ,Kim,E. S. ,Bae,J. J. ,Lee,Y. H. ,Thermal stability of graphite oxide. *Chem. Phys. Lett.* ,470,255 - 258,2009.

[119] Cao,Y. ,Feng,J. ,Wu,P. ,Preparation of organically dispersible graphene nanosheet powders through a lyophilization method and their poly (lactic acid) composites. *Carbon*,48,3834 - 3839,2010.

[120] Choi,E. - Y. ,Han,T. H. ,Hong,J. ,Kim,J. E. ,Lee,S. H. ,Kim,H. W. ,Kim,S. O. ,Noncovalent functionalization of graphene with end - functional polymers. *J. Mater. Chem.* ,20,1907 - 1912,2010.

[121] Wei,T. ,Luo,G. ,Fan,Z. ,Zheng,C. ,Yan,J. ,Yao,C. ,Li,W. ,Zhang,C. ,Preparation of grapheme nanosheet/polymer composites using *in situ* reduction - extractive dispersion. *Carbon*, 47, 2296 - 2299,2009.

[122] Lee,H. B. ,Raghu,A. V. ,Yoon,K. S. ,Jeong,H. M. ,Preparation and characterization of poly (ethylene oxide)/graphene nanocomposites from an aqueous medium. *J. Macromol. Sci. Part B*, 49, 802 - 809,2010.

[123] Bryning,M. ,Milkie,D. ,Islam,M. ,Kikkawa,J. ,Yodh,A. ,Thermal conductivity and interfacial resistance in single - wall carbon nanotube epoxy composites. *Appl. Phys. Lett.* ,87,161909,2005.

[124] Kim,J. K. ,Yang,S. Y. ,Lee,Y. ,Kim,Y. ,Functional nanomaterials based on block copolymer self - assembly. *Prog. Polym. Sci.* ,35,1325 - 1349,2010.

[125] Tripathi,S. N. ,Saini,P. ,Gupta,D. ,Choudhary,V. ,Electrical and mechanical properties of PMMA/reduced graphene oxide nanocomposites prepared via *in situ* polymerization. *J. Mater. Sci.* , 48, 6223 - 6232,2013.

[126] Rafiee,M. A. ,Rafiee,J. ,Srivastava,I. ,Wang,Z. ,Song,H. ,Yu,Z. Z. ,Koratkar,N. ,Fracture and fatigue in graphene nanocomposites. *Small*,6,179 - 183,2010.

[127] Yan,X. ,Chen,J. ,Yang,J. ,Xue,Q. ,Miele,P. ,Fabrication of free - standing,electrochemically active, and biocompatible graphene oxide - polyaniline and graphene - polyaniline hybrid papers. *ACS Appl. Mater. Interfaces*,2,2521 - 2529,2010.

[128] Yan,J. ,Wei,T. ,Fan,Z. ,Qian,W. ,Zhang,M. ,Shen,X. ,Wei,F. ,Preparation of grapheme nanosheet/carbon nanotube/polyaniline composite as electrode material for supercapacitors. *J. Power Sources*,195, 3041 - 3045,2010.

[129] Wang,H. ,Hao,Q. ,Yang,X. ,Lu,L. ,Wang,X. ,Graphene oxide doped polyaniline for supercapacitors.

Electrochem. Commun.,11,1158 – 1161,2009.

[130] Wang,J. – Y.,Yang,S. – Y.,Huang,Y. – L.,Tien,H. – W.,Chin,W. – K.,Ma,C. – C. M.,Preparation and properties of graphene oxide/polyimide composite films with low dielectric constant and ultrahigh strength via *in situ* polymerization. *J. Mater. Chem.*,21,13569 – 13575,2011.

[131] Dreyer,D. R.,Jarvis,K. A.,Ferreira,P. J.,Bielawski,C. W.,Graphite oxide as a carbocatalyst for the preparation of fullerene – reinforced polyester and polyamide nanocomposites. *Polym. Chem.*,3,757 – 766,2012.

[132] Dreyer,D. R.,Jarvis,K. A.,Ferreira,P. J.,Bielawski,C. W.,Graphite oxide as a dehydrative polymerization catalyst: A one – step synthesis of carbon – reinforced poly (phenylene methylene) composites. *Macromolecules*,44,7659 – 7667,2011.

[133] Decher,G. and Schlenoff,J. B.,*Multilayer Thin Films: Sequential Assembly of Nanocomposite Materials*,2nd Edition,Wiley – VCH Verlag,Berlin,John Wiley & Sons,2006.

[134] Ariga,K.,*Organized Organic Ultrathin Films: Fundamentals and Applications*,Wiley – VCH Verlag,Berlin,John Wiley & Sons,2012.

[135] Yang,M.,Hou,Y.,Kotov,N. A.,Graphene – based multilayers: Critical evaluation of materials assembly techniques. *Nano Today*,7,430 – 447,2012.

[136] Zhu,J.,Zhang,H.,Kotov,N. A.,Thermodynamic and structural insights into nanocomposites engineering by comparing two materials assembly techniques for graphene. *ACS Nano*,7,4818 – 4829,2013.

[137] Choi,I.,Kulkarni,D. D.,Xu,W.,Tsitsilianis,C.,Tsukruk,V. V.,Star polymer unimicelles on graphene oxide flakes. *Langmuir*,29,9761 – 9769,2013.

[138] Massoumi,B.,Ghandomi,F.,Abbasian,M.,Eskandani,M.,Jaymand,M.,Surface functionalization of graphene oxide with poly (2 – hydroxyethyl methacrylate) – graft – poly (ε – caprolactone) and its electrospun nanofibers with gelatin. *Appl. Phys. A*,122,1000,2016.

[139] Fang,M.,Wang,K.,Lu,H.,Yang,Y.,Nutt,S.,Single – layer graphene nanosheets with controlled grafting of polymer chains. *J. Mater. Chem.*,20,1982 – 1992,2010.

[140] Layek,R. K.,Samanta,S.,Chatterjee,D. P.,Nandi,A. K.,Physical and mechanical properties of poly (methyl methacrylate) – functionalized graphene/poly (vinylidine fluoride) nanocomposites: Piezoelectric β polymorph formation. *Polymer*,51,5846 – 5856,2010.

[141] Zhuang,X. D.,Chen,Y.,Liu,G.,Li,P. P.,Zhu,C. X.,Kang,E. T.,Noeh,K. G.,Zhang,B.,Zhu,J. H.,Li,Y. X.,Conjugated – polymer – functionalized graphene oxide: Synthesis and nonvolatile rewritable memory effect. *Adv. Mater.*,22,1731 – 1735,2010.

[142] Park,S.,Dikin,D. A.,Nguyen,S. T.,Ruoff,R. S.,Graphene oxide sheets chemically cross – linked by polyallylamine. *J. Phys. Chem. C*,113,15801 – 15804,2009.

[143] Coleman,J. N.,Khan,U.,Gun'ko,Y. K.,Mechanical reinforcement of polymers using carbon nanotubes. *Adv. Mater.*,18,689 – 706,2006.

[144] Akcora,P.,Kumar,S. K.,Moll,J.,Lewis,S.,Schadler,L. S.,Li,Y.,Benicewicz,B. C.,Sandy,A.,Narayanan,S.,Ilavsky,J.,"Gel – like" mechanical reinforcement in polymer nanocomposite melts. *Macromolecules*,43,1003 – 1010,2009.

[145] Yang,H.,Li,F.,Shan,C.,Han,D.,Zhang,Q.,Niu,L.,Ivaska,A.,Covalent functionalization of chemically converted graphene sheets via silane and its reinforcement. *J. Mater. Chem.*,19,4632 – 4638,2009.

[146] Xu,Z. and Gao,C.,*In situ* polymerization approach to graphene – reinforced nylon – 6 composites. *Macromolecules*,43,6716 – 6723,2010.

[147] Zheng, C. , Feng, M. , Zhen, X. , Huang, J. , Zhan, H. , Materials investigation of multi – walled carbon nanotubes doped silica gel glass composites. *J. Non – Cryst. Solids* ,354,1327 – 1330,2008.

[148] Hongbing, Z. , Wenzhe, C. , Minquan, W. , Chunlin, Z. , Optical limiting effects of multi – walled carbon nanotubes suspension and silica xerogel composite. *Chem. Phys. Lett.* ,382,313 – 317,2003.

[149] Cho, J. , Inam, F. , Reece, M. J. , Chlup, Z. , Dlouhy, I. , Shaffer, M. S. , Boccaccini, A. R. , Carbon nanotubes: Do they toughen brittle matrices? *J. Mater. Sci.* ,46,4770 – 4779,2011.

[150] Lewis, J. A. , Colloidal processing of ceramics. *J. Am. Ceram. Soc.* ,83,2341 – 2359,2000.

[151] Inam, F. , Yan, H. , Reece, M. J. , Peijs, T. , Dimethylformamide: An effective dispersant for making ceramic – carbon nanotube composites. *Nanotechnology* ,19,195710,2008.

[152] Yang, Y. , Wang, Y. , Tian, W. , Z. – q. Wang, Y. , Wang, L. , Bian, H. – M. , Reinforcing and toughening alumina/titania ceramic composites with nano – dopants from nanostructured composite powders. *Mater. Sci. Eng. A* ,508,161 – 166,2009.

[153] Dusza, J. , Blugan, G. , Morgiel, J. , Kuebler, J. , Inam, F. , Peijs, T. , Reece, M. J. , Puchy, V. , Hot pressed and spark plasma sintered zirconia/carbon nanofiber composites. *J. Eur. Ceram. Soc.* ,29,3177 – 3184,2009.

[154] Guo, S. , Sivakumar, R. , Kitazawa, H. , Kagawa, Y. , Electrical Properties of Silica – Based Nanocomposites with Multiwall Carbon Nanotubes. *J. Am. Ceram. Soc.* ,90,1667 – 1670,2007.

[155] Kun, P. , Tapasztó, O. , Weber, F. , Balázsi, C. , Determination of structural and mechanical properties of multilayer graphene added silicon nitride – based composites. *Ceram. Int.* ,38,211 – 216,2012.

第4章 石墨烯/基底体系的界面力学性能

Chaochen Xu, Hongzhi Du, Yilan Kang, Wei Qiu
天津大学机械工程学院机械系

摘　要　石墨烯及其复合材料在微电子领域具有广阔的应用前景。然而,由于石墨烯的原子厚度,通常它必须附着在基底上才能实现其功能。因此,充分了解石墨烯与柔性基底界面的力学性质至关重要。本章介绍了我们研究组利用拉曼光谱对石墨烯/基体界面进行实验研究的相关进展,还介绍了相关文献,包括基于石墨烯拉曼光谱的力学测量理论、拉伸负载下界面力学参数的实验测量以及石墨烯/基体界面力学行为的定量表征等。本章讨论了循环负载调节和尺寸对石墨烯界面力学性能的影响,最后总结和分析了以往文献中的一些现象和问题,如实验数据的散射和石墨烯的初始应变。

关键词　石墨烯,拉曼光谱,界面行为,界面剪应力,临界长度,尺寸效应,初始应变,循环负载调节

4.1　石墨烯拉曼力学测量的方法

石墨烯是一种理想的二维原子晶体[1-3],也是一种柔韧透明的材料,具有最低电阻率[4-5]、最高强度[6-7]、最高热导率[8-9]。因此,石墨烯在柔性电子学[10-11]、纤维增强复合材料[12-14]和光电储能元件[15-16]中具有重要的应用前景。

显微拉曼光谱是研究石墨烯性质的最有效方法之一,因为它具有无损坏、非接触和快速等特点,且拥有高空间分辨率(约 $1\mu m$),能够定量测量力学参数[17-19]。显微拉曼光谱是基于受激拉曼散射原理,即光子对材料分子的非弹性散射效应[20-22]而应用的。当一个分子暴露在一定频率的激发光下时,散射光某些部分的频率等于入射光的频率,从而导致分子与光子之间的弹性碰撞而无能量交换;这种散射称为瑞利(Rayleigh)散射。与入射光不等的散射光其他部分的频率会导致非弹性碰撞,称为拉曼散射,如图4.1所示。石墨烯具有真正的二维结构,由具有强共价键的六边形 sp^2 碳网组成[23]。石墨烯的晶格振动不仅与拉曼散射密切相关,而且与石墨烯的光学、电学、热学和结构相变密切相关;因此,拉曼光谱学可以提供石墨烯结构和性质的指纹信息。

在石墨烯的拉曼光谱中,两个主要峰与力学信息有关:在约 $1580cm^{-1}$ 处的G峰以及在约 $2650cm^{-1}$ 处的2D峰,如图4.2(a)所示。G峰对应于 sp^2 碳原子中的拉伸振动,对应

于布里渊区中心的双简并平面振动模式 E_{2g}。2D 峰对应于碳原子中具有反向动量的两个声子的双共振跃迁[24]。1350cm^{-1} 处的 D 峰会出现在拉曼光谱中,前提是石墨烯结构有缺陷或接近石墨烯边缘[25]。

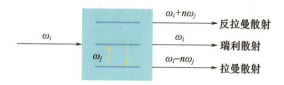

图 4.1 拉曼散射示意图

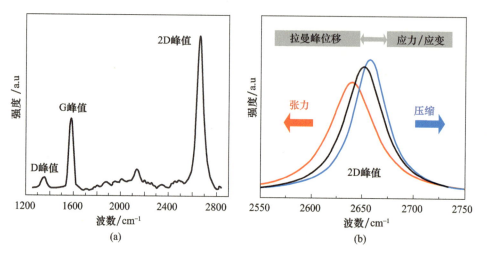

图 4.2 (a) 在转移到 PET 基底前,铜基底上石墨烯的拉曼光谱;
(b) 无应变但在张力和压缩条件下石墨烯拉曼 2D 峰值位移的示意图

4.1.1 石墨烯应变测量理论

采用拉曼光谱应变测量通过检测和分析光谱特征峰,确定材料的应变或应力。当具有拉曼活性的材料如石墨烯受到应变时,即晶格中原子键长发生变化,且原始原子振动频率发生变化,散射光子的频率发生变化。结果就是特征峰的位置发生了变化。因此,石墨烯应变可以通过材料拉曼特征峰位置的变化来确定[26-29]。在应变存在下,描述固体声子模的动力学方程有以下形式[30]:

$$m\ddot{u}_i = -\sum_k K_{ik} u_k = -\left(m\omega_0^2 u_i + \sum_{klm} K_{iklm}^{(1)} \varepsilon_{lm} u_k\right) \quad (4.1)$$

式中:u_i 为在一个单元中两个原子的相对位移分量;m 为两个原子的质量;ω_0 为自由应变下的振动频率,第二项描述了在施加应变下声子频率的变化。

由于石墨烯薄片的六方晶格对称,对称张量 $K^{(1)}$ 只有 3 个非零分量:

$$\begin{cases} K_{1111} = K_{2222} = m\widetilde{K}_{11} \\ K_{1122} = m\widetilde{K}_{12} \\ K_{1212} = \dfrac{m}{2}(\widetilde{K}_{11} - \widetilde{K}_{12}) \end{cases} \quad (4.2)$$

根据式(4.2)给出的条件,式(4.1)的长期方程为

$$\begin{vmatrix} \widetilde{K}_{11}\varepsilon_{xx} + \widetilde{K}_{12}\varepsilon_{yy} - \lambda & (\widetilde{K}_{11} - \widetilde{K}_{12})\varepsilon_{xy} \\ (\widetilde{K}_{11} - \widetilde{K}_{12})\varepsilon_{xy} & \widetilde{K}_{11}\varepsilon_{yy} + \widetilde{K}_{12}\varepsilon_{xx} - \lambda \end{vmatrix} = 0 \quad (4.3)$$

式中:ε_{yy}、ε_{yy} 分别为在 x 和 y 方向上的应变。

一般来说,由于应变 $\Delta\omega$ 引起的峰值位移的变化,与 ω_0 相比较小;因此,下面近似关系式成立:

$$\lambda = \omega^2 - \omega_0^2 \approx 2\omega_0\Delta\omega \quad (4.4)$$

式中:ω 为应变下的声子振动频率。

求解特征方程式(4.3)可得

$$\Delta\omega = -\omega_0\gamma(\varepsilon_{xx} + \varepsilon_{yy}) \pm \frac{1}{2}\omega_0\beta(\varepsilon_{xx} - \varepsilon_{yy}) \quad (4.5)$$

参数 γ 和剪切变形势 β 定义如下:

$$\gamma = -\frac{\widetilde{K}_{11} + \widetilde{K}_{12}}{4\omega_0^2}, \beta = \frac{\widetilde{K}_{11} - \widetilde{K}_{12}}{2\omega_0^2} \quad (4.6)$$

石墨烯的 G 峰与 sp^2 碳原子的拉伸振动有关,这与布里渊区中心 E_{2g} 光学声子的振动相对应。因此,对于石墨烯的 G 峰,E_{2g} 振动模态的久期方程的解可以写为[31]

$$\Delta\omega_G^\pm = \Delta\omega_G^h \pm \frac{1}{2}\Delta\omega_G^s = -\omega_G^0\gamma_G(\varepsilon_{xx} + \varepsilon_{yy}) \pm \frac{1}{2}\omega_G^0\beta_G(\varepsilon_{xx} - \varepsilon_{yy}) \quad (4.7)$$

式中:$\Delta\omega_G^+$、$\Delta\omega_G^-$ 分别为石墨烯 G 峰双向拉伸时产生的两个子峰的峰值位置偏移;$\Delta\omega_G^h$ 为应变静水压分量引起的峰值位置偏移;$\Delta\omega_G^s$ 为应变剪切分量引起的模态分裂;ω_G^0 为 G 峰的初始峰值位置;γ_G 为格律乃森参数;β_G 为剪切变形势。

根据式(4.7)可得

$$\varepsilon_{xx} = \frac{\Delta\omega_G^+}{2\omega_G^0}\left(\frac{1}{\beta_G} - \frac{1}{2\gamma_G}\right) - \frac{\Delta\omega_G^-}{2\omega_G^0}\left(\frac{1}{\beta_G} + \frac{1}{2\gamma_G}\right) \quad (4.8)$$

$$\varepsilon_{yy} = -\frac{\Delta\omega_G^+}{2\omega_G^0}\left(\frac{1}{\beta_G} + \frac{1}{2\gamma_G}\right) + \frac{\Delta\omega_G^-}{2\omega_G^0}\left(\frac{1}{\beta_G} - \frac{1}{2\gamma_G}\right) \quad (4.9)$$

考虑平面双轴应力的广义胡克定律,应力-应变关系满足

$$\begin{bmatrix} \sigma_{xx} \\ \sigma_{yy} \end{bmatrix} = \begin{bmatrix} Q_{11} & Q_{12} \\ Q_{12} & Q_{22} \end{bmatrix} \begin{bmatrix} \varepsilon_{xx} \\ \varepsilon_{yy} \end{bmatrix}$$

$$Q_{11} = Q_{22} = \frac{E}{1-\nu^2}, Q_{12} = Q_{21} = \frac{\nu E}{1-\nu^2} \quad (4.10)$$

用式(4.10)~式(4.12)可以确定石墨烯的同时双轴应力,其中 $E = 1\text{TPa}$ 是石墨烯的弹性模量,ν 是石墨烯的泊松比。

当未知石墨烯应变时,可以用文献中给出的 Grüneisen 参数 γ_G 和剪切变形势 β_G,实验测量 G 峰的初始峰值位置 ω_G^0 和两个亚峰 G^+ 和 G^- 的峰值位移,用式(4.8)和式(4.9)计算石墨烯应变[31]。例如,当已知应变时,当进行石墨烯单轴拉伸实验,并将变形从基底传递到石墨烯时,石墨烯的横向应变是由基底的泊松比引起的,因此 $\varepsilon_{yy} = -\nu\varepsilon_{xx}$。在单轴拉

伸时施加已知拉伸应变 ε_{xx}，通过实验可以测量 G 峰的初始峰值位置 ω_G^0 和两个亚峰 G^+ 和 G^- 的峰值位置位移。然后，石墨烯 γ_G 和 β_G 的计算可计算如下：

$$\gamma_G = \frac{\Delta\omega_G^+ + \Delta\omega_G^-}{2\omega_G^0(1-\nu)\varepsilon_{xx}} \tag{4.11}$$

$$\beta_G = \frac{\Delta\omega_G^+ - \Delta\omega_G^-}{2\omega_G^0(1+\nu)\varepsilon_{xx}} \tag{4.12}$$

石墨烯的 2D 峰与碳原子中动量相反的两个声子双共振跃迁有关，对应于单个简并模式。对于纯 A_{1g} 对称和小应变，单轴峰值位移是由应力的静压分量给出：

$$\Delta\omega_{2D} = -\omega_{2D}^0 \gamma_{2D}(\varepsilon_{xx} + \varepsilon_{yy}) \tag{4.13}$$

式中：ω_{2D}^0、γ_{2D} 分别为 2D 峰值初始峰值位置和 Grüneisen 参数。

对于单轴应变下的石墨烯薄膜，$\varepsilon_{yy} = -\nu\varepsilon_{xx}$，有

$$\Delta\omega_{2D} = -\omega_{2D}^0 \gamma_{2D}(1-\nu)\varepsilon_{xx} \tag{4.14}$$

利用式（4.15）可以确定石墨烯应力与拉曼光谱 2D 峰位移的关系：

$$\sigma_{xx} = \frac{E\Delta\omega_{2D}}{-\omega_{2D}^0 \gamma_{2D}(1-\nu)} \tag{4.15}$$

在实验中，试样比较宽；因此可以忽略泊松比的影响，即 $\varepsilon_{xx} = \varepsilon$，$\varepsilon_{yy} = 0$，式（4.15）可以简化为

$$\Delta\omega_{2D} = -\omega_{2D}^0 \gamma_{2D}\varepsilon \tag{4.16}$$

式中：$-\omega_{2D}^0 \gamma_{2D}$ 为拉曼二维位移应变系数 RSS_{2D}。在石墨烯的单轴拉伸实验中，施加拉伸应变后，可以在原位测量石墨烯 2D 峰位置的峰值位移 $\Delta\omega_{2D}$，可以利用式（4.16）标定 RSS_{2D}。

4.1.2 原位拉曼光谱表征石墨烯应变

基于上述理论，通过检测拉曼光谱中 G 峰位置和 2D 峰位置的位移，可以有效测量石墨烯的应变。为拟合拉曼光谱，可以用洛伦兹（Lorentzian）函数确定与应变相关的峰位置，如图 4.2（b）所示。当石墨烯受到拉伸变形时，C—C 键沿着拉伸方向拉伸，导致峰值位置向左移动，波数随着施加应变的增加呈线性下降，称为"红移"，如图 4.2（b）中红色曲线所示。根据拉曼峰位置位移与施加应变之间的线性关系，从相应的斜率即拉曼位移到应变系数（raman shift to strain，RSS）可以确定峰值位置的位移速率。尤其是 2D 峰位位移对石墨烯应变非常敏感，因为 RSS_{2D} 可达 $-64\text{cm}^{-1}/\%$[31]。在小应变条件下，应变对石墨烯拉曼位移的影响是可逆的；当外部应变释放时，G 峰和 2D 峰将恢复到非应力原位置。相反，当石墨烯受到压缩变形时，C—C 键在压缩方向收缩，导致峰值位置向右移动，波数随着施加应变的增加呈线性增加，称为"蓝色位移"，如图 4.1（b）中的蓝色曲线所示。

值得注意的是，应变系数的 RSS 在不同的石墨烯/基底体系中会有很大的变化。该参数受多种内外因素的影响，包括石墨烯和基底的类型、掺杂效应和周围温度。例如，用机械剥离法制备的石墨烯的 RSS_{2D} 在 $-17^{[30]} \sim -64\text{cm}^{-1}/\%^{[31]}$ 之间变化，而用 CVD 法制备的石墨烯的 RSS_{2D} 在 $-19.4^{[32]} \sim -36\text{cm}^{-1}/\%^{[33]}$ 之间变化。因此，在每一个拉曼实验之前，必须进行校准测试，以确定特定的石墨烯/基底系统的 RSS，这样可以用于后续实验中，并确定石墨烯峰值位置和应变之间的关系。

使用633nm He-Ne激光为激发源,在Renishaw InVia系统中得到了所有实验的良好拉曼光谱。经50×物镜(数值孔径为0.75)聚焦后,激光的光斑直径约为1μm。将低激光功率设定为0.85mW,可避免局部加热效应或对石墨烯造成损伤。然后可以得到取样点区域内的石墨烯光谱。利用拉曼映射扫描的方法,实现了对大面积石墨烯点到面的光谱采集,建立了峰值位置(石墨烯应变场)的实时等值线图。

4.2 石墨烯界面力学行为的实验研究

因为石墨烯只有原子厚度,一般情况下,它必须附着在基底上才能实现功能。石墨烯/基底微结构在纳米复合材料、可穿戴传感器件[34-35]和微机电系统中有着广泛的应用前景,在所有这些微观结构中,所有材料之间都存在界面相互作用。在宏观尺度上,界面的相互作用较弱[36-37];但当结构缩小到纳米尺度时,不应该忽略范德瓦耳斯力所主导的界面相互作用,它甚至直接决定了整个结构的力学性能[38]。石墨烯对界面力非常敏感,因为它的比表面积非常大[39]。在负载变形过程中,石墨烯/基体界面的微观力学行为,如黏附、滑动、脱黏等,可以控制微电子器件的性能和使用寿命[40-42]。因此,石墨烯的变形和界面性能是阻碍石墨烯在微电子器件中应用的关键科学问题。我们迫切需要对石墨烯的界面力学行为进行研究,以便为石墨烯的应用提供指导。

4.2.1 基于拉曼光谱研究石墨烯界面性质

近十年来,石墨烯界面力学性能的实验研究取得了显著成就,主要采用双悬臂梁断裂法、气泡实验法、直接加载法和纳米压痕法。双悬臂梁断裂法[43-46]和气泡实验法[47-49]常用来测量正常界面的结合能,而切线界面的力学性能主要采用直接加载法[32,33,50-56]。纳米压痕法用于研究石墨烯与基体之间的摩擦性能[57-60]。

Yoon等[43]进行了双悬臂梁断裂实验,以直接测量石墨烯与基底之间正常界面的结合能。将在铜上合成的大面积单层石墨烯从铜基体上剥离,并从剥离过程产生的力-位移曲线中确定石墨烯与铜的结合能。在此工作的推动下,Na等[44]利用断裂力学分析来确定石墨烯与其铜箔之间以及石墨烯与环氧树脂之间的结合能。他们还开发了一种快速干燥的优选机械转移方法,利用速率效应将石墨烯从铜箔基体转移到特定的目标基底上。Bunch等[47-48]进行了加压泡实验,方法是通过在微腔上的石墨烯薄膜上产生压力差,从而直接测量不同层石墨烯与硅氧化物基底的结合能。在此工作的推动下,Zhang等利用气泡实验法测量了双层石墨烯与二氧化硅基底的结合能,并计算了两层石墨烯之间的界面剪切应力[49]。

为了实验研究石墨烯与特定基底的切向界面,Ni[50]和Mohiuddin[31]等首次实现了在柔性基底上直接拉伸加载石墨烯。他们进行了拉曼光谱实验,研究石墨烯/基底结构的界面应力传递。在此工作的推动下,Young等首次引入了通常用于纤维增强复合材料研究的传统剪切滞后模型,以分析石墨烯/柔性基体界面。通过对石墨烯平面应变分布的分析,他们测量了几种能够描述界面行为的力学参数,如界面剪切强度[51-52]。Jiang等通过考虑石墨烯在变形过程中相对于基体的滑移,将这种剪切滞后理论发展为非线性剪切滞后理论。他们计算了在加载过程中石墨烯滑动区的线性斜率的界面抗剪强度,以及卸载过程中形成的褶皱形貌的结合能[53]。此外,我们的研究小组采用直接加载法和原位拉曼光谱相结合的方法,对石墨烯与柔性塑料基体的切向界面的力学性能进行了评估。我们进行了一系列的实验,4.3 节~4.5 节展示了我们的发现成果[33,54-56]。

4.2.2 界面性能实验测量的影响因素

目前,在石墨烯等纳米材料的界面性能研究中,一个突出的问题是,理论和模拟给出的预测数据与实验测得的结果以及来自类似实验研究测得的界面力学参数之间存在较大的差异,差异达到 1~3 个数量级。理论和数值模拟通常基于理想材料和石墨烯与基底之间的理想界面。相反,实验结果受到许多因素的影响,包括纳米材料的质量和几何形状(如任何固有褶皱的出现)、基材的性质和表面粗糙度以及在转移过程中产生的任何褶皱或残余应变。对这些影响因素进行识别和分析,对石墨烯等纳米材料的定量表征提出了新的挑战。

研究人员已经进行了一些研究来确定这些影响因素,他们通过理论建模、数值模拟和实验测量,研究了石墨烯的几何稳定性、基底的粗糙度、褶皱和残余应变。为了研究石墨烯本身的表面起伏,Kusminskiy 等[61]利用弹性理论研究了二维薄膜在模式基底上的固定现象,发现平面内应变和弯曲刚度都可能导致脱离。此外,Zhang 等[62]所得到的数值模拟结果表明,诸如下斜和位错等拓扑缺陷可以诱导石墨烯起皱。Xu 等[63]利用扫描隧道显微镜研究了在剥落石墨烯中普遍存在的新型褶皱。除了石墨烯本身的褶皱外,在转移和与靶基底复合过程中还可以引入新的褶皱和残余应变。Lanza 等[64]观察到,用 CVD 在铜基底上生长的石墨烯具有褶皱,随后的转移过程也会产生新的褶皱。Robinson 等[65]报道了 SiC 上外延石墨烯的应变分布不均匀,这与基底的物理形貌有关。Raju 等和 Du 等[66]的研究表明,循环加载可以改善石墨烯的非均匀应变分布。

我们推测,这些主要的影响因素往往是相互交织的。此外,这些因素的综合作用导致石墨烯初始应变的形成。目前,对这些因素仍缺乏全面和系统的研究。此外,还遇到了实验测量和有效表征石墨烯界面性质的问题。总之,需要开发一种能准确表征石墨烯界面力学性能的通用测试方法,并实现多尺度测量和多参数建模描述。此外,还需要进一步提高所得到的力学参数的准确性和可靠性。

4.3 石墨烯/基底界面力学性能的实验研究

在本节中,聚焦于化学气相沉积法制备的大尺寸单层石墨烯,研究了在切线方向上大尺寸石墨烯与 PET 基底界面的力学性质,以探讨石墨烯的界面力学行为。利用原位拉曼光谱测量了石墨烯在单轴拉伸载荷作用下的整体场变形,分析了 PET 表面到石墨烯的界面应力/应变传递过程,讨论了加载过程中界面存在的键合状态的演变。给出了界面的力学参数,如石墨烯极限应变和界面抗剪强度。

4.3.1 石墨烯/基底样品及拉曼实验

研究人员用 CVD 法在 10mm 长和 3mm 宽的铜箔上合成了样品中使用的单层多晶石墨烯。他们采用聚甲基丙烯酸甲酯(poly(methyl methacrylate),PMMA)辅助湿法转移的方法,将单层石墨烯薄膜转移到 PET 基底的上表面。未对复合材料样品进行任何化学改性、物理和胶合处理。因此,石墨烯单层在界面处被范德瓦耳斯力物理吸附在基底上。基底为聚对苯二甲酸乙二酯(polyethylene terephthalate,PET),这是一种具有良好的透光性、抗蠕变性和抗疲劳性的柔性大变形材料。基底的尺寸为 20mm 长、3mm 宽、0.1mm 厚。在实验中,采用微加载装置拉伸基底,拉伸实验机测得的应力-应变曲线如图 4.3(a)所示。为了保证整个基底的线性加载和均匀变形,整个加载过程是在弹性区进行的(图 4.3(b)的灰色区域显示了在 0～3% 之间的应变范围),加载步骤设置为 0.25% 的应变并标记为红点,以获得拉曼光谱。

图 4.3(c)显示了加载前 PET 基底上单层石墨烯的拉曼光谱。G 峰和 2D 拉曼峰的初始位置分别为 1580cm^{-1} 和 2651cm^{-1}。由于石墨烯的 G 峰在 1615cm^{-1} 左右容易被 PET 的拉曼峰重叠,因此选择 2D 峰位置作为测量目标,因为 2D 峰位置对石墨烯应变非常敏感(此后,2D 峰位置称为"峰值位置")。

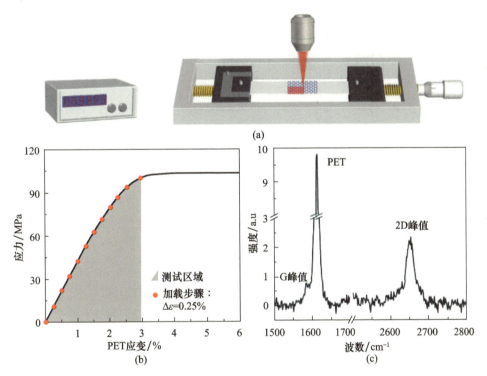

图 4.3 拉伸实验的应力-应变曲线和拉曼光谱
(a)实验装置示意图(微拉曼系统、加载装置、石墨烯/PET 标本,不按比例);
(b)PET 基底单轴拉伸实验的应力-应变曲线;
(c)加载前 PET 基底上石墨烯的拉曼光谱(PET 基底上 1615cm^{-1} 处的特征峰)。

4.3.2 石墨烯/基底界面的界面应变传递

根据 4.1 节,在每个拉曼实验之前,必须进行校准测试,以确定特定的石墨烯/基底系统的 RSS,并建立石墨烯峰值位置与其应变之间的关系。因此,首先选取石墨烯的中心区域作为观察点,以分析该区域与 PET 应变的关系,并对 RSS_{2D} 进行了标定,图 4.4(a)描述了随着 PET 应变的增加，石墨烯 2D 拉曼峰在中心区域的演化。可以很清楚地确定，拉曼峰的位置从最初的 2651cm^{-1} 开始线性红移，速率为 -36cm^{-1}/%，直到约 2633cm^{-1} 的位置，这与应用的 0.5% PET 应变一致；然后继续红移到 2614cm^{-1}。RSS$_{2D}$ 的速率为 -36cm^{-1}/%，这可将拉曼峰位移转化为石墨烯应变。图 4.4(b) 显示了在加载过程中石墨烯的峰值位置/应变与 PET 应变的函数关系，峰值位置数据来自石墨烯中心 100 个测量点的统计平均值。当 PET 被拉伸到 3% 时，石墨烯应变过程可分为初始阶段、线性阶段、非线性阶段和稳定阶段等四个阶段。在加载初始阶段，石墨烯的峰值位置始终在 2651cm^{-1} 左右波动，在光束测点处石墨烯的平均应变几乎没有变化。这种现象在以前的研究中也有报道。

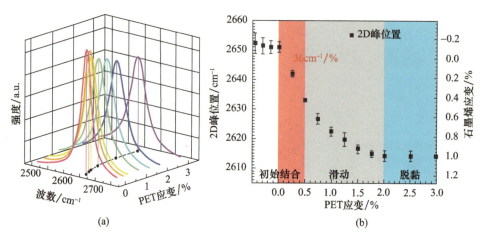

图 4.4 (a) PET 拉伸应变为 0~3% 的范围，沿拉伸方向加载 PET 应变为 2.5% 时，石墨烯 2D 拉曼峰示意图(所有的拉曼峰在强度上都是归一化的)。(b) 在加载过程中，石墨烯的 2D 拉曼能带位置/应变与 PET 应变的函数。在(b)阴影区域指示初始(白色)、结合(红色)、滑动(灰色)和脱黏(蓝色)阶段

在 4.5 节中，将通过一系列实验对这种现象及其机理进行研究和分析。由于力学测量得到的参数是相对量，这里考虑了相应的 PET 应变，即当 PET 为零应变 ($\Delta\varepsilon_s = 0$) 时石墨烯开始线性峰值位置位移。后 3 个阶段的分界点分别为 0.5% 和 2% 的 PET 应变值。在线性阶段 ($\Delta\varepsilon_s \leq 0.5\%$)，石墨烯应变等于 PET 应变，这意味着由于石墨烯被范德瓦耳斯力紧紧附着在 PET 上，基底中的变形完全转移到其表面的石墨烯上。在非线性阶段，石墨烯应变小于 PET 应变，这意味着在基底只转移了部分变形，石墨烯与 PET 之间发生界面滑移。在稳定阶段 ($\Delta\varepsilon_s \geq 2\%$)，尽管 PET 应变增加，但是石墨烯应变并未发生变化，这意味着基底中的变形没有转移，石墨烯和 PET 在切线方向完全脱黏，因为范德瓦耳斯力不足以使它们结合在一起。因此，通过比较石墨烯 ($\Delta\varepsilon_g$) 和 PET 基底 ($\Delta\varepsilon_s$) 的相对应变，可以将它们之间的界面结合状态分为界面结合 ($\Delta\varepsilon_g = \Delta\varepsilon_s$)、界面切线方向滑动 ($\Delta\varepsilon_g < \Delta\varepsilon_s$) 和界面切线方向脱黏 ($\Delta\varepsilon_g = 0$) 等 3 个阶段，或简单来说即结合、滑动和脱黏。在结合阶段，拉曼峰与施加的 PET 应变呈线性变化，斜率可用来标定 RSS$_{2D}$，如图 4.4(b) 红虚线所示。

由于界面处范德瓦耳斯力的存在，通过微拉伸装置拉伸 PET 基底，使得石墨烯变形，采用拉曼光谱法扫描石墨烯应变在加载过程中的全场分布。考虑到样本的对称性，映射

区域(5000μm×1500μm)是整个石墨烯区域的1/4,如图4.5(a)中阴影区域所示。拉曼映射参数集的水平步长为50μm,垂直步长为75μm,扫描时间为5s。图4.5(a)显示了在6个不同水平的PET拉伸应变下,超过1/4石墨烯区域的应变等高线图。左边的数字是PET的6个应变状态,底部的图例栏显示了轮廓颜色和石墨烯应变之间的关系。加载前,轮廓图的主要颜色是橙色,表示零应变。一些个别区域为红色,表明在化学转移过程中石墨烯的几个区域产生了小的局部初始应变。在加载过程中,石墨烯在垂直方向上的应变场显示均匀,这意味着石墨烯顶部和底部边缘对变形的界面边缘效应较小,基底的泊松效应可以忽略。然而,PET应变水平方向的应变场并不均匀。在加载后,每个PET应变中石墨烯的应变分布由边缘区和中心区组成,加载过程中石墨烯的相对大小发生了变化。

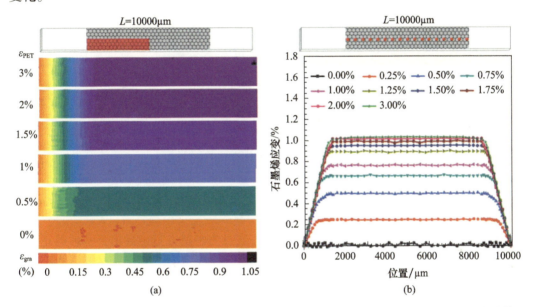

图4.5 (a)在6个不同水平的PET拉伸应变下,10000μm长石墨烯区域的1/4以上的应变等高线图,数字列表(左)显示了6个不同级别的0~3% PET应变,条形图图例(下)描绘了轮廓颜色和石墨烯应变之间的关系;(b)在加载过程中,沿着10级高达3% PET应变的拉伸方向,石墨烯的应变分布。上面的示意图显示了沿石墨烯中心线取样点的位置

为定量表征石墨烯/PET界面的力学参数,图4.5(b)提供了在加载过程中,0~3%的PET拉伸应变下,沿着10000μm长石墨烯中心线上的应变分布。每个PET应变中石墨烯的应变分布可分为两部分:两侧条纹区和中心应变稳定区。从边缘相对零应变到稳定值有一个应变梯度,应变值在中心区域达到最大值。①聚焦于石墨烯中心稳定区域应变的变化。在PET基底的应从0增加到2%的过程中,石墨烯在中心区域的应变从0增加到1%左右。当基底应变大于2%时,石墨烯的应变达到稳定的最大值,不再随基底的变化而变化。此时,石墨烯与基底的界面被认为是临界切线脱黏。如前所述,中心区域的结合状态经历了从结合到脱黏的不同阶段。在加载过程中,当界面处于临界脱黏状态时,我们定义了通过范德瓦耳斯力石墨烯所达到的最大应变,这个应变是由石墨烯/基底界面传递的石墨烯极限应变(ε_{gmax}),此时基底的相应应变定义为基底脱黏应变ε_s。图4.5(b)显

示了 10000μm 长的石墨烯,ε_s 为 2%,ε_{gmax} 为 1%。②对应变曲线的边缘进行了分析。从边缘相对零应变到稳定值有一个条纹区的应变梯度,石墨烯两侧梯度区的长度在加载过程中逐渐增大。在 PET 应变拉伸到基底脱黏应变前,整个石墨烯/基底界面脱黏,石墨烯应变分布不再发生变化,相应的边缘长度稳定。在这里,当界面临界脱黏和石墨烯应变随临界长度 L_c 最大化时,我们定义了边缘长度。临界长度与石墨烯总长度之比 L_c/L 被定义为相对临界长度 δ。该无因次参数可用于表征界面载荷的传递效率,以及石墨烯与基体界面的质量。换句话说,较小的相对临界长度对应于较高的界面载荷传递效率和较强的界面。图 4.5(b) 表明,10000μm 石墨烯的临界长度为 2000μm,相对临界长度为 20%。

4.3.3 石墨烯/基体界面剪应力

这里通过对石墨烯单元受力的分析,探讨了石墨烯与基底之间的界面应力传递。如图 4.6(a) 所示,利用界面剪切力和片状单元中的拉伸力的力平衡,界面剪切应力(interfacial shear stress,ISS)与正常应力之间的关系可确定为

$$\begin{cases} \sigma = E\varepsilon \\ \dfrac{d\sigma}{dx} = -\dfrac{\tau}{t} \end{cases} \quad (4.17)$$

$$\tau = -Et\dfrac{d\varepsilon}{dx} \quad (4.18)$$

式中:τ 为界面剪切应力;σ、ε、E 和 t 分别表示正常应力、正常应变、杨氏模量和石墨烯厚度。

在式(4.18)中,得到 $E=1\text{TPa}$,$t=0.34\text{nm}$。通过力平衡方程推导出石墨烯的正常应力变化,这个力使界面剪切应力平衡。石墨烯/基底界面在不同区域的结合状态也可以用界面剪切应力来判断,如图 4.6(a) 所示。在黏附阶段,界面剪切应力等于 0,表明石墨烯和基底共同变形,无正常应变差。界面滑动阶段开始于界面剪切应力升高到 0 以上,并出现正应变差,表明石墨烯与基底之间的静摩擦等界面行为。随着正应变差的增大,界面剪切应力不断增大,当界面剪切应力达到界面所能承受的最大临界值时,界面处切线方向出现脱黏,石墨烯与基底间的界面行为与动力学摩擦相似。利用式(4.18),确定了六级 PET 应变沿拉伸方向的界面剪切应力分布,如图 4.6(b) 所示。曲线表明,界面剪切应力随基底应变的增加而增加。在 PET 应变达到 0.5% 以上时,两侧边缘的界面剪切应力值达到界面脱黏的临界值,界面边缘开始脱黏。随着基底应变的进一步增加,边缘的脱黏区域向中心移动,更多区域的界面剪切应力达到恒定的最大值。界面的最大界面剪切应力被定义为界面抗剪强度 τ_{max}。图 4.6(b) 显示石墨烯的最大界面剪切应力为 0.0028MPa,即界面剪切强度 $\tau_{max}=0.0028$MPa。

在本节,定量测定了 5 个重要的界面力学参数,即石墨烯极限应变 ε_{gmax}、基体脱黏应变 ε_s、临界长度 L_c、相对临界长度 δ 和界面抗剪强度 τ_{max}。值得注意的是,可以转移到石墨烯的最大应变约为 1%,这与以前的研究结果中发现的值相似。但界面剪切强度在 0.003MPa 左右,比文献报道的要小两个数量级。因此,需要提出一个问题,即为什么从类似的石墨烯界面实验得到的结果如此不同?

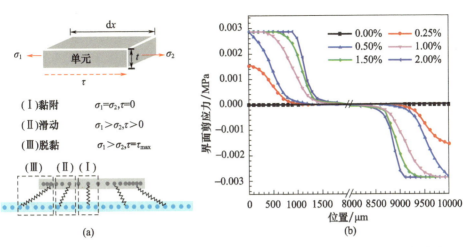

图4.6 (a)石墨烯元素的力平衡示意图,说明界面的结合状态与界面应力的函数关系;
(b)在加载过程中六级PET应变时,界面剪切应力(ISS)沿拉伸方向的分布

4.4 尺寸对石墨烯/基底界面力学性能的影响

在4.3节分析的基础上发现一个突出问题是:不同报道所获得的实验数据是散乱的;不同报道中相似石墨烯/聚合物基底界面的界面力学参数之间的差异可以达到两个数量级。通过对样品间差异的综合分析,推测石墨烯的大小是影响实验数据的主要因素。目前,人们对石墨烯/基底界面尺寸效应的研究还缺乏全面和系统的研究。因此,我们小组设计了8个复合材料标本,包括PET基底和8个不同尺寸的石墨烯。通过一系列实验,研究了石墨烯与基底的切向界面的力学性质如何受到石墨烯尺寸的影响。相关人员利用显微拉曼光谱测量了石墨烯在单轴拉伸加载过程中的全场应变,并在此基础上得到了界面结合状态的演化。在石墨烯/PET界面上观察到界面应变传递过程中存在尺寸效应,这种现象的特征是尺寸阈值和相对临界长度。结合以前对石墨烯切向界面的实验结果,讨论了石墨烯界面剪应力的尺寸效应和以前报道中实验数据不一致的主要原因。

4.4.1 石墨烯/基底界面的系列实验

我们设计了8个石墨烯/PET基底样品。石墨烯的长度为10000μm、5000μm、2000μm、800μm、200μm、100μm、50μm和20μm,如图4.7所示。石墨烯的宽度相同,但最短和最长石墨烯之间的差别几乎是3个数量级。为了研究界面的尺寸效应,在这些样品上进行了8个系列的实验。开展这些样品的实验条件和材料均相同。

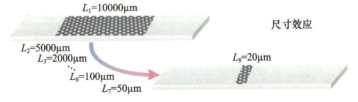

图4.7 8个石墨烯/PET样品的草图,以研究石墨烯/基底界面的尺寸效应

本章在 8 个样品中选取了长度为 50μm 的一个石墨烯样品,对石墨烯/PET 界面的力学行为进行了分析。由于界面处的范德瓦耳斯力,在加载过程中石墨烯被微加载装置拉伸时同时发生变形,利用原位拉曼系统监测映射区域石墨烯的应变。图 4.8(a) 显示了 1/4 石墨烯区域的应变等高线图,以及在不同 PET 拉伸应变水平上 50μm 长石墨烯在中心线上的应变分布。等高线图上的颜色变化表明应变沿拉伸方向的分布不均匀,边缘区域存在应变梯度。首先,把重点放在中心区域,当 PET 基底的应变从 0% 增加到 2% 时,中心区域的石墨烯应变从 0% 增加到 1% 左右。当基体应变大于 2% 时,石墨烯应变达到稳定的最大值,不再随基底应变继续变化。在 4.3 节中,50μm 长界面的键合状态与 10000μm 长界面的键合状态相似。图 4.8(b) 中显示了 50μm 长的石墨烯,ε_s 为 2%,ε_{gmax} 为 1%。然后,对边缘区进行了分析,结果表明,50μm 长的石墨烯和 10000μm 长的石墨烯的边缘区长度和斜率有明显的差异。

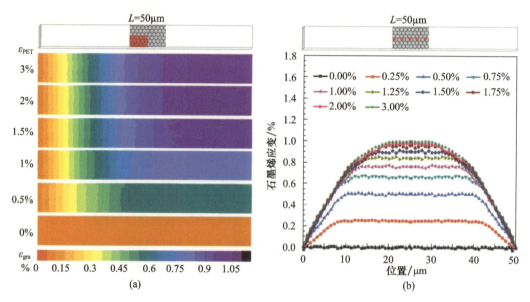

图 4.8　(a) 在 6 个不同水平的 PET 拉伸应变下,1/4 以上 50μm 石墨烯区域的应变等高线图。数字列表(左)显示了 6 个不同级别的 0~3% PET 应变,条形图图例(下)描绘了轮廓颜色和石墨烯应变之间的关系;(b) 在加载过程中,在 10 级的高度 3% PET 应变下,石墨烯在拉伸方向的应变分布。上面的示意图显示了 50μm 长石墨烯在中心线取样点的位置。

为了定量比较应变分布的差异,图 4.9 显示了 3 种不同长度($L = 10,000\mu m$、$50\mu m$、$20\mu m$)石墨烯试样的应变分布,这 3 种类型是整个范围内最具代表性的样本。为了进行比较,将石墨烯的长度标准化,使得沿石墨烯上的位置表示为分数坐标,$X = x/L$,其中 L 是特定石墨烯的总长度,$X = \pm 0.5$ 表示石墨烯的左右边缘。3 种尺寸石墨烯的应变场分布大体相同;在界面两侧均呈现应变梯度区,应变从 0 逐渐上升到恒定最大值,在外加载荷作用下石墨烯应变增加。然而,应变梯度区的长度和比例不同,即临界长度和相对临界长度在不同长度的石墨烯之间存在差异。相对临界长度可以用来表征界面载荷的传递效率和界面质量。因此,转移效率和界面强度是不同的。图 4.9 中,10000μm 长石墨烯的临界长度为 2000μm,相对临界长度为 20%,而 50μm 长石墨烯的 $L_c = 40\mu m$,$\delta = 80\%$,因此 50μm 长石墨烯/PET 界面较弱,其传递效率较低。值得注意的是,20μm 长的石墨烯,最大应变仅为0.91%,在1%的极限值并未达到峰值,中心区消失。临界长度由边缘区的斜率决定,应为21μm,使石墨烯的中点达到1%的极限应变。因此,如果石墨烯的总长度小于临界长度$\delta>1$,则切线界面传递的变形不能使石墨烯达到极限应变。

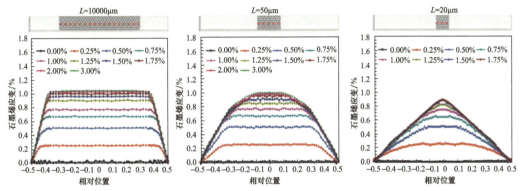

图4.9　在加载过程中,10000μm长石墨烯、50μm长石墨烯和20μm长石墨烯在拉伸方向的应变分布(对石墨烯的长度进行归一化,并使用分数坐标X)

4.4.2　石墨烯/基底界面尺寸效应

图4.10(a)显示了界面脱黏后8个不同长度的石墨烯的应变分布。20μm长石墨烯的极限应变为0.91%,明显低于其他样品,这是由于石墨烯的长度小于临界长度。其余7个长度大于20μm的石墨烯样品的极限应变约为1%。此图还展示了不同长度的石墨烯具有不同的相对临界长度。石墨烯的长度越短,相对临界长度越大,界面受边缘影响的程度越深。然而,当长度大于1000μm,即达到宏观毫米级时,应变曲线几乎重叠,这表明边缘对石墨烯的影响很稳定。图4.10(b)显示了相应的界面剪切应力分布。最长10000μm石墨烯的最大界面剪切应力为0.003MPa,最短20μm石墨烯的最大界面剪切应力为0.314MPa。结果表明,石墨烯的最大界面剪切应力随着石墨烯长度的减小而显著增大,微观尺寸石墨烯和宏观尺寸石墨烯的界面剪切应力差异可达到两个数量级。

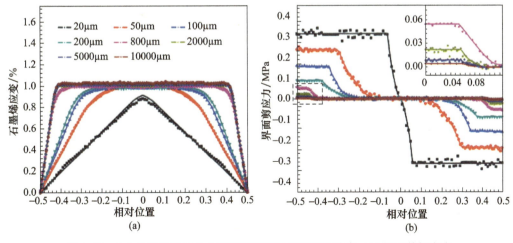

图4.10　(a)界面脱黏后8个不同长度石墨烯的应变分布;(b)界面剪切应力(插图显示虚化框的部分放大细节,对石墨烯的长度进行归一化,并使用分数坐标X)。

表4.1 所列为8个样本的实验结果,包括5个界面力学参数,即基底脱黏应变 ε_s、石墨烯极限应变 ε_{gmax}、临界长度 L_c、相对临界长度 δ 和界面抗剪强度 τ_{max}。前两列中的参数与大小无关,而后3列中的参数与大小相关。图4.11 显示了相对临界长度和界面剪切强度随石墨烯长度的变化,其中水平轴是石墨烯长度的对数坐标。数据表明,随着石墨烯长度的减小,两个参数迅速增加,特别是在微观尺度区域,随梯度的增大而增加。图4.11 还表明,这两个参数有类似的变化趋势。

表4.1 8个不同长度石墨烯的界面力学参数

石墨烯长度 $L/\mu m$	基底脱黏应变 $\varepsilon_s/\%$	石墨烯极限应变 $\varepsilon_{gmax}/\%$	临界长度 $L_c/\mu m$	相对临界长度 $\delta/\%$	界面抗剪强度 τ_{max}/MPa
20	1.5	0.9	21	105	0.314
50	2	1	40	80	0.237
100	2	1	70	70	0.158
200	2	1	116	58	0.089
800	2	1	280	35	0.055
2000	2	1.01	400	20	0.022
5000	2	1.01	1000	20	0.009
10000	2	1.01	2000	20	0.003

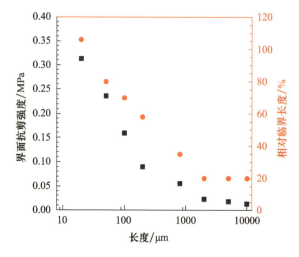

图4.11 相对临界长度和界面抗剪强度随石墨烯长度的变化

基于图4.11 的实验数据和以上分析,提出了相对临界长度和石墨烯长度阈值的拟合方程:

$$\delta \triangleq L_c/L = \begin{cases} >1 & (L \leq 20\mu m) \\ 1.47 - 0.38 \lg L & (20\mu m < L < 1000\mu m) \\ 0.2 & (L \geq 1000\mu m) \end{cases} \quad (4.19)$$

对于石墨烯/PET 界面,用上面的方程给出了 $20\mu m$ 和 $1000\mu m$ 长的石墨烯的两个阈值,并将石墨烯的长度划分为3个范围。第一个范围是微观尺度,其中相对临界长度大于1,而石墨烯的应变不能通过界面的传递负荷最大化 ε_{gmax}。石墨烯应变和界面剪切应力等力学参数对石墨烯的长度非常敏感,而尺寸效应在这一范围中起着重要作用。第二个范围内的尺寸在 20~1000μm 之间。拟合方程显示了石墨烯长度对相对临界长度的影响。石墨烯长度越短,相对临界长度越大,因此石墨烯/PET 界面的力学性能受尺寸效应的影响越大。上阈值为 1000μm,超过第 3 个阈值,相对临界长度不变,界面边缘不再与尺寸有关。

下面进一步讨论了尺寸效应对石墨烯界面力学性能的影响。结合先前关于类似石墨烯/基底界面的报道,分析了本章的实验结果,综合细节数据如图 4.12 所示。其中水平轴是石墨烯长度的对数坐标,垂直轴是界面抗剪强度的最大值。图 4.12 中的红色数据是从我们组摘取于论文中,其他数据则来自 Young[51-52]、Jiang[53]、Wang[67] 和 Galiotis[68-69] 的论文。图 4.12 揭示了最大界面抗剪强度数据与大小效应的一致性。根据式(4.19)中的两个石墨烯长度阈值和 3 个范围,0~20μm 的石墨烯归于第一个微尺寸范围,在这个范围内尺寸效应最明显,界面强度随石墨烯长度的减小而增大。前一份报告中的 10μm 长的石墨烯和本章中 20μm 长的石墨烯都属于这个范围。由于石墨烯/基底材料的不同和界面处理的不同,数据不均匀,出现了一定的散射;例如,在 Young 的实验中采用了机械剥离(mechanically exfoliated,GE)石墨烯和 PMMA 基底,界面是由 SU8 环氧树脂而不是纯范德瓦耳斯力形成的。结果发现这些数据比其他数据要高一些。20~1000μm 长的石墨烯被归于在图 4.12 所示的第二个范围内,其中相对转移长度小于 1。数据显示,其尺寸效应仍然明显,尽管其变化梯度相对于第一范围内观测到的较平缓。宏观尺寸的石墨烯长度大于 1000μm,归于图 4.12 所示的第 3 个范围内,它的相对临界长度是一个常量。3 种不同长度的石墨烯的最大界面剪切应力值表明,石墨烯的界面抗剪强度接近常数,在此范围内尺寸效应过小,可以忽视。因此,根据式(4.19)和图 4.12,我们对实验中不同长度石墨烯的界面抗剪强度进行了分析,基于两个石墨烯长度阈值的范围验证了尺寸效应的存在,这是以前报道中石墨烯/基底界面实验数据散乱的主要原因,并回答了 4.3 节提出的问题。

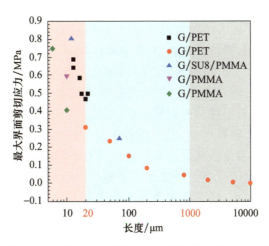

图 4.12 界面抗剪强度随石墨烯长度的变化(红色数据是从我们小组的论文中提取出来的,其他数据则是从 Young[51-52]、Jiang[53]、Wang[67] 和 Galiotis[68-69] 的论文中提取出来的,两个阈值分别为 20μm 和 1000μm,用红色标记)

4.5 循环加载对石墨烯/基底界面力学性能的影响

在之前对石墨烯/基底界面的实验中,发现石墨烯中总是形成初始应变,这导致石墨烯在后续加载过程中出现非线性初始阶段,如4.3节中图4.4(b)所示。初始应变直接导致实验测量不准确。因此,本节研究了石墨烯在 PET 基底上的初始应变及其对界面性能的影响。首先,对石墨烯/PET 样品进行了不同类型的循环加载处理。利用拉曼光谱对石墨烯的全场变形进行了实验测量,分析了不同的应变振幅和加载方式对石墨烯应变分布和初始应变的影响。然后,对石墨烯/PET 试样进行了单轴拉伸实验,研究了石墨烯/PET 样本的界面性能,并测量了石墨烯在单轴拉伸时的应变分布。此外,对不同处理的石墨烯界面的力学参数进行了定量表征和比较。最后,就循环加载对石墨烯/PET 界面的影响及其机理进行了讨论。本节的内容为通过应变调节改进的石墨烯界面的工程应用提供了参考。

4.5.1 石墨烯初始应变

样品中所用的石墨烯和基底与4.3节和4.4节中提到的样品相同。由于基底的表面粗糙度影响界面性能,利用 FM-Nanoview100 原子力显微镜测量了 PET 基底上 $5\mu m \times 5\mu m$ 的表面,然后用数理统计方法计算了均方值(root mean square, RMS)、粗糙度平均值 Ra 值(约 10nm 和 6.5nm)和最大高度差(约 49.7nm)。在实验中,用微型加载装置加载基底。为了保证整个基底的线性加载和均匀变形,整个加载过程在 0~2.5% 的应变范围内进行,得到了拉曼光谱。所有样品的石墨烯长度为 $100\mu m$,在相同条件下进行了实验。

在本节中,分析了在没有任何循环处理的情况下,石墨烯在 PET 顶部初始拉曼峰值位置。图 4.13(a) 显示了整个 $50\mu m \times 50\mu m$ 石墨烯区域中,在 $2500cm^{-1}$ 点的峰值位置的统计分布。插图给出了所有测量峰值位置的等高线图,表明原石墨烯的应变不均匀。峰值位置的统计结果表明,峰值位置在 $2633 \sim 2649cm^{-1}$ 之间正态分布。正态分布曲线的中心峰值约为 $2641cm^{-1}$,但峰值位置之间的最大差异为 $14cm^{-1}$,这证明了原始石墨烯样品中存在初始应变。假设 $2641cm^{-1}$ 处是石墨烯初始状态下的近似零应变,这一发现表明,没有循环处理的石墨烯具有初始应变,由拉伸应变和压缩应变组成。初始应变主要来源于材料的制备和转移过程,以及材料本身的结构稳定性、多晶性、缺陷和基体表面等材料因素,这不可避免。初始应变的存在对石墨烯/基底微结构的应变传递有重要影响。图 4.13(b) 显示了没有循环加载的原始样品石墨烯的峰值位置,与单轴拉伸加载作用下基体应变的关系;峰值位置数据来自石墨烯中心 100 个测量点的统计平均值。在初始加载阶段(基底应变小于 0.5%),石墨烯的峰值位置始终波动约 $2641cm^{-1}$。因此,测量区石墨烯的平均应变几乎未发生变化,说明基底应变不能有效地转移到石墨烯,从而为原始应变的存在提供了进一步的证据。然而,在初始阶段,初始应变直接产生实验测量误差和实验结果的分散。4.3节和以前的研究也报告了这个问题[70-71]。

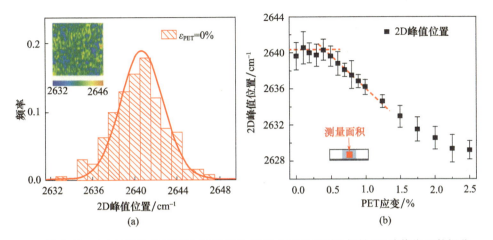

图 4.13 （a）处理前从石墨烯/PET 样品 2500 个测点得到的拉曼 2D 峰值位置数据分布直方图。（b）在装载过程中，在中心区域的 2D 峰值位置的统计平均值与 PET 应变的关系。误差线就是标准偏差

4.5.2 循环加载处理初始应变释放

为研究初始应变对石墨烯初始应变状态的影响，这里设计了 4 种循环加载类型，包括不加载类型或振幅分别为 0.3%、0.7% 和 1.0% 的上升加载和直接加载类型。然后利用拉曼光谱仪测量了循环加载前后石墨烯应变分布的整个场。图 4.14 给出了 100μm × 40μm 区域内 1000 个测点在循环加载前后的峰值位置等值线的循环加载模式和统计实验结果，包括正态分布的映射等值线和直方图。图 4.14（a）给出加载和取出应变幅度为 0.3% 的样品前后的结果。通过对循环加载前后峰值位置的等高线图和直方图的比较，可以明显看出在这种幅度下循环加载对数据的影响很小。图 4.14（b）给出了 0～0.3%～0.7% 幅度下，样品加载和取出前后上升加载模式的结果。通过对循环加载前后峰值位置的等高线图和直方图的比较，在循环加载条件下石墨烯的应变均匀性提高。图 4.14（c）给出了 0～0.3%～0.7%～1% 幅度下，样品加载和取出前后上升加载模式的结果。随着小蓝移的出现，这个区域石墨烯的应变均匀性也得到了显著的改善。统计结果表明，正态分布曲线的标准差减小，平均峰值在 2643cm^{-1} 左右。

图 4.14 和表 4.2 给出的实验数据表明，循环加载的影响与应变幅值有关。小振幅的循环加载效应是不可检测的；但振幅大于 0.7% 的循环加载效应却可见。这些类型的循环加载能显著提高石墨烯的应变均匀性，部分释放原始石墨烯试样的初始应变。

图 4.15 显示了循环加载前后的峰值位置的直接加载模式和等高线图，大应变幅度为 1.3%。部分区域的峰值位置明显集中，而另一区域的峰值位置则比较分散。在直接加载模式下，样品的加载受到基底粗糙度的显著影响。由于石墨烯初始应变分布的不均匀性，直接加载会引起局部应力集中，破坏漂浮在基底表面的石墨烯。因此，应采用上升加载模式，有效改善石墨烯的初始应变分布，释放石墨烯与基底之间的初始应变。

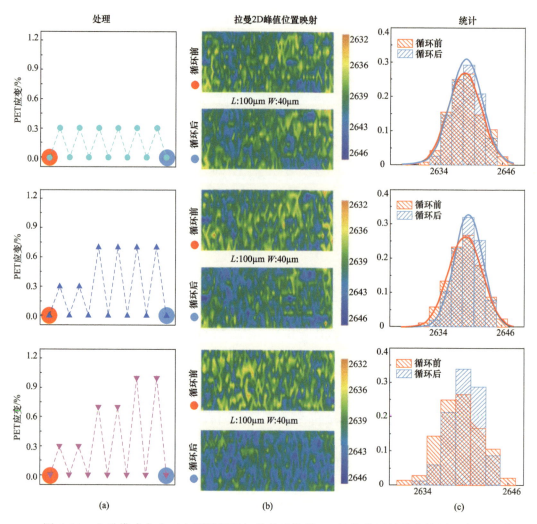

图 4.14 上升模式中在三个不同循环加载前后拉曼 2D 峰值位置的等高线图和实验统计。(a)显示了 3 种循环加载方法;(b)显示了循环加载前后 $100\mu m \times 40\mu m$ 区域的等高线图,红点表示循环之前的样本,蓝点表示循环之后的样本;(c)显示了在循环加载前后拉曼 2D 峰值位置数据的直方图,其分布为正态分布

表 4.2 不同循环加载处理后试样的统计偏差

循环应变振幅/%	循环加载前	双循环加载	四循环加载	六循环加载
0	1.985	—	—	—
0.3	1.932	1.872	1.865	1.868
0.7	1.896	1.851	1.789	1.761
1	1.910	1.885	1.755	1.748

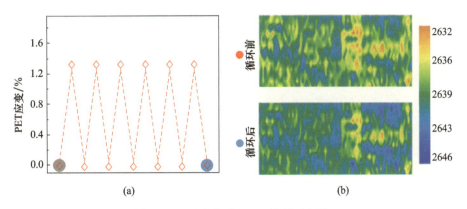

图 4.15 （a）振幅为 1.3% 的循环变形；
（b）在直接加载模式下循环加载前后 2D 峰值位置的等高线图

4.5.3 提高界面力学性能

本节进一步研究了循环加载对石墨烯/PET 界面性能的影响。对在上升加载模式下 3 个不同应变振幅 0.3%、0.7%、1.0% 的样本和一个没有循环加载处理的样品进行拉伸实验，测量石墨烯与 PET 之间的界面性质。图 4.16（a）给出了当 4 个样品在界面上临界脱黏时，于拉伸轴方向上的石墨烯应变分布。观察到从边缘两侧的零应变到中心区域的最大恒定应变值的应变梯度区域。通过比较沿石墨烯拉伸轴方向的 3 个振幅不同的样品和没有任何循环加载样品的 2D 峰位置分布，可以观察到两个不同点。①石墨烯极限应变 ε_{gmax} 不同。振幅 1% 和 0.3% 下循环加载后，ε_{gmax} 分别为 1.31% 和 1.01%，表明循环加载的影响与循环加载幅度有关。当样品在小应变幅度为 0.3% 的循环载荷作用下时，石墨烯的应变分布与没有任何循环加载的石墨烯的应变分布几乎相同，且曲线基本吻合。②相对临界长度不同，这表明 4 种石墨烯/基底系统之间的转移效率不同。当循环加载的应变幅值由 0.3% 增加到 1% 时，样品的相对临界长度由 70% 减小到 40%，从而后者的加载传递效率得到了显著的提高。因此，由于上述两种差异的综合影响，界面剪切应力的斜率存在着明显的差异，下面将进行分析。因此，不同应变振幅的循环加载会影响载荷的传递和界面力学性能。

得到了不同试样沿拉伸方向的界面剪切应力分布，结果如图 4.16（b）所示。当界面剪切应力为 0 时，两边边缘的界面剪切应力最大，并逐渐向中心下降。这些分布与剪力滞后理论模型的结果是一致的。然而，这 4 个样品之间存在着显著的差异。无循环加载的样品和应变幅值为 0.3% 的循环加载样品的最大界面剪切应力值大约为 0.15MPa，然而应变幅值为 1.0% 的循环加载样品的最大界面剪切应力值达到 0.305MPa，这表明界面抗剪强度增加了 1 倍以上。因此，循环加载对界面改进的影响显而易见。

在图 4.16 的基础上，得到了 4 个样品的力学参数，结果见表 4.3。在上升加载模式下，较大的应变振幅导致初始阶段的初始应变释放增加、较高的负载转移效率、石墨烯与 PET 基底之间的界面抗剪强度增大以及石墨烯界面的性能提高。对于小应变振幅（$\varepsilon_{max} < 0.3\%$）的循环加载，石墨烯与 PET 基底的界面性能几乎未得到改善。然而，通过应变幅度为 1% 的上升模式的循环加载，石墨烯与 PET 基底之间的界面性能最大化。

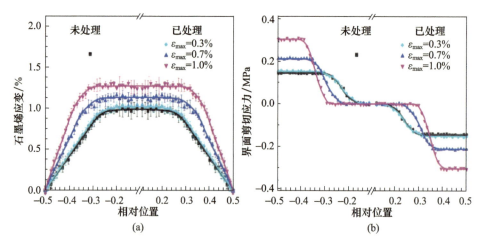

图 4.16 当界面临界脱黏时,石墨烯在拉伸轴方向的应变分布和界面剪切应力
(比较在 3 种循环加载方式下的石墨烯与不进行任何处理的石墨烯)
(a)应变分布;(b)界面剪切应力。

表 4.3 在循环加载和不循环加载条件下制备的四种石墨烯样品的界面力学参数

循环应变振幅 $\varepsilon_{max}/\%$	石墨烯长度 $L/\mu m$	石墨烯极限应变 $\varepsilon_{gmax}/\%$	临界长度 $L_c/\mu m$	相对临界长度 $\delta/\%$	界面抗剪强度 τ_{max}/MPa
0	100	1.01	70	70	0.152
0.3	100	1.03	70	70	0.155
0.7	100	1.13	50	50	0.212
1	100	1.31	40	40	0.305

4.5.4 讨论

图 4.17 显示了在加载过程中石墨烯中点变形演化与 PET 应变的关系。当基底应变小于 0.5% 时,由于初始应变的存在,基底应变的增加导致石墨烯/基底界面的结合和初始应变的释放。因此,在这一阶段石墨烯应变仅略有增加。当基底应变大于 0.5% 时,初始阶段的初始应变的影响逐渐消除,石墨烯主要与基底结合。此外,基底的连续拉伸所产生的应变可以完全转移到石墨烯。在这一阶段石墨烯的应变呈线性增长。通过斜率将线性截面的向后延伸,可以量化初始应变的值。未经处理的石墨烯初始应变为 0.36%。循环加载后,初始应变逐渐释放。图 4.17 的插图表明,在 0.7% 和 1% 振幅循环加载作用下,样品的初始应变分别为 0.25% 和 0.16%。结果发现,在这些例子中,初始应变释放量为 0.20%。因此,循环加载处理的实质是改善石墨烯的结合状态和初始应变的释放。结果表明,循环荷载的振幅是重要因素。对于转移石墨烯,小振幅的循环加载处理对界面性能的影响极小。此外,采用大应变振幅的上升模式可以改善石墨烯的初始应变分布,从而导致初始应变逐渐均匀化和有效释放。实验结果清楚表明,与未处理的石墨烯相比,1% 循环加载可使石墨烯的极限最大应变增加约 25%,这表明石墨烯的界面性能得到了改善。

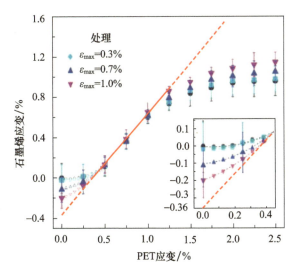

图 4.17 在加载过程中,采用不同处理的石墨烯样品的中点变形演化与 PET 应变的关系
(插图为黑框的局部放大图)

为什么循环加载处理能改善石墨烯的界面性能?图 4.18 展示了石墨烯/基底系统在循环加载过程中变形演化,以解释驱动这种行为的机制。由于基底的表面粗糙度、石墨烯的内在波动、产生/转移过程引起的褶皱等因素,石墨烯不能理想地与基底表面结合,一定有一些悬浮或起皱的区域。在循环加载下,发生重复界面切向变形和加载传递,导致悬浮的石墨烯与基体部分贴合;此外,部分褶皱也被拉伸以贴合基底。因此,在亚微米尺度下,处理改变了结合程度,增加了石墨烯/基底的接触面积(插图展示了纳米结构)。石墨烯与基底之间的结合是由于范德瓦耳斯力,这与原子对之间的平衡距离成反比,所以平衡距离的增加将导致石墨烯与基底之间范德瓦耳斯力能量的突然减少。因此,提高了循环加载处理后的结合程度,从而提高了界面黏附能,改善了界面性能。

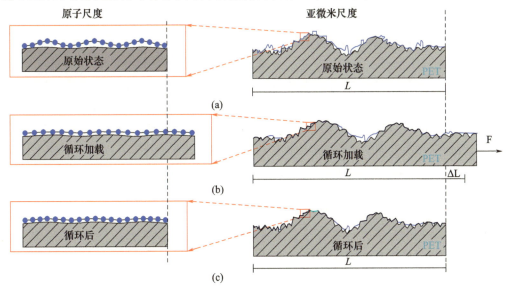

图 4.18 石墨烯/基底系统在循环加载对结合状态改善效果的示意图

4.6 小结

在本章中,从实验的角度系统地研究了多晶石墨烯单层通过范德瓦耳斯力与柔性 PET 基体结合,由此带来的切向界面的力学性质。采用微加载装置和原位拉曼光谱技术测量了石墨烯在单轴拉伸载荷作用下的整体场变形。分析了 PET 向石墨烯的界面应变传递过程,并观察到了一些实验现象。特别是对石墨烯/基底界面的黏附、滑动和脱黏 3 个阶段进行了研究。观察到,在加载过程中界面的结合状态从黏着状态到滑动状态,最终到脱黏状态。此外,定量测定了 5 个重要的界面力学参数,即石墨烯极限应变 ε_{gmax}、基底脱黏应变 ε_s、临界长度 L_c、相对临界长度 δ 和界面抗剪强度 τ_{max}。利用这 5 个参数,特别是相对临界长度,可以有效地表征石墨烯/基底的界面力学性能,这反映了界面加载的传递效率和界面性能。因此,界面的强度越大,ε_{gmax} 和 ε_s 越大,L_c 和 δ 越小,导致 τ_{max} 越大。观察到可转移到石墨烯的最大应变约为 1%,与 Young 等和 Jiang 等所报道的值相似[51-53]。然而,观察到界面最大抗剪强度为 0.0028MPa,比文献报道的值小两个数量级。

此外,基于对 8 种不同长度的石墨烯样品的一系列实验,观察到了石墨烯界面行为中尺寸效应的新现象。8 个长度从微观过渡到宏观尺寸。实验结果表明,在 5 种界面力学参数中,ε_{gmax} 和 ε_s 与尺寸无关,L_c、δ 和 τ_{max} 与尺寸有关。随着石墨烯长度的减小,尤其是对于微观尺寸石墨烯而言,δ 和 τ_{max} 显著增加,微观和宏观石墨烯界面剪切强度的差异可以达到两个数量级。基于一系列实验的结果,提出了两个石墨烯长度阈值来表征尺寸效应对石墨烯/基底界面的影响。长度小于 20μm 的石墨烯属于微观尺寸范围,界面力学参数对石墨烯的长度非常敏感,尺寸效应发挥着显著作用。达到宏观范围前的长度阈值为 1000μm;在宏观范围内,界面力学参数与尺寸无关,相对传递长度不变,这表明界面加载的传递效率是稳定的。本章的实验数据结合了关于类似石墨烯界面的研究报道,表明界面抗剪强度数据与尺寸效应有较好的一致性。在不同研究报道中,两种石墨烯长度阈值的存在(尺寸效应的存在)是石墨烯/基底界面实验数据分散的主要原因。

本章从实验的角度系统地研究了与以往相似的实验中石墨烯的初始应变。定量地表征了石墨烯在 PET 基底上的初始应变。为探讨初始应变对石墨烯/PET 界面性能的影响,设计了 3 种不同应变振幅的循环加载处理样品和一种未经处理的样品。处理前后的 2D 峰值位置表明,在发生重复界面切向变形和加载传递的情况下,适当振幅的循环加载能有效改善石墨烯/PET 的界面结合状态,从而释放石墨烯的初始应变。利用拉曼光谱和微拉伸装置,对处理和不处理的样品的界面性能进行了实验研究。测量了总应变分布,比较了界面强度和刚度等界面性能。结果表明,采用幅度大于 0.7% 的循环加载方法可以提高石墨烯/PET 的相容性和界面性能。最后,在实验测量的基础上,对改善切向界面力学性能的循环加载微观机制进行了分析。

总之,拉曼光谱是研究石墨烯力学性能和界面性能的有效方法。本章的研究结果表明,石墨烯与基底界面的力学性能受多种因素的影响,如石墨烯的尺寸、基底材料的结构、基底的粗糙度等。因此,在实际应用中应考虑石墨烯的界面性质和界面应变传递过程。

参考文献

[1] Geim, A. K. and Novoselov, K. S., The rise of graphene. *Nat. Mater.*, 6, 183, 2007.

[2] Geim, A. K., Graphene: Status and prospects. *Science*, 324, 1530 – 1534, 2009.

[3] Novoselov, K. S., Fal, V., Colombo, L., Gellert, P., Schwab, M., Kim, K., A roadmap for graphene. *Nature*, 490, 192, 2012.

[4] Bolotin, K. I., Sikes, K., Jiang, Z., Klima, M., Fudenberg, G., Hone, J., Kim, P., Stormer, H., Ultrahigh electron mobility in suspended graphene. *Solid State Commun.*, 146, 351 – 355, 2008.

[5] Kim, K. S., Zhao, Y., Jang, H., Lee, S. Y., Kim, J. M., Kim, K. S., Ahn, J. – H., Kim, P., Choi, J. – Y., Hong, B. H., Large – scale pattern growth of graphene films for stretchable transparent electrodes. *Nature*, 457, 706, 2009.

[6] Daniels, C., Horning, A., Phillips, A., Massote, D. V., Liang, L., Bullard, Z., Sumpter, B. G., Meunier, V., Elastic, plastic, and fracture mechanisms in graphene materials. *J. Phys. Condens. Matter*, 27, 373002, 2015.

[7] Lee, C., Wei, X., Kysar, J. W., Hone, J., Measurement of the elastic properties and intrinsic strength of monolayer graphene. *Science*, 321, 385 – 388, 2008.

[8] Balandin, A. A., Thermal properties of graphene and nanostructured carbon materials. *Nat. Mater.*, 10, 569, 2011.

[9] Balandin, A. A., Ghosh, S., Bao, W., Calizo, I., Teweldebrhan, D., Miao, F., Lau, C. N., Superior thermal conductivity of single – layer graphene. *Nano Lett.*, 8, 902 – 907, 2008.

[10] Kim, H. and Ahn, J. – H., Graphene for flexible and wearable device applications. *Carbon*, 120, 244 – 257, 2017.

[11] Park, J. J., Hyun, W. J., Mun, S. C., Park, Y. T., Park, O. O., Highly stretchable and wearable graphene strain sensors with controllable sensitivity for human motion monitoring. *ACS Appl. Mater. Interfaces*, 7, 6317 – 6324, 2015.

[12] Porwal, H., Grasso, S., Reece, M., Review of graphene – ceramic matrix composites. *Adv. Appl. Ceram.*, 112, 443 – 454, 2013.

[13] Das, T. K. and Prusty, S., Graphene – based polymer composites and their applications. *Polym. Plast. Technol. Eng.*, 52, 319 – 331, 2013.

[14] Tjong, S. C., Recent progress in the development and properties of novel metal matrix nano – composites reinforced with carbon nanotubes and graphene nanosheets. *Mater. Sci. Eng. R Rep.*, 74, 281 – 350, 2013.

[15] La Notte, L., Villari, E., Palma, A. L., Sacchetti, A., Giangregorio, M. M., Bruno, G., Di Carlo, A., Bianco, G. V., Reale, A., Laser – patterned functionalized CVD – graphene as highly transparent conductive electrodes for polymer solar cells. *Nanoscale*, 9, 62 – 69, 2017.

[16] Lee, S., Lee, S. H., Kim, T. H., Cho, M., Yoo, J. B., Kim, T. – I., Lee, Y., Geometry – controllable graphene layers and their application for supercapacitors. *ACS Appl. Mater. Interfaces*, 7, 8070 – 8075, 2015.

[17] Deng, W., Qiu, W., Li, Q., Kang, Y., Guo, J., Li, Y., Han, S., Multi – scale experiments and interfacial mechanical modeling of carbon nanotube fiber. *Exp. Mech.*, 54, 3 – 10, 2014.

[18] Qiu, W., Li, Q., Lei, Z. – K., Qin, Q. – H., Deng, W. – L., Kang, Y. – L., The use of a carbon nanotube sensor for measuring strain by micro – Raman spectroscopy. *Carbon*, 53, 161 – 168, 2013.

[19] Qiu, W. and Kang, Y. – L., Mechanical behavior study of microdevice and nanomaterials by Raman spectroscopy: A review. *Chin. Sci. Bull.*, 59, 2811 – 2824, 2014.

[20] Ferrari, A. C. and Basko, D. M., Raman spectroscopy as a versatile tool for studying the properties of graphene. *Nat. Nanotechnol.*, 8, 235, 2013.

[21] Ling, X. and Zhang, J., Interference phenomenon in graphene - enhanced Raman scattering. *J. Phys. Chem. C*, 115, 2835 - 2840, 2011.

[22] Gupta, A., Chen, G., Joshi, P, Tadigadapa, S., Eklund, P, Raman scattering from high - frequency phonons in supported n - graphene layer films. *Nano Lett.*, 6, 2667 - 2673, 2006.

[23] Abergel, D., Apalkov, V, Berashevich, J., Ziegler, K., Chakraborty, T., Properties of graphene: A theoretical perspective. *Adv. Phys.*, 59, 261 - 482, 2010.

[24] Malard, L., Pimenta, M., Dresselhaus, G., Dresselhaus, M., Raman spectroscopy in graphene. *Phys. Rep.*, 473, 51 - 87, 2009.

[25] Das, A., Chakraborty, B., Sood, A., Raman spectroscopy of graphene on different substrates and influence of defects. *Bull. Mater. Sci.*, 31, 579 - 584, 2008.

[26] Havener, R. W., Zhuang, H., Brown, L., Hennig, R. G., Park, J., Angle - resolved Raman imaging of interlayer rotations and interactions in twisted bilayer graphene. *Nano Lett.*, 12, 3162 - 3167, 2012.

[27] Del Corro, E., Taravillo, M., Baonza, V. G., Nonlinear strain effects in double - resonance Raman bands of graphite, graphene, and related materials. *Phys. Rev. B*, 85, 033407, 2012.

[28] Yoon, D., Son, Y. - W., Cheong, H., Strain - dependent splitting of the double - resonance Raman scattering band in graphene. *Phys. Rev. Lett.*, 106, 155502, 2011.

[29] Zabel, J., Nair, R. R., Ott, A., Georgiou, T., Geim, A. K., Novoselov, K. S., Casiraghi, C., Raman spectroscopy of graphene and bilayer under biaxial strain: Bubbles and balloons. *Nano Lett.*, 12, 617 - 621, 2012.

[30] Huang, M., Yan, H., Chen, C., Song, D., Heinz, T. F., Hone, J., Phonon softening and crystallographic orientation of strained graphene studied by Raman spectroscopy. *Proc. Natl. Acad. Sci.*, 106, 7304 - 7308, 2009.

[31] Mohiuddin, T., Lombardo, A., Nair, R., Bonetti, A., Savini, G., Jalil, R., Bonini, N., Basko, D., Galiotis, C., Marzari, N., Uniaxial strain in graphene by Raman spectroscopy: G peak splitting, Grüneisen parameters, and sample orientation. *Phys. Rev. B*, 79, 205433, 2009.

[32] Bousa, M., Anagnostopoulos, G., del Corro, E., Drogowska, K., Pekarek, J., Kavan, L., Kalbac, M., Parthenios, J., Papagelis, K., Galiotis, C., Stress and charge transfer in uniaxially strained CVD graphene. *Phys. Status Solidi B*, 253, 2355 - 2361, 2016.

[33] Xu, C., Xue, T., Guo, J, Qin, Q., Wu, S., Song, H., Xie, H., An experimental investigation on the mechanical properties of the interface between large - sized graphene and a flexible substrate. *J. Appl. Phys*, 117, 164301, 2015.

[34] Rahimi, R., Ochoa, M., Yu, W., Ziaie, B., Highly stretchable and sensitive unidirectional strain sensor via laser carbonization. *ACS Appl. Mater. Interfaces*, 7, 4463 - 4470, 2015.

[35] Boland, C. S., Khan, U., Binions, M., Barwich, S., Boland, J. B., Weaire, D., Coleman, J. N., Graphene - coated polymer foams as tuneable impact sensors. *Nanoscale*, 10, 5366 - 5375, 2018.

[36] DelRio, F. W., de Boer, M. P., Knapp, J. A., Reedy, E. D., Jr., Clews, P. J., Dunn, M. L., The role of van der Waals forces in adhesion of micromachined surfaces. *Nat. Mater.*, 4, 629, 2005.

[37] Maboudian, R. and Howe, R. T., Critical review: Adhesion in surface micromechanical structures. *J. Vac. Sci. Technol. B Microelectron. Nanometer Struct. Process. Meas. Phenom.*, 15, 1 - 20, 1997.

[38] Israelachvili, J. N., *Intermolecular and surface forces*, Academic Press, 2011.

[39] Sarabadani, J., Naji, A., Asgari, R., Podgornik, R., Many - body effects in the van der Waals - Casimir

interaction between graphene layers. *Phys. Rev. B*, 84, 155407, 2011.

[40] Cranford, S., Sen, D., Buehler, M. J., Meso-origami: Folding multilayer graphene sheets. *Appl. Phys. Lett.*, 95, 123121, 2009.

[41] Li, S., Li, Q., Carpick, R. W., Gumbsch, P., Liu, X. Z., Ding, X., Sun, J., Li, J., The evolving quality of frictional contact with graphene. *Nature*, 539, 541, 2016.

[42] Annett, J. and Cross, G. L., Self-assembly of graphene ribbons by spontaneous self-tearing and peeling from a substrate. *Nature*, 535, 271, 2016.

[43] Yoon, T., Shin, W. C., Kim, T. Y., Mun, J. H., Kim, T.-S., Cho, B. J., Direct measurement of adhesion energy of monolayer graphene as-grown on copper and its application to renewable transfer process. *Nano Lett.*, 12, 1448–1452, 2012.

[44] Na, S. R., Suk, J. W., Tao, L., Akinwande, D., Ruoff, R. S., Huang, R., Liechti, K. M., Selective mechanical transfer of graphene from seed copper foil using rate effects. *ACS Nano*, 9, 1325–1335, 2015.

[45] Na, S., Rahimi, S., Tao, L., Chou, H., Ameri, S., Akinwande, D., Liechti, K., Clean graphene interfaces by selective dry transfer for large area silicon integration. *Nanoscale*, 8, 7523–7533, 2016.

[46] Na, S. R., Suk, J. W., Ruoff, R. S., Huang, R., Liechti, K. M., Ultra long-range interactions between large area graphene and silicon. *ACS Nano*, 8, 11234–11242, 2014.

[47] Boddeti, N. G., Koenig, S. P., Long, R., Xiao, J., Bunch, J. S., Dunn, M. L., Mechanics of adhered, pressurized graphene blisters. *J. Appl. Mech.*, 80, 040909, 2013.

[48] Koenig, S. P., Boddeti, N. G., Dunn, M. L., Bunch, J. S., Ultrastrong adhesion of graphene membranes. *Nat. Nanotechnol.*, 6, 543, 2011.

[49] Wang, G., Dai, Z., Wang, Y., Tan, P., Liu, L., Xu, Z., Wei, Y., Huang, R., Zhang, Z., Measuring interlayer shear stress in bilayer graphene. *Phys. Rev. Lett.*, 119, 036101, 2017.

[50] Ni, Z. H., Yu, T., Lu, Y. H., Wang, Y. Y., Feng, Y. P., Shen, Z. X., Uniaxial strain on graphene: Raman spectroscopy study and band-gap opening. *ACS Nano*, 2, 2301–2305, 2008.

[51] Gong, L., Kinloch, I. A., Young, R. J., Riaz, I., Jalil, R., Novoselov, K. S., Interfacial stress transfer in a graphene monolayer nanocomposite. *Adv. Mater.*, 22, 2694–2697, 2010.

[52] Young, R. J., Gong, L., Kinloch, I. A., Riaz, I., Jalil, R., Novoselov, K. S., Strain mapping in a graphene monolayer nanocomposite. *ACS Nano*, 5, 3079–3084, 2011.

[53] Jiang, T., Huang, R., Zhu, Y., Interfacial sliding and buckling of monolayer graphene on a stretchable substrate. Adv. Funct. Mater., 24, 396–402, 2014.

[54] Xu, C., Xue, T., Guo, J., Kang, Y., Qiu, W, Song, H., Xie, H., An experimental investigation on the tangential interfacial properties of graphene: Size effect. *Mater. Lett.*, 161, 755–758, 2015.

[55] Xu, C., Xue, T., Qiu, W, Kang, Y., Size effect of the interfacial mechanical behavior of graphene on a stretchable substrate. *ACS Appl. Mater. Interfaces*, 8, 27099–27106, 2016.

[56] Du, H., Xue, T., Xu, C., Kang, Y., Dou, W., Improvement of mechanical properties of graphene/substrate interface via regulation of initial strain through cyclic loading. *Opt. Lasers Eng. Accepted*.

[57] Li, S., Li, Q., Carpick, R. W., Gumbsch, P., Liu, X. Z., Ding, X., Sun, J., Li, J., The evolving quality of frictional contact with graphene. *Nature*, 539, 541, 2016.

[58] Huang, Y., Yao, Q., Qi, Y., Cheng, Y., Wang, H., Li, Q., Meng, Y., Wear evolution of monolayer graphene at the macroscale. *Carbon*, 115, 600–607, 2017.

[59] Lee, C., Li, Q., Kalb, W., Liu, X.-Z., Berger, H., Carpick, R. W., Hone, J., Frictional characteristics of atomically thin sheets. *Science*, 328, 76–80, 2010.

[60] Gong, P, Li, Q., Liu, X.-Z., Carpick, R. W, Egberts, P, Adhesion mechanics between nanoscale silicon

oxide tips and few – layer graphene. *Tribol. Lett.*, 65, 61, 2017.

[61] Kusminskiy, S. V., Campbell, D., Neto, A. C., Guinea, F., Pinning of a two – dimensional membrane on top of a patterned substrate: The case of graphene. *Phys. Rev. B*, 83, 165405, 2011.

[62] Zhang, Z. and Li, T., Determining graphene adhesion via substrate – regulated morphology of graphene. *J. Appl. Phys.*, 110, 083526, 2011.

[63] Xu, K., Cao, P., Heath, J. R., Scanning tunneling microscopy characterization of the electrical properties of wrinkles in exfoliated graphene monolayers. *Nano Lett.*, 9, 4446 – 4451, 2009.

[64] Lanza, M., Wang, Y., Bayerl, A., Gao, T., Porti, M., Nafria, M., Liang, H., Jing, G., Liu, Z., Zhang, Y., Tuning graphene morphology by substrate towards wrinkle – free devices: Experiment and simulation. *J. Appl. Phys.*, 113, 104301, 2013.

[65] Robinson, J. A., Puls, C. P., Staley, N. E., Stitt, J. P., Fanton, M. A., Emtsev, K. V., Seyller, T., Liu, Y., Raman topography and strain uniformity of large – area epitaxial graphene. *Nano Lett.*, 9, 964 – 968, 2009.

[66] Raju, A. P. A., Lewis, A., Derby, B., Young, R. J., Kinloch, I. A., Zan, R., Novoselov, K. S., Wide – area strain sensors based upon graphene – polymer composite coatings probed by raman spectroscopy. *Adv. Funct. Mater.*, 24, 2865 – 2874, 2014.

[67] Wang, G., Dai, Z., Liu, L., Hu, H., Dai, Q., Zhang, Z., Tuning the interfacial mechanical behaviors of monolayer graphene/PMMA nanocomposites. *ACS Appl. Mater. Interfaces*, 8, 22554 – 22562, 2016.

[68] Anagnostopoulos, G., Androulidakis, C., Koukaras, E. N., Tsoukleri, G., Polyzos, I., Parthenios, J., Papagelis, K., Galiotis, C., Stress transfer mechanisms at the submicron level for graphene/ polymer systems. *ACS Appl. Mater. Interfaces*, 7, 4216 – 4223, 2015.

[69] Polyzos, I., Bianchi, M., Rizzi, L., Koukaras, E. N., Parthenios, J., Papagelis, K., Sordan, R., Galiotis, C., Suspended monolayer graphene under true uniaxial deformation. *Nanoscale*, 7, 13033 – 13042, 2015.

[70] Tsoukleri, G., Parthenios, J., Papagelis, K., Jalil, R., Ferrari, A. C., Geim, A. K., Novoselov, K. S., Galiotis, C., Subjecting a graphene monolayer to tension and compression. *Small*, 5, 2397 – 2402, 2009.

[71] Srivastava, I., Mehta, R. J., Yu, Z. – Z., Schadler, L., Koratkar, N., Raman study of interfacial load transfer in graphene nanocomposites. *Appl. Phys. Lett.*, 98, 063102, 2011.

第5章 石墨烯陶瓷复合材料的制备工艺与应用

Kalaimani Markandan[1], Jit Kai Chin[2]
[1] 马来西亚士毛月诺丁汉大学马来西亚校区化学与环境工程系
[2] 英国哈德斯菲尔德,哈德斯菲尔德大学化学科学系

摘　要　研究人员一直在坚定推进关于石墨烯等碳质纳米填充物的研究,因为它们有望创造出性能优良的新型材料。特别是由于石墨烯具有的性能,使其被认为是一种理想的单片陶瓷填充材料。尽管单片陶瓷在高温下具有很高的刚度、强度和稳定性,但它们仍然易脆,且具有力学性能不可靠和导电性差等缺点。由于石墨烯的优异性能(弹性模量为1T Pa、断裂强度为42N/m、平面内电导率为10^7S/m),在陶瓷中加入石墨烯有望生产出具有良好韧性和导电性的复合材料。然而,由于石墨烯的高比表面积和强范德瓦耳斯力,它们有黏在一起形成团聚的倾向。这将导致从基体到填料的低效率载荷传递,从而影响所得复合材料的性能。为了避免这些问题,在生产石墨烯陶瓷复合材料(graphene-based ceramic composite, GCMC)之前,需要仔细优化制备工艺。本章的目的是报道目前对石墨烯陶瓷复合材料的理解,其中有两个特别的主题:石墨烯陶瓷复合材料的各种制备工艺以及石墨烯陶瓷复合材料的应用前景

关键词　石墨烯,陶瓷,复合材料,分散,制备工艺,应用

5.1　引言

5.1.1　工业陶瓷

由原料改性、精制或合成来获得的新型陶瓷材料称为工业陶瓷、高级陶瓷、工程陶瓷或精细陶瓷。单片陶瓷具有引人注目的性能,如在高温下的高机械强度和稳定性,使它们适用于电子、生物医学、汽车和太空等领域。尽管单片陶瓷是很有前景的结构材料,但它们易脆,且具有力学性能不可靠和导电性差的缺点[1-2]。工业陶瓷可分为氧化物陶瓷、非氧化物陶瓷和陶瓷基体复合材料(图5.1)。一般来说,氧化物陶瓷是抗氧化的、化学惰性的,并且非常坚硬。非氧化物陶瓷可根据其化学成分进行分类。针对这些局限性,人们开发了陶瓷基体复合材料(ceramic matrix composite, CMC)。与金属相比,陶瓷基体复合材料具有良好的机械稳定性和较低的密度,因此它可是航空航天工业有潜力的材料。

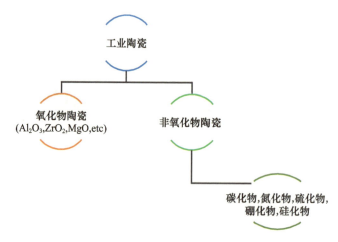

图5.1 工业陶瓷分类

5.1.2 石墨烯

石墨烯是石墨的单层形式,由密集排列在蜂窝状晶格中的sp^2键合的碳原子组成,呈单原子厚平面片状。从化学结构上看,2s轨道与$2p_x$和$2p_y$轨道相互作用形成3σ键,这是所能存在的最强的共价键[3]。这是石墨烯优良力学性能的来源。单层石墨烯的厚度小于1nm,尽管它的厚度较薄,但已报道的单层石墨烯的理论弹性模量为1.06TPa[4]。另外,两个碳原子之间$2p_z$轨道均匀分布,形成π键。p_z电子与原子核的相互作用非常微弱,从而提高了石墨烯的电学性能[5]。石墨烯具有低密度、高比表面积和高长径比的优异性能,这使得石墨烯成为增强复合材料性能的理想材料。表5.1总结了各种碳材料性能。由表可以看到,石墨烯没有其他碳纳米材料存在的相关问题,同时石墨烯在许多方面还表现出优于其他碳纳米材料的性能。

表5.1 文献报道的碳纳米材料的性能

碳同素异形体	密度/(g/cm³)	比表面积/(m²/g)	热导率/(W/(m·K))	电导率/(S/cm)	弹性模量/TPa	硬度/GPa
石墨烯	2.2	2630[6]	4840~5300[7]	2000[7-8]	1[9]	1.13[10]
石墨	2.2	10~20[11]	1500~2000[12]	20000~30000[5]	0.795[4]	0.2~0.9[13]
碳纳米管	>1	1300[14]	3500[15]	结构相关	2.8~3.6[16]	0.5[17]
氧化石墨烯	0.5~1	736.6[18]	18[19]	不导电	0.2076[20]	NA
还原氧化石墨烯	1.91	422~500[21]	NA	6667[20-21]	NA	NA

5.2 石墨烯陶瓷复合材料制备工艺

5.2.1 粉末制备工艺

传统的陶瓷制备工艺是在微米范围内对粉末颗粒进行研磨、压制和烧结。粉末制备工艺被认为是最常见和最先进的制备工艺之一,涉及超声和球磨技术。超声技术利用能量在溶剂或分散剂中搅动石墨烯,超声波通过一系列的压缩传播,从而在它经过的介质分子中诱导衰减波。这种冲击波所产生的剪切力将"剥离"位于纳米粒子束或团聚体外层的单个纳米粒子(石墨烯),从而在一堆纳米粒子中分离出单个纳米粒子[22]。石墨烯最常用的分散剂是乙醇或 n – 甲基 – 2 – 吡咯烷酮(n – methyl – 2 – pyrrolidone, NMP),而研磨时间为 3~30h,这样可生产分散良好的复合材料。另外,球磨工艺最大限度地提高了石墨烯的载荷传递和拔出效果,从而加强了陶瓷和石墨烯之间的界面结合强度。研究人员已证明这种技术可以在基体中分散和减少堆叠石墨烯的数量。图 5.2 所示为获得 GCMC 的粉末制备工艺流程。

例如,Kun 等[23]采用粉末制备工艺法合成 Si_3N_4 – 石墨烯复合材料。在 3000r/min 的高速转速下研磨 4.5h,石墨烯粒子在提高复合材料力学性能和降低石墨烯团聚含量方面具有累积效应。Miranzo 等展示了类似的技术,他们在乙醇中将 SiC 粉末和石墨烯的复合材料研磨 2h。2014 年,Michalkova 等[24]用研磨机研磨、球磨、行星球磨等不同方法对 Si_3N_4 基体中石墨烯的均匀性进行了比较,并报道了用行星球磨法制备的陶瓷复合材料具有最佳效果。这是因为与其他的研磨技术相比,行星球磨可以产生最高程度的细化。此外,行星球磨的离心力极高,可产生较高的粉碎能量,从而缩短了研磨时间。该粉末成型可以有效减少合成陶瓷复合材料的复杂性、成本和时间。此外,该技术还成功地在陶瓷复合材料中产生了均匀分散的第二相(石墨烯)。需要注意的是,在没有驱动力的情况下,高比表面积和高长径比填充物阻碍了石墨烯的脱聚,并防止石墨烯从陶瓷粉末粒子表面分布到大块混合物中。

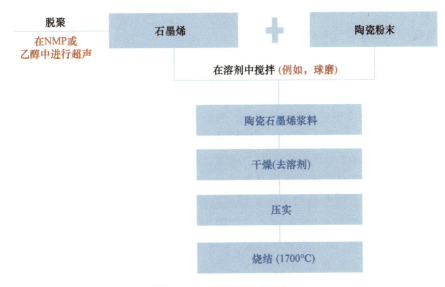

图 5.2　GCMC 粉末成型流程

5.2.2　胶态成型

胶态成型是一种湿化学沉积法,使用这种技术在一定温度和压力下将不同离子溶液混合形成不溶性沉淀物。这种技术在胶体化学的基础上制备出具有均匀微结构和可控性能的复合材料。在 GCMC 中,研究人员使用胶体悬浮液在陶瓷颗粒上涂覆石墨烯,他们使用的方法是改变表面化学性质、稳定悬浮液、减少石墨烯的排斥力,从而促进石墨烯在陶瓷基体晶粒中的均匀分散。

使用这种方法,通过操纵两相的表面化学来实现石墨烯的分散。因此,即使在烧结后,也能保留石墨烯在陶瓷基体中的分散。在胶态成型工艺中,石墨烯和陶瓷均采用单一溶剂,以保证分散介质的均匀性。此外,通过磁性搅拌或超声搅拌法缓慢混合陶瓷基体和石墨烯对于促进石墨烯在陶瓷基体中的均匀分散和防止石墨烯出现缺陷是必不可少的。

胶态成型工艺的另一个要求是对石墨烯和陶瓷基体的表面改性。可以通过直接功能化(氧化)或使用产生电荷的表面活性剂来实现表面改性。常用的表面改性方法是在陶瓷粉末和石墨烯之间产生电荷,这称为异相絮凝法。许多研究报告称,异相絮凝法是生产分散良好的 GCMC 的有效途径[25-30]。例如,Wang 等[30]利用异相絮凝法制备 Al_2O_3 -石墨烯复合材料。他们在研究中使用超声技术在水中分别制备了氧化石墨烯和氧化铝悬浮液。然后在搅拌条件下将氧化石墨烯逐滴加入到氧化铝悬浮液中。Centeno 等[25]也重复了类似的技术,他们在机械搅拌条件下将氧化石墨烯逐滴添加到氧化铝悬浮液中,并将 pH 值保持在 10 左右,以此制备了石墨烯-氧化铝基陶瓷复合材料。Fan 等[29]使用胶态成型方法制备了 Al_2O_3 -GNS(石墨烯纳米片)复合材料,在这个过程中他们将氧化石墨烯胶体和氧化铝胶体逐滴加入。在 Walker 等的另一项研究中,他们通过胶态成型法成功制备了 Si_3N_4 -氧化石墨烯,在这个过程中他们将十六烷基三甲基溴化铵(cetyl trimethyl ammonium bromide,CTAB)作为阳离子表面活性剂在陶瓷表面和石墨烯表面产生正电荷。使用质量分数为 1% 的 CTAB 可以在石墨烯和 Si_3N_4 表面形成静电斥力,从而实现石墨烯在陶瓷基体中的分散。该技术在各种陶瓷复合材料上的成功应用表明,该方法具有通用性、无损害性,值得推荐用于陶瓷复合材料的初步研究。

5.2.3 溶胶-凝胶制备工艺

研究人员开发了基于溶液制备工艺的替代方法,这样可以更好地控制纳米粒子的结构,并在较低的制备温度下合成陶瓷。例如,溶胶-凝胶制备工艺法就是在低温下生产陶瓷材料的制备工艺。这种方法是一种采用胶体化学技术的湿化学制备工艺法,通过分子前驱体的缩聚反应在液体介质中形成一个网络。

一些研究人员将溶胶-凝胶法定义为液体(溶胶)向凝胶状态转化再向固体物质转化的化学转化过程[31]。这个过程允许采用快速凝固、无粉末合成和软化学合成法,来合成稳态或亚稳态氧化物材料。根据定义,"溶胶"是指液体中非晶体或结晶体的胶体固体颗粒或聚合物的稳定悬浮物。另外,"凝胶"是指支持液相的多孔、三维连续的固态网络。溶胶粒子可以通过共价键、范德瓦耳斯力或氢键连接,而凝胶可以通过聚合物链的交织而形成。在大多数情况下,共价键的形成会引起凝胶化,而且这个过程不可逆转。首先,在溶胶-凝胶法制备的 GCMC 中,填充物在分子前驱体溶液中分散(如四甲基邻位硅酸盐(tetra methyl ortho silicate,TMOS));然后,发生缩合反应,这样在随后的固结中会生成坯料;最后,对 TMOS 和石墨烯的悬浮物进行超声波处理,得到均匀分散的溶胶。加入催化剂会引发凝胶化,这样可以促进水解,导致在室温的凝结条件下形成复合凝胶。

2015 年,Markandan 等[32]以 6∶1 比例的甲基丙烯酰胺(methacrylamide,MAM)和 N,

N'-甲基双丙烯酰胺(N,N-methylenebisacrylamide,MBAM)为单体和交联剂,通过缩聚反应制备钇稳定氧化锆-石墨烯复合材料。他们加入聚乙烯基吡咯烷酮(polyvinylpyrrolidone,PVP),以协助丙烯酰胺为基础的系统在周围空气中发生聚合反应。在 PDMS 软模上加入悬浮液前,作者加入了过硫酸铵(ammonium persulfate,APS)为引发剂和 N,N,N',N'-四甲基乙二胺为催化剂,去引发聚合反应。将加入的悬浮液加热进一步促进了聚合反应。

该制备工艺原本着重于改进陶瓷的合成流程和产品质量,这只有通过高温制备才能实现。如今研究人员开发了着重于使用高纯度的前驱体和低制备工艺温度的新型溶胶-凝胶材料,如各种混合物(加入有机化合物、聚合物和生物分子的无机基体)。

虽然溶胶-凝胶制备工艺可以为实现良好的分散提供一条途径,但前驱体悬浮液中的团聚仍然是一个问题。然而,这种技术只需要使用液体前驱体就能简单地制备掺杂材料或分散良好的复合材料,方法是通过在液相中溶解材料或使材料悬浮[33]。

5.2.4 聚合物衍生陶瓷

当用传统粉末技术难以制备 GCMC 时,聚合物衍生陶瓷(polymer-derived ceramic,PDC)是一种有效方法。在 PDC 方法中,采用成熟的聚合物形成技术,如聚合物渗透热解(polymer infiltration pyrolysis,PIP)、注射制模、溶剂涂层、挤压成型和树脂传递制模(resin transfer molding,RTM)等,可以制备和塑造常用的前驱体聚合物,如聚(硅氮烷)、聚(硅氧烷)和聚(硅碳烷)等[34]。经过制备工艺后,前驱体聚合物制成的材料在生产坚硬致密陶瓷复合材料所需的温度条件下,可以转化为陶瓷组件。PDC 方法的优点之一是可广泛地生产可形成纤维或块状复合材料的材料。此外,PDC 方法制备的材料具有优异的热-力学性能,在高达 1500℃ 的情况下保持了稳定性。事实上,最近的研究表明,如果前驱体聚合物中含硼,在高达 2000℃ 的情况下材料仍然能保持热稳定性[35]。

人们认为 PDC 方法生成的是一种具有良好抗氧化性和抗蠕变性的无添加陶瓷材料。特别是 PDC 技术适用于制备 GCMC,因为在热解之前,可以在液相前驱体中产生所需的分散纳米填充物[2,36]。Ji 等[37]最早利用 PDC 方法,将氧化石墨烯分散在聚硅氧烷(polysiloxane,PSO)前驱液和 SiOC 中,然后在 1000℃ 的氩气中交联和热解生成 SiOC-GNS。Cheah 等[38]在 2013 年报道了 PDC 方法中使用的另一项技术是将 PDC 树脂从溶液中渗入到预制陶瓷坯料中。他们首先在 PDMS 软模上用凝胶法浇铸陶瓷悬浮体,来制造出氧化锆坯料。在 1200℃ 条件下烧结前,将 PDC 树脂(RD-212a)渗入到坯料中。在他们的研究中,将预陶瓷树脂渗入到预烧结陶瓷中可以成功封闭孔隙。

尽管 PDC 方法有各种优点,但人们对使用这种技术仍存在一些担忧,如在热处理过程中由于材料变化和气体损失而导致相当大的收缩率和体积减小等[39]。收缩会导致裂缝,而气体损失可能留下分布不均匀的孔隙。在某些情况下,由于聚合物黏度降低,因此在热处理阶段难以保持成型形状。

5.2.5 分子级混合

目前,可以通过分子级混合的方法制备 GCMC。在这种方法中:首先在溶剂中将功能化石墨烯与陶瓷盐混合;然后通过热处理或其他制备工艺将其转化为陶瓷颗粒[9,40]。这种方法使石墨烯在分子级涂覆于陶瓷颗粒表面成为可能。

例如,Lee 等[40]在 2014 年报道了用分子级混合的方法来生产含有不同质量分数氧化石墨烯的 Al_2O_3 - 氧化石墨烯复合材料。在他们的研究中,他们用超声波将氧化石墨烯分散在蒸馏水中,来形成氧化石墨烯悬浮液。然后加入硝酸氧化铝前盐[$Al(NO_3)_3 \cdot 9H_2O$],并搅拌 12h。在 100℃下蒸发溶液,并在 350℃的热风中氧化干粉末生成氧化铝颗粒。首先将粉末球磨 12h 以进一步制备;然后得到分散良好的 Al_2O_3 - 氧化石墨烯粉末。在第一阶段,硝酸铝被热分解为 Al^{3+} 离子,而在氧化石墨烯表面存在的羟基和羧基在分子级上与 Al^{3+} 离子发生反应。这会导致氧化石墨烯表面的 Al 离子异质成核。在氧化石墨烯表面涂覆 Al^{3+} 离子可以避免氧化石墨烯片的团聚。有趣的是,作者通过 FT - IR 分析检验了 Al—O—C 键合,并利用 TEM 分析研究了还原 Al_2O_3 - 氧化石墨烯基体界面区域,这些都有力地证明了分子级混合工艺的使用。氧化石墨烯 - 铝复合材料由于其独特的微观结构,显示了优于单片材料的强度、硬度和断裂韧性。图 5.3 为用分子级混合工艺制备还原氧化石墨烯 - Al_2O_3 复合材料的示意图。

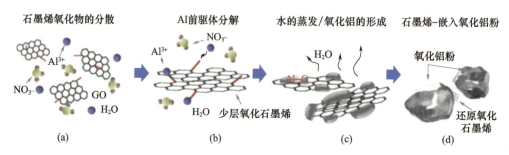

图 5.3 用分子级混合工艺制备还原氧化石墨烯氧化铝复合材料的示意图[40]

分子级混合过程的显著优点是石墨烯在陶瓷基体中的优异分散和陶瓷颗粒与石墨烯在分子级上的强界面结合。由于陶瓷颗粒与石墨烯的强界面结合,在分子级上结合陶瓷颗粒与石墨烯可能相对容易,而且通过这种方法可以增强 GCMC 的性能。

以往关于陶瓷复合材料的工作大多基于传统的粉末冶金方法,但是因为石墨烯容易由于范德瓦耳斯力而团聚,因此这种方法制备的陶瓷复合材料的力学性能低于预期[30]。虽然,溶胶 - 凝胶法能够在陶瓷基体中分散石墨烯,但石墨烯与陶瓷基体的界面结合并不强[41]。因此,也可以说分子级制备工艺是获得均匀分散且界面强度高的石墨烯的最有前景的方法之一。

5.2.6 致密化和固化

在早期,由于石墨烯的热力学稳定性较差(大于 600℃的条件下),关于 GCMC 的研究不多[42]。因为石墨烯具有较低的热力学稳定性,所以当陶瓷开始在 1500℃以上开始致密化时,在陶瓷中加入石墨烯会遇到挑战热力学稳定性。对传统烧结工艺的研究表明,制备全致密陶瓷需要较长的制备时间和较高的温度。这导致了晶粒在陶瓷基体中的生长,同时会发生石墨烯的降解[43]。因此,为了克服 GCMC 中的这些局限性,研究人员采用了放电等离子体烧结(spark plasma sintering,SPS)、高频感应加热烧结(high - frequency induction heat sintering,HFIHS)和闪速烧结等新的烧结技术。使用这些技术可以在很短的时间内向陶瓷基体传递极高的温度,从而减少损伤填充物特别是容易受到高温影响的石墨烯。

SPS 技术可以看作是一种新型的具有高温低停留时间的粉末固结技术,可以用于制备全致密陶瓷[44-46]。这项技术包括同时施加压力和电流去烧结含有陶瓷粉末的石墨模具。传统的烧结技术依赖在长期停留期间晶界上发生的扩散和传质现象,与其不同的是,脉冲电流通过蠕变机制协助陶瓷的致密化。特别是 SPS 对于研究碳基填充物(石墨烯)增强陶瓷复合材料的烧结行为具有重要的意义;可以快速地获得等温条件,从而可以在大密度范围内进行致密化研究[47]。SPS 技术的主要优点包括仅一个步骤就能将氧化石墨烯原位还原为石墨烯,并使石墨烯在基体中对位精准[25]。

同时,HFIHS 技术注重于同时施加感应电流和高压在超短烧结时间(<2min)去烧结陶瓷(图5.3)。在 HFIHS 技术中电流具有双重作用:电流对传质的固有贡献和在接触点进行焦耳加热所引起的快速加热。该技术制备的复合材料密度较高,复合材料的相对密度高达96%。2015 年,Kwon 等[48]证明了 HFIHS 烧结和致密化了 ZrO_2 – 石墨烯陶瓷复合材料。最近,Ahmad 等[49]报道了一种相似的烧结工艺(HFIHS),这种工艺在1500℃下以60MPa 对材料烧结3min,制备出具有近似理论密度(大于99%)的 Al_2O_3 – 石墨烯复合材料。虽然这种烧结技术并未造成深远影响,但我们认为 SPS、HP 或 HIP 等技术是一种新型烧结方法。通过仔细修改或优化制备参数,也许可以通过提高加热速率将相对密度值提高到近100%左右。我们遇到的挑战是要避免填充物(石墨烯)在陶瓷复合材料中的性能恶化,并需要寻找到一种节约成本的途径。

一种较新的烧结陶瓷技术是闪速烧结法。这种方法是将施加电场去加热致密陶瓷。在电场和温度结合的临界值处,激增的功率("闪速事件")会在几秒内完成烧结[50]。Cologna 等[51]在2010 年发表文章之后,人们对闪速烧结的兴趣越来越浓厚。在他们的研究中,当在传统的熔炉中缓慢加热氧化锆粉末时,对其施加初始电压。在850℃时,当样品烧结到接近全致密化时,在几秒钟内发生"闪速事件"。晶界局部焦耳加热引起了这一现象,促进了晶界扩散(动力学效应),同时限制了晶粒生长(热力学效应)。越小的晶粒尺寸和越高的晶界温度可以协同提高烧结速率。Grasso 等[52]在最近的研究中使用闪速烧结 ZrB_2 陶瓷。在施加16MPa 的压力下,陶瓷在35s 内致密化率可达95%。与传统的 SPS 技术相比,新开发的闪速烧结技术节省了95%的能量和98%的时间,这一点以前的技术从未实现。

5.3 石墨烯陶瓷复合材料的性质

5.3.1 力学性能和增韧机理

在陶瓷材料中加入石墨烯等碳质纳米填充物,可获得较高的力学强度。此外,加入石墨烯可以将非导电陶瓷材料转化为导电陶瓷复合材料。因此,本章总结了 GCMC 的主要力学性能、电性能和摩擦性能。

增强效果很大程度上取决于陶瓷 – 石墨烯的界面结合和石墨烯在陶瓷基体中的分散。GCMC 的增韧机制为裂纹偏转、裂纹桥接和石墨烯拔出。所有这些机制对于在微观结构上进行富有成效的讨论是至关重要的。

2013 年,Centeno 等[25]报道了通过胶体法制备含有质量分数0.22%石墨烯的氧化铝,由于裂纹桥接现象,制备的复合材料的断裂韧性增加50%。在另一项工作中,Dusza

等[53]通过热等静压法制备了质量分数为 1% 的 Si_3N_4-石墨烯复合材料,并研究了不同类型石墨烯(多层石墨烯、剥离 GNP 和 GNP)对复合材料力学性能的影响。由于石墨烯微片增加了复合材料的孔隙度,因此石墨烯微片复合材料的硬度和断裂韧性比多层石墨烯增强的复合材料更低。

在类似的情况下,Kun 等[23]制备了多层石墨烯、石墨烯纳米片和纳米石墨烯微片增强的 Si_3N_4 复合材料。他们的研究结果与 Dusza 的研究一致,由于石墨烯微片增加了样品的孔隙度,因此样品弯曲强度和弹性模量比多层石墨烯增强复合材料更低。大多数关于石墨烯陶瓷复合材料的研究表明了 GCMC 的增韧机理来自石墨烯拔出、裂纹偏转、裂纹分支和裂纹桥接(图 5.4)。Ramirez 等[54]利用已建立的陶瓷复合材料增强模型,讨论了 Si_3N_4-石墨烯的增韧机理。下列假设是由作者提出:

(1) GNP/GO 的排列方向与 SPS 的压力方向垂直。

(2) 由于 Si_3N_4 和石墨烯的热膨胀系数不匹配,陶瓷基体中的石墨烯处于残余张应力状态。

(3) 由于石墨烯与 Si_3N_4 基体处于残余张力中,因此不考虑由于石墨烯拉出引起的断裂韧性。

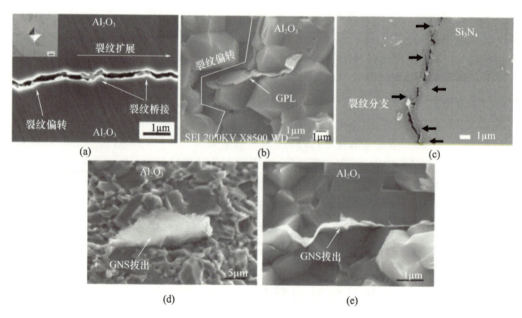

图 5.4 GCMC 的各种增韧机理

(a)裂纹偏转和桥接[49];(b)裂纹偏转[55];(c)裂纹分支[56];(d)(e)GNS 拔出[57]。

然而,上述假设与许多实验结果相矛盾,因为许多作者已经报道了石墨烯拔出可以改善断裂。在尾流区拔出石墨烯失败后,韧性得到提高,可计算如下:

$$\Delta G_c = 2f\int_0^{t=s} t\mathrm{d}u + \frac{4f\Gamma_i d}{(1-f)R}$$

$$= \frac{fS^2 R\left[\left(\lambda_1 + \lambda_2\left(\frac{d}{R}\right)^2\right) - \left(E_F \frac{e_T}{S}\right)^2\left(\lambda_3 + \lambda_4\left(\frac{d}{R}\right)^2\right)\right]}{E_F\left(\lambda_1 + \lambda_2\left(\frac{d}{R}\right)\right)} + \frac{4f\Gamma_i d}{(1-f)R} \quad (5.1)$$

式中：f 为填充物体积；S 为填充物的强度；R 为填充物半径；E_f 为纤维的弹性模量；e_T 为错配应变；Γ_i 为界面断裂能；λ_i 系数取决于填充体积含量、纤维比值、纤维弹性模量。

由于裂纹桥接，式(5.1)中的第一个项与增韧密切相关，而第二个项与脱黏表面能量有关。利用 $G_I = \dfrac{K_I^2}{E}$ 方程，将韧性转化为临界应变能释放速率 Gc，并与式(5.1)绘制的数据进行比较。研究人员发现 GNP 复合材料的实验和理论数据有很好的相关性。裂纹桥接是 Si_3N_4 – 石墨烯复合材料的主要增韧机制，但在加入高含量石墨烯后裂纹桥接的增韧作用失效。这是由于形成了导致复合材料失效的石墨烯微片三维互联网。

Walker 等[27]报道了在用水相胶体法制备的含有 1.5%（体积分数）石墨烯纳米片（graphene nanosheet，GNS）的 Si_3N_4 复合材料的断裂韧性显著提高了 235%。裂纹等意料之外的增韧机制不仅不能穿过石墨烯壁进行传播，而且还会被抑制。在这种情况下，裂纹将偏离石墨烯片周围。与以往的研究相比，这是一种全新的增韧机制。

Porwal 等[58]提出了一种将石墨烯加入 Al_2O_3 的新方法。他们采用液相剥离法制备石墨烯，通过超声波和粉末制备法将石墨烯逐滴分散在 Al_2O_3 中，在加入 0.8%（体积分数）石墨烯后，复合材料的断裂韧性提高 40%。该方法优于 Hummer 方法，因为这种方法可以在不影响石墨烯性能的前提下生产高质量石墨烯。

Yazdani 等[59]报道了突破性进展，他们用湿法分散和探针超声技术制备了石墨烯纳米微片（GNP）和碳纳米管（CNT）增强 Al_2O_3 复合材料。通过混合加入质量分数为 0.5% GNP 和 1% CNT，复合材料的断裂韧性由 $3.5 MPa \cdot m^{1/2}$ 提高到 $5.7 MPa \cdot m^{1/2}$。这 63%的改善与附着在 GNP 表面和边缘上便于脱聚和均匀分散的 CNT 有关。他们观察到增韧机理，如断裂模式由单片 Al_2O_3 的晶间模式转变为 GCMC 中模糊的釉样穿晶模式。

Kim 等研究了未氧化石墨烯、氧化石墨烯和还原氧化石墨烯增强 Al_2O_3 的力学性能[60]。作者报道了由于未氧化石墨烯的缺陷浓度较低，因此获得了未氧化石墨烯增强 Al_2O_3 的最佳值。他们发现裂纹桥接是主要的增韧机理。此外，他们还研究了石墨烯尺寸（约 $100 \mu m$、$20 \mu m$、$10 \mu m$）对 Al_2O_3 – 石墨烯复合材料断裂韧性的影响，他们发现 $20 \mu m$ 的石墨烯薄片的复合材料的断裂韧性最佳。$100 \mu m$ 的石墨烯薄片会产生结构缺陷，而使用 $10 \mu m$ 的石墨烯片时则不会产生裂纹桥接等显著的增韧机理。

最佳的方案是当外力作用于 GCMC 时，石墨烯应承担大部分负荷。负荷转移到石墨烯的效率取决于陶瓷和石墨烯之间的界面结合。在 GCMC 中，石墨烯的高强度非常重要，因为一旦发生裂纹，负荷就会从陶瓷转移到石墨烯。当陶瓷 – 石墨烯界面结合力弱时，引发的裂纹会沿着基体 – 填充物界面偏转，使填充物保持完整，从而增强复合材料的韧性。然而，当基体强度过大时，裂纹穿透陶瓷颗粒，形成脆性复合材料，如单片陶瓷。

值得注意的是，几乎在所有的研究中，当增加石墨烯含量时，GCMC 的力学性能并没有显示出相应的提高。GCMC 的这种行为具有两方面的原因：

(1) 孔隙度随石墨烯的增加而增加，而这些孔隙在压痕加载时充当断裂起始点；

(2) 石墨烯在较高石墨烯含量时的重叠/团聚。

当填充物含量超过最佳量时，石墨烯在 GCMC 会发生大量团聚。因此，常见团聚石墨烯微片与陶瓷基体界面之间形成孔隙。这些孔隙会减少陶瓷基体与石墨烯微片的接触面积。当出现裂纹时，由于孔隙的存在，应力将以一种低效的方式释放。例如，如果裂纹传播并接触到石墨烯微片,在平面上会抑制裂纹并使其发生偏转。该机理为释放应力提供了一条复合途径,这有助于提高 GCMC 的韧性和强度。如果存在孔隙,当从陶瓷基体中拔出石墨烯时,界面摩擦变小。因此,石墨烯微片的团聚导致其基体的力学性能下降和增韧机制效率低下。表 5.2 总结了文献报道的 GCMC 材料的力学性能。

表 5.2 加入石墨烯对陶瓷复合材料力学性能的影响

基体	最佳填充物组合/%（质量分数）	力学性能				文献
		抗弯强度/MPa	弹性模量/GPa	硬度/GPa	断裂韧性/(MPa·m$^{1/2}$)	
Si_3N_4	7	740	—	—	—	[24]
Si_3N_4	1	—	—	16.38±0.48	9.92±0.38	[56]
Si_3N_4	1	—	—	16.4±0.4	9.9±0.3	[61]
Si_3N_4	1	876±53	—	12.2±0.1	8.6±0.4	[62]
Si_3N_4	3	—	—	15.6±0.2	4.2±0.1	[63]
Si_3N_4	0.03①	—	290±4	—	6.6±0.1	[54]
Si_3N_4-ZrO_2	1	—	—	16.4±0.4	9.9±0.4	[64]
Al_2O_3	—	440	—	17	5.7	[59]
Al_2O_3	0.2	542	—	—	6.6	[57]
Al_2O_3	0.5	—	—	-18.5	5.7	[49]
Al_2O_3	0.45①	—	373	21.6±0.55	3.9±0.13	[58]
Al_2O_3-3YTZP	1.1①	—	373.9±3.1	23.5±0.3	—	[28]
Al_2O_3-ZrO_2	0.43①	—	—	16.13±0.53	9.05±55	[65]
ZrB_2	4	219±23	—	15.9±0.84	2.15±0.24	[26]
YSZ	1.63①	—	—	10.8	5.9	[66]

① 当以体积分数报告加载时,用大块石墨(2.2g/cm^3)的密度转换为质量分数。

5.3.2 电学性能

体积电导率大于 10^{-10} S/cm 的导电复合材料是有效用于各种工程应用中的重要材料。自从发现石墨烯以来,人们期待石墨烯展示出类似于石墨的超高电学性能和热学性能。这是因为人们早就知道石墨的平面内电导率为 10^7 S/m,热导率为 5300W/(m·K)[7-8]。因此,石墨烯也被认为具有很高的导电性和导热性。在单片陶瓷中,石墨烯的加入将非导电陶瓷转变为导电复合材料。

渗流理论可用于解释 GCMC 的导电行为,如图 5.5 所示。渗流理论是指在填充物达到临界含量时,由于连续电子和导电路径的形成,电导率显著增加了几个数量级。低于渗透过渡范围时不存在电子路径。因此,石墨烯的浓度必须高于渗透阈值,以便在陶瓷中实现导电网络。高于渗透过渡范围时存在多个电子路径,这时导电性能实现饱和平稳状态。基于标度定律,可以用纳米填充物浓度的变化来解释这种现象:

$$\sigma_c = \sigma_o(\phi - \phi_c)^t \tag{5.2}$$

式中:σ_c、σ_o 分别为复合材料和纳米填充物(石墨烯)的导电性能;ϕ 为石墨烯的体积含量;ϕ_c 为渗透阈值;t 为揭示导电系统维数的通用临界指数。

与球状(石墨烯团聚物)导电填充物相比,在导电填充物 ϕ 较少时,会发生纤维或"棒状"(片状和微片)体系的渗透。即使在填充物浓度较低的情况下,石墨烯填充物也可能直接接触彼此,因为它们的比表面积高[67]。这导致了整个陶瓷复合材料的宏观导电路径。对于均匀分散的粒子,随着石墨烯长径比 L/D 的增大,渗滤阈值的 ϕ 降低。

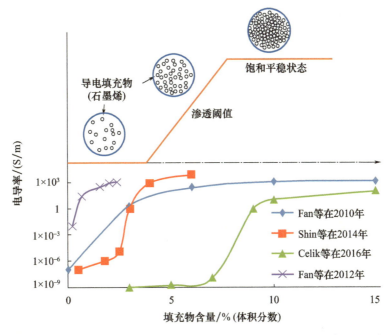

图 5.5 GCMC 的导电性能和渗滤现象与填充物体积含量的关系[29,66,68-69]

2010 年,Fan 等[68]首次报道了 GCMC 中的渗透阈值现象。他们制备了 0~15%(体积分数)含量石墨烯的 Al_2O_3 – 石墨烯复合材料,并用放电等离子烧结技术进行烧结。他们报告石墨烯体积分数含量在 3% 时 GCMC 达到渗透阈值。随着石墨烯含量增加,复合材料的导电性能增加,当石墨烯体积分数达到 15% 时,复合材料的电导率为 5709S/m。这是因为电荷载流子在整个陶瓷基体中增加。

类似的一组作者通过胶态成型方法制备了氧化石墨烯增强 Al_2O_3 复合材料,并利用 SPS 技术将氧化石墨烯还原成石墨烯[29]。他们报道之前的研究取得了进展,他们之前的研究称当石墨烯含量为 3%(体积分数)时复合材料出现了渗透阈值,而现在的研究发现石墨烯含量为 0.38%(体积分数)时出现了渗透阈值。此外,作者还报道了石墨烯含量在 2.35%(体积分数)时复合材料的电导率为 1000S/m。作者报道了一个重要的发现,Hall 系数随着石墨烯含量的增加从正到负,这表明了主要电荷载流子的变化。随着 Hall 系数的增加,Seebeck 系数值也由正到负。导电性能的提高是由于高质量石墨烯的优异分散,而正 Hall 系数则与石墨烯掺杂 Al_2O_3 基体有关。

在 Centeno 等[25]的另一项研究中,Al_2O_3 – 石墨烯复合材料的导电性能提高了 8 个数量级,低渗透阈值在石墨烯含量为 22%(质量分数)时出现。复合材料导电性能的显著提高是由于石墨烯含量的增加,从而增加了沿石墨烯平面的片间连接。绝缘体 – 导体二元

混合物 σ_m 的导电性能可用一般有效介质（general effective media，GEM）表示为填充物体积含量 V_h 的函数：

$$\frac{(1-V_h)(\sigma_l^{\frac{1}{t}}-\sigma_m^{\frac{1}{t}})}{\sigma_l^{\frac{1}{t}}+A\sigma_m^{\frac{1}{t}}}+\frac{V_h(\sigma_h^{\frac{1}{t}}-\sigma_m^{\frac{1}{t}})}{\sigma_h^{\frac{1}{t}}+A\sigma_m^{\frac{1}{t}}}=0, A=(1-V_{h,c})v_{h,c}^{-1} \tag{5.3}$$

式中：σ_l、σ_h 分别为低导电相和高导电相的导电率；$V_{h,c}$ 为渗滤阈值；t 为一个依赖于填充物形状和方向的参数。因此，t 可以表示为给定复合材料导电性的唯象参数。

Ramirez 等[70]利用导电扫描力显微镜和 GEM 方程研究了在 GCMC 渗滤阈值以上的石墨烯含量（质量分数为 12% 和 15%）对 GCMC 导电性能的影响。石墨烯的浓度与陶瓷复合材料的导电性能成正比。此外，石墨烯的刚度和比表面积会导致石墨烯在 SPS 过程中发生自取向和位于 $a-b$ 平面上，从而影响复合材料的电子响应和最终微观结构。GCMC 的高度各向异性导致了输运活化能的差异，从而导致在相同条件下沿着平行和垂直方向测量的电流值不同。2012 年，一个类似的研究小组的研究人员扩展了他们的研究，他们使用 20%（体积分数）石墨烯微片增强了 Si_3N_4 基体[71]。他们还报道了含有优先取向的石墨烯微片的陶瓷基体的电导率为 40S/m。垂直于 SPS 压轴方向上的复合材料的导电性能比平行方向上的复合材料的导电性能高一个数量级。研究人员还报道了这些方向的电荷输运机制，如垂直方向的跃迁机制和平行方向的金属型转变机制。作者还报道了石墨烯在 7%~9%（体积分数）范围内时的渗透阈值取决于导电性能测量的方向。

2014 年，Shin 等[66]通过放电等离子体烧结法制备了还原石墨烯增强的完全致密 YSZ 陶瓷，在 SPS 制备工艺过程中，氧化石墨烯经热处理还原成石墨烯，他们报道了石墨烯含量为 2.5%（体积分数）时复合材料达到渗滤阈值。这与 Fan 等关于 Al_2O_3 – 石墨烯复合材料的研究结果相当。此外，加入 4.1%（体积分数）氧化石墨烯后，GCMC 的导电性能显著提高，电导率达到 12000S/m。他们发现与以往的研究类似，GCMC 导电性能的提高是由于氧化石墨烯有效分布从而形成了一个相互联系的电子途径。

5.3.3 摩擦性能

最近研究人员着重于研究 GCMC 的摩擦性能，如磨损和摩擦性能。磨损是指由于材料表面和接触物质之间的相对运动而导致材料出现的渐进损耗。磨损损伤可以是出现微裂纹或局部塑性变形。例如，磨损包括黏着磨损、磨蚀磨损、表面疲劳磨损、腐蚀和气蚀磨损等。

很早以前人们就了解到石墨烯具有优异的润滑性能，关于原子尺度的研究表明石墨烯具有较低的摩擦力。应该注意的是，摩擦随着石墨烯层数的增加而单调地减少，而 4 层石墨烯表现出与大块石墨相似的行为[72]。石墨烯的六边形结构使其成为一种优良的润滑剂，因此 GCMC 的摩擦性能应该优于与单片陶瓷。球盘装置是研究 GCMC 摩擦性能最常用的技术。用公式 $\frac{V}{LF}$ 计算磨损率，W 是比磨损率，V 是磨损体积，L 是滑动距离，F 代表实验中的加载力。在实验过程中，通过测量切向力来计算摩擦系数。

在 Hvizdos 等[64]的研究中，他们用球盘法测量了 Si_3N_4 – 石墨烯复合材料的摩擦性能。他们报道了含有 3%（质量分数）石墨烯的 Si_3N_4 基体增强复合材料的耐磨性提高了 60%。作者的 3 个主要发现如下：

(1) 摩擦系数与所用的石墨烯类型无关(剥离石墨烯微片、纳米石墨烯微片和多层石墨烯)。

(2) 比较了 Si_3N_4 – 石墨烯和 Si_3N_4 – CNT 复合材料的耐磨性。在相同的填充物含量下,GCMC 比 CNT 基复合材料具有更高的耐磨性。

(3) 研究了 Si_3N_4 – 石墨烯复合材料在 300℃、500℃和 700℃等温度下的摩擦性能。随着温度的升高,复合材料的摩擦系数与磨损率成正比关系。

另外,Belmonte 等[63]利用球盘法研究了不同载荷(50N、100N 和 200N)对 Si_3N_4 – 石墨烯复合材料摩擦性能的影响。作者报道了,复合材料的摩擦系数和磨损率都与载荷成反比。Li 等[73]在 2014 年对锆 – 石墨烯复合材料进行了一项类似的研究。作者报道了,随着载荷的增加,复合材料的摩擦系数和磨损率分别降低了 29% 和 50%。

2015 年,Yazdani 等[59]首次使用通用球盘法测定了石墨烯和 CNT 增强 Al_2O_3 的摩擦性能。作者报道了混合添加两种不同填充物(质量分数为 0.3% GNP 和 1% CNT),复合材料的磨损率显著降低 80%,摩擦系数降低 20%。这种复合材料耐磨性优异的原因有两重:①通过剥离,石墨烯在磨损表面形成摩擦膜过程中发挥了重要作用;②CNT 提高了断裂韧性,并在摩擦实验中防止了晶粒被拔出。

5.4 石墨烯陶瓷复合材料的应用

5.4.1 锂离子电池负极材料

SnO_2 是制备锂离子电池的最佳负极材料之一,这是由于其在理论水平上可以达到的可逆锂离子的存储容量为 782mA·h/g。这个容量大于目前使用的石墨的存储容量(372mA·h/g)。此外,由于 SnO_2 价格低廉、含量丰富、无毒,人们普遍将其认为是锂离子电池应用的一种潜在替代材料。然而,与许多合金型负极材料一样,由于电极的团聚、粉化和断电导致 SnO_2 循环性能较差,因此阻碍了 SnO_2 的应用。这是由于在锂离子的插入和提取过程中会出现大约 300% 的大体积变化。为了克服这些问题,可以在 SnO_2 中加入碳质材料,以缓冲 SnO_2 的体积变化,并提高电极的导电性。此外,由于碳填充物的缓冲作用,SnO_2 – 碳复合材料具有改善循环性能的潜力。碳填充物包括石墨、介孔碳和大孔碳、CNT 和石墨烯。在这些碳填充物中,石墨烯由于其独特的比表面积和优异的导电性,吸引了人们的关注。然而,应该注意的是,这种复合材料的可逆容量和循环稳定性取决于填充物的分散和粒子大小,而小尺寸和均匀分散的填充物可以提高复合材料的容量和性能。

例如,Zhang 等[74]没有添加任何表面活性剂通过一锅水热法在石墨烯表面合成了 2~5nm 的 SnO_2。石墨烯的优良特性有效地缓冲了 SnO_2 在充放电过程中的体积变化。此外,SnO_2 – 石墨烯复合材料在作为锂储存负极材料时,还促进了锂离子在 SnO_2 中的快速扩散和在石墨烯中的电子输运,从而使得材料在经过 150 个循环后可逆容量高达 1037mA·h/g,容量保持在 90%。Huang 等[75]也报道了类似的研究,随机连接的 SnO_2 棒,如纳米晶在石墨烯片表面均匀排列。这种形态使得 SnO_2 粒子和导电石墨烯层之间致密连接,而 SnO_2 粒子之间的空隙将在充放电过程中提供缓冲空间。他们报道了复合材料在第一个循环中的高可逆容量为 838mA·h/g,循环性能得到提高。另外,经过 20 个循环后，GCMC 的电荷容量仍有 65.9% 理论值。在 Ji 等[37]的另一项研究中，石墨烯纳米片（graphene nanosheet，GNS）被插入碳氧化硅（silicon oxycarbide，SiOC）陶瓷中，用于开发电化学稳定的锂电池。GNS-SiOC 复合材料的初始放电容量高达 1141mA·h/g，在前 8 个循环中容量有所下降，并在随后的循环中保持在 364mA·h/g。复合材料的放电容量的报告值高于石墨（328mA·h/g）或单片 SiOC。更重要的是，作者认为通过增加陶瓷中 GNS 的含量可以提高复合材料的电化学性能。例如，当 GNS 质量分数从 4% 增加到 25% 时，初始放电容量由 713mA·h/g 增加到 1141mA·h/g，可逆容量由 173mA·h/g 增加到 357mA·h/g。

5.4.2 超级电容器

GCMC 的另一个潜在应用是制造超级电容器。例如，Chen 等[76]报道了在超级电容器中使用氧化锌（ZnO）-石墨烯复合材料的可能性。选择 ZnO 是因为它具有半导体、压电和热释电特性，因此在光学、光电、传感器和致动器等领域有着广泛的应用。此外，ZnO 是环保材料，可以在各种基底上良好生长，因此便于制备用于超级电容器的 ZnO-石墨烯复合材料。另外，因为石墨烯相互重叠并形成一个导电的三维网络，从而使电解质离子易于接触氧化石墨烯的表面，因此石墨烯是一种很好的填充材料。在 Chen 等的研究中，均匀分散的还原氧化石墨烯（reduced graphene oxide，rGO）比纯 ZnO 样品的比电容提高了 128%。另一组作者报道了一个重要的发现，在电流密度为 2A/g 的情况下，1500 个循环后的可用容量仅衰减 6.5%。这一发现建议人们使用 ZnO-氧化石墨烯复合材料作为超电容器的潜在电极材料。

5.4.3 发动机部件/轴承/切割工具

GCMC 因其硬度高、化学惰性强、断裂韧性高等优点，在发动机部件、轴承、高速切割刀具等领域得到了广泛的应用。此外，研究表明，在陶瓷基体中加入石墨烯微片可以提高复合材料的耐磨性，并降低摩擦系数。这些特性使得 GCMC 可以用于滑动接触并作为固体润滑剂。

例如，Wang 等采用微波烧结法用 Al_2O_3-TiC-石墨烯微片（Al_2O_3-TiC-graphene，ATG）复合材料制备陶瓷工具材料。在以 260m/min 的切割速度下加工 40Cr 硬钢（AISI 5140）时，ATG 工具的寿命约为 15.4min。作者研究的两个因素如下。

（1）在 GCr15 轴承钢上滑动时，滑动速度和正常加载对 ATG 摩擦性能（摩擦系数和磨损率）的影响。

（2）与商用工具相比，ATG 工具的切割性能使其可以制备硬化合金 40Cr 钢。

关于（1），作者报告了工具材料的摩擦系数与正常加载成正比，而与滑动速度成反比。此外，ATG 陶瓷工具的摩擦系数和磨损率均低于 AT 陶瓷工具，这证实了加入石墨烯提高了工具材料的耐磨性。ATG 陶瓷工具材料的主要磨损机理为黏着磨损，在磨损过程中石墨烯分散在材料表面形成润滑膜。因此，陶瓷中加入石墨烯微片降低了工具材料的黏着磨损程度。关于（2），与商用陶瓷刀具 LT55 和硬质合金刀具 YT15 相比，硬化工具钢 40Cr（(50±2)HRC）的切割性能提高 125%，ATG 工具的寿命提高 174%。此外，石墨烯微片的加入提高了工具的抗断裂性和切割深度。

在另一项研究中，Rutkowski 等[62]报道了基于 Si_3N_4-GNP 的切割工具用于 NC6 钢

(52 HRC)的干式车削,其切割速度为75m/min,使用寿命为9min。Jaroslaw等[77]报道用 Al_2O_3-GO复合材料制备硬化145 Cr6钢((50±2)HRC),切割速度为370m/min,寿命为 (9.2±2.4)min。

5.5 小结

本章报道了石墨烯陶瓷复合材料的研究发现和进展。石墨烯优异的力学和电学性能为GCMC的结构和功能应用提供了巨大的潜力,如锂离子电池的负极材料、超级电容器和发动机部件负极材料。本章综述了关于GCMC的研究,重点研究了工业陶瓷、GCMC制备工艺、GCMC性能、GCMC应用前景等方面。应该注意的是,石墨烯在陶瓷基体中的均匀分布很重要,因为与其他制备工艺参数相比,这一参数决定了GCMC的最终性能。选择使用一种方法或多种组合方法取决于希望得到的材料的最终性质,因为错误选择方法可能导致石墨烯的力学损坏。

参考文献

[1] Markandan, K., Chin, J. K., Tan, M. T. T., Recent progress in graphene based ceramic composites: A review. J. Mater. Res., 1-23, 2016.

[2] Porwal, H., Grasso, S., Reece, M. J., Review of graphene-ceramic matrix composites, Adv. Appl. Ceram., 112, 443-454, 2013.

[3] Bekyarova, E., Itkis, M. E., Ramesh, P., Berger, C., Sprinkle, M., de Heer, W. A., Haddon, R. C., Chemical modification of epitaxial graphene: Spontaneous grafting of aryl groups. J. Am. Chem. Soc., 131, 1336-7, 2009.

[4] Jiang, J., Wang, J., Li, B., Young's modulus of Graphene: A molecular dynamics study. Sci. York., 2, 3-6, 2009.

[5] Stankovich, S., Dikin, D. A., Dommett, G. H. B., Kohlhaas, K. M., Zimney, E. J., Stach, E. A., Piner, R. D., Nguyen, S. T., Ruoff, R. S., Graphene-based composite materials. Nature, 442, 282-6, 2006.

[6] Steurer, P., Wissert, R., Thomann, R., Mulhaupt, R., Functionalized graphenes and thermoplasticnanocomposites based upon expanded graphite oxide. Macromol. Rapid Commun., 30, 316-327, 2009.

[7] Balandin, A. A., Ghosh, S., Bao, W., Calizo, I., Teweldebrhan, D., Miao, F., Lau, C. N., Superior thermal conductivity of single-layer graphene. Nano Lett., 8, 902-7, 2008.

[8] Singh, V., Joung, D., Zhai, L., Das, S., Khondaker, S. I., Seal, S., Graphene based materials: Past, present and future. Prog. Mater. Sci., 56, 1178-1271, 2011.

[9] Hwang, J., Yoon, T., Jin, S. H., Lee, J., Kim, T.-S., Hong, S. H., Jeon, S., Enhanced mechanicalproperties of graphene/copper nanocomposites using a molecular-level mixing process. Adv Mater., 25, 6724-9, 2013.

[10] Zhang, Y. and Pan, C., Measurements of mechanical properties and number of layers ofgraphene from nano-indentation. Diam. Relat. Mater., 24, 1-5, 2012.

[11] Li, H. Q., Wang, Y. G., Wang, C. X., Xia, Y. Y., A competitive candidate material for aqueoussupercapacitors: High surface-area graphite. J. Power Sources, 185, 1557-1562, 2008.

[12] Fugallo, G., Cepellotti, A., Paulatto, L., Lazzeri, M., Marzari, N., Mauri, F., Thermal conductivity of gra-

phene and graphite: Collective excitations and mean free paths. Nano Lett. ,14,6109 – 6114,2014.

[13] Brazhkin, V. V. , Solozhenko, V. L. , Bugakov, V. I. , Dub, S. N. , Kurakevych, O. O. , Kondrin, M. V. , Lyapin, A. G. , Bulk nanostructured carbon phases prepared from C_{60}: Approaching the 'ideal' hardness. J. Phys. Condens. Matter. ,19,236209,2007.

[14] Peigney, A. , Laurent, C. H. , Flahaut, E. , Rousset, A. , Carbon nanotubes in novel ceramic matrix nanocomposites. Ceram. Int. ,26,677 – 683,2000.

[15] Ruoff, R. S. and Lorents, D. C. , Mechanical and thermal properties of carbon nanotubes. Carbon N. Y. , 33,925 – 930,1995.

[16] Ruoff, R. S. , Qian, D. , Liu, W. K. , Mechanical properties of carbon nanotubes: Theoretical predictions and experimental measurements. C. R. Phys. ,4,993 – 1008,2003.

[17] Patterson, J. R. , Vohra, Y. K. , Weir, S. T. , Akella, J. , Single – wall carbon nanotubes under high pressures to 62 GPa studied using designer diamond anvils. J. Nanosci. Nanotechnol. ,1,143 – 147,2001.

[18] Montes – navajas, P. , Asenjo, N. G. , Corma, A. , Surface area measurement of graphene oxide in aqueous solutions. Langmuir,29,13443 – 13448,2013.

[19] Mahanta, N. K. , Abramson, A. R. , Thermal Conductivity of Graphene and Graphene Oxid Nanoplatelets. In InterSociety Conference on Thermal and Thermomechanical Phenomena in Electronic Systems, ITHERM; IEEE, pp 1 – 6; 2012.

[20] Suk, J. , Piner, R. , An, J. , Ruoff, R. , Mechanical properties of monolayer graphene oxide. ACS Nano,4, 6557 – 6564,2010.

[21] Alazmi, A. , El Tall, O. , Rasul, S. , Hedhili, M. N. , Patole, S. P. , Costa, P. M. F. J. , A process to enhance the specific surface area and capacitance of hydrothermally reduced graphene oxide. Nanoscale,8,17782 – 17787,2016.

[22] Sonifier products, Branson Ultrason. Corp. https://www.emerson.com/en – us/automation/branson.

[23] Kun, P. , Tapaszto, O. , Wéber, F. , Balázsi, C. , Determination of structural and mechanical properties of multilayer graphene added silicon nitride – based composites. Ceram. Int. ,38,211 – 216,2012.

[24] Michálková, M. , Kašiarová, M. , Tatarko, P. , Dusza, J. , Šajgalík, P. , Effect of homogenization treatment on the fracture behaviour of silicon nitride/graphene nanoplatelets composites. J. Eur. Ceram. Soc. ,34,3291 – 3299,2014.

[25] Centeno, A. , Rocha, V. G. , Alonso, B. , Fernández, A. , Gutierrez – Gonzalez, C. F. , Torrecillas, R. , Zurutuza, A. , Graphene for tough and electroconductive alumina ceramics. J. Eur. Ceram. Soc. ,33,3201 – 3210,2013.

[26] Yadhukulakrishnan, G. B. , Karumuri, S. , Rahman, A. , Singh, R. P. , Kaan Kalkan, A. , Harimkar, S. P. , Spark plasma sintering of graphene reinforced zirconium diboride ultra – high temperature ceramic composites. Ceram. Int. ,39,6637 – 6646,2013.

[27] Walker, L. S. , Marotto, V. R. , Rafiee, M. A. , Koratkar, N. , Corral, E. L. , Toughening in grapheme ceramic composites. ACS Nano,5,3182 – 90,2011.

[28] Rincón, A. , Moreno, R. , Chinelatto, A. S. A. , Gutierrez, C. F. , Rayón, E. , Salvador, M. D. , Borrell, A. , Al_2O_3 – 3YTZP – Graphene multilayers produced by tape casting and spark plasma sintering. J. Eur. Ceram. Soc. ,34,2427 – 2434,2014.

[29] Fan, Y. , Jiang, W. , Kawasaki, A. , Highly conductive few – layer graphene/Al_2O_3 nano composites with tunable charge carrier type. Adv. Funct. Mater. ,22,3882 – 3889,2012.

[30] Wang, K. , Wang, Y. , Fan, Z. , Yan, J. , Wei, T. , Preparation of graphene nanosheet/alumina composites by spark plasma sintering. Mater. Res. Bull. ,46,315 – 318,2011.

[31] Palmero,P.,Montanaro,L.,Reveron,H.,Chevalier,J.,Surface coating of oxide powders: A new synthesis method to process biomedical grade nano – composites. Materials (Basel),7,5012 – 5037,2014.

[32] Markandan,K.,Tan,M. T. T.,Chin,J.,Lim,S. S.,A novel synthesis route and mechanical properties of Si – O – C cured Yytria stabilised zirconia (YSZ) – graphene composite. Ceram. Int.,41,3518 – 3525,2015.

[33] Zheng,C.,Feng,M.,Zhen,X.,Huang,J.,Zhan,H.,Materials investigation of multi – walled carbon nanotubes doped silica gel glass composites. J. Non – Crystalline,354,1327 – 1330,2008.

[34] Colombo,P.,Mera,G.,Riedel,R.,Sorarù,G. D.,Polymer – derived ceramics: 40 years of research and innovation in advanced ceramics. J. Am. Ceram. Soc.,18371,2010.

[35] Riedel,R.,Mera,G.,Hauser,R.,Klonczynski,A.,Silicon – based polymer – derived ceramics: Synthesis properties and applications – A review. J. Ceram. Soc. Jpn.,114,425 – 444,2006.

[36] Ionescu,E.,Francis,A.,Riedel,R.,Dispersion assessment and studies on AC percolative conductivity in polymer – derived Si – C – N/CNT ceramic nanocomposites. J. Mater. Sci.,44,2055 – 2062,2009.

[37] Ji,F.,Li,Y. – L.,Feng,J. – M.,Su,D.,Wen,Y. – Y.,Feng,Y.,Hou,F.,Electrochemical performance of graphene nanosheets and ceramic composites as anodes for lithium batteries. J. Mater. Chem.,19,9063,2009.

[38] Cheah,K. H. and Chin,J. K.,Fabrication of embedded microstructures via lamination of thick gel – casted ceramic layers. Int. J. Appl. Ceram. Technol.,11,n/a – n/a,2013.

[39] Sarin,V.,Comprehensive Hard Materials,Elsevier,2014.

[40] Lee,B.,Koo,M. Y.,Jin,S. H.,Kim,K. T.,Hong,S. H.,Simultaneous strengthening and toughening of reduced graphene oxide/alumina composites fabricated by molecular – level mixing process. Carbon N. Y.,78,212 – 219,2014.

[41] Dimaio,J.,Rhyne,S.,Yang,Z.,Fu,K.,Czerw,R.,Xu,J.,Webster,S.,Sun,Y.,Carroll,D. L.,Ballato,J.,Transparent silica glasses containing single walled carbon nanotubes. Proc. SPIE4452,Inorganic Optical Materials III,47 – 53,2001.

[42] Jeong,H.,Lee,Y. P.,Jin,M. H.,Kim,E. S.,Bae,J. J.,Lee,Y. H.,Thermal stability of graphite oxide. Chem. Phys. Lett.,470,255 – 258,2009.

[43] Inam,F.,Yan,H.,Reece,M.,Peijs,T.,Structural and chemical stability of multiwall carbon nanotubes in sintered ceramic nanocomposite. Appl. Ceram.,109,240 – 247,2010.

[44] Munir,Z. A.,Anselmi – Tamburini,U.,Ohyanagi,M.,The effect of electric field and pressure on the synthesis and consolidation of materials: A review of the spark plasma sintering method. J. Mater. Sci.,41,763 – 777,2006.

[45] Garay,J. E.,Current – activated,pressure – assisted densification of materials. Annu. Rev. Mater. Res.,40,445 – 468,2010.

[46] Hulbert,D. M.,Jiang,D.,Dudina,D. V.,Mukherjee,A. K.,The synthesis and consolidation of hard materials by spark plasma sintering. Int. J. Refract. Met. Hard Mater.,27,367 – 375,2009.

[47] Milsom,B.,Viola,G.,Gao,Z.,Inam,F.,Peijs,T.,Reece,M. J.,The effect of carbon nanotubes on the sintering behaviour of zirconia. J. Eur. Ceram. Soc.,32,4149 – 4156,2012.

[48] Kwon,S. – M.,Lee,S. – J.,Shon,I. – J.,Enhanced properties of nanostructured ZrO_2 – grapheme composites rapidly sintered via high – frequency induction heating. Ceram. Int.,41,835 – 842,2015.

[49] Ahmad,I.,Islam,M.,Abdo,H. S.,Subhani,T.,Khalil,K. A.,Almajid,A. A.,Yazdani,B.,Zhu,Y.,Toughening mechanisms and mechanical properties of graphene nanosheet – reinforced alumina. Mater. Des.,88,1234 – 1243,2015.

[50] Todd, R. I., Zapata - Solvas, E., Bonilla, R. S., Sneddon, T., Wilshaw, P. R., Electrical characteristicsof flash sintering: Thermal runaway of Joule heating. J. Eur. Ceram. Soc., 35, 1865 - 1877, 2015.

[51] Cologna, M., Rashkova, B., Raj, R., Flash sintering of nanograin zirconia in <5 s at 850℃. J. Am. Ceram. Soc., 93, 3556 - 3559, 2010.

[52] Grasso, S., Yoshida, H., Porwal, H., Sakka, Y., Reece, M., Highly transparent α - alumina obtainedby low cost high pressure SPS. Ceram. Int., 39, 3243 - 3248, 2013.

[53] Dusza, J., Morgiel, J., Duszová, A., Kvetková, L., Nosko, M., Microstructure and fracture toughness of Si_3N_4 + graphene platelet composites. J. Eur. Ceram. Soc., 32, 3389 - 3397, 2012.

[54] Ramirez, C. and Osendi, M. I., Toughening in ceramics containing graphene fillers. Ceram. Int., 40, 11187 - 11192, 2014.

[55] Liu, J., Yan, H., Jiang, K., Mechanical properties of graphene platelet - reinforced aluminaceramic composites. Ceram. Int., 39, 6215 - 6221, 2013.

[56] Kvetková, L., Duszová, A., Hvizdoš, P., Dusza, J., Kun, P., Balázsi, C., Fracture toughness andtoughening mechanisms in graphene platelet reinforced Si3N4 composites. Scr. Mater., 66, 793 - 796, 2012.

[57] Chen, Y. - F., Bi, J. - Q., Yin, C. - L., You, G. - L., Microstructure and fracture toughness of grapheme nanosheets/alumina composites. Ceram. Int., 40, 13883 - 13889, 2014.

[58] Porwal, H., Tatarko, P., Grasso, S., Khaliq, J., Dlouhý, I., Reece, M. J., Graphene reinforced aluminanano - composites. Carbon N. Y., 64, 359 - 369, 2013.

[59] Yazdani, B., Xia, Y., Ahmad, I., Zhu, Y., Graphene and carbon nanotube (GNT) - reinforced alumina nanocomposites. J. Eur. Ceram. Soc., 35, 179 - 186, 2015.

[60] Kim, H., Lee, S., Oh, Y., Yang, Y., Lim, Y., Unoxidized graphene/alumina nanocomposite: Fracture - and wear - resistance effects of graphene on alumina matrix. Sci. Rep., 4, 1 - 9, 2014.

[61] Dusza, J., Blugan, G., Morgiel, J., Kuebler, J., Inam, F., Peijs, T., Reece, M. J., Puchy, V., Hotpressed and spark plasma sintered zirconia/carbon nanofiber composites. J. Eur. Ceram. Soc., 29, 3177 - 3184, 2009.

[62] Rutkowski, P., Stobierski, L., Zientara, D., Jaworska, L., Klimczyk, P., Urbanik, M., The influence of the graphene additive on mechanical properties and wear of hot - pressed Si3N4 matrix composites. J. Eur. Ceram. Soc., 35, 87 - 94, 2015.

[63] Belmonte, M., Ramírez, C., González - Julián, J., Schneider, J., Miranzo, P., Osendi, M. I., The beneficial effect of graphene nanofillers on the tribological performance of ceramics. Carbon N. Y., 61, 431 - 435, 2013.

[64] Hvizdoš, P., Dusza, J., Balázsi, C., Tribological properties of Si_3N_4 - graphene nanocomposites. J. Eur. Ceram. Soc., 33, 2359 - 2364, 2013.

[65] Liu, J., Yan, H., Reece, M. J., Jiang, K., Toughening of zirconia/alumina composites by the addition of graphene platelets. J. Eur. Ceram. Soc., 32, 4185 - 4193, 2012.

[66] Shin, J. - H. and Hong, S. - H., Fabrication and properties of reduced graphene oxide reinforced yttria - stabilized zirconia composite ceramics. J. Eur. Ceram. Soc., 34, 1297 - 1302, 2014.

[67] Markandan, K., Chin, J. K., Tan, M. T. T., Enhancing electroconductivity of Yytria - stabilised zirconia ceramic using graphene platlets. Key Eng. Mater., 690, 1 - 5, 2016.

[68] Fan, Y., Wang, L., Li, J., Li, J., Sun, S., Chen, F., Chen, L., Jiang, W., Preparation and electrical properties of graphene nanosheet/Al2O3 composites. Carbon N. Y., 48, 1743 - 1749, 2010.

[69] Çelik, Y., Çelik, A., Flahaut, E., Suvaci, E., Anisotropic mechanical and functional properties of graphene - based alumina matrix nanocomposites. J. Eur. Ceram. Soc., 36, 2075 - 2086, 2016.

[70] Ramirez,C. ,Garzón,L. ,Miranzo,P. ,Osendi,M. I. ,Ocal,C. ,Electrical conductivity maps in graphene nanoplatelet/silicon nitride composites using conducting scanning force microscopy. Carbon N. Y. ,49, 3873 – 3880,2011.

[71] Ramirez,C. ,Figueiredo,F. M. ,Miranzo,P. ,Poza,P. ,Osendi,M. I. ,Graphene nanoplatelet/ silicon nitride composites with high electrical conductivity. Carbon N. Y. ,50,3607 – 3615,2012.

[72] Dong,H. S. and Qi,S. J. ,Realising the potential of graphene – based materials for biosurfaces – A future perspective. Biosurf. Biotribol. ,1,229 – 248,2015.

[73] Li,H. ,Xie,Y. ,Li,K. ,Huang,L. ,Huang,S. ,Zhao,B. ,Zheng,X. ,Microstructure and wear behavior of graphene nanosheets – reinforced zirconia coating. Ceram. Int. ,40,12821 – 12829,2014.

[74] Zhang,H. ,Gao,L. ,Yang,S. ,Ultrafine SnO_2 nanoparticles decorated onto graphene for high performance lithium storage. RSC Adv. ,5,43798 – 43804,2015.

[75] Huang,X. ,Zhou,X. ,Zhou,L. ,Qian,K. ,Wang,Y. ,Liu,Z. ,Yu,C. ,A facile one – step solvothermal synthesis of SnO_2/graphene nanocomposite and its application as an anode material for lithium – ion batteries. Chem. Phys. Chem. ,12,278 – 281,2011.

[76] Chen,Y. L. ,Hu,Z. A. ,Chang,Y. Q. ,Wang,H. W. ,Zhang,Z. Y. ,Yang,Y. Y. ,Wu,H. Y. ,Zinc oxide reduced graphene oxide composites and electrochemical capacitance enhanced by homogeneous incorporation of reduced graphene oxide sheets in zinc oxide matrix. J. Phys. Chem. C,115,2563 – 2571,2011.

[77] Woźniak,J. ,Broniszewski,K. ,Kostecki,M. ,Czechowski,K. ,Jaworska,L. ,Olszyna,A. ,Cutting performance of alumina – graphene oxide composites. Mechanik,88,357 – 364,2015.

第6章 二维和三维石墨烯基纳米结构的第一性原理设计

Andrei Timoshevskii[1], Sergiy Kotrechko[1], Yuriy Matviychuk[1], EugeneKolyvoshko[2]

[1] 乌克兰基辅 G. V. Kurdyumov 金属物理研究所

[2] 乌克兰基辅 Taras Shevchenko 基辅国立大学

摘 要 基于在初始计算中的发现,研究人员证实了用卡拜链和石墨烯片制作二维和三维纳米结构的能力。预测了可能形成的三种先前未知的碳同素异形体,即结构改性石墨烯(M-石墨烯)、碳六角形相石墨烯(三维石墨烯)以及由卡拜链(carbynophene)连接的三维晶体石墨烯片。本章给出了这些相的原子和电子结构的初始模拟结果,预测了它们的基本力学性能,并给出了生成碳的这些结构形式的焓。

本章确定了这类结构中原子间结合的不稳定性和断裂的关键规律,并指出卡拜与石墨烯相互作用形成了接触结合,这种结构的强度和稳定性是由这种接触结合的强度和稳定性所预先决定。在所提出的波动模型的框架内,确定了原子相互作用的主要因素,它们能在不同温度和机械加载范围内决定卡拜-石墨烯纳米结构稳定性。本章还研究了温度和机械加载对二维卡拜-石墨烯纳米元件寿命的影响规律。在确定的温度范围内,这些纳米元件的使用寿命值足以用于实际应用中。

关键词 卡拜,石墨烯,纳米结构,稳定性,寿命,热波动,第一性原理设计

6.1 引言

在过去的30年中,固体理论发生了质的变化。计算机硬件领域的革命性变化促进了基于量子力学和分子动力学的计算方法的发展。尤其是计算方法在固体物理学领域的作用明显加强。逐渐地,基于第一性原理(初始计算)的计算方法取代了包含大量拟合参数的半经验方法。由于第一原理建模的复杂性,计算结果需有较高的精度。因此,这种计算一直具有计算机实验的性质,并且计算算法的稳定性、准确性和效率是非常重要的。近年来,有扩大精确量子力学方法应用范围的趋势,这种方法可以计算固体的电子结构和物理性质。第一性原理方法越来越多地用来解决基本问题(解释许多实验证据),也用于发展物理原理,以创造新材料和预测其性能。本书主要研究了石墨烯和卡拜链原子结构的第一原理建模和生成焓的计算以及预测它们的强度和寿命。

有限长度碳的一维链(卡拜)可能具有的一系列显著的物理性质引起了许多研究人员的兴趣。目前,初始计算是检验卡拜结构和性质的主要工具。本书给出的计算结果预测了卡拜的异常强度特性,这取决于链中原子的数量是偶数还是奇数。由于"偶数"和"奇数"链中原子不同的相互作用导致了它们原子结构的显著差异。本书认为卡拜链和石墨烯片是设计二维和三维纳米结构的"模块"。最大限度地保持这些结构中卡拜链的特殊性能是这种设计的主要任务。这就需要解决卡拜链和石墨烯片之间的相互作用问题。第一阶段,在由卡拜链连接的两个石墨烯片组成的二维结构模型中,我们解决了这个结构创建和分析中存在的问题。本章给出了这种纳米物体的原子结构和强度的初始计算结果。在研究的下一个阶段,解决了更复杂的任务——形成由卡拜链连接的一组平行石墨烯片组成的三维结构。对这种材料的原子结构的建模表明,可能存在石墨烯(M-石墨烯)的结构改性。在三维结构中,卡拜的强度达到了极高的水平。

纳米元件的稳定性和使用寿命是本章讨论的第二个问题。这是因为这些特性决定了它们在各种纳米元件中实际应用的可能性,特别是全碳基纳米电子学。这种纳米元件的一种特殊特性是,在卡拜-石墨烯纳米元件中,只破坏一个原子结合可能导致整个器件功能特性的失效。这就要求开发诊断和预测这些设备寿命的新方法。

6.2 模拟的主体和方法

采用伪电势技术使用量子-ESPRESSO(quantum-ESPRESSO,QE)程序包计算,得到 PWSCF 代码[1]。根据 Vanderbilt 方案(代码版本7.3.4)[2]和交换相关势 PBE[3]产生碳的超软伪电势,并利用这种伪电势。在布里渊区采用 Monkhorst-Pack 方法[4]。用 Broyden-Fletcher-Goldfarb-Shanno(BFGS)算法计算了单元原子的晶格参数和位置[5-7]。动能截止值 E_{cutoff} 为 820eV。使用 0.6eV 的 Methfessel-Paxton[8]模糊来计算部分占据。精确计算作用于原子上的力为 0.03eV/Å。精确计算模型结构的总能量约为 1meV。计算不考虑原子核零振荡的情况。

6.2.1 一维建模

在对卡拜(carbynes,CAC)原子结构和力学性质的建模中,利用了元素单元"盒中分子",盒的大小为 9Å×9Å×30Å,从而消除了链间的相互作用。在计算链的应变图时,晶胞尺寸没有变化。链中原子的数目为 2~21。在计算应变图时,固定其中一个边缘原子,移位第二个原子。对于每一个给定的位移,发现了剩余原子的平衡位置。在每个应变阶段链长的最大增加不超过初始平衡长度的 2%。用网格 1×1×100 确定了布里渊区的点集。动能截止值 E_{cutoff} =450eV。

6.2.2 二维建模

用石墨烯的两个无限半平面模拟通过卡拜的周期性重复链来连接的二维超结构。这一晶胞包含 48 个石墨烯原子和 1 个卡拜链。链中原子的数量为 3~10 个。因此,晶胞参数 c 在间隔 c =20.96~29.98Å 内发生了变化。晶胞参数 a(平面间的距离)为 10Å。晶胞参数 b 被确定为 7.41Å(链之间的距离),这消除了链之间的相互作用。用网格 4×1×4

确定了布里渊区的点集。通过增加晶格参数 c 来模拟这种结构的张力,这对应于石墨烯片和沿 Z 轴链的单轴均匀应变。

6.2.3 三维建模

基于卡拜和石墨烯的三维结构的晶格参数为 $a = b = 3 \times a_0 (3 \times 3)$,其中 a_0 为石墨烯晶格常数。用网格 $4 \times 1 \times 4$ 确定了布里渊区的点集。通过增加晶格参数 c 来计算这些结构的应力应变图。这对应于沿 Z 轴结构的单轴均匀变形。采用 0.6eV 的模糊宽度计算部分占据。用 M-石墨烯网格 $8 \times 8 \times 1$、三维石墨烯网格 $8 \times 8 \times 8$、卡拜链网格 $8 \times 8 \times 4$ 确定了布里渊区的点集。通过增加晶格参数 c,计算了卡拜链的应变图。

基于对研究的结构张力的模拟结果,绘制了"力 F 和/或应力 σ,以及结构元素总应变 e"的对比图、"力 F 和/或应力 σ,以及接触结合 ε"的对比图。力和应力计算如下:

$$F = \frac{dE}{dc} \tag{6.1}$$

$$\sigma = \frac{F}{S} \tag{6.2}$$

式中:E 为系统的总能量;在单个卡拜的情况下 c 为卡拜长度,在其他情况下 c 为晶胞参数;S 为有效的横截面积。在"力(应力)-应变"的曲线上,强度 $F_C(R_C)$ 估计为力(应力)最大值。

计算了接触结合的总应变 e 和应变 ε,计算如下:

$$e = \int_{c_0}^{c} \frac{dc}{c} = \ln \frac{c}{c_0} \tag{6.3}$$

$$\varepsilon = \int_{a_0}^{a} \frac{da}{a} = \ln \frac{a}{a_0} \tag{6.4}$$

在平衡和应变状态下,对于卡拜的情况,a_0 和 c 是链长,其他情况下 c 是晶胞参数;a_0 和 a 分别是平衡状态和应变状态下的接触键长。

弹性(刚度)系数 k_Y 和弹性模量 Y 的值分别为

$$k_Y = \frac{dF}{de}\bigg|_{e=0} \tag{6.5}$$

$$Y = \frac{k_Y}{S} \tag{6.6}$$

6.3 原子结构和力学性能的第一原理建模

6.3.1 卡拜的结构和强度

近年来,出现了关于单原子碳链强度和稳定性的大量研究[9-12]。卡拜的卓越物理性能[13-15]及其有前景的应用[16-21]引起了越来越多研究人员的注意。研究人员对这些物体的兴趣也是因为有可能从纳米管或石墨烯片中真正分离出卡拜链[16-17,22-23]。几年前,学者发表了关于测定碳原子链抗拉强度的实验测试结果[24-25]。他们证实了这些链的强度非常高,超过 270GPa[25]。然而,目前还没有针对链强度对其原子结构的依赖性的相关研究。不同文献中关于单原子碳链强度的数据会有一个数量级的差异[26]。在大多数情况下,研究人员研究的是无限长度链的性能。然而,有限原子卡拜链的结构和性能与无限链的结构和性质有很大的不同[27-28]。因此,研究人员对初始和变形状态下的卡拜链进行了初始计算,以确定卡拜中原子数对原子结构和强度、弹性等力学性能的影响规律。

众所周知,卡拜链和无限碳链的原子结构本质上是不同的。计算结果表明,在卡拜链中,原子间结合的长度取决于原子在链中的位置,也取决于链本身的长度。这就是卡拜链原子结构和无限碳链的根本区别。图 6.1 显示了不同长度碳链中两个邻近原子之间的结合的长度。最大长度是第一原子和第二原子之间的结合长度 a_{12}。最小长度是第三原子和第四原子之间的结合长度。在原子数小于 16 的链中,距离 a_{12} 取决于链中原子的总数,也取决于这个数是奇数还是偶数。因此,在卡拜的原子结构中,可以观察到"尺度"和"偶数-奇数"效应。计算表明,在含有 10 个以上原子的卡拜链中,链的内部结构是累积多烯。这是卡拜原子结构的一个特征。边缘原子的存在是位于有限长度链中心的累积多烯结构稳定的原因。在无限长的链中,累积多烯的结构不稳定,更加倾向于选择聚炔的结构[29]。

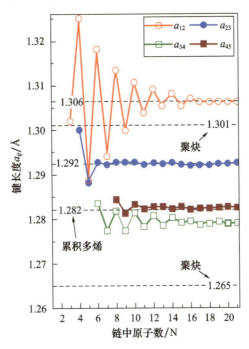

图 6.1　原子间键长 a_{ij} 与链中原子数 N 的关系

沿链的原子间距离的显著变化(图 6.1)表明,原子相互作用的能量变化也取决于链中的原子位置。因此,为描述原子在卡拜中的相互作用,预估了每个原子与链其余部分的结合能 $E_i^b(N)$。由 N 个原子组成的有限链的总能量 $E(N)$ 可以表示为

$$E(N) = \sum_i^n E_i^b(N) + NE_{at} \qquad (6.7)$$

式中:E_{at} 为自由碳原子的能量。

在碳原子数量 $N \geq 6$ 的卡拜结构中,可以识别出三种具有不同结合能的碳原子类型。

对原子间距离的分析(图6.1)表明,第一原子(从边缘)的结合能应该最低,因为第一原子和第二原子之间的距离a_{12}最大。相反,预计在卡拜中心的原子将具有最高的结合能,因为这些原子之间的距离几乎相同,并且接近累积多烯中结合的长度。预计边缘的第二原子具有结合能的中间值。这可以根据式(6.7)表示总能量:

$$E(N) = NE + 2[E_1^b(N) + E_2^b(N)] + (N-4)E_{cum}^b \tag{6.8}$$

式中:$E_1^b(N)$、$E_2^b(N)$分别为链边缘的第一和第二原子的结合能;$E_{cum}^b(N) = -7.71 \text{eV}$为碳原子在累积多烯结构中的结合能。

通过计算原子数量不同的有限链的总能量,使得估算碳原子在链中的结合能成为可能。计算结果如图6.2所示。在第一个近似中,$N \geqslant 16$的链中的值$E_1^b(N)$等于三个原子链中碳原子的平均结合能,$E_1^b(N) = -5.80 \text{eV}$(图6.2)。这种近似基于的事实是链中原子间距离接近原子数$N \geqslant 16$链的值a_{12}(图6.1)。根据式(6.8),离边缘最近的原子的结合能($E_2^b(N) = -6.58 \text{eV}$)可以从包含16个原子链的总能量推导出来,即$E_1^b(N) = -5.80 \text{eV}$。有趣的是,5个原子链中每个原子的平均能量是6.55eV,接近值$E_2^b(N)$。这可以用一个事实来解释,即5个原子链的原子间距离是相同的,接近$N \geqslant 16$链中a_{23}值(图6.1)。根据计算,数值$E_1^b(N)$既取决于卡拜中原子的总数,也取决于这个数量的奇偶性(图6.2)。在原子数量为奇数的链中,值$E_1^b(N)$数量级增大,随着链中原子数量的增加而减小,接近一个值$E_1^b(N) = 5.80 \text{eV}$。对于原子数量为偶数的链来说,情况则不同,边缘原子的结合能随着原子数量N的增加而增大(图6.2)。有趣的是,奇数原子的强卡拜是"绝缘体",偶数原子的卡拜则是导电系统。这是因为在具有奇数原子的链中,所有电子能级都被填充,而在偶数原子的链中,最后的π能级为半填充[30]。链中价电子的总数$C_n = 4n$。2s态的能量范围包含$(n-1)$σ轨道,电子数为$2(n-1)$。在2p态的能量间隔中,电子数为$2(n+1)$。其中4个电子是孤对,它们占据两个轨道σ_u和σ_g。因此,π轨道中充满了$2(n-1)$电子。由于π轨道是双重简并(它们充满4个电子),被占据的π轨道的数目等于$(n-1)/2$,并且在所有奇数链中,所有的π轨道总是被填充。图6.3显示了这种效应,它显示了卡拜C_5和C_6的价电子的能级。

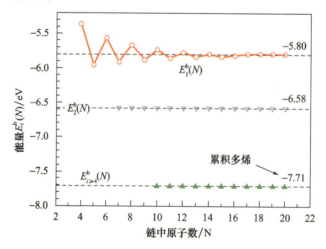

图6.2 链的两个边原子结合能$E_1^b(N)$和$E_2^b(N)$、位于其中心部分的原子的结合能$E_{i>4}^b(N)$与链中原子数的关系

图 6.2 中的数据表明,边缘原子的原子间结合是最弱的。这就导致了在加载作用下边缘原子的断裂。为了判断卡拜力学性能,模拟了不同长度链的张力。在计算结果的基础上,估算了弹性系数 k_Y 和弹性模量 Y 的值,以及当原子间相互作用不稳定时,力的最大值 F_{un},并确定了整个链的相应临界应变 e_{un} 和边缘结合 ε_{un}。值 F_{un} 可以测量绝对零度的卡拜链的强度。文献[31]对链张力的建模技术作了详细的描述,并对所得到的结果作了详细的分析。

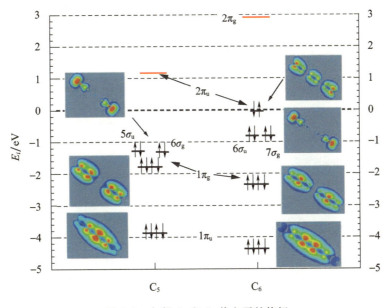

图 6.3 卡拜 C_5 和 C_6 价电子的能级

初始计算结果表明,卡拜强度是由边缘原子的结合强度预先决定。这种强度的数量级取决于链中原子的总数,也取决于这个数量是奇数还是偶数。与原子为"偶数"的卡拜强度相比,奇数原子卡拜的强度更高。5 个原子数量的卡拜具有最大的力,$F_c = 13.1 \text{nN}$。图 6.4 表明偶数和奇数链的强度差异随着链中原子数的增加而减小,而在 $N \geqslant 12$ 时,不存在强度差异。增加链中原子的数量会增加链的刚度 k_Y。从图 6.4 可以看出,与原子相互作用的能量(12 个原子而不是 16 个原子)相比,在链中原子数量较少的情况下,强度的"尺度效应"和"奇偶效应"都会消失。对于弹性系数 k_Y,从 $N \geqslant 5$ 个原子开始,"偶数"和"奇数"链之间的差异消失(图 6.4)。

通常,可以利用原子的结合能值估计原子间结合的强度。比较了边缘原子的结合能 $E_1^b(N)$ 和边缘结合临界失稳强度的值,这预先决定了整个链的强度。如图 6.5 所示,对于含有多于 3 个原子的链,边原子结合能 $E_1^b(N)$ 伴随着链的强度的增加而增加。卡拜的强度为 11.3~13.1nN(图 6.5)。具有偶数和奇数原子链的力学性能存在的差异是由它们不同的电子结构所致(图 6.3)。

这些性能表征了一个单独的卡拜链。在应用中,值得关注如何在二维和三维卡拜 – 石墨烯结构中实现这些性能。

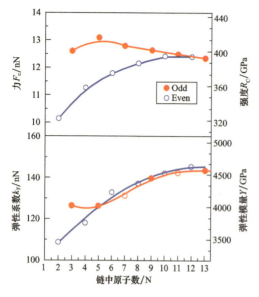 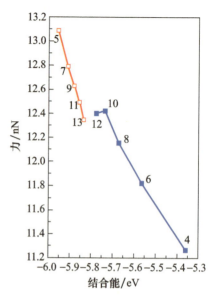

图 6.4　卡拜的力 F_c 和弹性系数 k_Y 与原子数的关系

图 6.5　偶数链和奇数链强度 F_c 与链边缘原子结合能 $E_1^b(N)$ 的关系

6.3.2　二维结构中接触结合不稳定与断裂的原子

由卡拜链连接且由两个石墨烯薄片组成的纳米元件是基于卡拜和石墨烯的典型二维结构[32]。图 6.6 展示了本书中研究的纳米元件,包含 10 原子纳米链。研究人员通过 DFT 计算研究了卡拜-石墨烯纳米元件的原子和电子结构,确定了它具有金属导电性。在这种情况下,含有 10 个原子的链是聚炔。图 6.7 和图 6.8 显示了研究的纳米元件张力的计算结果。这些数字显示了在拉伸过程中,表征这些研究的纳米元件行为的关键点(A、B 和 C)。图 6.9 说明了在初始状态和拉伸的关键阶段,系统的电子密度和原子结构分布。

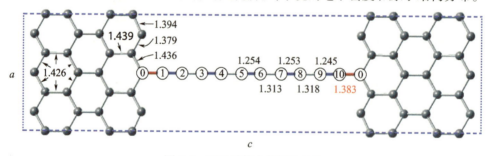

图 6.6　DFT 计算中使用的晶胞

如图 6.8(b)所示,接触结合不稳定性(点 B)随长度出现急剧增加。这伴随着应力松弛,表现为它随着链中原子间距离骤减。释放的弹性应变能用于内部做功,将接触结合原子从 B 点移动到 C 点。但是在这种情况下,这种能量的数量级不足以完成链断裂,因此,在 C 点,恢复了施加力和作用在接触结合上的力之间的平衡。也就是说,在这一点上,保持了纳米元件的完整性,图 6.8 从定量上显示了力和接触结合长度的关系。图 6.9(c)给出了 C 点电子密度的空间分布。清楚可见链的边缘原子仍与石墨烯相互作用。通过比较

图 6.9(b) 和图 6.9(c) 中的数据,清楚地说明了当接触结合(C 点)不稳定时链应力松弛的影响。应该强调的是,在完全接触结合断裂之后,卡拜链的结构发生了变化,这导致链的中心部分出现累积多烯结构(图 6.8(b))。这与早先获得的孤立链的数据一致[31]。

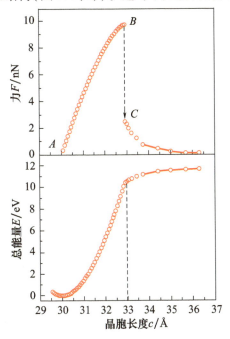

图 6.7　总能量 E 和力 F 与单元长度 c 的关系

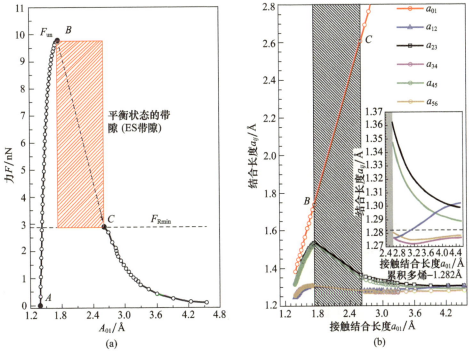

图 6.8　卡拜链中(a)力 F 和(b)结合长度 a_{ij} 与接触结合长度 a_{01} 的关系

F_{un}—不稳定力;F_{Rmin}—ES 带隙的下边界。

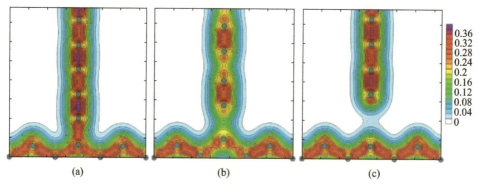

图 6.9 纳米元件在不同拉伸阶段张力下的电子密度分布(分别在图 6.8 上的 A、B、C 点)
(a)初始状态;(b)不稳定状态;(c)恢复平衡后的状态。

纳米物体失效动力学有一个特殊特征,即不可能存在原子平衡的区域(图 6.8)。换句话说,在 B 和 C 点之间,原子的平衡态存在带隙(ES 带隙)。ES 带隙的宽度是由其下界 F_R 的位置决定的。DFT 计算可以找到 F_{Rmin} 最小值(图 6.8)。"偶数"链的这些值更高,而且随着链中原子数量的增加,它们有下降的趋势(图 6.10(a))。有必要强调,偶数和奇数原子对接触结合强度 F_{un} 和 ES 带隙下限 F_{Rmin} 的影响存在相反趋势(图 6.10(a))。"奇数"纳米元件的接触结合强度 F_{un} 较高,但 F_{Rmin} 值较低。因此,"奇数"纳米元件的 ES 带隙最大宽度($\Delta_{max} = F_{un} - F_{Rmin}$)大于"偶数"纳米元件。

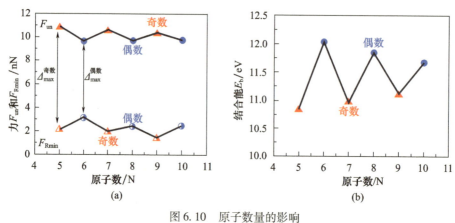

图 6.10 原子数量的影响
(a)对接触结合长度 F_{un} 和 ES 带隙下界能量 F_{Rmin} 的影响;(b)对结合能 E_b 的影响。
Δ_{max}^{odd} 和 Δ_{max}^{odd} 是含有"奇数"和"偶数"个原子的纳米器件的 ES 带隙最大值。

DFT 计算能够确定 ES 带隙的最大宽度。在一般情况下,ES 带隙宽度随外加力 F_f 值的减小而减小。它的值从未加载状态($F_f = 0$)下的 $\Delta_{min} = 0$ nN 到最大加载状态($F_{fmax} = F_{un}$)下的 $\Delta_{max} = F_{un} - F_{Rmin}$。在第一个近似中,$F_R$ 的依赖性可以被确定为[33]

$$F_R \approx \sqrt{F_{un}^2 - \alpha F_f^2} \qquad (6.9)$$

式中:α 表征 ES 带隙宽度对张力大小敏感性的系数。

在 $\alpha = 0$ 时,没有 ES 带隙,在 $\alpha = 1$ 时达到最大灵敏度。在后一种情况下,$F_{Rmin} = 0$($F_{Rmin} = 0$),变形曲线的降支消失。一般来说,α 是由最初的电子结构和它在链张力过程中变化的特点决定的。

在数值上，α 值定义为

$$\alpha = 1 - \left(\frac{F_{R\min}}{F_{un}}\right)^2 \quad (6.10)$$

根据图 6.11 中的数据，与"偶数"链不同的是，"奇数"链的值非常接近统一。这意味着在"奇数"链中，ES 带隙形成效应更为明显。随着施加的力的增加，ES 带隙的宽度增加，这表现为力 F_R 的减小（依赖式(6.9)）。此外，F_f 值与 ES 带隙边界力 F_R 之间的关系对接触结合断裂的规律和断裂的等待时间有重要的影响。

应该强调的是，ES 带隙也存在于单独链中。文献[31]并没有详细分析边缘结合变形曲线的下降分支，因此没有注意到本书所考虑的效应。在本书进行的详细计算表明，它发生在原子数量大于 3 个的单独链中（图 6.12）。因此，ES 带隙宽度随着链中原子数的增加而变大，在原子数量达到 12 时达到饱和。用系数 α 与 N 的关系来证明这一点就很方便（图 6.11）。与纳米元件相比，对于单个卡拜链，随着链中原子数量的增加，α 的生长有明显的趋势。相反，链中偶数原子对 α 值的影响较弱。

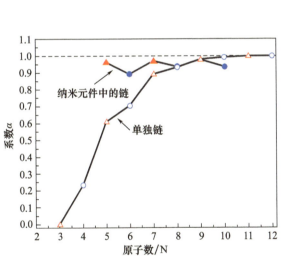

图 6.11 系数 α 值与卡拜-石墨烯纳米元件中原子数和链数的关系

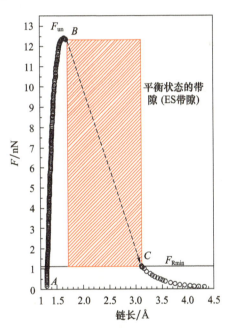

图 6.12 10 个原子单独链的应变图（名称与图 6.8 相同）

6.4 三维晶体结构建模

利用卡拜和石墨烯作为构建三维结构的模块，引起了人们对纳米物理学和应用的极大兴趣。这种三维结构由垂直于石墨烯片的卡拜链和其连接的石墨烯片组成。模拟结果表明，由卡拜链连接并由石墨烯片组成的三维结构的生成焓取决于石墨烯片的接触结合的类型和卡拜链的位置。石墨烯片边缘链原子的接触结合主要有两种类型：仅涉及一个石墨烯原子（"原子"-"原子"类型（图 6.13(a)）和两个原子（"桥"

型)(图 6.13(b))。在此,可以用两种完全不同的方法来连接石墨烯片与卡拜。第一种方法中,链被连接到不同位置的两面石墨烯片上。在第二种方法中,卡拜被连接到一个位置上的两面石墨烯片上。在后一种情况下,石墨烯片被准无限链贯穿,如图 6.14 所示。

在第一种连接石墨烯片的方法中,通过分析不同接触结合,可以选择 3 种最有趣的模型结构。第一种和第二种结构由两个五原子链组成(图 6.13)。这些结构的晶胞包含 46 个原子。在第一种结构中,实现了"原子 – 原子"型结合。第二种结构包含了卡拜与石墨烯结合的"原子 – 原子"型和"桥"型接触结合(图 6.13(b))。本书并未考虑文献[23]提出的具有两个"桥"结合的结构,因为一旦施加张力,它们就会立即转变为具有"原子 – 原子"结合类型的结构。在第二种固定方法中,当卡拜连接到一个位置两面的石墨烯片上时,就会出现第三种模型结构(图 6.14)。在这种结构中,实现了与第一种结构相同的接触结合。它的晶胞包含 23 个原子($a_0 = 0.7375$nm;$c_0 = 1.708$nm;空间对称群 189P$\overline{6}$2m)。根据模拟结果,该结构的强度受两个主要因素的影响:石墨烯片上接触结合强度和链的浓度。在研究的结构中,第三种结构具有最大的接触结合力。该结构中接触结合的力等于 8.77nN(图 6.15(a))。这个力相当于单个五原子卡拜链最大可达到力的 67%($F_{un} = 13.09$nN)[31]。因此,利用这种类型的结合,几乎 70% 的卡拜力可以在卡拜链中实现。一般来说,这种模型结构类型的接触结合力在一个足够宽的范围内变化:6.34 ~ 8.77nN(图 6.15(a))。这可以用接触结合长度的不同来解释。第三种结构的最大力是由于在研究结构中,它的接触结合长度最短(0.1396nm)。

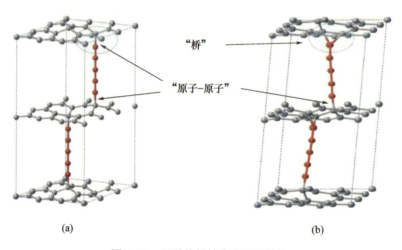

图 6.13 两种接触结合类型的结构
(a)只有"原子 – 原子";(b)同一结构的"桥"型及"原子 – 原子"型。

图 6.15(a)为检测到的卡拜链的应变图。当模拟这种结构的张力时,石墨烯片的距离(参数 c)单调增加,直到力达到临界值 F_{un}。距离 c 的进一步增加会导致接触结合在其随后的断裂时不稳定。接触结合断裂后,链又变成五原子链。因此,链仍然被固定在石墨烯片上,只有一端是"原子 – 原子"型。参数 c 的进一步变化只会导致石墨烯片间距离的增加。

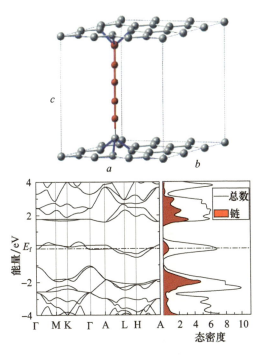 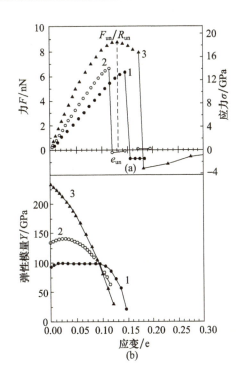

图 6.14 第三种结构的晶胞、能带结构和电子态密度

图 6.15 1~3 号结构力和应力—应变
F_{un}/R_{un}—强度的值;e_{un}—临界应力。

用初始计算可以得到由自由碳原子形成的这些结构的焓:

$$\Delta H = \frac{(E_{total}(N) - N \times E_{atom})}{N} \tag{6.11}$$

式中:$E_{total}(N)$ 为包含 N 原子的模型结构的总能量;E_{atom} 为一个自由碳原子的能量。

对于这 3 种结构,这个值几乎一样,约为 -8.30eV。因此,使用能表征石墨烯片与卡拜链相互作用的值更合乎逻辑:

$$\Delta H^* = E_{grf+chain} - E_{grf} - E_{chain} \tag{6.12}$$

式中:$E_{grf+chain}$ 为模型结构的能量;E_{grf} 为石墨烯能量;E_{chain} 为卡拜能量。

在第二种和第三种结构中,ΔH^* 值分别为 -1.17eV 和 -1.21eV。在第一种结构中,这个值几乎少了 2 倍(-0.66eV)。ΔH^* 值对链的排列和连接的石墨烯类型更为敏感,而且它表征了卡拜与石墨烯片的结合能。

石墨烯片上链的浓度是控制卡拜链强度的第二个因素。与孤立链相比,上述研究的四种模型结构预测了较低的卡拜链强度。这是因为在这些模型系统中,每九个石墨烯单元只有一个碳链。

高强度与较低的弹性模相结合是研究的三维卡拜基结构类型的一个特殊特征。应该注意的是,在很大的范围内可能改变弹性模量的值:从第一种结构的 $Y \approx 95\text{GPa}$ 到第三种结构的 $Y \approx 236\text{GPa}$(图 6.15(b))。这是因为这些结构的弹性模量不仅取决于接触结合的弹性性能,而且取决于它在石墨烯片上的位置。第一种结构和第三种结构的例子可以清楚证明此点。从第三种结构过渡到第一种结构时,弹性模量降低大于 1/2,这是由于石墨烯片在一种卡拜链结构的张力作用下有可能发生弯曲变形,原因是在后一种情况下,链固定在石墨烯单元的相反顶点上(图 6.13 和图 6.14)。

一般来说,卡拜链特征之一是高强度(几十吉帕)与非常小的弹性模量,以及按数量级变化的可能性。可以在不同的技术领域中有效应用这些有趣的特性。

最有趣的是第三种模型结构。在这种情况下,石墨烯的原子结构在固定链的地方发生显著的变化。这导致了电子结构的一个特征——靠近费米能级局域化区域(带)的出现(图 6.14)。计算表明,在费米能级上,态密度的主要贡献不是来自链状原子,而是石墨烯原子。从图 6.14 来看,当两个接触结合形成时,链的两个外原子和石墨烯片的 3 个原子的配位数是 4。用特征 sp^3 结合形成五原子团聚。因此,卡拜链在结构上改性石墨烯片。链为石墨烯"提供"了一个添加原子,从而与石墨烯片形成链其余部分的接触结合。模拟结果表明,图 6.16(a)显示的石墨烯片中存在构型缺陷"对",从能量角度而言,这是有利的。事实上,石墨烯片因此成为"褶皱"结构。为了表征这种结构缺陷,可以方便地使用 E_f 值——石墨烯片上附加原子构型形成的能量:

$$E_f = E_{gr+atom} - E_{gr} - E_{atom} \tag{6.13}$$

式中:$E_{gr+atom}$ 为"石墨烯+添加原子"系统的能量;E_{gr} 为石墨烯能量。这种结构缺陷"对"的能量 $E_b = -2.20\text{eV}$。这个原子构型比"桥"构型的能量($E_f = -2.67\text{eV}$)少 0.47eV(图 6.16(b))[34]。

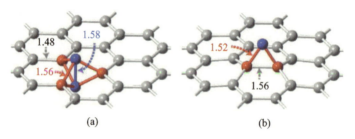

图 6.16 石墨烯片上"对"和"桥"吸附原子构型

可以将石墨烯晶格看作碳原子的两个互穿六边形亚晶格(α 和 β)。当 α 亚晶格中产生缺陷"对"构型时,β 亚晶格有 3 个 sp^3 结合的原子(红色,图 6.16(a))。可以按顺序安排这种缺陷。这种排序的一个变体如图 6.17 所示。此图显示了结构改性的石墨烯晶胞(M-石墨烯)。晶胞包含 7 个碳原子(图 6.18)。图 6.18 所示为 M-石墨烯的能带结构和态密度。在非极化近似下得到了结果。基态为非磁性。sp^3 和 sp^2 结合原子的电子态在整个价带内为强杂化。图 6.18 分别以红色和蓝色显示了这些原子及其部分态密度。原子的电子状态(以蓝色标记)可以确保石墨烯的波纹构型,并且高度局域化(图 6.18)。晶胞包含一个这样的原子,其两个电子在 -2.5eV 区域占据一个平坦带(图 6.18)。相应的在这种能量下,可以在态密度中观察到一个狭窄的峰值。从图 6.18 可以看出,对费米能级态密度的主要贡献来自 α 亚晶格原子的电子态(以灰色标记)。这些态与 β 亚晶格中的原子态杂化(以红色标记)。M-石墨烯的电子结构无疑引起了人们的兴趣,还需要对这种电子结构进行详细的研究,本章对此不进行讨论。由自由碳原子形成 M-石墨烯的焓,能量为 -8.23eV,这与其他碳结构形式的焓相当(表 6.1)。

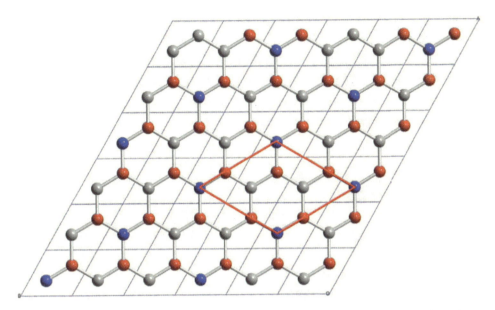

图 6.17 成对吸附原子构型的有序分布模式(蓝色)(用红色实线标记 M-石墨烯晶胞)

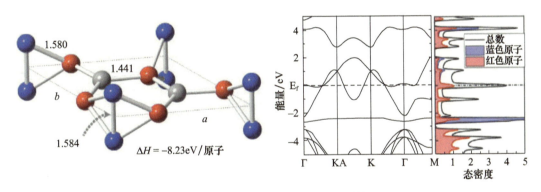

图 6.18 M-石墨烯的晶胞和电子结构

表 6.1 不同多态碳的结构和能量特性

碳同素异形体	空间群对称	单元内原子数	单元参数/Å			密度/(g/cm³)	ΔH/(eV/原子)
			a	b	c		
石墨烯	—	2	2.47	2.47	11.0	—	−9.16
石墨烯	—	7	4.25	4.25	11.0	—	−8.23
三维石墨烯	189P$\bar{6}2m$	7	4.22	4.22	3.35	2.70	−8.41
卡拜链-5		12	4.22	4.22	9.83	1.58	−8.24
金刚石	227Fd$\bar{3}m$	8	3.57	3.57	3.57	3.52	−9.03

M-石墨烯这样的物质可能存在两个重要的结果。

(1) 计算表明,M-石墨烯片的组合从能量上有利于形成三维石墨烯晶体。石墨烯片由 sp³ 结合连接。从 M-石墨烯片形成的结晶焓为 −1.22eV。从自由碳原子形成的焓为 −8.41eV,略高于 M-石墨烯,但约为 0.6eV 低于金刚石(表 6.1)。元素单元包含 7 个

3种类型的碳原子(图6.19)。这种晶体的空间对称群是189P$\bar{6}$2m。因此,我们的计算预测可能存在碳的六边形相。图6.19所示为三维石墨烯晶体的能带结构和DOS。基态为非磁性。在费米能级上观察到一个强烈的峰值,主要的贡献来自于两种原子类型的电子态——这两种原子都相互连接石墨烯片(图6.19中的蓝色)和离石墨烯平面最近的原子(红色)。这些状态是强杂化的(图6.19)。我们还计算了三维石墨烯晶体的弹性常数,并在Voigt-Reuss-Hill近似下给出了弹性模量,见表6.2。

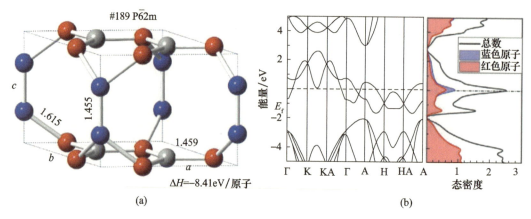

图6.19 三维石墨烯的晶胞和电子结构

表6.2 各种形式的碳的弹性模量

碳	金刚石		三维石墨烯/GPO
	现值/GPa	实验值[33]/GPa	
C_{11}	1046.2	1079	911.8
C_{12}	122.7	124	133.7
C_{13}	—	—	84.6
C_{33}	—	—	338.7
C_{44}	563.6	578	77.0
B	430.5	442	276.5
G	520.4	535	184.7
E	1112.8	1050	451.6

注:在Voigt-Reuss-Hill近似下给出了弹性模量。

正如预期的那样,三维石墨烯具有明显的弹性性能各向异性。这里的这种结构具有更低(更小)的抗剪切变形值。文献[35]显示了无缺陷晶体的弹性模量值与剪切模量值之间的比值,这个值可以表征它们的脆性程度。从这个角度来看,三维石墨烯纳米晶体应该比金刚石纳米晶体更具有延展性。

(2) M-石墨烯可能解决卡拜链固定到石墨烯上存在的问题。当然,我们只讨论"石墨烯+卡宾"材料(卡拜链)原子结构的建模,如图6.20所示。从能量角度而言,将卡拜链固定在石墨烯片上是有利的,这可以提供石墨烯褶皱构型。单位晶胞(图6.21)包含12

个碳原子,其中5个碳原子属于卡拜链(约42%)。这种晶体的对称群是#189P$\bar{6}$2m。从M-石墨烯和卡拜生成的这种卡拜链的焓为-6.0eV。自由碳原子生成的焓为-8.24eV,比金刚石低约0.8eV(表6.1)。图6.21所示为卡拜链的能带结构和DOS。应该注意的是,链中原子的电子态和石墨烯原子的电子态在整个价带宽度上杂化。卡拜链-5的变形曲线如图6.22所示。

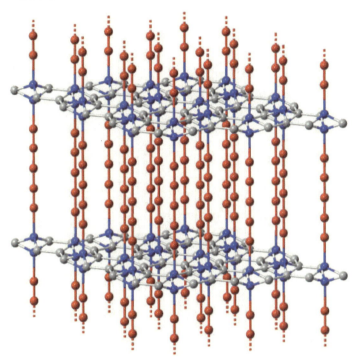

图6.20 卡拜链-5的原子结构

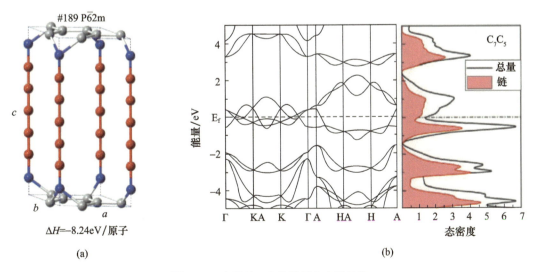

图6.21 卡拜链-5的单元和电子结构

从二维到三维结构的转变导致了接触结合性能的变化。图6.23清楚地展示了这一点。此图显示了在接触结合中作用的力与接触结合长度增加的关系。实线是卡拜链-5的应变曲线;虚线是之前研究的二维卡拜-石墨烯纳米元件接触结合的应变图,这种元素含有5个原子卡拜链。从这些数据来看,二维和三维纳米晶体中接触结合变形曲线的上升分支(AB)实际上是重合的。也就是说,接触结合的弹性系数相等,它们的强度值 F_{un},实际上相同。下降的分支 BD 存在基本区别。当 $F>F_{un}$ 时,二维-纳米元件中的接触结合变得不稳定,但 $F_{Rmin} \approx 2nN$ 时,链与石墨烯片之间的相互作用得到恢复,接触结合继续抵抗张力。在卡拜链中,情况完全不同。在通过最大值后,接触结合能够抵抗到 B^* 点的张力。当位移较大时,链中的原子没有平衡位置;因此,接触结合就无法抵抗张力。此外,$B^* \approx 1Å$ 阶和更高阶的接触结合原子的位移作用下,观察到链原子对石墨烯片原子的排斥。这意味着在 B^* 点之后,链会发生加速断裂。这是由于在通过最大的拉伸强度("B"点)后,二维晶体和三维晶体的电子结构的重新排列存在差异。

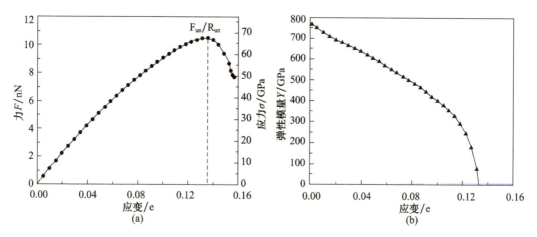

图 6.22 (a)卡拜链-5的应变曲线及(b)其弹性模量与应变的关系

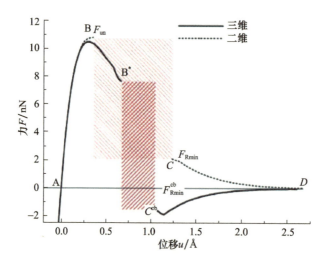

图 6.23 二维结构(实线)和三维结构(虚线)的接触结合变形
F_{un}—接触结合稳定性损失(强度)的临界力;F_{Rmin}—ES 带隙的下边界;
u—接触结合长度的增加(ES 带隙区域显示有阴影区域)。

当接触结合断裂是由原子的热涨落引起时,张力曲线的下降分支中原子相互作用的差异,即原子的平衡位置出现的较大偏差,将起决定性作用。这个问题将在下面的内容进行讨论。

6.5 热力学稳定性

含有单原子链的纳米元件的寿命由接触结合断裂的等待时间决定。如上所述,解决这个问题的经典方法是使用阿累尼乌斯(Arrhenius)方程,或者在反应理论框架内对其随后进行改性。在这种情况下,原子结合断裂的概率等于原子动能涨落的概率,足以克服能量级等于结合能 E_0 的能垒。这发生在机械卸载晶体的情况中。

在这些办法的框架内,考虑力场效应遇到了相当大的困难。通常,在这种情况下,假设线性定律,即随着应力的增加,能量势垒高度降低[36-37]。然而,MD 计算的结果表明,这种关系是非线性[36]。这意味着在这些关系中使用的激活体积的能量级不是材料常数,因为它取决于作用在晶体中的应力水平。即使在一维原子链的情况下,能量势垒的高度也随张力的增加呈非线性下降[38]。

此外,这些模型并没有考虑由于 ES 带隙的存在而引起的不稳定和键断裂动力学的特定特征。

6.5.1 波动模型

在机械加载晶体的一般情况下,原子结合断裂的概率可表式为

$$P(\delta \geqslant \delta_c) = P_c \tag{6.14}$$

式中:P_c 为失效概率;δ_c 为结合长度波动 δ 的临界值。

如图 6.23 所示,临界应变的能量级 δ_c 由施加力 F_f 的水平决定。这是因为热波动只引起原子相互作用的短期不稳定性。为了断裂这种联系,需要由施加的力"引起"这些波动(图 6.24)。

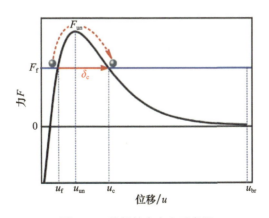

图 6.24 接触结合应变示意图

F_f—"施加"力的值;u_f—由机械载荷引起的原子平衡位置的偏差;

F_{un}、u_{un} 分别为接触结合失稳的力和位移;u_c、δ_c 分别为临界位移和临界波动;u_{br} 为结合断裂的位移。

考虑到式(6.14),结合断裂概率即临界波动 δ_c 实现的表达式为

$$P(\delta > \delta_c) = \frac{\int_{\delta_c}^{\delta_{br}} \exp\left[\frac{-\varepsilon(\delta)}{k_B T}\right] d\delta}{\int_0^{\delta_{br}} \exp\left[\frac{-\varepsilon(\delta)}{k_B T}\right] d\delta} \tag{6.15}$$

式中:T 为温度;k_B 为玻耳兹曼(Boltzmann)常数;δ_{br} 为对应于最大位移 u_{br} 的波动(图6.24);$\varepsilon(\delta)$ 为能量波动,可表示为

$$\varepsilon(\delta) = E(u_f + \delta) - E(u_f) \tag{6.16}$$

式中:u_f 为由于施加的力 F_f 引起的原子位移。

临界波动的值 δ_c 由以下条件决定:

$$\delta_c = u_c - u_f \tag{6.17}$$

通过求解非线性方程可以确定原子临界位移 u_c 能量级:

$$F_f = F_{DFT}(u_c) \tag{6.18}$$

相对于施加给定加载 F_f 时的位移 u_c,$F_{DFT}(u_c)$ 是力与接触结合长度的DFT关系。

图6.24清楚地说明了确定 u_c 值流程的本质。在式(6.17)中,δ_c 是积分的下限,对结合断裂概率的值有显著的影响。这意味"力与原子间距离"的下降分支的本质(u_{un} 和 u_{br} 之间的区域(图6.24))应在由波动引起的原子结合断裂中起关键作用。同时,在结合出现非热断裂时,它的强度只取决于 F_{un} 的大小。

施加力 F_f 为常数,在结合断裂前,可预估平均振荡周期为

$$\tau = \frac{\tau_0}{P(\delta > \delta_c)} \tag{6.19}$$

通过拉格朗日方程求解势场中原子运动 $E(u)$ 可得

$$\delta t = \sqrt{2m} \int \frac{du}{\sqrt{U - E(u)}} \tag{6.20}$$

式中:m 为原子的质量;δt 为时间;U 为原子的总能量(动能和势能)。

在集合状态上求取平均数:

$$\tau_0 = \frac{\int_0^\infty \delta t \exp\left(-\frac{U}{k_B T}\right) dU}{\int_0^\infty \exp\left(-\frac{U}{k_B T}\right) dU} \tag{6.21}$$

计算表明,τ_0 在一个相当狭窄的范围内变化。在研究的温度范围(600~1500K)间,τ_0 的间隔为0.032~0.037ps。降低高载荷区域内原子结合的刚度(非协调现象)会引起 τ_0 一定的增加。因此,例如当 $F_f = 0.85 F_{un}$ 时,接触结合原子的振动周期增加了约7%,当 $F_f = 0.99 F_{un}$ 时,达到了 F_{un},周期增加了20%。

如上所述,要断裂结合,需要由施加的力 F_f 引起这些波动;因此,在一个严格的公式中,当 $F_f = 0$ 时,这个模型不能用来预测接触结合断裂的概率。然而,在计算中,如果所施加的力足够小但非零,通过计算就可以克服这个困难。在这种情况下,假设最小值 $F_{fmin} = 0.065nN$。因此,当 $F_f = 0$ 时,用外推法确定零加载下的断裂概率值。

6.5.2 寿命预测

如上所述,F_f 与ES带隙边界 F_R 之间的比值对接触结合断裂的规律和断裂的等待时

间有重要的影响。该波动模型能够使两者定量描述由 ES 带隙引起的效应,并预测温度和机械载荷对纳米元素寿命的影响。

基于此模型,根据 F_f 和 F_R 之间的比值,可能有两种不同的结合断裂机制。当施加力 F_f 值小于 F_R 时,由波动引起的短期结合不稳定性($u > u_{un}$)不会引起结合断裂。这需要实现更大的波动 δ_c,在这种情况下,原子将被施加的力"引起"(图 6.25(a))(机制"Ⅰ")。当施加力 F_f 的能量级超过 F_R(图 6.25(b))时,将观察到另一种机制。在这种情况下,接触结合波动引起的不稳定性足以使其断裂,即结合的不稳定性($u \geq u_{un}$)成为这种断裂的必要条件和充分条件(机制"Ⅱ")。因此,结合断裂所需的临界波动值 $\delta_c = \delta_{un}$ 显著降低。

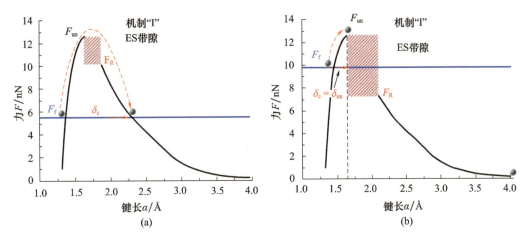

图 6.25　接触结合断裂机制

(a)在 $F_f < F_R$ 时,接触结合的不稳定性是其断裂的必要但不充分条件(机制"Ⅰ");
(b)在 $F_f \geq F_R$ 时,接触结合的不稳定性导致其断裂(机制"Ⅱ")($T = 600$K;二维纳米结构包含 10 个原子链)。

这些波动引起的结合断裂机制的差异对卡拜基纳米元件的时间依赖性和绝对寿命行为都有重要的影响。因此,通过寿命与施加力能量级的关系可以区分两个区域;这两个区域在接触结合断裂前的时间变化性质和纳米元素寿命绝对值不同(图 6.26)。在这种情况下,当实现第一个结合断裂机制时(图 6.26 中的区域"Ⅰ"),纳米元素($N = 10$,$T = 600$K)的寿命可达数百万年,而在第二种情况下(区域"Ⅱ",图 6.26),寿命不超过 0.1s。从应用的角度来看,这意味着在实现第一个机制时,可能实现纳米元素的长期操作。第二种机制会导致纳米元素的快速失效。重要的是,在加载小于接触结合强度的情况下,会发生纳米元素的快速断裂。

根据式(6.10),由于热波动引起的结合不稳定导致其断裂(机制"Ⅱ"),将加载的临界值 F_f^* 定义为

$$\frac{F_f^*}{F_{un}} = \frac{1}{\sqrt{1+\alpha}} \tag{6.22}$$

根据图 6.11 所示的数据,对于卡拜 - 石墨烯纳米元件,临界加载的相对值划分了"Ⅰ"和"Ⅱ"区域(图 6.25),并轻度依赖于链参数,且位于一个相当狭窄的范围内 $F_f^* = (0.71 \sim 0.74) \times F_{un}$。这意味着这种纳米结构的实际可达到强度总是比接触结合强度低 30%,也就是说,在这种体系中,无法达到接触结合的强度。ES 带隙的存在是造成这种效应的原因。

图 6.27 所示为卡拜-石墨烯纳米元素在较大温度范围内寿命变化的规律。根据这些数据，在温度不超过 800K 时，且加载不超过接触结合拉伸强度的 1/2，卡拜基纳米装置的寿命足以满足应用的要求。在机械加载不超过极限加载的 30% 时，所研究的纳米装置也可以在 1000K 的温度下工作。在未加载状态下，当温度不超过 1500K 时，这种纳米装置在应用中具有足够的热力学稳定性。应该强调的是，这些结果是从含有 10 个原子的卡拜链纳米元素中得到的。计算表明，接触结合断裂的预期时间很大程度上取决于卡拜链中原子的数量是偶数还是奇数（图 6.28）。

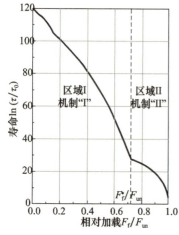
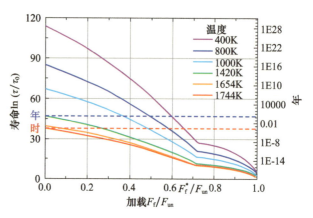

图 6.26 在机制"Ⅰ"和机制"Ⅱ"下，当现了由波动引起的原子间结合断裂时，接触结合平均断裂时间的变化规律（$T=600K$；纳米装置包含 10 个原子链）

图 6.27 寿命与加载和温度的关系
$\tau_0 = 0.042ps$—原子振动的平均周期；F_f—施加加载的值；F_{un}—接触结合的拉伸强度；F_f^*—接触结合断裂机理变化的临界力。

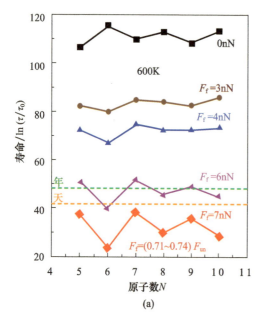
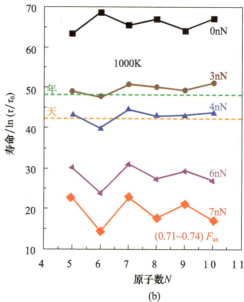

(a)　　　　　　　　　　　　(b)

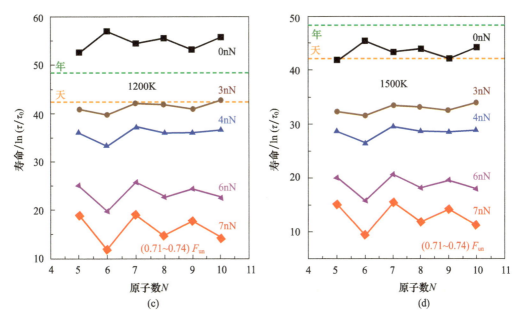

图 6.28 在固定温度 T 和机械加载 F_f 下，
寿命与链中原子数的关系（每个图的底部曲线对应一个临界加载）

因此，将观察到两个相反的规律。当未施加机械加载 $F=0$ 时，"偶数"链的寿命更长，当加载大于临界加载的情况下 $F_f \geqslant F_f^*$，会出现相反的规律。这是因为在上述两种不同的机制下实现了热波动引起的结合断裂（图 6.25）。在第一种情况下（$F_f=0$），ES 带隙宽度等于 0，工作失效的值是决定接触结合断裂预期时间的主要因素。根据 DFT 计算，"偶数"链的 E_b 值更高（图 6.10(a)）。在加载大于临界加载的区域中 $F_f \geqslant F_f^*$，会观察到相反的规律。"奇数"链在接触结合断裂时的等待时间较长。如上所述，在这种情况下，接触结合不稳定是其断裂的必要条件和充分条件，即实现了第二机制（图 6.25(b)）。因此，不稳定力 F_{un} 对寿命有决定性的影响。"奇数"链的 F_{un} 更大（图 6.10(a)）。随着加载从 $F_f \geqslant 0$ 增加到 $F_f \geqslant F_f^*$，从第一个机制过渡到了第二个机制。结果表明，更可靠的"偶数"链变得不再那么可靠。在过渡区域，"偶数 – 奇数"效应消失。当加载接近 $F_f \approx 0.3F_{un}$ 时就会发生这种情况。

因此，根据接触结合断裂的机理，这种断裂的预期时间或取决于接触结合强度，或取决于结合能的值。反过来，这些特性的值取决于链中原子的数目是偶数还是奇数。温度和机械加载对寿命值的确定规律表明，"力 – 原子位移"的下降分支在原子间结合的波动断裂中起着决定性的作用。只有在高机械加载（$F_f \approx 0.7F_{un}$）范围内，当临界波动的大小不超过 $\delta_c \leqslant u_{un} - u_f$ 时（图 6.25(b)），在这个关系中是由上升分支的特性决定寿命。

$$F_f^* = (0.71 \sim 0.74) \times F_{un}$$

图 6.28 所示的数据表明，从实际的角度来看，当使用卡拜基纳米元素时，机械加载不能超过临界值 $F_f^* = (0.71 \sim 0.74) \times F_{un}$。在未加载状态下，含有 6 个原子卡拜链的纳米元素拥有最长寿命。在加载状态（$F_f^* > F_f \geqslant 0.3F_{un}$）中，更应选择具有"奇数"卡拜链的器件。从应用的角度来看，这意味着这些纳米元素应该用于在使用过程中承受应变的系统中。

6.6 小结

(1) 初始计算表明,从能量角度来看选择三维结构比较有利,在这个结构中石墨烯片与卡拜链相连接。这一事实为可能合成一种新型的三维碳结构——"卡拜链"——铺平了道路。

(2) 确定了连接卡拜链和石墨烯片的两种主要接触结合类型:"原子-原子"型和"桥"型。组合这些结合类型可以使人们获得大量的卡拜链结构,其特点是生成焓范围广泛且强度和弹性特性也各不相同。可能存在的结构改性石墨烯(M-石墨烯)是生成卡拜链的关键,因为它可以解决将卡拜链固定到石墨烯片上的问题。

(3) 接触结合的强度及其在石墨烯片上的浓度是影响卡拜链强度的两个主要因素。在改性 M-石墨烯的基础上,获得了最大的结合强度。这个强度等于 10.5nN,是 5 个原子卡拜链强度的 80%。在这种情况下,每 3 个 M-石墨烯单元都存在一条链,这使得可能在垂直于 M-石墨烯片平面的方向上获得高强度的卡拜链。这个方向的弹性模量是 68GPa,相当于 766GPa。

(4) 在较大范围内(95~766GPa)改变弹性模量,同时保持其高强度是卡拜链的一个特点,这在纳米设备和医学应用中非常有吸引力。

(5) 卡拜-石墨烯纳米结构的寿命受到波动引起的接触结合断裂现象的影响。只有当波动能量级达到临界值时,接触结合长度的短期波动才会导致断裂,而临界值由机械加载的能量级和原子间相互作用的下降分支的性质决定。

(6) 在机械应力作用下,卡拜链和二维-三维卡拜-石墨烯纳米结构行为的一个关键特征是存在原子平衡态的能带隙。这对纳米元素的寿命有着至关重要的影响,也是两种机制下接触结合断裂存在的原因。原子间结合对其长度的波动有不同的"反应",这区别了两种机制。其中之一体现为原子间结合的短期结合不稳定是其断裂的必要但不充分条件。这意味着要打破结合,原子间距离的波动必须达到一个临界值,这个临界值可以由施加的力"引起"。第二个机制的特点是接触结合的波动引起的不稳定性是其断裂的充分条件。在这种情况下,较小的波动导致接触结合断裂。因此,与第一种情况相比,寿命下降了许多数量级。在研究的卡拜-石墨烯纳米结构中,当施加力的值超过接触结合强度的 71%~74% 时,从第一个机制转变到第二个机制。

(7) 二维卡拜-石墨烯纳米元素的寿命取决于卡拜链中原子的数量是偶数还是奇数("偶数-奇数"效应)。这是由于接触结合的强度(不稳定力的值)和结合能存在"偶数-奇数"效应的结果。原子间结合断裂的机制影响"偶数-奇数"效应的表现规律。当实现第一个机制时,拥有"偶数"链的纳米元素具有更大的寿命。当实现第二种机制时,拥有"奇数"卡拜链的纳米元素变得更加稳定。从应用的角度来看,这意味着这种类型的纳米元素更应该用于在运行过程中卡拜承受应变的系统中。在没有变形的情况下,使用具有偶数链的卡拜基纳米元素是比较明智的做法。

参考文献

[1] Giannozzi,P. et al.,QUANTUM ESPRESSO: A modular and open – source software project for quantum simulations of materials. J. Phys. Condens. Matter.,21,395502,2009.

[2] Original QE PP library http://www.quantum – espresso.org/pseudopotentials/

[3] Perdew,J. P.,Burke,K.,Ernzerhof,M.,Generalized gradient approximation made simple. Phys. Rev. Lett.,77,3865 – 3868,1996.

[4] Monkhorst,H. J. and Pack,J. D.,Special points for brillouin – zone integrations. Phys. Rev. B,13,5188 – 5192,1976.

[5] Fletcher,R.,Practical Methods of Optimization,Wiley,New York,1987.

[6] Billeter,S. R.,Turner,A. J.,Thiel,W.,Linear scaling geometry optimisation and transition statesearch in hybrid delocalised internal coordinates. Phys. Chem. Chem. Phys.,2,2177,2000.

[7] Billeter S.,R. and Curioni A. and Andreoni,W.,Efficient linear scaling geometry optimization and transition – state search for direct wavefunction optimization schemes in density functional theory using a plane – wave basis. Comput. Mater. Sci.,27,437,2003.

[8] Methfessel,M. and Paxton,A. T.,High – precision sampling for Brillouin – zone integration in metals. Phys. Rev. B,40,3616,1989.

[9] Kavan,L.,Hlavat'y,J.,Kastner,J.,Kuzmany,H.,Electrochemical carbyne from perfluorinated hydrocarbons: Synthesis and stability studied by Raman scattering. Carbon,33,1321,1995.

[10] Casari,C. S.,Li Bassi,A.,Ravagnan,L.,Siviero,F.,Lenardi,C.,Piseri,P.,Bongiorno,G.,Bottani,C. E.,Milani,P.,Chemical and thermal stability of carbyne – like structures in cluster – assembled carbon films. Phys. Rev. B,69,075422,2004.

[11] Jin,C.,Lan,H.,Peng,L.,Suenaga,K.,Iijima,S.,Deriving carbon atomic chains from graphene. Phys. Rev. Lett.,102,205501,2009.

[12] Liu,M.,Artyukhov,V. I.,Lee,H.,Xu,F.,Yakobson,B. I.,Carbyne from first principles: Chain of C atoms,a nanorod or a nanorope. ACS Nano,7,11,10075,2013.

[13] Banhart,F.,Chains of carbon atoms: A vision or a new nanomaterial? Beilstein J. Nanotechnol.,6,559,2015.

[14] Ravagnan,L.,Manini,N.,Cinquanta,E.,Onida,G.,Sangalli,D.,Motta,C.,Devetta,M.,Bordoni,A.,Piseri,P.,and Milani,P.,Effect of axial torsion on sp carbon atomic wires. Phys. Rev. Lett.,102,245502,2009.

[15] Cinquanta,E.,Ravagnan,L.,Castelli,I. E.,Cataldo,F.,Manini,N.,Onida,G.,Milani,P.,Vibrational characterization of dinaphthylpolyynes: A model system for the study of end capped sp carbon chains. J. Chem. Phys.,135,194501,2011.

[16] Durgun,E.,Senger,R. T.,Mehrez,H.,Dag,S.,Ciraci,S.,Nanospintronic properties of carboncobalt atomic chains. Europhys. Lett.,73,642,2006.

[17] Wang,Y.,Ning,X. – J.,Lin,Z. – Z.,Li,P.,Zhuang,J.,Preparation of long monatomic carbon chains: Molecular dynamics studies. Phys. Rev. B,76,165423,2007.

[18] Erdogan,E.,Popov,I.,Rocha,C. G.,Cuniberti,G.,Roche,S.,Seifert,G.,Engineering carbon chains from mechanically stretched graphene – based materials. Phys. Rev. B,83,041401(R),2011.

[19] Rinzler,G.,Hafner,J.,Nikolaev,P.,Nordlander,P.,Colbert,D. T.,Smalley,R. E.,Lou,L.,Kim,S. G.,Tomanek,D.,Unraveling nanotubes: Field emission from an atomic wire. Science,269,1550,1995.

[20] Lang, N. D. and Avouris, P., Oscillatory conductance of carbon – atom wires. Phys. Rev. Lett., 81, 3515, 1998.

[21] Yazdani, A., Eigler, D. M., Lang, N. D., Off – resonance conduction through atomic wires. Science, 272, 1921, 1996.

[22] Ragab, T. and Basaran, C., The unravelling of open – ended single walled carbon nanotubes using molecular dynamics simulations. J. Electron. Packag., 133, 020903, 2011.

[23] Ataca, C. and Ciraci, S., Perpendicular growth of carbon chains on graphene from firstprinciples. Phys. Rev. B, 83, 235417, 2011.

[24] Kotrechko, S., Mazilov, A. A., Mazilova, T. I., Sadanov, E. V., Mikhailovskij, I. M., Experimental determination of the mechanical strength of monatomic carbon chains. Tech. Phys. Lett., 38, 132, 2012.

[25] Mikhailovskij, I. M., Sadanov, E. V., Kotrechko, S., Ksenofontov, V. A., Mazilova, T. I., Measurement of the inherent strength of carbon atomic chains. Phys. Rev. B, 87, 045410, 2013.

[26] Huang, Y., Wu, J., Hwang, K. C., Thickness of graphene and single – wall carbon nanotubes. Phys. Rev. B, 74, 245413, 2006.

[27] Fan, X. F., Liu, L., Lin, J., Shen, Z. X., Kuo, J. – L., Density functional theory study of finite carbon chains. ACS Nano, 3, 3788, 2009.

[28] Cahangirov, S., Topsakal, M., Ciraci, S., Long – range interactions in carbon atomic chains. Phys. Rev. B, 82, 195444, 2010.

[29] Peierls, R. E., Quantum Theory of Solids, p. 108, Oxford University Press, New York, 1955.

[30] Pitzer, K. S. and Clementi, E., Large molecules in carbon vapor. J. Am. Chem. Soc., 81, 4477, 1959.

[31] Timoshevskii, A., Kotrechko, S., Matviychuk, Yu., Atomic structure and mechanical properties of carbyne. Phys. Rev. B, 91, 245434, 2015.

[32] Liu, Z. Z., Yu, W. F., Wang, Y., Ning, X. J., Predicting the stability of nanodevices. EPL, 94, 40002, 2011.

[33] Kotrechko, S., Timoshevskii, A., Kolyvoshko, E., Yu. Matviychuk, N., Stetsenko, Thermomechanical stability of carbyne – based nanodevices. Nanoscale Res. Lett., 12, 327, 2017.

[34] Ataca, C., Akturk, E., Şahin, H., Ciraci, S., Adsorption of carbon adatoms to graphene and its nanoribbons. J. Appl. Phys., 109, 013704, 2011.

[35] Krenn, C. R., Roundy, D., Morris, J. W., Jr., Marvin, L., Cohen, ideal strengths of bcc metals. Mater. Sci. Eng. A, 319 – 321, 111 – 114, 2001.

[36] Zhu, T., Li, J., Samanta, A., Leach, A., Gall, K., Temperature and strain – rate dependence of surface dislocation nucleation. Phys. Rev. Lett., 100, 025502, 2008.

[37] Zhao, H. and Aluru, N. R., Temperature and strain – rate dependent fracture strength of graphene. J. Appl. Phys., 108, 064321, 2010.

[38] Regel, V. R., Slutsker, A. Zh., Tomashevskiy, E. E., Kineticheskaya priroda prochnosti tverdyh tel. Uspehi fizicheskih nauk, 106, 2, 193 – 223, 1972 (in Russian).

第7章 石墨烯基复合纳米结构的合成、性能和应用

Mashkoor Ahmad[1], Saira Naz[1,2]

[1] 巴基斯坦伊斯兰堡, P. O. Nilore, 巴基斯坦核科学技术研究所物理系纳米材料研究小组 (NRG)

[2] 巴基斯坦白沙瓦大学化学科学研究所

摘 要 石墨烯由于其独特的性能,如较高的电子迁移率、极高的导热系数、极高的弹性和刚度以及超大型的比表面积等,而受到了广泛的关注。此外,石墨烯在纳米电子学、能量存储和转化、化学和生物传感器、复合材料和生物技术等领域有着广泛的应用前景而备受关注。本章对石墨烯基复合纳米结构的合成、性能和应用进行了全面的研究。首先简要介绍了最常用的合成石墨烯基复合纳米结构的方法;然后展示了这种结构许多显著的性能;最后简要分析了石墨烯复合纳米结构在储能、药物、催化、生物传感器等领域的应用前景。这些研究为石墨烯基复合纳米结构的广泛应用奠定了基础。

关键词 纳米复合材料,氧化石墨烯,电化学传感器,锂离子电池,超级电容器,催化,剥离,抗菌活性,化学气相沉积,还原氧化石墨烯,混合物,光催化活性

7.1 引言

20世纪80年代中期,人们认为纯固体碳只存在于钻石和石墨这两种物理形式中。钻石和石墨具有不同的物理结构和性能;但它们的原子被排列在共价结合网络中。这两种不同的碳原子物理形式称为同素异形体。

石墨通常作为铅笔芯的主要成分,能应用于电池电极和工业级润滑剂的大规模工业领域中。大多数情况下,石墨是一种活性的前驱体材料,可以用于制造各种类型的碳基纳米材料,包括单壁或多壁纳米管、富勒烯和石墨烯[1-2]。碳纳米管具有圆柱形的碳结构,拥有广泛的电子和光学特性,这不仅是因为它有扩展的 sp^2 碳,而且因为其拥有可调谐的物理性能(如直径、长度、单壁对比多壁、手性和表面功能化)。碳纳米管具有的力学强度、导电性能、光学性能等物理性质使其适用于先进的碳基生物材料的制造。CNT具有的电学性能使其适用于电子器件的制造,这是因为碳纳米管的长度在100nm到数百微米之间。富勒烯俗称巴克球,是由60个高度对称电子结构的 sp^2 杂化碳组成的球形封闭笼状

结构。近年来,随着可扩展性更高且更有用的碳纳米管和石墨烯等碳基材料的兴起,人们已经不再那么广泛使用富勒烯。石墨烯是具有高杨氏模量的软膜。单层石墨烯是透明的材料,具有良好的导热性能和导电性能,其比表面积约为 2600m²/g。石墨烯含有丰富的官能团(氧化石墨烯),因此它有助于纳米粒子的生长[3-7]。

7.2 碳纳米材料

从碳中衍生的材料,包括石墨、钻石、富勒烯、纳米管、纳米线和纳米带已经在电子、光学、光电、生物医学工程、组织工程、医疗植入、医疗装置和传感器等领域中应用[8]。在石墨中,每一个碳原子都通过平面上的强共价结合与其他碳原子相连。然而,与钻石相反,通过弱范德瓦耳斯力层间结合是石墨柔软的主要原因。同样,碳纳米管和富勒烯是其他形式的碳,具有管状和球形排列(图7.1)。纳米碳纤维是 sp^2 -结合的线性细丝(直径100nm),以其柔韧性著称。纤维材料非常重要,因为它具有很高的比表面积、柔韧性和力学强度,这些特性使得它可以用于日常生活中。传统碳纤维的直径为几微米大小,这与碳纳米管不同。碳原料穿过纳米级金属粒子可以生长碳纳米纤维,其升高的温度与碳纳米管的生长条件非常相似。尽管如此,碳纳米管的几何形状不同,它在细丝上有一个完整的空心核心。石墨烯是一种新型的碳族材料,具有独特和多用途的性能。由于石墨烯具有强烈的碳-碳平面内结合、芳香结构、自由运动的 π 电子和表面活性位置等特点,它是一种独特的材料,具有非凡的力学、热学、电子、光学和生物医学特性。

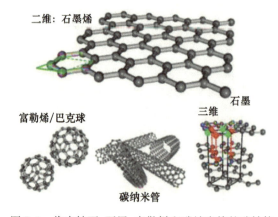

图 7.1 代表钻石、石墨、富勒烯和碳纳米管的碳结构

7.3 石墨烯

目前,相关人员将石墨烯用于制备一种可替代的储能材料,石墨烯储能材料引起了人们的兴趣,因为它具有优越和独特的性能,如化学惰性、低重量和低价格等优点。石墨烯是一种具有独特的光学、电子、力学和电化学性能的大型单层 sp^2 -结合碳片。由于石墨烯的比表面积高达 2630m²/g,因此许多应用都喜欢使用石墨烯这种物质。石墨烯导电且易于与其他分子功能化。石墨烯相关材料家族包括结构化或化学衍生物石墨烯,被研究

团体称为"石墨烯"。这包括双层和少层(3~9层)石墨烯和限制在平面的石墨烯(类似于多芳香分子),这种石墨烯称为石墨烯纳米带(单层、双层、少层或多层)。最重要的化学衍生石墨烯是氧化石墨烯(单层石墨氧化物),通常由石墨氧化合成石墨氧化物,然后剥离成氧化石墨烯。石墨烯纳米材料根据片中的层数或化学改性,可以分为单层石墨烯、双层石墨烯、多层石墨烯、氧化石墨烯和还原氧化石墨烯。每种材料在层数、表面化学、纯度、横向尺寸、缺陷密度和合成物等方面都有变化。单层石墨烯是孤立的碳原子单层,碳原子在平面二维结构中结合。氧化石墨烯是一种高度氧化的化学改性石墨烯,它由单原子厚的石墨烯薄片组成,其中平面中含有羧酸、环氧树脂化合物和羟基(图7.2)。外围羧基提供稳定性胶体和pH相关的表面负电荷。在基面上存在的环氧树脂(—O—)和羟基(—OH)基团无电荷但有极性,允许弱相互作用、氢结合和其他表面反应[9-10]。基面还含有石墨烯未改性区的自由表面π电子,它们具有疏水性,且可以进行π-π相互作用[11]。三维石墨烯基框架如气胶体、泡沫体和海绵体是新一代多孔炭材料的重要组成部分,显示了连通的大孔结构、低密度、大面积和高导电性能。这些材料可以作为坚固的基体,与金属、金属氧化物和电化学活性聚合物相容,可以用于电容器、电池和催化等各种应用[12]。

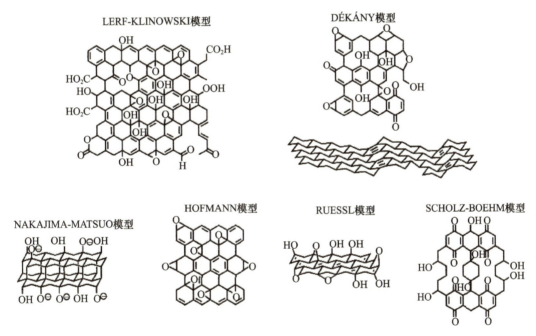

图 7.2 石墨烯结构模型总结[17]

7.3.1 石墨烯结构

石墨烯是一种二维sp^2-结合碳片,排列在六边形蜂窝晶格中。从基本的观点来看,石墨烯只是单层石墨,它是由叠层石墨烯组成的无限三维材料。石墨中的层通过范德瓦耳斯力弱相互作用。从凝聚态的观点来看,石墨烯通过s、p_x和p_y原子轨道的杂化由sp^2-结合碳原子构成,与3个相邻原子形成3个强σ结合。每个碳上其余的p_z轨道与相邻原子的轨道重叠,形成一个填充的π轨道(价带)和一个π*轨道(导带)的空带。

石墨烯是拥有独特性能的材料,它具有柔软的薄膜、较高的杨氏模量和良好的导热性能和导电性能。此外,单层石墨烯是一种零能带隙材料,透明度高,透光率达 97.7%。石墨烯的理论比表面积约为 $2.600m^2/g$,因此可广泛用于表面化学的领域。石墨烯特殊的物理和化学特性的结合,使其可广泛用于纳米电子学、超级电容器、燃料电池、电池、光电池、催化、气体吸附、分离和存储和传感等领域。

石墨烯不溶于大多数溶剂。目前,石墨烯只能溶于表面张力接近 $40\sim50mJ/m^2$ 的溶剂中,如苯甲酸苄酯、N,N - 二甲基乙酰胺(dimethylacetamide,DMA)、g - 丁酮,或 $1,3$ - 二甲基 - 2 - 咪唑烷酮。我们需要密切关注石墨烯片常见的问题,如通过 p - p 堆叠和范德瓦耳斯力相互作用而形成不可逆的团聚或重叠形成石墨[13-14]。氧化石墨烯的化学结构本质上来源于石墨氧化物。本书提出了几种结构,包括 Hofmann、Ruess、Scholz - Boehm、Nakajima - Matsuo、Lerf - Klinowski 和 Dékány 模型。其中,Lerf - Klinowski 模型是目前最普遍接受的构型(图 7.2)[12]。

该模型由未氧化的芳香区和含有 OH 和环氧树脂化合物的脂肪族六元环组成,而边缘端为 OH 和 COOH 基团[15]。最近报道称,在氧化石墨烯的外围边缘增加了五元和六元环的乳酸,并在表面增加了叔醇酯[16]。氧化石墨烯的氧官能类型及其相对比例和覆盖密度取决于所用的合成方法和石墨源。

7.3.2 石墨烯合成

目前,人们已经开发了许多合成石墨烯的方法,可制备石墨烯的原料有天然石墨、碳、聚合物和生物质废料。有效的石墨烯合成方法和大量的前驱体以及石墨烯的独特性质使得石墨烯成为大规模生产和商业化应用中很有希望的候选材料。合成石墨烯可分为自上而下和自下而上两种方法。自上而下的方法包括:①通过固相、液相从堆叠母材料中分离石墨烯或通过电化学方法剥离原始石墨和石墨插层化合物;②将石墨氧化物剥离成氧化石墨烯,然后进行化学、热学和电化学还原。自下而上法是利用分子前驱体建立石墨烯,通常包括 CVD 和外延生长[18]。

7.3.2.1 石墨剥离

"透明胶带法"是最简单的方法,使用这种方法可以从石墨中分离石墨烯层(图 7.3)。2004 年,Geim 和 Novosolev 用透明胶带法分离出单层厚的石墨烯,这种方法又称"微机械剥离法"[20]。因此,通过增加固体和液体状态的层间间距,施加范德瓦耳斯力可以有效地剥离石墨。该方法可分离出厚度为 0.4nm、横向尺寸为微米的石墨烯单层片。该方法简单、高度可靠,可在纯度、缺陷、电荷迁移率和光电性能等方面获得最佳的样品,但不适用于大规模生产石墨烯。石墨的液相剥离涉及分散过程,随后在表面活性剂存在的情况下,在合适的溶剂中通过超声诱导进行剥离。溶剂分子本身不能溶解石墨烯,因此,溶剂 - 石墨烯的相互作用需要在石墨烯剥离后平衡层间吸引力,以避免重叠。剥离的石墨烯片由 28% 的单层和近 100% 的少层(最多 5 层)原始石墨烯组成。可通过增加超声时间、重复剥离和进行热溶剂处理和超临界处理显著提高单层石墨烯的获得率;在有机溶剂中加入表面活性剂、有机分子和聚合物可以增强石墨的剥离;通过在剥落的薄片基面和边缘吸附分子可以稳定石墨烯的悬浮物[21-24]。此外,他们将水的表面张力调整到适当的水平,以便用水剥落石墨。非离子表面活性剂通过疏水相互作用附着在石墨烯的两侧,可以产生空间斥力来分离石墨烯片。除了常规的表面活性剂外,芘分子和苝分子以及疏水芳香环和亲水官能团也作为表面活性剂,协助石墨在水溶液中剥离[25-28]。由于超声作用减弱了层间的范德瓦耳斯引力,这些共轭分子通过疏水性和层的 p-p 相互作用,插入层间并原位吸附在石墨烯表面[29]。稳定的液体剥离石墨烯分散可以起到导电油墨的作用,因此可以通过自上而下方法印制电子,也可以制备成柔性、透明、导电和独立的电池电极薄膜[30-32]。首先通过电化学从石墨中剥离石墨烯,这涉及在电解槽中使用石墨棒或箔作为电极(主要是阳极);然后从电解液中收集剥离的石墨烯。人们开发了各种水溶液和非水电解质溶液。表面活性剂和聚合物的水电解质溶液影响了从石墨中电解剥离出石墨烯,这是由于石墨的疏水芳香环与石墨烯的 p 轨道相互作用[33-34]。然而,不能完全去除吸附表面活性剂和聚合物,所以会干扰石墨烯的电子和电化学性能。人们发现质子酸如硫酸(H_2SO_4)和磷酸(H_3PO_4)等是剥离石墨的一种优良电解液,这是由于在层中嵌入了电解液阴离子、自由基和溶解化合物[35-39]。

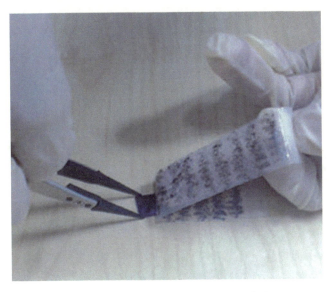

图 7.3 合成石墨烯的透明胶带方法[19]

7.3.2.2 CVD 合成

CVD 已成为大规模生产高质量石墨烯薄膜的重要方法[40]。该技术涉及碳烃化合物在过渡金属催化剂表面的热解。石墨烯的质量主要取决于催化剂、前驱体、气体流速、温度、压力和时间等工艺参数[41-42]。CVD 是合成电子和光电应用所需的大面积石墨烯的最有前景的途径[43]。一般来说,CVD 方法包括 4 个步骤:①前驱体(气相)的吸附和催化分解;②将分解碳扩散和溶解为大块物体;③将溶解碳原子从金属表面分离;④表面成核和石墨烯生长[44]。因此,在石墨烯生长前,石墨烯薄膜在基底涂层的催化金属层(如铜)上生长,并在基底暴露在前驱体分子流中时形成碳种,其他金属如镍、银、金、铂和钴可以用作催化层。低温和高温 CVD 都可以用于石墨烯的生长,能生产出大面积的石墨烯;然而,它的效率取决于多晶金属膜(催化剂)的质量,需要多个制备步骤才能获得可转移的薄片[45]。

相关人员采用 CVD 方法,分别在铜和镍基底上制备了精细基面和边缘面上的大量石墨烯。此外,大面积单层和多层石墨烯的有效合成以及转移到任何基底上的可行性可以帮助探索许多基本科学问题。CVD 制备的铜和镍基石墨烯受到了广泛的关注,而铁、钌、钴、铑、铱、钯、铂、金等过渡金属以及钴－镍、金－镍和镍－钼等合金能够支持石墨烯的生长(图 7.4)[46-48]。通过调整 CVD 参数和催化剂和前驱体的化合物,可以得到理想层数、晶粒尺寸、能带隙和掺杂效应的石墨烯[49]。然而,CVD 通常仅限于气体前驱体的使用。此外,目前转移石墨烯的方法是用蚀刻剂腐蚀金属基底,这将导致石墨烯成本更高,产生有毒废料和并损害石墨烯结构。近年来,垂直取向石墨烯(vertically oriented graphene,VG)纳米片通过等离子体增强化学气相沉积(plasma-enhanced chemical vapor deposition,PECVD)在各种基底(如平面或圆柱形金属和碳纳米管)上生长。

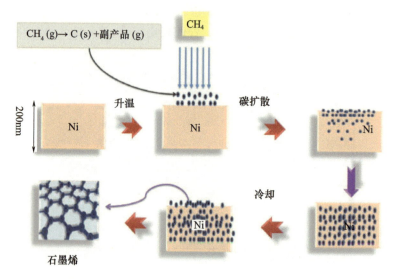

图 7.4　镍基底上的 CVD 石墨烯生长机制[50]

由于石墨烯的平面内导电性能高于平面外导电性能,这种垂直石墨烯可以作为理想电"桥",连接电流收集器和活性材料。

7.3.2.3　外延生长

研究人员在高温真空退火过程中通过硅升华石墨化的方法,研究了 SiC 热分解生成石墨烯的方法。这种方法的优点是使用绝缘的 SiC 基底后就不需要转移到另一个绝缘体上。但是,真空下的热退火常常生成结构域较小的石墨烯层(30～200nm)。SiC 的热分解也不是一个自限制过程,因此不同厚度的石墨烯区域往往可以共存。在 SiC 分解过程中,硅烷的存在降低了硅的升华速率,从而形成了高质量的石墨烯[51-52]。外延生长的石墨烯似乎适合于基于晶片的电子和元件应用;然而,商业 SiC 仍然昂贵,特别是当应用大面积的薄膜时。此外,对于外延生长的石墨烯,通常需要高温(大于 1000℃)条件,这与目前的硅电子技术不兼容[53-54]。

7.3.2.4　化学合成法

通常使用 Hummer 方法合成氧化石墨烯(图 7.5)[55-56]。这种方法需要石墨片、硝酸钠、浓酸(如硫酸),高锰酸盐和去离子水。该组分在搅拌条件下在冰浴中混合,以冷却反应热量,然后用过氧化氢对这种混合物进行优化处理。再用去离子水清洗混合物,并反复进行离心和过滤。由此产生的氧化石墨烯的湿粉为真空干燥。多层氧化石墨烯是通过粗氧化结晶石墨,然后利用超声或其他方法在水溶液中分散而成。然而,反复处理、离心和其他严重的情况会导致单层氧化石墨烯的产生。在还原条件下,通过使用肼或其他还原剂,还原氧化石墨烯可以通过热学、化学和紫外线处理氧化石墨烯。还原氧化石墨烯主要用于恢复氧化石墨烯中的导电性能和光学吸收率,同时降低氧含量、表面电荷和亲水性。功能化石墨烯是通过聚合物、小分子、纳米粒子等对石墨烯家族成员进行改性,以此增强或改变特定应用所需的属性。

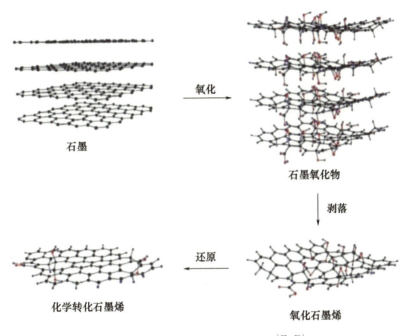

图 7.5　用 Hummer 法制备石墨烯[57-58]

7.3.3　石墨烯性能

石墨烯是一种无限延伸的二维碳晶体,其含有的碳原子被包裹在一个六边形晶格中,类似于蜂窝结构。值得注意的是,相关工作者已经报道了石墨烯的许多有趣性能,包括高比表面积、优良的力学强度和灵活性、无与伦比的导热性能和导电性以及优越的电学性能。石墨烯既可以被认为是具有消失费米表面的金属,也可以被认为是具有零能带隙的半导体。本征带隙的缺乏严重限制了原始石墨烯在纳米电子学、储能和电催化等领域的应用;因此,在石墨烯中引入带隙引起了人们的关注。自 2004 年以来,研究人员已经发现了石墨烯的许多有趣性能,包括高导热性能、超高电荷载流子迁移率、理论比表面积大、力学性能优异等。在室温下,单层石墨烯片的热导率高达约 $5000W/(m·K)$,这是非常高的固有导热性能。与石墨相比,化学结构的石墨烯具有不同的电化学性能,这归因于某些剩余氧基团的存在。

7.3.3.1　理化性能

单原子石墨烯的蜂窝状晶格结构包括通过键合连接的两个等价亚晶格,且每个碳原子具有自由π电子,可以对去局域化系统做出贡献。自由π电子在二维石墨烯平面上方和下方提供了高的电子密度。与替代的亲核相比,这些自由电子通过亲电替代与许多有机化合物的边界分子轨道自由相互作用。石墨烯的平面结构也使电子参与一些反应,如点击反应、循环加成和碳插入反应。这将 sp^2 系统转换为 sp^3 结构,导致拓扑缺陷的形成(五边形结构、七边形结构或它们的组合)[59]。石墨烯几何训练区和锯齿型边缘的化学反应性大于未拉伸区或扶手椅形边缘,这是因为电子容易从芳香环的上平面移动。锯齿形边缘被芳香六重态扭曲,引起热力学不稳定性并且使它们比扶手椅形边缘更具反应性[59]。因此,研究人员可能有意将几何应变或缺陷移植到石墨烯,以此用于要求更高化学反应性的应用。原始石墨烯具有疏水性(水接触角在95°~100°范围内)[60-61]。由于水的微分散,加入表面活性剂或其他稳定剂以达到悬浮和防止团聚的目的。然而,由于极性基面和负电荷(在边缘部位有羧基基团),氧化石墨烯(水接触角为30.7°)[61]形成氢键和金属离子合成物。还原的氧化石墨烯在脱氧过程中形成了基空位缺陷,使其比石墨烯具有更弱的疏水性,并且比氧化石墨烯具有更弱的基础反应性[62-63]。独特的平面二维结构、高比表面积和自由π电子等理化性质使石墨烯成为与有机分子相互作用的理想选择。

7.3.3.2 热电性能

单原子厚度的碳膜具有已知的最高的导电性能和导热性能,并且在晶格中有较低热膨胀系数和低缺陷密度,且具有最高的刚度和强度。单层无缺陷石墨烯的热导率为 4500~5200W/(m·K),明显高于氧化石墨烯(约2000W/(m·K))[64]、多壁碳纳米管(约3000W/(m·K))和单壁碳纳米管(约3500W/(m·K))[65-66]。无缺陷单层石墨烯在室温下的电导率为 10^4 S/cm,氧化石墨烯的电导率为 10^{-1} S/cm。在化学改性或制备过程中,会出现干扰电子和热量的流动的缺陷,从而降低导电性能。例如,支撑石墨烯(在碳化硅基底上的石墨烯)的热导率明显低于纯石墨烯(约600W/(m·K))。由于缺陷部位声子的散射或局域化,其他现象如缺陷边缘散射和同位素掺杂会广泛影响热学性能[67-68]。石墨烯表面杂质以及基底和石墨烯之间的杂质极大影响了悬浮石墨烯的电子迁移率[69]。石墨烯优异的导热性能和导电性能不仅适用于电子器件,也适用于测量细胞电势和生物传感器的生物医学器件。

7.3.3.3 光学性能

石墨烯出色的电荷传输和光学特性引起了研究人员的注意。单层石墨烯在宽波长范围内传输97.7%的总入射光。光吸收和光学图像对比度随着石墨烯层数的增加而增加[70]。基于石墨烯的光电器件通过电子栅极和电荷注入也可以发展为可调谐红外探测器、调制器和发射装置。根据电子和空穴的密度,由于吸收光在石墨烯表面产生的电子空穴对可以快速复合(ps),但通过在电子石墨烯界面附近形成的外场或内场来分离电子空穴对,以此产生光电流[71]。这种控制表面电子复合和分离的能力可以用于发展生物成像应用。通过将石墨烯切割成纳米带和量子点以此产生合适的能带隙,或使用各种气体进行物理化学处理从而减少π电子网络,这样可以生成发光的石墨烯[72-73]。电子空穴对的复合也有助于石墨烯的光致发光。卓越的透光率、光致发光和优良的电荷迁移率使石墨烯成为磁共振成像(magnetic resonance imaging,MRI)和生物医学成像等应用的重要材料。

7.3.3.4 力学性能

单层无缺陷石墨烯的断裂强度约为钢的200倍,这使得石墨烯成为拥有最高强度的材料之一[74]。无缺陷石墨烯的杨氏模量、泊松比和断裂强度分别为 1TPa、0.149 和 130GPa[75]。研究人员采用数值模拟(如分子动力学)力位移、力体积和纳米压痕原子力显微镜(atomic force microscopy, AFM)等方法对石墨烯的力学强度进行分析。氧化石墨烯的力学强度明显低于纯石墨烯(杨氏模量在 0.15~0.35TPa 范围内)[76]。石墨烯微片(纸质层)的弹性模量为 32GPa,断裂强度为 120MPa[77]。石墨烯由于其优异的力学强度,已被研究人员用于提高聚合材料的力学性能,并显著提高生物应用复合材料的模量和硬度[78]。当一起使用石墨烯与其他碳材料如碳纳米管(carbon nanotube, CNT)时,由于协同效应,高分子复合材料的力学强度提高了 400%[79-80]。使用各种功能化方法调整力学性能的高强度和能力表明,石墨烯作为填充剂或增强剂具有在医疗植入物、水凝胶和组织工程支架中的潜力。

7.3.3.5 生物学性能

石墨烯纳米材料具有不同的物理化学性质,展示了与生物分子、细胞和组织相互作用的独特模式,这种相互作用取决于层的数量、尺寸和亲水性。重要的是要从两个角度来理解这种相互作用:一是理解石墨烯纳米材料在生物医学应用;二是理解它们的毒性和生物相容性。研究人员已经对石墨烯纳米材料的生物学相关性能及其毒性进行了全面的探讨[81-82]。石墨烯基材料显示了与 DNA 和 RNA 独特的相互作用,因此它们在 DNA 或 RNA 敏感和传递方面的应用引起了研究人员极大的兴趣。与双链 DNA 相比,氧化石墨烯优先吸附单链 DNA,并保护吸附的核苷酸免受核酸酶的攻击[83-85]。由于 DNA 与石墨烯的负电荷相互作用,在低 pH 值的高离子强度溶液中,小寡聚体的吸附增强。与 DNA 和 RNA 的相互作用不同,石墨烯与蛋白质和脂质的相互作用较少。石墨烯与脂质形成稳定和功能化杂化结构[86]。不可生物降解石墨烯和其他碳基材料,这样会造成环境危害。石墨烯的高比表面积促进了细胞间的相互作用,尽管直到最近研究人员才对其精确的吸收机制进行了研究。不同形式的石墨烯与细胞膜的相互作用不同,并且如果细胞类型不同,那么相互作用也不同。石墨烯片($10\mu m$ 厚)可以通过优先在边缘或优先在角落穿透细胞膜进入细胞,并完全被肺中的上皮细胞所吞噬。片状石墨烯微片在物理上破坏了细胞骨架的组织。然而,少层还原氧化石墨烯中的氧含量会降低细胞附着力,这是由于还原的少层石墨烯因为细胞外基质蛋白吸附增加而增强了细胞附着力,而高还原单层石墨烯则不支持细胞附着。研究人员正在研究石墨烯基材料的抗菌活性。许多研究报告了 CNT、石墨烯、氧化石墨烯和还原氧化石墨烯对大肠杆菌和金黄色葡萄球菌的抗菌活性,而还原氧化石墨烯的抗菌活性最强[87-89]。相反,希瓦氏菌家族的细菌具有减少金属的能力,它们在悬浮培养中还原氧化石墨烯而不抑制细菌的生长[87]。石墨烯材料的抗菌活性可用于各种伤口愈合应用或外部损伤以防止感染。石墨烯的形状、大小和化学性质决定了其与细胞膜的相互作用,并在细胞内摄取和细胞内命运等方面起着重要的决定作用。

7.4 碳基纳米复合材料

纳米复合材料是由两种或两种以上组分材料制成的多相材料,在合成过程中,其物理或化学性质发生了显著的变化,产生了具有增强性能的材料,这是其底材料的高比表面积和金属纳米粒子的极活性表面共同导致的。文献研究表明,碳基纳米材料(CNT 和石墨烯)的性能可以通过将金属、金属氧化物和贵金属等活性物质加入到基体中形成一个杂化体系而变得更加多样。对碳纳米材料复合材料和混合物存在巨大的需求,因为它们具有独特的性能,因此引起了世界上材料科学领域的研究人员的注意[3,90-92]。到目前为止,大多数金属和金属氧化物被装饰在碳基材料上,如石墨烯、CNT 和碳纳米线,以创造新的高级碳基纳米复合材料类型[93-94]。研究人员发现了著名的二元氧化物如 SnO_2、TiO_2、MnO_2、ZnO、NiO、WO_3、CuO、Co_3O_4、Fe_2O_3、Fe_3O_4、CuO_2 等,二元氧化物可以和碳基纳米材料合成一种具有优异性能的复合材料,这种复合材料可应用于不同领域,如能量收集、转换和存储设备、光电器件、传感技术、光催化[57,95-98]。碳质纳米材料与石墨烯的结合,有利于扩大石墨烯的层间间距,防止在电极制作和循环操作中石墨烯片的重叠。富勒烯、CNT、CNF、石墨烯等碳同位体可以很好地与石墨烯结合来制备碳质杂化电极[99-100]。

7.4.1 石墨烯基复合材料

在石墨烯基复合材料中,石墨烯既可作为功能元件,也可作为固定其他元件的基底。石墨烯的高比表面积和导电的坚固结构通常可以促进电荷转移和氧化还原反应,并增强复合材料的力学强度。因此,在石墨烯上固定金属氧化物将提高在能量转换应用中各种催化和储存反应的效率。

不同领域的研究人员都非常关注石墨烯基材料。研究人员已经合成了多种石墨烯相关材料,将其用于电子、储能、催化、气体吸附、储存、分离和传感等潜在领域。用纳米粒子(nanoparticle,NP)修饰石墨烯层可以生成新型石墨烯,这种石墨烯边界清晰且具有独特的性能。这些 NP 作为稳定剂可以防止离散石墨烯片由于石墨烯层间强烈的范德瓦耳斯力相互作用产生团聚。研究人员已经报道了用金属氧化物 NP 修饰的改性石墨烯。在石墨烯表面加入纳米材料有望调整石墨烯的表面形貌、电子结构和固有特性。由于石墨烯与其他功能材料如金属氧化物或有机分子产生的协同作用,它们的杂化结构显示了比原始石墨烯更好的性能。掺杂杂原子可以产生更多表面缺陷,并提高纯石墨烯导电性能,也能更好地提高石墨烯的性能。在过去的几十年中,研究人员致力于提高现有阴极材料的容量和能量密度,并探索可能的替代方案,以满足未来电子市场的需求。研究人员将石墨烯及其衍生物广泛引入到阴极体系中,以弥补普通阴极材料在 LIB 中存在的一些缺陷,如导电性差、电子和锂离子输运动力学迟缓、比容量低、纳米结构产生的颗粒团聚等。同时,无机纳米结构与石墨烯层的结合可以减少石墨烯层的重叠,从而保持石墨烯层的高比表面积。除无机分子/还原氧化石墨烯复合材料外,研究人员还报道了使用有机分子/还原氧化石墨烯复合材料制备负极材料。此外,他们还制备了许多石墨烯/高分子复合材料。例如,氧化石墨显示出高效的非均相催化活性,可以用于各种烯烃单体的聚合。

最近,石墨烯纳米复合材料的出现补充了石墨烯的优良应用。石墨烯/氧化物纳米复合材料有很好的应用前景,其中之一则是化学传感技术,这种技术可以用于监测化学品的毒性、易燃性和爆炸性性质,如众所周知的 ZnO、TiO_2、SnO_2、WO_3 和 CuO 等二元氧化物与石墨烯结合的纳米复合材料具有探测微量有害气体和化学物质的良好潜力。石墨烯和石墨烯相关的材料大多是导体或绝缘体,因此石墨烯研究领域的一项艰巨任务是为传感器和其他电子应用生产半导体石墨烯材料。通过石墨烯分子的化学改性,主要通过制备复合材料来实现这一方向的主要贡献。例如,石墨烯-金属氧化物杂化复合材料就是其中一种复合材料,因为石墨烯-金属氧化物具有半导体特征;因此,碳族可以实现导电、半导体和绝缘性等导电性能的三个方面,从而适用于电子领域的应用。

7.4.2 石墨烯复合材料合成

采用有效和前瞻性技术在石墨烯框架中加入纳米材料,其目的是将金属或金属氧化物、过渡金属与贵金属与石墨烯结合,以此形成石墨烯复合材料,因为该复合材料具有复合材料所有组件的协同作用,提升效率。下面讨论了合成高质量石墨烯金属氧化物复合材料最有效的方法。

7.4.2.1 溶液混合法

溶液混合是一种高效、直接的方法,这种方法已广泛应用于石墨烯金属氧化物复合材料的制备。在集成支持网络中将悬浮石墨烯溶液作为前驱体去离散金属纳米粒子。首先通过静电稳定和化学功能化在水溶液或有机溶剂中分散石墨烯。亲水含氧官能团的存在,如环氧树脂化合物、氢氧化物和表面的羧基,使石墨烯得以很好的分散。这种分散剂是一种很好的模板悬浮剂,可以用于无机和有机金属盐的前驱体与金属离子进行化学反应,再通过水解或原位反应将它们固定在具有丰富官能团的石墨烯表面,然后进行退火处理(图 7.6)。

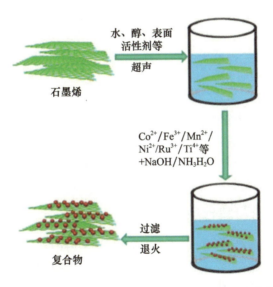

图 7.6 制备石墨烯/金属氧化物复合材料的一般性湿化学策略[91]

7.4.2.2 溶胶-凝胶法

溶胶-凝胶法是制备金属氧化物结构和薄膜涂层的常用方法,以金属醇盐或氯化物为前驱体,并经过一系列的水解和缩聚反应。原位溶胶-凝胶过程的关键优势是,氧化石墨烯/还原氧化石墨烯上的官能团为纳米粒子的成核和生长提供了反应和固定的场所,从而产生的金属氧化物纳米结构与氧化石墨烯/还原氧化石墨烯表面化学结合[101-102]。

7.4.2.3 水热/溶剂热法

水热/溶剂热是合成无机纳米晶的有效方法,在固定容积内的高温下产生高压。水热/溶剂热过程可以生成结晶度高的纳米结构，并且不经过合成退火或煅烧，同时将氧化石墨烯还原为还原氧化石墨烯。整个过程简单，可用于大规模生产及工业生产[103-104]。

水热技术是石墨烯-氧化物纳米复合材料的合成的简单常规方法。研究人员分别合成了石墨烯/氧化石墨烯或还原的氧化石墨烯和纳米氧化物，并将其分散在水溶液中。在封闭容器中对水溶液分散剂进行超声、混合和热处理。热处理需要较长的时间。在相对较低的温度下，将复合材料清洗和干燥12~24h。最后的干燥步骤可以通过冷冻产物，并进行干燥处理，这称为冷冻干燥。在控制溶液浓度和反应时间等参数的基础上，采用水热法可以很容易地得到具有受控晶面的石墨烯复合材料。通过控制退火工艺，比如在不同的气体环境和不同的温度下，可以控制纳米复合材料的孔隙率、组成、晶粒尺寸和比表面积。作为锂离子电池负极材料的这些石墨烯/金属氧化物杂化物，表现出结构-过程相关的性能[105-106]。

7.4.2.4 自组装

自组装是微观物质组装成有序宏观结构的有效过程。这种方法用来制造功能性材料，如光子晶体，复合材料和有序的DNA结构。为了获得纳米复合材料的层状结构，使用了一种新型方法，即通过表面活性剂辅助三元自组装法制备有序石墨烯-金属氧化物混合物[107]。作为起始材料，使用阴离子表面活性剂改性还原氧化石墨烯。表面活性剂有助于石墨烯片的分散和金属阳离子的加载。在石墨烯中将金属阳离子转化为氧化物后，得到了具有层状结构的石墨烯-金属氧化物复合材料。由于石墨烯纳米片的负电荷状态，基于负正静电吸引力，另一种低成本的可行组装工艺已经广泛应用于制备石墨烯纳米复合材料中。

7.4.2.5 其他方法

微波辐射是一种可以为化学反应提供能量的简单方法，已用来制备石墨烯/金属氧化物混合物[108]。在石墨烯基底上通过直接CVD无机晶体，不需要复合材料的后合成转移，这是一种有效的薄膜基应用方法。在还原的氧化石墨烯或CVD-石墨烯薄膜上成功沉积了纳米结构[109]。

7.4.3 石墨烯基复合材料性能

石墨烯作为一个二维载体，可以用于均匀地锚定或分散具有明确尺寸、形状和结晶度的金属氧化物，以及抑制石墨烯重叠的金属氧化物。石墨烯作为二维导电模板或建立三维导电多孔网络，以改善纯氧化物的电性能和电荷转移途径。石墨烯还抑制了金属氧化物的体积变化和团聚，石墨烯的含氧基团保证了石墨烯和金属氧化物之间良好的结合、界面相互作用和电接触。

纳米粒子存在的问题主要是它们的团聚；纳米复合材料中的石墨烯抑制了金属氧化物纳米粒子的团聚。在石墨烯-氧化物复合材料中，金属氧化物通过化学吸附与官能团（如HO—C≡O和—OH）进行界面相互作用，从而通过石墨烯原始区与金属氧化物之间的范德瓦耳斯力相互作用，在存在氧缺陷的位置桥接金属中心与羧基或羟基。由于石墨烯相邻片之间范德瓦耳斯力的相互作用，还原氧化石墨烯会产生严重的团聚和重叠，导致有效比表面积和电化学性能损失。因此，阻止石墨烯重叠有助于提高石墨烯基材料在电池和电化学装置中的电化学性能。金属氧化物颗粒的加载可以抑制或减少石墨烯的团聚和重叠,并增加石墨烯有效的电化学活性比表面积。由于石墨烯和金属氧化物之间的协同作用,支撑石墨烯两侧的金属氧化物纳米粒子可以作为纳米间隔物去分离相邻的石墨烯片(图7.7)。

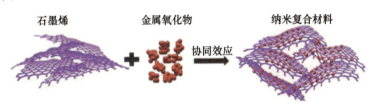

图7.7 在石墨烯和金属氧化物协同作用下,石墨烯/金属氧化物复合材料的制备示意图[91]

石墨烯不仅是一种优良的导电碳材料,而且是一种电化学活性材料。因此,石墨烯作为金属氧化物电极中的导电碳材料,有望在金属氧化物颗粒之间建立三维导电网络[91,110]。此外,石墨烯还可以通过支持锚定纳米粒子被用作纳米结构的电极材料,并且可以作为一个良好的导电矩阵使得电极和电流收集器更好接触。更重要的是,石墨烯层可以有效地防止纳米粒子在充放电过程中的体积膨胀/收缩和团聚。在阴极体系中的引入石墨烯提高了阴极材料的导电性能,或石墨烯可以作为传统阴极材料溶解的防护屏障。

7.5 应用

碳和碳基材料因其在电子学、光电子学、气体传感、储能和光催化等领域具有极大的应用潜力而受到全世界的广泛关注。这些材料的比表面积大且可进行多种改性,使其具有良好的吸附性能,适用于多种应用。石墨烯在计算机工业等不同应用中可以取代新一代处理器中的硅。石墨烯/石墨烯基材料的电子领域的其他可能应用包括触摸屏、纳米晶体管、微处理器和发光二极管(LED),以及柔性电子。石墨烯除了电子应用之外,它的其他用途还包括储能(超级电容器、电池、燃料和太阳能电池)[111-113]、过滤器、吸附剂和探测器。由于石墨烯具有高长径比和独特的物理化学性质,因此它是发展各种复合材料的非常有价值的成分[114-115]。此外,它还可用于医药行业,如抗癌治疗,以及作为药物载体或杀菌材料[116-118]。

7.5.1 气体吸附与储存

碳基材料由于其产量丰富、孔结构牢固、孔隙率和比表面积可调、重量轻、热力学稳定性好、化学稳定性好、易于工业化生产等优点,具有气体吸附、储存和分离的潜力。研究人员对石墨烯相关材料在气体吸附、储存和分离等方面的应用有相当大的兴趣。石墨烯基材料的高吸附能力主要取决于其独特的纳米结构、高比表面积和可定制的表面特性,这使得其适合储存或捕获与环境和能源相关应用有关的各种分子(图7.8)。

碳材料的气体吸附、储存和分离等性能主要是基于表面的物理吸附,特别是依赖于静电和分散的相互作用。相互作用的强度取决于吸附剂的表面特性和目标吸附分子的性质,包括吸附分子的大小和形状,以及其极化率、磁化率、永久偶极矩和四极矩。通常,H_2 和 N_2 碳纳米结构的结合或吸附强度一般较低,CO、CH_4 和 CO_2 的结合和吸附强度适中,H_2S、NH_3 和 H_2O 的结合和吸附强度较高。因此,表面改性,如掺杂、功能化、改善纳米碳的孔结构和比表面积等,对提高气体吸附性能具有重要意义。

研究人员广泛研究了与 H_2 储存相关的石墨烯基材料在内的各种固体的吸附性能。对于单层石墨烯层,没有很好的定义体积密度。因此,对于多层或三维石墨烯结构,应该考虑氢气储存能力。通过计算发现石墨烯层中化学吸附所能达到的最大质量比为 8.3%,相当于每个碳原子(石墨烯)中有一个氢原子的完全饱和石墨烯片。还原氧化石墨烯可能有望成为开发高效储气应用吸附剂的候选材料[119-126]。

图 7.8 用于气体分离的三维石墨烯薄膜[127]

7.5.2 氢储存

分子氢具有非常优越的性质,是一种重要的燃料。氢分子是已知最轻的元素,具有较高的燃烧热量。尽管已经具备用于运输的储氢技术,但需要从 0~150℃ 运行温度下的高密度储存燃料,并分别对储存系统进行快速装卸。固体材料中的氢储存有望超过压缩氢的密度。在纳米多孔碳材料上发生物理 H_2 吸附,这种吸附由于过程的可逆性和良好的吸附动力学具有优点。物理 H_2 吸附的缺点是需要低温(-196℃)和高压来储存足够多的气体。因此,要想通过物理吸附来实现 H_2 的合理储存,就必须有相应条件。化学吸附又依赖于化学结合,这似乎更适合于氢的储存和长时间运输。在这种情况下,与物理吸附相比,化学吸附需要更高的温度。为了有效地储存与能源有关的气体,需要采用适宜于大规模生产具有良好吸附性能的石墨烯基材料的环保型方法。未改性氧化石墨烯或还原氧化石墨烯的气体摄取量较低;但近年来人们在这一领域取得了显著的进展,特别是在提高新型石墨烯基复合材料的吸附性能方面。氧化石墨烯可以掺杂原子(如 B、N、S),并用聚合物和纳米粒子修饰(如 Fe、Pd、Fe_3O_4、V_2O_5)。这些二维纳米片可用于设计和制备具有较大比表面积和发育良好孔隙度的三维结构。在某些金属或金属氧化物修饰石墨烯材料的情况下,除了物理吸附作用外,还可能发生增强的化学吸附和特定的气体吸附作用,从而提高了吸附能力。通过对比石墨烯、氧化石墨烯和活性还原氧化石墨烯等多种材料,以及与金属和金属氧化纳米粒子结合的石墨烯复合材料,发现活性还原氧化石墨烯样品和含钯纳米粒子的还原氧化石墨烯复合材料的 H_2 性能最好。用单层或少层石墨烯纳米片包裹的过渡金属氧化物纳米粒子比原始的过渡金属氧化物或单纯氧化石墨烯具有更好的 H_2 吸附性能[123,128-132]。

7.5.3 储能装置

石墨烯相对于石墨和 CNT 等其他碳材料的一个主要优点在于氧化石墨烯和还原氧化石墨烯的边缘和表面存在许多含氧官能团。石墨烯可以通过为纳米粒子提供支撑来承载纳米结构的电极材料,并作为电极和电流收集器之间良好接触的高导电基体。更重要的是,石墨烯层可以有效地防止纳米粒子在充放电过程中的体积膨胀/收缩和团聚。石墨烯的官能团影响金属氧化物颗粒的大小、形状和分布作用明显。在锂的插入和去除过程中,纳米材料通常会经历严重的结构和体积变化,导致电极的粉碎,从而使得容量快速损失。研究人员报道了石墨烯基三维结构,如锚定在石墨烯上的金属氧化物、石墨烯包裹的金属氧化物和石墨烯封装的金属氧化物,发现了金属氧化物均匀地锚定在石墨烯表面,或包裹在石墨烯层之间,或被单个石墨烯薄片封装(图7.9)[133-137]。石墨是锂离子电池中最常用的负极材料,通过堆叠层插入锂形成LiC_6,使得其比容达到372mA·h/g[96,138]。一些研究人员认为,石墨烯可以通过两侧的吸附机制容纳锂离子,形成理论容量为744mA·h/g的Li_2C_6,容量是石墨和其他碳质材料如CNT的2倍[139-140]。工作人员还研究了石墨取代石墨烯的方法,以提高锂化位点和存储容量。以前,石墨烯材料是锂离子电池阳极的最佳选择,因为三维石墨烯结构在插入和提取锂过程中,具有很大的空间容纳金属氧化物的体积膨胀/收缩[140-141],这也有效抑制了电极材料在循环时的团聚和开裂,保证了容量大、循环性能好、速度快的优点。

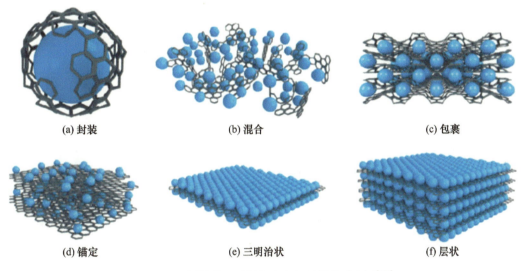

图7.9 不同结构石墨烯复合电极材料的示意图[142]

碳材料包括石墨烯通常能提供一个低压窗口(相对于Li/Li^+电极,低于1.5V),并广泛用于LIB的负极材料[143-145]。锂离子与羰基/羧酸基团的反应发生在较高的电压下,对比锂/$锂^+$,电压高达3V[146]。在还原的氧化石墨烯上,羟基、羰基和羧酸基团被确定为锂化活性位点。原始石墨烯不能直接用于提高锂离子的存储容量。它除了提供高导电性能和大表面外,还为阴极提供力学支撑,能够锚定和分离金属氧化物。阴极复合材料也可以像阳极一样形成包裹、锚定、封装、分层、混合和三明治状结构[147-154]。在阴极体系中引入石墨烯,不仅提高了阴极的导电性能,而且对传统阴极材料的溶解起到了保护作用。由于这些协同效应,金属氧化物和石墨烯在复合材料中的集成充分利用了各自的活性成分,从而通过材料的设计和制造,在锂离子电池和电化学电容器中实现了优异的电化学性能。

7.5.4 抗菌活性

石墨烯和石墨烯基纳米复合材料也在细菌检测和抗菌领域应用。这种独特的协同抗菌作用可能与纳米复合材料中石墨烯片的存在有关。由于石墨烯纳米结构对真核细胞的毒性很低,石墨烯衍生物在生物学上的应用引起了研究界的广泛关注。纳米复合材料中含有疏水结构域的石墨烯可以使纳米材料有效地附着在细菌表面。石墨烯纳米片锋利的边缘破坏细胞膜,引起膜应力,从而导致丧失细菌膜完整性和RNA破损。相关工作人员研究了铜及其氧化物、氧化锌、氧化钛、镁、金、银等不同类型的纳米材料。结果表明,银纳米粒子具有最有效的抑菌作用和杀菌性能。尤其是银纳米粒子通过静电作用与石墨烯形成稳定的纳米复合材料。石墨烯起到支撑作用,阻止银纳米粒子的团聚。因此,石墨烯基银复合材料由于其协同作用被广泛研究(图7.10)[155-158]。

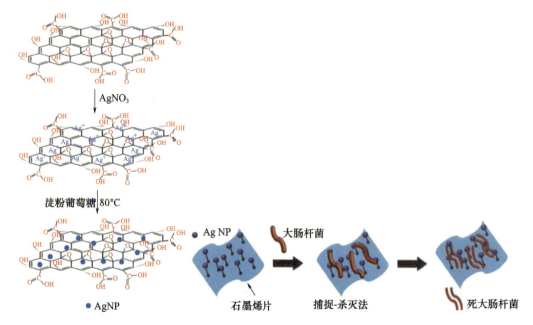

图7.10 具有抗菌活性的纳米复合材料制备方法的示意图[159]和增强Ag@rGO纳米复合材料抗菌性能的捕获杀灭机制[160]

7.5.5 生物成像

光学成像是一种无创技术,它利用可见光和光子的特殊性能,获取器官和组织的详细图像,以及包括细胞甚至分子在内的较小的结构。与其他成像方式相比,它具有成本低、灵敏度高、非电离辐射、实时成像、采集时间短、复用能力强等优点。研究人员积极探索了石墨烯基纳米材料在光学成像领域的应用,主要包括荧光成像、双光子荧光成像、拉曼成像等。研究人员广泛研究了染料功能化的氧化石墨烯/还原氧化石墨烯在荧光成像领域的应用。与单光子荧光成像相比,双光子荧光成像具有较小的自荧光背景、较高的成像深度、较低的光漂白和光毒性等优点,因此在基础研究和生物医学诊断中具有广阔的应用前景。研究人员对碳基纳米复合材料,包括碳点、石墨烯量子点和氧化石墨烯在双光子荧光成像领域的应用很有兴趣(图 7.11)[161-165]。

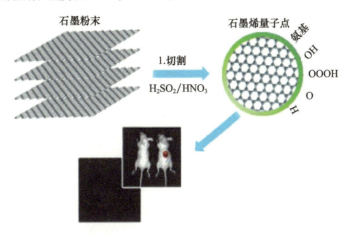

图 7.11　石墨烯量子点和可见光体内成像的合成方案[165]

7.5.6　生物传感

生物传感器是一种利用传感元件检测分析物或分析物家族的分析设备,适用于生物医学领域。其应用范围很广,包括医学诊断、药物发现、环境监测、食品和国防。从根本上说,生物传感器由两个元素组成:一个受体和一个传感器。受体由有机或无机材料组成,它们与目标分析物或分析物家族相互作用。另外,传感器将分析物和受体之间发生的识别内容转换为电子、电化学和光信号形式的可测量信号。石墨烯－纳米粒子混合物特别适合于生物传感应用。石墨烯在生物传感中的应用已经取得了巨大的进展。此外,由于这种应用所需的灵敏程度,研究人员在这方面对纳米粒子进行了广泛研究。通过将这两种优良而独特的方式结合在一起形成石墨烯纳米粒子混合物,并获得了许多良好的生物传感应用性能。石墨烯可以增加分析物结合的有效比表面积,提高其导电性能和电子迁移率,从而提高可实现的灵敏度和选择性。基于潜在的检测机理,石墨烯－纳米粒子混合物在生物传感中的应用一般可分为三类:电子、电化学和光学传感器[166-167]。由于石墨烯－纳米混合物的比表面积大,有利于生物分子的固定化。此外,石墨烯优异的电学性能显著提高了杂化电化学传感器的电子和离子输运能力,从而提高了灵敏度和测量范围。许多报道证明可以将石墨烯－纳米粒子混合物用于固定化酶,以便进行电化学检测。具体地说,作用机制是基于利用催化氧化还原反应的酶。在这种情况下,当固定化酶催化目标分析物的氧化还原反应时,发生从酶到电极的直接电子转移,这产生了与分析物浓度成正比的安培信号[168-169]。

7.5.7　光催化

近年来,半导体基光催化因其在能源应用中的规律而受到全世界的关注[170]。然而,光致电子空穴对在光催化剂中的复合会导致效率低下,从而限制了其实际应用。抑制这种复合是改善半导体光催化剂光催化性能的关键。碳/半导体混合物成为一种新型的光催化剂,从而引起了研究人员的广泛关注[171-172]。碳复合材料和半导体光催化剂,可高效分离电子空穴对。在这方面,已证明石墨烯可以与半导体光催化剂相结合,从而提高光催化的活性。这些复合材料具有较高的染料吸附能力,扩大了光吸收范围,并提高了电荷分离和输运性能。因此,石墨烯基半导体光催化剂广泛应用于有机化合物的光催化降解[173-174]。

通过光催化利用半导体将水分解为氢和氧,这是一种制备氢能的良好方法。相关人员已经研究了多种半导体光催化剂,以此了解光催化作用下氢气从水中的演变过程。石墨烯具有高电子迁移率和高比表面积,因此其可以作为有效的电子受体,通过分离氢和氧的演化位点来提高光致电荷转移和逆向反应速率(图 7.12)[175]。

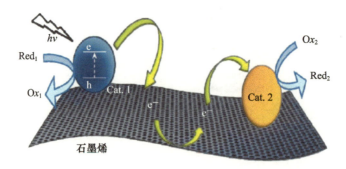

图 7.12 作为导电支撑的石墨烯不同位置的选择性催化的示意图[175]

参考文献

[1] Cha, C. et al., Carbon – based nanomaterials: Multifunctional materials for biomedical engineering. *ACS Nano*, 7, 4, 2891 – 2897, 2013.

[2] Reddy, A. L. M. et al., Hybrid nanostructures for energy storage applications. *Adv. Mater.*, 24, 37, 5045 – 5064, 2012.

[3] Hazra, S. K. and Basu, S., Graphene – oxide nanocomposites for chemical sensor applications. *C*, 2, 2, 12, 2016.

[4] Li, Y., Wu, J., Chopra, N., Nano – carbon – based hybrids and heterostructures: Progress in growth and application for lithium – ion batteries. *J. Mater. Sci.*, 50, 24, 7843 – 7865, 2015.

[5] Goriparti, S. et al., Review on recent progress of nanostructured anode materials for Li – ion batteries. *J. Power Sources*, 257, 421 – 443, 2014.

[6] Sehrawat, P., Julien, C., Islam, S., Carbon nanotubes in Li – ion batteries: A review. *Mater. Sci. Eng.*, B, 213, 12 – 40, 2016.

[7] Wang, H. and Dai, H., Strongly coupled inorganic – nano – carbon hybrid materials for energy storage. *Chem. Soc. Rev.*, 42, 7, 3088 – 3113, 2013.

[8] Goenka, S., Sant, V., Sant, S., Graphene – based nanomaterials for drug delivery and tissue engineering. *J. Controlled Release*, 173, 75 – 88, 2014.

[9] Kim, J. et al., Graphene oxide sheets at interfaces. *J. Am. Chem. Soc.*, 132, 23, 8180 – 8186, 2010.

[10] Kim, F., Cote, L. J., Huang, J., Graphene oxide: Surface activity and two – dimensional assembly. *Adv. Mater.*, 22, 17, 1954 – 1958, 2010.

[11] Guo, F. et al., Hydration – responsive folding and unfolding in graphene oxide liquid crystal phases. *ACS Nano*, 5, 10, 8019 – 8025, 2011.

[12] He, H. et al., A new structural model for graphite oxide. *Chem. Phys. Lett.*, 287, 1, 53 – 56, 1998.

[13] Hernandez, Y. et al., High-yield production of graphene by liquid-phase exfoliation of graphite. *Nat. Nanotechnol.*, 3, 9, 563–568, 2008.

[14] Chua, C. and Pumera, M., Covalent chemistry on graphene. *Chem. Soc. Rev.*, 42, 8, 3222–3233, 2013.

[15] Casabianca, L. B. et al., NMR-based structural modeling of graphite oxide using multidimensional 13C solid-state NMR and *ab initio* chemical shift calculations. *J. Am. Chem. Soc.*, 132, 16, 5672–5676, 2010.

[16] Gao, W. et al., New insights into the structure and reduction of graphite oxide. *Nat. Chem.*, 1, 5, 403–408, 2009.

[17] Dreyer, D. R., Todd, A. D., Bielawski, C. W., Harnessing the chemistry of graphene oxide. *Chem. Soc. Rev.*, 43, 15, 5288–5301, 2014.

[18] Chen, L. et al., From nanographene and graphene nanoribbons to graphene sheets: Chemical synthesis. *Angew. Chem. Int. Ed.*, 51, 31, 7640–7654, 2012.

[19] Van Noorden, R., Production: Beyond sticky tape. *Nature*, 483, 7389, S32–S33, 2012.

[20] Novoselov, K. S. et al., Electric field effect in atomically thin carbon films. *Science*, 306, 5696, 666–669, 2004.

[21] Vadukumpully, S., Paul, J., Valiyaveettil, S., Cationic surfactant mediated exfoliation of graphite into graphene flakes. *Carbon*, 47, 14, 3288–3294, 2009.

[22] Geng, J. et al., Preparation of graphene relying on porphyrin exfoliation of graphite. *Chem. Commun.*, 46, 28, 5091–5093, 2010.

[23] Park, J. S. et al., Liquid-phase exfoliation of expanded graphites into graphene nanoplatelets using amphiphilic organic molecules. *J. Colloid Interface Sci.*, 417, 379–384, 2014.

[24] Skaltsas, T. et al., Graphene exfoliation in organic solvents and switching solubility in aqueous media with the aid of amphiphilic block copolymers. *J. Mater. Chem.*, 22, 40, 21507–21512, 2012.

[25] Parviz, D. et al., Dispersions of non-covalently functionalized graphene with minimal stabilizer. *ACS Nano*, 6, 10, 8857–8867, 2012.

[26] Yang, H. et al., A simple method for graphene production based on exfoliation of graphite in water using 1-pyrenesulfonic acid sodium salt. *Carbon*, 53, 357–365, 2013.

[27] Schlierf, A. et al., Nanoscale insight into the exfoliation mechanism of graphene with organic dyes: Effect of charge, dipole and molecular structure. *Nanoscale*, 5, 10, 4205–4216, 2013.

[28] Sampath, S. et al., Direct exfoliation of graphite to graphene in aqueous media with diazaperopyrenium dications. *Adv. Mater.*, 25, 19, 2740–2745, 2013.

[29] Bjoürk, J. et al., Adsorption of aromatic and anti-aromatic systems on graphene through π−π stacking. *J. Phys. Chem. Lett.*, 1, 23, 3407–3412, 2010.

[30] Torrisi, F. et al., Inkjet-printed graphene electronics. *ACS Nano*, 6, 4, 2992–3006, 2012.

[31] Shin, K. Y., Hong, J. Y., Jang, J., Micropatterning of graphene sheets by inkjet printing and its wideband dipole-antenna application. *Adv. Mater.*, 23, 18, 2113–2118, 2011.

[32] De, S. et al., Flexible, transparent, conducting films of randomly stacked graphene from surfactant-stabilized, oxide-free graphene dispersions. *Small*, 6, 3, 458–464, 2010.

[33] Kakaei, K., One-pot electrochemical synthesis of graphene by the exfoliation of graphite powder in sodium dodecyl sulfate and its decoration with platinum nanoparticles for methanol oxidation. *Carbon*, 51, 195–201, 2013.

[34] Lee, S.-H. et al., A graphite foil electrode covered with electrochemically exfoliated graphene nanosheets. *Electrochem. Commun.*, 12, 10, 1419–1422, 2010.

[35] Su,C. - Y. et al. ,High - quality thin graphene films from fast electrochemical exfoliation. *ACSNano* ,5 ,3 , 2332 - 2339 ,2011.

[36] Xia,Z. Y. et al. ,The exfoliation of graphene in liquids by electrochemical, chemical, andsonication - assisted techniques: A nanoscale study. *Adv. Funct. Mater.* ,23 ,37 ,4684 - 4693 ,2013.

[37] Liu,J. et al. ,Improved synthesis of graphene flakes from the multiple electrochemical exfoliationof graphite rod. *Nano Energy* ,2 ,3 ,377 - 386 ,2013.

[38] Wu,L. et al. ,Powder,paper and foam of few - layer graphene prepared in high yield by electrochemicalintercalation exfoliation of expanded graphite. *Small* ,10 ,7 ,1421 - 1429 ,2014.

[39] Cui,X. et al. ,Liquid - phase exfoliation, functionalization and applications of graphene. *Nanoscale* ,3 ,5 , 2118 - 2126 ,2011.

[40] Yan,Z. ,Peng,Z. ,Tour,J. M. ,Chemical vapor deposition of graphene single crystals. *Acc. Chem. Res.* , 47 ,4 ,1327 - 1337 ,2014.

[41] Chen,S. et al. ,Millimeter - size single - crystal graphene by suppressing evaporative loss of Cuduring low pressure chemical vapor deposition. *Adv. Mater.* ,25 ,14 ,2062 - 2065 ,2013.

[42] Li,X. et al. ,Large - area synthesis of high - quality and uniform graphene films on copper foils. *Science* , 324 ,5932 ,1312 - 1314 ,2009.

[43] Ning,J. et al. ,Review on mechanism of directly fabricating wafer - scale graphene on dielectricsubstrates by chemical vapor deposition. *Nanotechnology* ,2017.

[44] Yan,K. et al. ,Designed CVD growth of graphene via process engineering. *Acc. Chem. Res.* ,46 ,10 ,2263 - 2274 ,2013.

[45] Tatarova,E. et al. ,Towards large - scale in free - standing graphene and N - graphene sheets.

[46] Mattevi,C. ,Kim,H. , Chhowalla, M. , A review of chemical vapour deposition of graphene oncopper. *J. Mater. Chem.* ,21 ,10 ,3324 - 3334 ,2011.

[47] Muñoz,R. and Gómez - Aleixandre,C. ,Review of CVD synthesis of graphene. *Chem. Vap. Deposition* ,19 , 10 - 11 - 12 ,297 - 322 ,2013.

[48] Zhang,Y. ,Zhang,L. ,Zhou,C. ,Review of chemical vapor deposition of graphene and relatedapplications. *Acc. Chem. Res.* ,46 ,10 ,2329 - 2339 ,2013.

[49] Wei,D. et al. ,Controllable chemical vapor deposition growth of few layer graphene for electronicdevices. *Acc. Chem. Res.* ,46 ,1 ,106 - 115 ,2012.

[50] Al - Shurman,K. and Naseem,H. ,CVD graphene growth mechanism on nickel thin films, in: *Proceedings of the* 2014 *COMSOL Conference in Boston* ,2014.

[51] Sutter,P. ,Epitaxial graphene: How silicon leaves the scene. *Nat. Mater.* ,8 ,3 ,171 - 172 ,2009.

[52] Tromp,R. and Hannon,J. ,Thermodynamics and kinetics of graphene growth on SiC (0001). *Phys. Rev. Lett.* ,102 ,10 ,106104 ,2009.

[53] Kunc,J. et al. ,Planar edge Schottky barrier - tunneling transistors using epitaxial graphene/SiCjunctions. *Nano Lett.* ,14 ,9 ,5170 - 5175 ,2014.

[54] Kim,J. et al. ,Principle of direct van der Waals epitaxy of single - crystalline films on epitaxialgraphene. *Nat. Commun.* ,5 ,4836 ,2014.

[55] Lian,P. et al. ,Porous SnO_2@C/graphene nanocomposite with 3D carbon conductive networkas a superior anode material for lithium - ion batteries. *Electrochim. Acta* ,116 ,103 - 110 ,2014.

[56] Hummers,W. S. ,Jr. and Offeman,R. E. ,Preparation of graphitic oxide. *J. Am. Chem. Soc.* ,80 ,6 ,1339 - 1339 ,1958.

[57] Hu,C. et al. ,A brief review of graphene - metal oxide composites synthesis and applications I nphotoca-

talysis. *J. Chin. Adv. Mater. Soc.*, 1, 1, 21 – 39, 2013.

[58] El – Maghrabi, H. H. et al., Magnetic graphene based nanocomposite for uranium scavenging. *J. Hazard. Mater.*, 322, 370 – 379, 2017.

[59] Loh, K. P. et al., The chemistry of graphene. *J. Mater. Chem.*, 20, 12, 2277 – 2289, 2010.

[60] Taherian, F. et al., What is the contact angle of water on graphene? *Langmuir*, 29, 5, 1457 – 1465, 2013.

[61] Xue, Y. et al., Functionalization of graphene oxide with polyhedral oligomeric silsesquioxane (POSS) for multifunctional applications. *J. Phys. Chem. Lett.*, 3, 12, 1607 – 1612, 2012.

[62] Hasan, S. A. et al., Transferable graphene oxide films with tunable microstructures. *ACS Nano*, 4, 12, 7367 – 7372, 2010.

[63] Hsieh, C. – T. and Chen, W. – Y., Water/oil repellency and work of adhesion of liquid droplets ongraphene oxide and graphene surfaces. *Surf. Coat. Technol.*, 205, 19, 4554 – 4561, 2011.

[64] Mahanta, N. K. and Abramson, A. R., Thermal conductivity of graphene and graphene oxidenanoplatelets, in: *Thermal and Thermomechanical Phenomena in Electronic Systems (ITherm)*, 2012 13th IEEE Intersociety Conference, 2012.

[65] Kuila, T. et al., Chemical functionalization of graphene and its applications. *Prog. Mater. Sci.*, 57, 7, 1061 – 1105, 2012.

[66] Afanasov, I. et al., Preparation, electrical and thermal properties of new exfoliated graphite – basedcomposites. *Carbon*, 47, 1, 263 – 270, 2009.

[67] Nika, D. et al., Phonon thermal conduction in graphene: Role of Umklapp and edge roughnessscattering. *Phys. Rev. B*, 79, 15, 155413, 2009.

[68] Jiang, J. – W. et al., Isotopic effects on the thermal conductivity of graphene nanoribbons: Localization mechanism. *J. Appl. Phys*, 107, 5, 054314, 2010.

[69] Bolotin, K. I. et al., Ultrahigh electron mobility in suspended graphene. *Solid State Commun.*, 146, 9, 351 – 355, 2008.

[70] Kravets, V. et al., Spectroscopic ellipsometry of graphene and an exciton – shifted van Hove peakin absorption. *Phys. Rev. B*, 81, 15, 155413, 2010.

[71] Rana, F. et al., Carrier recombination and generation rates for intravalley and intervalley phononscattering in graphene. *Phys. Rev. B*, 79, 11, 115447, 2009.

[72] Elias, D. C. et al., Control of graphene's properties by reversible hydrogenation: Evidence forgraphane. *Science*, 323, 5914, 610 – 613, 2009.

[73] Avouris, P. and Freitag, M., Graphene photonics, plasmonics, and optoelectronics. *IEEE J. Sel. Top. Quantum Electron.*, 20, 1, 72 – 83, 2014.

[74] Suk, J. W. et al., Mechanical properties of monolayer graphene oxide. *ACS Nano*, 4, 11, 6557 – 6564, 2010.

[75] Li, J. – L. et al., Oxygen – driven unzipping of graphitic materials. *Phys. Rev. Lett.*, 96, 17, 176101, 2006.

[76] Gómez – Navarro, C., Burghard, M., Kern, K., Elastic properties of chemically derived singlegraphene sheets. *Nano Lett.*, 8, 7, 2045 – 2049, 2008.

[77] Dikin, D. A. et al., Preparation and characterization of graphene oxide paper. *Nature*, 448, 7152, 457 – 460, 2007.

[78] Das, B. et al., Nano – indentation studies on polymer matrix composites reinforced by few – layergraphene. *Nanotechnology*, 20, 12, 125705, 2009.

[79] Prasad, K. E. et al., Extraordinary synergy in the mechanical properties of polymer matrixcomposites reinforced with 2 nanocarbons. *Proc. Natl. Acad. Sci.*, 106, 32, 13186 – 13189, 2009.

[80] Rao, C. et al., Some novel attributes of graphene. *J. Phys. Chem. Lett.*, 1, 2, 572 – 580, 2010.

[81] Sanchez, V. C. et al., Biological interactions of graphene – family nanomaterials: An interdisciplinary review. *Chem. Res. Toxicol.*, 25, 1, 15 – 34, 2011.

[82] Bianco, A., Graphene: Safe or toxic? The two faces of the medal. *Angew. Chem. Int. Ed.*, 52, 19, 4986 – 4997, 2013.

[83] Ren, H. et al., DNA cleavage system of nanosized graphene oxide sheets and copper ions. *ACS Nano*, 4, 12, 7169 – 7174, 2010.

[84] Lu, C. - H. et al., Using graphene to protect DNA from cleavage during cellular delivery. *Chem. Commun.*, 46, 18, 3116 – 3118, 2010.

[85] Xu, Y. et al., Three – dimensional self – assembly of graphene oxide and DNA into multifunctional hydrogels. *ACS Nano*, 4, 12, 7358 – 7362, 2010.

[86] Titov, A. V., Král, P., Pearson, R., Sandwiched graphene – membrane superstructures. *ACS Nano*, 4, 1, 229 – 234, 2009.

[87] Wang, G. et al., Microbial reduction of graphene oxide by *Shewanella*. *Nano Res.*, 4, 6, 563 – 570, 2011.

[88] Akhavan, O. and Ghaderi, E., Toxicity of graphene and graphene oxide nanowalls against bacteria. *ACS Nano*, 4, 10, 5731 – 5736, 2010.

[89] Shi, X. et al., Regulating cellular behavior on few – layer reduced graphene oxide films with well – controlled reduction states. *Adv. Funct. Mater.*, 22, 4, 751 – 759, 2012.

[90] Fan, X., Chen, X., Dai, L., 3D graphene based materials for energy storage. *Curr. Opin. Colloid Interface Sci.*, 20, 5, 429 – 438, 2015.

[91] Wu, Z. - S. et al., Graphene/metal oxide composite electrode materials for energy storage. *Nano Energy*, 1, 1, 107 – 131, 2012.

[92] Leung, K. C. - F. et al., Gold and iron oxide hybrid nanocomposite materials. *Chem. Soc. Rev.*, 41, 5, 1911 – 1928, 2012.

[93] Akbulut, H. et al., Co – deposition of Cu/WC/graphene hybrid nanocomposites produced by electrophoretic deposition. *Surf. Coat. Technol.*, 284, 344 – 352, 2015.

[94] Liu, T., Fan, W., Zhang, C., Carbon nanotube – based hybrid materials and their polymer composites. *Polymer Nanotube Nanocomposites: Synthesis, Properties, and Applications, Second Edition*, pp. 239 – 277, 2014.

[95] Dong, X. - C. et al., 3D graphene – cobalt oxide electrode for high – performance supercapacitor and enzymeless glucose detection. *ACS Nano*, 6, 4, 3206 – 3213, 2012.

[96] Wang, X. et al., Constructing aligned $\gamma - Fe_2O_3$ nanorods with internal void space anchored on reduced graphene oxide nanosheets for excellent lithium storage. *RSC Adv.*, 5, 111, 91574 – 91580, 2015.

[97] Jimenez – Villacorta, F. et al., Graphene – ultrasmall silver nanoparticle interactions and their effect on electronic transport and Raman enhancement. *Carbon*, 101, 305 – 314, 2016.

[98] Bonaccorso, F. et al., Graphene, related two – dimensional crystals, and hybrid systems for energy conversion and storage. *Science*, 347, 6217, 1246501, 2015.

[99] Chen, T. et al., Microwave – assisted synthesis of reduced graphene oxide – carbon nanotube composites as negative electrode materials for lithium ion batteries. *Solid State Ionics*, 229, 9 – 13, 2012.

[100] Hu, Y. et al., Free – standing graphene – carbon nanotube hybrid papers used as current collector and binder free anodes for lithium ion batteries. *J. Power Sources*, 237, 41 – 46, 2013.

[101] Azarang, M. et al., One – pot sol – gel synthesis of reduced graphene oxide uniformly decorated zinc oxide nanoparticles in starch environment for highly efficient photodegradation of methylene blue. *RSC Adv.*, 5,

28,21888-21896,2015.

[102] Li,H. et al. ,*In situ* sol-gel synthesis of ultrafine ZnO nanocrystals anchored on graphene asanode material for lithium-ion batteries. *Ceram. Int.* ,42,10,12371-12377,2016.

[103] Dong,X. et al. ,One-step growth of graphene-carbon nanotube hybrid materials by chemicalvapor deposition. *Carbon* ,49,9,2944-2949,2011.

[104] Li,Q. et al. ,Graphene and its composites with nanoparticles for electrochemical energy applications. *Nano Today* ,9,5,668-683,2014.

[105] Park,S.-K. et al. ,*In situ* hydrothermal synthesis of Mn_3O_4 nanoparticles on nitrogen-dopedgraphene as high-performance anode materials for lithium ion batteries. *Electrochim. Acta* ,120,452-459, 2014.

[106] Gao,Y. et al. ,Novel $NiCo_2S_4$/graphene composites synthesized via a one-step *in-situ* hydrothermalroute for energy storage. *J. Alloys Compd.* ,704,70-78,2017.

[107] Wang,D. et al. ,Ternary self-assembly of ordered metal oxide-graphene nanocomposites forelectrochemical energy storage. *ACS Nano* ,4,3,1587-1595,2010.

[108] Yan,J. et al. ,Fast and reversible surface redox reaction of graphene-MnO_2 composites as supercapacitor relectrodes. *Carbon* ,48,13,3825-3833,2010.

[109] Wu,S. et al. ,Electrochemical deposition of semiconductor oxides on reduced graphene oxide-basedflexible,transparent,and conductive electrodes. *J. Phys. Chem. C* ,114,27,11816-11821,2010.

[110] Liu,Y. et al. ,Mesoporous Co_3O_4 sheets/3D graphene networks nanohybrids for high-performancesodium-ion battery anode. *J. Power Sources* ,273,878-884,2015.

[111] Wang,T. et al. ,Interaction between nitrogen and sulfur in co-doped graphene and synergeticeffect in supercapacitor. *Sci. Rep.* ,5,2015.

[112] Xu,Y. and Liu,J. ,Graphene as transparent electrodes:Fabrication and new emerging applications. *Small* ,12,11,1400-1419,2016.

[113] Ma,X. et al. ,Phosphorus and nitrogen dual-doped few-layered porous graphene:A high-performanceanode material for lithium-ion batteries. *ACS Appl. Mater. Interfaces* ,6,16,14415-14422,2014.

[114] Du,J. and Cheng,H. M. ,The fabrication,properties,and uses of graphene/polymer composites. *Macromol. Chem. Phys.* ,213,10-11,1060-1077,2012.

[115] Eda,G. and Chhowalla,M. ,Graphene-based composite thin films for electronics. *Nano Lett.* ,9,2,814-818,2009.

[116] Das,M. R. et al. ,Synthesis of silver nanoparticles in an aqueous suspension of graphene oxidesheets and its antimicrobial activity. *Colloids Surf.* ,B,83,1,16-22,2011.

[117] de Faria,A. F. et al. ,Cellulose acetate membrane embedded with graphene oxide-silver nanocompositesand its ability to suppress microbial proliferation. *Cellulose* ,24,2,781-796,2017.

[118] Ran,X. et al. ,Hyaluronic acid-templated Ag nanoparticles/graphene oxide composites for synergistictherapy of bacteria infection. *ACS Appl. Mater. Interfaces* ,2017.

[119] Tozzini,V. and Pellegrini,V. ,Prospects for hydrogen storage in graphene. *Phys. Chem. Chem. Phys.* ,15,1,80-89,2013.

[120] Bénard,P. et al. ,Comparison of hydrogen adsorption on nanoporous materials. *J. AlloysCompd.* ,446,380-384,2007.

[121] Ghosh,A. et al. ,Uptake of H_2 and CO_2 by graphene. *J. Phys. Chem. C* ,112,40,15704-15707,2008.

[122] Choma,J. et al. ,Highly microporous polymer-based carbons for CO_2 and H_2 adsorption. *RSCAdv.* ,4,28,14795-14802,2014.

[123] Hong, W. G. et al., Agent-free synthesis of graphene oxide/transition metal oxide compositesand its application for hydrogen storage. *Int. J. Hydrogen Energy*, 37, 9, 7594-7599, 2012.

[124] Divya, P. and Ramaprabhu, S., Hydrogen storage in platinum decorated hydrogen exfoliatedgraphene sheets by spillover mechanism. *Phys. Chem. Chem. Phys.*, 16, 48, 26725-26729, 2014.

[125] Moradi, S. E., Enhanced hydrogen adsorption by Fe_3O_4-graphene oxide materials. *Appl. Phys. A*, 119, 1, 179-184, 2015.

[126] Kostoglou, N. et al., Few-layer graphene-like flakes derived by plasma treatment: A potential materialfor hydrogen adsorption and storage. *Microporous Mesoporous Mater.*, 225, 482-487, 2016.

[127] Wesołowski, R. P. and Terzyk, A. P., Pillared graphene as a gas separation membrane. *Phys. Chem. Chem. Phys.*, 13, 38, 17027-17029, 2011.

[128] Yuan, W., Li, B., Li, L., A green synthetic approach to graphene nanosheets for hydrogenadsorption. *Appl. Surf. Sci.*, 257, 23, 10183-10187, 2011.

[129] Zhou, C. and Szpunar, J. A., Hydrogen storage performance in Pd/graphene nanocomposites. *ACS Appl. Mater. Interfaces*, 8, 39, 25933-25940, 2016.

[130] Zhou, C., Szpunar, J. A., Cui, X., Synthesis of Ni/graphene nanocomposite for hydrogen storage. *ACS Appl. Mater. Interfaces*, 8, 24, 15232-15241, 2016.

[131] Ismail, N., Madian, M., El-Shall, M. S., Reduced graphene oxide doped with Ni/Pd nanoparticlesfor hydrogen storage application. *J. Ind. Eng. Chem.*, 30, 328-335, 2015.

[132] Burress, J. et al., Gas adsorption properties of graphene-oxide-frameworks and nanoporousbenzene-boronic acid polymers, in: *APS Meeting Abstracts*, 2010.

[133] Wu, W.-M., Zhang, C.-S., Yang, S.-B., Controllable synthesis of sandwich-like graphene-supportedstructures for energy storage and conversion. *New Carbon Mater.*, 32, 1, 1-14, 2017.

[134] Wang, H. et al., Rechargeable $Li-O_2$ batteries with a covalently coupled $MnCo_2O_4$-graphenehybrid as an oxygen cathode catalyst. *Energy Environm. Sci.*, 5, 7, 7931-7935, 2012.

[135] Zhou, W. et al., Fabrication of Co_3O_4-reduced graphene oxide scrolls for high-performancesupercapacitor electrodes. *Phys. Chem. Chem. Phys.*, 13, 32, 14462-14465, 2011.

[136] Wang, T. et al., Graphene-Fe_3O_4 nanohybrids: Synthesis and excellent electromagnetic absorptionproperties. *J. Appl. Phys*, 113, 2, 024314, 2013.

[137] Wei, W., *Controllable Assembly of Graphene Hybrid Materials and Their Application in EnergyStorage and Conversion*, Universitatsbibliothek Mainz, 2015.

[138] Winter, M. et al., Insertion electrode materials for rechargeable lithium batteries. *Adv. Mater.*, 10, 10, 725-763, 1998.

[139] Kaskhedikar, N. A. and Maier, J., Lithium storage in carbon nanostructures. *Adv. Mater.*, 21, 25-26, 2664-2680, 2009.

[140] Dahn, J. R. et al., Mechanisms for lithium insertion in carbonaceous materials. *Science*, 590, 1995.

[141] Sun, H. et al., Mesoporous Co_3O_4 nanosheets-3D graphene networks hybrid materials forhigh-performance lithium ion batteries. *Electrochim. Acta*, 118, 1-9, 2014.

[142] Raccichini, R. et al., The role of graphene for electrochemical energy storage. *Nat. Mater.*, 14, 3, nmat4170, 2014.

[143] Wang, Z.-L. et al., *In situ* fabrication of porous graphene electrodes for high-performanceenergy storage. *ACS Nano*, 7, 3, 2422-2430, 2013.

[144] Bhardwaj, T. et al., Enhanced electrochemical lithium storage by graphene nanoribbons. *J. Am. Chem. Soc.*, 132, 36, 12556-12558, 2010.

[145] Liu, F. et al., Folded structured graphene paper for high performance electrode materials. *Adv. Mater.*, 24, 8, 1089 – 1094, 2012.

[146] Lee, S. W. et al., High – power lithium batteries from functionalized carbon – nanotube electrodes. *Nat. Nanotechnol.*, 5, 7, 531 – 537, 2010.

[147] Jiang, K. – C. et al., Superior hybrid cathode material containing lithium – excess layered materialand graphene for lithium – ion batteries. *ACS Appl. Mater. Interfaces*, 4, 9, 4858 – 4863, 2012.

[148] Zhu, K. et al., Synthesis of $H_2V_3O_8$/reduced graphene oxide composite as a promising cathodematerial for lithium – ion batteries. *ChemPlusChem*, 79, 3, 447 – 453, 2014.

[149] Han, S. et al., Graphene aerogel supported $Fe_5(PO_4)_4(OH)_3 \cdot 2H_2O$ microspheres as high – performancecathode for lithium ion batteries. *J. Mat. Chem. A*, 2, 17, 6174 – 6179, 2014.

[150] Li, B. et al., An *in situ* ionic – liquid – assisted synthetic approach to iron fluoride/graphemehybrid nanostructures as superior cathode materials for lithiumion batteries. *ACS Appl. Mater. Interfaces*, 5, 11, 5057 – 5063, 2013.

[151] Fei, H. et al., $LiFePO_4$ nanoparticles encapsulated in graphene nanoshells for high – performancelithium – ion battery cathodes. *Chem. Commun.*, 50, 54, 7117 – 7119, 2014.

[152] Hu, J. et al., Alternating assembly of Ni – Al layered double hydroxide and graphene for high – ratealkaline battery cathode. *Chem. Commun.*, 51, 49, 9983 – 9986, 2015.

[153] Ma, R. et al., Fabrication of LiF/Fe/Graphene nanocomposites as cathode material for lithium – ionbatteries. *ACS Appl. Mater. Interfaces*, 5, 3, 892 – 897, 2013.

[154] Kim, W. et al., Fabrication of graphene embedded LiFePO4 using a catalyst assisted self assemblymethod as a cathode material for high power lithium – ion batteries. *ACS Appl. Mater. Interfaces*, 6, 7, 4731 – 4736, 2014.

[155] de Faria, A. F. et al., Eco – friendly decoration of graphene oxide with biogenic silver nanoparticles: Antibacterial and antibiofilm activity. *J. Nanopart. Res.*, 16, 2, 2110, 2014.

[156] Zhu, Z. et al., Preparation of graphene oxide – silver nanoparticle nanohybrids with highly antibacterialcapability. *Talanta*, 117, 449 – 455, 2013.

[157] Li, S. – K. et al., Bio – inspired *in situ* growth of monolayer silver nanoparticles on graphene oxidepaper as multifunctional substrate. *Nanoscale*, 5, 24, 12616 – 12623, 2013.

[158] He, G. et al., Photosynthesis of multiple valence silver nanoparticles on reduced graphene oxidesheets with enhanced antibacterial activity. *Synth. React. Inorg. Met. – Org. , Nano – Met. Chem.*, 43, 4, 440 – 445, 2013.

[159] Shao, W. et al., Preparation, characterization, and antibacterial activity of silver nanoparticle – decoratedgraphene oxide nanocomposite. *ACS Appl. Mater. Interfaces*, 7, 12, 6966 – 6973, 2015.

[160] Xu, W. – P. et al., Facile synthesis of silver@ graphene oxide nanocomposites and their enhancedantibacterial properties. *J. Mater. Chem.*, 21, 12, 4593 – 4597, 2011.

[161] Yoo, J. M., Kang, J. H., Hong, B. H., Graphene – based nanomaterials for versatile imaging studies. *Chem. Soc. Rev.*, 44, 14, 4835 – 4852, 2015.

[162] Janib, S. M., Moses, A. S., MacKay, J. A., Imaging and drug delivery using theranostic nanoparticles. *Adv. Drug Delivery Rev.*, 62, 11, 1052 – 1063, 2010.

[163] Wang, J. et al., Imaging – guided delivery of RNAi for anticancer treatment. *Adv. Drug DeliveryRev.*, 104, 44 – 60, 2016.

[164] Lin, J., Chen, X., Huang, P., Graphene – based nanomaterials for bioimaging. *Adv. Drug DeliveryRev.*, 105, 242 – 254, 2016.

[165] Zhu, S. et al., Photoluminescent graphene quantum dots for *in vitro* and *in vivo* bioimagingusing long wavelength emission. *RSC Adv.*, 5, 49, 39399 – 39403, 2015.

[166] Shao, Y. et al., Graphene based electrochemical sensors and biosensors: A review. *Electroanalysis*, 22, 10, 1027 – 1036, 2010.

[167] Holzinger, M., Le Goff, A., Cosnier, S., Nanomaterials for biosensing applications: A review. *Front. Chem.*, 2, 63 – 63, 2014.

[168] Park, S., Boo, H., Chung, T. D., Electrochemical non – enzymatic glucose sensors. *Anal. Chim. Acta*, 556, 1, 46 – 57, 2006.

[169] Yin, P. T. et al., Design, synthesis, and characterization of graphene – nanoparticle hybrid materialsfor bioapplications. *Chem. Rev.*, 115, 7, 2483 – 2531, 2015.

[170] Li, C., Wang, F., Jimmy, C. Y., Semiconductor/biomolecular composites for solar energy applications. *Energy Environm. Sci.*, 4, 1, 100 – 113, 2011.

[171] Yu, J., Fan, J., Cheng, B., Dye – sensitized solar cells based on anatase TiO_2 hollow spheres/carbon nanotube composite films. *J. Power Sources*, 196, 18, 7891 – 7898, 2011.

[172] Yu, J. et al., Enhanced photocatalytic activity of bimodal mesoporous titania powders by C_{60} modification. *Dalton Trans.*, 40, 25, 6635 – 6644, 2011.

[173] Yoo, D. – H. et al., Enhanced photocatalytic activity of graphene oxide decorated on TiO_2 filmsunder UV and visible irradiation. *Curr. Appl. Phys.*, 11, 3, 805 – 808, 2011.

[174] Liu, J. et al., Gram – scale production of graphene oxide – TiO 2 nanorod composites: Towardshigh – activity photocatalytic materials. *Appl. Catal.*, B, 106, 1, 76 – 82, 2011.

[175] Lightcap, I. V., Kosel, T. H., Kamat, P. V., Anchoring semiconductor and metal nanoparticles ona two – dimensional catalyst mat. Storing and shuttling electrons with reduced graphene oxide. *Nano Lett.*, 10, 2, 577 – 583, 2010.

第8章 具有形状记忆效应的石墨烯基复合材料的性能、应用和未来展望

André Espinha[1], Ana Domínguez – Bajo[2], Ankor González – Mayorga[3],
María Concepción Serrano[2]

[1] 西班牙马德里,马德里自治大学材料物理系 UAM – IFIMAC – 凝聚物质物理中心
[2] 西班牙马德里科学研究高级理事会马德里科学材料研究所卫生材料小组
[3] 西班牙托莱多卡斯蒂利亚 – 拉曼查服务部国家截瘫医院

摘 要 石墨烯由碳原子组成,具有蜂窝状晶格结构,因其可运用于诸多领域如电子、传感器和生物材料等而被人们探索研究。石墨烯具有非凡的比表面积、高电荷载流子迁移率和杨氏模量等特点。形状记忆效应是指经由外部刺激激发,一些材料在被编程为临时形状后所具有的恢复永久形状的特性。形状记忆性聚合物(shape memory polymer, SMP)由于其广泛的化学改性能力、高通量和较低的成本而脱颖而出。SMP 在生物医学、纺织、包装、航空、航天和执行器等领域的应用非常有吸引力。人们通过制备具有特定功能的填充复合材料,增加 SMP 的价值。在这种情况下,石墨烯衍生材料作为 SMP 填充物已经引起了人们极大的兴趣,成为具有先进性能的复合材料(力学增强、导电性能、表面润湿性)。从化学角度来看,聚氨酯、聚乳酸、聚丙烯酰胺、聚碳酸丙烯酯、环氧树脂和壳聚糖等多种材料已用作聚合物基体。迄今为止,相关人员对这些复合材料的制备和表征展开了研究。然而,这些复合材料在工业应用方面仍然具有挑战性。它们的一些潜在用途包括电子、传感器、执行器和生物医学设备领域。在本章中,首先介绍石墨烯基复合材料显示形状记忆性能的主要进展;最后还讨论这些先进复合材料的适用性和未来前景

关键词 执行器,复合材料,石墨烯,响应材料,形状记忆效

缩写表

CNT	碳纳米管	rGO	还原氧化石墨烯
DMA	动态力学分析	SEM	扫描电子显微镜
GO	氧化石墨烯	SERS	表面增强拉曼光谱
IR	红外线	SME	形状记忆效应
NIR	近红外光	SMP	形状记忆高分子

PAAm	聚丙烯酰胺	T_g	玻璃化转变温度
PCL	聚(ε-己内酯)	T_m	熔融温度
PLA	聚(乳酸)	T_{max}	最高温度
PNIPAM	聚(N-异丙基丙烯酰胺)	T_{trans}	转变温度
PPC	聚(碳酸亚丙酯)	TME	温度记忆效应
PU	(聚氨酯)	R_f	应变固定率
PVA	聚(乙烯醇)	R_r	应变恢复率
PVAc	聚(醋酸乙烯酯)		

8.1 引言

具有形状记忆性质的石墨烯基复合材料是一种较新的材料,人们对这种材料的研究还处于起步阶段,最近5年才取得了最显著的研究成果。尽管这种石墨烯复合材料有很好的前景,但仍有待开发其在市场上的应用。石墨烯加入到形状记忆聚合物(shape memory polymer,SMP)中能使复合材料的力学性能得到改善,使其具有导电性能或吸光特性,这有助于扩展复合材料的功能。技术领域的研究人员对这些材料产生了浓厚的兴趣,尤其是将这些材料用于制备有利于航空航天或软机器人等领域发展的驱动器。在8.2节中展开进一步讨论:首先介绍两个最重要的角色,即石墨烯和SMP;然后将简要介绍SMP基复合材料;最后重点介绍这章的主要内容:石墨烯掺杂形状记忆复合材料。本节的内容分为制造方法、增强的力学性能、导电性能和导热性能以及形状记忆性能的特点。最后本章讨论了石墨烯当前的应用方向和未来前景。

8.1.1 石墨烯

在2004年,Novoselov和Geim首次分离出石墨烯[1],这一发现使他们在2010年获得了诺贝尔物理学奖。石墨烯是二维碳异质体,由排列在蜂窝状结构中的单层原子组成(图8.1(a))。在这种构型中,碳原子的sp^2轨道被1.42Å杂化分离,导致它们之间形成一个分子σ束缚(图8.1(b))。反过来,垂直于基面的p轨道形成π能带(图8.1(b))[2]。这些元素的长期结合使石墨烯具有非凡的力学、电子和热学性能。石墨烯显示了0.5~1TPa范围的弹性模量、10^6S/cm的电导率、在电子密度为$2\times10^{11}cm^{-2}$下$2\times10^5cm^2/(V\cdot s)$的电荷载流子迁移率、$5\times10^3W/(m\cdot K)$的热导率、在可见范围内较低光吸收率(约2.3%),以及较大比表面积(大于$2.5\times10^3m^2/g$),其另一个有用的特性是相对容易的化学功能化[3-4]。

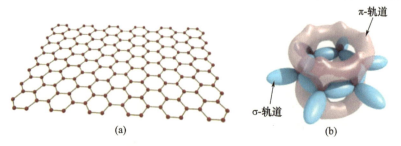

图8.1 石墨烯的结构示意图

(a)碳原子蜂窝格子;(b)石墨烯原子轨道杂化的艺术示意图(蓝色表示σ束缚,淡红色表示π束缚)。

Novoselov 和 Geim 最早提出制备石墨烯最直接的方法是微机械剥离石墨。事实上，石墨中的石墨烯层是通过较弱的范德瓦耳斯力连接易于分离。使用透明胶带，剥离单个单层，然后转移到合适的基底上。该方法虽然很方便，但存在可扩展性差、重复性差等缺点。现在的技术试图解决这些问题。一些值得注意的方法包括外延生长、化学气相沉积、石墨的电弧放电和采取溶解相剥离石墨的方法使用选定的溶剂在胶体悬浮液中制备[5]。

自 2004 年分离出石墨烯以来，人们对石墨烯的研究以其他领域几乎没有过的快速节奏展开。值得注意的是，这是因为石墨烯具有不寻常的特性和在新型应用程序和设备中的应用潜力。石墨烯在化学传感器、柔性电子、光电、生物医学设备和气体储存等领域有着巨大的应用潜力。读者如果希望全面了解这个问题，可以参考其他文献[4]。在其他显著用途中，石墨烯及其衍生物（主要是氧化石墨烯和还原氧化石墨烯）特别适合用作高性能纳米复合材料的填充物。

8.1.2 形状记忆聚合物

形状记忆效应（SME）[6]在金镉合金中首次发现。这种效应是指通过应用一些力学编程将一些材料固定为临时形状后，实施负责触发恢复的外部刺激，能恢复成永久设置形状的性能。后来在聚合物中也发现了这种效应[7]，即 SMP[8]，这种聚合物断裂前具有较高的应变、较高的可恢复应变、较低的密度、耐腐蚀、较低的生产成本和更灵活的性能设计等重要优点。此外，它们易于实施，并具有高吞吐量和针对多功能性能的附加功能[9]。

在惯用的编程中，SMP 的交叉连接板被配置为永久形状。在加热/变形/冷却循环之后，样品被编程成变形临时状态。例如，在聚乙二醇柠檬酸酯基聚合物[10]中，在一定温度 T_{trans} 下熔化转变（聚合物中一种可能出现的 SME 机制）驱动 SME，温度要接近人体温度。超过温度 T_{trans}，材料变成橡胶状并且具有可塑性。在循环的冷却阶段，温度下降到 T_{trans} 以下，聚合物块恢复其刚度。如果在这一步骤中保持变形力，即使在应力释放后，聚合物仍然拥有并保留新的临时形状。最后，在重新加热聚合物后，恢复了最初的永久形状。

为呈现 SME，弹性体需要一个特殊的分子结构。它必须包含一些网点，能够负责固定永久形状，还需要一些分子开关，能够敏锐感应外部刺激敏感并负责控制暂时状态。例如，在聚合物合成和交联过程中建立的共价结合可以产生网点。当聚合物由隔离区域组成时，与最高转变温度相关的区域会产生网点，而与随后转变相关的区域则扮演交换机制。在达到温度 T_{trans} 时，会发生最常见的开关转变，也就是熔化转变（T_{trans} 表示为 T_m），通过固化开关区域可以固定临时形状或者玻璃/橡胶转变（T_{trans} 标记为 T_g），通过玻璃化固定临时形状。

在各种各样的 SMP 中，热转变引起的热量直接触发 SME，如上所述。然而，在某些情况下，触发行为对其他外部刺激比较敏感，如电流[11]或交变磁场[12]。例如，这些机制可能有助于 SME 的远程驱动。然而，在这种情况下，温度仍然是恢复形状的触发点，因为这些刺激会间接加热弹性体。有趣的是，人们也在研究在等温条件下激活 SME 的其他选择，如光照射[13]、水诱导[14]或 pH[15]等。为了实现这些效应，许多发展策略主要着重于制造智能复合材料或纳米复合材料。

SMP 的形状记忆性能通常通过循环力学测试（热力学编程测试）来量化。这些测量在装有热室的拉伸实验机上进行。一般来说，每个循环都包括将弹性体样品编程成一个临时形状，然后恢复其永久形状。其中一个循环如图 8.2 应变 – 温度 – 应力图所示。在传统的实验中,相应循环下样品的初始形状 ε_p 加热到最大温度 T_{max},高于 T_{trans},然后变形到最大应变 ε_m,再进行冷却。一旦冷却,应力约束就会被移除,以配置临时形状。在非理想样品中,会出现松弛现象。因此,最终应变不是编程应变 ε_m,而是 ε_u。此时,可以通过增加温度(在没有应力的情况下)或通过再次编程变形样品来恢复原来的形状。

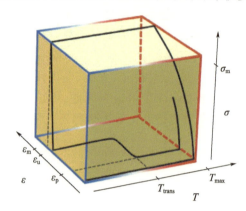

图 8.2 三维应变-温度-应力图(说明了在典型实验中用于表征聚合物中 SME 的热力学编程循环)

表征 SMP 所需的重要数值包括开关温度 T_{trans}(考虑热诱导 SMP)、弹性模量(由曲线初始线性部分的应力应变曲线斜率决定)和特定迭代次数 N 的两个比率,分别为应变恢复率 R_r 和应变固定率 R_f。应变恢复率评估材料记忆永久形状的能力可计算如下:

$$R_r(N) = \frac{\varepsilon_m - \varepsilon_p(N)}{\varepsilon_m - \varepsilon_p(N-1)} \tag{8.1}$$

应变固定率将应力释放和松弛后的程序应变与最大施加应变进行了比较表达如下:

$$R_f(N) = \frac{\varepsilon_u(N)}{\varepsilon_m} \tag{8.2}$$

研究人员对 SMP 在汽车工程、航空航天工业、光子学、建筑、家用产品和生物医药等许多领域产生了巨大的技术兴趣,SMP 的应用堪称典范,包括微流体器件、自折叠包装、智能纺织、可擦除盲文、智能黏合剂和血管支架等[16]。

8.1.3 形状记忆聚合物复合材料

如上所述,SMP 由于其固有的响应性是一种卓越的材料,具有显著的性能和杰出的多功能特性。通过在聚合物基体中加入特定填充物便于制备 SMP 复合材料,以便充分利用这两种组分之间的协同作用。通过这种方式,初始 SMP 的功能化可能得到极大的增强,从而提高了它们的性能[17]。制造这种复合材料的一个常见原因是初始 SMP 的力学性能增强。其他的动机包括整合其他功能,如导电性能、不同刺激触发机制的发展以及探索不同记忆效应(如多重形状记忆效应、空间局部 SME 效应和双向形状记忆效应)。

用于制造 SMP 复合材料的常用填充物包括纤维素、碳、玻璃或凯夫拉纤维等形成的微纤维,这些纤维有助于增加材料弹性模量,并使它们承受较高的机械负载[17]。碳纳米管也用于开发焦耳加热产生的电活性 SME[18]。研究人员研究了金属、介电和铁磁性等不同种类的粒子,目标是开发 SERS 基底[19]、扩散光子增益介质[20] 或磁场激发[21] 等新特性。在 8.2 节,介绍了石墨烯掺杂 SMP 复合材料,并对其主要特点进行了讨论。

8.2 石墨烯掺杂形状记忆聚合物复合材料

将石墨烯加入 SMP 有助于改善其力学性能、形状记忆性能和导电性能,并加速电阻加热引起的电驱动形状恢复。它也可能有助于提高复合材料的热力学稳定性[22]。有趣的是,由于纯石墨烯薄膜几乎不透水,用设计的石墨烯填充物制备高分子复合材料可以改善整个体系的亲水性,使水分扩散到材料中[23]。

据我们所知,Liang 等[24]在 2009 年出版的著作中第一次提到石墨烯掺杂 SMP。研究方法是在热塑性聚氨酯(PU)中加入质量分数高达 1.0% 的磺化功能化石墨烯片。本质上这种材料是透明的。将这种材料与石墨烯掺杂后可以实现光吸收,特别是在光谱的红外区域。因此,石墨烯起到了能量转移单元的作用,使得复合材料的温度在照明时增加,因此提高了 SME。事实上,当在变形状态下对材料进行编程时,并将其暴露在红外线后,石墨烯质量分数低至 0.1% 的纳米复合材料几乎完全收缩到原来的形状,而非掺杂的 PU(用于控制)则不受影响。从这个意义上说,样品可用作光触发的执行器。

溶液混合过程可能是制造石墨烯基形状记忆复合材料最常用的方法[22,24-25]。通常,人们用超声波在选定的溶剂中制备石墨烯溶液(通常对石墨烯进行功能化,从而提高其溶解度)。也在溶剂(最好是在相同的溶剂中)中的 SMP 添加到第一个溶剂中,并搅拌几小时。这种方法可以归类为物理方法,它将分散的石墨烯薄片添加到已经合成的 SMP 溶液中,反之亦可。另外,存在石墨烯分散时聚合 SMP 进行原位制备工艺。当在这种情况下,化学合成的特性取决于选择的 SMP 和对石墨烯表面进行的处理。例如,Choi 等[26]发现了原位制备形状记忆 PU 纳米复合材料的方法,他们从混合还原氧化石墨烯和聚 ε-己内酯二醇(PCL)开始。研究人员还研究了亚麻油原位阳离子聚合的替代方法[27]。具体来说,用十六烷基三甲基溴化铵改性氧化石墨烯纳米微片,然后将其分散在含有聚合物前驱体(即苯乙烯、二乙烯苯和亚麻油)的溶液中。因此,可以通过加热、阳光和微波触发这些复合材料中的形状记忆效应。通常,在物理混合法和原位制备工艺法中,最后的步骤是将混合物浇铸在某种容器中,让溶剂蒸发或真空干燥,生成最终的复合材料。在制备复合材料过程中通常使用的掺杂浓度的范围为 0.1%~20%(质量分数)之间。

另一个重要的方面涉及石墨烯表面的功能化。它对聚合物中填充物的分散和复合材料的密度、力学性能、导电性能和化学稳定性等最终性能起着至关重要的作用。这受到石墨烯固有特性的影响,也与填充物与聚合物基体之间的界面相互作用有关。化学基团可以通过共价结合或物理吸附通过范德瓦耳斯力或 $\pi-\pi$ 相互作用附着在石墨烯表面。在这方面,共价功能化通常更适用于复合材料的制备,特别是在要求聚合物和填充物之间良好地传递机械负载的应用中。接着,附着在石墨烯表面的官能团也可以与 SMP 基体建立共价结合,从而获得更高的性能。有文献报道了包含异氰酸酯、磺酸盐[24]、羟基、烷氧基[28]、环氧树脂、胺、酰亚胺[29]、羰基和羧酸[30]等化学基团的石墨烯表面功能化。在这方面,氧化石墨烯和还原氧化石墨烯的表面包含几个这样的基团,通常比纯石墨烯更适合制备高级纳米复合材料。然而,显著缺点是破坏了 sp^2 碳网并带来了缺陷,从而导致了性能的内在成本[24]。这样的例子包括使用与高支化 PU 链共价功能化的氧化石墨烯片,使用原位聚合法将其用于制备高性能纳米复合材料[31]。在其他不同的方法中,通过熔化共混法,加入少量十八烷基胺(质量分数为0.25%~1%)和3-氨基-1,2,4-三唑交联的马来酸化聚乙烯辛烯弹性体对氧化石墨烯片进行改性[32]。

有趣的是,复合材料的密度可能比原来的聚合物小[26],而且密度可能随着石墨烯含量的增加而降低,这说明在复合材料中产生了额外的自由体积。与大块填充物相比,这种效应不仅是由于石墨烯填充物与基体界面处聚合物的填充物密度较低,而且由于聚合物链的约束重排,这是因为当温度低于SMP的温度T_{trans}时,存在石墨烯。

表8.1总结了目前报道的一些最杰出的石墨烯掺杂SMP复合材料。此表总结了这些复合材料的主要化学成分和性能,即T_{trans}(用于热活化SMP)、杨氏模量、导电性能和回收率。由于石墨烯基SMP复合材料具有良好的熔体工艺性、阻燃性、高回收率和固定性以及较短的回收率,因此最常见的研究是制备石墨烯基SMP复合材料的聚合物基体[25,33-34]。例如,由PCL和异氟龙二异氰酸酯制成的PU可以用来与氢氧化铝和还原氧化石墨烯制备混合复合材料,显示了由热(60℃)、微波(300W)和阳光(10^5 lux)触发的形状记忆性能[35]。聚合物基体的掺杂显著提高了体系的力学性能,拉伸强度提高350%,断裂伸长率提高292%,韧性提高441%。作为另一个例子,丙烯酸酯封端PU也掺杂了烯丙基异氰酸酯改性的氧化石墨烯[36]。在这些作者最近的著作中记载,以聚四亚甲基醚二醇、4,4-亚甲基双异氰酸苯酯和1,3-丁二醇为原料合成了电活性石墨烯掺杂形状记忆PU[37]。

表8.1 一些杰出石墨烯掺杂SMP复合材料的参考值总结

SMP材料	T_{trans}/℃	非掺杂 E/MPa	掺杂 E/MPa	电导率 /(S/cm)	原始恢复率/%	掺杂恢复率/%	参考文献
热塑性聚氨酯	—	10	14~22	—	—	70~90	[24]
聚氨酯	24~43	—	—	$8.1×10^{-3}$	63.2	98.6	[26]
聚氨酯嵌段共聚物	—	5	62.9	$1.6×10^{-3}$	—	83~90	[22]
聚酰亚胺树脂	230	—	—	—	89	95	[29]
聚氨酯	—	5.5	6.5~10.5	—	95~96.5	97~99	[25]
聚氨酯	36~46	—	—	$1.7×10^{-3}$	—	—	[28]
聚氨酯嵌段共聚物	36	10	30	$1.7×10^{-3}$	89	97	[54]
超支聚氨酯	50	2.8	4.2~6.6	—	88	95~99	[48]
环氧树脂	75	$1.2×10^3$	$(0.9~1.5)×10^3$	—	100	100	[47]
微晶纤维素纳米纤维	—	$1.2×10^3$	$9.9×10^3$	—	—	—	[39]
聚己内酯/聚氨酯共混物	-14	—	—	$10^{-12}~10^{-1}$	100	100	[51]
壳聚糖	—	2.51	3.0~8.3	—	72	98	[45]

除了PU外,研究人员也倾向于选择其他可以产生新反应现象的化学聚合组分。例如,Qi等[30]开发了一种氧化石墨烯和聚乙烯醇(polyvinyl alcohol, PVA)复合材料,这种复合材料的SME由水触发。这个研究小组描述了通过控制填充物来制备具有可调形状记忆效应的聚碳酸丙烯酯(poly(propylene carbonate), PPC)/氧化石墨烯复合材料。具体来说,氧化石墨烯含量在10%(质量分数)以下的复合材料会产生加倍的SME,而掺杂10%(质量分数)以上氧化石墨烯的复合材料的SME可达到3倍[38]。值得注意的是:第一种情况确定了

与 PPC 相对应的单个 T_g（即轻微受限系统）；第二种情况观察到两个不同的 T_g（即高度受限系统）。最近，研究人员报道了另一种替代复合组分，他们使用从剑麻中提取的微晶纤维素纳米纤维作为基质，并掺杂氧化石墨烯，以此生产纳米复合材料纸[39]。在另一项工作中，Tang 等[40]探讨了将还原氧化石墨烯加入聚酯纤维和气相生长的碳纳米纤维复合材料。Sabzi 等[41]用石墨烯纳米微片掺杂聚醋酸乙烯酯（poly(vinyl acetate), PVAc），以此改善复合材料的玻璃和橡胶模量。有趣的是，这些杂化复合材料也显示了划伤自愈能力。其他作者也报道了通过加入石墨烯纳米微片来改善聚（乳酸）基 SMP 的形状记忆性能[42-43]。在这些聚合物中，热加热和红外辐射都可以触发 SME。最后值得注意的是，分散在 SMP 中的石墨烯和碳纳米管也可能出现杂化，这结合了碳纳米管和石墨烯的特征[44]。在制备石墨烯掺杂 SMP 的过程中，石墨烯通常用作 SMP 基体的掺杂物，如上所述。或者虽然人们对这方面的研究很少，但是仍然存在石墨烯可能是材料的主要成分的情况，即它的含量与基体相当或者甚至高于基体的含量，Li 等[23]用淀粉样纤维制备的复合材料正是如此。

研究人员为了设计可生物降解和更环保的 SMP 材料，选择了生物聚合物来制备具有 SME 的石墨烯复合材料。例如，Zhang 等[45]最近的工作描述了具有珍珠般的砖混结构的层状的壳聚糖-氧化石墨烯纳米复合水凝胶。由于壳聚糖链通过氢吉赫和疏水相互作用产生可逆物理交联，这些混合物表现出由 pH 触发的 SME。在 pH 值为 3 且温度为 25℃的水溶液中浸泡 9min 后，它们的形状恢复率几乎达到 100%，而在同样条件下壳聚糖水凝胶的形态恢复率只有 74%。通过锌离子交联和蒸发工艺使用 N-琥珀酰基壳聚糖制备了含有氧化石墨烯的相似薄膜[46]。所得到的杂化基体有显著的力学性能且对大肠杆菌和金黄色葡萄球菌具有抗菌能力。由于壳聚糖对水分的吸附和解吸作用，暴露在醇后的形状记忆性受到膨胀/蒸发的影响。

有趣的是，除了传统的 SME 体系外，可以通过动态共价酯交换反应（双倍触发形状恢复和重构形状记忆复合材料）随机改变石墨烯-玻化复合材料的形状[47]。研究人员通过在 E51 环氧树脂中分散石墨烯纳米片（质量分数为 0.1%、0.5%、1%、3%），并使用癸二酸为固化剂，制备了这些复合材料。

8.2.1 形态特性

研究人员通常通过扫描电子显微镜（scanning electron microscopy, SEM）观察样品的冷裂表面来表现复合材料的形貌特性。低温是一个重要的条件；否则，高温解理可能导致塑性变形，改变其形态。此外，SEM 分析有助于评价石墨烯填充物在聚合物基体中的分散均匀性。结果表明一般情况下非掺杂 SMP 表面呈现相对光滑的方向，与所使用的化学组成无关。然而，表面粗糙度随着石墨烯含量的增加而增加[25]。因此，改变石墨烯浓度是控制最终材料形貌的有效方法。

例如，图 8.3 所示为掺杂 0%～20%（质量分数）浓度范围氧化石墨烯的 PPC 复合材料的 SEM 图像序列[38]。可观察到随着石墨烯掺杂含量的增加，材料的形貌发生了显著的变化。在质量分数为 1% 氧化石墨烯的作用下，复合材料表现出虚点结构，石墨烯薄片彼此完全分离。随着氧化石墨烯含量的增加，石墨烯片会获得更紧密的形态，从而在高含量下形成致密的层状结构。Thakur 等[48]利用 Halpin-Tsai 模型得出结论，即在超支化 PU 中当掺杂浓度较低时，基体中的石墨烯片没有优先取向。相反，由于在较高浓度填充物可获得空间较低,三维随机模型出现偏差。石墨烯片之间的相互作用开始变得重要,并确立了一些取向。

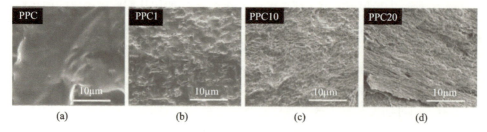

图 8.3 纯 PPC 和 PPC/GO 纳米复合材料冻裂表面的 SEM 图像(石墨烯含量从(a)~(d)增加如下:质量分数为 0(PPC)、1%(PPC1)、10%(PPC10)及 20%(PPC20),经授权改编自文献[38]。2016 年美国化学学会版权所有)

如 PPC 上述示例所示,石墨烯 – SMP 复合材料最常见的是密度化致密的形态。然而,轻质多孔材料作为先进材料也提供了许多有趣的应用。图 8.4 所示为一个非平凡形态的例子 – 一个互连的 PU 纳米纤维网络。这种形态由电纺生产[49]。Tan 等[50]还介绍了利用电纺制备氧化石墨烯掺杂 PCL 形成的 PU 纳米纤维。根据氧化石墨烯含量的不同,纳米纤维直径为 437~543nm。其他的例子包括,通过溶剂浇铸法在 PVA/氧化石墨烯复合材料上获得具有优先取向的层状结构[30]。此外,采用三步法(通过溶液混合制备母料,通过熔化混合稀释母料制备复合材料,随后压缩成型)制备了 PCL/PU 和石墨烯纳米微片三元混合物组成的无序粗糙形貌[51]。Liu 等[46]采用蒸发法制备了以壳聚糖为基础的珍珠状结构。此外,在聚丙烯酰胺(polyacrylamide,PAAm)系统中通过真空、空气或冷冻干燥获得了具有蜂窝状形态的多孔泡沫[52]。在这个特殊的系统中,在 PAAm 的辅助下,改进的还原氧化石墨烯层包装组织对提高泡沫的力学性能起到了关键的作用。在另一种方法中,用冷冻干燥/退火方法制备的气凝胶通过真空注入方法加入到形状记忆环氧树脂中[53]。

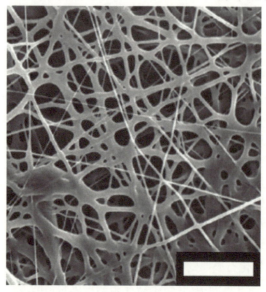

图 8.4 在石墨烯掺杂 SMP 复合材料中发现的具有一定孔隙率的非平凡形态的示例(标尺相当于 20μm,经授权改编自文献[49],2014 年美国化学学会版权所有)

8.2.2 光学性能

所得到的掺杂复合材料的光学特性通常与初始聚合物的光学特性截然不同。事实上，SMP 通常是透明或白色和不透明，因为它们的光吸收低且散射高(如适用)。相反，随着石墨烯的加入，复合材料的吸收能力增强，其典型外观呈暗色。单层石墨烯的吸收率极低(约 2.3%)，因此很难被观察到，但当光线与复合材料中的许多石墨烯层相互作用时，复合材料的透明度就会大幅度降低，这就是它们变暗的原因。例如，非掺杂热塑性 PU 的透射率约为 43%(图 8.5(a))。与磺化石墨烯掺杂后(质量分数为 1%)，在 850nm 波长下，透射率下降到 0.3% 左右[24]。作者认为复合材料的高吸水性是由于良好保存了石墨烯片的 sp^2 网络以及其在聚合物基体中的均匀分散。因此，在这个问题上石墨烯的功能化也是至关重要的。如图 8.5(b) 所示，吸光度很大程度上取决于磺化石墨烯的存在，而在相同的掺杂量下，磺化石墨烯的吸光度更高。

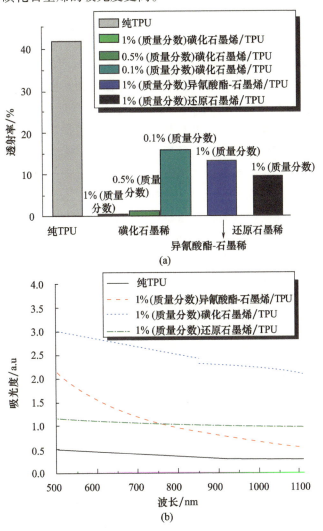

图 8.5 (a)PU 复合材料的透光率与 850nm 波长石墨烯含量的关系；(b)不同功能化石墨烯种类的热塑性吸光谱的比较(经授权改编自文献[24]，2009 年美国化学学会版权所有)

8.2.3 力学性能

如前所述,石墨烯掺杂 SMP 通常会出现显著的强力学性能,基于这一特性该复合材料得到了广泛的使用。在传统的拉伸测试设备中,力学性能通过测量应力和应变曲线来评定。从这些研究中,提取了弹性模量、拉伸强度和断裂伸长率等重要信息。此外,动态力学分析(dynamic mechanical analysis,DMA)有助于研究这些材料复模量与温度(储能模量和损耗模量)的函数关系,从而可以确定温度 T_{trans} 上(T_g、T_m;更多信息参考 8.1.2 节)的转变或其他分子机制。

例如,在热塑性 PU 中加入磺化石墨烯可以使复合材料变得更坚固(图 8.6(a))。当加入 1%(质量分数)石墨烯时,该复合材料的拉伸应力在应变为 100% 时增加了 75%,弹性模量增加了 120%[24]。此外,弹性模量随石墨烯含量的增加呈单调增加的趋势(图 8.6(b))。即使石墨烯填充物的含量更低,也可以达到增强效应。具体来说,Jung 等[22]观察到仅掺杂 0.1%(质量分数)石墨烯,复合材料的弹性模量从 5MPa 增加到 62.9MPa(约 1200%),抗拉强度从 15.6MPa 增加到 37.4MPa(140%)。掺杂样品的断裂伸长率降低了 7.5% 数量级,从力学特征角度看,这一点被喜闻乐见。Rana 等同样报道了达到约 16% 的断裂伸长率[54]。虽然研究人员广泛报道了这种拉伸强度和断裂伸长率的趋势,但并不是所有这些聚合物基材料都有这样的现象。例如,当氧化石墨烯含量增加时,在超分支 PU 加入氧化石墨烯可以系统增加拉伸强度和断裂伸长率,显著提高 800%[48]。有趣的是,环氧基复合材料的拉应力和弹性模量在石墨烯含量为 0.5%(质量分数)时最小。将这种效应归因于分散石墨烯时使用的环氧增韧剂,由于石墨烯浓度较低,这种增韧剂显示了更大的增强效应。石墨烯浓度较高时,会发生上述的典型趋势[55]。

如图 8.6(c)所示,加入石墨烯后存储模量增加,存储模量通常随着石墨烯含量的增加而增加[29,38,51]。原因是石墨烯浓度增加时交联密度增加,从而导致力学增强和形成网络[25]。很明显,最大损耗切线峰值 tanδ 的面积减小(图 8.6(d)),这可能是由于石墨烯存在造成了约束松弛机制。重要的是,在 SMP 中加入石墨烯也可能导致复合材料 T_m 的变化。如图 8.6(d)所示,松弛峰值温度被转移到更高的值。这个结果表明了石墨烯对大分子链迁移率的限制作用[51]。更有趣的是新跃迁的出现,表现为在 tanδ 中新观察到的峰值。Qi 等已经发现了这些结果,并指出了影响链限制的新机制[38]。DMA 还可以提供有关复合材料流变性能的有用信息,使人们能够识别跃迁特征。例如,Zhang 等[51]观察到从液态到固态黏弹性的变化,这意味着在石墨烯含量为 2%(质量分数)时,会形成一个渗滤石墨烯网状结构。

复合材料最终力学性能也取决于其他参数,如相对湿度[23]或石墨烯功能化。例如,表面酰亚胺化石墨烯纳米复合材料的存储模量比只含还原氧化石墨烯的材料高 25% ~ 30%[29]。在关于纳米纤维的研究报告中,比较了加入 PCL 基 PU 的 3 种石墨烯:氧化石墨烯、还原氧化石墨烯和 PCL 功能化氧化石墨烯[49]。有趣的是,由于氧化石墨烯填料和聚合物链之间更好的相互作用,含有 PCL 功能化氧化石墨烯的复含纳米纤维的力学性能得到最大改善。

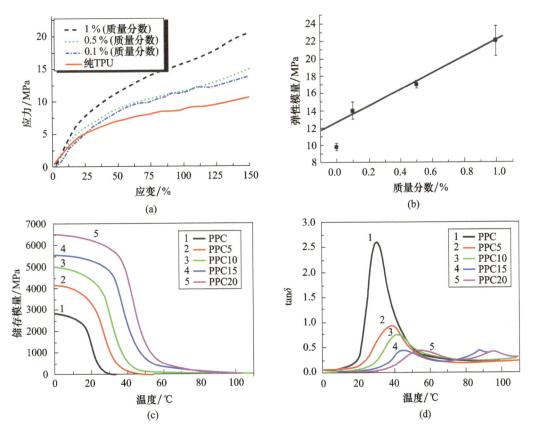

图8.6 (a)应力/应变曲线表征石墨烯掺杂SMP复合材料力学性能;(b)热塑料性PU掺杂磺化石墨烯的弹性模量与石墨烯浓度的关系(经授权改编自文献[24]。2009年美国化学学会版权所有);(c)PPC/GO复合材料的存储模量/温度;(d)切线δ/温度图(经授权改编自文献[38],2016年美国化学学会版权所有)

8.2.4 电学性能

文献中记载的大多数纯SMP都是电绝缘体,因此不能受到电激发。然而,导电性能是实现电活性形状恢复的必要条件。例如,这个特性有助于设备的远程驱动。正如下面所介绍的,加入石墨烯或石墨烯衍生物是大范围提高SMP导电性能的一种有效方法,从而灵活设计其电气性能。随着导电性能的提高,石墨烯掺杂SMP复合材料的导热性能也发生了显著的变化,研究人员发现其导热性能增加100%~200%[22]。这使得诱导焦耳加热快速转移到材料上,随后也加速了形状恢复过程。

正如预期一样,复合材料的导电性能与添加到聚合物基体中的填充物浓度有很强的相关性。例如,在PVA中石墨烯纳米微片的数量从0增加到4.5%(质量分数),复合材料的电导率从10^{-11}S/m增加到24.7S/m,显著增加约13个数量级[41]。同时,还报告了在PVA/聚乳酸(poly(lactic acid),PLA)共混体系中,当石墨烯含量在相似区间内变化时,出现了14个数量级的变化(3×10^{-13}~31.3S/m)(图8.7)[58]。由于剥离石墨烯片质量良好,而且具有较高的展弦比和比表面积,其电传输性能得到极大的提高,从而形成了密集的电子导电路径网络。在研究掺杂聚酯纤维的过程中,Zhang 等[51]观察到复合材料的导电性能在石墨烯含量为 2%(质量分数)左右出现显著变化,他们将经典的渗流尺度定律应用到发现的结果中,将导电性能 σ 表示为

$$\sigma(p) = \sigma_0(p - p_c)^\xi \tag{8.3}$$

式中:σ_0 为尺度因子;p 为石墨烯纳米微片的含量;p_c 为渗透阈值;ξ 为渗透指数。

他们用这种方法在石墨烯含量为 1.62%(质量分数)时确定了系统的渗透阈值。

复合材料的导电性能不仅取决于上述掺杂浓度,还取决于石墨烯的功能化。例如,Choi 等[26]发现,复合材料的电导率在 $1.20 \times 10^{-10} \sim 8.14 \times 10^{-3}$ S/cm 范围内,这取决于石墨烯的氧化程度及其浓度。这些值表示与未掺杂 PU(1.96×10^{-12} S/cm)相比,复合材料的导电性能至少增加了两个数量级。在导电性能最高的样品中,增强程度相当于 9 个数量级。同样,石墨烯氧化程度越高,复合材料的导电性能就越差。为了实现电触发 SME,在 100~200V 范围内施加电压。

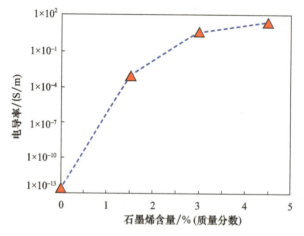

图 8.7 PLA/PVAcSMP 共混物导电性能与石墨烯填充物含量的关系
(经授权转载自文献[58],2017 年美国化学学会版权所有)

电激活的 SME 由焦耳加热触发,这种焦耳加热由通过样品的电流产生(图 8.8)[58]。焦耳加热量 Q 取决于加热功率和电流流过材料的时间 t。通过复合材料样品的电阻 R 和外加电压 U 的函数可以进行计算,得出 $Q = U^2 t/R$[51]。因此,如果在更多导电性样品中,刺激持续很长时间,或者保持 U 和 t 的常数,则施加的电压越高可以产生越多的热量。在添加致密化石墨烯的情况中,在更高的电压下,这种效应会使掺杂更多填充物的样品的温度升高更快。

图 8.8 石墨烯掺杂聚醋酸乙烯酯/聚乳酸在电阻加热诱导下恢复电活性。由于温度升高,样品在小于 3s 时发生跃迁,施加的电压为 70V(经授权转载自文献[58],2017 年美国化学学会版权所有)

8.2.5 形状记忆表征

制备石墨烯基 SMP 复合材料可以解决几个目前仍阻碍 SMP 在先进应用中广泛应用的主要问题。应用 SMP 面临的重要限制包括由于导热性能差、刚度低、拉伸强度低和惰性电磁刺激而引起的低恢复力、慢恢复速度。石墨烯的引入使得复合材料力学性能加强，并增加了导电性能和导热性能，如 8.2.3 节和 8.2.4 节所述。下面将讨论在复合材料中加入石墨烯对形状记忆性能的影响，并特别关注新效应。随着 SMP 与石墨烯填充物的掺杂，其恢复率逐渐提高，这是一般趋势。表 8.1 说明了这个问题，并给出了非掺杂 SMP 与石墨烯掺杂 SMP 复合材料中应变恢复率 R_r 的比较。优胜者 PU 复合材料中 R_r 增加了 60%[26]。Liang 等报道了在热塑性 PU 上，加入硫化石墨烯会使得应变恢复率 R_r 单调地增加[24]，当驱动循环次数增加时，即使预期到在循环过程中性能下降，这个过程也是可重复的[44]。Han 等[68]发现在 PU 中掺杂 0.5%~1.0%（质量分数）范围的 rGO 和功能化石墨烯，复合材料的应变恢复率 R_r 会有改善，虽然当掺杂 2.0%（质量分数）时，复合材料的应变恢复率 R_r 小于原始 PU 的应变恢复率 R_r 值。Dong 等[62]发现聚（丙烯酰胺-丙烯酸）接枝于石墨烯上时，应变恢复率 R_r 也有显著增强。他们报道了纯聚合物的 SME 较差（R_r 约为 20%），而加入 10%（质量分数）石墨烯后，复合材料的形状完全恢复（R_r 约为 100%）。结果似乎显示形状固定性与特定的材料更有相关性。例如，由于基于聚酰亚胺[29]和 PU[54]的 SMP 中存在石墨烯，应变恢复率 R_r 和 R_f 都得到了改善。然而，Ponnamma 等[25]观察到，当石墨烯含量增加时，PU/氧化石墨烯复合材料的应变恢复率 R_r 增加，而应变恢复率 R_f 显著降低。Thakur 等[48]也发现了类似的行为。在大多数情况下，由石墨烯驱动的存储弹性应变能的增加（这也导致恢复应力增加），使得应变恢复率 R_r 也得到提高，这是由于石墨烯含量增加导致交联密度增加。反过来，应变恢复率 R_f 高度依赖晶相，因此石墨烯的存在可能会减少可用晶相的数量。必须用所研究的特定系统分子机制解释这些结果。事实上，纯 SMP 的形状记忆特性通常取决于聚合物的结晶性质（决定硬段和软段）、偶极-偶极相互作用、氢键和分子纠缠。石墨烯掺杂复合材料会出现更复杂的机理。为了理解最终 SME 发生的变化，必须考虑一些额外的因素，如聚合物链的限制流动性、交联密度、玻璃化转变以及石墨烯与聚合物基体之间的界面相互作用[25]。Zhang 等[56]阐明了这些相互作用的重要性，他们将石墨烯功能化，以此增强其在具有形状记忆性的 PU/环氧树脂中的分散。功能化包括用（3-氨基丙基）三乙氧基硅烷（KH-550）处理氧化石墨烯纳米片，然后用水合肼还原。所得的 SMP 复合材料具有热电双响应的形状记忆性，加入 1%（质量分数）氧化石墨烯后，复合材料的形状固形率为 96%，形状恢复值为 94%（SME 最大程度的改善）。除了应变恢复率 R_r 和 R_f 的变化外，另一个需要研究的 SME 重要参数是形状恢复时间。环氧树脂基系统具有非常高的恢复率，几乎达到 100%，所以在这方面它可能会有些有趣的性能[55]。在本工作中，石墨烯的数量似乎没有影响恢复率，但它对恢复时间有影响（复合材料恢复形状比原始环氧树脂快）。在另一个例子中，还原氧化石墨烯纸通过树脂传递模塑方法被加入到环氧基 SMP 片的表面，从而使所得的复合材料获得电驱动形状记忆特性[57]。形状恢复由还原氧化石墨烯元件的电阻加热间接产生的热量激发。在施加电压为 6V 的情况下，该复合材料仅在 5s 内就能恢复 100% 形状。特别需要注意，形状恢复的快速性与所施加的电压成比例。同样，Zhang 等[51]发现石墨烯纳米微片与聚酯共混物的结合,可以诱导更快的电刺激形状恢复(二元聚合物共混物为 296s,而含有 5%(质量分数)的石墨烯复合材料为 36s)。然而,在石墨烯达到 5%(质量分数)时,这种浓度依赖性对应变恢复率 R_r 的影响最小,随着石墨烯含量增加,这个值会变大。正如作者所推测,这种效应很可能是由于热传导和分子链限制之间的平衡。此外,应变恢复率 R_r 随着传导时间的增加而逐渐增加,而要在更短时间获得相似 R_r 值,需要施加较高电压。制备石墨烯掺杂复合材料的另一个原因是在新材料中寻找新特性。其中之一是实现电触发双重形状记忆,正如本书前面章节中所述。在这种情况下,可以在两个预定义的形状之间切换材料。实际上,能够记忆两种以上形状的多形状 SME 材料在响应材料领域引起了人们广泛的关注。在这方面,Sabzi 等[58]在最近的著作中揭示了石墨烯纳米微片赋予 PLA 和 PVAc(30∶70)的三重形状记忆特性。原子力显微镜和热分析显示,石墨烯纳米填充物(3%(质量分数)和 4.5%(质量分数))诱导相分离和随后出现的两个截然不同温度 T_{trans}(25~26℃ 和 45~47℃),对应于富含 PVAc 和 PLA 区域的各自玻璃化转变(图 8.9)。在这种情况下,低于 T_g 的温度下,PLA 和 PVAc 可以得到临时形状 C,而在两个 T_g 之间的温度下可以得到临时形状 B。只有在两个玻璃跃迁以上的温度下才能得到永久形状 A。在这些复合材料中,非晶态 PVAc 和 PLA 段作为可逆相,而通过非晶态 PVAc 的物理纠缠和 PLA 的非晶态相(固定相)来实现物理网点。石墨烯纳米微片的浓度大于渗透阈值的要求,形成的刚性和弹性网络可以作为第二物理网点。研究表明,在复合材料中,热驱动和电驱动的三重 SME 都具有显著的双重形状记忆行为。在电驱动 SME 的情况下,可以通过改变施加的电压单独或同时恢复复合材料每个区域的临时形状。研究人员还描述了掺杂氧化或功能化石墨烯纳米微片(0.75%(质量分数)和 1.50%(质量分数))的 PLA 和 PCL(30∶70、50∶50、70∶30)共混物的二重记忆行为[59]。所得到的复合材料共混物显示了两个完全不同的 T_m 值,对应于 PCL 和 PLA 的值(分别为 51℃ 和 160℃),这两个值还影响了热驱动三重形状转变。DMA 的研究表明,随着共混物结晶度和导热性能的增加,固定度和恢复率都得到了提高。

石墨烯掺杂 SMP 复合材料的另一个令人着迷的效应是在等温条件下将其浸泡在水中可以恢复形状。Qi 等[30]发现,在水中浸泡后,掺杂石墨烯的临时编程样品可以完全恢复原来的形状,而原始 PVA 样品(本研究选择的 SMP)却无法恢复原来的形状。此外,在加入 1.0%(质量分数)石墨烯的复合材料中,水诱导的形状恢复速度更快(约 14s),大于只加入 0.5%(质量分数)石墨烯的复合材料(约 60s)。与纯 PVA 相比,PVA 和氧化石墨烯之间的强氢结合可能会产生额外的物理交联点,从而改善形状记忆特性。水对 PVA 的塑化作用以及在水存在下氧化石墨烯与 PVA 之间的氢结合变弱,使得水浸没激发 SME。

Zhang 等[45]使用了另一种方法,他们报道了由氧化石墨烯和壳聚糖制成的复合材料水凝胶的 pH 响应 SME。将编程样品浸泡在 pH=3 的水溶液中,使其变软然后将其弯曲,再将其浸泡在 pH=12 的水溶液中储存临时形状。将其重新浸入酸性溶液(pH=3)中后,样品恢复原形状。作者还观察到石墨烯掺杂样品的形状记忆性能优于纯壳聚糖对照样品。水凝胶的 pH 驱动 SME 的机理是由于部分物理交联的可逆转变,这对应于壳聚糖聚合物链与氧化石墨烯中羟基和羧基的氢键合和疏水相互作用。

Qi 等[38]观察到在 PPC 中高含量石墨烯(15%(质量分数)和 20%(质量分数);高封闭系统)导致了温度记忆效应(temperature memory effect,TME),即一些材料能够记忆它们在被机械编程时的温度。该系统中的石墨烯含量在较高温度下产生了第二次转变。对于这些特殊的复合材料,两个转变的范围很广,并在 40~100℃ 范围内叠加。这样当编程温度上升时,试样的自由应变恢复曲线就会转移到较高的温度。研究人员发现开关温度与编程温度有很好的一致性(线性相关)。微约束系统(石墨烯含量小于 15%(质量分数))也显示 TME 与这些温度之间呈线性相关。然而,在这种特殊情况下,开关温度低于编程温度。

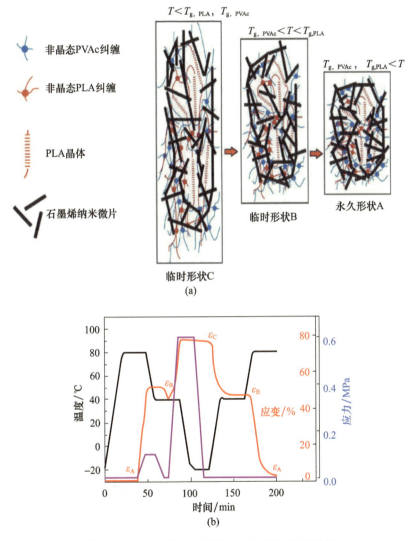

图 8.9 PLA 和 PVAc 共混物中的多形状效应实例
(a)加入 4.5%(质量分数)石墨烯的复合材料三维形状记忆机制;
(b)应变/温度/应力对比时间图的示意图(文献[58]授权转载,美国化学学会 2017 年版权)

总之,石墨烯通常负责改善形成的复合材料的形状记忆性能,这里主要是指恢复率和固定率。然而,在研究中必须注意聚合物基体的特性。事实上,由于石墨烯和聚合物的特殊相互作用、限制效应等,只能观察到复合材料的性能有一定程度的改善。例如,石墨烯含量过高可能会严重增加材料的脆性,也会使得形状记忆体性能变差。因此,根据需要的最终应用,有必要精确控制石墨烯含量以确切优化的材料性能。此外,与原始 SMP 相比,石墨烯掺杂 SMP 似乎使形状恢复更快。众所周知,石墨烯基复合材料的一个优势是其具有潜在的新特性和形状记忆特性,如上所述,包括电和红外线触发的 SME、溶剂和 pH 敏感的形状恢复、多形状记忆效应和 TME。在深入讨论了复合材料最相关的性能之后,现在开始研究这些先进材料的应用。

8.3 应用

据数量有限的文献出版物记载,尽管目前还处于起步阶段,但基于石墨烯掺杂的 SMP 复合材料有望应用于有重大影响的领域,如在生物医学、化学和生物测试、智能涂料、航空航天工业和软机器人等不同领域制备多功能的响应设备。我们在下面重点介绍了这些复合材料的四种不同应用:光触发驱动器、自愈合表面、可调节润湿性的表面以及酶活性的生物传感器。

研究人员最常探索的这些材料的应用无疑与红外光触发系统有关。Chen 等[60]研制了氧化石墨烯和聚 N – 异丙基丙烯酰胺(poly(N – isopropylacrylamide),PNIPAM)的双层致动器。由于近红外吸收和氧化石墨烯的光热转换能力以及 PNIPAM 的热响应性,这些器件表现为对近红外光响应的弯曲/非弯曲行为。具体来说,氧化石墨烯片吸收的 NIR 光转化为热量,在 PNIPAM 薄膜中起到触发 SME 的作用,并引起弯曲。有趣的是,重复的 NIR 辐射会导致收缩/放松循环,从而导致执行器的可逆弯曲/非弯曲以及扭曲等复杂变形。这些特性使这个杂化驱动器成为一个智能的 NIR 驱动"叉车",能够将物品举起来暴露在 NIR 光下。在另一个典型的研究中,Zhang 等[51]将 PCL/PU(50/50)聚合物与石墨烯纳米微片混合,以实现电/红外驱动。为了说明这些执行器的通用性,作者设计了一种智能开关,这种开关具有在红外辐射下通过电路打开/关闭电流的能力。因此,通过改变红外照明来实现灯泡的开关,从而支持这些设备在智能开关、机器人手和生物医学设备中的潜在用途。

这些复合材料可能产生重大影响的另一个应用在于自愈表面,例如适用于高级智能涂料。自愈能力可以带来巨大的好处,如涂层寿命的增加和保护涂层内物体的能力。通过将纳米层石墨烯(少于 10 层堆叠单层)填充物加入到环氧 SMP 中,与纯基体相比,可以获得相当大的抗划痕性,且热愈合能力大大提高[61]。经过压头的划痕实验,并随后在 T_g 以上加热样品,未填充聚合物表面的划痕基本上消失了,但永久的损伤仍然存在。相反,因为石墨烯掺杂复合材料具有抗裂性,因此它们的划痕几乎完全消失。这是由于填充物与聚合物基体之间有足够的界面黏附,从而更好地耗散了机械能。此外,这种性能的增强被归因于单个石墨烯片特殊平面内断裂强度。相关人员研究了聚(丙烯酰胺 – 丙烯酸)体系的自愈合特性,探讨了共聚物的"拉链效应"(可逆氢结合交联)[62]。研究人员将含有 10%(质量分数)石墨烯的条带切成两部分,然后将这两部分压合,并在 37℃ 加热 20min。结果发现愈合后切口消失,产物的表面形态与原样品相似。虽然研究人员很少研究用石墨烯基材料接枝 SMP,但仍有一些关于此的报道,目的是提高得到的支架的性能(如 SME)。例如,Wang 等[63]受猪笼草的启发,开发了一种注入润滑剂的还原氧化石墨烯/SMP 薄膜,这种材料显示了形状记忆性能和电热可调谐润湿性。具体来说:首先在氧化石墨烯溶液中制备了一种多孔的三维还原氧化石墨烯海绵,在此溶液中含有促进氧化石墨烯凝胶化的丙烯酰胺、作为交联剂的亚甲基双丙烯酰胺、作为反应引发剂的过硫酸钾和还原氧化石墨烯的抗坏血酸；然后在得到的海绵表面涂覆反式-1,4-聚异戊二烯，会产生由 T_m 触发的 SMP，从而可以减少海绵表面剩余孔隙的大小。压缩试验表明，在 10 循环的加载和未加载过程中，杂化泡沫的孔隙结构没有明显的变化，并且在 T_m 以上具有良好的弹性和循环重现性，同时，丙烯酰胺链和还原氧化石墨烯片的聚合是决定薄膜优良力学性能和循环性能的主要元素。在基底上加入全氟聚醚润滑油(Krytox 103)以获得基底的液体润滑。有趣的是，通过施加电场(恒直流电压 6V)可以控制杂化膜的最终表面性能。特别需要注意的是，在响应电刺激时，杂化海绵的动态界面产生可逆变化，它从润滑涂层表面(可抗液体，液体容易滑落)变为具有纹理粗糙的表面(液体液滴被固定)。这些特性允许按需调节驱避，以便为液体运输和操作铺平道路。通过在每个独立单元中制备具有电温控表面润湿性的阵列，以准确地将不同样品移入不同多壁微片井中，这验证了这种新型复合材料的适用性(图 8.10)。结果发现这甚至可以实现溶液的浓度梯度。因为杂化薄膜的形状记忆性能可以通过压缩回收，从而降低相关成本。综上所述，与使用多通道移液管或自动微阵列相比，这些新颖的阵列可以简化液体的处理过程，在前者，需要一个一个地制备原始样品，并消耗大量移液管尖端以避免样品污染。

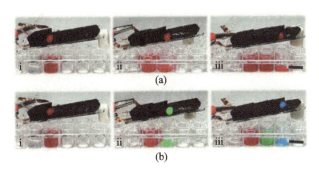

图 8.10 由石墨烯和 SMP 组成的杂化薄膜的电热可调谐润湿性衍生出的液体处理能力的演示
(a)同一液体样品的液滴可以在不同的容器中分离；(b)不同液体的液滴也可以在不同的容器中分离(经授权改编自文献[63]，©作者保留一些权利；美国进步科学协会为独家被许可方。在"创意共享归属非商业 4.0 国际公共许可"(CC BY - NC)授权下发布：http://creativecommons. org/licenses/by - nc/40/.)。

石墨烯/淀粉样复合材料的非传统应用包括酶活性生物传感器。Li 等[22]利用真空过滤法，制备了由层状交替石墨烯和淀粉样层形成的刚性复合膜。这些材料表现出可逆的水调 SME，可以被降解，并显示出酶活性传感特性。事实上，该复合材料经过水-胃蛋白酶溶液处理 2 天和进行超声波(1min)后，完全降解并分散成稳定的胶体。相反，在水样品中进行类似处理完整保存了膜的结构。酶活性生物传感通过测量薄膜电阻的时间演化来实现，并在此基础上计算累积胃蛋白酶活性。将纳米复合材料暴露在两种不同的胃蛋白酶溶液中可以显示传感器的回应：一种溶液是在原生状态中折叠的胃蛋白酶；另一种溶液是未折叠和变性的胃蛋白酶。在这两种情况中，16h 监测样品的累积活性。结果表明，两种方案中的样品的活性差异显著，折叠酶的累积活性迅速增加。变性胃蛋白酶溶液的活性低于一个数量级。这些发现清楚显示了酶变性(未折叠)时活性损失的迹象，从而证明了该系统作为生物传感器在生物医学设备中的应用。

8.4 未来展望

正如本章所讨论的,石墨烯掺杂SMP复合材料虽然很有前景,但到目前为止人们并未对其进行大量探索。尽管这种材料的潜力和有趣性已经在实验台上得到了验证,但需要进一步的调查,使它的设计更接近可销售材料。从这个意义上说,提高这些材料的适用性可能首先需要发展更有效的方法,以便用于大规模、平面和晶体石墨烯的商业生产。为了避免不必要的团聚,从而导致合成的复合材料具有不均匀和不可预测的性能,有必要在聚合物基体中使石墨烯更均匀分散。最后仍需注意,应使用策略更好地控制石墨烯薄片和聚合物链之间的界面(例如,涉及替代石墨烯的表面功能化),可能有利于从聚合物中将应变转移到石墨烯掺杂。

通过加强对石墨烯掺杂SMP复合材料的设计,可以实现更复杂的驱动和运动方案。从这个意义上说,相关人员已经报道了有趣的进展,他们发现不同的聚合物体系可能被转移到石墨烯掺杂SMP中。例如,最近的研究描述了由聚二甲基硅氧烷、热膨胀微米球型和具有红外驱动特性的还原氧化石墨烯形成的新型双层基底,这种基底可以自主折纸组装三维结构,研究人员或许能由此获得灵感微米球型[64]。此外,关于CNT基SMP的适用性研究的进展,如描述纳米复合材料的毛虫状运动的发展[65],可以最终应用到石墨烯基系统。通过加入其他填充物,改善了石墨烯基SMP复合材料的性能,这也可以使得系统具有更加复合的功能和响应性。在这一领域中,Lee等首先描述了制造具有超快磁响应性的三维网络氧化石墨烯-铁磁混合物。这些掺杂的PU SMP在三维空间中表现出增强的力学刚度和导热性能[66]。该方法利用磁性纳米粒子对石墨烯薄片表面进行修饰,并在交变磁场作用下将其作为远距离传热材料。这些结果可以为相关人员在技术上发明先进的复合材料提供灵感,使这些材料能够根据所施加的刺激实现多种功能。最后,对于石墨烯本身性质,相关人员的发现可能为实现已知和未知性质与功能开辟新的途径。有趣的理论计算揭示了在具有有序环氧基团(C_8O)的二维原子薄氧化石墨烯晶体中,其连贯晶格具有两个稳定相,这个发现为研究人员制备拥有多个临时形状的单石墨烯基材料开辟了道路[67]。本章说明了仅通过使用石墨烯这样的材料来设计新型材料的可能性,并使制备的材料具有如本书章节中讨论的先进性能。在这方面取得的进展将节省大量的制造成本和材料。

参考文献

[1] Novoselov, K. S., Geim, A. K., Morozov, S. V., Jiang, D., Zhang, Y., Dubonos, S. V., Grigorieva, I. V., Firsov, A. A., Electric field effect in atomically thin carbon films. *Science*, 306, 666, 2004.

[2] Allen, M. J., Tung, V. C., Kaner, R. B., Honeycomb carbon: A review of graphene. *Chem. Rev.*, 110, 132, 2010.

[3] Dreyer, D. R., Ruoff, R. S., Bielawski, C. W., From conception to realization: An historical account of graphene and some perspectives for its future. *Angew. Chem. Int. Ed.*, 49, 9336, 2010.

[4] Novoselov, K. S., Fal'ko, V. I., Colombo, L., Gellert, P. R., Schwab, M. G., Kim, K., A roadmap for graphene. *Nature*, 490, 192, 2012.

[5] Rao, C. N. R., Sood, A. K., Subrahmanyam, K. S., Govindaraj, A., Graphene: The new twodimensional nanomaterial. *Angew. Chem. Int. Ed.*, 48, 7752, 2009.

[6] Chang, L. C. and Read, T. A., Plastic deformation and diffusionless phase changes in metals—The gold – cadmium beta – phase. *Trans. AIME*, 189, 47, 1951.

[7] Osada, Y. and Matsuda, A., Shape – memory in hydrogels. *Nature*, 376, 219, 1995.

[8] Lendlein, A. and Kelch, S., Shape – memory polymers. *Angew. Chem. Int. Ed.*, 41, 2034, 2002.

[9] Espinha, A., Serrano, M. C., Blanco, A., López, C., Thermoresponsive shape – memory photonic nanostructures. *Adv. Opt. Mater.*, 2, 516, 2014.

[10] Serrano, M. C., Carbajal, L., Ameer, G. A., Novel biodegradable shape – memory elastomers with drug – releasing capabilities. *Adv. Mater.*, 23, 2211, 2011.

[11] Xiao, Y., Zhou, S. B., Wang, L., Gong, T., Electro – active shape memory properties of poly – (epsilon – caprolactone)/functionalized multiwalled carbon nanotube nanocomposite. *ACS Appl. Mater. Interfaces*, 2, 3506, 2010.

[12] Kumar, U. N., Kratz, K., Wagermaier, W., Behl, M., Lendlein, A., Non – contact actuation of triple – shape effect in multiphase polymer network nanocomposites in alternating magnetic field. *J. Mater. Chem.*, 20, 3404, 2010.

[13] Lendlein, A., Jiang, H. Y., Junger, O., Langer, R., Light – induced shape – memory polymers. *Nature*, 434, 879, 2005.

[14] Mendez, J., Annamalai, P. K., Eichhorn, S. J., Rusli, R., Rowan, S. J., Foster, E. J., Weder, C., Bioinspired mechanically adaptive polymer nanocomposites with water – activated shapememory effect. *Macromolecules*, 44, 6827, 2011.

[15] Chen, H. M., Li, Y., Liu, Y., Gong, T., Wang, L., Zhou, S. B., Highly pH – sensitive polyurethane exhibiting shape memory and drug release. *Polym. Chem.*, 5, 5168, 2014.

[16] Serrano, M. C. and Ameer, G. A., Recent insights into the biomedical applications of shapememory polymers. *Macromol. Biosci.*, 12, 1156, 2012.

[17] Meng, H. and Li, G., A review of stimuli – responsive shape memory polymer composites. *Polymer*, 54, 2199, 2013.

[18] Jung, Y. C., Yoo, H. J., Kim, Y. A., Cho, J. W., Endo, M., Electroactive shape memory performance of polyurethane composite having homogeneously dispersed and covalently cross – linked carbon nanotubes. *Carbon*, 48, 1598, 2010.

[19] Mengesha, Z. T. and Yang, J., Silver nanoparticle – decorated shape – memory polystyrene sheets as highly sensitive surface – enhanced raman scattering substrates with a thermally inducible hot spot effect. *Anal. Chem.*, 88, 10908, 2016.

[20] Espinha, A., Serrano, M. C., Blanco, A., López, C., Random lasing in novel dye – doped white paints with shape memory. *Adv. Opt. Mater.*, 3, 1080, 2015.

[21] Cuevas, J. M., Alonso, J., German, L., Iturrondobeitia, M., Laza, J. M., Vilas, J. L., León, L. M., Magneto – active shape memory composites by incorporating ferromagnetic microparticles in a thermo – responsive polyalkenamer. *Smart. Mater. Struct.*, 18, 075003, 2009.

[22] Jung, Y. C., Kim, J. H., Hayashi, T., Kim, Y. A., Endo, M., Terrones, M., Dresselhaus, M. S., Fabrication of transparent, tough, and conductive shape – memory polyurethane films by incorporating a small amount of high – quality graphene. *Macromol. Rapid Commun.*, 33, 628, 2012.

[23] Li, C. X., Adamcik, J., Mezzenga, R., Biodegradable nanocomposites of amyloid fibrils and graphene with shape – memory and enzyme – sensing properties. *Nat. Nanotechnol.*, 7, 421, 2012.

[24] Liang, J. J., Xu, Y. F., Huang, Y., Zhang, L., Wang, Y., Ma, Y. F., Li, F. F., Guo, T. Y., Chen, Y. S., Infrared-triggered actuators from graphene-based nanocomposites. *J. Phys. Chem. C*, 113, 9921, 2009.

[25] Ponnamma, D., Sadasivuni, K. K., Strankowski, M., Moldenaers, P., Thomas, S., Grohens, Y., Interrelated shape memory and Payne effect in polyurethane/graphene oxide nanocomposites. *RSC Adv.*, 3, 16068, 2013.

[26] Choi, J. T., Dao, T. D., Oh, K. M., Lee, H. I., Jeong, H. M., Kim, B. K., Shape memory polyurethane nanocomposites with functionalized graphene. *Smart. Mater. Struct.*, 21, 075017, 2012.

[27] Das, R., Banerjee, S. L., Kundu, P. P., Fabrication and characterization of *in situ* graphene oxide reinforced high-performance shape memory polymeric nanocomposites from vegetable oil. *RSC Adv.*, 6, 27648, 2016.

[28] Oh, S. M., Oh, K. M., Dao, T. D., Lee, H. I., Jeong, H. M., Kim, B. K., The modification of grapheme with alcohols and its use in shape memory polyurethane composites. *Polym. Int.*, 62, 54, 2013.

[29] Yoonessi, M., Shi, Y., Scheiman, D. A., Lebron-Colon, M., Tigelaar, D. M., Weiss, R. A., Meador, M. A., Graphene polyimide nanocomposites: thermal, mechanical, and high-temperature shape memory effects. *ACS Nano*, 6, 7644, 2012.

[30] Qi, X. D., Yao, X. L., Deng, S., Zhou, T. N., Fu, Q., Water-induced shape memory effect of graphene oxide reinforced polyvinyl alcohol nanocomposites. *J. Mater. Chem. A*, 2, 2240, 2014.

[31] Mahapatra, S. S., Ramasamy, M. S., Yoo, H. J., Cho, J. W., A reactive graphene sheet *in situ* functionalized hyperbranched polyurethane for high performance shape memory material. *RSC Adv.*, 4, 15146, 2014.

[32] Kashif, M. and Chang, Y. W., Supramolecular hydrogen-bonded polyolefin elastomer/modified graphene nanocomposites with near infrared responsive shape memory and healing properties. *Eur. Polym. J.*, 66, 273, 2015.

[33] Li, Y. T., Lian, H. Q., Hu, Y. N., Chang, W., Cui, X. C., Liu, Y., Enhancement in mechanical and shape memory properties for liquid crystalline polyurethane strengthened by graphene oxide. *Polymers*, 8, 236, 2016.

[34] Jiu, H. F., Jiao, H. Q., Zhang, L. X., Zhang, S. M., Zhao, Y. A., Graphene-cross-linked two-way reversible shape memory polyurethane nanocomposites with enhanced mechanical and electrical properties. *J. Mater. Sci. Mater. Electron.*, 27, 10720, 2016.

[35] Bayan, R. and Karak, N., Renewable resource derived aliphatic hyperbranched polyurethane/aluminium hydroxide-reduced graphene oxide nanocomposites as robust, thermostable material with multi-stimuli responsive shape memory features. *New J. Chem.*, 41, 8781, 2017.

[36] Kim, J. T., Kim, B. K., Kim, E. Y., Park, H. C., Jeong, H. M., Synthesis and shape memory performance of polyurethane/graphene nanocomposites. *React. Funct. Polym.*, 74, 16, 2014.

[37] Kim, J. T., Jeong, H. J., Park, H. C., Jeong, H. M., Bae, S. Y., Kim, B. K., Electroactive shape memory performance of polyurethane/graphene nanocomposites. *React. Funct. Polym.*, 88, 1, 2015.

[38] Qi, X. D., Guo, Y. L., Wei, Y., Dong, P., Fu, Q., Multishape and temperature memory effects by strong physical confinement in poly(propylene carbonate)/graphene oxide nanocomposites. *J. Phys. Chem. B*, 120, 11064, 2016.

[39] Song, L. F., Li, Y. Q., Xiong, Z. Q., Pan, L. L., Luo, Q. Y., Xu, X., Lu, S. R., Water-induced shape memory effect of nanocellulose papers from sisal cellulose nanofibers with graphene oxide. *Carbohyd. Polym.*, 179, 110, 2018.

[40] Tang, Z. H., Kang, H. L., Wei, Q. Y., Guo, B. C., Zhang, L. Q., Jia, D. M., Incorporation of grapheme into polyester/carbon nanofibers composites for better multi-stimuli responsive shape memory performances.

Carbon,64,487,2013.

[41] Sabzi,M.,Babaahmadi,M.,Samadi,N.,Mahdavinia,G. R.,Keramati,M.,Nikfarjam,N.,Graphene network enabled high speed electrical actuation of shape memory nanocomposite based on poly(vinyl acetate). *Polym. Int.*,66,665,2017.

[42] Lashgari,S.,Karrabi,M.,Ghasemi,I.,Azizi,H.,Messori,M.,Paderni,K.,Shape memory nanocomposite of poly(L-lactic acid)/graphene nanoplatelets triggered by infrared light and thermal heating. *Exp. Polym. Lett.*,10,349,2016.

[43] Keramati,M.,Ghasemi,I.,Karrabi,M.,Azizi,H.,Sabzi,M.,Incorporation of surface modified graphene nanoplatelets for development of shape memory PLA nanocomposite. *Fiber. Polym.*,17,1062,2016.

[44] Feng,Y. Y.,Qin,M. M.,Guo,H. Q.,Yoshino,K.,Feng,W.,Infrared-actuated recovery of polyurethane filled by reduced graphene oxide/carbon nanotube hybrids with high energy density. *ACS Appl. Mater. Interfaces*,5,10882,2013.

[45] Zhang,Y. Q.,Zhang,M.,Jiang,H. Y.,Shi,J. L.,Li,F. B.,Xia,Y. H.,Zhang,G. Z.,Li,H. J.,Bioinspired layered chitosan/graphene oxide nanocomposite hydrogels with high strength and pH-driven shape memory effect. *Carbohyd. Polym.*,177,116,2017.

[46] Liu,S. L.,Yao,F.,Oderinde,O.,Li,K. W.,Wang,H. J.,Zhang,Z. H.,Fu,G. D.,Zinc ions enhanced nacre-like chitosan/graphene oxide composite film with superior mechanical and shape memory properties. *Chem. Eng. J.*,321,502,2017.

[47] Yang,Z. H.,Wang,Q. H.,Wang,T. M.,Dual-triggered and thermally reconfigurable shape memory graphene-vitrimer composites. *ACS Appl. Mater. Interfaces*,8,21691,2016.

[48] Thakur,S. and Karak,N.,Bio-based tough hyperbranched polyurethane-graphene oxide nanocomposites as advanced shape memory materials. *RSC Adv.*,3,9476,2013.

[49] Yoo,H. J.,Mahapatra,S. S.,Cho,J. W.,High-speed actuation and mechanical properties of graphene-incorporated shape memory polyurethane nanofibers. *J. Phys. Chem. C*,118,10408,2014.

[50] Tan,L.,Gan,L.,Hu,J. L.,Zhu,Y.,Han,J. P.,Functional shape memory composite nanofibers with graphene oxide filler. *Compos. Part A – Appl. S*,76,115,2015.

[51] Zhang,Z. X.,Dou,J. X.,He,J. H.,Xiao,C. X.,Shen,L. Y.,Yang,J. H.,Wang,Y.,Zhou,Z. W.,Electrically/infrared actuated shape memory composites based on a bio-based polyester blend and graphene nanoplatelets and their excellent self-driven ability. *J. Mater. Chem. C*,5,4145,2017.

[52] Li,C. W.,Qiu,L.,Zhang,B. Q.,Li,D.,Liu,C. Y.,Robust vacuum-/air-dried graphene aerogels and fast recoverable shape-memory hybrid foams. *Adv. Mater.*,28,1510,2016.

[53] Liu,X. F.,Li,H.,Zeng,Q. P.,Zhang,Y. Y.,Kang,H. M.,Duan,H. A.,Guo,Y. P.,Liu,H. Z.,Electroactive shape memory composites enhanced by flexible carbon nanotube/graphene aerogels. *J. Mater. Chem. A*,3,11641,2015.

[54] Rana,S.,Cho,J. W.,Tan,L. P.,Graphene-cross-linked polyurethane block copolymer nanocomposites with enhanced mechanical,electrical,and shape memory properties. *RSC Adv.*,3,13796,2013.

[55] Zhao,L. M.,Feng,X.,Li,Y. F.,Mi,X. J.,Shape memory effect and mechanical properties of graphene/epoxy composites. *Polym. Sci. Ser. A*,56,640,2014.

[56] Zhang,L. X.,Jiao,H. Q.,Jiu,H. F.,Chang,J. X.,Zhang,S. M.,Zhao,Y. A.,Thermal,mechanical and electrical properties of polyurethane/(3-aminopropyl) triethoxysilane functionalized graphene/epoxy resin interpenetrating shape memory polymer composites. *Compos. Part A – Appl. S*,90,286,2016.

[57] Wang,W. X.,Liu,D. Y.,Liu,Y. J.,Leng,J. S.,Bhattacharyya,D.,Electrical actuation properties of reduced graphene oxide paper/epoxy-based shape memory composites. *Compos. Sci. Technol.*,106,

20,2015.

[58] Sabzi, M., Babaahmadi, M., Rahnama, M., Thermally and electrically triggered triple-shape memory behavior of poly(vinyl acetate)/poly(lactic acid) due to graphene-induced phase separation. *ACS Appl. Mater. Interfaces*, 9, 24061, 2017.

[59] Molavi, F. K., Ghasemi, I., Messori, M., Esfandeh, M., Nanocomposites based on poly(Llactide)/poly(epsilon-caprolactone) blends with triple-shape memory behavior: Effect of the incorporation of graphene nanoplatelets (GNps). *Compos. Sci. Technol.*, 151, 219, 2017.

[60] Chen, Z., Cao, R., Ye, S. J., Ge, Y. H., Tu, Y. F., Yang, X. M., Graphene oxide/poly(N-isopropylacrylamide) hybrid film-based near-infrared light-driven bilayer actuators with shape memory effect. *Sensor. Actuat. B - Chem.*, 255, 2971, 2018.

[61] Xiao, X. C., Xie, T., Cheng, Y. T., Self-healable graphene polymer composites. *J. Mater. Chem.*, 20, 3508, 2010.

[62] Dong, J., Ding, J. B., Weng, J., Dai, L. Z., Graphene enhances the shape memory of poly(acrylamide-co-acrylic acid) grafted on graphene. *Macromol. Rapid Commun.*, 34, 659, 2013.

[63] Wang, J., Sun, L. Y., Zou, M. H., Gao, W., Liu, C. H., Shang, L. R., Gu, Z. Z., Zhao, Y. J., Bioinspired shape-memory graphene film with tunable wettability. *Sci. Adv.*, 3, e1700004, 2017.

[64] Tang, Z. H., Gao, Z. W., Jia, S. H., Wang, F., Wang, Y. L., Graphene-based polymer bilayers with superior light-driven properties for remote construction of 3d structures. *Adv. Sci.*, 4, 1600437, 2017.

[65] Peng, Q. Y., Wei, H. Q., Qin, Y. Y., Lin, Z. S., Zhao, X., Xu, F., Leng, J. S., He, X. D., Cao, A. Y., Li, Y. B., Shape-memory polymer nanocomposites with a 3D conductive network for bidirectional actuation and locomotion application. *Nanoscale*, 8, 18042, 2016.

[66] Lee, S. H., Jung, J. H., Oh, I. K., 3D networked graphene-ferromagnetic hybrids for fast shape memory polymers with enhanced mechanical stiffness and thermal conductivity. *Small*, 10, 3880, 2014.

[67] Chang, Z. Y., Deng, J. K., Chandrakumara, G. G., Yan, W. Y., Liu, J. Z., Two-dimensional shape memory graphene oxide. *Nat. Commun.*, 7, 11972, 2016.

[68] Han, S. and Chun, B. C., Preparation of polyurethane nanocomposites via covalent incorporation of functionalized graphene and its shape memory effect. *Composites: Part A*, 58, 65, 2014.

第9章 石墨烯的涡卷结构：光学表征及其在电阻式开关存储设备中的应用

Janardhanan R. Rani, Jae – Hyung Jang
韩国光州科技学院电气工程与计算机科学院

摘　要　石墨烯是一种新兴的二维材料，是以六边形排列的 sp^2 结合碳原子组成的单原子层，由于其独特的电子、力学和热学性能而受到了广泛的关注。石墨烯基涡卷(graphene – based scroll, GS)是石墨烯家族的新成员，通过向一个或多个方向滚动石墨烯层而形成 GS。GS 是一种有趣的碳材料，因为可调整它的层间距离，并且相关人员提议将其用于合成新型石墨烯基材料或复合材料，以适应广泛的应用。GS 可以将其他纳米材料封装到内腔中，并展示各种重要的应用，包括电阻开关。石墨烯的电子结构可以通过用石墨烯片封装纳米材料来改性。发生这种改性是由于 GS 中各层之间的不定向所致。因此，GS 内外表面之间的 π – π 相互作用可以表现出优异的光学特性。原始石墨烯没有带隙，所以不需要光致发光。然而，石墨烯涡卷结构(graphene scroll stru – cture, GNS)的光致发光性可以实现各种基于石墨烯的光电器件，如光学调制器、发光二极管、超快激光器等。特别是还原氧化 GNS 能显著提高光致发光的发射功率。GNS 可以作为双端非易失性存储设备，在下一代信息技术产业中有着重要的应用。GNS 可以有效地用作电阻开关设备的活性层。电阻开关设备可以通过电开关启动"开启"状态和"关闭"状态。这些设备的电行为会受到活性层和电极材料的影响。在本章中，首先，简要概述了 GNS 的制备。其次，系统地讨论了 GNS 的光学特性，特别是光致发光特性。然后，综述了电阻开关机制及涡卷结构在各种存储设备中的应用。本章最后进行了总结，并对未来研究展开了展望。本书的章节还包括 GNS 研究成果及其在石墨烯基电阻开关存储器中的重要应用。此外，本章还将全面综述先进的石墨烯光学特性。

关键词　石墨烯，涡卷结构，纳米材料，光致发光，电阻开关，非易失性存储器

9.1 石墨烯的涡卷结构

9.1.1 引言

石墨烯由于其独特的电子、力学和热学性质而受到广泛的关注，并且一直是光学、

电子和材料科学领域的热门研究主题之一[1-5]。在碳基材料中,石墨烯具有高导电性能和优异的光学性能,其在很多应用方面的潜力引起了人们的广泛关注,如触摸屏[6]、液晶显示器(liquid crystal display,LCD)[6]、基于电阻开关(resistive switching,RS)的电阻随机存取存储器(resistive random access memory,RRAM)[7-8]等。最近,根据相关人员报道,由于石墨烯向一个或多个方向滚动,形成了螺旋缠绕结构的新石墨烯结构,称为石墨烯涡卷结构[9-10]。GNS 以其新颖的物理和化学特性引起了人们的广泛关注。可以很容易地调整 GNS 层间距离[11]。GNS 的合成越来越受到人们的关注,这是由于其杰出的物理化学性质,并被广泛地应用。由于碳纳米管的开盖构型和空心管状结构,GNS 与碳纳米管不同。GNS 显示了一种可以插入不同材料中间层和可调整的中间层间距,并且灵活的内部体积使它们可以用于离子输运[11]、氢储存[12]、超级电容器[13]、电池[14]和纳米器件[15]。石墨烯的自由边缘和较大的平面外热波动使得石墨烯容易受到边缘缺陷的影响,这使得石墨烯的实际应用具有很大的局限性。然而,GNS 中的封闭边缘比开放边缘提供了更高的电导率,并且由于石墨烯卷绕内外表面之间的 π-π 相互作用,各层之间的曲率诱导的位错对 GNS 的电子、传输和光学性能产生了影响。因此,它具有量子电子输运、变电子结构、大导热性能、高弹性等优异性能[16-20]。

近年来,相关人员报道了多种制备石墨烯/还原氧化石墨烯基滚轴结构(graphene/reduced graphene oxide - based scroll,GONS)的方法,如用液氮压缩 GO 纳米片[21]、滚动机械剥离石墨烯片[22]、滚动升华诱导的 GO 纳米片[23]、Langmuir - Blodgett 压缩方法[24]、石墨层间化合物的超声法[25]、冻干 GO[25]等。Langmuir - Blodgett(LB)纳米片可以产生大尺度的松散卷绕结构,而冻干法只能产生薄的 GONS。石墨烯纳米带可以通过单面氢化滚动石墨烯而自发地滚动成 GNS。化学方法是制备 GO 的涡卷结构的简单而容易的方法。通过定制结构和修正边缘,可以轻易调谐 GONS/GNS 的物理和化学性能。

9.1.2 氧化铁插层还原氧化石墨烯粉末

相关人员用 Fe_2O_3 粉末(sigma - aldrich)制备涡卷结构,将(0.3g)GO 分散在 30mL 水中,为分散加入 0.1g 的 Fe_2O_3,并将该混合物悬浮在水中,然后在 10000r/min 速度下离心 10min,反复进行此实验。首先将所得溶液在 90℃下烘干,获得粉末后将其进一步与玛瑙砂浆混合 30min,然后在 400℃氮气环境下退火 2h。

图 9.1(a)所示为 Fe_2O_3 掺杂 rGO 平面结构的 SEM 图像,在这种结构中以低温退火粉末样品[13]。图 9.1(b)~(d)所示为 Fe_2O_3 掺杂 rGO 涡卷结构的 SEM 图像,在这种结构中以高温退火粉末样品。这些 SEM 图像显示了涡卷结构的形成,并观察到 Fe_2O_3 被封装在 rGO 涡卷结构中。在初始阶段,Fe_2O_3 分子附着在平坦的 GO 层上,当退火的温度升高时,形成了涡卷结构。当温度升高时,rGO 层在 Fe_2O_3 分子周围弯曲,使杂化体系的总表面能量最小化。HRTEM 图像也清楚地显示了涡卷结构的形成(图 9.1(f)~(i))。

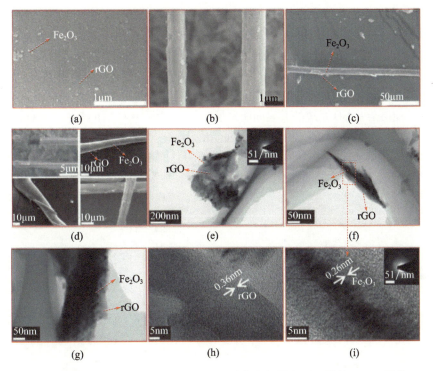

图9.1 (a)掺杂 Fe_2O_3 平面rGO,(b)~(d)涡卷结构的扫描电子显微镜(SEM)图像;(d)中显示了涡卷结构的放大图像;(e) Fe_2O_3 掺杂平面 rGO 和(f)~(i) Fe_2O_3 掺杂 rGO 涡卷结构的 HRTEM 图像。分别在(e)和(i)的插图中描述了掺杂 Fe_2O_3 平面 rGO 和掺杂 Fe_2O_3 的 rGO 涡卷结构的 SAED 模式。图中标明了 rGO 和 Fe_2O_3(经 Rani,J. R.、Thangavel,R.、Oh,S. ‐ I.、Woo,J. M.、Chandra Das,N.、Kim,S. ‐ Y.、Lee,Y. ‐ S.、Jang,J. ‐ H 等授权转载。基于rGO 涡卷结构的高体积能量密度混合超级电容器。美国化学学会应用材料与界面,9,22398-22407,2017。2017 年美国化学学会版权所有)

9.1.3 磷插层形成涡卷结构

相关人员采用改性 Hummer 法合成 GO,并通过化学方法将磷材料($SrBaSi_2O_2N_2$:Eu^{2+})掺杂到 GO 溶液中。将浓度为 0.3mg/mL 的 GO 溶液和浓度为 0.1mg/mL 的磷胶体溶液分别在去离子水中进行超声乳化并混合,然后将所得的 GO-磷杂化溶液以多种旋转速度在硅基底上进行旋涂。这些膜分别命名为 GO70(在 70℃下退火的 GO 膜)、GO180(在 180℃下退火的 GO 膜)、GP70(在 70℃下退火的 rGO-磷复合膜)和 GP180(在 180℃下退火的 GO-磷复合膜)。涡卷结构形成的示意图和 SEM 图像如图 9.2 所示。

图 9.3(a)所示为未观察到涡卷结构的未掺杂 rGO 的 SEM 图像。涡卷结构的形貌(图 9.3(b)和(c))表明,GO 层的边缘向后折叠形成一个平均长度约为 3μm 的管状涡卷结构。在 GO-磷杂化超声过程中,将磷颗粒附着在 GO 膜上。在退火过程中,附着的磷颗粒向上滚动,形成纠缠结构。关于滚动的过程可参见文献[27]。对 100 涡卷结构的尺寸分布分析表明,涡卷结构的直径一般为 1~2μm(平均直径:(1.4±0.4)μm),长度为10~20μm(平均长度:(15±7)μm)。当在水中对 GO 掺杂进行超声时,这些掺杂物附着在 rGO 膜上,并自发地弯曲 rGO 片。滚动是因为材料的高长径比和掺杂原子效应,使得不利于保持平面结构。范德瓦耳斯力和石墨烯层之间的 π-π 堆叠效应在滚动过程中起着重要作用,因此石墨烯层由于滚动能克服能量势垒,并完全包裹在掺杂物上。rGO 层的自发包裹受掺杂性质的影响,较大的石墨烯

片由于掺杂而不能自发维持大长径比二维结构,因而迅速滚动形成纠缠结构。通过改变沉积温度,可以控制rGO的宽度和长度等尺寸。以前的研究表明,石墨烯滚动的驱动力是由于系统的总表面能和石墨烯弯曲时产生的弹性能之间的能量差[27]。在温度存在下形成的涡卷形状表明温度会引发滚动。涡卷结构的形成分为两个阶段:在第一阶段,掺杂原子附着在平坦的rGO层上,rGO层由于温度升高而在掺杂层周围弯曲。当温度升高时,掺杂-rGO系统的表面能量也增加,为了使掺杂-rGO系统的总表面能量最小化,发生了rGO层的弯曲。rGO层的弯曲减少了rGO和掺杂物的表面暴露,从而使总表面能量最小化。在第二阶段,在掺杂物被rGO包裹后,随后rGO发生滚动,这是由于石墨烯暴露表面的总面积减少,因此系统表面被相邻涡卷层紧密地包裹在一起,其总表面能量达到最小化,自发地滚动成完整或部分的涡卷结构[26]。

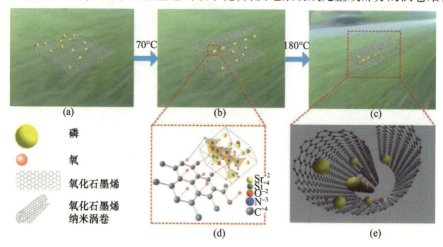

图9.2 GNS形成的示意图
(a)附着在GO片上的磷粒子;(b)刚开始滚动的GO片;(c)GO片在180℃下完全滚动;(d)GO与磷的结合;(e)单个GO-磷涡卷结构的三维视图(经Rani、J. R.、Oh、S. -I.、Woo、J. M.、Tarwal、N. L.、Kim、H. -W.、Mun、B. S.、Lee、S.、Kim、K. -J.、Jang、J. -H等授权转载。高发光量子产率的氧化石墨烯-磷杂化纳米涡卷:合成、结构和X射线吸收研究。美国化学学会应用材料与界面,7,5693-5700,2015。2015年美国化学学会版权所有)。

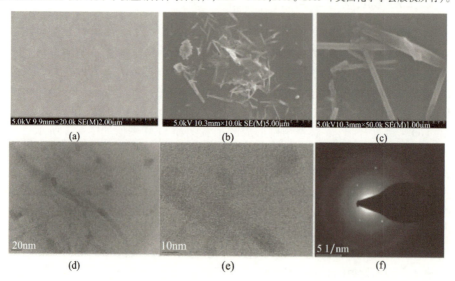

图9.3 rGO、rGO-磷杂化涡卷的SEM图像和rGO-磷杂化涡卷的HRTEM及SAED图像
(a)rGO的SEM图像;(b)和(c)rGO-磷杂化涡卷的SEM图像;(d)和(e)rGO-磷杂化涡卷的高分辨率HRTEM图像;(f)rGO-磷杂化涡卷的区域电子衍射(SAED)图像。

9.1.4 还原氧化石墨烯-磷杂化涡卷的光学特性

rGO-磷杂化涡卷结构表现出不同的光学特性,包括高量子产率的光致发光。石墨烯光致发光的量子产额在 $1\times10^{-12} \sim 1\times10^{-9}$ 之间,在实际应用中这个产量太低。不同的研究小组报告了在石墨烯中掺杂的不同方法和材料,通过引入碳网缺陷来提高光致发光量[28-31]。将石墨烯转化为 rGO 是石墨烯发光的方法之一;rGO 具有中断 π 网络而产生的有限电子带隙。但即使破坏 sp^2 基团,rGO 膜一般也表现出微弱的发光和低量子产率(0.02%~0.2%),这限制了其在光电器件中的应用[31-33]。但是,掺磷的 rGO 杂化涡卷具有高量子产率的增强发光性(比原 rGO 膜高 48 倍),这有利于其在光电器件的应用。由于磷掺杂和涡卷结构的影响,HOMO 和 LUMO 水平发生了变化。UPS 分析表明,GO70、GO180、GP70 和 GP180 膜的 HOMO 相对于 EF 下降了 1.65eV、0.9eV、2.1eV 和 1.9eV,这使得 GO-磷杂化膜的带隙发生变化[27]。

曲率诱导的涡卷结构以及 π 和氧态之间的结合导致了 HOMO 能级的转变。退火温度也会影响 HOMO 值的变化。相关人员用 UPS 光谱和循环伏安法测量了这些杂化薄膜的带隙值[27]。GO-磷杂化涡卷结构的带隙值随着退火温度发生变化;GO70、GO180、GP70 和 GP180 膜的带隙值分别为 2.05eV、1.3eV、2.56eV 和 2.43eV。由于在 GO-磷杂化体中出现 C—N 结合,在约 400nm 处发生发射(图 9.4(c))。C—N 键合导致 π 价带上孤对电子的形成,并在约 400nm 处发射。GP70 和 GP180 膜的发射量子产额分别为 7.0% 和 9.6%,GP180 膜的量子产额比 GO180 膜高 48 倍[27]。滚动 rGO 片并在其中加入磷,提高了它们的量子产额。

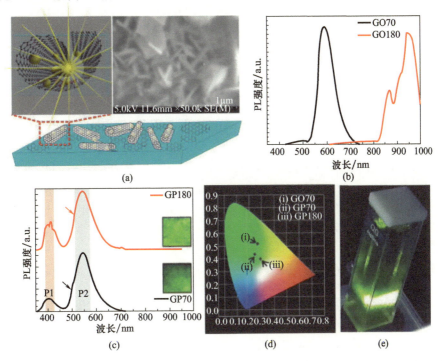

图 9.4 (a)GP180 中的 GO-磷杂化纳米涡卷 SEM 图像;(b)GO70 和 GO180 膜的 PL 发射光谱;(c)激发波长为 280nm 的 GP70 和 GP180 膜;(d)由合成薄膜产生的 PL 发射的 CIE 色度坐标;(e)GO-磷杂化溶液的强 PL 发射的数字图像。(经 Rani、J. R.、Oh、S. -I.、Woo、J. M.、Tarwal、N. L.、Kim、H. -W.、Mun、B. S.、Lee、S.、Kim、K. -J.、Jang、J. -H 等授权转载。高发光量子产率的氧化石墨烯-磷杂化纳米涡卷:合成、结构和 X 射线吸收研究。美国化学学会应用材料与界面,7,5693-5700,2015。2015 年美国化学学会版权所有)

图 9.5 所示为薄膜的 E_{HOMO}、E_{LUMO} 和计算的带隙值以及 PL 发射示意图。

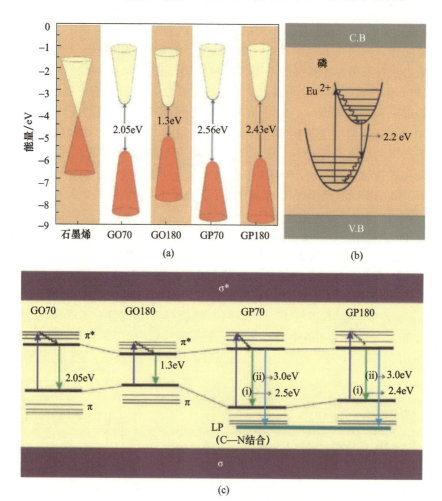

图 9.5 （a）通过 CV 和 UPS 光谱测量膜的 E_{HOMO}、E_{LUMO} 和带隙值的示意图；(b) 磷的 PL 发射示意图；(c) GO70、GO180、GP70 和 GP180 膜的 PL 发射示意图（经 Rani、J. R.、Oh、S. - I.、Woo、J. M.、Tarwal、N. L.、Kim、H. - W.、Mun、B. S.、Lee、S.、Kim、K. - J.、Jang、J. - H 等授权转载。高发光量子产率的氧化石墨烯－磷杂化纳米涡卷：合成、结构和 X 射线吸收研究。美国化学学会应用材料与界面，7，5693－5700，2015。2015 年美国化学学会版权所有）

9.1.5　涡卷的拉曼光谱

可以在不同的条件下生产 GO－磷杂化涡卷。采用 GO 溶液（浓度为 0.3 mg/mL）和磷胶体溶液（浓度为 0.05 mg/mL、0.07 mg/mL、0.1 mg/mL、0.125 mg/mL 和 0.15 mg/mL）。在 Si/SiO_2 基底上自旋浇铸 GO－磷混合溶液，在 500 r/min、800 r/min 和 1600 r/min 的速度下制备工艺 30 s，然后在 160℃下退火 5 min。将得到的膜分别命名为 GO（未掺杂）、GNP1、GNP2、GNP3、GNP4 和 GNP5（浓度为 0.05 mg/mL、0.07 mg/mL、0.1 mg/mL、0.125 mg/mL 和 0.15 mg/mL）。GNP1 膜的 SEM 图像如图 9.6 所示。

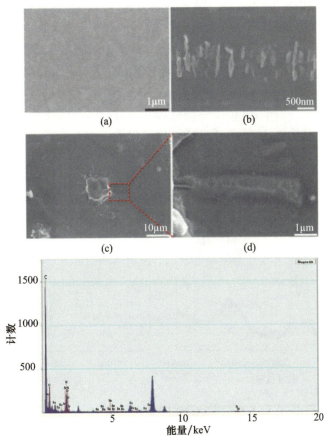

图9.6 (a)GO、SEM 图像;(b)和(c)GNP1 膜的不同区域的 SEM 图像;
(d)在(c)中以红色点状方块显示的涡卷结构的扩展视图;(e)涡卷的 EDAX 光谱[33]。

图 9.7 显示涡卷结构和平面 rGO 的拉曼光谱不同。rGO 的光谱特征对应于 1590cm^{-1}(G 峰值)、1350cm^{-1}(D 峰值)、2697cm^{-1}(2D 峰值)和约 2940cm^{-1}(G + D 峰值)[34-36]。芳香碳环内的 E2g 振动模式导致 G 能带的形成,而芳香碳环内的平面外振动模式则导致 2D 能带的形成。D 能带需要在缺陷位置进行散射,以保持动量。我们发现 D 能带在 GO 涡卷中被扩大。这是由于通过曲率引起的缺陷散射谷内电子经由平面内横向光学(in - plane transverse optical,iTO)声子(在 K 点)散射,保持了动量[37]。涡卷结构的曲率导致了低频放射状呼吸(RBLM)模式的形成,这种模式位于 75cm^{-1} 和 300cm^{-1} 处。通常在类 CNT 的结构中观察到 RBLM 模式[37],并对应于蜂窝网络的简单平移。涡卷结构中的曲率将这种回应转化为声子模式,从而形成了位于 75cm^{-1} 和 300cm^{-1} 处的 RBLM 模式。图 9.7(b) ~ (f)显示在 140cm^{-1} 附近的 RBM 模式,图 9.7(e)和(f)显示了在 290cm^{-1} 处附近的额外的放射呼吸模式(RBM)特征。在不同类型的涡卷上,模式的强度也不同。在没有形成完美涡卷结构的情况下,RBLM 模式的强度较低,GO 的拉曼谱中不存在 RBLM 模式。这些模式有力地证明了涡卷结构的形成。在 910 ~ 1050m^{-1} 范围内的能带相当于先前提及的石墨晶须和 CNT 的 iTA 声子[37]。该能带的出现是由于 rGO 层的滚动,在纯 GO 中没有发现这个能带。Γ 点周围的平面外声子在 1800cm^{-1} 和 2000cm^{-1} 附

近形成了能带,这是由于 LA 模式和 iTA 模式的组合[38]。谷间散射过程导致了这些模式。组合的 iTA 和 LO 声子在 1800 cm^{-1} 处达到峰值。在 rGO 布里渊带 K 点附近的 oTO(平面外切向光)和 LO 声子模式的组合在约 2000 cm^{-1} 处达到峰值[38]。在平面 GO 中,G 点上的 oTO 声子不是拉曼活性模式,因为在 GO 平面上镜面操作具有奇异对称性。然而,相关人员在单壁碳纳米管(single-walled carbon nanotube,SWNT)中观察到了称为 M 带的 oTO 声子泛音的拉曼能带。由于 SWCNT 的圆柱形状,因此在 SWCNT 中 M 带为活性,而在一个完美的涡卷管状结构中,M 带为活性的原因是涡卷结构与 CNT 的结构类似。在 GO-磷杂化涡卷结构中,碳和氮的结合在 2200 cm^{-1} 处形成拉伸模式。iTO 和 iTA 声子的结合在 K 点周围的约 2280 cm^{-1} 处形成了模式[37],区域边界平面纵声(in-plane longitudinal acoustic,iLA)声子和平面内横向光学声子模式的结合在 2450 cm^{-1} 处形成了 G* 能带[38]。

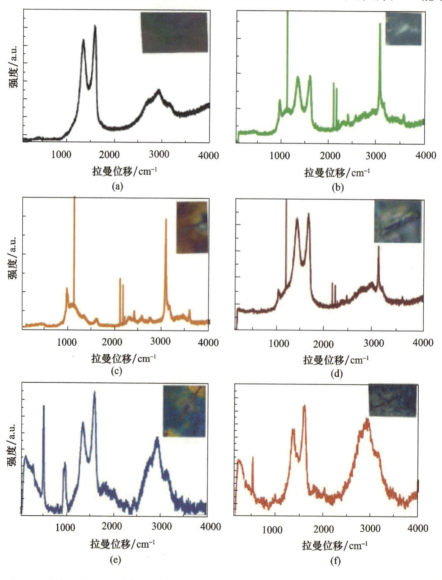

图 9.7 (a)GO、(b)~(f)GNP1 膜的不同区域的拉曼光谱(每个图示的插图显示了对应的光学图像[33])

不同磷浓度膜的 PL 发射光谱表现出不同的发射峰值(图 9.8)。图 9.8(b)所示为合成膜 PL 发射的 1931CIE 色度坐标。膜的光致发光光谱包括 400nm、537nm 的峰值和 620nm 的弱发射[33]。约 537nm 的发射是 GO 的典型光致发光,这是由于 $\pi - \pi^*$ 能量间隙的发射,这一发射形成的原因是氧官能团附着在 rGO 基面上破坏了 π 网络[38]。以前,许多研究小组报告了在紫外可见区中 GO 的发射[31,39-40],这些 rGO - 磷杂化涡卷结构显示了在 390~440nm 中心位置的蓝光发射。这种 PL 蓝光发射是由于局域态内产生的电子空穴对出现放射复合[34]。由于 GO 的带隙发射非常微弱,在约 537nm 处强峰值下,发生合并。在约 400nm 处观察到的额外宽发射是由于 C—N 结合[41]。氮化物孤对电子不与碳杂化,其位于 sp^2C—N 价带内。价带中的孤对电子与 π^* 导带之间的跃迁导致了 400nm 区域处发生发射[34]。从光致发光发射光谱中观察到,PL 发射随磷浓度而变化。在 400nm 处的发射强度随磷浓度而变化。随着磷浓度的增加,π^* 能带与 LP 电子能级之间跃迁的概率增加,导致该峰值的发射强度增加。然而,磷浓度的进一步增加会导致发射光子的再吸收,从而降低了 400nm 处光的发射强度[33]。

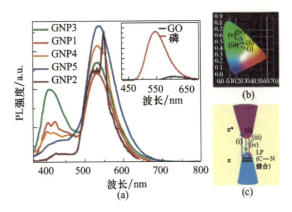

图 9.8 (a)激发波长为 280nm 的不同浓度下 GNP1-5 合成薄膜 PL 发射光谱。插图显示了纯 GO 和样品磷的 PL 发射;(b)合成薄膜 PL 发射的 CIE 色度坐标;(ⅰ)(ⅱ)(ⅲ)(ⅳ)和(ⅴ)分别对应于 GNP3、GNP1、GNP4、GNP5 和 GNP2;(c)各类膜 PL 发射的示意图[33]

9.2 还原氧化石墨烯基电阻开关器件

目前的内存技术正走向末路是我们面临的主要挑战之一。为了获得更高的数据存储密度和更快获得信息,人们有意将更多的元件如晶体管包装在一个芯片上[42]。2000 年,特征尺寸为 130nm,2018 年尺寸缩小到 16nm。因此,从技术和经济的角度来看,应开发新型的信息存储材料和设备,以满足电子工业的需求。由于设备体积的减少,也需要解决其他问题,如更高的功率消耗和不需要的热量等。总之,在不久的将来,闪存正接近它的物理和技术极限。传统内存技术时间轴如图 9.9 所示。

作为一种替代方法,电阻式记忆设备由于具有替代闪存的潜力而被相关人员广泛研究。电阻存储以其结构简单、密度高、可扩展性好、功耗低、开关速度快、操作方便、灵活性好、与传统互补金属氧化物半导体(complementary metal - oxide semiconductor,CMOS)技术兼容等优点,成为存储设备的理想平台[43-46]。与晶体管和电容器存储不同,电阻随机存取存储器(resistive random access memory, ReRAM)基器件不需要特定的单元结构,也不需要与互补金属氧化物半导体(CMOS)技术集成,因为存储器以低/高阻状态存储数据。而且,也有可能达到巨大的存储密度,因为可以只用一个设备来制造一个存储单元。ReRAM 也可以替换 DRAM 和硬盘。与晶体管相比,缩小尺寸不会引起更高的热量,且可实现更快的启动,并达到更节能的高密度电路。

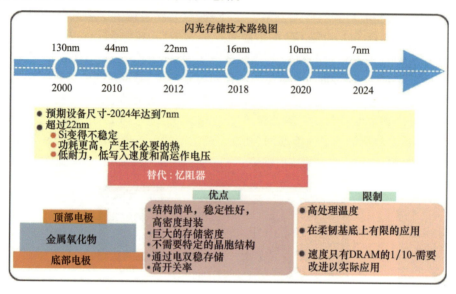

图 9.9　传统存储技术时间线

ReRAM 因其结构简单、处理方便、密度高、运算速度快、保持时间长、功耗低等优点在下一代存储器应用领域受到广泛关注[47-48]。研究 ReRAM 器件对下一代技术应用具有重要意义,因 ReRAM 器件具有高速、低运行电压、高封装密度等优点。近年来,碳基材料如石墨烯/氧化石墨烯[48]、富勒烯[49]、碳纳米管[50]、石墨烯导电碳[51]和非晶碳[51-52]也是制备非易失性存储器应用电阻变化材料的潜在材料。石墨烯基电子设备在下一代光电器件应用中引起了相关人员极大兴趣,因为这种设备具有灵活性、低成本和与现有硅基技术的兼容性等优点。与目前使用的存储设备相比,由于石墨烯基电子设备具有很高的导电性质,因此这种设备的读写过程可以在纳米/微秒内完成,具有很高的数据存储密度。然而,石墨烯的无间隙特性导致了设备开/关比率较小,反过来又产生了大的读取功耗。但是,为解决这个问题,需要为石墨烯创造一个合适的能量间隙,同时不产生任何缺陷,这将是一项艰巨的任务;研究人员专注于制备 GO 基电阻开关设备。另一种潜在替选是 GO 忆阻器,它的开关电流由氧化石墨烯层上的 sp^2/sp^3 含量决定。由于 GO 与溶液过程兼容和其具有高导热性能,因此能够制造低成本和灵活的存储单元。高导热性能产生有效散热,是避免器件故障或失效的关键。但目前得到的结果与现实存储之间存在着相当大的性能差距。在实际应用中,当设计和制造新存储设备时,应注意能耗低、功耗低、力学灵活性、无损读取、保持时间长等因素同样重要。GO 由于其巨大的比表面积、优异的可扩展性、保留性和耐久性能,可以广泛应用于非挥发性开关存储器的应用[8,52-55](图 9.10)。GO 可以通过滴注法[56]、旋涂法[57]、Langmuir – Blodgett 沉积法[58]和真空过滤法均匀地沉积在薄膜上,因为其在水和其他溶剂中的溶解度高,使它能够大规模地制造设备。迄今为止,大多数 RRAM 器件使用各种绝缘、半导体和二元过渡金属氧化物,如 ZnO[58]、NiO[58]、HfO[59]、TiO$_2$[59]、Ta$_2$O$_3$[59]、钙钛矿氧化物[60]、固体电解质[60]、有机材料[61]等。

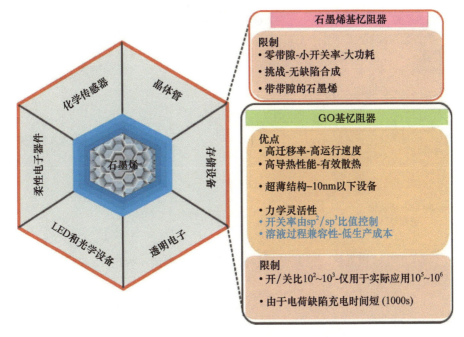

图 9.10　GO 基忆阻器的优点和局限性

现有的 GO 基存储器存在一些缺点,因此需要进行大量的研究来提高 GO 基存储器的实用性。实际应用中 GO 的主要限制是平均开/关比($10\sim10^2$)[62-63]。此外,在实际应用中,必须提高开关速度(大于 100ns)和设定电压。对于实际应用,开/关值应该增加到 $10^5\sim10^6$ 范围。如果能够提高速度和开/关比,降低阈值电压,那么 GO 基忆阻器将彻底改变下一代存储设备。

9.2.1　氧化石墨烯 – 磷混合涡卷的电阻开关

按照 9.1.3 节方法制备 GO – 磷杂化溶液。在图 9.11 中,ITO 用作底部电极,Pt 用作底部电极,通过电子束蒸发沉积在基底上。在薄膜沉积过程中,基底被足够量的磷 – GO 杂化溶液覆盖,允许放置 60s,在 500r/min、800r/min 和 1600r/min 下旋转涂层 30s,然后在 90℃退火 7min。最后,图案化顶部金属电极将通过电子束蒸发使用阴影沉积。在环境条件下,用半导体参数分析仪测量装置 $I-V$ 特性、耐力和保持力。

rGO – 磷杂化溶液可有效地应用于忆阻器基存储设备中,其电荷存储机制与传统忆阻器完全不同。图 9.12 所示为在室温下测量装置的 I—V 特性、保持力和耐力。该设备的开/关比在 2×10^2 左右。

可以将 rGO – 磷杂化层看作石墨烯片,它的两侧都有氧官能团,并且具有独特的石墨烯性能。原始石墨烯所有原子都是 sp^2 杂化,GO – 磷杂化层与其不同,它是由 sp^3 碳原子组成,共价结合到含氧官能团[63]。由于存在非局域化 π 电子,sp^2 – 杂化态具有很高的导性,而在 sp^3 杂化过程中,这些有效的 π 电子与官能团结合[64]。因此,控制 sp^2/sp^3 含量的比例可以调节电阻和提高开/关比。电氧化还原过程中获得的 sp^2 和 sp^3 碳之间的化学相变化会导致 rGO 片的导性发生明显的变化。

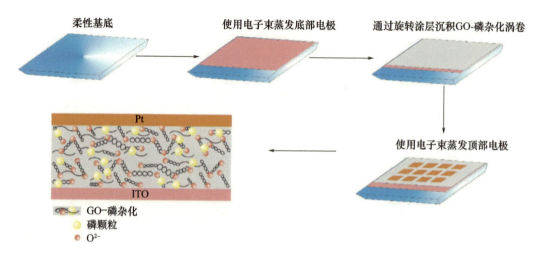

图 9.11 采用 GO-磷杂化溶液制作的电阻开关设备

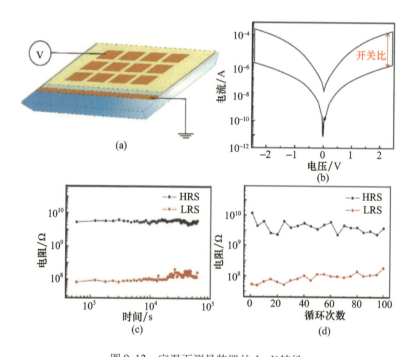

图 9.12 室温下测量装置的 $I—V$ 特性
(a)用 GO-磷杂化溶液制备的设备;(b)$I—V$ 特性;(c)保持力;(d)在室温下测量设备的耐力。

rGO-磷杂化基电阻开关设备的运行原理如图 9.13 所示。因为 rGO 的氧相关基团的解吸/吸收,可能实现电阻开关。当顶端 GO 层上有环氧基团、羟基团和羧基团时,由于 sp^3 结合特性,假定设备的导性较低[65]。在顶电极上施加负偏压 V_{SET},在靠近顶电极的 rGO-磷杂化涡卷层的氧相关官能团扩散到底层 ITO 层[65],在 rGO-磷杂化膜中留下氧空位,导致 rGO – 磷混合层的 sp^2 结合含量增加。因此,形成金属状导电路径的层间电子导致 LRS 或开启状态[65]。在 V_{RESET} 过程中,氧官能团向顶部的 rGO – 磷杂化层扩散,使 sp^3 再次杂化,这降低了导性。因此,存储单元恢复到高阻状态(high resistance state,HRS)或关闭状态。在这些电阻状态可以记录二进制数字数据,如逻辑"0"的 LRS 和逻辑"1"的 HRS。原始设备状态定义为关闭状态或高阻状态。通过增加设备上施加的负电压,在 V_{SET} 时突然增加电流,表明器件从 HRS 切换到低电阻状态(LRS 或开启状态)。从 HRS 到 LRS 的转换称为"设定(SET)"或"读/写"过程。通过将电压从 V_{SET} 转为 V_{RESET},该设备保持在 LRS 状态上,显示非挥发性存储特性。一旦电压超过 V_{RESET},设备从 LRS 切换到 HRS,这称为"重置"或"擦除"过程。可以在下一个读取过程中保留 HRS。在室温下通过旋转铸造方法便于在柔性基底上制造 rGO 基存储器,并且在保持力和耐力方面具有可靠的存储性能。

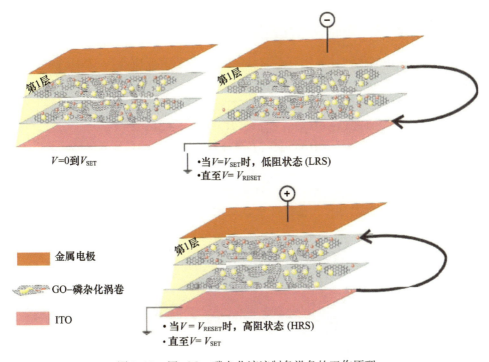

图 9.13　用 rGO – 磷杂化溶液制备设备的工作原理

据报道,GNS 的电学性能与重叠层的数量和涡卷的直径有关[15]。在 GNS 中,电流通过整个涡卷结构传递,不同的层可以贡献整体电流传导,因此 GNS 可以在开启状态下具有更高电流[15]。Xie 等[22]报道 π 电子可以穿过涡卷中不同的层,而且涡卷内外表面之间的相互作用产生了优异的导电性能。然而,在 GNS 中,电流流过整个滚动的石墨烯层,并能在开关设备的开启状态下增加导性。此外在阈值电压下,由于层间 π 电子迁移的减少,关闭状态下的电流也会很低。在 HRS 状态下,sp^3 态使涡卷结构的导电性能低,导致在关闭状态下的电流较低。与其他氧化石墨烯衍生物相比,涡卷结构拥有较高的导热性能,这可以使该结构具有更高散热能力。图 9.14 所示为 rGO 滚轴结构在开启状态下的高电流。

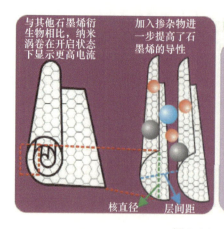

图 9.14　rGO-磷杂化涡卷的性能

9.2.2　氧化石墨烯-氧化铁杂化薄膜的电阻开关

采用溶液法制备氧化铁-氧化石墨烯混合物,用超声波反应器在33kHz的频率下,将混合料悬浮在水中30min。

根据以下反应机理形成氧化铁纳米粒子,如式(9.1)~式(9.3)所示[66]：

$$FeCl_3 + 6H_2O \longrightarrow [Fe(H_2O)_6]^{3+} + 3Cl^- \cdots \quad (9.1)$$

$$[Fe(H_2O)_6]^{3+} + H_2O \longrightarrow [Fe(H_2O)_5OH]^{2+} + H_3O^+ \cdots \quad (9.2)$$

$$[Fe(H_2O)_6]^{3+} + 3OH^- \longrightarrow FeOOH + 7H_2O \cdots \quad (9.3)$$

在基底上旋转铸造溶液,在90℃(GF90)和180℃(GF180)下退火。为了进行比较,还制备了GO90和GO180。Pt被用作顶部电极涂层。GF 90薄膜的SEM图像如图9.15所示。

图 9.15　GF90薄膜的SEM图像

图9.16所示为氧化铁-GO杂化基设备的双极电阻开关行为。在负偏压下,设备在电阻突变的设定条件下[67]电阻由HRS转变为LRS。这就是设定过程。在特定的正偏压 V_{RESET} 下,电流突然减小,设备从LRS状态切换到HRS状态。这是"重置"过程。

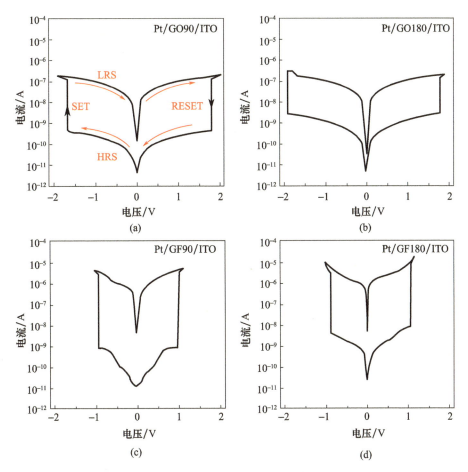

图9.16 在室温下测量的(a)Pt/GO90/ITO,(b)Pt/GO180/ITO,(c)Pt/GF90/ITO,(d)Pt/GF180/ITO 设备的 $I—V$ 特性。(在底部电极(阴极)接地时,对顶部电极(阳极)施加偏电压(经 Carbon,94,Rani,J. R.、Oh,S.‑I.、Woo,J. M.、Jang,J.‑H. 等授权转载。基于 GO/氧化铁混合物的低电压电阻存储设备,362‑368。2015 年爱思唯尔版权授权)

在 GO 基设备中,由于氧有关官能团的解吸/吸附实现了电阻开关,而氧空位导致电子陷阱态的形成[68]。这些电子陷阱通过形成电子跳跃路径实现电阻开关。

在 V_{SET} 过程中,该设备切换到 LRS 或开启状态,电场排斥 GO 的氧离子进入底部 ITO 电极,从而形成金属状导电路径[68]。在重置过程中,氧离子从底部的 ITO 电极返回到 GO 层,据了解该设备处于 HRS 或关闭状态[68]。设定/重置电压随掺杂性质和退火温度而变化。

Pt/GF90/ITO 设备的开/关电流比最高(5×10^3),而 Pt/GF180/ITO、Pt/GO100/ITO 和 Pt/GO180/ITO 器件的开/关电流比分别为 900A、600A 和 100A。由于还原界面电阻,Pt/GF90/ITO 器件的开启电流越高,导致开/关电流比的增大。由于在较高温度(180℃)下退火的薄膜的氧官能团的密度比在较低温度(90℃)下退火的薄膜的氧官能团的密度低,所以关闭状态下的电流也增加了。氧化铁-GO 杂化薄膜的导电机理与氧化石墨烯薄膜的导电机理不同。在氧化铁-氧化石墨烯杂化膜中,顶部电极与 GO 界面处导电 Fe_3O_4

相与非导电 $\gamma-Fe_3O_4$ 相混合[69];施加负偏压后,非导电 $\gamma-Fe_3O_4$ 的 O^{2-} 离子向底部的 ITO 电极向下移动,转化为导电 Fe_3O_4 相。用 $\gamma-Fe_3O_4$ 和 Fe_3O_4 之间的氧化—还原反应可以表达电阻开关行为[69]:

$$2Fe_3O_4 + O^{2-} \longleftrightarrow 3\gamma-Fe_2O_3 + 2e^- \tag{9.4}$$

此外,由于碳和铁之间的 d-π 轨道相互作用,形成了一个额外的传导路径,使得出现了 C2p 和 Fe3d 态之间的电荷传递通道[111]。

与 LRS 状态下的 GO 薄膜设备相比,由于这些附加的电流路径,具有 GF 薄膜的设备在开启状态下显示出更高电流和更低的电阻。在正偏压下,氧离子从底部 ITO 电极迁移回 GO 层和 Fe_3O_4 层,界面变为非导电 $\gamma-Fe_3O_4$,从而使导电通道破裂[67,69]。在这个过程中,GO 出现更多 sp^3 杂化,在界面层和 GO 层内部形成的导电通道局部断开,电阻急剧增加。

这种双稳态电阻开关可以通过顶部电极与 GO 层界面附近的 Fe_3O_4 和 $\gamma-Fe_3O_4$ 之间的可逆氧化还原反应而重复。图 9.17 为 Pt/GF/ITO 设备中电阻开关机制的示意图。

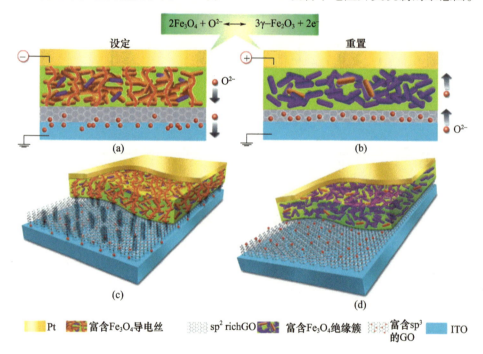

图 9.17 Pt/GF/ITO 设备中电阻开关机制的示意图(经 Carbon,94、Rani、J. R.、Oh、S.-I.、Woo、J. M.、Jang、J.-H. 等授权转载。基于 GO/氧化铁混合物的低电压电阻存储设备,362-368。2015 年爱思唯尔版权授权)

图 9.18(a)~(d)显示了在对数尺度上绘制的 $I-V$ 特性(正电压转变区域)。在 Pt/GO90/ITO 设备(斜率约为 1)中,欧姆传导在 LRS 和 HRS 状态占主导地位。Pt/GF90/ITO 设备的 LRS 图不是完全呈现线性,可以分为 R-1 和 R-2,如图 9.18 所示。Pt/GF90/ITO 设备在高压 LRS 区表现为 $\log-V^{0.5}$ 的线性关系,这是 Schottky 导电机制的一个特点。在 Pt/GF90/ITO 设备的 HRS 区,$I-\log V$ 对数曲线可划分为 3 个区域,电流传导机制由 R-3(斜率 1)的欧姆传导转变为 R-4(斜率约为 2)的空间电荷限制电流(spacecharge limited current,SCLC)传导,然后由 R-5(斜率约为 3.6)的陷阱电荷限制电流(trap-chargelimited current,TCLC)传导[69]。

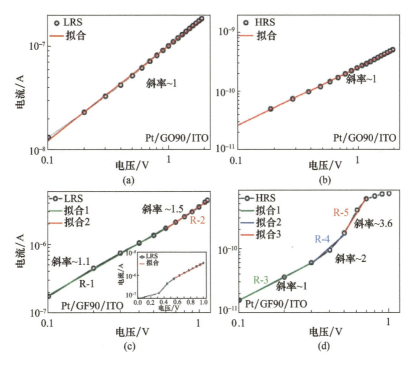

图9.18 Pt/GO90/ITO 和 Pt/GF90/ITO 设备 $I-\log V$ 图 Pt/GO90/ITO 设备的 $I-V0.5$ 对数图（经 Carbon, 94、Rani, J. R.、Oh, S. - I.、Woo, J. M.、Jang, J. - H. 等授权转载。基于 GO/氧化铁混合物的低电压电阻存储设备, 362-368。2015年爱思唯尔版权授权）

高压区的 $I-V$ 特性表现为 $I \sim V^n (n \geqslant 2)$ 的非线性关系。根据 SCLC 模型,因子 $n=2$ 表示空间电荷仅存在于传导带中,而 $n>2$ 的因子则表示空间电荷分布于陷阱位置[69]。在低压区（R-3）以欧姆导电为主,其中本征载流子密度高于注入载流子密度。随着施加电压的增加,施加电场和注入电荷密度足以填满所有的陷阱态;传导机制成为陷阱-电荷限制电流传导（R-5 区的 TCLC）[69]。图 9.19(a) 和 (b) 分别显示了 Pt/GF90/ITO 存储设备的耐力和保持力行为[67]。

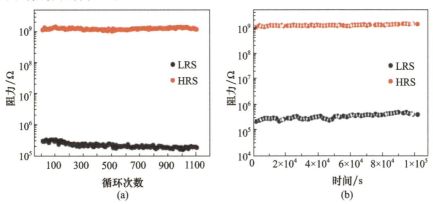

图9.19 Pt/GF90/ITO 存储设备的耐力和保持力[67]（经 Carbon, 94、Rani, J. R.、Oh, S. - I.、Woo, J. M.、Jang, J. - H. 等授权转载。基于氧化石墨烯-氧化铁混合物的低电压电阻存储设备, 362-368。2015年爱思唯尔版权授权）
(a) Pt/GF90/ITO 存储设备的耐力; (b) Pt/GF90/ITO 存储设备的保持力。

铁氧化物-GO 混合物的电阻开关是 Fe_2O_3/Fe_3O_4 状态下的氧化-还原反应导致金属丝的形成/断裂，设备的开/关电流比高达 5×10^3，保持时间为 10^5 s，耐力周期超过 1100（图 9.19）。

参考文献

[1] Geim, A. K. and Novoselov, K. S., The rise of graphene. *Nat. Mater.*, 6, 183 – 191, 2007.

[2] Novoselov, K. S., Geim, A. K., Morozov, S. V., Jiang, D., Katsnelson, M. I., Grigorieva, I. V., Dubonos, S. V., Firsov, A. A., Two – dimensional gas of massless Dirac fermions in graphene. *Nature*, 438, 197 – 200, 2005.

[3] Wang, X., Zhi, L., Müllen, K., Transparent, conductive graphene electrodes for dye – sensitized solar cells. *Nano Lett.*, 8, 323 – 327, 2007.

[4] Elias, D. C., Nair, R. R., Mohiuddin, T. M. G., Morozov, S. V., Blake, P., Halsall, M. P., Ferrari, A. C., Boukhvalov, D. W., Katsnelson, M. I., Geim, A. K., Novoselov, K. S., Control of graphene's properties by reversible hydrogenation: Evidence for graphane. *Science*, 323, 610 – 613, 2009.

[5] Yan, M., Wang, F., Han, C., Ma, X., Xu, X., An, Q., Xu, L., Niu, C., Zhao, Y., Tian, X., Hu, P., Wu, H., Mai, L., Nanowire templated semihollow bicontinuous graphene scrolls: Designed construction, mechanism, and enhanced energy storage performance. *J. Am. Chem. Soc.*, 135, 18176 – 18182, 2013.

[6] Wang, J., Liang, M., Fang, Y., Qiu, T., Zhang, J., Zhi, L., Rod – coating: Towards large – area fabrication of uniform reduced graphene oxide films for flexible touch screens. *Adv. Mater.*, 24, 2874 – 2878, 2012.

[7] Ho, N. T., Senthilkumar, V., Kim, Y. S., Impedance spectroscopy analysis of the switching mechanism of reduced graphene oxide resistive switching memory. *Solid – State Electron.*, 94, 61 – 65, 2014.

[8] Gwang Hyuk, S., Choong – Ki, K., Gyeong Sook, B., Jong Yun, K., Byung Chul, J., Beom Jun, K., Myung Hun, W., Yang – Kyu, C., Sung – Yool, C., Multilevel resistive switching nonvolatile memory based on MoS_2 nanosheet – embedded graphene oxide. *2D Mater.*, 3, 034002, 2016.

[9] Mpourmpakis, G., Tylianakis, E., Froudakis, G. E., Carbon nanoscrolls: A promising material for hydrogen storage. *Nano Lett.*, 7, 1893 – 1897, 2007.

[10] Wu, J., Yang, J., Huang, Y., Li, H., Fan, Z., Liu, J., Cao, X., Huang, X., Huang, W., Zhang, H., Graphene oxide scroll meshes prepared by molecular combing for transparent and flexible electrodes. *Adv. Mater. Technol.*, 2, 1600231, 2017.

[11] Braga, S. F., Coluci, V. R., Legoas, S. B., Giro, R., Galvão, D. S., Baughman, R. H., Structure and dynamics of carbon nanoscrolls. *Nano Lett.*, 4, 881 – 884, 2004.

[12] Coluci, V. R., Braga, S. F., Baughman, R. H., Galvão, D. S., Prediction of the hydrogen storage capacity of carbon nanoscrolls. *Phys. Rev. B*, 75, 125404, 2007.

[13] Rani, J. R., Thangavel, R., Oh, S. – I., Woo, J. M., Chandra Das, N., Kim, S. – Y., Lee, Y. – S., Jang, J. – H., High volumetric energy density hybrid supercapacitors based on reduced graphene oxide scrolls. *ACS Appl. Mater. Interfaces*, 9, 22398 – 22407, 2017.

[14] Pei, L., Zhao, Q., Chen, C., Liang, J., Chen, J., Phosphorus nanoparticles encapsulated in graphene scrolls as a high – performance anode for sodium – ion batteries. *Chem. Electro. Chem.*, 2, 1652 – 1655, 2015.

[15] Karimi, H., Ahmadi, M. T., Khosrowabadi, E., Rahmani, R., Saeidimanesh, M., Ismail, R., Naghib, S. D., Akbari, E., Analytical prediction of liquid – gated graphene nanoscroll biosensor performance. *RSC*

Adv. ,4,16153 – 16162,2014.

[16] Liu,Y. ,Wang,L. ,Zhang,H. ,Ran,F. ,Yang,P. ,Li,H. ,Graphene oxide scroll meshes encapsulated Ag nanoparticles for humidity sensing. *RSC Adv.* ,7,40119 – 40123,2017.

[17] Wang,L. ,Yang,P. ,Liu,Y. ,Fang,X. ,Shi,X. ,Wu,S. ,Huang,L. ,Li,H. ,Huang,X. ,Huang,W. ,Scrolling up graphene oxide nanosheets assisted by self – assembled monolayers of alkanethiols. *Nanoscale* ,9,9997 – 10001,2017.

[18] Yu,Y. ,Li,G. ,Zhou,S. ,Chen,X. ,Lee,H. – W. ,Yang,W. ,Self – adaptive Si/reduced graphene oxide scrolls for high – performance Li – ion battery anodes. *Carbon* ,120,397 – 404,2017.

[19] Li,H. ,Wu,J. ,Qi,X. ,He,Q. ,Liusman,C. ,Lu,G. ,Zhou,X. ,Zhang,H. ,Graphene oxide scrolls on hydrophobic substrates fabricated by molecular combing and their application in gas sensing. *Small* ,9,382 – 386,2013.

[20] Zhou,W. ,Liu,J. ,Chen,T. ,Tan,K. S. ,Jia,X. ,Luo,Z. ,Cong,C. ,Yang,H. ,Li,C. M. ,Yu,T. ,Fabrication of Co_3O_4 – reduced graphene oxide scrolls for high – performance supercapacitor electrodes. *Phys. Chem. Chem. Phys.* ,13,14462 – 14465,2011.

[21] Zheng,Q. ,Shi,L. ,Ma,P. – C. ,Xue,Q. ,Li,J. ,Tang,Z. ,Yang,J. ,Structure control of ultra – large graphene oxide sheets by the Langmuir – Blodgett method. *RSC Adv.* ,3,4680 – 4691,2013.

[22] Xie,X. ,Ju,L. ,Feng,X. ,Sun,Y. ,Zhou,R. ,Liu,K. ,Fan,S. ,Li,Q. ,Jiang,K. ,Controlled fabrication of high – quality carbon nanoscrolls from monolayer graphene. *Nano Lett.* ,9,2565 – 2570,2009.

[23] Xu,Z. ,Zheng,B. ,Chen,J. ,Gao,C. ,Highly efficient synthesis of neat graphene nanoscrolls from graphene oxide by well – controlled lyophilization. *Chem. Mater.* ,26,6811 – 6818,2014.

[24] Gao,Y. ,Chen,X. ,Xu,H. ,Zou,Y. ,Gu,R. ,Xu,M. ,Jen,A. K. Y. ,Chen,H. ,Highly – efficient fabrication of nanoscrolls from functionalized graphene oxide by Langmuir – Blodgett method. *Carbon* ,48,4475 – 4482,2010.

[25] Savoskin,M. V. ,Mochalin,V. N. ,Yaroshenko,A. P. ,Lazareva,N. I. ,Konstantinova,T. E. ,Barsukov,I. V. ,Prokofiev,I. G. ,Carbon nanoscrolls produced from acceptor – type graphite intercalation compounds. *Carbon* ,45,2797 – 2800,2007.

[26] Sharifi,T. ,Gracia – Espino,E. ,Reza Barzegar,H. ,Jia,X. ,Nitze,F. ,Hu,G. ,Nordblad,P. ,Tai,C. – W. ,Wågberg,T. ,Formation of nitrogen – doped graphene nanoscrolls by adsorption of magnetic γ – Fe_2O_3 nanoparticles. *Nat. Commun.* ,4,2319,2013.

[27] Rani,J. R. ,Oh,S. – I. ,Woo,J. M. ,Tarwal,N. L. ,Kim,H. – W. ,Mun,B. S. ,Lee,S. ,Kim,K. – J. ,Jang,J. – H. ,Graphene oxide – phosphor hybrid nanoscrolls with high luminescent quantum yield: Synthesis,structural,and x – ray absorption studies. *ACS Appl. Mater. Interfaces* ,7,5693 – 5700,2015.

[28] Baskey,M. and Saha,S. K. ,A graphite – like zero gap semiconductor with an interlayer separation of 2. 8 Å. *Adv. Mater.* ,24,1589 – 1593,2012.

[29] Dikin,D. A. ,Stankovich,S. ,Zimney,E. J. ,Piner,R. D. ,Dommett,G. H. B. ,Evmenenko,G. ,Nguyen,S. T. ,Ruoff,R. S. ,Preparation and characterization of graphene oxide paper. *Nature* ,448,457,2007.

[30] Eda,G. ,Lin,Y. – Y. ,Mattevi,C. ,Yamaguchi,H. ,Chen,H. – A. ,Chen,I. S. ,Chen,C. – W. ,Chhowalla,M. ,Blue photoluminescence from chemically derived graphene oxide. *Adv. Mater.* ,22,505 – 509,2010.

[31] Mei,Q. ,Zhang,K. ,Guan,G. ,Liu,B. ,Wang,S. ,Zhang,Z. ,Highly efficient photoluminescent graphene oxide with tunable surface properties. *Chem. Commun.* ,46,7319 – 7321,2010.

[32] Loh,K. P. ,Bao,Q. ,Eda,G. ,Chhowalla,M. ,Graphene oxide as a chemically tunable platform for optical applications. *Nat. Chem.* ,2,1015,2010.

[33] Chien, C.-T., Li, S.-S., Lai, W.-J., Yeh, Y.-C., Chen, H.-A., Chen, I. S., Chen, L.-C., Chen, K.-H., Nemoto, T., Isoda, S., Chen, M., Fujita, T., Eda, G., Yamaguchi, H., Chhowalla, M., Chen, C.-W., Tunable photoluminescence from graphene oxide. *Angew. Chem. Int. Ed.*, 51, 6662–6666, 2012.

[34] Graf, D., Molitor, F., Ensslin, K., Stampfer, C., Jungen, A., Hierold, C., Wirtz, L., Spatially resolved Raman spectroscopy of single- and few-layer graphene. *Nano Lett.*, 7, 238–242, 2007.

[35] Ferrari, A. C. and Robertson, J., Interpretation of Raman spectra of disordered and amorphous carbon. *Phys. Rev. B*, 61, 14095–14107, 2000.

[36] Dresselhaus, M. S., Dresselhaus, G., Saito, R., Jorio, A., Raman spectroscopy of carbon nanotubes. *Phys. Rep.*, 409, 47–99, 2005.

[37] Rao, R., Podila, R., Tsuchikawa, R., Katoch, J., Tishler, D., Rao, A. M., Ishigami, M., Effects of layer stacking on the combination Raman modes in graphene. *ACS Nano*, 5, 1594–1599, 2011.

[38] Cong, C., Yu, T., Saito, R., Dresselhaus, G. F., Dresselhaus, M. S., Second-order overtone and combination Raman modes of graphene layers in the range of 1690–2150 cm^{-1}. *ACS Nano*, 5, 1600–1605, 2011.

[39] Pan, D., Zhang, J., Li, Z., Wu, M., Hydrothermal route for cutting graphene sheets into blueluminescent graphene quantum dots. *Adv. Mater.*, 22, 734–738, 2010.

[40] Gan, Z. X., Xiong, S. J., Wu, X. L., He, C. Y., Shen, J. C., Chu, P. K., Mn^{2+}-bonded reduced grapheme oxide with strong radiative recombination in broad visible range caused by resonant energy transfer. *Nano Lett.*, 11, 3951–3956, 2011.

[41] Zhang, Y., Pan, Q., Chai, G., Liang, M., Dong, G., Zhang, Q., Qiu, J., Synthesis and luminescence mechanism of multicolor-emitting g-C_3N_4 nanopowders by low temperature thermal condensation of melamine. *Sci. Rep.*, 3, 1943, 2013.

[42] Chen, Y., Zhang, B., Liu, G., Zhuang, X., Kang, E.-T., Graphene and its derivatives: Switching ON and OFF. *Chem. Soc. Rev.*, 41, 4688–4707, 2012.

[43] Sawa, A., Resistive switching in transition metal oxides. *Mater. Today*, 11, 28–36, 2008.

[44] Lin, W.-P., Liu, S.-J., Gong, T., Zhao, Q., Huang, W., Polymer-based resistive memory materials and devices. *Adv. Mater.*, 26, 570–606, 2014.

[45] Lu, W. and Lieber, C. M., Nanoelectronics from the bottom up. *Nat. Mater.*, 6, 841, 2007.

[46] Yang, Y. and Lu, W., Nanoscale resistive switching devices: Mechanisms and modeling. *Nanoscale*, 5, 10076–10092, 2013.

[47] Zhuge, F., Hu, B., He, C., Zhou, X., Liu, Z., Li, R.-W., Mechanism of nonvolatile resistive switching in graphene oxide thin films. *Carbon*, 49, 3796–3802, 2011.

[48] Khurana, G., Misra, P., Katiyar, R. S., Forming free resistive switching in graphene oxide thin film for thermally stable nonvolatile memory applications. *J. Appl. Phys.*, 114, 124508, 2013.

[49] Jo, H., Ko, J., Lim, J. A., Chang, H. J., Kim, Y. S., Organic nonvolatile resistive switching memory based on molecularly entrapped fullerene derivative within a diblock copolymer nanostructure. *Macromol. Rapid Commun.*, 34, 355–361, 2013.

[50] Cava, C. E., Persson, C., Zarbin, A. J. G., Roman, L. S., Resistive switching in iron-oxide-filled carbon nanotubes. *Nanoscale*, 6, 378–384, 2014.

[51] Choi, H., Pyun, M., Kim, T. W., Hasan, M., Dong, R., Lee, J., Park, J. B., Yoon, J., Seong, D., Lee, T., Hwang, H., Nanoscale resistive switching of a copper-carbon-mixed layer for nonvolatile memory applications. *IEEE Electron Device Lett.*, 30, 302–304, 2009.

[52] Shumkin, G. N., Zipoli, F., Popov, A. M., Curioni, A., Multiscale quantum simulation of resistance switc-

hing in amorphous carbon. *Procedia Comput. Sci.*,9,641-650,2012.

[53] Pradhan,S. K.,Xiao,B.,Mishra,S.,Killam,A.,Pradhan,A. K.,Resistive switching behavior of reduced graphene oxide memory cells for low power nonvolatile device application. *Sci. Rep.*,6,26763,2016.

[54] Chengbin,P.,Enrique,M.,Marco,A. V.,Na,X.,Xu,J.,Xiaoming,X.,Tianru,W.,Fei,H.,Yuanyuan,S.,Mario,L.,Model for multi-filamentary conduction in graphene/hexagonalboron-nitride/graphene based resistive switching devices. *2D Mater.*,4,025099,2017.

[55] Kim,S. K.,Kim,J. Y.,Choi,S.-Y.,Lee,J. Y.,Jeong,H. Y.,Direct observation of conducting nanofilaments in graphene-oxide-resistive switching memory. *Adv. Funct. Mater.*,25,6710-6715,2015.

[56] Schniepp,H. C.,Li,J.-L.,McAllister,M. J.,Sai,H.,Herrera-Alonso,M.,Adamson,D. H.,Prud'homme,R. K.,Car,R.,Saville,D. A.,Aksay,I. A.,Functionalized single graphene sheets derived from splitting graphite oxide. *J. Phys. Chem. B*,110,8535-8539,2006.

[57] Robinson,J. T.,Zalalutdinov,M.,Baldwin,J. W.,Snow,E. S.,Wei,Z.,Sheehan,P.,Houston,B. H.,Wafer-scale reduced graphene oxide films for nanomechanical devices. *Nano Lett.*,8,3441-3445,2008.

[58] Cote,L. J.,Kim,F.,Huang,J.,Langmuir-Blodgett assembly of graphite oxide single layers. *J. Am. Chem. Soc.*,131,1043-1049,2009.

[59] Huang,C.-H.,Chang,W.-C.,Huang,J.-S.,Lin,S.-M.,Chueh,Y.-L.,Resistive switching of Sn-doped In_2O_3/HfO_2 core-shell nanowire: Geometry architecture engineering for nonvolatile memory. *Nanoscale*,9,6920-6928,2017.

[60] Choi,J.,Le,Q. V.,Hong,K.,Moon,C. W.,Han,J. S.,Kwon,K. C.,Cha,P.-R.,Kwon,Y.,Kim,S. Y.,Jang,H. W.,Enhanced endurance organolead halide perovskite resistive switching memories operable under an extremely low bending radius. *ACS Appl. Mater. Interfaces*,9,30764-30771,2017.

[61] Ling,H.,Yi,M.,Nagai,M.,Xie,L.,Wang,L.,Hu,B.,Huang,W.,Controllable organic resistive switching achieved by one-step integration of cone-shaped contact. *Adv. Mater.*,29,1701333,2017.

[62] Jeong,H. Y.,Kim,J. Y.,Kim,J. W.,Hwang,J. O.,Kim,J.-E.,Lee,J. Y.,Yoon,T. H.,Cho,B. J.,Kim,S. O.,Ruoff,R. S.,Choi,S.-Y.,Graphene oxide thin films for flexible nonvolatile memory applications. *Nano Lett.*,10,4381-4386,2010.

[63] Jilani,S. M.,Gamot,T. D.,Banerji,P.,Chakraborty,S.,Studies on resistive switching characteristics of aluminum/graphene oxide/semiconductor nonvolatile memory cells. *Carbon*,64,187-196,2013.

[64] Lee,D. W. and Seo,J. W.,sp^2/sp^3 carbon ratio in graphite oxide with different preparation times. *J. Phys. Chem. C*,115,2705-2708,2011.

[65] Singh,M.,Yadav,A.,Kumar,S.,Agarwal,P.,Annealing induced electrical conduction and band gap variation in thermally reduced graphene oxide films with different sp^2/sp^3 fraction. *Appl. Surf. Sci.*,326,236-242,2015.

[66] Kyzas,G.,Travlou,N.,Kalogirou,O.,Deliyanni,E.,Magnetic graphene oxide: Effect of preparation route on reactive black 5 adsorption. *Materials*,6,1360,2013.

[67] Rani,J. R.,Oh,S.-I.,Woo,J. M.,Jang,J.-H.,Low voltage resistive memory devices based on graphene oxide-iron oxide hybrid. *Carbon*,94,362-368,2015.

[68] He,C. L.,Zhuge,F.,Zhou,X. F.,Li,M.,Zhou,G. C.,Liu,Y. W.,Wang,J. Z.,Chen,B.,Su,W. J.,Liu,Z. P.,Wu,Y. H.,Cui,P.,Li,R.-W.,Nonvolatile resistive switching in graphene oxide thin films. *Appl. Phys. Lett.*,95,232101,2009.

[69] Verwey,E. J. W. and Haayman,P. W.,Electronic conductivity and transition point of magnetite ("Fe_3O_4"). *Physica*,8,979-987,1941.

第10章 铜-石墨烯复合材料的制备与性能

Vladimir G. Konakov[1,2], Ivan Yu. Archakov[2,3], Olga Yu. Kurapova[1,2]

[1] 俄罗斯圣彼得堡国立大学
[2] 俄罗斯彼得大帝圣彼得堡理工大学
[3] 俄罗斯,俄罗斯科学院机械工程问题研究所

摘 要 本章综述了块状和箔状铜-石墨烯(Cu-Gr)复合材料制备的最新进展。在石墨烯中加入铜,使得铜基体性能显著增强,而材料导电性却未损失。讨论了制备铜基复合材料最有效的方法。根据复合材料的应用目标,指出了各种技术的优点和局限性。综述了金属-石墨烯复合材料的实验数据和理论预测。重点介绍了电化学沉积法制备纳米双晶铜-石墨烯复合箔,这是一种很有前景的增强材料。从石墨烯添加物的制备方法、类型和浓度等方面考虑了铜-石墨烯复合材料的力学性能和导热性能。本章讨论了铜-石墨烯复合材料中导电性能和增强的机理。

关键词 石墨烯,铜基体复合材料,增强,力学性能,复合材料制造,大块复合材料,箔复合材料

10.1 引言

铜是一种著名的金属材料,由于其具有很高的导电性能和导热性能以及较低的膨胀系数被广泛应用。纯铜应用于电子、力学、土木工程、汽车行业等领域[1-3]。但由于铜硬度低、塑性高,其应用受到限制。此外,氧化铜在较高的温度下生成,这极大地降低了材料的力学性能。近年来需要能在较大温度范围内具有高强度和高导性的材料。因此,如何在不损失导电性能的情况下改善铜的力学性能,是现代材料科学的一大挑战。

通过加入少量石墨烯,铜基复合材料可以达到导电性和力学性能所需的平衡[4-6]。石墨烯(Gr)是一种二维材料,其导电性能与纯铜具有相同数量级[7]。石墨烯的载流子迁移率为 $2 \times 10^5 cm^2/(V \cdot s)$ [8]。同时,其导热性能也高于铜的导热性能,即 $5000J/(m \cdot K \cdot s)$ [9-10]。此外,石墨烯具有优良的力学性能,其硬度为110~120GPa,抗拉强度约为125GPa,弹性模量约1100GPa[11]。对于软铜基体而言,石墨烯是一种很有前景的强化添加物。值得注意的是,列出的导电性能和力学性能的数据与单层石墨烯相当。实际上,根据目标复合材料所需性能,可以将具有不同层数、结构和缺陷的各种石墨烯衍生物(即双层石墨烯、少层石墨烯、氧化石墨烯、还原氧化石墨烯、纳米石墨烯(graphene nanoplatelet,GNP)等)引入铜基

体中[12]。因此,对于材料中引入的实际石墨烯衍生物,应使用上面列出的单层石墨烯数据。实践证明,在铜中加入一定数量的石墨烯能增强金属基体,同时还可以保持导电性[12-15]。

近年来,人们已经开发出多种合成铜-石墨烯(Cu-Gr)复合材料的方法。本书提及了适用于制备铜-石墨烯复合材料的各种方法,如粉末冶金、微波烧结、热压、放电等离子烧结、冷压、热等静压等。近年来,采用电化学沉积法、化学气相沉积法(chemical vapor deposition,CVD)和分子级混合法(molecularlevelmixing,MLM)制备了铜-石墨烯薄膜。铜-石墨烯复合材料的性能主要依赖于制备方法以及作为掺杂物的石墨烯衍生物的浓度、形态和微观结构。每种方法都有其优点和局限性,这取决于复合材料的目标应用。这里应提到铜-石墨烯复合材料存在的一般问题:金属基体中石墨烯很难均匀分布、石墨烯与铜等大多数金属基体的结合程度很低以及块状铜基体复合材料完全致密化等。本书综述了铜-石墨烯复合材料制备的最新进展。相关人员研究了铜-石墨烯材料的制备方法、石墨烯添加物的种类和浓度等方面。这里重点讨论电化学沉积技术,这是一种制备增强材料的很有前景的技术。本书讨论了所建议的导电性能和强化机理。

10.2 粉末冶金技术

粉末冶金(powder metallurgy,PM)技术是一种常用的方法,这种方法便于制备块状金属基体复合材料(metal-matrix composite,MMc)。在现代材料科学中,这种方法通常用于大批量(低成本)镍石墨烯和铝石墨烯复合材料的开发[1]。该方法包括粉末混合步骤,即在球磨机中预制石墨烯-金属粉末混合物,并与化学惰性球(例如由碳化钨制成)连续研磨。在制备工艺过程中会引入晶格畸变、位错等大量的缺陷,因此增强了相互扩散,降低了活化能。当粉末对空气有反应(如纳米镍粉)时,在氩或氮气气氛下进行球磨。通过优化处理条件,即研磨时间、研磨速率(r/min)和反转次数,实现了石墨烯添加物在混合物中的均匀性。高能研磨和行星球磨机的研磨被认为是PM技术最有效的变化。这导致了混合物的机械活化,并提供了更高的均匀化水平。与其他MMc一样,利用PM技术也可以得到铜-石墨烯复合材料。铜和石墨烯混合物球磨过程的示意图如图10.1所示。

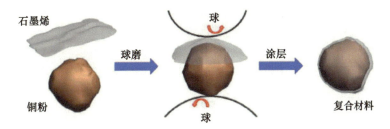

图10.1 球磨法制备铜-石墨烯复合材料的示意图(经文献[1]授权重载)

如图10.1所示,在球磨过程中形成了石墨烯涂层的铜粉颗粒表面[1]。石墨烯层的厚度取决于铜粉粒子与石墨烯片的比面积的比例。当这两个值接近时,可以在每个粒子表面形成单层的石墨烯。因此,应根据初始铜粉分散性,选择石墨烯的最佳添加量。本书总结了关于使用PM技术制备铜-石墨烯复合材料的文献资料,在商用微尺寸铜粉中加入质量分数为1%~3%的石墨烯,可观察到符合材料的力学性能、导电性能和导热性能达到最大[1,12,15-17]。值得注意的是,铜是一种比镍更加柔软的材料,其柔软度接近于铝。事实上,铜的硬度约是46HV[18]。镍和铝的硬度约为80HV和60HV[18]。根据参考数据,为了恰当混合铜-石墨烯,需要较高的研磨速率(1400~1700r/min)[19]。与由氧化铝层包裹的铝颗粒相比,在研磨过程中铜粒子的团聚不可避免[19-20]。由于铜具有较高的延展性,在研磨过程中可能发生动态恢复,在球的冲击下,首先通过塑性变形力对铜粉粒子进行挤压,然后进行冷焊接,从而形成了表面粗糙的大粒子[19-20]。因此,在球磨工艺后,铜粉变得粗大(团聚),形状不规则。需要注意,石墨烯与铜基体的结合力很低。显然使用PM方法再进行常规的压实和烧结步骤,会使制备的铜-石墨烯复合材料不可避免地产生孔隙率,即降低了复合材料的力学性能和电学性能。实际上,球磨和冷压压实法得到的铜-石墨烯复合材料的典型孔隙率高于10%~12%[16,21]。使用超细和纳米尺寸的铜粉可以增加金属和石墨烯粒子之间的接触面,但密集的纳米尺寸的氧化铜使这种方法变得复杂。因此,与冶金和电沉积铜相比,复合材料的导电性能和导热性能会有所下降。另外,对铜表面进行改性,为石墨烯结合在铜表面引入活性位点,或采用先进的烧结方法(热压、放电等离子烧结),有望开发具有增强力学、热学和电学性能的块状铜-石墨烯复合材料。我们需要考虑最有效的技术。

10.2.1 热压技术

由于铜和碳填充物的附着力增强,采用PM和热压技术[15]显著增强了铜-石墨烯复合材料的性能。与纯铜相比,铜-石墨烯复合材料的屈服强度和弹性模量有显著的提高[19]。许多研究人员认为,复合材料性能显著增强是由于石墨烯在铜基体中的均匀分散和整体微观结构的细化(即增强致密参数和铜晶粒细化)。事实上,在高加热速率(约50℃/min)和高的压力(即40~60MPa)下进行热压可快速烧结预压实粉末[19]。由于铜的高塑性,这种方法减少了压实步骤在试样坯料中产生的孔隙(空隙)。热压后可达到96.4%~99.6%的相对密度。此外,烧结时间短可以保持石墨烯填充物在球磨阶段的均匀分布[19]。石墨烯含量适中的复合材料中存在铜晶粒细化现象。这是因为二维石墨烯微片与铜晶粒表面之间形成了连续的相间边界。由于石墨烯具有负热膨胀系数(thermal expansion coefficient,CTE)[22],因此铜晶粒受到较大的压缩应力,从而限制了其在初始加热阶段的生长。与碳纳米管-金属复合材料相似[23],研究人员认为石墨烯-铜复合材料的晶粒细化是由于纳米石墨烯片对晶界的阻隔作用,这可能会导致GNP位点上位错运动受阻。因此,晶界位错的团聚消除了再结晶晶粒在制备工艺过程中的生长。这无疑有助于提高铜基复合材料的强度。

影响铜-石墨烯材料力学性能的另一个重要因素是石墨烯纳米微片(graphene nano-platelet,GNP)的厚度。最近研究人员研究了球磨粉末制成的热压复合材料(加入质量分数为1%~2% GNP),结果表明,加入厚度为2~4nm的石墨烯的复合材料与加入厚度为10~20nm的石墨烯的复合材料相比,其硬度提高约50%,电阻率降低约30%[12]。在加入少层GNP的情况下,得到了更为均匀的复合材料微观组织。例如相关人员发现在铜基体中加入典型厚度为3.5nm的8%(体积分数)GNP后,复合材料的屈服强度和弹性模量分别提高到114GPa和37%。相关人员发现,使用热压固结法在600℃的温度下施加30MPa压力

(图 10.2),然后在不同温度下进行退火,得到质量分数为 0.5% 少层石墨烯和质量分数为 0.5% 石墨的铜基复合材料,结果它们在性能上有更明显的差异[15]。将石墨烯作为强化添加剂可以使铜的平均晶粒尺寸降低 1.5 倍。铜 – 石墨烯复合材料中的铜晶粒通常小于 10μm,而铜 – 石墨复合材料中超过 25% 的晶粒的特征为 10μm 以上(图 10.2(a)和(b))。维氏硬度(Vickers hardness,HV)与温度的关系如图 10.2(c)所示。可以看出,在 450℃ 温度下,碳的加入导致 HV 升高 40% ~ 50%。在纯铜和两种复合材料中都发现了类似的趋势。铜 – 石墨烯复合材料的硬度略高于铜 – 石墨材料。两种复合材料的这种差异估计为 5% ~ 7%。但是,含碳复合材料在较高温度(450 ~ 600℃)下的硬度行为有很大的差异。铜 – 石墨烯复合材料的维氏硬度降低约 15%,铜 – 石墨复合材料硬度降低近 2 倍。需要注意,硬度测试在中性气氛(氩)下进行,因此上述效果不是由于任何形式的氧化。位于晶界的二维石墨烯在高温下很可能可以防止晶界失效。与上述讨论的低温(< 250℃)的机理相似:由于 CTE 为负值,因此位于晶界的石墨烯阻碍了材料的膨胀。

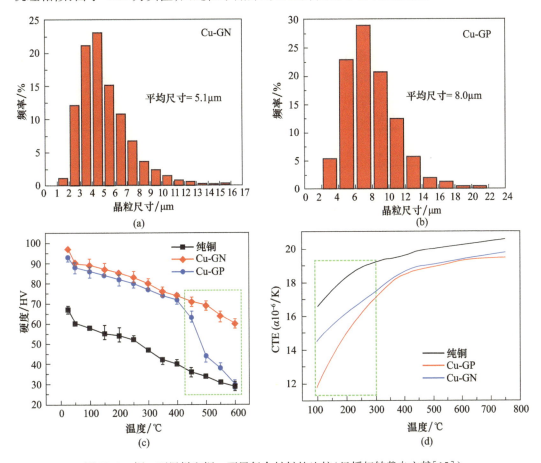

图 10.2　铜 – 石墨烯和铜 – 石墨复合材料的比较(经授权转载自文献[15])

石墨烯掺杂铜基复合材料和石墨掺杂铜基复合材料的导电性能数据也存在差异。石墨烯加入后,复合材料的导电性比纯退火铜略有下降,大约为 0.95IACS(国际退火铜标准,20℃ 时为 100% IACS = 5.8001 × 10^7 S/m)。此外,石墨的加入导致复合材料的导电性能下降 25%,为 0.75IACS。

10.2.2 微波加热

随着热压法的发展,微波加热成为一种快速的烧结技术,可以用于各种材料的固结。微波烧结的主要优点是能快速加热,从而产生微观结构的细化[24-26]。即使加热速率很高,也能保留材料的均匀性。微波加热的烧结时间较短,类似于热压法。在微波加热过程中,电磁波作用下发生反应可以加热复合材料。此外,烧结中活化能的降低促进了晶界的扩散[24-25]。应承认微波烧结可以提高材料的密度,减小基体晶粒尺寸[27]。

表 10.1 所列为通过微波烧结法(2.45GHz,10kW,加热速度为 20℃/min,在 95% N_2 – 5% H_2 中以 900℃制备 1h,在加热炉中冷却 1h)和常规加热法(管式炉,加热速度为 5℃/min,在 95% N_2 – 5% H_2 中加热 1h,在加热炉中冷却 1h)的铜石墨烯复合材料的孔隙率数据。需要注意的是,使用含典型线性尺寸小于 42.5μm 球形粒子的粗粒铜粉和厚度在 50~100nm 的石墨烯纳米微片制造体积分数为 0.9%、1.8%、2.7% 和 3.6% 石墨烯的粉末混合物。

如表 10.1 所列,微波加热可以提高复合材料的致密化程度。微波和常规加热制备的纯铜和铜–石墨烯复合材料的孔隙率差异在 20% 左右。添加石墨烯也会影响样品的孔隙率。添加最小含量的石墨烯(体积分数为 0.9%)会导致材料孔隙率降低。石墨烯含量的增加导致复合材料孔隙率的增加。在添加体积分数为 2%~2.5% 石墨烯时,复合材料的孔隙度等于块状纯铜的孔隙率。石墨烯含量越高,复合材料的孔隙率就越大。

表 10.1 粉末冶金法制备的铜–石墨烯复合材料与同一方法制备的参考样品的性能比较[27]

初始粉末混合物中的石墨烯含量/%(体积分数)	标准样品–纯铜	0.9	1.6	2.7	3.6
孔隙率/%					
常规加热	14	12	12.6	15	15.6
微波加热	11	8	10	11	12
典型晶粒尺寸/μm					
常规加热	50.3	47.7	44.9	53.1	46.2
微波加热	43.9	42.8	42.3	48.4	40
导电性能/% IACS					
常规加热	89	92	91	88	84
微波加热	92	94	92	89	86

微波合成法得到的铜–石墨烯复合材料的导电性能值(表 10.1)与热压法得到的铜石墨烯复合材料的导电性能值基本一致[15]。事实上,少量添加石墨烯会使复合材料的导电性能略有下降:微波烧结复合材料的导电性能为 92%~94%,热压烧结复合材料的导电性能为 95%。石墨烯含量的进一步增加导致复合材料的导电性能下降 15%。

维氏硬度的结果如图 10.3 所示[27]。从图中可以看出,加入石墨烯会使材料的维氏硬度增加近 2 倍,即微波热处理会使复合材料的硬度有额外的提高。需要注意随着复合材料的硬度得到增加摩擦系数明显下降(通过不同的测量系统得出摩擦系数从 0.5~0.6 下降到 0.22~0.27),而销盘磨损实验机记录的磨损率下降很多(超过 20 倍)。在这里石墨烯起到固体润滑剂的作用,可以减少复合材料的磨损。显然,这些结果显示这些复合材料非常有应用前景。

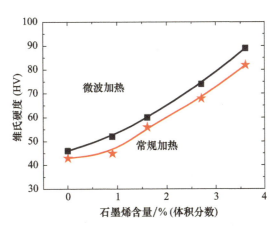

图 10.3　粉末冶金法合成样品的维氏硬度(经授权转载自文献[27])

10.2.3　放电等离子体烧结

放电等离子体烧结(spark plasma sintering,SPS)是制备块状铜－石墨烯复合材料最有前途的技术之一[28]。使用这种方法在电流的作用下进行粉末混合物的固化。复合材料的性能取决于烧结过程中的电流特性、温度和压力。SPS 的主要优点是可以短时间烧结各种粉末。该方法另一个特别重要的特点是,电流穿过球磨粉末不会引起剧烈的晶粒生长和团聚。图 10.4 所示为 SPS 烧结球磨粉得到的铜－石墨烯复合材料的微观结构(烧结温度 950℃,加热速率 100℃/min,保持时间 10min,压力 50MPa)。以 1~5nm 厚度的商用石墨烯粉末作为粗粒铜基体的填充物。

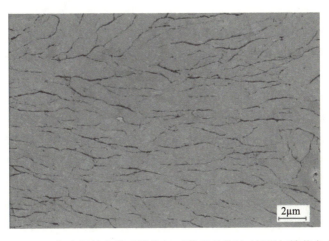

图 10.4　97Cu－3Gr 复合材料的微观结构(%(体积分数))(经授权转载自文献[28])

如图 10.4 所示,经过 SPS 后,石墨烯添加剂在复合材料晶界分布均匀。需要注意,SPS 技术得到的整个微观结构不同于由其他烧结技术得到的结构。复合材料的晶界厚度随石墨烯含量的增加而显著增加。例如,当复合材料的石墨烯增加到体积分数为 3% 时,晶界厚度小于 15nm[28]。当石墨烯含量增加到体积分数为 10% 时,晶界最大厚度达到几百纳米。未在分离区观察到石墨烯团聚的现象。

通过 SPS 烧结的复合材料具有材料密度高的特点(理论密度大于 93%)。这可能是在烧结过程中施加的压力升高,使单个石墨烯薄片和粉末颗粒更加紧密结合,即消除了它们之间的空隙。另一个原因可能是 SPS 过程中孔隙出现拱形结构,从而强化了烧结过程。当复合材料中石墨烯含量增加时,相对密度减小。

与纯铜相比,即使在铜基体中加入少量石墨烯也能显著提高复合材料的硬度(97%(体积分数)铜-3%(体积分数)石墨烯复合材料的硬度为 88.5HV,纯铜为 44.6HV)。当复合材料中石墨烯含量增加到体积分数为 10% 时,硬度降低,这是由于复合材料中孔隙数量增加。石墨烯的加入影响了铜-石墨烯复合材料的耐磨性。在摩擦接触过程中,石墨烯起到固体润滑剂的作用,使复合材料和钢球的磨损降到最低。随着石墨烯在复合材料中的浓度超过体积分数为 5%,钢球的磨损减小;这些结果与 Ayyappadas 等[27]报告的数据一致。

通过 SPS 方法(650℃和 60MPa 下制备工艺 5min,加入 1%(质量分数)高质量石墨烯(high-quality graphene,HQG))获得的铜-石墨烯复合材料的导电性能比同一工艺生产的纯铜样品的导电性能高 8%[1]。在铜基体中加入 5%(质量分数)的 HQG,复合材料的导电性能与纯铜一样。较高浓度 HQG 进一步降低了复合材料的导电性。这很可能是由于球磨过程中的碳添加剂过多和不均匀混合所致。对于 SPS 制备的铜还原氧化石墨烯复合材料,其导电性能也提高了 0.3%。铜-高质量石墨烯复合材料(0.5%(质量分数)的 HQG 样品)的维氏硬度比纯铜的维氏硬度提高了 13%。W. Li 等[1]的著作中提出了提高 Cu-HQG 复合材料导性的相关因素:①HQG 的电子迁移率高于 Hummer 改善方法产生的普通还原氧化石墨烯的迁移率;②铜基体中 HQG 的互连导电网络的形成。也就是说,由于系统不能在块状复合材料中构造导电网络结构,HQG 含量较低的复合材料的导电性能降低。当复合材料中 HQC 含量过高时,微观结构中形成大量孔洞(孔隙),并增加了载体的散射,导致导电性能下降。

我们总结以上讨论内容发现,采用 PM 技术,或结合新的烧结方法,使制备性能增强的全密度铜-石墨烯复合材料变得更加复杂,这是由于铜-石墨烯低键合所致。需要特别注意 Cu-C 界面对复合材料的热学和电学性能有特殊影响。事实上,尽管石墨烯具有优异的热学性能,但由于没有键合,很难达到复合材料的热流密度[29-30]。在其他 3d 过渡金属中,铜对碳的亲和力最低,它不形成任何碳化物相。与钴和镍相比,铜具有很低的碳溶解度(在 1084℃时溶解碳的质量分数为 0.001%~0.008%)[31-32]。由于铜具有最稳定的电子结构和填充的 d-电子壳层,因此碳的反应性较低。因此,需要使用替代方法在复合材料中提供足够的铜-石墨烯键合。新的合成技术如电化学沉积、化学沉积、分子级混合(molecular-level mixing,MLM)、化学气相沉积等能在碳添加剂(石墨烯)和铜之间提供必要的化学键合。让我们更详细地讨论这些技术的原理,以及所合成的铜-石墨烯复合材料的微观结构和性能。

10.3 电化学沉积

电化学沉积是一种广泛用于铜箔(带)生产的技术,该技术制备的细节可以在许多手册和专利中找到(如文献[33])。一般来说,这一制备过程可以如下。作为铜离子来源的铜阳极被放置在充满电解质的电解槽中(硫酸铜广泛用于这一任务)。一些用于铜箔(薄膜)沉积的基底(例如不锈钢)被用作阴极。然后施加外电场,使得铜离子 Cu^{2+} 迁移到阴极;其发生放电行为,形成金属层。同时,阳极中的铜取代了沉积在阴极上的金属,保持了电中性。显然,这个描述是用广义形式来进行描述(图 10.5);真实机制(金属离子水合、电流竞争下的对流/扩散/迁移、离子脱水和中和、电子转移等)以及技术应用(沉积体系、pH 值控制的必要性等)要更加复杂。

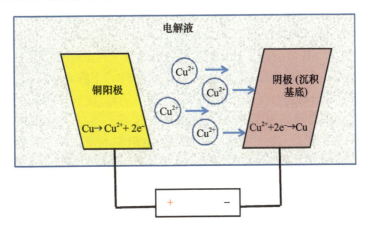

图 10.5　在电解槽生产铜膜的通用示意图

通过电化学沉积法制备铜,其力学性能及其电学和导热性能与冶金铜的典型性能非常接近,这是该技术无可争辩的优点。该技术的另一个优点是相对简单和便宜。另外,该技术的主要局限性是铜填充物的厚度取决于沉积时间;通常为几十微米。

本节讨论了电化学沉积法在铜 - 石墨烯薄膜生产中的应用。

10.3.1　直流电方式沉积

KasichainulaJagannadham[34] 的一篇论文记载了在铜箔上沉积的铜和铜石墨烯复合材料的合成和研究。作者通过文献[4,35],认为加入石墨会降低铜的导电性能。石墨烯具有比铜更高的导热性能和接近于铜的导电性能,因此其有望提供复合材料所需的导电性能和导热性能。

采用薄铜箔(135mm 厚,2 片 1cm×5cm 的薄片由 1mmϕ 的铜线连接)作为电化学沉积的基底;用 50% 硝酸和 50% 硫酸混合物对该基底进行初步的抛光和化学清洗。采用(3cm×5cm、厚 1mm)铜板作为电解槽的阳极。因此,这里阳极与阴极的表面比率是 1.5。为了制备纯铜沉积的电解液,将工业级硫酸铜溶解在浓度可达 0.2mol/L 的蒸馏水中,用磁力搅拌器进行稳定电解液搅拌,保持所需的浓度值。

采用低电流密度约 $1.75A/cm^2$ 的直流方式进行铜的沉积。获得的铜薄膜沉积速率较低(2~3μm/h),提供了较高的薄膜质量:晶粒尺寸较大的光滑薄膜。

用相同的沉积方法将铜 - 石墨烯箔沉积在相似的电解槽中,唯一的区别是电解液。在硫酸盐溶液中加入氧化石墨烯悬浮液作为电解液中的石墨烯源。悬浮液的制备如下(另见文献[36])。第一步,在沸腾的酸混合物($HNO_3 + H_2SO_4$)中加入氧化微晶石墨。相关人员认为石墨粉末颜色变为棕色表明了氧化完成。用酸清洗氧化石墨,然后用蒸馏水清洗,并过滤。

在制备的第二步,制备了石墨氧化物悬浮液。将从第一步中获得的粉末放入蒸馏水中,经超声波处理混合和剥离。需要注意这种声波处理的持续时间非常长:为了使材料混合和石墨剥离恰当,需要几天的时间。将悬浮液过滤后干燥(150℃下进行数小时);所得粉末与异丙醇混合,并通过超声波处理数小时。作者根据文献[37-38],认为这种方法是一种剥离石墨氧化物的有效途径,并能将其转化为"剥离氧化石墨烯"。

采用上述工艺制备的氧化石墨烯悬浮液可以作为电解液中的石墨烯源,将其添加到硫电解液中用于铜-石墨烯箔沉积。最终混合物的 pH 值保持在约 6(用硫酸控制这一水平)。研究表明,这种 pH 值会由于氧化石墨烯颗粒高疏水性而降低氧化石墨烯团聚。

在氢气流动中通过热处理样品(20Torr(1Torr=133Pa)下在 400℃下制备 H_2 3h)对生长的铜-石墨烯复合材料进行了氧化石墨烯-石墨烯还原,加热和冷却速度较慢,目的是消除可能的裂纹。预计在高温下,氧化石墨烯将还原为石墨烯,形成 CuO 和 Cu_2O 氧化物,并且由于氢与氧的反应,进一步还原为纯铜。电阻率测量证实了石墨烯完全氧化还原:在制备前 3h,薄膜电阻率降低了约 15%,而进一步在氢气中热处理不影响这一特性。

在铜基底的两侧沉积了铜-石墨烯箔,并将所得结果与参考样品——在类似基底上沉积的纯铜箔——进行了比较。我们将更详细地讨论样品检验的结果。首先,要提到 XRD 分析的结果。在氢气氛中还原之前,对样品进行了氧化石墨烯氧化反射检测,但没有发现引起碳同素异形体的峰值。高温氢处理可忽略不计氧化石墨烯反射强度,证明了氧化石墨烯的还原。然而,任何碳同素异形体的典型峰值仍然受到该方法的灵敏度极限的影响。SEM 和光学显微镜观察结果表明,铜基体中含有铜和一些添加剂。连续暗区被视为杂质,而分离区的典型晶粒尺寸达 10μm,这是因为剥离的石墨烯或残留的氧化石墨烯片。二次电子分析也显示了双晶铜的存在,这些区域具有相似的典型线性尺寸:从 5~10μm。图 10.6[34] 展示了上述技术制备的铜-石墨烯复合材料的典型 SEM 图像。图 10.6(a)中的连续暗区被归因于受到污染;箭头所指的区域为分离区域,被视为石墨烯微片。图 10.6(b)显示了在二次电子模式下拍摄的图像;箭头标记的区域被认为是双晶铜。

(a)   (b)

图 10.6 铜-石墨烯复合材料的典型 SEM 图像
(a)背散射电子;(b)二级电子(经授权转载自文献[34])。

研究人员对沉积复合材料中石墨烯体积分量进行了估算。结果表明,复合材料中石墨烯的含量为 0.08~0.11(体积分数)。在相同条件下沉积的样品所得到的这些值存在差异,这是由于石墨烯在 50h 和 60h 制备中的电解质损耗。

相关人员还对铜-石墨烯复合材料的电阻率进行了分析。结果表明:含石墨烯的复合材料的电阻率$(1.87~2.03)\pm 0.003 m\Omega \cdot cm$ 与纯沉积铜参考样品$(1.97~2.05)\pm 0.005 m\Omega \cdot cm$ 的测定值相当。与商用铜箔相比,铜-石墨烯和参考纯铜样品的电阻率均提高了约 20%。此外,上述数据还涉及复合材料/基体样品,与基体分离的复合材料薄膜的测量值一般在 $2.0~2.2 m\Omega \cdot cm$ 范围内。本工作的作者认为电阻率的增加是因为材料在沉积过程中受到污染。电阻温度系数也表现出类似的行为:铜基底复合材料的电阻温度系数为 $(3.03~3.57)\times 10^{-3}/K$,参考样品为 $(3.61~3.76)\times 10^{-3}/K$(在铜基底上沉积的纯铜),商用铜箔为 $4.04\times 10^{-3}/K$,测量值得实验误差小于 0.003。

K. Jagannadham[39]特别研究了上述方法制备的铜-石墨烯复合材料的导热性能。在这里应该提到关于样品特性的一些重要问题。高温处理前的 XRD 射线衍射图谱显示,在 $\theta = 11.8°$ 时,出现氧化石墨烯反射,而在 $\theta = 26.5°$ 时,并未发现碳同素异形体的典型反射峰。由此得出结论,样品中的碳都以石墨烯的形式存在。由于高温氢处理后只有 $\theta = 26.5°$ 射线衍射,因此假定样品中的氧化石墨烯含量低于 XRD 敏感极限(质量分数约 5%);此外,样品中的碳仍然表现为石墨烯。然而,EDS 分析表明材料中存在一些氧,这可能是由于残余氧化石墨烯或羟基(见文献[40]的理论计算)。他们还特别讨论了复合材料中 Gr 含量;文献[34]通过导电性能和导热性能的理论计算证实了石墨烯含量为 8%~11%(体积分数)。然而,金相数据提供了一个更高的数值,石墨烯含量为 19%~25%(体积分数)。

文献[34]的结果表明,铜-石墨烯复合材料的导电性能略低于冶金铜,并与电沉积铜的导电性能相当。然而,导热性能行为不同于上述趋势(表 10.2)。从图表中可以看出:在 250~350K 的温度范围内,冶金铜和电沉积铜的导热性能相似;随着温度的升高,导热性能有所下降。不同于导电性能,铜-石墨烯复合材料的导热性能比纯铜高;差异十分明显:其导热性能由在 250K 时的 25% 下降到 350K 时的 17%。

表 10.2 铜-石墨烯复合材料与冶金铜和电沉积铜的导热性能比较(数据来自文献[39])

样品	不同温度下(±10K 误差)的热导率/(W/(m·K))		
	250K	300K	350K
冶金铜	420	390	380
电沉积铜	400	380	370
铜-石墨烯复合材料	510	460	440

文献[41]的作者在沉积过程中使用氧化石墨烯作为石墨烯的来源;通过用 Hummer 法从石墨粉末中制备了氧化石墨烯。制备了硫酸铜和硫酸水溶液(分别为 250g/L 和 130g/L),并测定了 0.2g/L、0.5g/L 和 0.8g/L 氧化石墨烯的含量。为了避免氧化石墨烯的团聚和沉淀,在电解液中加入聚丙烯酸(PAA5000),表面活性剂用量为 $50\times N\times 10^{-6}$,其中 N 为氧化石墨烯浓度(g/L)。制备双电极电沉积电解槽,分别由纯铜(6cm×10cm)制成阳极和钛(3cm×10cm)制成阴极,额外采用气泡搅拌电解液防止氧化石墨烯团聚/沉淀。研究了电解液温度(25℃、40℃、55℃)和电流密度(0.5A/dm²、10A/dm²、20A/dm²)的

影响,用所有沉积方法制成的典型薄膜厚度约为 20μm。

沉积后从钛基体中分离出沉积膜。结果表明,内膜表面即接触基底的表面非常光滑,而外膜表面粗糙。在分析 XPS 和拉曼分析结果的基础上,作者提出氧化石墨烯到石墨烯的部分转换是电化学沉积的结果。最佳沉积条件是在室温下氧化石墨烯含量为 0.5g/L,电流密度为 10~20A/dm^2。本书报道了样品的力学性能:硬度为 2.7~4.0GPa,弹性模量为 136~192GPa,拉伸强度为 353~452MPa(不含 60℃浴电解液温度的数据)。

10.3.2 脉冲电沉积制备铜-石墨烯复合材料

文献[42]尝试应用电化学沉积法生产铜-石墨烯薄膜。相关人员测试了相关的一些环节。常规电解质广泛用于纯铜膜沉积(硫酸铜和硫酸),其与纯石墨烯混合制备"复合材料电解质",即含有石墨烯的电解质。作者讨论了纯石墨烯代替氧化石墨烯/还原氧化石墨烯的应用,并提出了这种方法具有以下优点。首先,氧化石墨烯还原过程不可能完全消除最终复合材料中羟基;其含量不能低于 6%(体积分数)(见文献[40]的理论计算)。其次,氢环境下高温处理的复合材料在许多电子应用中效果都不理想,例如在微机电系统(micro-electro-mechanical system,MEMS)中的生产。因此,在电解液中加入通过 CVD 制成的粉末形式的纯石墨烯,测试了电解质中的石墨烯含量(0.5mg/L、2mg/L、5mg/L、50mg/L、100mg/L 和 300mg/L)。为了在长期沉积过程中保持电解质中的石墨烯水平,在电解质中分别添加了聚合物表面活性剂聚乙烯基吡咯烷酮、十二烷基硫酸钠和聚丙烯酸(PVP、SDS 和 PAA3000)。

在直流电(direct current,DC)和脉冲方法下进行电化学沉积。阴极和阳极均由铜制成;将 3cm × 3cm 的厚为 135μm 的铜板进行抛光作为阳极,铜箔为阴极。在不同的电沉积电池结构条件下进行了实验:在水平电池中,阴极放置在阳极下面(例如,离子沿着重力场线运动)和垂直电池(垂直于重力场方向运动)。在 1h 的沉积过程中,电流密度保持在 10mA/cm^2,平均沉积速率约为 10μm/h。为了阐明在复合基体中加入石墨烯的可能性,对含 2mg/L 石墨烯电解液进行了更长时间的沉积过程(20h)。这里进行的沉积过程是在稳定电解质搅拌下使用磁性搅拌器。

采用脉冲法从电解液中制备高石墨烯含量(50mg/L 以上)的铜-石墨烯复合材料。由于在这些条件下的 DC 沉积使复合表面非常粗糙(在这个表面观察到了大量的凸起),预计脉冲法将改善表面质量。测试了以下电流参数:运行时间为 0.1ms,休息时间为 0.9ms,电流密度为 2mA/cm^2。在脉冲法实验中采用超声搅拌保持电解液中石墨烯的含量不变。

分析文献[42]报告的结果,可以得出以下重要结论。首先,使用表面活性剂提高复合材料石墨烯分布均匀性的尝试失败了。对于 6h 长时间沉积的结果,可以得出结论,即从含 PVP、SDS 和 PAA3000 表面活性剂的电解液和没有任何表面活性剂的电解液中沉积的薄膜质量没有明显的差别。沉积时间从 2~5h 逐渐增加导致均匀性降低;无表面活性剂电解液和含 PVP 电解液提供了较好质量的复合材料。在制备持续时间大于 5h 的情况下,样品表现出明显的不均匀性。因此,作者认为表面活性剂的使用对石墨烯在电解液/最终复合材料中的分布没有益处。

作者的第二个重要发现是,DC 法中所描述的电池结构和沉积参数不能有效促进铜-石墨烯复合材料的生产。事实上,拉曼分析表明石墨烯峰值的出现是由于外沿沉积(>20h);

较短的沉积过程导致石墨烯的峰值强度低于该方法的灵敏度极限。增加电解液中石墨烯含量导致了显著的表面粗化(形成凸起)。脉冲法带来了更好的结果:使用高含量石墨烯电解质成为可能;得到的样品具有光滑和明亮表面的特征;石墨烯加入到复合材料的金属基体中就足以衍射与纯石墨烯相同的拉曼光谱(图10.7)。

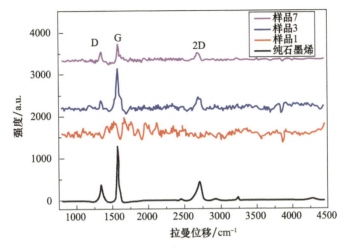

图 10.7 在文献[42]中,通过脉冲法合成的铜－石墨烯样品的拉曼光谱;
样品7(上图)的光谱与纯石墨烯(下图)相似(经授权转载自文献[42])

分析文献[42]中的结果,作者推荐了一个最佳的沉积方法(见文献[43])。这种脉冲法有以下参数:电流密度为 $10mA/cm^2$;运行和休息时间分别为 0.2ms 和 0.4ms;在电解液中加入 300mg/L 石墨烯含量,以此制备样品。测试了磁搅拌和超声搅拌;结果表明,超声搅拌制备的复合材料有较好表面质量。特别是在超声应用时,复合材料的表面粗糙度降低了 150 倍以上($0.054\mu m$ 对 $9.5\mu m$)。SEM 表征表明,在铜基体中加入石墨烯片的平均线性尺寸(可估计为 $2\sim5\mu m$)比铜晶粒的平均线性尺寸高 5~15 倍。这里应该提到拉曼光谱的具体形式(图 10.8)。

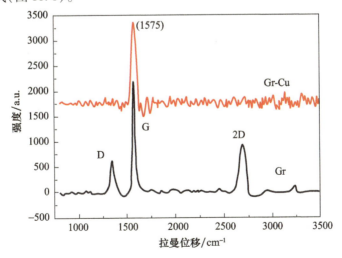

图 10.8 文献[43]中脉冲电沉积法生产的铜－石墨烯样品的
拉曼光谱与纯石墨烯的比较(经授权转载自文献[43])

从图中可以看出,在铜-石墨烯薄膜中,D 和 2D 峰值强度可以忽略不计。由于 CVD 法产生的石墨烯初始缺陷程度较低,并且由于沉积过程的特殊性,当石墨烯掺入复合材料时导致缺陷程度较低,因此缺乏 D 峰值。2D 峰值的缺失是由于多层石墨烯薄片的存在。另外,研究人员指出 2D 峰值是 D 峰值的谐波;因此消除初始 D 峰值也应该消除 2D 峰值。当然,这些结果需要进一步讨论。

所制备样品的导电性能和导热性能测试显示出了很好的结果。与文献[34]的结果相比,铜-石墨烯复合材料的电阻率要高于纯电沉积铜(分别为 1.66×10^{-8} W·m 和 1.78×10^{-8} W·m)的电阻率;且与文献[34]中冶金铜箔电阻率结果相当接近。导热性能也有相同的相关性:铜-石墨烯复合材料的导热性能比纯电积铜高 5%(分别为 300.5W/(m·K)和 286.5W/(m·K))。然而,据报道,冶金铜箔的导热性能要高得多,为 400W/(m·K)。

研究人员在拉伸模式下采用动态机械分析仪对复合材料的力学性能进行测试。结果表明,石墨烯的加入显著提高了材料的力学性能:弹性模量提高约 15%,屈服强度提高约 40%,断裂应力提高约 17%。当然,这些改善存在的缺点是材料延伸率的降低。力学实验结果的总结见表 10.3。

表 10.3 铜-石墨烯复合材料提高的力学性能对比电沉积纯铜的力学性能(数据来自文献[43])

样品	性能(平均值,预估不确定值小于或等于3%)			
	弹性模量/GPa	屈服强度/MPa	断裂强度/MPa	伸长率/%
电沉积纯铜	70.4	174.1	319.2	14.4
相同条件下沉积的铜-石墨烯复合材料	82.5	242.2	386.7	2.0

作者在文献[44]中采用了逆脉冲电沉积法,环节如下。在硝酸基电解液中,采用电化学石墨剥离法制备了氧化石墨烯;经超声波、离心、60℃烘干处理得到氧化石墨烯微片。在 Cu_2SO_4 基电解液中,在电解槽里制备铜-氧化石墨烯复合材料;用硫酸将 pH 调节至 1。为了避免沉积过程中氧化石墨烯的团聚和沉淀,对几种表面活性剂进行了测试。研究表明,十二烷基硫酸钠(sodium dodecyl sulfate,SDS)和溴化十六烷基铵(cetrimonium bromide,CTAB)的使用效果不佳;而且它们的加入导致了粉末形式的氧化石墨烯沉淀。相反,聚丙烯酸(polyacrilic acid,PAA,每 0.5g/L 氧化石墨烯为 25×10^{-6})的加入显示出良好结果。在电解液中测试了 0.1~1g/L 含量的氧化石墨烯,结果表明 0.5g/L 含量的氧化石墨烯为最佳浓度。采用了铜阳极和钛阴极。在沉积第一步,在阴极上生长一层厚度为 2μm 的纯铜层,以进一步简化铜-氧化石墨烯膜与钛基底的分离。然后将氧化石墨烯置于电解液中,超声处理 3h。该过程使得氧化石墨烯在电解液中均匀分布。然而,处理时间似乎不足以提供适当的剥离水平;需要注意,在文献[34]中类似过程的持续时间是数十小时。在 $0.025A/cm^2$ 电流密度下进行了 DC 沉积。反向脉冲沉积的参数总结见表 10.4。为了获得约 30μm 厚的膜,选择了两种方法的持续时间。在 400℃ 的中性(Ar)气氛下,对沉积薄膜(纯铜和铜-氧化石墨烯)进行了 30min 热处理。

表10.4 在文献[44]中,反向脉冲沉积法参数

	电流密度/(A/cm^2)	运行时间/ms	休息时间/ms
正向脉冲	0.05~0.2	15~50	50~100
反向脉冲	0.005~0.15	1~10	1~10

合成的纯铜和铜-氧化石墨烯箔的实验数据可概括如下。通过对TEM图像的分析,得出结论,即通过剥离,氧化石墨烯可产生1~5层,具有典型的0.5~1μm线性尺寸。抛光后的铜-石墨烯表面的SEM图像显示了在复合材料基体中石墨烯分布均匀;两者的平均距离为约0.8~1.2μm。需要注意,该数值接近材料中的典型晶粒尺寸(纯铜和铜-氧化石墨烯复合材料分别为(1.3±0.3)μm和(1.2±0.4)μm),因此可以预期石墨烯沿着晶界分布;这一事实对于开发需要的材料性能非常有意义。XRD分析没有证明石墨烯/氧化石墨烯的存在;作者将其归因于总碳相含量低于该方法的灵敏度极限。得到的拉曼光谱的特点是具有相当高的D峰值强度(图10.9);作者假设这是铜晶粒石墨烯-氧化石墨烯界面应力/应变的结果;这种假设基于缺陷的形成,与D峰值增加的总体趋势有关。

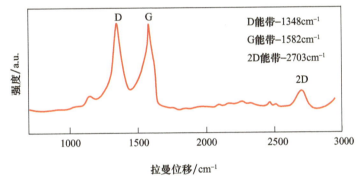

图10.9 铜-石墨烯复合材料的拉曼光谱(改编自文献[44])

需要指出,在中性(氩)气氛中退火应将氧化石墨烯还原为单个石墨烯。这里需要提及以下重要结果:在纯铜膜(最高可达10μm)的情况下,高温退火使晶粒显著生长。而在铜-石墨烯复合材料中,石墨烯在晶界的存在抑制了晶粒的生长;其典型尺寸与退火前的尺寸相似。

将纯铜薄膜的硬度和弹性模量与用DC法和脉冲法电沉积的铜-石墨烯薄膜进行了比较。为完成此项任务采用纳米压痕方法(表10.5)。从表10.5上看:退火通常会降低复合材料的硬度和弹性模量;用DC方法沉积的铜薄膜和所有含石墨烯复合材料中都表现出这一趋势。令人惊讶的是,使用脉冲法沉积的铜薄膜硬度表现出相反的变化:其硬度略增加约5%。研究发现:用沉积法制备的纯铜和Cu-氧化石墨烯薄膜在退火前结果相似;试样的硬度和弹性模量的数据基本一样。相反,通过脉冲法沉积的样品在退火后表现出更高的力学性能。

因此,石墨烯增强材料的硬度(>90%)和弹性(>3%)显著提高。

在电阻率方面,Pavithra等所获得的数据似乎比上述文献中K. Jagannadham和G. Huang所报道的数据要高一些:初始铜-氧化石墨烯-石墨烯箔和最终铜-石墨烯复合材料分别为3.4mΩ·cm和2.3mΩ·cm[36,39,42-44]。

表10.5 铜-石墨烯复合材料的力学性能与纯铜材料的比较(结果来自文献[44])

样品	沉积法	硬度	弹性模量
纯铜(退火前)	DC	1.53	115
	脉冲	1.5	117
纯铜(退火后)	DC	1.4	93
	脉冲	1.58	110
铜-石墨烯-氧化石墨烯复合材料(退火前)	DC	2.3	127
	脉冲	2.35	132
铜-石墨烯复合材料(退火后)	DC	2.0	100
	脉冲	2.12	125

文献[45]中也多次尝试用电化学沉积法制备铜-氧化石墨烯-石墨烯复合材料。根据文献[45],在电沉积过程中,以商业氧化石墨烯作为碳源;将水溶液(0.1mg/L 和 0.5mg/L)加入硫酸铜溶液中(0.005~0.5mol/L),体积比为 1:1,电解液的最终 pH 值在 4~5.5。在三电极电化学电池中(Ag/AgCl 作为参考电极,铂网格作为计数电极),用铜箔(研磨、冲洗、干燥)作为工作电极。通过对比纯氧化石墨烯和还原氧化石墨烯在复合材料中的拉曼光谱,可以观察到氧化石墨烯在沉积过程中的某些还原现象(图 10.10)。事实上,在沉积后,D 和 G 峰值强度的比值发生了显著的变化。当然,这可以认为是由于在电沉积过程中氧化石墨烯发生还原;然而,另一种观点认为,在多相材料的晶粒界面上,随着一些应力/应变/缺陷的增加,D 峰值强度增加。作者讨论了高分辨率 XPS 数据的结果,预估了其还原态(C—C 键合)的碳含量为 85%(原子分数)。表 10.6 给出了电阻率测量的结果,其与上述工作的结果有明显的不同。

AFM 分析表明,在微米尺寸区域(典型线性尺寸在 0.4~1.3μm 范围内)之间存在着相对较小的铜粒子(直径约为 80nm)。作者认为铜和还原氧化石墨烯区域都具有这些典型尺寸。

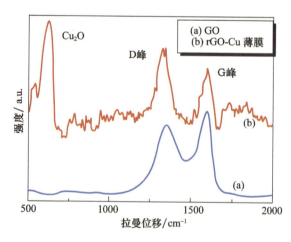

图 10.10 沉积铜-氧化石墨烯-石墨烯复合材料中,纯氧化石墨烯和还原氧化石墨烯的拉曼光谱比较(经授权转载自文献[45])

表 10.6 来自文献[45]的电阻率数据

样品	电阻率
商用铜箔	35.4 ± 1.9
电沉积铜膜	38.4 ± 1.3
电沉积铜 – 氧化石墨烯 – 石墨烯复合材料	30.15 – 34.8①

① 不同沉积条件下的数据。

10.3.3 电化学沉积制备纳米孪晶 Cu – Gr 复合材料

V. Konakov 等的论文[46-52]报道了纳米双晶铜 – 石墨烯复合材料的电化学沉积。这里介绍了这些复合材料的优点。首先,包括铜在内的纳米双晶金属表现出很高的力学性能,参见文献[53]和 L. Lu 的实验著作[54-57]。其次,在金属基体中纳米尺寸晶粒的应用增加了晶粒的边界和表面,使石墨烯能以单层片状的形式加入,消除了人造复合材料中石墨烯 – 石墨区。

这些研究的详细结果可查看文献[52]。可以简短地将研究结果描述如下。测试了 DC 法和脉冲电沉积方法;最终选择了 DC 法作为生产样品的方法。以硫酸铜($CuSO_4$)乙醇水溶液作为硫电解液(1mol/L $CuSO_4 \cdot 6H_2O$,使用 H_2SO_4 酸化至 pH 值为 1;乙醇含量 37.5mL/L);以双电极电化学沉积电池(共面电极 25mm × 20mm × 5mm,X10CrNi18 – 8,即以 SAE 级 301 不锈钢阴极和 100mm × 80mm × 5mm 铜阳极,间距 30mm)为基本实验装置。在蒸馏水中洗涤所得到的复合材料,并用乙醇干燥,之后从基底中将其去除。对多种来源的石墨烯进行了测试。众所周知,剥离石墨的微机械剥离[58]是石墨转化为石墨烯的有效途径。因此,第一个石墨烯来源于机械活化球磨进行微机械剥离,得到商用剥离石墨(Pulversette6 FRITSCH 行星球磨机,400r/min)。另一种石墨烯来源是从 Active – Nano 公司(俄罗斯)购买的石墨烯 – 石墨混合物。石墨烯来源与蒸馏水混合至悬浮状态,将此悬浮液以所需量添加到铜电解液中。

相关人员进行了一系列初步实验,揭示了实验方法的两个问题。第一个问题是在长期沉积过程中石墨烯含量保持稳定,这一问题在文献[45]中有所提及。事实上,石墨烯沉淀和团聚发生在沉积单元中。正如以前的许多著作所显示,这些过程不能通过机械或超声搅拌完全消除。最近的一些专利建议除了传统的搅拌之外,可以使用中性气体鼓泡[58]。石墨烯沉淀导致石墨烯含量与初始含量有一定的偏差,导致铜 – 石墨烯复合材料分布不均匀,而石墨烯团聚导致基底表面形成额外的生长中心。这些中心的尺寸与典型铜沉积不同。因此,复合材料金属基体的结构受到干扰,不能达到双晶的要求水平。此外,石墨烯团聚体加入到金属基体中,形成显著的碳区。文献[46-52]的作者认为使用非离子表面活性剂(多元 F127 和聚辛酸)是解决这一问题的有效方法。这些表面活性剂用来制备石墨烯悬浮液,并测试了最终电解液中的一些浓度(最终电解液中为 25×10^{-6}、50×10^{-6}、100×10^{-6})。结果表明,在有一定时间和保留期的沉积过程中,使用表面活性剂导致了石墨烯的沉淀和团聚,从而使材料达到良好水平的均匀性。此外,改变电解质组合类型和石墨烯与表面活性剂比值,可以控制金属基体中的晶粒尺寸分布和双晶水平。

第二个问题是保持复合材料金属基体中的适当纳米双晶。在文献[46]中选择的沉积条件提供了纯铜所需的纳米双晶;然而,在复合沉积的第一个步骤,额外碳生长中心的存在使得纳米双晶金属基体的生产相当复杂。因此,建议采用两步沉积法。第一步,在阴极上沉积了一层相对较薄的纳米双晶铜(在 CVD 技术中经常使用这种方法,例如用于生产 AlGaN 材料)。在这一步使用了无石墨烯的电解液。第二步,用含石墨烯的电解液进行沉积,生成所需厚度的复合材料。文献[50-52]中的结果证实了该过程应用的积极效果。

让我们更详细地讨论文献[46-52]的主要结果。

利用拉曼光谱(图 10.11)进行的研究证实了碳相以石墨烯的形式加入金属基体。

按照文献[59]的建议,可以由 G 和 2D 峰值强度(分别为 1550 cm^{-1} 和 2880 cm^{-1})的比值来估计石墨烯薄片中的层数,文献[50-52]的作者得出结论,在研究的样品中石墨烯薄片的层数为 4~6。需要注意,这个结果适用于使用分离剥落石墨和商用石墨烯-石墨混合物生产的样品。在多元 F127 表面活性剂制备的电解液中,沉积材料的一些数据表明,石墨烯和表面活性剂含量的增加可以增加所得箔中单层和双层石墨烯片的相对数量。

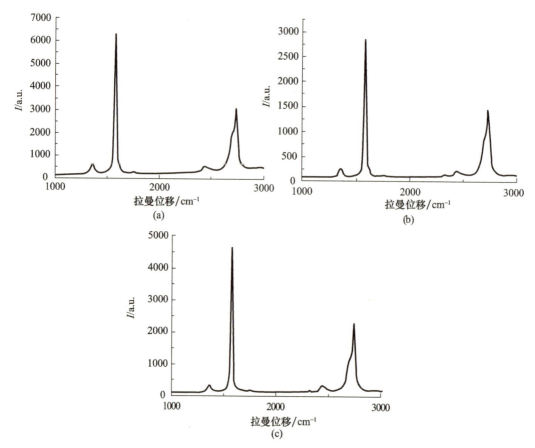

图 10.11 在文献[52]中铜-石墨烯复合材料的典型拉曼光谱(经授权转载自文献[52])

图 10.12 比较了纯纳米双晶铜和纳米双晶铜-石墨烯复合材料的电子背散射衍射数据(electron back-scattering diffraction data, EBSD)。从图中可以看出,60°偏置角处(通常被视为双晶边界型指示)纯纳米双晶铜的含量约为 50%。使用文献[46-52]提出的方

法,可以根据石墨烯-表面活性剂的比例和表面活性剂的种类来控制纳米双晶水平。通过晶粒尺寸分布分析也可以得出类似的结论[49-52]。

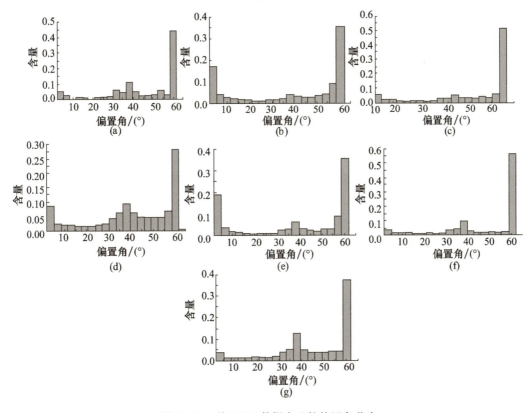

图 10.12　从 EBSD 数据中比较偏置角分布

(a)纳米双晶铜;(b)~(g)纳米双晶铜-石墨烯复合材料的研究结果(经授权转载自文献[49])。

图 10.13 给出了纳米双晶铜石墨烯复合材料力学性能的一些结果。从图中可以看出,复合材料显微硬度的结果通常与纯纳米双晶铜的结果相似[54-57]。然而,一些复合材料显示了约 3GPa 的独特的显微硬度(数据来自阴极基底附近各层)。

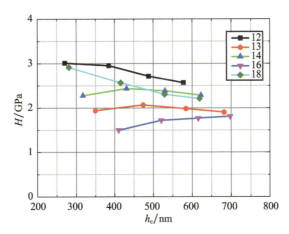

图 10.13　纳米双晶铜-石墨薄膜内表面显微硬度实验结果(经授权转载自文献[52])

通过总结文献[46-52]中的研究结果可以得出结论,采用推荐的技术(使用两步沉积法沉积缓冲层,用非离子表面活性剂保持石墨烯含量的均匀性)有望提高铜-石墨烯复合材料的质量。从无石墨烯电解液中沉积了薄缓冲层,导致沉积表面上没有额外的生长中心;它有助于纳米双晶铜的生长,复合金属基质进一步促进了其生长。表面活性剂在长期沉积过程中稳定了电解液中石墨烯的浓度,表明石墨烯与表面活性剂比值的变化和表面活性剂种类为控制复合材料微观结构及其力学性能提供了可能。

10.4 电沉积

化学沉积(或化学镀)是合成金属基复合材料的通用途径[60-61]。该技术基于金属基底(铜或锌箔)与相应前驱体中金属离子(M^{m+}/M)的氧化还原电位的差异,以及石墨烯片的高导性,因为还原电子来自金属基底,通常是在没有外部还原剂的情况下进行合成。图10.14为化学沉积法制备金属-石墨烯复合材料的示意图。

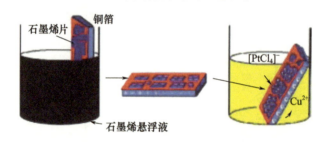

图 10.14　通过化学沉积制备粉末示意图(经授权转载自文献[60])

首先,将金属箔(铜或锌,典型尺寸 1cm×2cm)浸入含有石墨烯片的溶液中。然后,将箔慢慢地从悬浮液中取出。在氩气氛下干燥后,将含有石墨烯(基底)的箔浸入相应前驱体中(金属离子溶液,如 H_2PtCl_4、$HAuCl_4$、H_2PdCl_4、$AgNO_3$),这样在不同时间内可以得到比铜或锌更高的氧化还原电势。最后,制备了用石墨烯修饰的金属。通过用相似的方法重复石墨烯涂层和金属沉积过程,可以得到层状金属-石墨烯复合材料。所制备的金属纳米粒子具有表面清洁、比表面积大的特点。这种复合材料在化学反应中具有很好的催化性能。正如在文献[60]所述,可以通过优化实验条件来控制金属纳米粒子在石墨烯表面的尺寸和密度。在铜-石墨烯复合材料的制备中,应采用锌箔作为基底,以保证产生必要的氧化还原电势。如果使用锌箔,反应时间为 10s,则在石墨烯表面均匀地沉积了直径约为 50nm 的铜纳米粒子。氧化石墨烯不利于化学沉积,它会导致金属纳米粒子的产量降低,且其在基底表面的分布不均匀。

将该方法推广到杂化金属-石墨烯复合材料粉末的制备中。例如,在石墨烯和铜粉表面化学镀银可以增强石墨烯与铜基体的界面结合[62]。为了改善石墨烯与银的附着力,在 $SnCl_2$ 水溶液中对石墨烯表面进行改性和敏化,然后放入 $PdCl_2$ 溶液中(见图10.15中的"处理后"样品)。然后,用化学沉积方法成功地制备了镀银石墨烯和镀银铜粉[62]。采用球磨和冷压烧结工艺制备了石墨烯-铜复合材料(详见10.1节)。所得复合材料的 Brinell 硬度如图10.15所示。

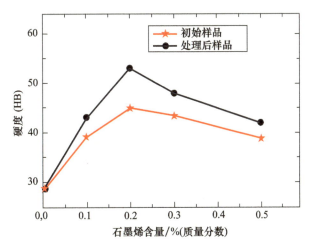

图 10.15　化学沉积法制备的铜-石墨烯复合材料的布氏硬度(改编于文献[62])

从图中可以看出,石墨烯有效地增强了铜基体性能。在石墨烯含量为 0.2%(质量分数)时,观察到复合材料的硬度达到最大值。处理过的样品的硬度更高,为 53.4HB。因此,添加镀银石墨烯和镀银铜粉可以有效地提高复合材料的性能。石墨烯含量的进一步增加导致复合材料硬度的降低。在石墨烯含量为 0.5%(质量分数)时,处理后和未处理粉末制备的复合材料的导电性能连续下降到 63%～67%IACS。但是,处理后的复合材料的电学性能要优于未采用化学沉积制备的样品。我们观察到复合材料的相对密度、抗氧化性和电弧侵蚀特性也有同样的趋势。所有性能的相关性表明,石墨烯与铜基体之间通过化学沉积而形成的界面结合更强。然而,这种复合材料的应用似乎有限,这是因为第三组分,即银很容易被空气中的氧氧化。

10.5　分子水平混合技术

分子水平混合(molecular-level mixing,MLM)方法有望在碳添加剂和铜之间提供充分的界面结合。分子水平混合过程包括在氧化石墨烯、还原氧化石墨烯、石墨烯和醋酸铜水溶液中将官能团加入碳添加剂中。这种方法提供了碳相和复合基体之间的化学结合。利用 MLM 成功地制备了 CNT、还原氧化石墨烯和石墨烯增强的铜基复合材料[12,14,63]。图 10.16 所示为还原氧化石墨烯-铜纳米复合材料粉末的制备过程示意图。首先,在去离子水中均匀混合氧化石墨烯和可溶性铜盐(通常是醋酸铜)(图 10.16,步骤(b)和(c))。在这一步,负电荷的还原氧化石墨烯表面可以吸引溶液中的 Cu^{2+}。因此,氧化石墨烯片的官能团与铜离子形成化学结合。然后,通过加入 NaOH 溶液,将氧化石墨烯和铜离子的混合物氧化为氧化石墨烯-CuO 纳米复合材料粉体。在与 Cu^{2+} 形成化学结合之前,它可以防止氧化石墨烯还原(图 10.16,步骤(d))。然而在加热时,NaOH 可能会迅速还原 Cu^{2+} 离子和氧化石墨烯。这可能会产生与化学结合相反的效果[64]。

将 H_2 与粉末混合并进行热还原时,会产生金属铜颗粒的还原氧化石墨烯片(图 10.16,步骤(e))。在最后一步,烧结复合材料粉末并致密化(图 10.16,步骤(f))。所述技术实现了石墨烯在铜基体中均匀分布。由于石墨烯-金属纳米复合材料合成过程中不存在高温或研磨,因此石墨烯薄片未出现热或机械损伤。一旦金属颗粒附着在碳填充物上,就不可能形成单独的石墨烯、还原氧化石墨烯片或碳纳米管的团聚。

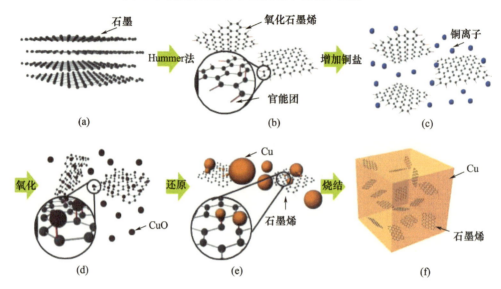

图 10.16　还原氧化石墨烯－铜纳米复合材料的制备过程示意图
(a)原始石墨;(b)用 Hummer 方法制备的氧化石墨烯;(c)在氧化石墨烯溶液中分散铜盐;(d)铜离子在氧化石墨烯上氧化为氧化铜;(e)氧化铜和石墨氧化物的还原;(f)烧结还原氧化石墨烯－铜纳米复合材料粉体(经授权转载自文献[63])

文献[63]通过 MLM 方法和放电等离子体烧结法制备不同还原氧化石墨烯含量的块状还原氧化石墨烯－Cu 纳米复合材料,图 10.17 所示为这种纳米复合材料以及纯铜的应力－应变曲线。

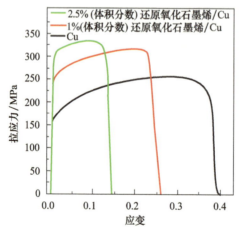

图 10.17　大块还原氧化石墨烯－Cu 纳米复合材料和纯铜的应力－应变曲线(经授权转载自文献[63])

正如我们所见,2.5%(体积分数)还原氧化石墨烯－Cu 纳米复合材料的拉伸强度(约为 335MPa)比纯铜(约为 255MPa)高 30% 左右。与大块铜相比,复合材料的弹性模量和屈服强度分别提高了约 30%(102～131GPa)和约 80%(160～284MPa)。根据文献[63],rGO 在铜基体中的高加载传递效率,即铜与氧化还原石墨烯之间的强结合,使得该复合材料料具有显著力学性能。实际上,在烧结制备的复合材料中,用双悬臂梁(double cantilever beam,DCB)实验(164J/m²)测定石墨烯与铜之间的结合能,发现其要比在铜基体上生长的石墨烯的结合能强0.72J/m²。相关人员相信分子水平混合过程的成功应用,使石墨烯之间的黏附能增强(增强200倍以上)。即使测量到的黏附能不超过铜/铜的黏附能,仅是单层石墨烯的位错阻塞和钉扎的联合作用也能解释石墨烯在铜基体中的强化作用[63,65]。MLM制备的还原氧化石墨烯-铜复合材料的导电性能和导热性能与纯铜相近[63]。在MLM过程中引入高剪切混合,提高了石墨烯薄片在混合物中的均匀化程度,使得含有2.4%(体积分数)的还原氧化石墨烯-铜复合材料的抗压强度提高到501MPa[66]。

在文献[67]中,采用MLM方法在45℃条件下通过转子-定子混合的方法,制备出具有微观结构和良好拉伸性能的石墨烯-铜复合材料。在这里,在氧化石墨烯片的表面原位生成可以发挥优良支持作用的Cu(OH)₂纳米棒,并形成了大致的平面结构。在110℃干燥脱水后,CuO纳米棒可与氧化石墨烯片形成层状结构的复合材料。范德瓦耳斯力和氢键合作用使复合材料片在混合阶段形成自组装的微层结构。此外,在还原过程中还保留了微层结构。微层还原氧化石墨烯-Cu复合材料的拉伸强度和抗压强度如图10.18所示。

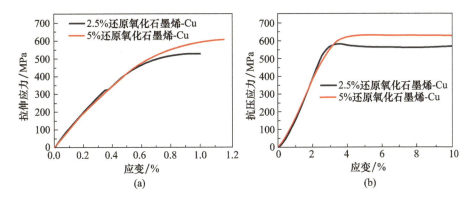

图10.18 还原氧化石墨烯-Cu复合材料的(a)抗拉强度和(b)抗压强度(经授权转载自文献[67])

从图中可以看出,2.5%(体积分数)还原氧化石墨烯-Cu和5%(体积分数)块状复合材料的极限抗拉强度分别为524MPa和608MPa,比纯铜(根据文献[63],纯铜强度255MPa)高2倍以上。在图10.18(a)中观察到弹性变形和塑性变形之间的逐渐过渡,这表明塑性变形的初始阶段会发生应变硬化。石墨烯与铜基体界面的滑移位错相互作用导致了复合材料中出现明显的应变硬化现象。具体地说,在铜基体中产生位错,其滑向石墨烯和铜基体之间的界面。增强机制的产生是由于具有较高强度和弹性模量的石墨烯有效地阻止了位错运动,但是这会导致界面处位错的积累。2.5%(体积分数)还原氧化石墨烯-Cu和5%(体积分数)还原氧化石墨烯-Cu复合材料的抗压强度分别为576MPa和630MPa。值得注意的是,在各向异性材料的同一方向上,还原氧化石墨烯-Cu复合材料的抗拉强度和抗压强度几乎相等。由于抗拉强度对宏观缺陷敏感,可以得出结论:复合材料具有均匀的层结构和较小的宏观缺陷(如裂纹和支撑)。

单层石墨烯和石墨烯衍生物(石墨烯纳米粒子、氧化石墨烯、还原氧化石墨烯等)由于结构不同,对铜基体的强化作用也不同。实际上,还原氧化石墨烯的特征是有大量的结构缺陷和其表面存在的残余基团;因此,石墨烯层的内在强度应该降低[14,68]。石墨烯纳米粒子结构显示了缺陷少、厚度较大的特点;因此其热力学稳定性高。

用改进的 MLM 方法[14]合成的石墨烯纳米粒子和还原氧化石墨烯掺杂铜基复合材料的力学性能如图 10.19 所示。

从图 10.19 可以看出,石墨烯纳米粒子-Cu 和还原氧化石墨烯-Cu 复合材料的强度有不同的增强趋势。在石墨烯纳米粒子-Cu 复合材料中,当 GNP 为 0.1%(体积分数)时,观察到局部强度达到极大值,当石墨烯纳米粒子增加到 1.0%(体积分数)时,复合材料强度降低。同时,还原氧化石墨烯-Cu 复合材料的强度随还原氧化石墨烯含量从 0.05%(体积分数)增加到 1.0%(体积分数)时逐渐增大。根据文献[14],同样含量的石墨烯纳米粒子与还原氧化石墨烯复合铜基材料存在的性能差异,可能是由于在相同含量下石墨烯纳米粒子具有较均匀的分布、较高的结构完整性和较小界面结合。随着添加物体积含量的增加,石墨烯纳米微片在复合材料中团聚。团聚导致了较高的孔隙率,从而降低了复合材料的力学性能。与石墨烯纳米粒子相比,高添加量(≥0.5%(体积分数))的还原氧化石墨烯的分散效果更好。这主要是由于其表面有许多亲水性官能团。在 MLM 制备的复合材料中,还原氧化石墨烯与铜的界面结合能和黏附能强于石墨烯纳米粒子-铜复合材料[14,63]。

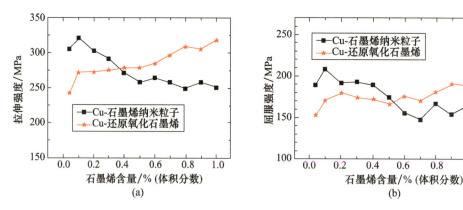

图 10.19 掺杂还原氧化石墨烯和石墨烯纳米粒子的铜基复合材料
(a)拉伸强度;(b)屈服强度。(经授权转载自文献[14])

10.6 化学气相沉积技术

CVD 是在过渡金属上制备大面积石墨烯层的可靠工艺。铜和镍是最常用的基底。M. Losurdo 等将石墨烯在不同金属上生长的实验结果与计算结果进行了比较,结果表明铜催化过程与其他金属的生长过程不同[69]。氢在石墨烯生长动力学中也起着重要的作用,由于在铜表面的位阻,降低了石墨烯在铜表面的沉积动力。由于 CVD 的生长过程大多能控制表面,因此可以很好地调节石墨烯层的厚度和缺陷。在多晶铜基底上,甚至可以使用单层石墨烯。在界面结合方面,单层石墨烯的使用对于测量石墨烯和铜之间而不是石墨烯层之间的界面结合强度也很重要[63]。

除了在基底上生长一层石墨烯外,还可以利用 CVD 技术成功地制备出具有高导热性能的增强块状铜-石墨烯复合材料,以及由铜和石墨烯交替层组成的多层铜-石墨烯复合薄膜[13,30]。使用 CVD 技术生成的石墨烯可以精确控制石墨烯层厚度,这是其他技术无法实现的。多层铜-石墨烯复合材料的制备非常接近于 CVD 合成石墨烯的原始技术[13]。如图 10.20 所示,首先使用 CVD 生长石墨烯,然后通过支持层将其转移到金属薄膜基底上。之后除去这一薄膜层,再沉积下一层金属薄膜层。在文献[13]中,使用这种方法,即重复金属沉积和石墨烯转移过程,合成了不同重复金属厚度 70nm、125nm 和 200nm 的铜-石墨烯纳米复合材料。

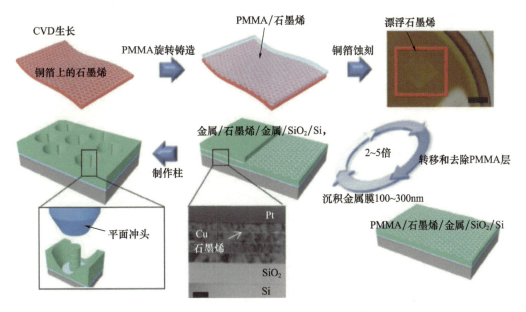

图 10.20　合成金属-石墨烯多层系统的示意图
漂浮石墨烯的比例尺为 10μm,TEM 为 200nm(经授权转载自文献[13])。

在间距为 70nm 的最小铜层中,分层结构复合材料的强度最高为 1.5GPa。这一数值是块状单晶铜(根据文献[13,70]得出值为 580MPa)的数倍。纳米层铜-石墨烯复合材料在大于 100nm 的尺度上表现出类似 Hall-Petch 状行为[70-72]。换句话说,Kim 等提出的增强机制如下:当施加临界剪切应力时,在界面上堆叠多个位错,最终通过界面传播。金属-石墨烯纳米层复合材料的关键点是在高应力状态下活化复杂滑移体系,和/或由于在石墨烯层剪切的极度困难而导致界面剪切,从而出现从自由表面逃逸的堆叠位错。用制备 100nm 厚度的铜-石墨烯多层复合材料的相同方法合成纯铜薄膜,比较两者力学性能,证实了上述机理。纯铜箔在 5% 塑性应变下的流动应力为 600MPa,而铜-石墨烯复合材料的流动应力为 1.5GPa。

铜和通过 CVD 方法(沉积在优质铜表面的石墨烯)获得的铜-石墨烯箔复合材料在低湿度和高湿度环境条件下暴露 1 个月~1.5 年,两者氧化稳定性有显著差异[32]。图 10.21 所示为石墨烯-铜复合材料在低湿度和高湿度环境中暴露后的 XPS 谱。

如图 10.21 所示,石墨烯涂层保护铜表面在长期暴露下不受氧化。纯铜金属初始样品的 XPS 光谱和石墨烯-铜复合材料的光谱非常相似。同时,在室温下暴露后的铜箔的 XPS 谱与 Cu_2O 的 XPS 谱比较接近。需要注意,在石墨烯-铜复合材料的光谱中,并未发现 Cu_2O 和 CuO(特征 c、d 和 e 的)的高能量细晶结构。因此,可以认为铜基底未被氧化。为了评价复合材料的稳定性,将文献[32]的实验结果与密度泛函理论(density functional theory,DFT)计算进行了比较。研究人员提出了一个两步模型。第一步是石墨烯的氧化,第二步是石墨烯的穿孔,除去作为二氧化碳分子一部分的碳原子。结合模拟结果与实验数据,证明在优质铜基底上生长的无缺陷石墨烯在某段时间上(1.5年)相当稳定。然而,这种界面的稳定性取决于石墨烯和基底中缺陷的数量。由于只有高质量的无缺陷石墨烯涂层才能充分保护金属基体免受氧化,因此石墨烯单层涂层不适合在工业应用中用作金属表面的防腐保护层[5]。石墨烯在大规模工业生产中不可避免地会有缺陷和杂质,这显著降低了石墨烯的保护性能。根据文献[32],在此应用中可以使用双层和多层石墨烯。

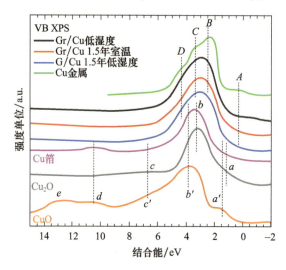

图10.21　铜-石墨烯复合材料和参考样品的XPS价带谱
暴露于周围空气的铜箔、铜金属、CuO和Cu_2O(经授权转载自文献[32])。

CVD法制备增强块状铜-石墨烯复合材料涉及压实和烧结的附加步骤。首先,通过CVD用石墨烯层覆盖铜粉。然后,混合、压缩和烧结粉末。在这里,在铜粉上的石墨烯涂层的厚度和质量,以及烧结方法的选择是制造致密复合材料的关键。在文献[30]中,研究了烧结工艺和碳添加剂种类对大块铜基复合材料导热性能的影响。研究了冷压(压力15MPa,干燥氢气中在1030℃下烧结)、热等静压(压力30MPa,温度1000℃,在氩气气氛中反应30min)、等离子体放电烧结法(压力50MPa,真空10^{-4}hPa,温度950℃,制备工艺时间15min)等工艺。采用上述SPS法合成的复合材料显示了高达99.8%的密度,这与所获得的最佳结果相当。与纯铜相比,用CVD法制备并用SPS法烧结的石墨烯涂层铜粉的导热性能更高(参见图10.22中石墨烯)。

从图10.22中可以看出,用CVD制备的石墨烯涂层粉末并经由SPS烧结得到的铜基复合材料,其导热性能比在所有研究温度范围内纯铜的导热性能高10%左右。根据文献[8,30]的理论预估,1%(体积分数)的石墨烯的导热性能比纯铜提高了10%。然而,在用CVD制备的石墨烯镀铜的复合材料中,在研究中并未显示石墨烯涂层的厚度和显微结构特征。因此,引入到铜基体中的石墨烯的含量尚未可知。通过CVD得到的石墨烯的低孔隙率的位置、高质量结构(即石墨烯涂层中缺陷的数量较少)和获得石墨烯单层的可能性,可以理解复合材料的高导热性能[30]。遗憾的是,目前很少有著作研究CVD制备的块状掺杂石墨烯铜基复合材料的导热性能或力学性能,因此比较难分析石墨烯对导热性能的影响。然而,可以假设缺陷量最低的石墨烯单层涂层在复合材料性能方面效果最好。

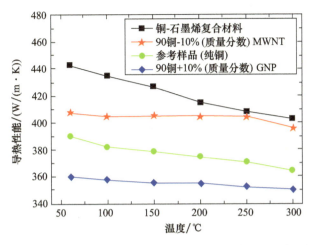

图 10.22 通过 CVD 和 SPS 获得的铜基复合材料的导热性能(改编于文献[30])
G—石墨烯添加剂;MWNT—多壁纳米管;GNP—石墨纳米粉体。

10.7 铜粉表面功能化

铜粉表面的功能化可以作为强化铜-石墨烯结合的另一种途径。防止铜氧化的一种方法是使用 2,2′-双噻吩以形成自组装单层(self-assembled monolayer,SAM)。SAM 不仅具有抗氧化作用,而且可以提供活性位,以此与还原氧化石墨烯官能团进行共价结合。最近,Hwang 等[73]提出了一种在铜粒子表面黏附 2,2-联噻吩的简单方法。首先,将铜粉浸泡在浓度为 5mol/L 的盐酸溶液中,以此去除氧化层。然后,在化学改性之前,先过滤粉末,再用丙酮和乙醇冲洗。在 2,2-双噻吩(0.25mol/L)溶液中在 50℃的氮气气氛下将铜粉连续搅拌 5 天,形成 Cu-S 化学结合。为了制备热电界面胶黏剂,通过肼以化学还原氧化石墨烯得到还原氧化石墨烯(0.1%(质量分数)),将其加入含 F-Cu(80%(质量分数))的胶黏剂中,用 3 滚筒研磨机进行碾磨。图 10.23 所示的拉曼和红外光谱证实了共价结合和官能团被成功地黏附到氧化石墨烯和还原氧化石墨烯上。

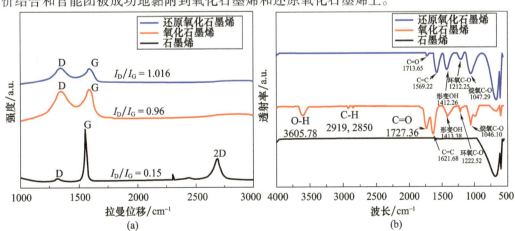

图 10.23 还原氧化石墨烯、氧化石墨烯和石墨的(a)拉曼光谱和
(b)傅里叶变换红外光谱(经授权转载自文献[73])

通过自组装单层膜,将还原氧化石墨烯黏附在铜表面(F-Cu+rGO 复合材料)上,有效防止了材料的氧化,并提高了材料的电学性能。尽管该技术具有独创性,但其作为复合铜基填充物在聚合物组合材料中的应用非常有限。

10.8 小结

尽管自铜石并用时代以及铜器时代以来,铜是最重要的金属材料之一,但是石墨烯增强金属基复合材料的发展为新型铜结构的应用开辟了广阔的前景。在块状铜-石墨烯复合材料和复合箔中,均能观察到铜基体性能的特殊强化。例如,铜-石墨烯箔复合材料的硬度值可达 4.0GPa、弹性模量可达 192GPa、抗拉强度可达 452MPa。采用 MLM 技术获得的层状铜-石墨烯复合材料的硬度约为 1.5GPa,其比纯铜箔高 3~8 倍(约 600MPa)。通过多种技术制备的复合材料的导电性能保持在 85%~95% IACS,同时还提高了力学性能。与导电性能相比,铜-石墨烯复合材料的导热性能比纯铜高 30%。在加入石墨烯衍生物后,石墨烯在铜基体晶粒边界上的均匀分散、晶粒细化、增强的致密化参数是提高力学性能和热性能的主要因素。由于石墨烯的高强度和弹性模量较高,导致界面处的位错积累,许多研究人员认为这是其强化效应的主要原因。纳米双晶铜的存在提供了额外的强化作用。对于块状铜-石墨烯复合材料,其增强效果不如箔复合材料;这是由于铜-石墨烯非常低的键合。实际上,在复合材料的热学和电学性能方面,铜-石墨烯界面起着关键的作用。

同时,对铜基复合材料的研究虽然迅速,但才刚起步,因此,有关复合材料力学性能、热学性能和电学性能的文献数据不多。有时,很难比较各文献中的结果,因为通常情况下,对个体属性进行研究要根据材料的目标应用。另一个问题是正确预估研究材料中石墨烯含量,因为体积-质量含量转换非常复杂,这是由于含石墨烯粉末的密度不同和不同类型的石墨烯衍生物(氧化石墨烯、还原氧化石墨烯、石墨烯纳米粒子、石墨烯-石墨混合物等)。显然需要更详细地了解石墨烯的最佳添加量,以确保必要的复合材料性能平衡。

如此看来至少在短期和中期,未来趋向于电化学沉积、CVD 和 MLM 等技术,这些技术在铜基复合材料中能提供足够的铜-石墨烯键合。尽管这些方法具有独创性,但一些技术,例如铜表面的化学沉积和功能化似乎在工业上的应用非常有限。通过全面研究合成技术效应和石墨烯衍生物类型对热学、电子和力学性能的影响,为铜石墨烯复合材料的高性能应用开辟了道路。

参考文献

[1] Li,W.,Li,D.,Fu,Q.,Pan,C.,Conductive enhancement of copper/graphene composites basedon high – quality graphene. *RSC Adv.*,98,80428,2015.

[2] Ibrahim,I. A.,Mohamed,F. A.,Lavernia,E. J.,Particulate reinforced metal matrix composites—Areview. *J. Mater. Sci.*,26,1137,1991.

[3] Lee,Y.,Choi,J. R.,Lee,K. J.,Stott,N. E.,Kim,D.,Large – scale synthesis of copper nanoparticles by chemically controlled reduction for applications of inkjet – printed electronics. *Nanotechnology*,41,415604,2008.

[4] Stankovich,S.,Dikin,D. A.,Dommett,G. H. B.,Kohlhaas,K. M.,Zimney,E. J.,Stach,E. A.,Piner,R. D.,Nguyen,S. T.,Ruoff,R. S.,Graphene - based composite materials. *Nature*,442,282,2006.

[5] Uddin,S. M.,Mahmud,T.,Wolf,C.,Effect of size and shape of metal particles to improve hardnessand electrical properties of carbon nanotube reinforced copper and copper alloy composites. *Compos. Sci. Technol.*,70,2253,2010.

[6] Zhang,L.,Duan,Z.,Zhu,H.,Yin,K.,Advances in synthesizing copper/graphene compositematerial. *Mater. Manuf. Processes*,32,475,2017.

[7] Geim,A. K. and Novoselov,K. S.,The rise of graphene. *Nat. Mater.*,6,183,2007.

[8] Stoller,M. D.,Park,S.,Zhu,Y.,An,J.,Ruoff,R. S.,Graphene - based ultracapacitors. *Nano Lett.*,10,3498 - 3502,2008.

[9] Balandin,A. A.,Ghosh,S.,Bao,W.,Calizo,I.,Teweldebrhan,D.,Miao,F.,Lau,C. N.,Superiorthermal conductivity of single - layer graphene. *Nano Lett.*,3,902,2008.

[10] Chang,S. W.,Nair,A. K.,Buehler,M. J.,Geometry and temperature effects of the interfacial thermalconductance in copper - and nickel - graphene nanocomposites. *J. Phys.*:*Condens. Matter*,24,245301,2012.

[11] Lee,C.,Wei,X.,Kysar,J. W.,Hone,J.,Measurement of the elastic properties and intrinsicstrength of monolayer graphene. *Science*,321,385,2008.

[12] Dutkiewicz,J.,Ozga,P.,Maziarz,W.,Pstruś,J.,Kania,B.,Bobrowski,P.,Stolarska,J.,Microstructure and properties of bulk copper matrix composites strengthened with variouskinds of graphene nanoplatelets. *Mater. Sci. Eng.*,*A*,628,124,2015.

[13] Kim,Y.,Lee,J.,Yeom,M. S.,Shin,J. W.,Kim,H.,Cui,Y.,Han,S. M.,Strengthening effect ofsingle - atomic - layer graphene in metal - graphene nanolayered composites. *Nat. Commun.*,4,2013.

[14] Zhang,D. and Zhan,Z.,Strengthening effect of graphene derivatives in copper matrix composites. *J. Alloys Compd.*,654,226,2016.

[15] Wang,X.,Li,J.,Wang,Y.,Improved high temperature strength of copper - graphene compositematerial. *Mater. Lett.*,181,309,2016.

[16] Manjunath,S.,Manjunatha,L. H.,Kumar,V.,Development and characterization of coppermetal matrix composite by powder metallurgy technique. *Int. J. Adv. Sci. Res. Eng.*,3,147,2017.

[17] Varol,T. and Canakci,A.,Microstructure,electrical conductivity and hardness of multilayergraphene/copper nanocomposites synthesized by flake powder metallurgy. *Met. Mater. Int.*,21,2015.

[18] Chawla,K. K.,*Metal Matrix Composites*,Wiley - VCH Verlag GmbH & Co. KGaA,2006.

[19] Chu,K. and Jia,C.,Enhanced strength in bulk graphene - copper composites. *Phys. Status SolidiA*,211,184,2014.

[20] Wang,L.,Choi,H.,Myoung,J. M.,Lee,W.,Mechanical alloying of multi - walled carbon nanotubesand aluminium powders for the preparation of carbon/metal composites. *Carbon*,47,3427,2009.

[21] Varol,T. and Canakci,A.,Microstructure,electrical conductivity and hardness of multilayergraphene/copper nanocomposites synthesized by flake powder metallurgy. *Met. Mater. Int.*,21,704,2015.

[22] Yoon,D.,Son,Y. W.,Cheong,H.,Negative thermal expansion coefficient of graphene measuredby Raman spectroscopy. *Nano Lett.*,11,3227,2011.

[23] Chokshi,A. H.,Rosen,A.,Karch,J.,Gleiter,H.,On the validity of the Hall - Petch relationshipin nanocrystalline materials. *Scr. Metall.*,23,1679,1989.

[24] Roy,R.,Agrawal,D.,Cheng,J.,Gedevanishvili,S.,Full sintering of powdered - metal bodies in amicrowave field. *Nature*,6737,668,1999.

[25] Cheng, Y. , Zhang, Y. , Wan, T. , Yin, Z. , Wang, J. , Mechanical properties and toughening mechanismsof graphene platelets reinforced Al_2O_3/TiC composite ceramic tool materials by microwavesintering. *Mater. Sci. Eng.* , *A* ,680 ,190 ,2017.

[26] Nawathe, S. , Wong, W. L. E. , Gupta, M. , Using microwaves to synthesize pure aluminum and metastable-Al/Cu nanocomposites with superior properties. *J. Mater. Process. Technol.* ,209 ,4890 ,2009.

[27] Ayyappadas, C. , Muthuchamy, A. , Annamalai, A. R. , Agrawal, D. K. , An investigation on theeffect of sintering mode on various properties of copper – graphene metal matrix composite. *Adv. Powder Technol.* ,28 ,1760 ,2017.

[28] Cáhmielewski, M. , Michalczewski, R. , Piekoszewski, W. , Kalbarczyk, M. , Tribological behaviorof copper – graphene composite materials. *Key Eng. Mater.* ,674 ,219 ,2016.

[29] Park, M. , Kim, B. H. , Kim, S. , Han, D. S. , Kim, G. , Lee, K. R. , Improved binding between copperand carbon nanotubes in a composite using oxygen – containing functional groups. *Carbon* ,49 ,811 ,2011.

[30] Pietrzak, K. , Gładki, A. , Frydman, K. , Wojcik – Grzybek, D. , Strojny – Nędza, A. , Wejrzanowski, T. , Copper – carbon nanoforms composites—Processing, microstructure and thermal properties. *Arch. Metall. Mater.* ,62 ,1307 ,2017.

[31] Zhang, L. , Pollak, E. , Wang, W. C. , Jiang, P. , Glans, P. A. , Zhang, Y. , Cabana, J. , Kostecki, R. , Chang, C. , Salmeron, M. , Guo, J. , Zhu, J. , Electronic structure study of ordering and interfacialinteraction in graphene/Cu composites. *Carbon* ,50 ,5316 ,2012.

[32] Boukhvalov, D. W. , Bazylewski, P. F. , Kukharenko, A. I. , Zhidkov, I. S. , Ponosov, Y. S. , Kurmaev, E. Z. , Chang, G. S. , Atomic and electronic structure of a copper/graphene interface as preparedand 1. 5 years after. *Appl. Surf. Sci.* ,426 ,1167 ,2017.

[33] Durney, L. J. , *Electroplating Engineering Handbook* ,4th edition, Van Nostrand ReinholdCompany ,1984.

[34] Jagannadham, K. , Electrical conductivity of copper – graphene composite films synthesizedby electrochemical deposition with exfoliated graphene platelets. *J. Vac. Sci. Technol.* , *B* ,30 ,03D109 ,2012.

[35] Kováčik, J. and Bielek, J. , Electrical conductivity of Cu/graphite composite material as a function nof structural characteristics. *Scr. Mater.* ,35 ,151 ,1996.

[36] Sruti, A. N. and Jagannadham, K. , Electrical conductivity of graphene composites with In andIn – Ga alloy. *J. Electron. Mater.* ,39 ,1268 ,2010.

[37] Stankovich, S. , Dikin, D. A. , Piner, R. D. , Kohlhaas, K. A. , Kleinhammes, A. , Jia, Y. , Ruoff, R. S. , Synthesis of graphene – based nanosheets via chemical reduction of exfoliated graphite oxide. *Carbon* ,45 ,1558 ,2007.

[38] Celzard, A. , Mareche, J. F. , Furdin, G. , Modelling of exfoliated graphite. *Prog. Mater. Sci.* ,50 ,93 ,2005.

[39] Jagannadham, K. , Thermal conductivity of copper – graphene composite films synthesized byelectrochemical deposition with exfoliated graphene platelets. *Metall. Mater. Trans. B* ,43 ,316 ,2012.

[40] Park, S. and Ruoff, R. S. , Chemical methods for the production of graphenes. *Nat. Nanotechnol.* ,4 ,217 ,2009.

[41] Song, G. , Yang, Y. , Fu, Q. , Pan, C. , Preparation of Cu – graphene composite thin foils via DCelectrodeposition and its optimal conditions for highest properties. *J. Electrochem. Soc.* ,164 ,D652 ,2017.

[42] Huang, G. , Cheng, P. , Wang, H. , Ding, G. , Optimizing electrodeposition process for preparingcopper – graphene composite film. *Advanced Material Engineering*：*Proceedings of the 2015International Conference on Advanced Material Engineering.* 497 ,2016. https：//doi. org/ 10. 1142/9789814696029_0058.

[43] Huang, G. , Wang, H. , Cheng, P. , Wang, H. , Sun, B. , Sun, S. , Ding, G. , Preparation and characterizationof the graphene – Cu composite film by electrodeposition process. *Microelectron. Eng.* ,157 ,7 – 12 ,2016.

[44] Pavithra, C. L. P., Sarada, B. V., Rajulapati, K. V., Rao, T. N., Sundararajan, G., A new electrochemicalapproach for the synthesis of copper – graphene nanocomposite foils with highhardness. *Sci. Rep.*, 4, 1, 4049, 2014.

[45] Xie, G., Forslund, M., Pan, J., Direct electrochemical synthesis of reduced graphene oxide(rGO)/copper composite films and their electrical/electroactive properties. *ACS Appl. Mater. Interfaces*, 6, 7444, 2014.

[46] Konakov, V. G., Kurapova, O. Yu., Novik, N. N., Golubev, S. N., Osipov, A. V., Graschenko, A. S., Zhilyaev, A. P., Sergeev, S. N., Archakov, I. Yu., Optimized approach for synthesis of nanotwinnedcopper with enhanced hardness. *Rev. Adv. Mater. Sci.*, 39.

[47] Konakov, V. G., Kurapova, O. Yu., Novik, N. N., Graschenko, A. S., Osipov, A. V., Archakov, I. Yu., Approach for electrochemical deposition of copper – graphite films. *Mater. Phys. Mech.*, 24, 61, 2015.

[48] Konakov, V. G., Kurapova, O. Yu., Novik, N. N., Golubev, S. N., Microstructure of copper – graphene-composites manufactured by electrochemical deposition using graphene suspensionsstabilized by non – ionic surfactants. *Mater. Phys. Mech.*, 24, 382, 2015.

[49] Konakov, V. G., Kurapova, O. Yu., Novik, N. N., Golubev, S. N., Zhilyaev, A. P., Sergeev, S. N., Archakov, I. Yu., Ovid'ko, I. A., Nanotwinned copper – graphene composite: Synthesis and microstructure. *Rev. Adv. Mater. Sci.*, 45, 1, 2016.

[50] Kurapova, O. Yu., Konakov, V. G., Grashchenko, A. S., Novik, N. N., Golubev, S. N., Ovid'ko, I. A., Nanotwinned copper – graphene composites with high hardness. *Rev. Adv. Mater. Sci.*, 48, 71, 2016.

[51] Kurapova, O. Yu., Konakov, V. G., Grashchenko, A. S., Novik, N. N., Golubev, S. N., Orlov, A. V., Ovid'ko, I. A., Structure and microhardness of two – layer foils of nanotwinned copper withgraphene nanoinclusions. *Mater. Phys. Mech.*, 32, 58, 2017.

[52] Konakov, V. G., Kurapova, O. Yu., Grashchenko, A. S., Golubev, S. N., Solovyeva, E. N., Archakov, I. Yu., Nanotwinned copper – graphene foils—A brief review. *Rev. Adv. Mater. Sci.*, 51, 160, 2017.

[53] Ovid'ko, I. A. and Sheinerman, A. G., Mechanical properties of nanotwinned metals: A review. *Rev. Adv. Mater. Sci.*, 44, 1, 2016.

[54] Lu, L., Shen, Y., Chen, X., Qian, L., Lu, K., Ultrahigh strength and high electrical conductivityin copper. *Science*, 304, 422, 2004.

[55] Lu, L., Chen, X., Huang, X., Lu, K., Revealing the maximum strength in nanotwinned copper. *Science*, 323, 607, 2009.

[56] You, Z. S., Lu, L., Lu, K., Temperature effect on rolling behavior of nano – twinned copper. *Scr. Mater.*, 62, 415, 2010.

[57] You, Z. S., Lu, L., Lu, K., Tensile behavior of columnar grained Cu with preferentially orientednanoscale twins. *Acta Mater.*, 59, 6927, 2011.

[58] Method for preparing nano – copper/graphene composite particles under assistance of ultrasonicwave, patent CN 103769602 A, 2014.

[59] Shakalova, V. and Kaiser, A. B., *Woodhead Publishing Series in Electronic and Optical Materials*, vol. 57, p. 401, 2014.

[60] Liu, X. W., Mao, J. J., Liu, P. D., Wei, X. W., Fabrication of metal – graphene hybrid materials byelectroless deposition. *Carbon*, 49, 477, 2011.

[61] Qu, L. and Dai, L., Substrate – enhanced electroless deposition of metal nanoparticles on carbonnanotubes. *J. Am. Chem. Soc.*, 127, 10806, 2005.

[62] Liu, H., Teng, X., Wu, W., Wu, X., Leng, J., Geng, H., Effect of graphene addition on propertiesof Cu – based composites for electrical contacts. *Mater. Res. Express*, 4, 066506, 2017.

[63] Hwang, J., Yoon, T., Jin, S. H., Lee, J., Kim, T. S., Hong, S. H., Jeon, S., Enhanced mechanical properties of graphene/copper nanocomposites using a molecular-level mixing process. *Adv. Mater.*, 25, 6724, 2013.

[64] Fan, X., Peng, W., Li, Y., Li, X., Wang, S., Zhang, G., Zhang, F., Deoxygenation of exfoliated graphite oxide under alkaline conditions: A green route to graphene preparation. *Adv. Mater.*, 20, 4490, 2008.

[65] Yoon, T., Shin, W. C., Kim, T. Y., Mun, J. H., Kim, T. S., Cho, B. J., Direct measurement of adhesion energy of monolayer graphene as-grown on copper and its application to renewable transfer process. *Nano Lett.*, 12, 1448, 2012.

[66] Wang, L., Cui, Y., Li, B., Yang, S., Li, R., Liu, Z., Fei, W., High apparent strengthening efficiency for reduced graphene oxide in copper matrix composites produced by molecule-lever mixing and high-shear mixing. *RSC Adv.*, 5, 51193, 2015.

[67] Wang, L., Yang, Z., Cui, Y., Wei, B., Xu, S., Sheng, J., Wang, M., Zhu, Yu., Fei, W., Graphene-copper composite with micro-layered grains and ultrahigh strength. *Sci. Rep.*, 7, 41896, 2017.

[68] Dreyer, D. R., Ruoff, R. S., Bielawski, C. W., From conception to realization: An historial account of graphene and some perspectives for its future. *Angew. Chem. Int. Ed.*, 49, 9336, 2010.

[69] Losurdo, M., Giangregorio, M. M., Capezzuto, P., Bruno, G., Graphene CVD growth on copper and nickel: Role of hydrogen in kinetics and structure. *Phys. Chem. Chem. Phys.*, 13, 20836, 2011.

[70] Jennings, A. T., Burek, M. J., Greer, J. R., Microstructure versus size: Mechanical properties of electroplated single crystalline Cu nanopillars. *Phys. Rev. Lett.*, 104, 135503, 2010.

[71] Misra, A., Hirth, J. P., Kung, H., Single-dislocation-based strengthening mechanisms in nanoscale metallic multilayers. *Philos. Mag. A*, 82, 2932, 2002.

[72] Misra, A., Hirth, J. P., Hoagland, R. G., Length-scale-dependent deformation mechanisms in incoherent metallic multilayered composites. *Acta Mater.*, 53, 4817, 2005.

[73] Hwang, J., Park, M., Jang, S., Choi, H., Jang, J., Yoo, Y., Jeon, M., Copper-graphene composite materials as a conductive filler for thermal and electrical interface adhesive. *J. Nanosci. Nanotechnol.*, 17, 3487, 2017.

第11章 石墨烯-金属氧化物锂离子电池负极材料

Sanjaya Brahma[1], Shao-Chieh Weng[1], Jow-Lay Huang[1,2]
[1] 中国台湾成功大学材料科学与工程系
[2] 中国台湾成功大学微纳科技中心
[3] 中国台湾成功大学分级跨维能源材料中心(Hi-GEM)

摘　要　锂离子电池(lithium ion battery, LIB)在物理/材料科学、化学/化学工程、计算化学以及工业等领域引起了广泛的关注。由于LIB具有优良的能量密度、良好的循环寿命、高工作电压、宽泛的工作温度范围等特点,其在消费电子器件和电动/混合动力汽车中具有良好的应用前景。目前使用的石墨阳极的低理论容量(372mA·h/g)限制了其在高容量器件中的应用。研究人员以前一直致力于使用金属氧化物(metal oxide, MO)克服与比容量有关的问题,但严重体积膨胀导致的低导电性能和容量衰减是未来LIB应用的主要限制。近年来,石墨烯-金属氧化物(MO)复合材料由于其协同效应而引起了研究人员的极大关注,石墨烯/还原氧化石墨烯可以作为良好的导电层,使电荷更好传输,并使MO与石墨烯/还原氧化石墨烯的含氧官能团强烈附着。虽然石墨烯具有很大的比表面积和很好的导电性能,但石墨烯片容易团聚,这减少了它的整体比表面积并降低了性能。在石墨烯/还原氧化石墨烯片上生长MO纳米粒子/纳米结构,可以防止石墨烯片的团聚,从而提高了负极材料的容量、循环稳定性和倍率性能。研究人员新提出了多孔石墨烯和MO复合材料的概念,他们为了提高负极材料的容量,也开展了一些研究。在本书的章节中,描述了合成石墨烯-MO/多孔石墨烯-MO复合材料的各种方法,以及它们的微观结构、键合振动/结合能、热研究和电化学性质,我们也将用所有现有有关石墨烯/还原氧化石墨烯-MO复合材料的数据对比我们研究的结果。在本书这一章中,首先介绍了LIB的基本原理,然后介绍使用金属氧化物和石墨烯-金属氧化物复合材料作为LIB的负极的相关情况。

关键词　锂离子电池,石墨烯,还原氧化石墨烯,拉曼研究,负极材料,电化学性能

11.1　引言

日新月异的科学技术发明促进了大量数字电子设备产品的发展,而这需要大量的能源,且这个需求会与日俱增。即使是常用的家用电子设备,如电灯泡、电扇、电视机、笔记本电脑、手机、冰箱和热水器等的日常操作也需要能源,更不用说像电动混合动力汽车/医疗设备这样的高端应用。为了产生能源满足基本需要以及应对能源的迅速消耗,人们使用了大量

化石燃料和天然气等可从天然中获得的能源资源。但这些能源排放的温室气体不断增加，也引起了全世界的关注。为了减少温室气体排放导致的全球变暖并克服能源危机，亟待从多种可再生能源中，如清洁环保的风能、太阳能等清洁环保能源中获取能源。另一种克服危机的方法是生产能量转换和存储设备，如可以通过化学能的形式储存电能的充电电池。

锂离子电池（LIB）是一种电化学能量转换和存储设备，广泛应用于能量存储系统中，它具有能量密度高、循环寿命长、工作电压高、工作温度范围广、无记忆效应、维护少、自放电低等优点[1-9]。第一款锂电池于1991年由索尼公司（日本）推出市场，预计到2024年锂电池市场额将达到770亿美元，消费电子产品市场在其中占据了大部分。由于锂离子电池广泛的应用范围，如常用的手机到高端的混合动力汽车，其已经引起了物理/材料科学、化学、化学工程和计算化学领域研究人员的极大关注。然而，市场对更高质量LIB的需求不断增加，这要求在更高的安全性、更长的寿命、更小的尺寸、更轻的重量和更低的成本方面不断创新。

在锂离子电池中，锂离子在充电中通过电解液从正极移动到负极，电子通过外部电路从正极流向负极。电池被认为没有更多的离子流动就可以充满电，然后就能使用电池。离子（电子）在放电过程中反向运动。图11.1为LIB操作的示意图。提高锂离子电池容量的关键是电极材料，相关人员在提高锂离子电池负极材料的容量和稳定性方面进行了大量的研究。最常用的正极材料是$LiCoO_2$、$LiMn_2O_4$和$LiFePO_4$（锂插层化合物）。石墨（理论容量为372mA·h/g）由于其具有高库仑效率和较好的循环容量而作为负极材料广泛应用于LIB中[10]，在基于石墨碳的负极中，石墨烯层之间每6个碳原子可以储存一个Li^+。传统的插层式石墨材料由于sp^2六边形碳结构中的锂离子存储位点有限，所以储锂能力较低[11]。低比容量由于锂离子存储位置有限而限制了锂的存储容量，从而阻碍了其在高容量器件中的应用。因此，开发大容量替代电极一直是提高LIB整体容量的当务之急。相关人员已经在关注金属氧化物、金属硫化物、金属氧化物、碳/石墨烯复合材料和比容量较大的非金属等负极材料。

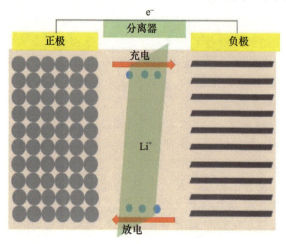

图11.1　LIB操作示意图

11.2　负极材料类型

根据锂离子存储机制的类型，负极材料可分为三种不同的类型。第一种类型为插层/脱层材料，锂离子可以在不破坏其结构的情况下，可逆地插层到材料中。这种类型的材料，如石墨和氧化钛,表现出良好的稳定性和极大的安全性。然而,在这种机制下,负极材料不能与大量的 Li^+ 反应,导致器件容量低。第二种在合金/脱合金材料中,例如硅或锡,锂离子与元素或金属发生反应,形成合金或金属间化合物。在合金反应中,其可以提供输送能力,但经常伴随着大量膨胀的粒子,导致出现应力甚至粉化问题。最后一种是在许多过渡金属氧化物中常见的转换机制。转化材料通过将 Li^+ 转化为 LiO_2 来储存锂离子。在充电过程中,转换材料被还原且锂离子被氧化为 LiO_2,然后在放电过程中,这些材料被重新氧化,放电时正极处于富锂状态。

11.3 金属氧化物用作锂离子电池负极材料

研究人员利用纳米过渡金属氧化物(transition metal oxide,TMO)[12-13]作为 LIB 中的负极材料,处理锂离子插层/脱层引起的体积变化所产生的机械应变,并抑制电极腐蚀。Poizot 等[14]首先将纳米级 TMO(M = 钴、镍、铜或铁)引入 LIB 应用中,因其具有能量密度高、理论容量高、循环寿命长、成本低、毒性低、矿产丰富等特点以及独特的转化反应[15-16]。用这些 TMO 纳米粒子制成的电极显示了 700mA·h/g 的电化学能力,高达 100 个循环的 100% 的容量保留和高充电率。锂反应机理包括通过金属纳米粒子((1±5)nm)的还原和氧化形成和分解 Li_2O。

电化学活性 TMO,如 $CuO^{[17]}$、$Co_3O_4^{[18]}$、$SnO_2^{[19,20]}$、氧化锰(manganese oxide,MnO)[21-24]和 $Fe_2O_3^{[25]}$,因具有较高的理论容量和安全性,被作为潜在负极材料而得到了广泛地开发。在这些材料中,二氧化锡(tin dioxide,SnO_2)由于理论容量(782mA·h/g)高、成本低、适用范围广、无毒等优点,被认为是下一代 LIB 的理想负极材料之一[26]。然而,由于 Li^+ 插入/脱离过程中体积变化大,导电性能差和容量迅速衰减是其在工业应用中的主要挑战[26]。采用多种合成方法制备不同形状和尺寸的 SnO_2 纳米结构,如纳米粒子、纳米棒[27]、纳米线[28]、纳米管[29]和空心结构[13,30],以便减少体积膨胀。同样地,TiO_2 是另一种负极材料,与 Li^+/Li 相比,其在较高的电压约 1.7V 下,提供较低的容量(例如,锐钛矿为 170mA·h/g),但在锂化时具有体积膨胀小、稳定性好而且缺乏镀锂等特点,这使其在许多循环中都有可能在高电流倍率下充电/放电。低电子和离子导电性能仍然有些严重的问题[31-32],人们期待 TiO_2 纳米结构可以克服这些缺点[33-35]。

氧化铁作为这些过渡金属氧化物的重要组成部分,由于其远高于其他氧化物的理论容量(约 1005mA·h/g)、矿产丰富和无毒度等优点,因此被认为是替代石墨的潜在电极材料[36-37]。然而,锂化/脱锂过程中出现导电性能差、体积变化大等现象,粉碎颗粒后,导致循环容量迅速下降,严重阻碍了其实际应用[38]。在铜基底上用简单的热板技术制备的 $\alpha-Fe_2O_3$ 纳米片[39]也被用作 LIB 的阳极,这些纳米结构具有较高的容量((680±20)mA·h/g),在 80 个循环后其容量的损失几乎可忽略不计。同样,用水热法合成的 $\alpha-Fe_2O_3$ 纳米杆(直径约为 40nm,长度约为 400nm)[40]可以作为锂离子电池的负极材料,在 0.2A/g 倍率下,显示了 908mA·h/g 的较高容量,而在 0.5C 倍率下,显示 837mA·h/g 的容量,且在 100 次循环后完全保留了这些容量。这些纳米杆为锂离子扩散提供了一条捷径,并且可以在锂化/脱锂过程中有效地调节由于体积膨胀而产生的应变。与亚微米和微米级的 $\alpha-Fe_2O_3$ 颗粒相比,$\alpha-Fe_2O_3$ 纳米棒具有更好的电容性。在环境条件下退火后,通过简单的水相合成工艺[41]制备了典型的一维核壳纳米线 Fe/Fe_2O_3,其在 200 个循环后在 500mA/g(2000mA/g)下保持了 767mA·h/g(538mA/g)以上的可逆容量,且具有 98.6% 的较高平均库仑效率。当这种杂化物用作 LIB 的负极材料时,Fe_2O_3 外壳可以作为电化学活性材料储存和释放锂离子,而其具有的高导电和非活性铁核作为导电途径和极好的缓冲器,在锂离子的插入和提取过程中,可以容忍电极材料的体积变化。采用快速两步法合成的介孔 $\alpha - Fe_2O_3$/环化聚丙烯腈(cyclized – polyacrylonitrile, C – PAN)复合材料[42]具有较高的可逆性(100 次循环后,在 0.2A/g、1A/g 和 2A/g 下,分别为 996mA·h/g、773mA·h/g、655mA·h/g)、较好的循环容量和较高的倍率容量。用碳包裹的三维树枝状 Fe_2O_3 纳米粒子[43](3DD – Fe_2O_3@C)具有良好的放电/充电容量(100 个循环后在倍率 100mA/g 下为 982mA·h/g 和 971mA·h/g)、良好的循环稳定性和倍率容量。用简单方法[44]合成 Fe_2O_3 纳米粒子(4.0nm)与 MoS_2 纳米片的纳米复合材料,将其用于锂离子电池的高容量负极材料,其具有稳定且高可逆的容量(140 个循环后,在 2A/g 高电流密度下,从 829 ~ 864mA·h/g),这主要是因为 Fe_2O_3 纳米粒子的作用,而 MoS_2 纳米片充当支架能够容纳 Fe_2O_3 在充电/放电过程中的大体积变化。

研究人员对氧化钴(cobalt oxide, Co_3O_4)纳米结构(纳米粒子、纳米带、微米球型、纳米片、纳米立方体、纳米圆盘和纳米复合材料)作为锂离子电池的负极材料进行了广泛的研究。Co_3O_4 因其理论容量高(890mA·h/g)引起了人们的广泛关注,根据电化学反应 $Co_3O_4 + 8Li^+ + 8e^- \longleftrightarrow 3Co + 4Li_2O$,其容量比石墨高 2 倍以上。然而,这种材料在循环下容量保留能力差且倍率较低,因此在实际应用中仍然面临着很大的挑战。在不同温度(450℃、550℃、650℃、750℃和 850℃)下,用普鲁士蓝钴基纳米粒子通过热分解制备 Co_3O_4 纳米粒子,其在 50mA/g 的电流密度下,经过 30 个循环后,具有 970mA·h/g 的高放电容量(样品在 550℃退火)[45]。这种高性能,如增强的结晶度和高比表面积,主要是由于晶粒尺寸、多孔结构(孔隙尺寸分布集中在 3nm 和 9nm)。对具有特性的微观结构进行详细的分析,结果表明纳米粒子的结晶度、形貌、内部结构和化学组成等优化结构对设备性能的影响大于优化尺寸的影响。Leng 等[46]合成了均匀嵌入超薄多孔石墨碳中的超细 Co_3O_4 纳米粒子,在 100 个循环后,其可逆性最高可达 1413mA·h/g(0.1A/g),且具有高倍率(在 5A/g、10A/g、15A/g 和 20A/g 下分别为 845mA·h/g、560mA·h/g、461mA·h/g 和 345mA·h/g)和最高循环性能(1000 个循环后,5A/g 下为 760mA·h/g)。以介孔硅为模板和 $Co(NO_3)_2·6H_2O$ 为前驱体,通过纳米铸造路线制备多孔 Co_3O_4 材料[47],其在 1141mA·h/g 左右达到了较高的可逆容量,这种相对较高容量是由于通过电双层电容机制在互连的介孔中存储锂。同样,采用多种工艺步骤制备了多层次 Co_3O_4 纳米结构[48],包括水热合成(95℃下制备 8h),然后进行退火(450℃下在空气中制备 2h),并在 1mol/L $NaBH_4$ 中还原。电化学分析显示,50 个循环后,在电流密度为 0.2C(1C = 890mA/g)的情况下,其显示了 1053.1mA·h/g 的高可逆容量、良好循环稳定性和良好倍率性能。同样,合成了其他 Co_3O_4 纳米结构以及含碳复合物,如微米球型(550.2mA·h/g)[49]、纳米胶囊(50 个循环后,为 1026.9mA·h/g)[50]、纳米圆盘(100 个循环后,为 1161mA·h/g)[51]、纳米微片、纳米片(500 个循环后,在 1A/g 下为 970mA·h/g)[52]、雪花状晶体(在 3000mA·h/g 下为 977mA·h/g)[53]、纳米带(60 个循环后,为 857mA·h/g)[54]、空心立方体(150 个循环后,为 1000mA·h/g)[55],其电化学性能显示了较高的电容量、较高的循环稳定性和较高的倍率性能,可以用作 LIB 的潜在负极材料。

11.4 锂离子电池负极中的石墨烯/石墨烯金属氧化物

11.4.1 石墨烯作为锂离子电池的负极材料

石墨烯是石墨的单层,作为所有石墨材料(如碳纳米管和富勒烯)的基本单元,是一种由

以 sp^2 杂化连接的碳原子堆叠成的蜂窝状晶格结构组成的二维片层,是未来的重要材料[56-60]。石墨烯是一种零间隙半导体,可以通过低成本简单化学处理合成,其具有许多杰出的性能,如极高的比表面积(约 $1500m^2/g$)、高室温电子迁移率($2.53105cm^2/(V \cdot s)$)、优异的导电性能($2000S/cm$)、97.7% 的透光率、优异的导热性能($4840 \sim 5300W/(m \cdot K)$)、高硬度、1TPa 弹性模量、化学稳定性好、无毒、重量轻、130GPa 本征强度等。这种神奇材料的卓越性能引起了学术和工业等研究领域的广泛关注,相关人员在纳米电子学(柔性电子、晶体管)、光子学(光电探测器、光调制器)、能量产生和存储设备(超级电容器、锂离子电池、太阳能电池)、气体传感器和生物应用等领域进行了广泛的研究。

Eizenberg 和其团队[61]首次观察到了单层碳在镍(111)表面的凝结,同时研究了碳杂化镍片的表面性能。通过在真空石英管中加热石墨粉末覆盖的单晶镍片,在高温下进行掺杂。在 $800 \sim 1200$℃ 条件下放置于乙烯气体中时,在 TaC(111) 表面也可获得单层石墨[62]。然而,Lu 等[63]首次引入石墨烯一词,同时研究了通过刻蚀高定向热解石墨(highly oriented pyrolyticgraphite,HOPG)而获得的剥落的石墨外层。同样,机械剥离[64]、化学气相沉积[65]、湿法合成还原氧化石墨烯[66]和溶剂热合成[67]广泛用于合成石墨烯。机械剥离和 CVD 方法产生单层或少层石墨烯可用于电子和气体传感器的应用,但大规模生产和成本是需要关注的重点问题。湿化学合成法的主要优点是可以大规模生产石墨烯,但在合成过程中产生的缺陷是其主要缺点。

关于石墨烯在 LIB 中的应用,高导电性能的协同作用可以帮助电子快速地往返活性材料插入位置,且巨大的表面与体积比可以通过高锂存储提高 LIB 的比容量($500 \sim 1100mA \cdot h/g$)[68-69]。此外,石墨烯可以充当胶黏剂,取代聚(偏二氟乙烯)作为结合聚合物材料[70-71]。

Yoo 等[72]在锂离子电池中采用石墨烯纳米片(graphene nanosheet,GNS)作为负极材料,在 20 个循环后电流密度为 $0.05A/g$ 的情况下获得了相对较高的可逆容量($540mA \cdot h/g$)和 54% 的容量保持率($290mA \cdot h/g$)。通过与碳纳米管和富勒烯(C_{60})的对比研究,发现在 20 个循环后,GNS 复合材料的容量相对较高($784mA \cdot h/g$),保留率为 77%($600mA \cdot h/g$),这比石墨高很多。增加的锂存储容量不仅与 LiC_6 化合物的形成有关,还与 GNS 的电子结构和石墨烯层 d 间距的扩大有关,这可能为容纳锂离子创造更多的空间。同样,用不同方法制备的 GNS 和掺杂 GNS[73-82]也用作 LIB 的负极材料,表 11.1 总结了 LIB 的负极制备方法、微观结构和电极性能。虽然第一个循环的容量可以达到 $1000mA \cdot h/g$ 以上,但衰减相当明显,在 $150 \sim 500$ 个周期后,最终容量可以在 $600 \sim 700mA \cdot h/g$。

尽管石墨烯具有许多优点,但其团聚仍然是阻碍其更广泛应用的主要问题。石墨烯基材料可作为不同金属(M)/金属氧化物(MO)纳米粒子各向异性生长的二维缓冲层,它不仅有效地防止了 M/MO 纳米粒子的团聚和体积膨胀,而且提高了它们的容量。由于氧化石墨烯表面存在含氧官能团,空间效应促进了氧化石墨烯在溶剂中的更好分散,从而扩大了它们的应用范围。此外,氧化石墨烯含氧官能团可以作为活性位置与过渡金属离子发生反应,形成在氧化石墨烯表面上分布均匀的过渡金属氧化物纳米结构。石墨烯 - MnO_2 和石墨烯 - SnO_2 纳米复合材料由于具有较高的理论比容量,作为锂离子电池的负极成为了研究人员最广泛的研究对象。

表 11.1 石墨烯和石墨烯-碳复合材料的物理性质和电化学锂循环数据

作者	形貌	石墨烯形貌/尺寸	合成方法	电流密度	第一个循环可逆容量/(mA·h/g)	电压范围/V	n 个循环后,保持的容量	文献
Yoo E J 等	石墨烯纳米片(GNS)	卷曲形貌,由薄皱组成,微片厚度:2~5nm,6~15层	剥离	0.05A/g	540	0.01~3.0	290mA·h/g,$n=20$	[72]
	GNS + CNT			0.05A/g	730	0.01~3.0	480mA·h/g,$n=20$	
	GNS + C60			0.05A/g	784	0.01~3.0	600mA·h/g,$n=20$	
Guo P 等	GNS	褶皱纸状,厚度:7~10nm,20~30层	氧化,热处理,超声	0.2mA/cm²	1233	0.01~3.0	502mA·h/g,$n=30$	[73]
Wang G 等	GNS	花状纳米片,2~3层	氧化,还原,回流	1C	945	0.01~3.0	460mA·h/g,$n=100$	[74]
Lian P 等	GNS	卷曲形貌,薄皱的纸结构,厚度:2.1nm(4层),比表面积:492.5m²/g	氧化,快速加热	100mA/g	2035	0.01~3.0	50mA/g 的低电流密度下,848mA·h/g,$n=20$	[75]
Wu Z S 等石墨烯,掺杂石墨烯片	石墨烯	涡卷结构		50mA/g	955	0.01~3.0	638mA·h/g,$n=30$	[76]
	N-掺杂石墨烯	二维超薄柔性结构,波纹滚轴。比表面积:290m²/g	化学剥离,在NH₃和气体混合物中热处理	50mA/g	1043A·h/g	0.01~3.0	872mA·h/g,$n=30$	
	B-掺杂石墨烯	相同形貌,比表面积:256m²/g	化学剥离,在BCl₃和Ar混合物中热处理	50mA/g	1549	0.01~3.0	1227mA·h/g,$n=30$	
Li X 等	N-掺杂石墨烯	蠕虫状外观,比表面积:599m²/g	氧化,N气氛下热处理		454	0.01~3.0	684mA·h/g,$n=501$	[77]
Hassoun J 等	石墨烯	片形貌,30~100nm	化学湿法分散	1C(170mA/g对比LiFePO₄)	在700mA/g时,约7500mA·h/g	0.01~3.0	约650mA·h/g,$n=150$	[80]
Fu C 等	N-掺杂石墨烯	波纹片状形貌	氧化形成氧化石墨烯,溶剂热法,在180℃下加热2h	100mA/g	充电(放电)容量为732.5(1245)	0.01~3.0	在0.5A/g时,332mA·h/g,$n=600$	[81]
Cheng Q 等	石墨烯状石墨(GLG)	片状(约5μm),GLG的比表面积为31.3m²/g	氧化和在不同温度下热处理		充电(放电)容量1033和(608)	0.01~3.0	90%保留率,$n=100$	[82]

11.4.2 石墨烯 – MnO_2 锂离子电池负极材料

MnO_2 和石墨烯/还原氧化石墨烯的结合策略旨在获取它们各自优势,并产生协同效应,从而提高大功率 LIB 负极材料的性能。石墨烯 – MnO_2 复合材料[83-89]作为锂离子电池的负极材料得到了广泛的应用,表 11.2 总结了这些复合材料的性能。MnO_2 纳米粒子纳米粒子、纳米片、纳米线、纳米针和纳米管都能嵌入到石墨烯层中。其中一份报告显示在 100 个循环后,初始可逆容量比较高(1215mA·h/g),保留能力强(1100mA·h/g)。然而,大多数报告显示其容量低于 1100mA·h/g,这可能是由于在锂插层/脱层过程中,石墨烯层的堆叠和大体积变化导致。虽然目前关于 MnO_2/碳纳米复合材料的报道较多,但研究人员发现这种材料的合成方法复杂、耗时长,且需要在高温(>100℃)下进行。近年来,我们用一种简单的化学方法在 83℃ 制备了 MnO_2 纳米针和 MnO_2/还原氧化石墨烯纳米复合材料,并成功地将其用作 LIB 的负极材料[90]。合成方法包括使用改性 Hummer 法制备氧化石墨烯(石墨粉氧化)和使用超声波在异丙醇(50ml)中分散氧化石墨烯(0.066g)、$MnCl_2·4H_2O$(0.27g)。通过强力搅拌,在三颈烧瓶中将混合物加热到 83℃。然后,在 5ml 去离子水(DI)中加入 0.15g 的 $KMnO_4$,并将快速将溶液加入到上述溶液混合物中。在相同的温度下将混合物回流 4.5h,然后自然冷却到室温。反复洗涤沉淀物,在 6000r/min 倍率下离心收集,最后在 55℃ 空气中干燥 24h。

表 11.2 MnO_2/石墨烯纳米复合材料的物理容量及电化学锂循环数据

作者	形貌	MnO_2 形貌/尺寸	电流密度	第一个循环可逆容量/($mA·h/g$)	电压范围/V	n 个循环后,保持的容量(循环范围)	文献
Yu A 等	石墨烯 – MnO_2 纳米管(nanotube,NT)薄膜复合材料	MnO_2 纳米管;直径:70~80nm;长度:1μm	100mA/g	686	0.01~3.0	495mA·h/g,$n=2$~40	[83]
Xing L 等	$α$ – MnO_2/石墨烯纳米复合材料	$α$ – MnO_2 纳米片	0.1C	726.5	0.01~3.0	575mA·h/g,$n=2$~20	[84]
Zhang Y 等	石墨烯/$α$ – MnO_2 纳米复合材料	$α$ – MnO_2 纳米线;直径:40~50nm;长度:5~10μm	60mA/g	约1150	0.01~3.0	998mA·h/g,$n=2$~30	[85]
Chen J 等	MnO_2 – GNRs(MG)	MnO_2 纳米杆	100mA/g	753	0.01~3.0	470mA·h/g,$n=2$~5	[86]
Kim S. J. 等	MnO_2/rGO 纳米复合材料	直径:10~30nm	123mA/g	1215	0.01~3.0	1100mA·h/g,$n=2$~100	[87]
Wen K 等	MnO_2 – 石墨烯复合材料	MnO_2 纳米粒子纳米粒子	100mA/g	746	0.01~3.0	752mA·h/g,$n=2$~65	[88]
Jiang Y 等	MnO_2 – nanorods/rGO 纳米复合材料	RGO 支撑的 MnO_2 纳米杆	1.0A/g	1945.8	0.01~3.0	1635.3mA·h/g,$n=2$~450	[89]
我们的著作	$α$ – MnO_2/rGO 纳米复合材料	$α$ – MnO_2 纳米针;直径:15~20nm;长度:450~550nm	123mA/g	855.2	0.002~3.0	660.9mA·h/g,$n=2$~50	[90]

研究人员利用X射线衍射和场发射扫描电子显微镜研究了MnO_2/还原氧化石墨烯纳米复合材料的结构/表面形貌。利用透射电子显微镜研究了样品的微观结构和相。用15℃/min的升温倍率,在氮气氛围下,从20℃升温到800℃进行了热重分析,以此测定了石墨烯和金属氧化物的含量。CR2032型纽扣电池用来测量室温下的电化学性能。用四种不同的粉末制备工作电极,如活性材料80%(质量分数)和10%(质量分数)的超级P作为导电添加剂,5%(质量分数)的LiOH和5%(质量分数)的聚丙烯酸(polyacrylic acid,PAA)作为胶黏剂。将这四个成分在去离子水中混合,形成浆料,负载在铜箔上作为集电器。制备了圆形电极,并在氩气氛围的手套箱中组装电池,以锂箔为反电极,将1.0mol/L $LiPF_6$溶液以1:1(v/v) EC/DEC稀释为电解液。采用Wonatech WBCS3000自动电池循环器进行了恒电流Li^+充电/放电分析。所有电化学测量都在0.002~3V的电位范围内进行(对比Li^+/Li)。

制备的MnO_2纳米针和MnO_2/还原氧化石墨烯纳米复合材料的XRD图谱(图11.2)与α-MnO_2(JCPDS,卡号44-0141)的标准XRD射线衍射图谱吻合良好,其结晶到纯四方相(空间群为I4/m(87))。没有观察到起始材料或杂质的其他峰值,证实可以用简单的化学方法制备α型MnO_2。

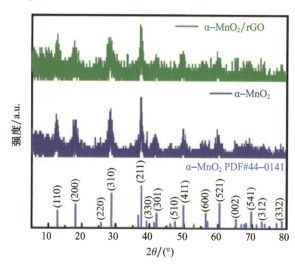

图11.2 (a)MnO_2/还原氧化石墨烯,(b)MnO_2,(c)α-MnO_2 PDF#44-0141的XRD射线衍射图

用FESEM和FETEM对MnO_2纳米针和MnO_2/还原氧化石墨烯纳米复合材料的微观结构和结晶度进行了研究。FESEM图像(图11.3(a))显示纳米针彼此相连,表现出一种团聚。在FETEM图像中观察到单个MnO_2纳米针(图11.3(b)),高分辨率图像(图11.3(c))显示出清晰的原子平面,表明这些纳米结构是高度结晶性。所制备的纳米针的典型长度和直径分别为(480±40)nm和(20±2)nm。该MnO_2/还原氧化石墨烯纳米复合材料具有纤维状形貌(图11.3(d)),复合材料中MnO_2纳米针的形状与制备MnO_2纳米针的形状相似(图11.3(a))。图11.3(d)为MnO_2/还原氧化石墨烯纳米复合材料的TEM图像,显示了还原氧化石墨烯和连接到还原氧化石墨烯片上的MnO纳米针之间的明显区别。每个MnO_2纳米针都是单晶,MnO_2纳米针均匀分布在还原氧化石墨烯片表面(图11.3(e))。还原氧化石墨烯片的大小估计为3~4 μm^2。还原氧化石墨烯的SAED模式如图11.3(f)所示,这证实了还原氧化石墨烯的结晶度。d间距2.39Å和6.79Å对应于(211)和(110)平面[90],这与标准XRD射线衍射图得到的平面间距(2.395Å和6.919Å)相吻合。

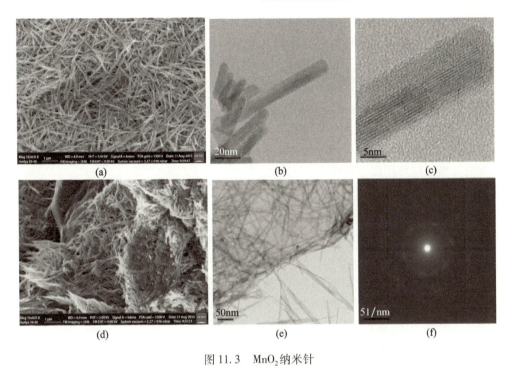

图 11.3 MnO$_2$ 纳米针

(a)FESEM 图像;(b)FETEM 图像;(c)高分辨率 TEM 图像:
石墨烯－MnO$_2$ 纳米复合材料;(d)FESEM 图像;(e)FETEM 图像;(f)石墨烯的 SAED 图形。

在氮气气氛(从室温到 800℃)下进行了热分析,确定了复合材料中碳和金属氧化物的比例。图 11.4 显示 MnO$_2$(黑色曲线)和石墨烯－MnO$_2$ 复合材料(红色曲线)的质量损失,红色曲线分别表明了水分子的损失(从室温到 180℃),氧化石墨烯在 210～460℃ 内热分解生成一氧化碳(carbon monoxide, CO)或二氧化碳(carbon dioxide, CO$_2$),及氧气的损失(460～580℃)。在 600℃ 后,石墨烯的重量损失可以忽略不计,最终 MnO$_2$ 和氧化石墨烯的比值可预估为 7∶3。

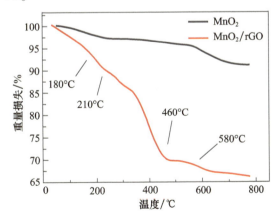

图 11.4 α－MnO$_2$(黑线)和 α－MnO$_2$/还原氧化石墨烯纳米复合材料(红线)的 TGA 分析[90]

以金属锂薄膜作为对电极/参比电极制备了半电池,以此研究了 MnO$_2$ 纳米针和 MnO$_2$－还原氧化石墨烯纳米复合材料的电化学性能。电流密度为 123mA/g 时的恒电流充电-放电分析(图11.5)显示,MnO_2 纳米针的初始充电(放电)容量为 688.4mA·h/g(665.5mA·h/g),MnO_2/还原氧化石墨烯纳米复合材料电极的初始充电(放电)容量为 1100.4mA·h/g(855.2mA·h/g)。MnO_2/还原氧化石墨烯纳米复合材料的放电容量高于 MnO_2,这与还原氧化石墨烯的存在有关。MnO_2 和复合材料的充电/放电曲线在约 2.0V、1.25V、0.75V 和 0.4V 时显示了平稳状态,这是因为锂离子与 MnO_2 反应形成了 Li_xMnO_2(约2.0V 和 1.25V)、电解液的分解和沉淀(约0.75V),以及 MnO_2 纳米针与 Mn 金属的转化反应形成了 Li_2O(约0.4V)。MnO_2 纳米针、MnO_2/还原氧化石墨烯纳米复合材料和锂离子之间的转换反应可用以下四个方程表示:

$$MnO_2 + Li^+ + e^- \longleftrightarrow LiMnO_2 \quad (11.1)$$

$$LiMnO_2 + Li^+ + e^- \longrightarrow Li_2MnO_2 \quad (11.2)$$

$$Li_2MnO_2 + 2Li + 2e^- \longrightarrow Mn + Li_2O \quad (11.3)$$

$$Mn + xLi_2O \longleftrightarrow MnO_x(0<x<1) + 2xLi^+ + 2xe^- \quad (11.4)$$

首个充电/放电循环中制备的 MnO_2 纳米针电极的库仑效率最高可达 96.7%,而 MnO_2/还原氧化石墨烯纳米复合电极的库仑效率仅约为 77.7%。在 20 个循环后,容量衰减几乎可以忽略不计,这表明 MnO_2 与还原氧化石墨烯的结合是提高其容量并减少其衰落的有效方法。循环稳定性实验表明,在 50 个周期后,该纳米复合材料具有较好的保留能力(MnO_2 为 547.8mA·h/g 和 MnO_2/还原氧化石墨烯纳米复合材料为 660.9mA·h/g)。因此,MnO_2 纳米针与还原氧化石墨烯的结合不仅保持了锂化/脱锂时的结构和体积变化,而且提高了 LIB 的循环稳定性和性能。

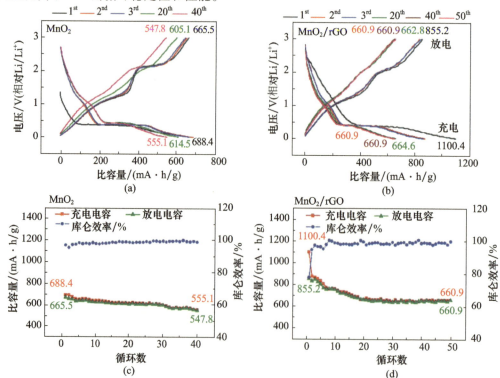

图 11.5 (a)α-MnO_2,(b)α-MnO_2/还原氧化石墨烯纳米复合材料的充电/放电曲线,(c)α-MnO_2,(d)α-MnO_2/还原氧化石墨烯纳米复合材料的容量与循环数[90]

总之,我们研究了 α-MnO$_2$/还原氧化石墨烯纳米复合材料,并发现合成这种材料的方法简单,这种纳米复合材料不仅在电流密度为 123mA/g 时,在 50 个循环后保持了 660.9mA·h/g 的可逆容量,而且具有稳定的循环性能。α-MnO$_2$ 与还原氧化石墨烯的协同作用导致 α-MnO$_2$/还原氧化石墨烯纳米复合材料的电化学性能增强。结果表明,α-MnO$_2$/还原氧化石墨烯纳米复合材料具有作为下一代 LIB 负极材料的潜力。

11.4.3 石墨烯-SnO$_2$ 锂离子电池负极材料

SnO$_2$ 由于具有理论容量高(782mA·h/g)、成本低、适用范围广、无毒性等优点,作为 LIB 的负极材料广泛研究。然而,其主要问题在于导电性能低、体积膨胀大、容量衰减快,这些都限制了其应用。为了克服这些问题,相关人员已经努力生产 SnO$_2$ 纳米结构(纳米粒子、纳米杆、纳米线),并将它们与碳纳米材料(碳纳米管、石墨烯和氧化石墨烯)相结合,以提高 SnO$_2$ 基 LIB 阳极的稳定性。然而,SnO$_2$-石墨烯复合材料的生产耗能耗时,并涉及在高温下的复杂合成过程,然后需要在升高的温度下退火更长的时间。各种不同的原料,如氯化物(SnCl$_2$·2H$_2$O,SnCl$_4$)和硫酸盐(SnSO$_4$),用于合成 SnO$_2$。以 Sn(BF$_4$)$_2$ 为前驱体原料,采用低温(60℃)合成工艺制备了 SnO$_2$-还原氧化石墨烯复合材料。其他人报道了 SnO$_2$-还原氧化石墨烯的详细合成[91]。简单地说,首先采用 Hummer 法制备氧化石墨烯,在前驱体溶液中(在去离子水中加入 Sn(BF$_4$)$_2$ 和 HBF$_4$)加入特定浓度的氧化石墨烯粉体,在 60℃搅拌 30min。在溶液中加入不同浓度的 Na$_2$S$_2$O$_4$ 和 HBF$_4$,以此制备了还原氧化石墨烯-SnO$_2$ 纳米复合材料。在氩气(Ar)气氛下,在 500℃下退火 2h,制备了还原氧化石墨烯-SnO$_2$ 复合材料。表 11.3 所列为化学处理中还原氧化石墨烯/SnO$_2$ 的不同含量。

表 11.3 氧化石墨烯和还原氧化石墨烯-SnO$_2$ 合成的不同还原剂浓度

种类 SnO$_2$/氧化石墨烯	氧化石墨烯/g	HBF$_4$/mol	DI/g	Sn(BF$_4$)$_2$/mol	Na$_2$S$_2$O$_4$/mol
0.075mol 还原剂 (31.8%(质量分数)SnO$_2$)	6	0.5	300	0.279	0.075
0.05mol 还原剂 (30.2%(质量分数)SnO$_2$)	6	0.5	300	0.279	0.05
0.025mol 还原剂 (27.7%(质量分数)SnO$_2$)	6	0.5	300	0.279	0.025
0mol 还原剂 (6.2%(质量分数)SnO$_2$)	6	0.5	300	0.279	0

研究人员用 X 射线衍射、高分辨场发射扫描电子显微镜(high-resolution field emission scanning electronmicroscopy,HR-FESEM)、场发射透射电子显微镜(field emission transmission electron microscopy,FEG-TEM)和能量色散 X 射线能谱(energy-dispersive X-ray spectroscopy,EDS)研究了氧化石墨烯、还原氧化石墨烯和还原氧化石墨烯-SnO$_2$ 纳米复合材料的结构/微观结构/组分。利用傅里叶变换红外光谱仪研究了含氧官能团。用化学分析的电子光谱研究了还原氧化石墨烯-SnO$_2$ 纳米复合材料中碳和锡结合能的变

化。N_2气氛下在20~800℃温度范围内(加热倍率为15℃/min)进行热分析(thermogravimetric analysis,TGA),以测定复合材料中的碳含量。在0.2~3.0V范围内,对手套箱内制造的纽扣电池进行了室温下的充放电测试等电化学分析。更多关于电池制造的细节可见我们早期发表的报告[91]。

图11.6中的XRD谱显示了氧化石墨烯和rGO-SnO_2复合材料在不同还原剂浓度下获得的衍射峰值细节。氧化石墨烯在10.98°($d=0.80$nm)处存在强001峰(图11.6(a)),证实了石墨的完全氧化。通过添加锡前驱体和还原剂完成还原,这导致氧化石墨烯还原和SnO_2的生成。这种还原使得峰值在10.98°处消失,在24.50°处出现宽峰值(002峰,$d=0.36$nm),在氧化石墨烯溶液中加入锡前体(图11.6(b))后出现肩峰($d=0.4$nm),这表明在充分还原后含氧官能团消失。值得注意的是,在这种合成条件下没有形成SnO_2,缺少SnO_2峰值证实了这一点。但是,还原剂的加入有利于SnO_2结晶和氧化石墨烯还原,正如还原氧化石墨烯-SnO_2复合材料的XRD谱所示(图11.6(c)~(e)),在加入不同浓度(0.025mol、0.050mol、0.075mol)还原剂后形成了这种复合材料。

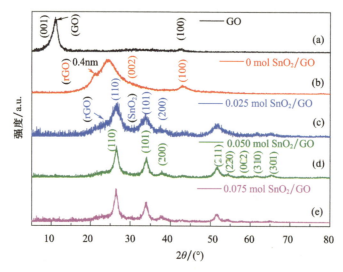

图11.6 不同还原剂浓度(a)氧化石墨烯,还原氧化石墨烯-SnO_2复合材料;
(b)0mol;(c)0.025mol;(d)0.050mol;(e)0.075mol的X射线衍射图[91]

FESEM图像(图11.7(a)~(d))显示了氧化石墨烯片的层状形貌(图11.7(a)),在加入高浓度还原剂(0.050mol)后,SnO_2纳米粒子明显黏附在还原氧化石墨烯片上,如图11.7(d)所示。FETEM分析提供了有关氧化石墨烯和还原氧化石墨烯-SnO_2纳米复合材料的详细信息,如图11.8所示。平坦的氧化石墨烯片(长度为5~7μm,宽度为3~5nm)(图11.8(a))。边缘有许多活性位可供SnO_2纳米粒子生长。加入锡前驱体不仅有助于氧化石墨烯还原到还原氧化石墨烯,而且有利于在还原氧化石墨烯上形成细小的SnO_2纳米粒子(15~20nm)(图11.8(b))。然而,还原剂和锡前驱体的存在有助于生产高浓度的结晶SnO_2纳米粒子,这些纳米粒子在还原氧化石墨烯片上团聚并将其覆盖(图11.8(c)~(e))。HR TEM图像显示出清晰的原子平面,其d间距为3.34Å和2.64Å,对应于SnO_2的(110)和(101)平面。

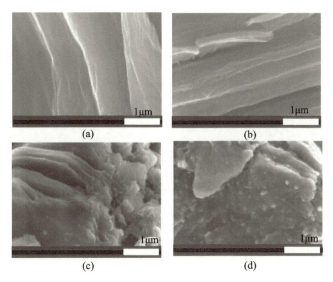

图 11.7 (a)氧化石墨烯的 FESEM 图像,不同还原剂浓度的还原氧化石墨烯 - SnO_2 复合材料的 FESEM 图像;(b)0mol;(c)0.025mol;(d)0.050mol[91]

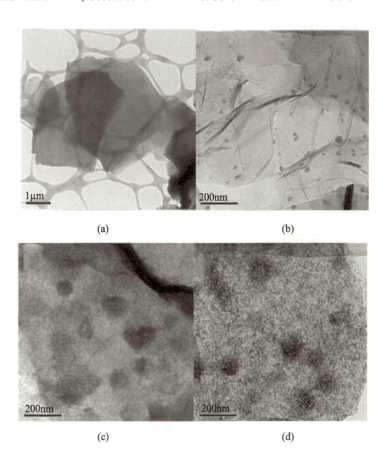

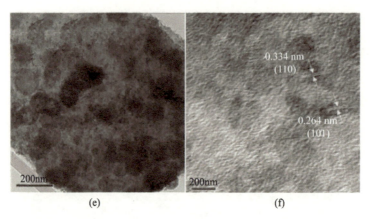

图 11.8 （a）GO 的 FESEM 图像，不同还原剂浓度的 rGO-SnO$_2$ 复合材料的 FESEM 图像，（b）0mol、（c）0.025mol、（d）0.050mol、（e）0.075mol，（f）SnO$_2$ 纳米粒子的 HRTEM 图像[92]

傅里叶变换红外（Fourier transform infrared, FTIR）分析（图 11.9（a））能够区分 GO 上不同的键振动，如 C=O（1732cm^{-1}）、C—O—C（1252cm^{-1}）和 C—O 拉伸振动（1058 cm^{-1}），并证实了大量浓度含氧官能团的存在，这有利于所有金属氧化物（例如，SnO$_2$）的生长。加入锡前驱体后，吸收峰强度减弱，在加入还原剂后含氧官能团完全消失，在 614 cm^{-1} 处可以清楚地观察到 Sn—O 键合振动。同样的如图 11.9（b）所示，拉曼分析显示在 1342cm^{-1}（D 能带，碳的缺陷峰）、1594.8cm^{-1}（G 能带）和 2700cm^{-1}（2D 能带）处清楚地区分了不同的能带。2D 能带是石墨烯的特征行为，rGO-SnO$_2$ 复合材料中没有 2D 能带。在没有还原剂的情况下，强度比（I_D/I_G）随锡前驱体的加入而增加，使用还原剂后强度比保持不变（1.06±0.01）。

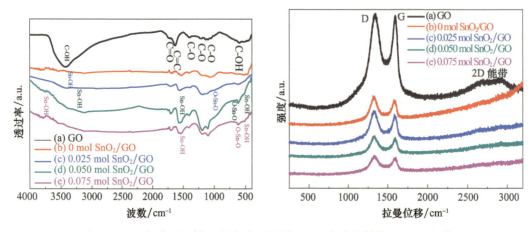

图 11.9 （a）氧化石墨烯、还原氧化石墨烯-SnO$_2$ 复合材料的 FT-IR 光谱，（b）氧化石墨烯、还原氧化石墨烯-SnO$_2$ 复合材料的拉曼光谱[91]

图 11.10 的热重分析表明，在空气气氛下从室温升温至 800℃的过程中，氧化石墨烯和还原氧化石墨烯-SnO$_2$ 复合材料的质量损失随温度的变化关系。在温度为 100~550℃范

围内,不同温度下的质量损失是由水分子和含氧官能团的损失造成的。在 600℃ 后,其质量损失几乎恒定,残余物对应于复合材料中 SnO_2 的含量,加入 0mol 还原剂时为 6.2%,加入 0.025mol、0.050mol、0.075mol 后,含量分别为 27.7%、30.2%、31.8%。分析结果证实,随着还原剂浓度的增加,SnO_2 在还原氧化石墨烯上的含量增加。

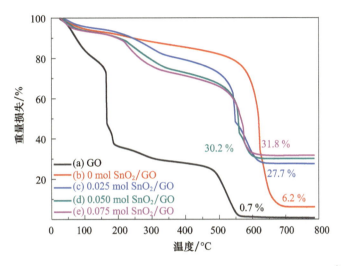

图 11.10 氧化石墨烯和还原氧化石墨烯 - SnO_2 复合材料的 TGA 谱[91]

电化学性能(图 11.11(a))显示,在不添加任何还原剂时,SnO_2 复合材料放电容量较高,为 498.7mA·h/g,而在还原氧化石墨烯 - SnO_2 复合材料中,当加入剂量为 0.025mol、0.075mol、0.05mol 的还原剂时,放电容量变为 635.3mA·h/g、593mA·h/g、404mA·h/g。这表明,通过较低程度地还原氧化石墨烯,可以达到最高的容量。相同样品(0.025mol)的循环伏安曲线(cyclic voltammogram,CV)显示了还原周期中的几个峰值:由于锂锡合金的形成达到 0.12V、0.35V,SnO_2、Li^+ 与固体电解质界面层(solid electrolyte interface,SEI)的还原反应形成锡和 Li_2O,达到 0.95V、1.17V;由于锡(Ⅳ)氧化物转化为锡(Ⅱ)氧化物,达到 1.7V。同样,氧化循环中的峰值分别为 0.53V、1.24V 和 1.88V,对应于锂 - 锡的去合金化、锡部分转化为 SnO_2 和锡转化为 SnO。相同样品的循环稳定性实验(图 11.11(c))在 50 个循环时表现出相对较高的容量(522mA·h/g),比先前发表的关于 SnO_2 纳米结构和 SnO_2 - 碳复合材料的报道要高。SnO_2 在还原氧化石墨烯上的均匀分布和氧化锡与锂离子的有效反应是造成这种高容量的主要原因。由于体积膨胀的增加,拥有高 SnO_2 负载量的还原氧化石墨烯 - SnO_2 复合材料的容量衰减较多,从而导致容量降低(344mA·h/g)。

采用高浓度还原剂制备的 rGO - SnO_2 复合材料具有较低的容量,但有较好的循环稳定性,这可能与还原后复合材料导电性能的增加有关。在 160mA/g(0.1C)下,电容随充电 - 放电倍率变化为 552mA·h/g,在 25 个循环后,在 3200mA/g(2C)下,电容变化为 378mA·h/g。其显示的容量仍然高于传统石墨(372mA·h/g)。在 160mA/g(0.1C)的电流倍率下进行 30 个循环后电容最终保持在 492mA·h/g。这表明该复合材料经过 30 个循环后相当稳定,且经过高电流充电 - 放电实验后仍保持了结构。

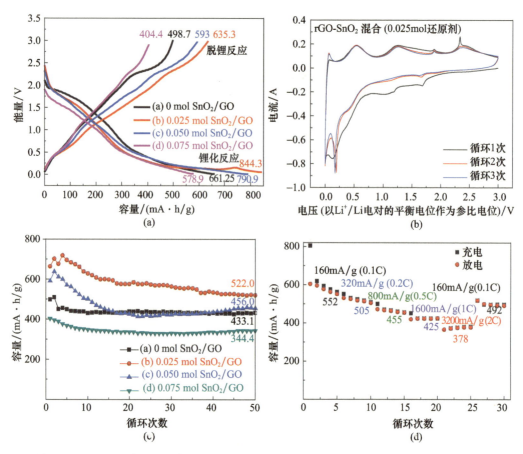

图 11.11 (a)还原氧化石墨烯-SnO$_2$复合材料的锂化和脱锂,(b)还原氧化石墨烯-SnO$_2$复合材料(加入 0.025mol 还原剂)的循环伏安(cyclic voltammetry,CV),(c)还原氧化石墨烯-SnO$_2$复合材料的放电容量与循环数的关系,(d)加入 0.025mol 还原剂的 SnO$_2$/还原氧化石墨烯纳米复合材料的容量和循环数的关系。首先在 160mA/g 的情况下将电池循环 5 次,电压在 0.2~3.0V 之间,然后将倍率提高到 320mA/g 循环 5 次,在 800mA/g 循环 5 次,在 1600mA/g 循环 5 次,最后在 3200mA/g 和 160mA/g 循环 5 次[91]

11.4.4 石墨烯-Co$_3$O$_4$锂离子电池负极材料

由于 Co$_3$O$_4$ 理论比容量高(890mA·h/g),其有可能满足未来储能装置的要求。但是,由于 Li$^+$ 插入/脱离过程中体积膨胀严重,导致容量衰减和稳定性差,这会损坏电极,导致粒子间的接触损失。相关人员已经做出许多努力去克服这个问题,如通过创造独特的 Co$_3$O$_4$ 纳米结构,并将其与碳基材料结合起来。然而,主要挑战是在高倍率性能条件下,获得高的库仑效率和良好的循环寿命。由于石墨烯的高比表面积、优异的导电性、柔韧性和化学稳定性,石墨烯基 Co$_3$O$_4$ 复合材料是实现上述目标的替代材料之一。石墨烯层还可以为纳米粒子提供支持,帮助避免在合成过程中石墨烯片堆叠,并保持较高活性比表面积,以促进锂的储存能力和循环容量[92-96]。

Co$_3$O$_4$-石墨烯复合材料的合成遵循一个典型的过程[92],首先用化学方法制备

Co(OH)$_2$/石墨烯复合材料前驱体,然后在450℃空气中煅烧2h以制备Co$_3$O$_4$/石墨烯复合材料。用分散于乙醇-水溶液中的石墨烯为原料,加入Co(NO$_3$)$_2$·6H$_2$O和氨水溶液制备Co(OH)$_2$/石墨烯复合材料。对制备的Co$_3$O$_4$/石墨烯复合材料、石墨烯和Co$_3$O$_4$的电化学容量进行了对比研究。石墨烯、Co$_3$O$_4$和Co$_3$O$_4$/石墨烯复合材料电极的初始放电容量为2179mA·h/g、1105mA·h/g和1097mA·h/g。经过30个循环后,复合材料的可逆容量达到约935mA·h/g。该复合材料的高容量是由于石墨烯的高比表面积和Co$_3$O$_4$纳米粒子的高晶界面积。此外,复合材料的倍率性能也较好,即10个循环达到800mA·h/g(@50mA·h/g)、20个循环后达到715mA·h/g(@150mA/g)、50个循环后当倍率回到最初的50mA/g时再达到767mA·h/g。因此,Co$_3$O$_4$/石墨烯复合材料是理想的LIB负极材料。该复合材料的高性能归因于超薄石墨烯片具有容纳Co$_3$O$_4$纳米粒子的灵活性,以及石墨烯具有良好的导电性,因此可以促进纳米粒子之间的电荷传递,还因为纳米粒子非常细且石墨烯超薄,所以复合材料具有高比表面积,以及Co$_3$O$_4$纳米粒子的均匀分布,从而阻止了石墨烯层堆叠。

使用微波去剥离由Hummer法制备的GO,然后在850℃的NH$_3$和Ar气氛下退火,制备了氮改性剥离石墨烯(nitrogen-modified exfoliated graphene, NMEG)。复合材料(Co$_3$O$_4$/NMEG)的制备步骤如下,将NMEG在水中分散,然后加入不同浓度的CoCl$_2$·6H$_2$O和尿素,在90℃下回流溶液,经过磁搅拌形成Co(OH)$_2$/NMEG。经过滤收集沉淀物,并在60℃过夜干燥,在300℃的N$_2$气氛中退火4h。所制备的Co$_3$O$_4$呈花状结构,由Co$_3$O$_4$纳米针组成。NMEG表现出波纹状的形态。然而,当Co$_3$O$_4$纳米粒子(约5nm)均匀分布在NMEG片上时,Co$_3$O$_4$/NMEG复合材料的形貌完全不同。我们还对具有不同浓度Co$_3$O$_4$负载含量的NMEG片的电化学性能进行了研究。在NMEG中,加入70% Co$_3$O$_4$,材料的循环容量表现出了较好的容量和较高的稳定性。这也表明,在100个循环后,初始容量大,且保留能力强(>900mA·h/g)。

采用简单的化学方法制备了原子薄介孔Co$_3$O$_4$纳米片/石墨烯复合材料(ATMCN/GE)[94],步骤是将先前制备的超薄Co$_3$O$_4$纳米片和轻度氧化石墨烯分散在乙醇/水混合物中,在70℃搅拌过夜,然后加入L-抗坏血酸,在室温下缓慢还原氧化石墨烯24h。该复合材料经离心,并且用水和有机溶剂多次洗涤,然后在60℃干燥。

该复合材料在2000个循环后显示了显著的放电容量(0.11C时2014.7mA·h/g)、良好倍率性能和92.1%的保持能力,优于所有有关Co$_3$O$_4$和其复合材料的报道。这种良好性能归因于Co$_3$O$_4$片的原子厚度和孔隙率、石墨烯片的高导电性和灵活性、结构高稳定性、巨大的比表面积和独特的分层形貌。

通过微波法[95]制备还原氧化石墨烯和Co$_3$O$_4$纳米复合材料,步骤是用Hummer法制备氧化石墨烯,用分散在水和乙醇溶液中的Co(acac)$_3$和尿素为原料,对其进行微波辐射制备Co$_3$O$_4$,采用同样方法对溶解/分散在水和乙醇溶液中的Co(acac)$_3$、尿素和氧化石墨烯混合物进行微波辐射,以此制备还原氧化石墨烯-Co$_3$O$_4$。在另一个有趣的报告中,研究人员用水热法制备Co$_3$O$_4$球,在Ar气氛的回流条件下,通过3-氨基丙基三甲氧基硅烷(aminopropyltrimethoxysilane, APS)使这些球的表面带上正电荷。采用自组装法制备了石墨烯和Co$_3$O$_4$(G-Co$_3$O$_4$)复合材料,在这个方法中将带正电荷的Co$_3$O$_4$附着在带负电荷的氧化石墨烯上。将复合材料制备成LIB,其在600个循环后,在1C的高倍率下显示了很高的容量(1300mA·h/g)和较长的循环寿命。其优良性能可归因于高比表面积($222m^2/g$)和宽孔分布(1.4~300nm)。

11.4.5 石墨烯-Fe_2O_3锂离子电池负极材料

Fe_2O_3是一种具有许多有趣性能的环保材料,其具有高理论容量(1007mA·h/g)、高导电性能(约$2×10^{-4}$S/m)、经济、易获取、易于合成等优点,是 LIB 负极应用的潜在候选材料之一。然而,在锂的插入/脱离过程中,该设备出现了严重的团聚、大体积膨胀、巨大的容量衰减以及在运行循环中稳定性/倍率性能较差等缺陷。通过制备Fe_2O_3纳米结构(纳米粒子、纳米带、纳米杆、空心结构)或掺杂碳的Fe_2O_3材料,相关人员探索了克服上述问题的几种创新方法。其他可能的方法是制备碳基体Fe_2O_3复合材料(如石墨烯),将其作为机械缓冲,以适应锂扩散过程中的体积膨胀,并改善电化学性能[97-101]。

石墨烯-Fe_2O_3复合材料的合成方法多种多样。在其中一种方法中,用 Hummer 方法制备氧化石墨烯(GO),在氧化石墨烯上生成Fe_2O_3。在不使用还原剂的情况下,通过直接合成过程可以还原氧化石墨烯,或者在这个步骤中或下一个步骤中添加还原剂。在一个常用方法[97]中,将$FeCl_3$和尿素的水溶液缓慢加入氧化石墨烯分散体,将混合物加热到90℃,加热 1.5h,然后冷却到室温。再在混合物中加入肼,微波照射 2min。通过过滤收集黑色沉淀物,并用去离子水洗涤以除去肼及其他杂质,在 80℃ 真空干燥 24h,得到还原氧化石墨烯/Fe_2O_3复合材料。复合材料表现出卷曲状的形态,Fe_2O_3纳米粒子(60nm)均匀分布在还原氧化石墨烯片上。在约 800mA·h/g 的高电流密度下,其电化学容量也显示出优良的高容量,达到 800mA·h/g。在第 1 个、10 个、20 个、30 个和 50 个循环中,还原氧化石墨烯 Fe_2O_3复合材料的放电容量分别为 1693mA·h/g、1142mA·h/g、1120mA·h/g、1098mA·h/g 和 1027mA·h/g。这种复合材料的优异容量归功于Fe_2O_3纳米粒子和还原氧化石墨烯片的良好相互作用,以及纳米粒子创造出有效的锂离子插入/脱离空间,还有还原氧化石墨烯的高导电性。在锂离子电池中具有Fe_2O_3的锂离子扩散机理可以描述为$Fe_2O_3 + 6Li^+ + 6e \rightleftharpoons 2Fe + 3Li_2O$。

单独合成Fe_2O_3的对比研究显示,在第一个循环后达到 1542mA·h/g 的高放电容量,而在 30 个循环后,其放电容量非常低,为 130mA·h/g。因此,rGO-Fe_2O_3复合材料是 LIB 负极材料的潜在候选材料。

水热法也用于石墨烯-Fe_2O_3复合材料的合成[98]。在典型的方法中,$FeCl_3·6H_2O$、抗坏血酸、PEG 和尿素在理想浓度的去离子(deionized,DI)水中混合,然后分散石墨烯片,得到的溶液混合物在 120℃ 下进行水热处理 12h,然后自然冷却到室温。将由此产生的石墨烯-Fe_2O_3的黑色沉淀进行离心、水洗并在 80℃ 真空干燥。水热法得到的石墨烯-Fe_2O_3复合材料含有石墨烯片(厚度 3~5nm,9~15 层)和微尺寸Fe_2O_3粒子。该复合材料作为 LIB 的负极材料,其在 100 个循环后显示了高放电容量(电流密度为 160mA/g 时达到 660mA·h/g)。在第一个循环中获得的放电容量接近 1800mA·h/g。

我们还合成了高导电石墨烯纳米带(graphene nanoribbon,GNR)和Fe_2O_3(约 10nm)纳米复合材料[99],并将其作为 LIB 的负极,它们在 130 个循环后显示了高容量(200mA/g 电流密度下为大于 910mA·h/g)。制备的纳米复合材料具有很高的电化学容量,其原因是在 GNR 上均匀涂覆了结构独特的Fe_2O_3纳米粒子。合成 GNR/Fe_2O_3复合材料的步骤分为两步:第一步制备 GNR/Fe 复合材料,将其氧化为 GNR/Fe_2O_3,然后在 250℃ 或 300℃ 下退火 14h。GNR 的宽度为 200nm,长度为 100μm。静电纺丝制备[100]氧化铁(Fe_2O_3)纤维/还原氧化石墨烯复合材料,然后经远红外辐射退火和还原,其显示了良好的容量(在 0.1A/g 时为 1085.2mA·h/g)、循环寿命(1500 个循环后,在 5A/g 时为 407.8mA·h/g)、倍率性能以及较高的库伦效率。在一个很简单的合成过程中,通过将先前制备的 GO 和 Fe_2O_3 在适当比例的乙醇中混合并用远红外线照射,以此制备合成的复合材料。

电子束辐射也用来合成 Fe_2O_3/还原氧化石墨烯纳米复合材料,在还原氧化石墨烯片上固定小尺寸(约 2nm)、非晶 Fe_2O_3 纳米粒子。在 DI 水中分散商用氧化石墨烯,并将其加入到水溶液 $Fe(NH_4)_2(-SO_4)_2 6H_2O$ 中,在用 1MeV 电子束加速器辐照之前,将所得溶液包装好。在 DI 水中多次洗涤所得产品,在真空中加热至 300℃,加热 3h。该复合材料在 100 个循环后表现出 1064mA·h/g 的高容量(电流密度=200mA/g)、高保留率(88%)和高倍率性能(在 5000mA/g 时为 580mA·h/g)。优异的电化学容量是由于纳米粒子的精细尺寸、非晶结构、高比表面积(236m^2/g)和高导电性能的还原氧化石墨烯片。

11.5 小结

石墨烯-金属氧化物复合材料是替代金属氧化物作为 LIB 负极材料的理想材料,通常采用简单、低温的化学方法制备这种复合材料。金属氧化物纳米粒子可以在化学反应过程中直接(原位)生长,也可以通过软化学合成法将金属氧化物纳米粒子加入到石墨烯中。也有可能通过原位化学合成法或使用还原剂(如肼)来还原氧化石墨烯。石墨烯-金属氧化物复合材料在长循环(>100 个循环)下具有较高的可逆容量、较好的库伦效率、较高的稳定性和倍率性能。石墨烯/还原氧化石墨烯的高电导率、纳米粒子的小尺寸、金属氧化物纳米结构在石墨烯片上的均匀分布、金属氧化物和石墨烯的高比表面积以及金属氧化物在石墨烯片内的空间生成等都是促使石墨烯具有优异电化学性能的原因。

参考文献

[1] Etacheri,V.,Marom,R.,Elazari,R.,Salitra,G.,Aurbach,D.,Challenges in the development of advanced Li-ion batteries: A review. *Energy Environ. Sci.*,4,3243,2011.

[2] Wu,H. B.,Chen,J. S.,Hng,H. H.,(David) Lou,X. W.,Nanostructured metal oxide-based materials as advanced anodes for lithium-ion batteries. *Nanoscale*,4,2526,2012.

[3] Chen,J.,Recent progress in advanced materials for lithium ion batteries. *Materials*,6,156,2013.

[4] Reddy,M. V.,Subba Rao,G. V.,Chowdari,B. V. R.,Metal oxides and oxysalts as anode materials for Li ion batteries. *Chem. Rev.*,113,5364,2013.

[5] Goriparti,S.,Miele,E.,Angelis,F. D.,Fabrizio,E. D.,Zaccaria,R. P.,Capiglia,C.,Review on recent progress of nanostructured anode materials for Li-ion batteries. *J. Power Sources*,257,421,2014.

[6] Deng,D.,Li-ion batteries: Basics,progress,and challenges. *Energy Sci. Eng.*,3,5,385,2015.

[7] Nitta,N.,Wu,F.,Lee,J. T.,Yushin,G.,Li-ion battery materials: Present and future. *Mater. Today*,18,5,252,2015.

[8] Wu,S.,Xu,R.,Lu,M.,Ge,R.,Iocozzia,J.,Han,C.,Jiang,B.,Lin,Z.,Graphene-containing nanoma-

terials for lithium – ion batteries. *Adv. Energy Mater.* ,1,1500400,2015.

［9］ Zhao,Y.,Li,X.,Yan,B.,Xiong,D.,Li,D.,Lawes,S.,Sun,X.,Recent developments and understanding of novel mixed transition – metal oxides as anodes in lithium ion batteries. *Adv. EnergyMater.* ,6,1502175,2016.

［10］ Tarascon,J. M. and Armand,M.,Issues and challenges facing rechargeable lithium batteries. *Nature* ,414, 359,2001.

［11］ Sato,K.,Noguchi,M.,Demachi,A.,Oki,N.,Endo,M.,A mechanism of lithium storage in disordered carbons. *Science* ,264,556,1994.

［12］ Etacheri,V.,Marom,R.,Elazari,R.,Salitra,G.,Aurbach,D.,Challenges in the development of advanced Li – ion batteries：A review. *Energy Environ. Sci.* ,4,3243 – 3262,2011.

［13］ Lee,K. T. and Cho,J.,Roles of nanosize in lithium reactive nanomaterials for lithium ion batteries. *Nano Today* ,6,28,2011.

［14］ Poizot,P.,Laruelle,S.,Grugeon,S.,Dupont,L.,Tarascon,J. M.,Nano – sized transition – metal oxides as negative – electrode materials for lithium – ion batteries. *Nature* ,407,496,2000.

［15］ Chen,J.,Wang,H,Y. X.,Xu,S.,Fang,M.,Zhao,X.,Shang,Y.,Electrochemical properties of MnO_2 nanorods as anode materials for lithium ion batteries. *Electrochim. Acta* ,142,152,2014.

［16］ Jin – Yun Liao,D. H.,Lui,G.,Chabot,V.,Xiao,X.,Chen,Z.,Multifunctional $TiO_2 MnO_2$ – C/ core – double – shell nanowire arrays as high – performance 3D electrodes for lithium ion batteries. *Nano Lett.* , 13,5467,2013.

［17］ Hu,Z. and Liu,H.,Three – dimensional CuO microflowers as anode materials for Li – ion batteries. *Ceram. Int.* ,41,8257,2015.

［18］ Wang,D.,Yu,Y.,He,H.,Wang,J.,Zhou,W.,Abru – na,H. D.,Template – free synthesis of hollow – structured Co_3O_4 nanoparticles as high – performance anodes for lithium – ion batteries. *ACSNano* ,9,1775, 2015.

［19］ Yu,S. H.,Lee,D. J.,Park,M.,Kwon,S. G.,Lee,H. S.,Jin,A.,Lee,K. S.,Lee,J. E.,Oh,M. H., Kang,K.,Sung,Y. E.,Hyeon,T.,Hybrid cellular nanosheets for high – performance lithium – ion battery anodes. *J Am. Chem. Soc.* ,137,11954,2015.

［20］ Li,Z.,Tan,Y.,Huang,X.,Zhang,W.,Gao,Y.,Tang,B.,Three – dimensionally ordered macroporous SnO_2 as anode materials for lithium ion batteries. *Ceram. Int.* ,2016.

［21］ Su,H.,Xu,Y. F.,Feng,S. C.,Wu,Z. G.,Sun,X. P.,Shen,C. H.,Wang,J. Q.,Li,J. T.,Huang,L., Sun,S. G.,Hierarchical Mn(2)O(3) hollow microspheres as anode material of lithium ion battery and its conversion reaction mechanism investigated by XANES. *ACS Appl. Mater. Interfaces* ,7,8488,2015.

［22］ Wang,J. G.,Jin,D.,Zhou,R.,Li,X.,Liu,X. R.,Shen,C.,Xie,K.,Li,B.,Kang,F.,Wei,B.,Highly flexible graphene/MnO nanocomposite membrane as advanced anodes for Li – ion batteries. *ACS Nano* ,2016.

［23］ Zhang,Y.,Luo,Z.,Xiao,Q.,Sun,T.,Lei,G.,Li,Z.,Li,X.,Freestanding manganese dioxide nanosheet network grown on nickel/polyvinylidene fluoride coaxial fiber membrane as anode materials for high performance lithium ion batteries. *J. Power Sources* ,297,442,2015.

［24］ Liu,H.,Hu,Z.,Tian,L.,Su,Y.,Ruan,H.,Zhang,L.,Hu,R.,Reduced graphene oxide anchored with δ – MnO_2 nanoscrolls as anode materials for enhanced Li – ion storage. *Ceram. Int.* ,42,13519,2016.

［25］ Cho,J. S.,Hong,Y. J.,Kang,Y. C.,Design and synthesis of bubble – nanorod – structured Fe_2O_3 – carbon nanofibers as advanced anode material for Li – Ion batteries. *ACS Nano* ,9,2015.

［26］ Wu,H. B.,Chen,J. S.,Hng,H. H.,(Davod) Lou,X. W.,Nanostructured metal oxide – based materials as advanced anodes for lithium – ion batteries. *Nanoscale* ,4,2526,2012.

[27] Jiao,Z.,Chen,D.,Jiang,Y.,Zhang,H.,Ling,X.,Zhuang,H.,Su,L.,Cao,H.,Hou,M.,Zhao,B.,Synthesis of nanoparticles,nanorods,and mesoporous SnO_2 as anode materials for lithium-ion batteries. *J. Mater. Res.*,29,609,2014.

[28] Ying,Z.,Wan,Q.,Cao,H.,Song,Z.T.,Feng,S.L.,Characterization of SnO_2 nanowires as an anode material for Li-ion batteries. *Appl. Phys. Lett.*,87,113108,2005.

[29] Wang,J.,Du,N.,Zhang,H.,Yu,J.,Yang,D.,Large-scale synthesis of SnO_2 nanotube arrays as high-performance anode materials of Li-ion batteries. *J. Phys. Chem. C*,115,22,11302,2011.

[30] Han,S.,Jang,B.,Kim,T.,Oh,S.M.,Hyeon,T.,Simple synthesis of hollow tin dioxide microspheres and their application to lithium-ion battery anodes. *Adv. Funct. Mater.*,15,1845,2005.

[31] Cao,F.F.,Guo,Y.G.,Zheng,S.F.,Wu,X.L.,Jiang,L.Y.,Bi,R.R.,Wan,L.J.,Maier,J.,Symbiotic coaxial nanocables: Facile synthesis and an efficient and elegant morphological solution to the lithium storage problem. *Chem. Mater.*,22,1908,2010.

[32] Wang,D.H.,Choi,D.W.,Li,J.,Yang,Z.G.,Nie,Z.M.,Kou,R.,Hu,D.H.,Wang,C.M.,Saraf,L.V.,Zhang,J.G.,Aksay,I.A.,Liu,J.,Self-assembled TiO_2-graphene hybrid nanostructures for enhanced Li-ion insertion. *ACS Nano*,3,907,2009.

[33] Chen,J.S.,Tan,Y.L.,Li,C.M.,Cheah,Y.L.,Luan,D.Y.,Madhavi,S.,Boey,F.Y.C.,Archer,L.A.,Lou,X.W.,Constructing hierarchical spheres from large ultrathin anatase TiO_2 nanosheets with nearly 100% exposed (001) facets for fast reversible lithium storage. *J. Am. Chem. Soc.*,132,6124,2010.

[34] Ding,S.,Chen,J.S.,Luan,D.,Boey,F.Y.C.,Madhavi,S.,Lou,X.W.,Graphene-supported anatase TiO_2 nanosheets for fast lithium storage. *Chem. Commun.*,47,5780,2011.

[35] Sun,C.H.,Yang,X.H.,Chen,J.S.,Li,Z.,Lou,X.W.,Li,C.,Smith,S.C.,Lu,G.Q.,Yang,H.G.,Higher charge/discharge rates of lithium-ions across engineered TiO_2 surfaces leads to enhanced battery performance. *Chem. Commun.*,46,6129,2010.

[36] Liu,H.,Wang,G.,Park,J.,Wang,J.,Liu,H.,Zhang,C.,Electrochemical performance of -Fe_2O_3 nanorods as anode material for lithium-ion cells. *Electrochim. Acta*,54,1733,2009.

[37] Xiao,W.,Wang,Z.,Guo,H.,Zhang,Y.,Zhang,Q.,Gan,L.,A facile PVP-assisted hydrothermal fabrication of Fe_2O_3/graphene composite as high performance anode material for lithium ion batteries. *J. Alloys Compd.*,560,208,2013.

[38] Chan,C.K.,Peng,H.,Liu,G.,McIlwrath,K.,Zhang,X.F.,Huggins,R.A.,Cui,Y.,High-performance lithium battery anodes using silicon nanowires. *Nat. Nanotechnol.*,3,31,2008.

[39] Reddy,M.V.,Yu,T.,Sow,C.-H.,Shen,Z.X.,Lim,C.T.,Subba Rao,G.V.,Chowdari,B.V.R.,α-Fe_2O_3 nanoflakes as an anode material for Li-ion batteries. *Adv. Funct. Mater.*,17,2792,2007.

[40] Lin,Y.-M.,Abel,P.R.,Heller,A.,Mullins,C.B.,α-Fe_2O_3 nanorods as anode material for lithium ion batteries. *J. Phys. Chem. Lett.*,2,2885,2011.

[41] Na,Z.,Huang,G.,Liang,F.,Yin,D.,Wang,L.,A core-shell Fe/Fe_2O_3 nanowire as a high-performance anode material for lithium-ion batteries. *Chem. Eur. J.*,22,12081,2016.

[42] Wang,D.,Dong,H.,Zhang,H.,Zhang,Y.,Xu,Y.,Zhao,C.,Sun,Y.,Zhou,N.,Enabling a high performance of mesoporous α-Fe_2O_3 anodes by building a conformal coating of cyclized-PAN network. *ACS Appl. Mater. Interfaces*,8,19524,2016.

[43] Zhang,X.,Zhou,Z.,Ning,J.,Nigar,S.,Zhao,T.,Lub,X.,Caog,H.,3D dendritic-Fe_2O_3@C nanoparticles as an anode material for lithium ion batteries. *RSC Adv.*,7,18508,2017.

[44] Qu,B.,Sun,Y.,Liu,L.,Li,C.,Yu,C.,Zhang,X.,Chen,Y.,Ultra-small Fe_2O_3 nanoparticles/MoS_2 nanosheets composite as high-performance anode material for lithium ion batteries. *Sci. Rep.*,7,42772(1-11).

[45] Yan, N., Hu, L., Li, Y., Wang, Y., Zhong, H., Hu, X., Kong, X., Chen, Q., Co_3O_4 nanocages for high-performance anode material in lithium-ion batteries. *J. Phys. Chem. C*, 116, 7227, 2012.

[46] Leng, X., Wei, S., Jiang, Z., Lian, J., Wang, G., Jiang, Q., Carbon-encapsulated Co_3O_4 nanoparticles as anode materials with super lithium storage performance. *Sci. Rep.*, 5, 16629.

[47] Sun, S., Zhao, X., Yang, M., Wu, L., Wen, Z., Shen, X., Hierarchically ordered mesoporous Co_3O_4 materials for high performance Li-ion batteries. *Sci. Rep.*, 6, 19564.

[48] Mujtaba, J., Sun, H., Huang, G., Molhave, K., Liu, Y., Zhao, Y., Wang, X., Xu, Zhu, S. J., Nanoparticle decorated ultrathin porous nanosheets as hierarchical Co_3O_4 nanostructures for lithium ion battery anode materials. *Sci. Rep.*, 6, 20592.

[49] Liu, Y., Mi, C., Su, L., Zhang, X., Hydrothermal synthesis of Co_3O_4 microspheres as anode material for lithium-ion batteries. *Electrochim. Acta*, 53, 2507, 2008.

[50] Liu, X., Wing, S., Jin, C., Lv, Y., Li, W., Feng, C., Xiao, F., Sun, Y., Co_3O_4/C nanocapsules with onionlike carbon shells as anode material for lithium ion batteries. *Electrochim. Acta*, 100, 140, 2013.

[51] Pan, A., Wang, Y., Xu, W., Nie, Z., Liang, S., Nie, Z., Wang, C., Cao, G., Zhang, J.-G., High-performance anode based on porous Co_3O_4 nanodiscs. *J. Power Sources*, 255, 125, 2014.

[52] Wang, H., Mao, N., Shi, J., Wang, Q., Yu, W., Wang, X., Cobalt oxide-carbon nanosheet nanoarchitecture as an anode for high-performance lithium-ion battery. *ACS Appl. Mater. Interfaces*, 7, 2882, 2015.

[53] Wang, B., Lu, X.-Y., Tang, Y., Synthesis of snowflake-shaped Co_3O_4 with a high aspect ratio as a high capacity anode material for lithium ion batteries. *J. Mater. Chem. A*, 3, 9689, 2015.

[54] Zheng, F., Shi, K., Xu, S., Liang, X., Chena, Y., Zhang, Y., Facile fabrication of highly porous Co_3O_4 nanobelts as anode materials for lithium-ion batteries. *RSC Adv.*, 6, 9640, 2016.

[55] Li, L., Zhang, Z., Ren, S., Zhang, B., Yang, S., Cao, B., Construction of hollow Co_3O_4 cubes as a high performance anode for lithium ion batteries. *New J. Chem.*, 41, 7960, 2017.

[56] Yu, X., Cheng, H., Zhang, M., Zhao, Y., Qu, L., Shi, G., Graphene-based smart materials. *Nat. Rev.*, 2, 17046, 1-13, 2017.

[57] Novoselov, K. S., Falko, V. I., Colombo, L., Gellert, P. R., Schwab, M. G., Kim, K., A roadmap for graphene. *Nature*, 490, 192, 2012.

[58] Rao, C. N. R., Sood, A. K., Voggu, R., Subrahmanyam, K. S., Some novel attributes of graphene. *J. Phys. Chem. Lett.*, 1, 572, 2010.

[59] Allen, M. J., Tung, V. C., Kaner, R. B., Honeycomb carbon: A review of graphene. *Chem. Rev.*, 110, 132, 2010.

[60] Rao, C. N. R., Sood, A. K., Subrahmanyam, K. S., Govindaraj, A., Graphene: The new two-dimensional nanomaterial. *Angew. Chem. Int. Ed.*, 48, 7752, 2009.

[61] Eizenberg, M. and Blakely, J. M., Carbon monolayer phase condensation on Ni (111). *Surf. Sci.*, 82, 228, 1979.

[62] Aizawa, T., Souda, R., Otani, S., Ishizawa, Y., Oshima, C., Anomalous bond of monolayer graphite on transition-metal carbide surfaces. *Phys. Rev. Lett.*, 64, 7, 768, 1990.

[63] Lu, X., Yu, M., Huang, H., Ruoff, R. S., Tailoring graphite with the goal of achieving single sheets. *Nanotechnology*, 10, 269, 1999.

[64] Novoselov, K. S., Geim, A. K., Morozov, S. V., Jiang, D., Zhang, Y., Dubonos, S. V., Grigorieva, I. V., Firsov, A. A., Electric field effect in atomically thin carbon films. *Science*, 306, 666, 2004.

[65] Wang, J. J., Zhu, M. Y., Outlaw, R. A., Zhao, X., Manos, D. M., Holloway, B. C., Mammana, V. P., Free-standing subnanometer graphite sheets. *Appl. Phys. Lett.*, 85, 1265, 2004.

[66] Zheng, X., Peng, Y., Yang, Y., Chen, J., Tian, H., Cui, X., Zheng, W., Hydrothermal reduction of graphene oxide: effect on surface – enhanced Raman scattering. *J. Raman Spectrosc.*, 48, 97, 2017.

[67] Choucair, M., Thordarson, P., Stride, J. A., Gram – scale production of graphene based on solvothermal synthesis and sonication. *Nat. Nanotech.*, 4, 30, 2009.

[68] Yoo, E. J., Kim, J., Hosono, E., Zhou, H. S., Kudo, T., Honma, I., Large reversible Li storage of graphene nanosheet families for use in rechargeable lithium ion batteries. *Nano Lett.*, 8, 2277, 2008.

[69] Wang, G., Wang, B., Wang, X., Park, J., Dou, S., Ahn, H., Kim, K., Sn/graphene nanocomposite with 3D architecture for enhanced reversible lithium storage in lithium ion batteries. *J. Mater. Chem.*, 19, 8378, 2009.

[70] Abouimrane, A., Compton, O. C., Amine, K., Nguyen, S. T., Non – annealed graphene paper as a binder – free anode for lithium – ion batteries. *J. Phys. Chem. C*, 114, 12800, 2010.

[71] Zhu, N., Liu, W., Xue, M. Q., Xie, Z. A., Zhao, D., Zhang, M. N., Chen, J. T., Cao, T. B., Graphene as a conductive additive to enhance the high – rate capabilities of electrospun $Li_4Ti_5O_{12}$ for lithiumion batteries. *Electrochim. Acta*, 55, 5813, 2010.

[72] Yoo, E. J., Kim, J., Hosono, E., Zhou, H. – S., Kudo, T., Honma, I., Large reversible Li storage of graphene nanosheet families for use in rechargeable lithium ion batteries. *Nano Lett.*, 8, 2277, 2008.

[73] Guo, P., Song, H., Chen, X., Electrochemical performance of graphene nanosheets as anode material for lithium – ion batteries. *Electrochem. Commun.*, 11, 1320, 2009.

[74] Wang, G., Shen, X., Yao, J., Park, J., Graphene nanosheets for enhanced lithium storage in lithium ion batteries. *Carbon*, 47, 2049, 2009.

[75] Lian, P., Zhu, X., Liang, S., Li, Z., Yang, W., Wang, H., Large reversible capacity of high quality graphene sheets as an anode material for lithium – ion batteries. *Electrochim. Acta*, 55, 3909, 2010.

[76] Wu, Z. – S., Ren, W., Xu, L., Li, F., Cheng, H. – M., Doped graphene sheets as anode materials with super high rate and large capacity for lithium ion batteries. *ACS Nano*, 5, 7, 5463, 2011.

[77] Li, X., Geng, D., Zhang, Y., Meng, X., Li, R., Sun, X., Superior cycle stability of nitrogen – doped graphene nanosheets as anodes for lithium ion batteries. *Electrochem. Commun.*, 13, 822, 2011.

[78] Li, N., Chen, Z., Ren, W., Li, F., Cheng, H. – M., Flexible graphene – based lithium ion batteries with ultrafast charge and discharge rates. *PNAS*, 109, 43, 17360, 2012.

[79] Kheirabadi, N. and Shafiekhani, A., Graphene/Li – ion battery. *J. Appl. Phys.*, 112, 124323, 1 – 5, 2012.

[80] Hassoun, J., Bonaccorso, F., Agostini, M., Angelucci, M., Grazia Betti, M., Cingolani, R., Gemmi, M., Mariani, C., Panero, S., Pellegrini, V., Scrosati, B., An advanced lithium – ion battery based on a graphene anode and a lithium iron phosphate cathode. *Nano Lett.*, 14, 4901, 2014.

[81] Fu, C., Song, C., Liu, L., Xie, X., Zhao, W., Synthesis and properties of nitrogen – doped grapheme as anode materials for lithium – ion batteries. *Int. J. Electrochem. Sci.*, 11, 3876 – 3886, 2016.

[82] Cheng, Q., Okamoto, Y., Tamura, N., Tsuji, M., Maruyama, S., Matsuo, Y., Graphene – like – graphite as fast – chargeable and high – capacity anode materials for lithium ion batteries. *Sci. Rep.*, 7, 14782, 1 – 14, 2017.

[83] Yu, A., Park, H. W., Davies, A., Higgins, D. C., Chen, Z., Xiao, X., Free – standing layer – by – layer hybrid thin film of graphene – MnO_2 nanotube as anode for lithium ion batteries. *J. Phys. Chem. Lett.*, 2, 1855, 2011.

[84] Xing, L., Cui, C., Ma, C., Xue, X., Facile synthesis of α – MnO_2/graphene nanocomposites and their high performance as lithium – ion battery anode. *Mater. Lett.*, 65, 2104, 2011.

[85] Zhang, Y., Liu, H., Zhu, Z., Wong, K. – W., Mi, R., Mei, J., Lau, W. – M., A green hydrothermal

approach for the preparation of graphene/α – MnO_2 3D network as anode for lithium ion battery. *Electrochim. Acta*,108,465,2013.

[86] Chen,J.,Wang,Y.,He,X.,Xu,S.,Fang,M.,Zhao,X.,Shang,Y.,Electrochemical properties of MnO_2 nanorods as anode materials for lithium ion batteries. *Electrochim. Acta*,142,152,2014.

[87] Kim,S. J.,Yun,Y. J.,Kim,K. W.,Chae,C.,Jeong,S.,Kang,Y.,Choi,S. Y.,Lee,S. S.,Choi,S.,Superior lithium storage performance using sequentially stacked MnO_2/reduced grapheme oxide composite electrodes. *Chem. Sus. Chem.*,8,1484,2015.

[88] Wen,K.,Chen,G.,Jiang,F.,Zhou,X.,Yang,J.,A facile approach for preparing MnO_2 – grapheme composite as anode material for lithium – ion batteries. *Int. J. Electrochem. Sci.*,10,3859,2015.

[89] Jiang,Y.,Jiang,Z. – J.,Chen,B.,Jiang,Z.,Cheng,S.,Rong,H.,Huang,J.,Liu,M.,Morphology and crystal phase evolution induced performance enhancement of MnO_2 grown on reduced graphene oxide for lithium ion batteries. *J. Mater. Chem. A*,4,2643,2016.

[90] Weng,S. – C.,Brahma,S.,Chang,C. – C.,Huang,J. – L.,Synthesis of MnOx/reduced grapheme oxide nanocomposite as an anode for lithium – ion battery. *Ceram. Int.*,43,50,2017.

[91] Hou,C. – C.,Brahma,S.,Weng,S. – C.,Chang,C. – C.,Huang,J. – L.,Facile,low temperature synthesis of SnO_2 – RGO nanocomposite as negative electrode materials for lithium – ion batteries. *Appl. Surf. Sci.*,413,160,2017.

[92] Wu,Z. – S.,Ren,W.,Wen,L.,Gao,L.,Zhao,J.,Chen,Z.,Zhou,G.,Li,F.,Cheng,H. – M.,Graphene anchored with Co_3O_4 nanoparticles as anode of lithium ion batteries with enhanced reversible capacity and cyclic performance. *ACS Nano*,4,6,3187,2010.

[93] Lai,L.,Zhu,J.,Li,Z.,Yu,D. Y. W.,Jiang,S.,Cai,X.,Yan,Q.,Lam,Y. M.,Shen,Z.,Lin,J.,Co_3O_4/nitrogen modified graphene electrode as Li – ion battery anode with high reversible capacity and improved initial cycle performance. *Nano Energy*,3,134,2014.

[94] Dou,Y.,Xu,J.,Ruan,B.,Liu,Q.,Pan,Y.,Sun,Z.,Dou,S. X.,Atomic layer – by – layer Co_3O_4/graphene composite for high performance lithium – ion batteries. *Adv. Energy Mater.*,6,1501835,2016.

[95] He,J.,Liu,Y.,Meng,Y.,Sun,X.,Biswas,S.,Shen,M.,Luo,Z.,Miao,R.,Zhang,L.,Mustain,W. E.,Suib,S. L.,High – rate and long – life of Li – ion batteries using reduced graphene oxide/Co_3O_4 as anode materials. *RSC Adv.*,6,24320,2016.

[96] Jing,M.,Zhou,M.,Li,G.,Chen,Z.,Xu,W.,Chen,X.,Hou,Z.,Graphene – embedded Co_3O_4 rose – spheres for enhanced performance in lithium ion batteries. *ACS Appl. Mater. Interfaces*,9,9662,2017.

[97] Zhu,X.,Zhu,Y.,Murali,S.,Stoller,M. D.,Ruoff,R. S.,Nanostructured reduced graphene oxide/Fe_2O_3 composite as a high – performance anode material for lithium ion batteries. *ACS Nano*,5,4,3333,2011.

[98] Wang,G.,Liu,T.,Luo,Y.,Zhao,Y.,Ren,Z.,Bai,J.,Wang,H.,Preparation of Fe_2O_3/grapheme composite and its electrochemical performance as an anode material for lithium ion batteries. *J. Alloys Compd.*,509,L216,2011.

[99] Lin,J.,Raji,A. – R. O.,Nan,K.,Peng,Z.,Yan,Z.,Samuel,E. L. G.,Natelson,D.,Tour,J. M.,Iron oxide nanoparticle and graphene nanoribbon composite as an anode material for high – performance Li – ion batteries. *Adv. Funct. Mater.*,24,2044,2014.

[100] Cai,J.,Zhao,P.,Li,Z.,Li,W.,Zhong,J.,Yub,J.,Yang,Z.,A corn – inspired structure design for an iron oxide fiber/reduced graphene oxide composite as a high performance anode material for Li – ion batteries. *RSC Adv.*,7,44874,2017.

[101] Zhu,X.,Jiang,X.,Chen,X.,Liu,X.,Xiao,L.,Cao,Y.,Fe_2O_3 amorphous nanoparticles/grapheme composite as highigh – performance anode materials for lithium – ion batteries. *J. Alloys Compd.*,711,15,2017.

第12章 石墨烯/二氧化钛纳米复合材料的合成、表征及太阳能电池应用

Chin Wei Lai, Foo Wah Low, Siti ZubaidahBinti Mohamed Siddick, Jo on Ching Juan

马来西亚吉隆坡,马来亚大学(UM)纳米技术与催化研究中心(NANOCAT)

摘要 可再生太阳能电池是可持续能源发展的重要目标,在能源系统中,太阳能不仅取之不尽而且无污染。目前,纳米材料广泛应用于太阳能电池相关技术,包括光伏和染料敏化太阳能电池(dye-sensitized solar cell,DSSC)系统。常用的纳米材料有金属氧化物、有机物基材料和聚合物基材料。这些纳米材料在实际应用中最需要注意的问题是其高复合损耗、低光转换效率和毒性,这限制了其应用。考虑到性能和成本,为了使更多的太阳能相关技术有效用于商业,有必要对高效可再生能源太阳能电池系统的开发开展大量研究。近年来的研究表明,石墨烯是一种具有独特性能且相对新颖的材料,可应用于光电阳极/对电极元件,如高效电极。实际上,石墨烯原子厚度的二维结构可使相应的太阳能电池在应用中具有非常高的导电性、重复性、生产力并延长寿命。通过加入合适含量的光催化剂,可以进一步改善石墨烯的结构和电学性能,以便用于高效可再生能源太阳能系统。在光催化领域,二氧化钛(titanium dioxide,TiO_2)由于其独特的特性,如耐腐蚀性高、无毒、光催化性能好、易获得等,已成为太阳能电池应用中的高效光催化剂。然而,石墨烯/TiO_2 纳米复合材料(nanocomposite,NC)作为光电阳极/对电极需要发挥高效率,这就要求有一个合适的结构,可以使纳米结构连接处的电子损耗最小化并最大限度地吸收光子。值得注意的是,石墨烯/TiO_2 NC基的光电阳极/对电极有利于光子吸收、电荷分离和电荷载流子传输。本章将详细介绍 Gr/TiO_2 NC 的不同合成策略和表征分析,以及它在太阳能电池相关应用中的前景。事实上,创新的方法和高质量石墨烯/TiO_2 NC 的合成对于确定该材料在太阳能电池相关应用中作为高效光电阳极/反电极的潜力至关重要。

关键词 Gr/TiO_2 纳米复合材料,可再生太阳能电池,光电阳极/对电极,光子吸收,光转换效率

12.1 引言

目前对化石燃料的能源需求越来越大,这可以从化石燃料生产能源的增长趋势中看出。事实上,利用不可再生资源的主要问题是可能带来许多与燃烧化石燃料有关的环境

和公共卫生风险,其普遍和潜在不可逆转的最严重后果是全球变暖。因此,许多科学家一直在进行研究,希望获得最佳解决方案,以保障未来能源管理,并确保可获得能源来产生足够的电力[1]。目前看来,人类终于意识到了有必要大规模转向可再生能源或环保能源,且必须降低对化石燃料的依赖程度[2-3]。在所有可再生能源中,最容易开发的是太阳能,其取之不尽且安静,并且可以适应多种应用[2]。在这种情况下,阳光是一种潜在的能量,可以利用它收集太阳的能量,并将它用于光伏技术工业中来发电。典型的光伏系统在大面积应用中具有许多吸引人的特性,包括较少的二次污染贡献、无核废料副产品、不可穷竭性,以及无温室气体副产品[3]。1839 年,Antoine - Cesar Becquerel 发现了光伏效应。他发现落在电解质溶液中固体电极上的光产生了一种现在称为光电效应的现象,即电子从电极表面释放[4]。然后,Albert Einstein 在 1905 年初明确报道了光电效应,即电子从电磁辐射吸收能量后,再从物质中发射出来[5]。

  贝尔实验室在 1954 年展示了第一个实用的硅太阳能电池,称为第一代 p - n 结光伏太阳能电池。使用的光伏电池材料主要有单晶硅和掺杂其他材料的多晶硅,它们在光吸收效率方面各不相同。单晶硅太阳能电池板由最高等级的硅制成,因此它的效率最高。单晶硅太阳能电池板的效率一般为 15% ~ 20%。然而,单晶硅太阳能电池板最昂贵。从经济的角度来看,由多晶硅制成的太阳能电池板不失为一个更好的选择[5]。1954 年,Hoffman 采用非晶硅(amorphous silicon,A - Si)、碲化镉(cadmium telluride,CdTe)、亚硒酸铜铟镓(copper indium gallium selenite,CIGS)等非晶硅多晶复合半导体来制成商用光伏电池,进一步提高了光伏电池的效率,这种电池称为第二代光伏电池。第三代光伏电池是非晶态或薄膜太阳能电池,由三种薄膜电池结构组成,即单结、双结和多重结,可以 p - i - n 结的数目来区分它们。为了进一步提高薄膜太阳能电池的效率,将潜在材料制备成薄膜可以便于集成,研究人员已经对此进行了广泛研究和探索[8-9]。一般来说,第一代和第二代太阳能电池都是从半导体材料中获得的。同时,第三代太阳能电池有可能克服单带隙太阳能电池的 31% ~ 41% 的 Shockley - Queisser 功率效率极限。第三代太阳能电池还包括昂贵的高性能实验性多结太阳能电池,其在太阳能电池性能方面保持着世界记录。

  事实上,第三代太阳能电池包括染料敏化太阳能电池(dye - sednsitized solar cell,DSSC)、异质结太阳能电池、聚合物太阳能电池和量子点。然而,这种新型的量子点在太阳能电池上的应用还处于初期研究阶段。因此,DSSC 已经成为"简单和廉价"的太阳能电池,人们认为这是可行的省钱又环保的可再生能源技术选项,可取代传统的太阳能电池技术而推广[6]。Michael Grätzel 和 Brian O'Regan 利用纳米结构电极的结合和通过注入商业染料产生的高效电荷传输,首先发明了 DSSC[7-8]。DSSC 设备使用了薄纳米晶介孔 TiO_2 薄膜,其在光照条件下具有增强的光催化活性。

  然后,在 DSSC 设备中,阳光被转化为电能[5,9-11]。通常,DSSC 设备由五个主要组件组成,包括透明导电氧化物(transparent conductive oxide,TCO)、光电阳极、染料、电解质和对电极[12-16]。当在 TiO_2/染料/电解质的界面上通过不同元件吸收光子并转移选定的电荷时,DSSC 设备可相应运行。换句话说,染料分子吸收光子,然后产生光致电荷载流子。同时,TiO_2 作为光致电荷穿越电解质的传输途径[17]。DSSC 设备的结构受到一系列电阻的阻碍,包括半导体/染料/电解质界面上以及对电极/电解质界面之间的离子扩散电阻。实际上,通过减小元件间的电阻,可以提高 DSSC 设备的效率。

事实上,相关人员专注于开发清洁、产量丰富、低成本、易于制造的第三代太阳能电池。然而,开发这类太阳能电池的主要挑战是其效率低、生产成本高、寿命短。理论上,一个成功的 DSSC 设备必须满足长期稳定性等要求,并且经过数百万次的催化循环,即激发、电荷注入和再生之后,还能保留功能。此外,DSSC 设备中各层材料的选择和结构对太阳能电池的可靠性和效率都有显著的影响。因此,Gr 的二维晶体薄膜作为一种新型材料,具有优异的导电性能和导热性能、较高的机械强度、较大的活性表面积和显著的高电荷迁移率。然而,在实际应用中,采用溶液处理(Hummer 方法)制备的 Gr 薄膜含有许多晶格缺陷和晶界,它们可作为复合中心,显著降低材料的导电性能。此外,Gr 薄膜只能从太阳光中吸收 2.3% 的可见光。因此加入适当含量的 TiO_2 纳米粒子,可以进一步改善 Gr 的结构和电学性能,这能获得高光活性电极,从而进一步提高光转换效率和光致电荷载流子的迁移。事实上,DSSC 设备的两个主要部分起了重要的作用,在此敏化剂吸收光从而激发电子,电子随后迁移到产生电流的电极上,光电阳极成为电子传输的路径[17]。事实上,在生产高效率 DSSC 设备的过程中,光电阳极的制造是一个相对重要的方面[18]。

12.2 太阳能电池的历史

几个世纪以来,人类一直在试图找到另一种发电方法,并确保能源的供应[1]。随着能源需求逐年增加,能源支配着经济增长,能源专家预测到 2050 年,世界需要 30TW 电能才能维持能源生产的稳定[19]。取代现有能源的最大挑战是能源消耗主要依赖化石燃料[20]。化石燃料能源面临的问题是,持续的消耗导致资源消耗,以及其对环境会产生有害影响,而且它是不可再生能源[21]。人们正在研究更多的可替代潜在能源,如核能、核裂变和太阳能电池等。我们面临的挑战是找到一种可持续的能源,且这种能源应是一种丰富、清洁、低成本的可再生资源[22]。

太阳能/阳光能是最主要的可利用丰富能源,其对下一代的生存有着重要影响,特别是在马来西亚。因此,相关人员开发出来可以利用太阳的能量并产生电能的光伏电池[22]。1954 年贝尔实验室首次生产了硅太阳能电池,称为第一代太阳能电池,即指 p-n 结光伏电池。光伏电池(photovoltaic,PV)由掺有其他材料的单晶硅和多晶硅制成。单晶硅记录了第一代太阳能电池的最高效率,但由于这种电池制造成本高和成分复杂,因此其并没有广泛推广[5]。1954 年,Hoffman 发明了一种方法,使用非晶态多晶复合半导体,如非晶态硅(amorphous silicon,A-Si)、碲化镉(cadmium telluride,CdTe)、化铜铟镓(copper indium gallium selenide,CIGS)等来提高 PV 电池效率,这种电池称为第二代 PV 设备[5]。薄膜光伏电池由三种薄膜电池结构(单结、双结、多结)组成,并由 p-i-n 结数来区分这三种结构。为了提高薄膜太阳能电池的效率,人们在薄膜材料的沉积过程中采用了多种工艺,这将使这种电池的制造和生产成本更加昂贵[5,12]。CdTe 薄膜 PV 是最昂贵的薄膜候选材料。第一代和第二代太阳能电池基本上都是由半导体材料制成的。然后,为了优化设备效率,特别是降低设备生产成本,研究人员引入了第三代太阳能电池。

1839 年,当 Antoine-CesarBecquerel[4] 观察到光照射到电极时产生了电压,他通过固体电极在电解质溶液中的光伏效应,发明了第一个太阳能电池[4]。光伏电池具有许多吸引人的特性,例如不会造成二次污染、无核废料副产品,且它取之不尽,也不会产生温室副产品[3]。Albert Einstein 在 1905 年初报道了光子吸收产生的光电效应,凭此他在 1921 年获得了诺贝尔奖[5]。第一代太阳能电池收集的是清洁和丰富的能源。第一代太阳能电池以硅材料为基础制成[20]。此外,第二代太阳能电池由薄膜材料制成,如碲化镉和硒化铜铟[20]。DSSC 是第三代太阳能电池,它更侧重于比较 DSSC 系统发电的环境[20]。太阳能电池的代际分类如图 12.1 所示。

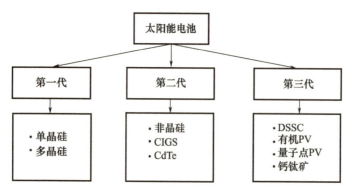

图 12.1　太阳能电池的历史及每一代太阳能电池

Michael Gratzel 和 Brian O'Regan 通过结合纳米结构电极和高效电荷注入染料,于 1991 年[8,23]发明了 DSSC[8]。他们采用纳米晶介孔 TiO_2 薄膜,并强化海绵状结构的光吸收,从而将光吸收强度提高 11%。将 TiO_2 用染料敏化剂浸泡后,发现在 DSSC 中阳光转化为离子染料敏化剂的化学反应,这与光合作用过程相似,称为人工光合作用。阳光向能量的转换产生了光电学原理[23]。相关人员发现光能被捕获并转化为电能,这为科学家和研究人员寻找替代能源带来了许多有用的主意。

太阳电池可再生能源是一种取之不尽、无污染的能源,是可持续能源发展的重要组成部分。考虑到这一事实,相关人员已经进行了大量的研究工作,从自然资源中产生绿色和可再生能源,目的是创造一个与自然和谐发展和提高生活质量的可持续环境。然而,将阳光转化为电能,使其产生一种可再生能源,这是一种更可控、更有用的能源形式,同时又要将成本保持在较低的水平,这仍然是最大的挑战之一。

一般来说,染料敏化剂和光电阳极是 DSSC 的两个主要组成部分。敏化剂吸收光以此激发电子;电子随后迁移到电极上产生电流;光电阳极成为电子传输的路径。近年来,相关人员广泛研究了自然资源,希望将其作为替代传统材料的低成本和环保材料。研究染料敏化剂和光电阳极结构是重要的工作之一,因为它们有助于提高设备的效率。事实上,必须选择光电负极材料才可以确保 DSSC 器件的良好结晶度和半导体性能[19]。

近年来,廉价而丰富的还原氧化石墨烯在 DSSC 领域的应用引起人们巨大的研究兴趣,人们在此研究中将其作为一种光电阳极增强器。为了使可再生能源达到商业应用的程度,近年来相关人员在发展高效太阳能电池,特别是 DSSC 的混合半导体/光电电极方面进行了大量的研究工作。在本研究中,基本上以 N719 工业染料、红色花青素染料和绿色叶绿素染料为 DSSC 的光敏剂。此外,研究人员对从自然资源中获得的染料进行了广泛的研究,如 DSSC 的花色素苷和叶绿素光敏剂等,因为其吸收系数大、光照效率高、成本低和环保[18,24-25]。这一突破引起了世界各国科学家和研究人员对还原氧化石墨烯-TiO_2半导体氧化物改性的研究兴趣,并使光电阳极成为 DSSC 应用中的重要组成部分。

12.3 染料敏化太阳能电池的结构和工作方式

染料敏化太阳能电池(DSSC)是一种光电器件,其性能取决于其物理和化学特性,与其他光伏电池略有不同。它结合了液相和固相材料的操作,产生电流-电压密度。在现实生活中,DSSC 的工作原理类似于光合作用,它吸收光获取能量并激发电子。DSSC 由被两块导电透明玻璃(主要是 ITO/FTO 玻璃)夹在一起的单层组件组成[26]。如图 12.2 所示,典型的 DSSC 由透明阴极(例如 FTO)、高性能多孔半导体(石墨烯和 TiO_2 纳米晶的复合材料)、具有浸染层的染料(例如,钌吡啶染料/有机染料)、含有氧化还原对的电解质溶液(如碘/三碘 I^-/I_3^-)以及对电极(例如铂片)组成[12,26]。在半导体中,TiO_2 作为电子受体;碘/三碘的氧化还原反应(电子给体和氧化)的电解质过程类似于水和氧光合作用。同时,多层结构 DSSC 共同作用,提高光吸收和电子收集效率,这与类囊体膜在光合作用中的作用相同[8]。当设备从阳光/照明灯引入光子时,DSSC 的运行过程分为电荷分离过程和电荷收集过程。

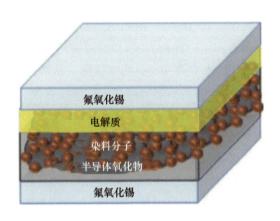

图 12.2 DSSC 结构

透明导电膜(transparent conductive film,TCF)是一种透明电极,可以用于 DSSC 中,能最大限度地提高 DSSC 器件的透明度,保护材料的内层不受苛刻的化学和热处理影响。通常,行业标准 TCF 是铟锡氧化物(indium tin oxide,ITO)。ITO 玻璃增加的 R_{sh} 是 $5\Omega/sq$。然而,铟是一种不符合成本效益的稀土金属,ITO 玻璃与强酸不兼容,且在高温下不稳定,具有机械脆性[27-28]。氟氧化锡(fluorine tin oxide,FTO)玻璃由于其性能优良可作为替选,其在近 700℃ 的条件下可以克服苛刻的化学和高温处理影响。关于成本,FTO 玻璃的成本效益和耐久性比 ITO 玻璃更高[12,16,28]。

DSSC 的工作原理如图 12.3 所示:①染料分子首先从太阳辐射中获得高能光子,然后将电子释放到具有 TiO_2 纳米晶的石墨烯复合材料的导电带中;②注入的光致电子在传输到阴极之前,会移动到透明阳极并通过外部电路。

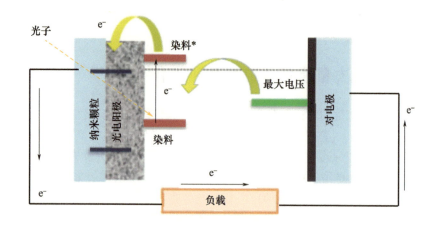

图 12.3　DSSC 的运行操作[29]

同时,染料分子通过将碘氧化为三碘(氧化还原反应),从而夺取电解质中碘的一个电子[8,14]。③然后通过将电子扩散到对电极(即阴极),让电子以一个循环通过外部电路,从而使三碘恢复其丢失的电子[13]。④DSSC 的对电极在电子注入后催化氧化还原对的还原。⑤电池产生的电压取决于照明,并显示出电子费米能级和电解质中的氧化还原电势的差异[8,14]。⑥通过完成此循环,该设备在不经历任何永久化学变化的情况下,从光线中产生电力。提出的这一项目显示了一种新方法,即通过使用 TiO_2 纳米复合材料还原氧化石墨烯纳米晶的改性光电阳极,来提高 DSSC 光电性能。从研究结果来看,DSSC 中的光伏性能与还原氧化石墨烯上 TiO_2 纳米晶的物理和化学特性有关。此外,在本项目中还将建立 TiO_2 纳米复合材料还原氧化石墨烯纳米晶的详细动力学机制。

半导体氧化物由于其大比表面积而具有吸收染料分子的能力。染料分子含有有效吸收光子的电子。该设备吸收进入光电阳极的光子,该过程将染料激发到电子激发态 S^*,并使电子处于半导体氧化物的导电带之上。上述半导体氧化物的状态称为未占用的最低分子轨道(lower unoccupied molecular orbital,LUMO)。在激发态下,染料敏化剂收集光子,产生从 HOMO 到 LUMO 的激发电子 S^*,光敏剂的 HOMO 水平和 LUMO 水平之间的能量差产生了 DSSC 中的光电流。

当被激发的电子注入导电带时,它导致光敏剂的空穴/氧化(表 12.1)。染料敏化剂的 LUMO 需要超过半导体氧化物的导电带,以便激发电子在动力学上倾向于半导体氧化物的导带,其中 LUMO 能量需要足够负。为了保证电子注入的有效性,半导体氧化层导电带和染料敏化层 LUMO 的实质性电子耦合需要与特定的锚定基团发生强电子相互作用。半导体氧化物的形貌起到了重要的作用,因为其有利于设备中的电子传输和粒子的连通性。其中一个重要的步骤是用再生碘化物 I^- 来取代激发 LUMO 的氧化染料。在持续产生电流的过程中,激发到半导体导带的染料在周围失去能量时,将还原回基态。电解质充当对电极和半导体氧化物光电电极的桥梁。I 离子氧化还原的目的是取代氧化染料中失去的电子。

表 12.1　DSSC 工作原理的详细方程[2,12,15,30]

S + 光子(hv) ⟶ S*	（光吸收）
S* ⟶ S$^+$ + e$^-$ TiO$_2$	（电子注入）
S$^+$ + I$^-$ ⟶ S	（染料再生）
I$_3^-$ + 2e$^-$（对电极）⟶ 3I$^-$	（氧化还原介体或还原）

在 DSSC 中，电荷转移能对纳米晶结构和电解质中的空穴转移做出很大的贡献。三碘化物和碘化物的氧化还原反应显示了电解质中的电荷转移。当电子从导电氧化层移动到外部加载并通过对电极时，来自对电极的电子将流向电解质，从而使得 I$_3^-$ 离子一直漂浮，直到电解质补偿丢失的电子。通过再生过程，电子被对电极催化从而迁移通过外部加载返回，使 I$_3^-$ 还原为 I$^-$。最终过程是照明产生电压的过程，这对应于半导体氧化物中电子费米能级和电解质氧化还原氧化电势[2,12,29-30]。

DSSC 等任何半导体器件的主要问题是电子复合。在 DSSC 反应中，主要是电荷分离和电子注入过程，可能发生复合和反作用。在 HOMO 能级到 LUMO 能级的染料激发会导致反作用，使得染料衰减或产生能量损失。然后在从染料激发态到导电带的电子注入中可能发生复合，因此需要电解质来克服这个问题。染料再生的速度需要保持为纳秒，以降低 DSSC 的复合过程。

12.3.1　透明导电膜

透明导电膜（transparent conductive film，TCF）是用于 DSSC 的透明电极，可以最大限度地提高 DSSC 设备的透明度，并保护材料的内层不受到苛刻的化学和热处理影响。通常，行业标准 TCF 是 ITO。ITO 玻璃增加 R_{sh}，达到 5Ω/sq。然而，铟是一种不符合成本效益的稀土金属，ITO 玻璃与强酸不兼容，在高温下不稳定，且具有机械脆性[27-28]。FTO 玻璃的化学性能使其可以克服严苛的化学处理和高达约 700℃ 的热处理的影响，因此用作替代材料。就成本而言，FTO 玻璃比 ITO 更具成本效益和耐久性[12,16,28]。

12.3.2　半导体膜电极

考虑到在太阳照射下使用微粒光催化剂的 DSSC 过程，用作半导体膜电极的材料必须满足以下几种功能要求：①带隙。电子带隙在大部分的太阳光谱中应该较低，这样就可以用于光激发。②电荷载流子运输。电荷载流子应该以最小的损失从大块氧化物材料运输到对电极，以获得高效率的 DSSC 的光伏特性。③稳定性。光催化必须稳定，能够防止电解质中的光腐蚀。

在本研究中，rGO-TiO$_2$ 作为 DSSC 光电阳极的潜在材料，这种材料的组成将提高染料敏化剂的导电性、缩短染料敏化剂的传递路径、增加染料敏化剂附着体的活性区、降低界面电阻，研究人员对这些方面进行了大量探索。典型的光电阳极膜由玻璃片制成，这种玻璃片是透明玻璃，具有导电氧化物的性质，称为透明导电氧化物（transparent conductive oxide，TCO）。DSSC 中使用的玻璃主要是 FTO 玻璃或 ITO 玻璃。基底的特征是需要允许光进入太阳能电池。半导体氧化物沉积到导电表面，使电子从薄膜移动到外部负载并进入对电极。为了提高 DSSC 的性能，理想的半导体氧化物必须满足这些特性：①透明度必须能增加染料的光吸收;②具有均匀纳米结构介观膜的高比表面积,能够达到最大限度的染料吸收;③电解质具有多孔表面;④针对半导体晶粒的快速电子传输[31]。

12.3.3 二氧化钛

半导体材料是 DSSC 光电阳极的主要成分。主要采用介孔氧化膜激活光电阳极特性,使敏化染料附着在介孔半导体表面。作为半导体的介孔材料是半导体氧化物材料的亮点。通常该材料是具有介观孔的纳米晶体阵列,可以作为染料附着点(活性区),并使得电子通过 DSSC。用作半导体氧化物的材料有:金属氧化物,如二氧化钛(TiO_2)、氧化锌(ZnO)或氧化锡(SnO_2);无机材料如碳纳米管、石墨烯或石墨[12,15,28,32]。1990 年,在 DSSC 的历史上,M. Gratzel 等进行了一次深入探索,他们成功地将 TiO_2 纳米粒子、电荷注入染料和电极结合起来,生产了第三代太阳能电池。为了使可再生能源达到商业化的目的,近来相关人员对开发高效太阳能电池的杂化半导体/光电电极进行了大量的研究,并发现它们对 DSSC 的性能产生了积极的影响。

由于纳米粒子半导体体积小,它可以为半导体提供较大的表面积和较高的孔隙率[33]。图 12.4 所示为 TiO_2 纳米粒子薄膜半导体的 FESEM 图像,该半导体的表面有 $10\mu m$ 厚、孔隙率约 50%,且它的区域表面有助于染料的吸收。半导体在 DSSC 系统中起着重要作用,特别是降低了电子复合速率。半导体材料应便于获取染料和电解质氧化还原的耦合,以用于 DSSC 的闭路系统[34]。通过研究,纳米粒子 DSSC 依赖于晶体和晶格的晶体学网络,通常晶体图案随机,并且会影响电子或光散射[33]。晶体结构会造成电子传递的限制,它将影响速率(变慢),特别是在波长较长的强光中。因此,复合过程效应会让电子运输需要更长的时间(毫秒级)才能到达接触区[35]。

图 12.4 沉积在 FTO 玻璃上的 TiO_2 纳米粒子 FESEM 图像
(a)TiO_2 形貌(低倍率);(b)FTO 横截面上的 TiO_2 纳米粒子[36]。

TiO_2 纳米晶分为几种晶相类型:锐钛矿、金红石和板钛矿。在 DSSC 中,锐钛矿和金红石是最常见的半导体氧化物类型。在低温下锐钛矿晶体呈金字塔形,并且具有稳定性。同时,金红石晶体呈针状,仅在高温过程中形成晶体[12]。锐钛矿的带隙略高于金红石的带隙,但在复合率方面,锐钛矿的复合率低于金红石相[2]。在 DSSC 中,锐钛矿 TiO_2 多形物作为半导体氧化物,比金红石更有效地满足电荷输运和电荷分离。相关人员已经证实,TiO_2 锐钛矿相具有较高的电传输性能,有利于运输电子以产生能量,这使其成为制备 DSSC 的优异材料[2]。由于 TiO_2 锐钛矿在紫外线照射下有机化合物的光催化降解程度较低,而 TiO_2 金红石相仅在近紫外波段吸收 4% 入射光,且带隙激发孔的存在降低了 DSSC 的稳定性[30],因此 TiO_2 金红石相不是优选,而 TiO_2 锐钛矿相广泛用作 DSSC 的光电阳极。

由于 TiO_2 性能优良,因此其被选作敏化光电化学的最佳光阳极。TiO_2 的优点之一是具有一个稳定的光电极,它在辐照下具有良好的化学稳定性且环保、廉价和来源广泛[12]。由于它具备一个很高的介电常数(锐钛矿相中 $c=80$),因此通过提供静电屏蔽,它能够在激发电子时减弱从染料注入的复合过程。TiO_2 的高折光率(锐钛矿反射指数为 2.5)有助于阳光在半导体中的有效漫散射。TiO_2 半导体的孔隙率是一个关键的特性,能够支撑染料分子,可以使半导体表面富含电子。染料分子用作敏化剂,涂在纳米晶 TiO_2 薄膜上,能够在该设备中将光子转化为受激电子,并产生电流。

通常,DSSC 光电阳极由形成介孔网络的厚 TiO_2 纳米粒子($10\sim15\mu m$)组成。厚介孔结构(图 12.4)有大表面积,能够作为染料分子在光电阳极中吸收的锚定点。以往的研究发现,TiO_2 的光电流密度对 DSSC 有显著的影响,但其巨大的带隙,导致了快速的复合速率。光电阳极的形貌(粒径、孔隙率、孔径和纳米结构)对调节光电特性具有重要作用。每个光电阳极的物理性能取决于涂层的性质,如各涂层的胶黏剂性质、溶剂、黏度等。

由于注入的电子在随机的胶体粒子基体和 TiO_2 颗粒边界中移动,因此发生了复合,从而产生一个随机的转移路径,然后发生了阱限制的扩散过程[37]。当光生电子在随机传输路径中运动时,会增加载流子的复合,从而降低 DSSC 的光电流效率。研究人员建议将高导电材料作为半导体氧化物的复合材料,这样有利于提高低光电电流密度电压。因此,还原氧化石墨烯作为一种低成本且容易获得的材料,引起了人们极大的研究兴趣。在 DSSC 中,光电阳极是 DSSC 必不可少的部分。

12.3.4 还原氧化石墨烯

近年来,为了提高材料性能和增强结构,以便提高 DSSC 的效率和稳定性,相关人员对 DSSC 进行了广泛研究。DSSC 的新奇之处在于它是一种从微电子技术向纳米技术过渡的分子装置[8]。为找到适用于 DSSC 的材料和设计,需要控制每个层。为了降低太阳能电池设备的成本,相关人员对低成本、高效的材料进行了深入研究。因此,低成本且丰富的可利用还原氧化石墨烯引起了研究人员的巨大兴趣[38-41]。Andre Geim 博士和 Konstantin Novoselov[42] 于 2004 年观察到碳纳米管在碳晶格平坦片上的重复特性,从而首次发现石墨烯[43]。

还原氧化石墨烯这样的杰出材料,被称为最薄和最强的材料,具有单层石墨结构和单原子厚度的蜂窝二维晶体结构,如图 12.5 所示[43]。还原氧化石墨烯是一种二维碳基材料,具有一层平坦的碳原子层,这使其成为纳米技术应用中一种简单的纳米结构材料[15,27,44-45]。还原氧化石墨烯以其独特的性能受到了广泛的关注,其在传感器、光电器件、纳米电子学和超级电容器等领域有着广阔的应用前景[46]。事实上,还原氧化石墨烯展示了其独特的电子[47]、电化学[47]和光学特性[48],以及令人惊叹的电荷载流子的高迁移率。此外,还原氧化石墨烯易于获得,且具有良好的柔韧性和透明度,可用作光电极[15]。还原氧化石墨烯的高导电性能和光学透明度的独特组合使其成为光伏太阳能电池应用的主要候选材料[40-41,49]。

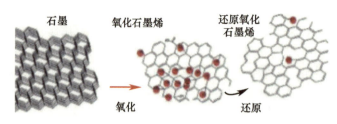

图 12.5　石墨到还原氧化石墨烯的还原过程

目前研究人员正在发展从块状石墨中生产氧化石墨烯(图 12.5)。在这种生产 GO 的方法中,石墨被强氧化剂和插层化合物(如 $KMnO$、H_2SO_4、HNO_3、$NaClO_2$)氧化。一些研究人员通过机械超声搅拌,使用剥离技术生产稳定的氧化石墨烯悬浮液,如 Tanaka 等[50-51]所示。氧化石墨烯的表面功能化对于控制表面行为非常重要,这样能使其用于不同的应用中。对氧化石墨烯进行功能化是有必要的,因为氧化石墨烯利用了弱相互作用,例如 π–π 相互作用和氧化石墨烯与分子的范德瓦耳斯力相互作用。通过化学还原氧化石墨烯,还原氧化石墨烯复合材料会更稳定,并且它可以生产功能化复合材料[27,40]。从氧化石墨烯变为还原氧化石墨烯,可以提供诸如导电性能、载流子迁移率、光带隙和热力学稳定性等结构变化,这有利于 Gr 基太阳能电池[15]。

还原氧化石墨烯的电子和光学性能取决于功能基团和结构缺陷的空间分布。相关人员采用了电化学、热学或化学合成等多种方法制备还原氧化石墨烯。用最简单的流程将氧化石墨烯还原到还原氧化石墨烯,如用化学方法还原氧化石墨烯。最常用的方法是用联氨蒸气作为氧化石墨烯的还原剂。选择简单的方法去生成还原氧化石墨烯至关重要。然而,在实践中,通过溶液工艺产生的还原氧化石墨烯薄膜含有晶格缺陷和充当复合中心的晶界,因此会显著降低材料的导电性能[52-53]。此外,还原氧化石墨烯只能从太阳光中吸收 2.3% 的可见光[41,49]。因此,为进一步改善还原氧化石墨烯的结构和电学性能,相关人员进行了持续努力,比如在高光敏电极上加载最佳含量的金属氧化物光催化剂[40,52]。

12.3.5　rGO–TiO_2 纳米复合材料

纳米结构的还原氧化石墨烯的 TiO_2 复合材料(NC)具有优异的性能,因此科学界对它的设计与开发拥有极大的兴趣,这种复合材料已经成为被研究最多的材料。在众多不同的金属氧化物光催化剂中,TiO_2 是最有潜力的候选材料,可以与石墨烯结合以提高性能以便用于众多不同的应用,如太阳能电池、氢转化催化剂、水处理等。究其原因,主要是由于 TiO_2 具有稳定的光催化和较大能量带隙、随机的孔隙率结构、低成本和无毒性、便于获取、光催化活性强、抗光腐蚀稳定性强等特点,且具有利于电子复合速率和抑制电子转移的陷阱态[12,54-55]。

TiO_2 与还原氧化石墨烯结合的一个重要原因是,TiO_2 具有较高的扩散系数,因此 TiO_2 结构由随机的钛晶粒组成,具有显著的孔隙率。当电子在钛晶粒上运动时,它可能由于随机和不协调的运动地点而失去其"能量"。还原氧化石墨烯具有高导电表面的平面二维结构,有利于超快电子的传输。但由于其扩散系数较低,因此还原氧化石墨烯捕获和吸收光的能力受到限制,从而导致染料的吸光能力较低。通过结合 TiO_2 和还原氧化石墨烯,材料变得稳定且具有杰出性能。但是，TiO_2 会使还原氧化石墨烯表面产生缺陷，从而增加材料的孔隙率和染料吸收的占位。这将有助于增强 DSSC 的 J_{SC}，并为光生电子创造运动空间[19,54]。

通过对石墨到氧化石墨烯和还原氧化石墨烯的还原过程进行化学控制，使得还原氧化石墨烯的化学性质得到了改善，并且由于其大厚径比而产生了显著的性能，从而提供了较低的渗滤阈值[28]。石墨烯是广泛应用于太阳能光伏组件的碳质材料之一，在本研究中确定了可以将还原氧化石墨烯加入 TiO_2 作为 DSSC 的光电阳极[47,49]。值得注意的是，还原氧化石墨烯具有匹配 TiO_2 的导电带，因此在还原氧化石墨烯和 TiO_2 表面之间可以形成电荷转移。此外，光致电子可以通过还原氧化石墨烯桥，从而将电子传递到电流收集器，而不是由于电荷复合消失到达 TiO_2 – TiO_2 晶界[28,56]。考虑到这些事实，结合 TiO_2 和还原氧化石墨烯制备 rGO – TiO_2 复合材料是一种替选方法，这种方法可以改善 DSSC 从光电阳极处的光诱导电子到电荷收集器电极的导电路径和光电流 – 电压密度。为了提高还原氧化石墨烯在光电阳极中的性能，需要使用还原氧化石墨烯材料，因为该材料具有最小的缺陷，可以有效地覆盖致密 TiO_2 颗粒。许多以前的研究记录了增加光电流方面的改善并阐明了增强的机理。表 12.2 所列为以前对 rGO – TiO_2 DSSC 性能的研究，这可以为定制一种简单且合适的方法提供参考，便于使用还原氧化石墨烯改进 DSSC 性能。在 DSSC 中，将还原氧化石墨烯与 TiO_2 复合材料作为光电阳极可以获得高效率，这要求有一个合适的结构，可以在纳米结构连接时使电子损耗最小化，并使光子吸收最大化[55,57]。为了进一步改善光致电荷载流子的迁移，必须努力提高可见光下 DSSC 的光转换效率。

从表 12.2 列出的先前所有研究来看，还原氧化石墨烯在 DSSC 设备中加速电子转移方面起了积极的作用，大多数的研究都表明，与纯 TiO_2 相比，J_{SC} 的性能得到改善。从图 12.6 可知，还原氧化石墨烯被作为桥接剂，因为还原氧化石墨烯的加入提高了电导率，可以加速电子从 TiO_2 转移到 FTO 玻璃，这将减少电子 – 空穴的复合[63-64]。在 TiO_2 中加入还原氧化石墨烯可以提高 DSSC 的性能，因此找到了一种简化、稳定的溶胶方法，可以有效地满足了 TiO_2 在还原氧化石墨烯片上涂层的要求，以此提高了光电阳极表面的形貌[67]。

表 12.2 以往对还原氧化石墨烯 – 二氧化钛复合材料在 DSSC 中性能的参考

作者/文献	石墨烯 DSSC	制备方法	参考单元	Gr DSSC		参考单元	
				J_{SC}/(mA/cm^2)	η/%	J_{SC}/(mA/cm^2)	η/%
Routh 等[58]	PHET 与接枝的 rGO	分子接枝	TiO_2	7.50	3.06	5.6	2.66
Sharma 等[59]	rGO – TiO_2 层	水热法和自旋涂层	TiO_2 层	10.95	5.33	9.97	4.18
Bonaccorso 等[60]	P25 – 石墨烯	非均相混凝	P25 电极	8.38	4.28	5.04	2.70
Kazmi 等[61]	石墨烯 – TiO_2(rGO)	声波降解法	纯 TiO_2	9.80	—	—	—
Zhang 等[62]	TiO_2 – G	合成	TiO_2	7.80	1.50	4.06	0.89
Wang 等[63]	TrGO 支架层	超声	TiO_2	7.60	2.8	5.0	1.8
Kim 等[64]	底层 T – CrGO	溶热	TiO_2	12.90	6.1	5.0	4.4

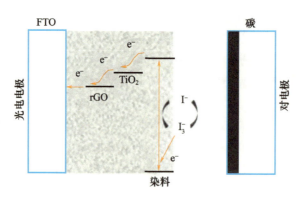

图 12.6　光电阳极中的电子流包含 rGO[63]

12.3.6　染料敏化剂

一般来说,染料敏化剂是 DSSC 的一个重要组成部分,敏化剂可以吸收光以此激发电子,然后电子迁移到产生电流的电极上。本研究中 DSSC 使用了两种不同类型的染料,并结合 rGO – TiO$_2$ 膜对此进行了研究。DSSC 中两种用途广泛的染料是金属复合染料和天然衍生物制成的染料。所采用的电荷转移敏化剂有偶联吡啶复合物、原叶绿素和原花色素苷。在传统 DSSC 中,标准染料为三(2,2′ – 联吡啶 – 4,4′ – 羧酸)钌(Ⅱ)(N3 染料)。钌复合物(Ru – 复合物)由于其高效率被称为最有效的敏化剂,我们可以测试该复合物的最大性能、良好的光电化学性能,以及在广泛可见范围内的强电荷转移[5]。然而,众所周知钌复合物并不环保,因为它们含有一种对环境有害的重金属[5,65]。此外,当水存在时,钌复合物倾向于降解。钌复合物有一个通式,即 $RuL_xL_y{'}SCN_z$,其中 L 和 L′ 是聚吡啶基配体,图 12.6 所示为含有配体的 N719 钌金属基复合物。复合 π^* 能级调谐(配体)吸收谱的共同改变,其中 π^* 能级能量和甲基/苯基倾向于增加金属对配体电荷转移(metal to ligand charge transfer,MCLT)的吸收[17]。

此外,由于天然来源的染料吸收系数大、采光效率高、成本低和环保,所以研究人员广泛研究了天然来源染料作为 DSSC 的光敏化剂[18,24-25]。相关人员对自然资源进行了广泛研究,以寻找可能的替代物,去替代以前使用过的昂贵而又不环保的染料化合物。许多天然色素或颜料来源于自然界,如花、树叶和细菌[30]。合成染料作为 DSSC 的染料敏化剂,可以产生较高的效率,但其也存在一定的局限性,如降解倾向、成本高、有毒材料的使用等。由于合成染料的局限性,目前人们正在寻找与生物相容的天然敏化剂作为替选。天然染料在 DSSC 的应用中具有很多优点,比如吸收系数大、易获取、丰富、环保、易于制备等[30]。植物色素可以表现出与阳光相互作用的电子结构,可以改变从植物组织传输或反射的波长。表 12.3 将色素分为四种不同类型。

因此,天然染料特别是青色素、叶绿素、花色素苷、胡萝卜素和黄酮类化合物已广泛用于 DSSC 中的敏化剂研究。从植物色素中提取天然染料,如图 12.6 所示,每种色素具有不同的分子结构和吸收光谱。最重要的是,色素的官能团必须与光电阳极表面相互作用。本研究从露兜树叶(露兜树属)中提取绿色叶绿素,将其作为绿色叶绿素染料,并提取桑树(桑属)中的红色花色素苷染料素,如图 12.7 所示。具体来说,叶绿素可以归类为一种独特的色素,因为它可以进行光合作用,将光能转化为植物中的转导能。另外,叶绿素(两种复合色素的混合物,即叶绿素 a 和 b)由于其吸收蓝光和红光的倾向,成为 DSSC 中很有吸引力的敏化剂。另外,由于叶绿素损耗低、制备简便、环保,许多研究工作都注重从叶绿素中制备卟啉型有机染料(图 12.8)。

表 12.3 植物色素类型

色素	通用类型	来源
甜菜素	甜菜红素 甜菜黄素	石竹属和部分真菌
类胡萝卜素	类胡萝卜素 叶黄素	光合植物和细菌 一些鸟、鱼和甲壳类动物食物残渣
叶绿素	叶绿素	所有的光合植物
黄酮类	花色素苷 橙齿菌 查尔酮 黄酮醇 原花色素苷	广泛分布和常见的植物包括被子植物、裸子植物、蕨类植物和苔藓植物

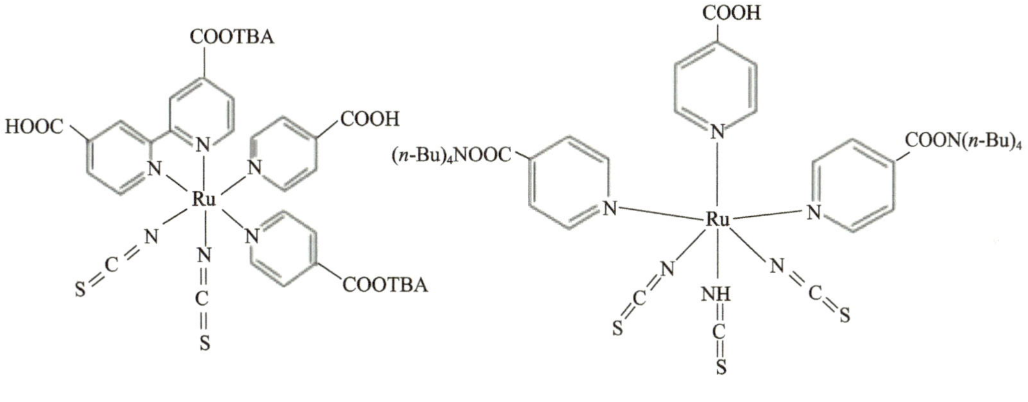

图 12.7 钌金属基复合物 N719[5,17]

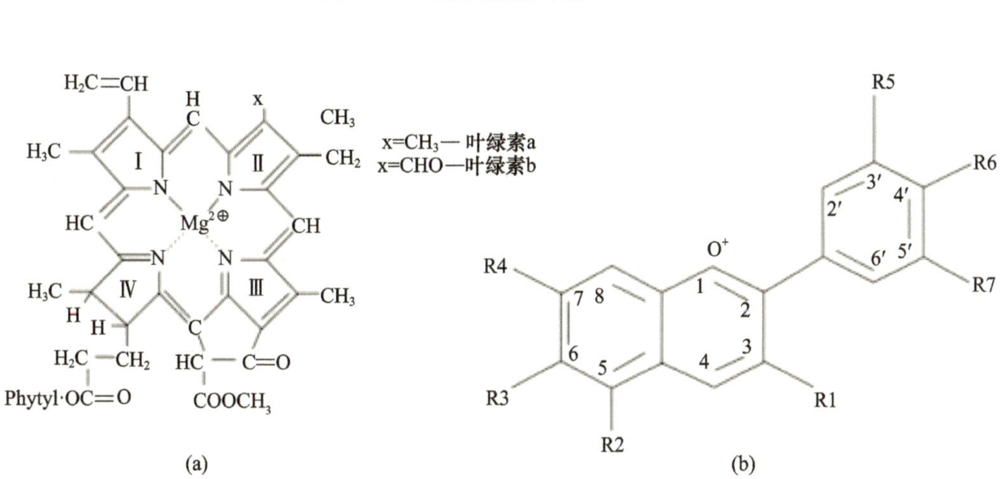

图 12.8 (a)叶绿素 a 和 b 的化学结构,(b)花色素苷的化学结构[30]

花色素苷是一种红蓝植物色素,产量丰富,每年可获得约 10^9 t[66]。目前文献已报道了 17 种花色素苷,按糖分子的数量分类,如二糖苷、单糖苷、三糖苷等。花色素苷存在于植物的花、叶、果以及某些苔藓或蕨类植物中,花色素苷有许多诱人颜色,如猩红色和蓝色[30]。植物中花色素苷的数量决定了叶绿体中光的数量和质量的变化。在花中常见的花色素苷有天竺葵色素(橙色)、矢车菊色素(橙红色)、翠雀花色素(蓝色-红色)、牵牛花色素(蓝色-红色)和锦葵色素(蓝色-红色)。花色素苷在 DSSC 中的另一个优势是它含有一个可以与半导体薄膜表面结合的羟基和羰基,这将减轻从花色素苷分子到半导体氧化物导电带的电子激发和转移。这种结合使电子从花色素苷分子转移到 TiO_2 传导带。花色素苷分子有利于有机太阳能电池,因为它具有吸收光的能力,并能将其转化为激发电子。

目前在 DSSC 中使用的天然染料数据见表 12.4。通过对 DSSC 条件的各种研究得到了数据,并用不同的方法提取了天然染料。叶绿素和花色素苷作为天然光敏剂是可持续资源,能大量使用。为了便于商用,制备高效的敏化剂需要快速提取纯化方法。通过探索和改变天然染料,有望为 DSSC 群体带来新的发现。

表 12.4 用于 DSSC 的天然染料

植物源	结构	光阳极区/cm^2	J_{SC}/(mA/cm^2)	V_{OC}/mV	η/FF	提取法
金樱子	花色素苷	1	0.637	492	—/0.52	分级萃取
黑米	花色素苷	1	1.142	551	—/0.52	分级萃取
海带	叶绿素	1	0.433	441	—/0.63	分级萃取
山竹果皮	—	0.2	2.69	686	1.17/0.63	萃取物
菠菜	改良叶绿素/新黄素	—	11.8	550	3.9/0.60	分离化合物
菠菜	改性叶绿素/β-胡萝卜素	—	13.7	530	4.2/0.58	分离化合物
桑树	—	—	0.86	422	Na/0.61	萃取物
吊竹梅	花色素苷	—	0.63	350	0.23/0.55	乙醇提取物
龙船花属	花色素苷	—	6.26	351	0.96/0.44	乙醇提取物
齿叶景天+仙丹花	花色素苷	—	6.26	384	1.13/0.47	混合乙醇提取物
齿叶景天+仙丹花	花色素苷	—	9.80	343	1.55/0.46	连续层乙醇提取物

12.3.7 液体电解质

DSSC 的核心是在液体电解质之间形成的连接结,可以用于半导体电极和对电极之间的相互作用。对电极中的催化活性需要有效地还原三碘化物,并持续地帮助染料分子再生[3,15]。电解质有助于 DSSC 中的再生过程,通过贡献电解质的氧化还原介质中的基态电子,它可以填充染料敏化剂中的空穴(氧化态),并作为对电极和金属氧化物之间的介质,以减少染料氧化,并加快电荷载流子的扩散,以便在光照条件下维持能量转换。为了在任何操作条件下保持高导电表面积,来自溶解在液相中的导电盐的阳离子的离子屏蔽增加了 DSSC

无孔结构的表面积。在高度界面接触下,同一相的电荷载流子迅速被分离成不同的相[3]。

选择液体电解质是因为它能有效地解决 DSSC 异构变换器中电中性的问题。DSSC 中液体电解质的演化始于金属盐基液体电解质,然后发展为离子液体,最后发展为金属盐和离子液体的组合物,如碘/三碘作为 DSSC 中的氧化还原偶。三碘化物在 DSSC 中具有显著的特性,可以作为设备系统中各个元件的支撑系统,例如:①I^-碘有效统一染料敏化空穴的再生;②液体电解质的复杂多电子转移机制减缓了 TiO_2 对 I_3^- 的反作用;③I^-/I_3^- 具有很高的扩散系数,并且它是小分子且具有高溶解度,可以使得浓度最优化,从而达到溶解度或扩散极限;④它具有很低的光吸收率,可以减少与染料的竞争;⑤I^-/I_3^- 氧化偶很稳定,在操作条件下不会分解[3]。

图 12.9 所示为 DSSC 的电子动力学,即 TiO_2 导电带以飞秒速度发生电子注入,其速度快于电子与 I_3^- 的复合,以及与半导体中氧化染料结合的注入电子与 I^- 发生反应。I_3^- 离子在多孔半导体 TiO_2 氧化物上的扩散系数为 $7.6 \times 10^{-6} cm^2/s$[29]。电解质中 TiO_2 的准费米水平和氧化还原电势之间的差异决定了 DSSC 中产生的最大电压。腐蚀限制了 DSSC 获得较高的开路电压,因此,加入添加剂来改变所引入的碘化物浓度,如 4-叔丁基吡啶(4-tert-butylpyridine,4TBP)(在研究中使用)、全硫氰酸盐和甲基苯并咪唑(methyl benzimidazole,MBI)[29]。许多研究都致力于提高氧化还原电势的性能和有效性,如染料敏化氧化电势与氧化还原电势的匹配,以减少染料再生过程中的能量损失,事实上它可以达到 1V 的高开路电压[29]。

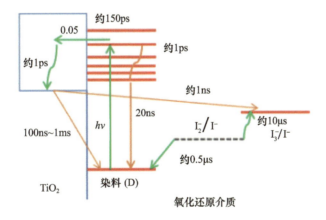

图 12.9　DSSC 的电子与 I_3^-/I^- 氧化还原介质的动力学[29]

12.3.8　负极电极

负极电极在 DSSC 中的主要角色是催化 I^- 从氧化还原偶的 I_3^- 中再生,以帮助染料的再生。纳米结构在负极电极中起着至关重要的作用,特别是其形貌,能够决定 DSSC 设备性能。对电极还在整个太阳能电池设备上携带光电流。因此对电极必须具有良好的导电能力,并具有较低的过电压。最常见的负极电极类型是铂(Pt),它可以:

(1) 作为电子从外部加载到电解质的收集中心;

(2) 以及作为催化剂,促进 I^- 到 I_3^- 的氧化还原介体的再生过程。

铂由于对 I^-/I_3^- 电极具有良好的光催化活性和良好稳定性而被广泛使用。通过将昂贵的铂精细分散在导电基底上，如 ITO -、FTO - 和 SnO_2 - 涂层玻璃，可以使所需数量一直保持较低，小于 $0.1g/m^2$。通常铂加载的 FTO 玻璃可以作为 DSSC 的对电极。然而，铂是一种地球上稀有而昂贵的金属，一些研究人员报告说，通过与含有 PtI_4 电解质形式的三碘产生反应，铂会产生腐蚀现象[68]。暴露于染料溶液会使铂的催化活性降低，这可能是由于吸附染料对铂表面的阻碍。有人担心通过氧化及与 I^-/三碘化物和 I_3^- 等碘化物的复合化，比如与 H_2PtI_6 的复合化，少量铂可能在电解质中溶解[69]。然而，如果微量铂在电解质中溶解，它将缓慢地重新沉积在 TiO_2 层上，并通过在光电极上催化三碘化还原产生短路。

广泛用作阴极/对电极的是碳而不是铂，因为碳是一种低成本的材料，具有足够的导电性和耐热性以及抗腐蚀性和电催化活性。碳质材料具有高导电性能、耐三碘氧化腐蚀、成本低等特点，在取代铂方面引起了人们的兴趣。1996 年，Kay 等[69]报道采用炭黑作为对电极，它显示了 6.7% 的转化效率。此后，碳质材料如炭黑、石墨、碳纳米管、活性炭等已成为对电极的替代候选材料。

导电碳膏(conductive carbon, CC)是一种导电油墨，由非金属导电碳粒和热塑性树脂制成。薄膜在热固化后不易氧化，具有良好的耐酸、耐碱和耐溶剂性[70]。通过添加约 20% 的炭黑，可显著提高对电极中三碘化物还原的催化活性和导电性能[69]。由于炭黑表面积较大，催化活性得到增加，而导电性能的提高是由石墨片与较小的炭黑团聚体之间的大孔隙被部分填充所致。导电炭作为一种新兴的电子浆料，以其优异的性能和低廉的成本在印制电路板和薄膜开关中得到了广泛的应用。炭黑在工业大规模生产中价格低廉，可以广泛用于印刷碳粉，而且便于被喷涂在 FTO 基底上，但与石墨和碳纳米管等高度定向的碳材料相比，其导电性要低一些。表 12.5 根据 Chen 等的研究，比较了炭黑、碳纳米管和铂的转化效率[68]。

表 12.5 炭黑对电极和炭黑纳米管对电极的 DSSC 参数[7]

电极	V_{OC}	$J_{SC}/(mA/cm^2)$	FF	$\eta/\%$
炭黑	0.71	9.44	0.57	3.97
炭纳米管	0.72	12.69	0.61	5.57
铂	0.73	12.63	0.67	6.13

在表 12.5 中，炭黑显示了与铂相当的性能，炭黑电流密度为 $9.44mA/cm^2$，炭黑纳米管的电流密度为 $12.63mA/cm^2$。这种现象是由于碳纳米管的导电性能和表面积大，不仅降低了电阻，促进了电子转移，而且增加了催化部位的活性。虽然碳纳米管在 DSSC 器件中具有优越的性能，但与纯铂(6.13%)相比，CBNT - CE 转化率低(5.57%)。因此，与铂相比，碳是低成本、环境友好的太阳能电池未来发展中的潜在替代品之一。

12.4 rGO - TiO_2 纳米复合材料的性能

根据文献综述发现还原氧化石墨烯薄膜是改善 DSSC 中 PCE 的一个潜在候选材料，但它通常被研究应用于对电极[13]。因此，具有优异光催化性能的 TiO_2 纳米材料在 DSSC 中的应用越来越受到人们的重视。然而，光催化剂存在着诸如高电子 - 空穴对复合等缺点，会导致 PCE 低。考虑到这一事实，rGO-TiO$_2$ NC 的杂化可以通过增加电子迁移率来提高光催化剂的活性，从而减少电子与空穴的电荷复合[39]。此外，还原氧化石墨烯的 C—C 结合可以完全占据在活性区捕获的自由电子，从而能克服 TiO$_2$ 的团聚。这可以分离电子-空穴，并促进界面电子转移[13]。在这种情况下，杂化的 rGO-TiO$_2$ NC 由于具有独特的加强光催化剂活性和抑制电荷复合的加速电子迁移率等特点，从而引起了相关人员广泛关注和深入研究。在众多不同的掺杂物中，TiO$_2$ 是能与还原氧化石墨烯结合从而增强性能的最强大候选材料，可以将其用于各种不同的应用，如 DSSC 光电技术。一些研究人员已经报告，TiO$_2$ 带隙随着 NC 中可调谐的还原氧化石墨烯掺杂量的增加而减小，如表 12.6 所列。这是由于 Ti—O—C 键的形成和 C 2p^2 轨道和 O 2p^4 轨道的杂化，能够形成新的价带[13,71-72]。

根据 rGO-TiO$_2$ NC 的电学性质，Zhang 等[41,71,78-80]报道了载流子浓度和在还原氧化石墨烯与 TiO$_2$ 材料之间迁移率的提高可以改善光催化性能。为了提高 rGO-TiO$_2$ NC 的光催化活性，Khalid 等[74,81]已经表明，在可见光照射下，可以很容易地提高 TiO$_2$ 的光催化活性性能等功能，如较高的染料吸收率、扩展的光吸收范围和与还原氧化石墨烯电荷分离的有效能力。Khalid 等[74]证明，当加入还原氧化石墨烯时，TiO$_2$ 的带隙能量从 3.20eV 降低到 3.00eV，这表明还原氧化石墨烯对光学性能的影响，即还原氧化石墨烯量的增加将导致 TiO$_2$ 的光吸收。此外，Khalid 等[74]声称，TiO$_2$ 中还原氧化石墨烯的存在可以降低光致发光特性中的发射强度，并提高电子-空穴对分离效率。

表 12.6 rGO-TiO$_2$ NC 的带隙能量值

方法	结果/eV	文献
热法	纯 TiO$_2$ = 3.10 rGO-TiO$_2$ = 2.95	[73]
水热法	纯 TiO$_2$ = 3.20 1%（质量分数）rGO-TiO$_2$ = 3.16 2%（质量分数）rGO-TiO$_2$ = 3.13 5%（质量分数）rGO-TiO$_2$ = 3.04 10%（质量分数）rGO-TiO$_2$ = 3.00	[74]
溶剂热法	纯 TiO$_2$ = 3.28 rGO-TiO$_2$ = 2.72	[75]
水热法	纯 TiO$_2$ = 3.03 rGO-TiO$_2$ = 2.78	[76]
声学	0.01%（质量分数）rGO-TiO$_2$ = 2.95	[77]

12.4.1 rGO-TiO$_2$ 纳米复合材料的机理

Zhang 等[82]利用四氟化钛（titanium tetrafluoride，TiF$_4$）和电子束（electron beam，EB）辐照预处理的还原氧化石墨烯，用简单的液相沉积法形成了 rGO-TiO$_2$ NC。他发现制备条件对 rGO-TiO$_2$ NC 的结构和性能有显著影响。通过这种方法，可以合成出更加均匀、更

小的 TiO_2 纳米粒子,并具有较高的光催化活性。图 12.10 所示为通过简单液相沉积法制备 $rGO - TiO_2$ NC 的机理。

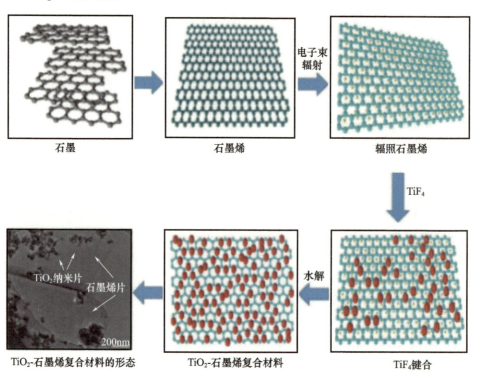

图 12.10 $rGO - TiO_2$ NC 机理

12.4.2 染料敏化太阳能电池中 $rGO - TiO_2$ 纳米复合材料的机理

图 12.11 所示为当还原氧化石墨烯被加载到 TiO_2 分子时的电子流。如果还原氧化石墨烯能很好地连接 TiO_2,电子流将进一步增强。这种现象是由于 FTO/ITO 电极的光电阳极抑制电子反向传输到 I_3^- 离子,从而增加了染料的吸附。Sung 等[74,83]已经提到,还原氧化石墨烯氧化物的存在会减少 DSSC 中的反向运输,并有助于 TiO_2 的紫外线还原。

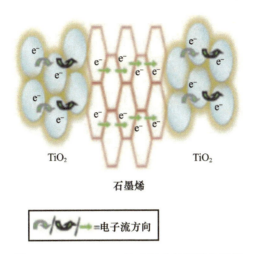

图 12.11 rGO–TiO_2 纳米复合材料键合机理

12.5 rGO–TiO_2 纳米复合材料的合成

在这种薄膜光伏电池技术中,从第一代太阳能电池中衍生出来第二代太阳能电池,方法是将一层或多层半导体材料沉积在特定的基底,如金属、玻璃或硅片上。根据 Thien 等[84]的研究,较高的光电流密度归因于延迟复合速率和更长的电子寿命。太阳能电池的光电流响应被定义为光电阳极和光电负极电极之间的光生成电子–空穴对相互作用[21,85–90]。由于还原氧化石墨烯与纳米复合材料中的 TiO_2 光致电子相互作用,提高了电荷分离效率[91–97]。

还原氧化石墨烯–纳米复合材料除了低成本、高重现性,还表现出很高的界面接触和提高 TiO_2 光催化活性的潜力。近 20 年来出现了许多合成 rGO–TiO_2 纳米复合材料基材料的技术,能够促进光伏技术,特别是在 DSSC 中的应用。对于 rGO–TiO_2 纳米复合材料,通过氧化石墨烯作为中间产物可以很容易地通过石墨片合成还原氧化石墨烯[98]。该技术有利于在 rGO–TiO_2 纳米复合材料合成过程中,通过氧化石墨烯或还原氧化石墨烯产物中的官能团的氧合形成 TiO_2 纳米晶体[55]。Kim 等[83]报告称,通过紫外线(UV)光催化还原过程可以还原氧化石墨烯,在此过程中使用 450W 氙灯形成表面粗糙度低和光阳极元素附着良好的 rGO–TiO_2 纳米复合材料。Dubey 等[99]还发现,在乙醇溶剂和 TiO_2 纳米粒子的存在下,可以通过紫外线辐射还原氧化石墨烯,从而形成 rGO–TiO_2 纳米复合材料。另一种制备 rGO–TiO_2 纳米复合材料的有效技术是直接生长过程,以提高光催化活性。近期,根据 Xu 等[100]报告,还原氧化石墨烯量子点可以直接生长在金红石 TiO_2 纳米杆的三维微柱/微波阵列上,以此形成 rGO–TiO_2 纳米复合材料。此外,rGO–TiO_2 纳米复合材料的大规模生产途径是原位生长 TiO_2 纳米晶的自组装方法,采用阴离子硫酸盐表面活性剂在水溶液中稳定还原氧化石墨烯[101]。另外,Liu 等[102]报告了一种可行的溶剂热方法,可以合成 rGO–TiO_2 NC,其吸收–光催化性能优于纯 TiO_2。

12.5.1 溶胶–凝胶合成

溶胶–凝胶技术广泛用于还原氧化石墨烯基半导体复合材料的合成。这种方法依赖于从金属醇盐或有机金属前驱体中获得的溶胶相变。例如,分散在含还原氧化石墨烯的无水乙醇溶液中的钛酸四丁酯在连续磁力搅拌下将逐渐形成溶胶,经过干燥和热处理后最终转变为 rGO - TiO_2 纳米复合材料[103-104]。

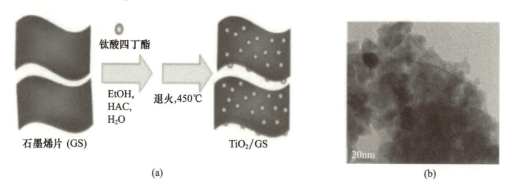

图 12.12　(a) rGO - TiO_2 纳米复合材料合成过程的示意图,
(b) rGO - TiO_2 纳米复合材料的典型 TEM 图像[104]

合成过程如图 12.12(a)所示[104]。由此产生的 TiO_2 纳米粒子紧密地分散在二维的还原氧化石墨烯 NS 表面(图 12.12(b))[104]。Wojtoniszak 等[105]使用类似的策略,通过在含氧化石墨烯的乙醇溶液中以水解钛(Ⅳ)的方法制备 rGO - TiO_2 NC。通过热处理后将氧化石墨烯还原为还原氧化石墨烯。同时,Farhangi 等[106]采用溶胶 - 凝胶法在超临界二氧化碳绿色溶剂中,在功能化还原氧化石墨烯片表面制备了掺铁 TiO_2 纳米线阵列。在制备过程中,还原氧化石墨烯 NS 通过表面—COOH 功能充当纳米线生长的模板。

12.5.2　溶液混合合成

溶液混合是制备还原氧化石墨烯/半导体复合光催化剂的简单方法。在强搅拌或超声波激发作用下,氧化石墨烯上的氧合官能团促进了光催化剂的均匀分布[107]。在复合材料中通过还原氧化石墨烯,可以得到还原氧化石墨烯基复合材料。Bell 等[94]制备了 rGO - TiO_2 纳米复合材料,方法是通过超声混合 TiO_2 纳米粒子和胶体,然后通过紫外线辅助光催化,使氧化石墨烯还原为还原氧化石墨烯。同样,将氧化石墨烯分散和 N 掺杂 $Sr_2Ta_2O_7$ 混合在一起,然后在氙灯照射下使氧化石墨烯还原为 $Sr_2Ta_2O_7 - xN_x - rGO$ 复合材料[108]。Paek 等[109]通过 $SnCl_2$ 和 NaOH 水解制备了 SnO_2 溶胶,然后将所制备的还原氧化石墨烯分散在乙二醇中,以此形成 $SnO_2 - rGO$ 复合材料。另外,Geng 等[110]合成了 CdSe - rGO 量子点复合材料。在他们的工作中,他们将吡啶改性的 CdSe 纳米粒子与氧化石墨烯片混合,其中吡啶配体使 π - π 相互作用,以便在氧化石墨烯片上组装 CdSe 纳米粒子。

12.5.3　原位生长合成

原位生长策略通过还原氧化石墨烯和半导体纳米粒子的亲密接触使得它们的电子得以有效转移。功能化氧化石墨烯和金属盐常用作前驱体。在还原氧化石墨烯上的环氧和羟基官能团可以作为非均匀形核位点,锚定半导体纳米粒子从而避免小颗粒的团聚[111]。Lambert 等[112]已经报道了原位合成花状 $TiO_2 - GO$ 的方法,即在含氧化石墨烯的水分散

剂中对 TiF_4 进行水解,然后经过热处理后生成 $rGO - TiO_2$ NC。通过高浓度氧化石墨烯并进行搅拌下,长程有序的 $TiO_2 - GO$ 组件为自组装。此外,Guo 等[113]合成了 $rGO - TiO_2$ NC,方法是采用声化学方法,在乙醇-水体系中混合 $TiCl_4$ 和氧化石墨烯,然后进行肼处理,以将氧化石墨烯还原为还原氧化石墨烯。TiO_2 纳米粒子的平均粒径控制在 4~5nm,这是由于超声波将 $TiCl_4$ 热解和缩合成 TiO_2。最后,用各种方法合成了 $rGO - TiO_2$,该方法不仅适用于光伏应用,而且在其他应用中也有一定的应用价值,表 12.7 对此进行了总结。

表 12.7 $rGO - TiO_2$ 合成在各种应用中的总结

合成方法	材料	应用	文献
溶胶-凝胶	$Ce - rGO - TiO_2$	光电催化	[99,114]
溶胶-凝胶	锐钛相 $TiO_2 - rGO$	光电化学水分裂	[115]
溶液混合	$rGO - TiO_2$	光催化选择性	[116]
溶液混合	$rGO - TiO_2$	制氢	[117]
原位生长	$rGO - TiO_2$	钠/锂离子电池	[118]
原位生长	$rGO - TiO_2$	光催化活性	[119]

12.6 $rGO - TiO_2$ 纳米复合材料基光电阳极制备技术在染料敏化太阳能电池中的应用

在这一特殊章节中,重点介绍了在 DSSC 中 $rGO - TiO_2$ 纳米复合材料作为光电阳极的不同制备方法和各种沉积技术。此外,还将讨论 DSSC 的示意图/机制和 PCE。此外,由于我们对物理方法的研究非常有限,因此应重新审视 $rGO - TiO_2$ 纳米复合材料的各种沉积。物理方法被定义为在材料上制备和沉积的物理现象。通常,有两种主要的来源/介质被应用于各种物理沉积,如液相和气相。在这一章节,用基于液相的物理气相沉积(physical vapor deposition,PVD)方法处理 $rGO - TiO_2$ 纳米复合材料的制备,如自旋涂层,刮墨刀印刷和电流体沉积。然而,还将简单介绍气相过程如热蒸发、电子束蒸发、溅射、脉冲直流溅射、直流磁控溅射和射频磁控溅射等方法。最后,表 12.8 和表 12.9 分别总结了液相和气相过程替代 $rGO - TiO_2$ 纳米复合材料作为 DSSC 光电负极材料的最新研究。

表 12.8 DSSC 应用中液相沉积技术

沉积法	光电负极材料	PCE,η/%	文献/年份
自旋涂层	发光种类 - TiO_2	5.02	[130]/2015
自旋涂层	Ga 掺杂 ZnO 种子	1.23	[131]/2015
自旋涂层	掺锂 ZnO 和 SnO_2 NC	2.06	[132]/2016
自旋涂层	TiO_2	2.00	[133]/2017
刮墨刀印制	介孔 TiO_2	4.20	[134]/2016
刮刀印花	TiO_2	2.56	[135]/2016
刮刀印花	TiO_2	1.14	[136]/2016

续表

沉积法	光电负极材料	PCE,η/%	文献/年份
刮刀印花	ZnO NS	2.00	[137]/2017
电喷雾沉积	TiO_2 NPs	1.674	[138]/2015

表 12.9 DSSC 应用中气相沉积技术

沉积法	光电负极材料	PCE,η/%	文献/年份
PVD	$GO-TiO_2$	4.65	[140]/2015
PVD	$Ag-TiO_2$	4.80	[141]/2016
PVD	$Mg^{2+}-TiO_2$	5.90	[142]/2016
热蒸发	$rGO-TiO_2-P3HT-PC_{61}BM/$ PEDOT/PSS/Ag	2.32	[143]/2015
热蒸发	$GO-ZnO$	4.52	[144]/2016
EBE	$Au-TiO_2$	—	[145]/2016
脉冲直流溅射	NiO_x-TiO_2	2.79	[146]/2013
直流溅射	TiO_2	4.00	[147]/2007
直流溅射	AZO/Ag/AZO	0.60	[148]/2010
直流溅射	TiO_2	2.07	[149]/2011
射频溅射	$TiO_2-rGO-TiO_2$	3.93	[121]/2014
射频溅射	G/ZnO	3.98	[150]/2014
射频溅射	$AZO/TiO_2/TiO_2$ 多孔层	5.69	[151]/2015

12.6.1 物理气相沉积技术 – $rGO-TiO_2$ 纳米复合材料(液相工艺)

12.6.1.1 自旋涂层技术

自旋涂层技术是指在强力搅拌下在旋转过程中,将特定的化学/溶剂/聚合物滴落在基底中心的技术。一层均匀的薄膜形成并沉积于表面粗糙度较低的基底上。图 12.13 为一个简单的自旋涂层示意图,包括沉积、自旋向上、自旋向下和蒸发。也就是说,在高速旋转和离心力作用下,加载的溶剂将均匀地沉积在基底上。自旋涂层法制备的 $rGO-TiO_2$ 纳米复合材料广泛应用于 DSSC 的光电阳极组装中。Tsai 等[120]证明,可以用自旋涂层的方法在 ITO 基底上沉积 $rGO-TiO_2$ NC,并将此材料作为 DSSC 的有效电极。因此,如果 TiO_2 中存在最佳含量的还原氧化石墨烯(1%(质量分数)),则可以在 $100mW/cm^2$ 的光照条件下,达到 6.86% 的最高 PCE。这意味着光致电子

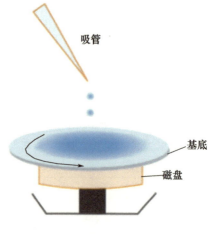

图 12.13 自旋涂层

损耗降低和电子-空穴对复合。Chen 等还通过自旋涂层的方法研究了作为工作电极的 $TiO_2 - rGO - TiO_2$ 夹层结构。他们发现,DSSC 的理想 PCE 为 3.93%[121]。Lee 等[122]报告称,利用自旋涂层的方法,与 TiO_2 工作电极结合的还原氧化石墨烯量子点可以产生 7.95% 的 PCE。最近,Yao 等[123]已经利用自旋涂层的方法建立了在 FTO 基底上的 rGO - TiO_2 种晶层的分层结构,TiO_2 层包含 Er^{3+} 和 Yb^{3+} 离子。TiO_2:rGO - TiO_2:Er^{3+} 的 PCE:已发现 Yb^{3+} 纳米杆为 4.58%,而 TiO_2 纳米杆为 3.38%。用 TiO_2:Er^{3+} 以及 Yb^{3+} 和 Al_2O_3:Eu^{3+} 改性TiO_2,分别可以表示上转换(up conversion,UC)和下转换(down conversion,DC)材料。此外,当加入还原氧化石墨烯材料后,DSSC 的光散射能力可以通过增加光吸收、更短的电荷传输以及更快的电荷载流子迁移率得到提高。除此之外,利用 TiO_2 纳米杆阵列的另一个优点在于它的一维纳米结构,这种结构可以为光生电子提供直接路径。

12.6.1.2 刮刀印刷技术

一般情况下,刮墨刀法是制备大面积薄膜的替代方法之一。Howatt 等[124]组成的工作小组第一个报道了用流延成型方法生产薄片陶瓷电容器。随后他们报道了使用水基和非水基浆料能够移动石膏棒的刮墨刀设备[125]。因此,刮墨刀或流延成型方法需要三个简单步骤来进行:①在玻璃基底上使用 rGO - TiO_2 溶液;②刀片以恒定的相对运动(拉和推)使 rGO - TiO_2 沿表面活性区扩散;③在干燥/退火过程中,还原氧化石墨烯 - TiO_2 膜在凝胶层中均匀地形成,如图 12.14 所示。在 DSSC 应用中,采用刮墨刀技术将还原氧化石墨烯量子点修饰的 TiO_2 纳米纤维涂抹在 FTO 基底上。发现其厚度为 10~12μm,可获得高达 6.22% 的 PCE 值[126]。还原氧化石墨烯量子点和一维 TiO_2 纳米纤维之间的强相互作用(不影响完整性)最终加速了光致电子扫描。Akbar 等已经探索了一个一步方法,即将 TiO_2 和还原氧化石墨烯片混合形成一个 rGO - TiO_2 膏体。然后使用刮墨刀技术将膏体沉积到 FTO 基底上[127]。然而,即使只加入 1%(质量分数)的还原氧化石墨烯,也能达到低至 0.7% 的 PCE。

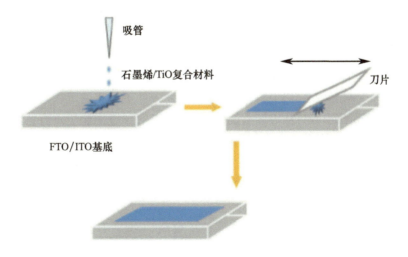

图 12.14 用刮墨刀技术将 rGO - TiO_2 作为 DSSC 的光电阳极

12.6.1.3 电流体沉积技术

在电流体沉积液相中,着重介绍了电喷雾沉积(electrospray deposition, ESD)方法(图12.15)。ESD方法主要用于 MEMS 和 NEMS 的制备,以获得薄膜(<10μm)。通常情况下,纳米粒子源(液相)将通过喷嘴转化为液滴,并在 FTO/ITO 基底上喷射形成薄膜。在液相沉积中,人们最常关注 ESD 方法,因为其对大面积生产具有最低的成本效益[128]。将 rGO – TiO$_2$ 纳米复合材料薄膜通过蒸发或加热溶剂烧结在 FTO/ITO 表面均匀地沉积。因此采用 ESD 方法,将功能化的还原氧化石墨烯在 N,N – 二甲基乙酰胺、聚醋酸乙烯酯(polyvinyl acetate, PVA)和钛前驱体中溶解,形成聚合物 – rGO – TiO$_2$ 复合材料。PVA – rGO – TiO$_2$ 复合纤维作为光阳极,增强了 DSSC 的 PCE[129]。最近,Liu 等[128]用 ESD 方法研究了将还原氧化石墨烯作为 DSSC 光电阳极时,还原氧化石墨烯层的沉积时间和数量。单层石墨烯层的沉积时间为 1min,三层的 rGO – TiO$_2$ 纳米复合材料分别达到了 7.8% 和 8.9% 的最佳 PCE。

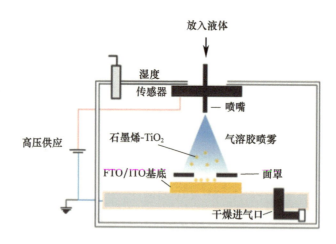

图 12.15 电喷雾沉积技术示意图

12.6.2 物理气相沉积技术 – rGO – TiO$_2$ 纳米复合材料(气相工艺)

12.6.2.1 物理气相沉积技术

通常,物理气相沉积法(PVD)技术是指在蒸发条件下薄膜的沉积和使用真空室技术进行溅射。考虑到粒子容易从表面逃逸,应该在封闭的环境中涂层具有还原氧化石墨烯材料的 TiO$_2$ 粒子。当加热 TiO$_2$ 时,粒子直接向基底移动(图 12.16)。在封闭腔室条件下以短时间沉积在 FTO/ITO 基底上将还原氧化石墨烯表面涂覆 TiO$_2$,以此形成 rGO – TiO$_2$ 纳米复合材料薄膜。

12.6.2.2 热蒸发技术

几种沉积技术都要求进行蒸发,将源粒子材料(rGO – TiO$_2$ 纳米复合材料)移动到 FTO/ITO 基底上,并将其在薄膜中烧结以此形成光电阳极。蒸发技术包括热蒸发、电子束蒸发、溅射、直流磁控溅射和射频磁控溅射。这是一种低成本、简便的沉积薄膜方法。当源材料通过电加热在电阻加热舟上熔化时,其在真空室中蒸发,使得蒸发的粒子直接转移到基底上(图12.17)。高真空压力能防止粒子散射,使残余气体杂质最小化。然而,由于薄膜的附着力较差,需要一层黏合层,以增强薄膜的附着力。到目前为止,相关人员还没有研究用这种热蒸发方法处理 rGO – TiO_2 薄膜。

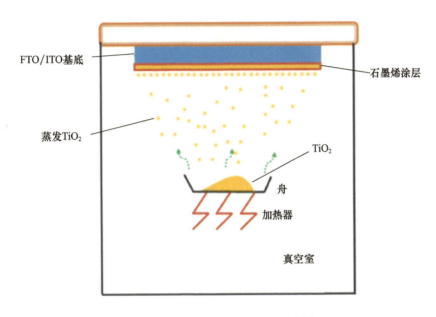

图 12.16 物理气相沉积法的示意图

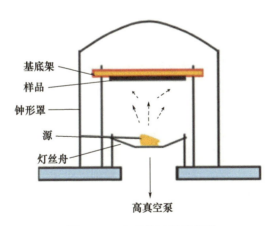

图 12.17 热蒸发过程示意图

12.6.2.3 电子束蒸发技术

电子束蒸发(electron beam evaporation, EBE)属于 PVD 技术下的有效沉积方法之一,这种方法应用高速电子轰击靶源(图12.18)。电子枪通过电场和磁场射靶产生电子束的动能并使周围的真空区域汽化。当通过辐射加热元件加热 FTO/ITO 基底时,表面原子将有足够的能量可以离开 FTO/ITO 基底。同时,在热能量小于 1eV、工作距离在 300mm ~ 1m 范围内的情况下,对 FTO/ITO 基底进行涂层处理。Jin 等[139]研究了在电解质与涂层 TiO_2 钝化层的 FTO 玻璃基底的直接接触下,反向转移电子的还原现象。采用 EBE 技术制备了 TiO_2 钝化层,由于电子 – 空穴电荷复合的还原,钝化层的 PCE 率达到 4.93%。

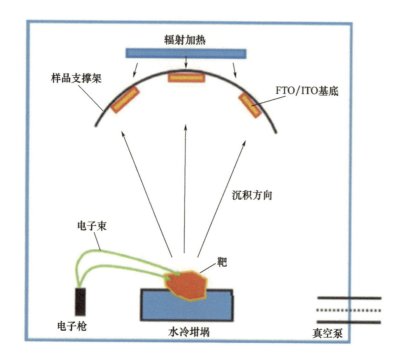

图 12.18　电子束蒸发过程的示意图

12.6.2.4　溅射技术

溅射是一种有用的沉积/改性技术,它利用加速离子通过离子轰击去除靶基板上的原始粒子(图 12.19)。换句话说,溅射方法是离子动量传递过程,在这个过程中从源处将离子加速与基底粒子产生碰撞。此外,在动能小于 5eV 的情况下,电势会导致离子加速,离子会被反射或吸收到 FTO/ITO 基底上。当动能大于表面原子结合能时,基底和晶格位置会被划伤。通常,有两种溅射过程,利用惰性气体的离子从表面喷射原子,如直流磁控溅射和射频(radio frequency,RF)磁控溅射。直流磁控溅射的优点是它能够提高沉积速率,同时对 FTO/ITO 基底的损伤最小,而射频磁控溅射则提供了绝缘体的直接路径沉积。直流磁控溅射技术和射频磁控溅射技术常用材料有金属、合金和有机化合物。此外,在不同沉积条件下还有几种不同溅射,如脉冲直流溅射电源(DC sputtering power,DCMSP)、中频交流溅射功率、高功率脉冲磁控溅射(high-power impulse magnetron sputtering,HIPIMS)等。

12.6.2.5　脉冲直流溅射电源技术

脉冲直流溅射技术通常用于金属沉积和电介质涂层,使绝缘材料能够接受施主电荷(图 12.20)。该涂层技术广泛应用于半导体、光学等工业部门的大面积生产。此外,该技术在反应溅射中得到了广泛的应用,化学反应发生在电离气体和蒸发目标物质之间的等离子体区域。在反应溅射中,氧气(O_2)的作用是将等离子体中的靶物质结合起来形成氧化物分子,而氩气(Ar)的作用是在与靶物质碰撞时传递动能。

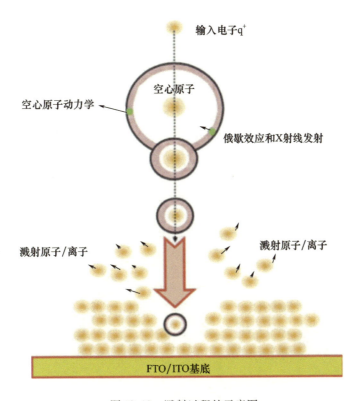

图 12.19 溅射过程的示意图

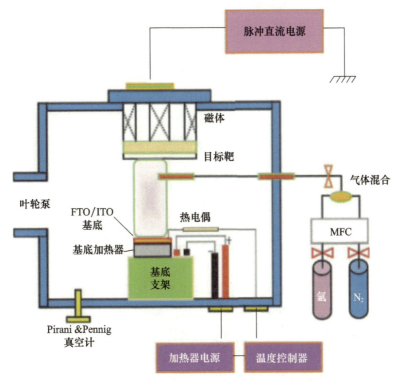

图 12.20 脉冲直流磁控溅射电源技术示意图

12.6.2.6 直流和射频磁控溅射技术

直流磁控溅射是磁控溅射领域中历史最久远的沉积技术。这种特殊的方法会降低 Ar 和 N_2 气体混合物的电离,很容易地加速正电荷溅射气体,使其到导电靶材料上,使发射的靶原子更容易地沉积在 ITO/FTO 基底上(图 12.21)。它是一种可控、低成本的溅射技术,适用于大基底数量和大规模的生产。通常情况下,直流溅射工艺在 1000~3000V 以下进行,真空室在 10^{-3}Pa 左右,压力在 0.075~0.12torr。然而,该技术只能应用于导电材料,并不能应用于介质靶。这主要是由于绝缘材料在沉积过程中放电的终止。换句话说,正电荷离子将在介质或绝缘体膜的表面产生并积累。

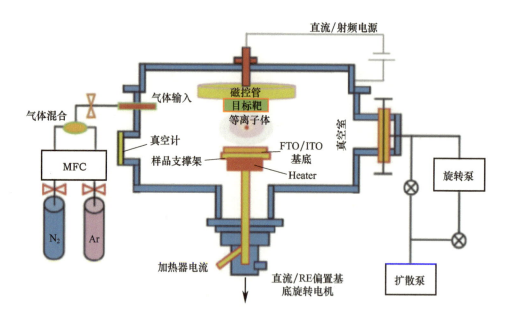

图 12.21 直流/射频溅射沉积技术的示意图

射频(radio frequency,RF)磁控溅射是利用交流电(alternating current,AC)电源克服直流磁控溅射的一种替代方法。该方法适用于导体、半导体、绝缘体和电介质薄膜等导电和非导电靶材料。一般来说,该技术中使用的频率是 1kHz~103MHz,交流电压下的特定频率为 13.56MHz。在正电场作用下,正电荷离子被加速移动到目标靶表面,并直接在 FTO/ITO 基底上溅射。在负电场作用下,靶表面的正电荷离子将被电子轰击力消除/中和。然而,与直流溅射、磁控溅射相比,射频磁控溅射法在 FTO/ITO 基底上的沉积速率较高,导致等离子体区域内电子和离子的迁移率存在差异。因此,需要较高的加热温度来加速溅射过程。由于考虑到射频电源的成本,射频磁控溅射沉积通常只限于较小的基底数量和尺寸。

目前,Chen 等利用射频磁控溅射技术将还原氧化石墨烯薄膜在 ITO 基底上沉积 2min,他们在输入功率为 90W 和氩气流速为 90mL/min 的条件下,将碳靶(99.99%)作为第一光电阳极层,采用自旋涂层技术把 TiO_2 薄膜作为第二光电阳极层。获得的 PCE 约为 2.46%[131]。在这些基于气相的沉积过程中,射频磁控溅射方法的目的在于短时间内使离子在高功率条件下快速加速 Ti^{3+} 离子,并将其植入还原氧化石墨烯表面或晶格中。据作者所知,在沉积技术方面,很少有文献报道利用气相工艺中将还原氧化石墨烯材料加入 TiO_2。表 12.9 显示了采用多种沉积方法制备的增强 DSSC PCE 的光电负极材料。这些气相工艺包括在 DSSC 中除了 rGO – TiO_2 NC 材料外,还使用导体和绝缘材料涂层。

参考文献

[1] Grätzel, M., Solar energy conversion by dye – sensitized photovoltaic cells. *Inorg. Chem.*, 44, 6841 – 6851, 2005.

[2] Lai, C. W. *et al.*, An overview: Recent development of titanium dioxide loaded graphene nanocomposite film for solar application. *Curr. Org. Chem.*, 19, 1882 – 1895, 2015.

[3] Su'ait, M. S., Rahman, M. Y. A., Ahmad, A., Review on polymer electrolyte in dye – sensitized solar cells (DSSCs). *Solar Energy*, 115, 452 – 470, 2015.

[4] Chandrasekaran, J. *et al.*, Hybrid solar cell based on blending of organic and inorganic materials—An overview. *Renewable Sustainable Energy Rev.*, 15, 1228 – 1238, 2011.

[5] Ludin, N. A. *et al.*, Review on the development of natural dye photosensitizer for dye – sensitized solar cells. *Renewable Sustainable Energy Rev.*, 31, 386 – 396, 2014.

[6] Low, F. W., Lai, C. W., Hamid, S. B. A., Surface modification of reduced graphene oxide film by Ti ion implantation technique for high dye – sensitized solar cells performance. *Ceram. Int.*, 43, 625 – 633, 2017.

[7] De Souza, J. D. S., de Andrade, L. O. M., Muller, A. V., Polo, A. S., Nanomaterials for solar energy conversion: Dye – sensitized solar cells based on ruthenium (II) Tris – heteroleptic compounds or natural dyes. In *Nanoenergy*, pp. 69 – 106. Springer, 2018.

[8] Narayan, M. R., Dye sensitized solar cells based on natural photosensitizers. *Renewable Sustainable Energy Rev.*, 16, 208 – 215, 2012.

[9] Kay, A. and Graetzel, M., Artificial photosynthesis. 1. Photosensitization of titania solar cells with chlorophyll derivatives and related natural porphyrins. *J. Phys. Chem.*, 97, 6272 – 6277, 1993.

[10] Kay, A., Humphry – Baker, R., Graetzel, M., Artificial photosynthesis. 2. Investigations on the mechanism of photosensitization of nanocrystalline TiO_2 solar cells by chlorophyll derivatives. *J. Phys. Chem.*, 98, 952 – 959, 1994.

[11] Shanmugam, V. *et al.*, Green grasses as light harvesters in dye sensitized solar cells. *Spectrochim. Acta, Part A*, 135, 947 – 952, 2015.

[12] Al – Alwani, M. A. *et al.*, Dye – sensitised solar cells: Development, structure, operation principles, electron kinetics, characterisation, synthesis materials and natural photosensitisers. *Renewable Sustainable Energy Rev.*, 65, 183 – 213, 2016.

[13] O'regan, B. and Grätzel, M., A low – cost, high – efficiency solar cell based on dye – sensitized colloidal-TiO_2 films. *Nature*, 353, 737, 1991.

[14] Grätzel, M., Dye – sensitized solar cells. *J. Photochem. Photobiol.*, C, 4, 145 – 153, 2003.

[15] Singh, E. and Nalwa, H. S., Graphene – based dye – sensitized solar cells: A review. *Sci. Adv. Mater.*, 7, 1863 – 1912, 2015.

[16] Sugathan, V., John, E., Sudhakar, K., Recent improvements in dye sensitized solar cells: A review. *Renewable Sustainable Energy Rev.*, 52, 54 – 64, 2015.

[17] Basheer, B. *et al.*, An overview on the spectrum of sensitizers: The heart of dye sensitized solar cells. *Solar Energy*, 108, 479 – 507, 2014.

[18] Ito, S. et al., Fabrication of thin film dye sensitized solar cells with solar to electric power conversion efficiency over 10%. *Thin Solid Films*, 516, 4613–4619, 2008.

[19] Asim, N. et al., A review on the role of materials science in solar cells. *Renewable Sustainable Energy Rev.*, 16, 5834–5847, 2012.

[20] Hemmatzadeh, R. and Mohammadi, A., Improving optical absorptivity of natural dyes for fabrication of efficient dye-sensitized solar cells. *J. Theor. Appl. Phys.*, 7, 57, 2013.

[21] Anandan, S., Recent improvements and arising challenges in dye-sensitized solar cells. *Solar Energy Mater. Solar Cells*, 91, 843–846, 2007.

[22] Nazeeruddin, M. K., Baranoff, E., Grätzel, M., Dye-sensitized solar cells: A brief overview. *Solar Energy*, 85, 1172–1178, 2011.

[23] de Souza, J. D. S., de Andrade, L. O. M., Polo, A. S., Nanomaterials for solar energy conversion: Dye-sensitized solar cells based on ruthenium (II) Tris-heteroleptic compounds or natural dyes, in: *Nanoenergy*, pp. 49–80, Springer, 2013.

[24] Ito, S. et al., Fabrication of dye-sensitized solar cells using natural dye for food pigment: Monascus yellow. *Energy Environ. Sci.*, 3, 905–909, 2010.

[25] Maurya, I. C., Srivastava, P., Bahadur, L., Dye-sensitized solar cell using extract from petals of male flowers*Luffa cylindrica* L. as a natural sensitizer. *Opt. Mater.*, 52, 150–156, 2016.

[26] Wan, H. Y., *Dye Sensitized Solar Cells*, University of Alabama Department of Chemistry, p. 3, 2004.

[27] Singh, V. et al., Graphene based materials: Past, present and future. *Prog. Mater. Sci.*, 56, 1178–1271, 2011.

[28] Roy-Mayhew, J. D. and Aksay, I. A., Graphene materials and their use in dye-sensitized solar cells. *Chem. Rev.*, 114, 6323–6348, 2014.

[29] Gong, J., Liang, J., Sumathy, K., Review on dye-sensitized solar cell (DSSCs): Fundamental concepts and novel material. *Renewable and Sustainable Energy Reviews*, 16, 5848–5860, 2012.

[30] Shalini, S. et al., Review on natural dye sensitized solar cells: Operation, materials and methods. *Renewable Sustainable Energy Rev.*, 51, 1306–1325, 2015.

[31] Raj, C. C. and Prasanth, R., A critical review of recent developments in nanomaterials for photoelectrodes in dye sensitized solar cells. *J. Power Sources*, 317, 120–132, 2016.

[32] Sengupta, D. et al., Effects of doping, morphology and film-thickness of photo-anode materials for dye sensitized solar cell application—A review. *Renewable Sustainable Energy Rev.*, 60, 356–376, 2016.

[33] Qu, J. and Lai, C., One-dimensional TiO_2 nanostructures as photoanodes for dye-sensitized solar cells. *J. Nanomater.*, 2013, 2, 2013.

[34] Chergui, Y., Nehaoua, N., Mekki, D. E., Comparative study of dye-sensitized solar cell based on ZnO and TiO_2 nanostructures. *Solar Cells - Dye - Sensitized Devices*. InTech, 2011.

[35] Pagliaro, M. et al., Nanochemistry aspects of titania in dye-sensitized solar cells. *Energy Environ. Sci.*, 2, 838–844, 2009.

[36] Tripathi, B. et al., Investigating the role of graphene in the photovoltaic performance improvement of dye-sensitized solar cell. *Mater. Sci. Eng.*, B, 190, 111–118, 2014.

[37] Tang, Y.-B. et al., Incorporation of graphenes in nanostructured TiO_2 films via molecular grafting for dye-sensitized solar cell application. *ACS Nano*, 4, 3482–3488, 2010.

[38] Li, S. et al., Vertically aligned carbon nanotubes grown on graphene paper as electrodes in lithium-ion batteries and dye-sensitized solar cells. *Adv. Energy Mater.*, 1, 486–490, 2011.

[39] Wu, J. et al., Dual functions of YF3: Eu3+ for improving photovoltaic performance of dye-sensitized so-

lar cells. *Sci. Rep.*,3,2013.

[40] Zhu,Y. et al.,Graphene and graphene oxide: Synthesis, properties, and applications. *Adv. Mater.*,22,3906 – 3924,2010.

[41] Xiang,Q.,Yu,J.,Jaroniec,M.,Graphene – based semiconductor photocatalysts. *Chem. Soc. Rev.*,41,782 – 796,2012.

[42] Geim,A. K.,Graphene: Status and prospects. *Science*,324,1530 – 1534,2009.

[43] Bell,N.,On the design and synthesis of titanium dioxide – graphene nanocomposites for enhanced photovoltaic and photocatalytic performance. Thesis Citation.

[44] Wang,P. et al.,Graphene oxide nanosheets as an effective template for the synthesis of porous TiO_2 film in dye – sensitized solar cells. *Appl. Surf. Sci.*,358,Part A,175 – 180,2015.

[45] Dey,A. et al.,A graphene titanium dioxide nanocomposite (GTNC): One pot green synthesis and its application in a solid rocket propellant. *RSC Adv.*,5,63777 – 63785,2015.

[46] Shi,M. et al.,Preparation of graphene – TiO_2 composite by hydrothermal method from peroxotitanium acid and its photocatalytic properties. *Colloids Surf. A*,405,30 – 37,2012.

[47] Huang,N. M. et al.,Simple room – temperature preparation of high – yield large – area grapheme oxide. *Int. J. Nanomed.*,6,3443,2011.

[48] Wu,T. – T. and Ting,J. – M.,Preparation and characteristics of graphene oxide and its thin films. *Surf. Coat. Technol.*,231,487 – 491,2013.

[49] Huang,C.,Li,C.,Shi,G.,Graphene based catalysts. *Energy Environ. Sci.*,5,8848 – 8868,2012.

[50] Shearer,C. J.,Cherevan,A.,Eder,D.,Chapter 16 – Application of functional hybrids incorporating carbon nanotubes or graphene A2 – Tanaka,K,in:*Carbon Nanotubes and Graphene (Second Edition)*,S. Iijima (Ed.),pp. 387 – 433,Elsevier,Oxford,2014.

[51] Roy – Mayhew,J. D. et al.,Functionalized graphene as a catalytic counter electrode in dye – sensitized solar cells. *ACS Nano*,4,6203 – 6211,2010.

[52] Yang,S. et al.,Fabrication of graphene – encapsulated oxide nanoparticles: Towards highperformance anode materials for lithium storage. *Angew. Chem. Int. Ed.*,49,8408 – 8411,2010.

[53] Blanita,G. and Lazar,M. D.,Review of graphene – supported metal nanoparticles as new and efficient heterogeneous catalysts. *Micro Nanosystems*,5,138 – 146,2013.

[54] Gong,J. et al.,Review on dye – sensitized solar cells (DSSCs): Advanced techniques and research trends. *Renewable Sustainable Energy Rev.*,68,Part 1,234 – 246,2017.

[55] Liang,Y. et al.,TiO_2 nanocrystals grown on graphene as advanced photocatalytic hybrid materials. *Nano Res.*,3,701 – 705,2010.

[56] Chen,L. et al.,Enhanced photovoltaic performance of a dye – sensitized solar cell using graphene – TiO_2 photoanode prepared by a novel *in situ* simultaneous reduction – hydrolysis technique. *Nanoscale*,5,3481 – 3485,2013.

[57] Jo,W. – K. and Kang,H. – J.,Titanium dioxide – graphene oxide composites with different ratios supported by Pyrex tube for photocatalysis of toxic aromatic vapors. *Powder Technol.*,250,115 – 121,2013.

[58] Routh,P. et al.,Graphene quantum dots from a facile sono – fenton reaction and its hybrid with a polythiophene graft copolymer toward photovoltaic application. *ACS Appl. Mater. Interfaces*,5,12672 – 12680,2013.

[59] Sharma,P.,Saikia,B. K.,Das,M. R.,Removal of methyl green dye molecule from aqueous system using reduced graphene oxide as an efficient adsorbent: Kinetics, isotherm and thermodynamic parameters. *Colloids Surf.*,A,457,125 – 133,2014.

[60] Bonaccorso, F. et al., Graphene photonics and optoelectronics. *Nat. Photonics*, 4, 611-622, 2010.

[61] Kazmi, S. A. et al., Electrical and optical properties of graphene-TiO_2 nanocomposite and its applications in dye sensitized solar cells (DSSC). *J. Alloys Compd.*, 691, 659-665, 2017.

[62] Zhang, N. et al., Waltzing with the versatile platform of graphene to synthesize composite photocatalysts. *Chem. Rev.*, 115, 10307-10377, 2015.

[63] Wang, H., Leonard, S. L., Hu, Y. H., Promoting effect of graphene on dye-sensitized solar cells. *Ind. Eng. Chem. Res.*, 51, 10613-10620, 2012.

[64] Kim, A. et al., Photovoltaic efficiencies on dye-sensitized solar cells assembled with graphenelinked TiO_2 anode films. *Bull. Korean Chem. Soc.*, 33, 3355-3360, 2012.

[65] Pablo, C. V. et al., Construction of dye-sensitized solar cells (DSSC) with natural pigments. *Mater. Today: Proc.*, 3, 194-200, 2016.

[66] Calogero, G. et al., Absorption spectra and photovoltaic characterization of chlorophyllins as sensitizers for dye-sensitized solar cells. *Spectrochim. Acta, Part A*, 132, 477-484, 2014.

[67] Bisquert, J. et. al., Electron lifetime in dye-sensitized solar cells: Theory and interpretation of measurements. *J. Phys. Chem. C*, 113, 17278-17290, 2009.

[68] Chen, J. Z., Yan, Y. C., Lin, K. J., Effects of carbon nanotubes on dye-sensitized solar cells. *J. Chin. Chem. Soc.*, 57, 1180-1184, 2010.

[69] Kay, A. and Grätzel, M., Low cost photovoltaic modules based on dye sensitized nanocrystalline titanium dioxide and carbon powder. *Solar Energy Mater. Solar Cells*, 44, 99-117, 1996.

[70] Gao, Y. et al., Improvement of adhesion of Pt-free counter electrodes for low-cost dye-sensitized solar cells. *J. Photochem. Photobiol., A*, 245, 66-71, 2012.

[71] Zhang, H. et al., P25-graphene composite as a high performance photocatalyst. *ACS Nano*, 4, 380-386, 2009.

[72] Li, K. et al., Preparation of graphene/TiO_2 composites by nonionic surfactant strategy and their simulated sunlight and visible light photocatalytic activity towards representative aqueous POPs degradation. *J. Hazard. Mater.*, 250, 19-28, 2013.

[73] Zhang, Y. and Pan, C., TiO_2/graphene composite from thermal reaction of graphene oxide and its photocatalytic activity in visible light. *J. Mater. Sci.*, 46, 2622-2626, 2011.

[74] Khalid, N. et al., Enhanced photocatalytic activity of graphene-TiO_2 composite under visible light irradiation. *Curr. Appl. Phys.*, 13, 659-663, 2013.

[75] Wang, Y. et al., Low-temperature solvothermal synthesis of graphene-TiO_2 nanocomposite and its photocatalytic activity for dye degradation. *Mater. Lett.*, 134, 115-118, 2014.

[76] Kumar, R. et al., Hydrothermal synthesis of a uniformly dispersed hybrid graphene-TiO_2 nanostructure for optical and enhanced electrochemical applications. *RSC Adv.*, 5, 7112-7120, 2015.

[77] Kanta, U.-A. et al., Preparations, characterizations, and a comparative study on photovoltaic performance of two different types of graphene/TiO_2 nanocomposites photoelectrodes. *J. Nanomater.*, 2017, 2017.

[78] Zhang, Y. et al., Engineering the unique 2D mat of graphene to achieve graphene-TiO_2 nanocomposite for photocatalytic selective transformation: What advantage does graphene have over its forebear carbon nanotube? *ACS Nano*, 5, 7426-7435, 2011.

[79] Jiang, B. et al., Enhanced photocatalytic activity and electron transfer mechanisms of graphene/TiO_2 with exposed {001} facets. *J. Phys. Chem. C*, 115, 23718-23725, 2011.

[80] Zhang, Y. et al., Improving the photocatalytic performance of graphene-TiO_2 nanocomposites via a combined strategy of decreasing defects of graphene and increasing interfacial contact. *Phys. Chem. Chem.*

Phys. ,14,9167 – 9175,2012.

[81] Geng,D. ,Wang,H. ,Yu,G. ,Graphene single crystals: Size and morphology engineering. Adv. Mater. , 27,2821 – 2837,2015.

[82] Zhang,H. et al. ,A facile one – step synthesis of TiO_2/graphene composites for photodegradation of methyl orange. Nano Res. ,4,274 – 283,2011.

[83] Kim,S. R. ,Parvez,M. K. ,Chhowalla,M. ,UV – reduction of graphene oxide and its application as an interfacial layer to reduce the back – transport reactions in dye – sensitized solar cells. Chem. Phys. Lett. , 483,124 – 127,2009.

[84] Thien,G. S. et al. ,Improved synthesis of reduced graphene oxide – titanium dioxide composite with highly exposed 001 facets and its photoelectrochemical response. Int. J. Photoenergy,2014,2014.

[85] Woan,K. ,Pyrgiotakis,G. ,Sigmund,W. ,Photocatalytic carbon – nanotube – TiO_2 composites. Adv. Mater. ,21,2233 – 2239,2009.

[86] Khan,S. U. ,Al – Shahry,M. ,Ingler,W. B. ,Efficient photochemical water splitting by a chemically modified n – TiO_2. Science,297,2243 – 2245,2002.

[87] Park,J. H. ,Kim,S. ,Bard,A. J. ,Novel carbon – doped TiO_2 nanotube arrays with high aspect ratios for efficient solar water splitting. Nano Lett. ,6,24 – 28,2006.

[88] Sellappan,R. et al. ,Influence of graphene synthesizing techniques on the photocatalytic performance of graphene – TiO_2 nanocomposites. Phys. Chem. Chem. Phys. ,15,15528 – 15537,2013.

[89] Tryba,B. ,Morawski,A. ,Inagaki,M. ,Application of TiO_2 – mounted activated carbon to the removal of phenol from water. Appl. Catal. ,B,41,427 – 433,2003.

[90] Wang,H. et al. ,Photoelectrocatalytic oxidation of aqueous ammonia using TiO_2 nanotube arrays. Appl. Surf. Sci. ,311,851 – 857,2014.

[91] Wang,P. et al. ,Enhanced photoelectrocatalytic activity for dye degradation by graphene – titania composite film electrodes. J. Hazard. Mater. ,223,79 – 83,2012.

[92] Min,Y. et al. ,Enhanced chemical interaction between TiO_2 and graphene oxide for photocatalytic decolorization of methylene blue. Chem. Eng. J. ,193,203 – 210,2012.

[93] Lee,J. S. ,You,K. H. ,Park,C. B. ,Highly photoactive,low bandgap TiO_2 nanoparticles wrapped by graphene. Adv. Mater. ,24,1084 – 1088,2012.

[94] Bell,N. J. et al. ,Understanding the enhancement in photoelectrochemical properties of photocatalytically prepared TiO_2 – reduced graphene oxide composite. J. Phys. Chem. C,115,6004 – 6009,2011.

[95] Ng,Y. H. et al. ,Reducing graphene oxide on a visible – light BiVO4 photocatalyst for an enhanced photoelectrochemical water splitting. J. Phys. Chem. Lett. ,1,2607 – 2612,2010.

[96] Liang,Y. T. et al. ,Effect of dimensionality on the photocatalytic behavior of carbon – titania nanosheet composites: Charge transfer at nanomaterial interfaces. J. Phys. Chem. Lett. ,3,1760 – 1765,2012.

[97] Fan,W. et al. ,Nanocomposites of TiO_2 and reduced graphene oxide as efficient photocatalysts for hydrogen evolution. J. Phys. Chem. C,115,10694 – 10701,2011.

[98] Marcano,D. C. et al. ,Improved synthesis of graphene oxide. ACS Nano,4,4806 – 4814,2010. 99. Dubey, P. K. et al. ,Synthesis of reduced graphene oxide – TiO_2 nanoparticle composite systemsand its application in hydrogen production. Int. J. Hydrogen Energy,39,16282 – 16292,2014.

[100] Xu,Z. et al. ,3D periodic multiscale TiO_2 architecture: A platform decorated with grapheme quantum dots for enhanced photoelectrochemical water splitting. Nanotechnology,27,115401,2016.

[101] Wang,D. et al. ,Self – assembled TiO_2 – graphene hybrid nanostructures for enhanced Li – ion insertion. ACS Nano,3,907 – 914,2009.

[102] Liu,X.-W.,Shen,L.-Y.,Hu,Y.-H.,Preparation of TiO_2-graphene composite by a two-step solvothermal method and its adsorption-photocatalysis property. *Water Air Soil Pollut.* ,227,1-12,2016.

[103] Zhang,X.,Cui,X.,Graphene/semiconductor nanocomposites: Preparation and application for photocatalytic hydrogen evolution. *Nanocomposites-New Trends and Developments*. InTech,2012.

[104] Zhang,X. Y.,Li,H. P.,Cui,X. L.,Lin,Y.,Graphene/TiO_2 nanocomposites: Synthesis,characterization and application in hydrogen evolution from water photocatalytic splitting. *J. Mat. Chem*,20,14,2801-2806,2010.

[105] Wojtoniszak,M. *et al.* ,Synthesis and photocatalytic performance of TiO_2 nanospheres-grapheme nanocomposite under visible and UV light irradiation. *J. Mater. Sci.* ,47,3185-3190,2012.

[106] Farhangi,N. *et al.* ,Visible light active Fe doped TiO_2 nanowires grown on graphene using supercritical CO2. *Appl. Catal.* ,B,110,25-32,2011.

[107] Zhang,Q. *et al.* ,Structure and photocatalytic properties of TiO_2-graphene oxide intercalated composite. *Chin. Sci. Bull.* ,56,331-339,2011.

[108] Mukherji,A. *et al.* , Nitrogen doped $Sr_2Ta_2O_7$ coupled with graphene sheets as photocatalysts for increased photocatalytic hydrogen production. *ACS Nano*,5,3483-3492,2011.

[109] Paek,S.-M.,Yoo,E.,Honma,I.,Enhanced cyclic performance and lithium storage capacity of SnO_2/graphene nanoporous electrodes with three-dimensionally delaminated flexible structure. *Nano Lett.* ,9,72-75,2008.

[110] Geng,X. *et al.* , Aqueous-processable noncovalent chemically converted graphene-quantum dot composites for flexible and transparent optoelectronic films. *Adv. Mater.* ,22,638-642,2010.

[111] Li,N. *et al.* ,Battery performance and photocatalytic activity of mesoporous anatase TiO_2 nanospheres/graphene composites by template-free self-assembly. *Adv. Funct. Mater.* ,21,1717-1722,2011.

[112] Lambert,T. N. *et al.* ,Synthesis and characterization of titania-graphene nanocomposites. *J. Phys. Chem. C*,113,19812-19823,2009.

[113] Guo,J. *et al.* ,Sonochemical synthesis of TiO_2 nanoparticles on graphene for use as photocatalyst. *Ultrason. Sonochem.* ,18,1082-1090,2011.

[114] Hasan,M. R. *et al.* ,Effect of Ce doping on rGO-TiO_2 nanocomposite for high photoelectrocatalytic behavior. *Int. J. Photoenergy*,2014,2014.

[115] Morais,A. *et al.* ,Nanocrystalline anatase TiO_2/reduced graphene oxide composite films as photoanodes for photoelectrochemical water splitting studies: The role of reduced graphene oxide. *Phys. Chem. Chem. Phys.* ,18,2608-2616,2016.

[116] Yu,H. *et al.* ,Phenylamine-functionalized rGO/TiO_2 photocatalysts: Spatially separated adsorption sites and tunable photocatalytic selectivity. *ACS Appl. Mater. Interfaces*,8,29470-29477,2016.

[117] Chen,D. *et al.* ,Nanospherical like reduced graphene oxide decorated TiO_2 nanoparticles: An advanced catalyst for the hydrogen evolution reaction. *Sci. Rep.* ,6,2016.

[118] Liu,H. *et al.* ,Ultrasmall TiO_2 nanoparticles *in situ* growth on graphene hybrid as superior anode material for sodium/lithium ion batteries. *ACS Appl. Mater. Interfaces*,7,11239-11245,2015.

[119] Xing,H.,Wen,W.,Wu,J.-M.,One-pot low-temperature synthesis of TiO_2 nanowire/rGO composites with enhanced photocatalytic activity. *RSC Adv.* ,6,94092-94097,2016.

[120] Tsai,T.-H.,Chiou,S.-C.,Chen,S.-M.,Enhancement of dye-sensitized solar cells by using graphene-TiO_2 composites as photoelectrochemical working electrode. *Int. J. Electrochem. Sci.* ,6,3333-3343,2011.

[121] Chen,L.-C. *et al.* ,Improving the performance of dye-sensitized solar cells with TiO_2/graphene/ TiO_2

sandwich structure. *Nanoscale Res. Lett.* ,9,1 – 7 ,2014.

[122] Lee,E. ,Ryu,J. ,Jang,J. ,Fabrication of graphene quantum dots via size – selective precipitation and their application in upconversion – based DSSCs. *Chem. Commun.* ,49,9995 – 9997,2013.

[123] Yao,N. et al. ,Improving the photovoltaic performance of dye sensitized solar cells based on a hierarchical structure with up/down converters. *RSC Adv.* ,6,11880 – 11887,2016.

[124] Howatt,G. ,Breckenridge,R. ,Brownlow,J. ,Fabrication of thin ceramic sheets for capacitors. *J. Am. Ceram. Soc.* ,30,237 – 242,1947.

[125] *Method of producing high dielectric high insulation ceramic plates* ,1952,Google Patents.

[126] Salam,Z. et al. ,Graphene quantum dots decorated electrospun TiO_2 nanofibers as an effective photoanode for dye sensitized solar cells. *Solar Energy Mater. Solar Cells* ,143,250 – 259,2015.

[127] Eshaghi,A. and Aghaei,A. A. ,Effect of TiO_2 – graphene nanocomposite photoanode on dye – sensitized solar cell performance. *Bull. Mater. Sci.* ,38,1177 – 1182,2015.

[128] Liu,J. et al. ,Stacked graphene – TiO_2 photoanode via electrospray deposition for highly efficient dye – sensitized solar cells. *Org. Electron.* ,23,158 – 163,2015.

[129] Zhu,P. et al. ,Facile fabrication of TiO_2 – graphene composite with enhanced photovoltaic and photocatalytic properties by electrospinning. *ACS Appl. Mater. Interfaces* ,4,581 – 585,2012.

[130] Bella,F. et al. ,Performance and stability improvements for dye – sensitized solar cells in the presence of luminescent coatings. *J. Power Sources* ,283,195 – 203,2015.

[131] Dou,Y. et al. ,Enhanced photovoltaic performance of ZnO nanorod – based dye – sensitized solar cells by using Ga doped ZnO seed layer. *J. Alloys Compd.* ,633,408 – 414,2015.

[132] Hung,I. and Bhattacharjee,R. ,Effect of photoanode design on the photoelectrochemical performance of dye – sensitized solar cells based on SnO_2 nanocomposite. *Energies* ,9,641,2016.

[133] Ghann,W. et al. ,Fabrication,optimization and characterization of natural dye sensitized solar cell. *Sci. Rep.* ,7,2017.

[134] Sahu,S. et al. ,Fabrication and characterization of nanoporous TiO_2 layer on photoanode by using Doctor Blade method for dye – sensitized solar cells,in: *International Conference on Fibre Optics and Photonics*,Optical Society of America,2016.

[135] Bernacka – Wojcik,I. et al. ,Inkjet printed highly porous TiO_2 films for improved electrical properties of photoanode. *J. Colloid Interface Sci.* ,465,208 – 214,2016.

[136] Kadachi,Z. et al. ,Effect of TiO_2 blocking layer synthesised by a sol – gel method in performances of fluorine – doped tin oxide/TiO_2/dyed – TiO_2/electrolyte/pt/fluorine – doped tin oxide solar cells based on natural mallow dye. *Micro Nano Lett.* ,11,94 – 98,2016.

[137] Patil,S. A. et al. ,Photonic sintering of a ZnO nanosheet photoanode using flash white light combined with deep UV irradiation for dye – sensitized solar cells. *RSC Adv.* ,7,6565 – 6573,2017.

[138] Tang,J. and Gomez,A. ,Control of the mesoporous structure of dye – sensitized solar cells with electrospray deposition. *J. Mater. Chem. A* ,3,7830 – 7839,2015.

[139] Jin,Y. S. and Choi,H. W. ,Properties of dye – sensitized solar cells with TiO_2 passivating layers prepared by electron – beam evaporation. *J. Nanosci. Nanotechnol.* ,12,662 – 667,2012.

[140] Agarwal,R. et al. ,Plasmon enhanced photovoltaic performance in TiO_2 – graphene oxide composite based dye – sensitized solar cells. *ECS J. Solid State Sci. Technol.* ,4,M64 – M68,2015.

[141] Noh,Y. et al. ,Properties of blocking layer with Ag nano powder in a dye sensitized solar cell. *J. Korean Ceram. Soc.* ,53,105 – 109,2016.

[142] Cheng,G. et al. ,Nanoprecursor – mediated synthesis of Mg^{2+} – Doped TiO_2 nanoparticles and their ap-

plication for dye-sensitized solar cells. *J. Nanosci. Nanotechnol.*, 16, 744-752, 2016.

[143] Morais, A. et al., Enhanced photovoltaic performance of inverted hybrid bulk-heterojunction solar cells using TiO_2/reduced graphene oxide films as electron transport layers. *J. Photonics Energy*, 5, 057408-057408, 2015.

[144] Ahmed, M. I. et al., Low resistivity ZnO-GO electron transport layer based $CH_3NH_3PbI_3$ solar cells. *AIP Adv.*, 6, 065303, 2016.

[145] Lee, Y. K. et al., Hot carrier multiplication on graphene/TiO_2 Schottky nanodiodes. *Sci. Rep.*, 6, 2016.

[146] Lin, Y.-C., Chen, Y.-T., Yao, P.-C., Effect of post-heat-treated NiOx overlayer on performance of nanocrystalline TiO_2 thin films for dye-sensitized solar cells. *J. Power Sources*, 240, 705-712, 2013.

[147] Waita, S. M. et al., Electron transport and recombination in dye sensitized solar cells fabricated from obliquely sputter deposited and thermally annealed TiO_2 films. *J. Electroanal. Chem.*, 605, 151-156, 2007.

[148] Sutthana, S., Hongsith, N., Choopun, S., AZO/Ag/AZO multilayer films prepared by DC magnetron sputtering for dye-sensitized solar cell application. *Curr. Appl. Phys.*, 10, 813-816, 2010.

[149] Meng, L. and Li, C., Blocking layer effect on dye-sensitized solar cells assembled with TiO_2 nanorods prepared by DC reactive magnetron sputtering. *Nanosci. Nanotechnol. Lett.*, 3, 181-185, 2011.

[150] Hsu, C.-H. et al., Enhanced performance of dye-sensitized solar cells with graphene/ZnO nanoparticles bilayer structure. *J. Nanomater.*, 2014, 4, 2014.

[151] Huang, C., Chang, K., Hsu, C., TiO_2 compact layers prepared for high performance dye-sensitized solar cells. *Electrochim. Acta*, 170, 256-262, 2015.

第13章 还原氧化石墨烯-纳米氧化锌复合材料在气敏特性中的应用

A. S. M. Iftekhar Uddin[1], Hyeon Cheol Kim[2]

[1]孟加拉国西尔赫特都市大学电气与电子工程系

[2]韩国蔚山,蔚山大学电气工程学院

摘 要 为了开发高性能、精准、低功耗的气体传感器,几十年来相关人员对各种金属氧化物半导体气体传感器进行了广泛研究,希望可以对各种有毒、易燃污染物进行可靠的检测和监测,以保证环境和人身安全。迄今研究仍不断取得成果,文献已报道了许多有前景的高度敏感的气体传感器。然而,大多数报告表明,这种传感器要求很高的工作温度(接近200℃),这并不适用于那些高度易燃的气体,因此在运行过程中需要特别的安全措施和监测。为了克服上述局限性,并制造高性能传感器,二维rGO纳米片是一种很有前途的载体催化剂候选材料,其可以作为模板在提高传感器性能和降低温度要求方面发挥重要作用。目前取得的进展是合成了从零维到三维等不同尺寸的ZnO纳米结构和还原氧化石墨烯负载的ZnO纳米结构混合物,并研究了它们的形貌和成分效应对乙炔(acetylene,C_2H_2)传感行为的影响。希望这项研究有助于读者了解还原氧化石墨烯纳米片与ZnO纳米结构在气敏特性中的作用,并帮助他们开发高性能、低温可操作的未来一代金属氧化物纳米结构气体传感器。

关键词 ZnO纳米结构,还原氧化石墨烯,杂化,乙炔,气体传感器,成分效应,工作温度,灵敏度。

13.1 引言

近年来,相关人员致力于开发高性能、精准、低功耗的气体传感器,对各种有毒和易燃污染物进行可靠的检测和监测,目的是确保环境和人身安全。为了满足此要求,近几十年来,人们广泛研究了各种金属氧化物半导体(metal-oxide semiconductor,MOS)基的气体传感器,其中氧化锌(zinc oxide,ZnO)纳米结构(nanostructure,NS)由于其具有许多优异性能被认为是很有前途的候选之一[1-3]。随着研究不断的发展,纳米粒子(nanoparticle,NP)、纳米晶粒(nanograin,NG)、纳米线(nanowire,NW)、纳米棒(nanorod,NR)、纳米纤维(nanofiber,NF)、纳米片(nanoflake,NFl)、微球型(microspheres,MS)、微圆盘(microdisk,

MD)等ZnO纳米结构显示了应用于超灵敏传感器中的前景,因为这些材料具有合成简单、制备成本低、化学和热力学稳定性良好等优点[4-10]。众所周知,ZnO基传感器的性能受到传感材料的合成过程和结构的影响。此外,ZnO基传感器的气敏行为与感测材料的形貌、孔隙率、缺陷浓度、晶体取向和晶粒尺寸密切相关[11]。每个维度的ZnO NS都有自己独特的特性,可以修改传感性能,例如:零维NS具有较高的活性暴露比表面积、最小的晶粒尺寸及均匀的形状和大小[12],其提供了较多的接触点;一维NS与其他维NS相比,具有较高的结晶度和较高的量子效应[13],使生产的传感器具有良好的长期稳定性;二维NS可以提供基础模板等额外支持;三维NS具有独特和复杂的结构,包括有序的晶体特性、高孔隙率和优异的气体分子吸附能力[9]。近年来,ZnO NS基高性能C_2H_2传感器由于在许多化工和机械工业中的广泛应用而获得了大量关注。C_2H_2是一种无色可燃性碳氢化合物,也是最简单的带有独特气味的炔烃,可广泛用作燃料和应用在许多工业中,如制备有机化学物,比如在维生素中的1,4-丁二醇,或用于焊接和金属切割、干电池等。C_2H_2是相当不稳定的纯化合物形式,通常需要在溶液中处理,当它被液化、压缩、加热或与空气混合时具有高度爆炸性。因此,在生产和处理C_2H_2的过程中特殊的安全措施至关重要。同时,它的探测浓度更广泛,通常为$1\times10^{-4}\sim1\times10^{-1}$,这使得它可以预警早期泄漏和指示爆炸。到目前为止,文献[14-27]中已经报道了大量的研究成果。然而,许多研究著作表明,这些传感器要求很高的工作温度(接近200℃),这并不理想,因为C_2H_2本质上高度易燃,因此在生产和处理C_2H_2过程中需要特别的安全措施和监测。Dong等[14]报道了用于C_2H_2传感的电弧等离子体辅助Ag/ZnO复合材料,在120℃下,其最大响应范围为42~5000mg/L C_2H_2。Tamaekong等[18]利用火焰喷雾裂解法研制了基于Pt/ZnO厚膜的C_2H_2传感器,这种传感器在300℃下气体浓度的检测限值为50mg/L。Zhang等[19]利用水热合成了一种以分层纳米粒子修饰的ZnO微圆盘作为传感材料。该材料在420℃的气体浓度范围内可以实现1~4000mg/L的C_2H_2传感,其中在1mg/L中检测到的响应为7.9。Wang等[21]发表了他们的实验结果,表明在ZnO纳米纤维中掺杂5%(原子分数)的镍,可以有效提高ZnO传感器的C_2H_2检测能力。在250℃下,这种传感器的最大响应为17~2000mg/L C_2H_2。另外,相关人员还研究了$Sm_2O_3-SnO_2$[15]、Au/MWCNT[16]、$Ag/Pd-SiO_2$[17]、$Pd-SnO_2$[20]和SnO_2纳米结构[27]等材料在C_2H_2传感中的应用。为了克服上述局限性,并制造高性能的C_2H_2传感器,在基于ZnO的传感器表面加入贵金属或维度rGO纳米片可以作为有潜力的载体催化剂候选材料,将这种材料作为模板能有效提高传感器性能并帮助降低操作温度要求等[28-31]。文献报道,贵金属的引入会产生一定的协同效应,影响到材料的电子和化学分布,有利于氧类的吸收,并有助于提高金属氧化物传感器性能。重要的是,二维碳材料,如还原氧化石墨烯纳米片作为载体催化剂可以成为传感材料的桥梁,大大提高了它们之间的电荷转移。这种材料还可以作为电子受体,增加金属氧化物传感器的耗尽层,并有助于提高传感器的传感性能[31]。在复合材料中,还原氧化石墨烯可以作为电子受体,增加ZnO纳米结构的耗尽层,激活分子氧在传感表面的离解。在较低的操作温度下,这一现象大大增加了氧的数量,以重新填充ZnO表面氧空位,重新填充从ZnO/还原氧化石墨烯复合材料撤离的电子的速率高于原始ZnO[22-24,32-33]。因此,C_2H_2分子在传感表面与化学氧离子发生反应形成CO_2或H_2O,会有更多的电子转移到复合材料表面,产生较大的电阻变化,因此,ZnO/还原氧化石墨烯比原始ZnO纳米结构表现出更好的响应。在当前的发展中,我们合成了从零维到三维的不同维度 ZnO 纳米结构和含有还原氧化石墨烯的 ZnO 纳米结构混合物,并研究了它们的形态和成分效应对 C_2H_2 传感行为的影响。对各种原始纳米结构和杂化样品的 C_2H_2 气体吸附-解吸行为进行了广泛的分析,并对结果进行了详细的讨论。预计本研究将对读者有所帮助,可以支持他们研究下一代具有高性能、低温可操作的金属氧化物纳米结构基气体传感器。

13.2 实验

本实验中使用的所有化学品均为分析级产品,来自 Sigma-Aldrich 公司、东友精细化学株式会社和 Dae Jung 化工有限公司,在使用这些化学品时并没有进一步净化。在实验过程中,将水热法用于合成原始 ZnO 纳米结构,并使用化学方法合成混合物。

13.2.1 ZnO 纳米结构的合成

13.2.1.1 纳米粒子

在一般的处理工艺中,将 4mol/L 六水硝酸锌($Zn(NO_3)_2 \cdot 6H_2O$)和 8mol/L NaOH 溶解在 40mL 的乙醇(C_2H_6O)中,用磁性搅拌器连续搅拌 1h。然后将混合物放入有聚四氟乙烯内衬的不锈钢高压釜中,在实验室烘箱中以 120℃加热 8h,自然冷却至室温。最后,采用干燥法制备了精细 ZnO 纳米粒子粉末。

13.2.1.2 纳米胶囊

将 2mol/L 的 $Zn(NO_3)_2 \cdot 6H_2O$ 和 2mol/L 的 NaOH 溶解到 40mL 乙醇中,用磁性搅拌器连续搅拌 30min。30min 后将 0.1mol/L 的十六烷基三甲基溴化铵(cetyltrimethyl ammonium bromide, CTAB)($CH_3(CH_2)_{15}N(Br)(CH_3)_3$)和 360μL 的抗坏血酸($HC_6H_7O_6$)加入到制备的溶液中。最后得到的溶液被转移到有聚四氟乙烯内衬的不锈钢高压釜中,在实验室烘箱中以 140℃加热 8h,自然冷却到室温。最后,采用干燥法制备了精细 ZnO NC 粉末。

13.2.1.3 纳米晶粒

将 2mol/L 的 $Zn(NO_3)_2 \cdot 6H_2O$ 和 2mol/L 的 NaOH 溶解到 40mL 乙醇中,用磁性搅拌器连续搅拌 30min。30min 后将 3mL 的 0.3mol/L 的 CTAB 和 360μL 的 $HC_6H_7O_6$ 加入到制备的溶液中。最后得到的溶液被转移到有聚四氟乙烯内衬的不锈钢高压釜中,在实验室烘箱中以 140℃加热 8h,自然冷却到室温。最后,采用干燥法制备了超细 ZnO NG 粉末。

13.2.1.4 纳米杆

将 3mol/L 的 $Zn(NO_3)_2 \cdot 6H_2O$、16mol/L 的 NaOH 和 2mL 的乙二醇(EG)($C_2H_6O_2$)溶解到 40mL 乙醇中,用磁性搅拌器连续搅拌 1h。悬浮液随后被转移到有聚四氟乙烯内衬的不锈钢高压釜中,在实验室烘箱中以 200℃加热 20h,自然冷却至室温。最后,采用干燥法制备了超细 ZnO NR 粉末。

13.2.1.5 纳米片

将 4mol/L 的 $Zn(CH_3COO)_2 \cdot 2H_2O$ 和 2mol/L 的 NaOH 溶解到去离子(de-ionized,DI)水中,强力搅拌 30min。随后,将 600μL 氢氧化铵(NH_4OH)滴入制备的溶液中,再继

续搅拌30min。悬浮液随后被转移到有聚四氟乙烯内衬的不锈钢高压釜中,在实验室烘箱中以170℃加热20h,自然冷却到室温。最后,采用干燥法制备了超细 ZnO NFl 粉末。

13.2.1.6 微米花型

将4mol/L的脱水醋酸锌($Zn(CH_3COO)_2 \cdot 2H_2O$)和2mol/L的NaOH溶解到去离子水中,强力搅拌30min。然后在溶液中缓慢滴入少量的NH_4OH,将其作为封盖剂,以保持pH值为9(确切值)。悬浮液随后被转移到有聚四氟乙烯内衬的不锈钢高压釜中,在实验室烘箱中以200℃加热10h,自然冷却到室温。最后,采用干燥法制备了超细 ZnO MF(microflower)花粉末。

13.2.1.7 微米海胆型

将4mol/L的$Zn(CH_3COO)_2 \cdot 2H_2O$和2mol/L的NaOH溶解到去离子水中,强力搅拌30min。然后在溶液中缓慢滴入少量的NH_4OH,将其作为封盖剂,以保持pH值为10.5(确切值)。悬浮体随后被转移到有聚四氟乙烯内衬的不锈钢高压釜中,在实验室烘箱中以200℃加热10h,自然冷却到室温。最后,采用干燥法制备了 ZnO MU(microurchin)状粉末。

13.2.1.8 微米球型

将4mol/L的$Zn(CH_3COO)_2 \cdot 2H_2O$和2mol/L的NaOH溶解到去离子水中,强力搅拌30min。然后在溶液中缓慢滴入少量的NH_4OH,将其作为封盖剂,以保持pH值为11(确切值)。悬浮体随后被转移到有聚四氟乙烯内衬的不锈钢高压釜中,在实验室烘箱中以200℃加热10h,自然冷却到室温。最后,采用干燥法制备出了精细 ZnO MS(microsphere)粉末。

通过各种合成方法得到白色 ZnO 悬浮液沉积物,用去离子水对其进行多次洗涤,然后在实验室烘箱中以60℃干燥过夜,得到精细 ZnO 纳米结构粉末。

13.2.2 还原氧化石墨烯纳米片的合成

通过改良的 Hummer 法从纯石墨粉末(颗粒小于50μm)制备了氧化石墨烯[34]。在一般的制备工艺过程中,将2g超纯石墨粉(12.0g/mol)缓慢加入50mL 硫酸(H_2SO_4,95%~97%)和50mL 硝酸(HNO_3,68%~70%)混合的溶液中,在80℃温度下搅拌4h,从而使其预氧化。然后,将混合物冷却到室温,用 DI 水冲洗,直到 pH 值为中性,然后在40℃温度下干燥过夜。将所得的预氧化石墨在反应釜中分散到低温浓缩的 H_2SO_4,将其保存在冰槽中并搅拌,然后加入10g 高锰酸钾($KMnO_4$,97%)。在添加过程中,温度保持在10℃以下。重要的是,要在35℃将混合物搅拌2h。在混合过程中,溶液变稠,呈棕灰色。加入250mL DI 水后,将温度调为100℃,继续搅拌15min。随后,加入700mL DI 水和30mL 过氧化氢(H_2O_2,30%),继续搅拌1h,去除 Mn^+ 离子,变成黄棕色的溶液。12h 后从溶液中提取出固体物,用5% 盐酸(hydrochloric acid,HCl)洗涤5次以去除杂质。在3000r/min 速率下进一步离心5min,以去除沉淀物中所有可见的颗粒(未剥离的氧化石墨烯)。然后,在10000r/min 的高速下离心10min,在真空烤箱中以60℃干燥所得到的沉淀物,得到氧化石墨烯粉末。

为了合成还原氧化石墨烯,用 N,N-二甲基甲酰胺(dimethylformamide,DMF)稀释氧化石墨烯水基悬浮液(10mg/mL),在超声槽中进行1h 超声处理,使氧化石墨烯悬浮液在 DMF/水中均匀分布(80:20v/v)。然后,以1mL 的水合肼作为还原剂加入溶液中,在80℃的高温下搅拌 6h。所得到的还原氧化石墨烯悬浮液为黑色,将其保留在以后的实验中使用。

13.2.3 ZnO 纳米结构 – 还原氧化石墨烯混合物的合成

采用简便快速的化学方法合成了 ZnO 纳米结构还原氧化石墨烯(ZnO NS – rGO)。在一般的制备工艺过程中,将 0.5g 的纯 ZnO 纳米结构粉末在 50mL 的氧化石墨烯溶液中分散(0.5mg/mL),采用超声处理并连续搅拌 1h。然后,将 60μL 的水合肼缓慢添加到所制备的混合物中,在 110℃的温度下加热 8h。然后用 DI 水离心清洗溶液,并保存在 20mL 的新鲜 DI 水中,以供进一步使用。

13.2.4 设备制造

在电气和气体传感测量中,传感器设备制作如下:通过提离过程将金(Au)沉积在 6mm×12mm 铝(Al_2O_3)基底上,以此制备双电极(尺寸:2mm×4mm,厚度:10nm)。测量了两个电极间的间距,约为 210μm。图 13.1 为刻蚀电极的预制传感器平台的示意图。通过滴铸法将 ZnO 纳米结构、纯还原氧化石墨烯和 ZnO NS – rGO 混合物沉积在刻蚀电极的中心。然后在加热板以 80℃处干燥,直到所有溶剂蒸发。这个步骤重复了两三次。沉积后,为使器件热稳定,将其在空气中以 300℃退火 30min。

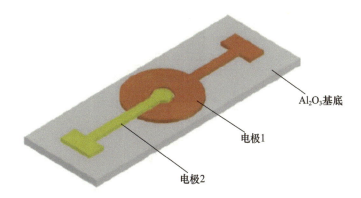

图 13.1 刻蚀电极的预制传感器平台示意图

13.2.5 表征和传感器测试

利用 X 射线衍射仪(X – ray diffractometer, XRD)(Rigaku Ultima IV)对预制的传感材料的结构性能进行了研究,用 Cu Kα($\lambda = 0.154$nm)辐射,2θ 扫描范围为 10°~80°。采用场致发射扫描电子显微镜(field emission scanning electron microscopy, FESEM;JEOL JSM – 7600 F),并配备能量色散光谱仪(energy – dispersive spectrometer, EDS)检查表面形貌,以在加速电压 10kV 下进行成分分析。利用傅里叶变换红外光谱(Fourier transform infrared spectroscopy, FTIR)研究了氧化石墨烯和还原氧化石墨烯的化学成分。利用 Varian 2000 Scimitar 光谱仪在 350~4000cm^{-1} 范围内进行 FTIR 研究。利用 WITec alpha300R 在 300~1800cm^{-1} 范围内进行了拉曼光谱研究。

在大气压力下的 25~450℃温度范围内,进行了气体传感测量,方法是利用导流技术在一个完全密封的实验气室中测量不同 C_2H_2 浓度。实验气室由一个进气口和一个真空压力进口组成,还有一个空气出口。采用真空泵(ULVAC,DAP-15,39.9kPa)和可编程质量流量控制器(mass flow controller,MFC)来平衡气室内的大气。在气室中将可编程加热器和传感器集合,用于调节温度。采用计算机质量流量控制器(ATO-VAC,GMC1200)系统对合成气中的 C_2H_2 浓度进行控制。在不同 C_2H_2 浓度的情况下,气体混合物以 50sccm(标准立方厘米/min)的恒定流量输送到气室。在每个 C_2H_2 脉冲之间用合成气吹扫气室,使传感器的表面还原到大气状态。图 13.2 的框图描述了气室的整体结构和测量装置。采用以下方程对气体浓度进行控制和测量:

$$所需气体_{浓度} = [流速_{气体}/(流速_{气体}+流速_{空气})] \times 供应气体_{浓度} \quad (13.1)$$

将偏压固定为 1V,使用 Keithley 探针台(SCS-4200)进行测量和数据采集。用以下公式计算了传感器的响应量级:

$$S = R_a/R_g \quad (13.2)$$

式中:S 为传感器的响应;R_a 为传感器在合成气中的电阻;R_g 为在一定浓度的 C_2H_2 存在时的电阻。传感器的响应时间和恢复时间被定义为达到总电阻变化的 90% 时的时间。

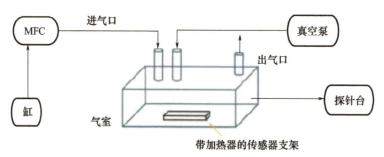

图 13.2 腔室和测量装置的整体结构框图

13.3 成果与讨论

为研究表面形貌并进行元素和结构分析,在 SiO_2/Si 基底上滴注塑造了制备样品(ZnO 纳米结构、GO、rGO 和杂化样品)。然后将样品在热板上以 80℃ 进行干燥,直到所有溶剂蒸发,以便用于特定研究。

13.3.1 ZnO 纳米结构的形貌研究

图 13.3 所示为合成的不同维原始 ZnO NS 的表面形貌。图 13.3(a)~(c)分别显示了成功合成的粒径为 40nm、100nm 和 120nm 的粒子状(图 13.3(a))、胶囊状(图 13.3(b))和米粒状(图 13.3(c))ZnO NS。结果表明,零维 ZnO NP、一维纳米胶囊(NC)和纳米谷粒(NG)尺寸高度一致,可以很容易鉴别它们。CTAB(作为稳定剂)和抗坏血酸(作为还原剂)制备了 ZnO NC 和 NG。前驱体浓度、表面活性剂/稳定剂浓度、还原剂浓度、反应温度对金属氧化物 NS 合成及其控制尺寸和形状影响很大[35]。在这种情况下,CTAB 对获得理想的 ZnO NS 形状起着至关重要的作用,而抗坏血酸优先促进了成核过程。通过改变 $Zn(NO_3)_2 \cdot 6H_2O$ 前驱物的浓度和反应时间,可以控制 ZnO NP、NC 和 NG 的大小。如图 13.3(d)所示,以类似的方式,ZnO NR 的形成由 NaOH 的含量和乙二醇控制。已经观

察到形成的 ZnO NR 在整个长度的表面都很光滑。形成的 NR 的平均直径和长度分别为 (40 ± 5)nm 和 (0.8 ± 0.05)μm。

图 13.3 合成 ZnO NS 的 FESEM 显微图
(a)纳米粒子(NP);(b)纳米胶囊(NC);(c)纳米谷粒(NG);(d)纳米杆(NR);
(e)纳米片(NFl);(f)微米花形(MF);(g)微米海胆形(MU);(h)微米球形状(MS)(注:整个标尺在100nm范围内)。

图 13.3(e)显示了片状的二维 ZnO NF1,其平均薄片厚度为 10nm。图 13.3(f)~(h)描述了 ZnO 的三维微米花形(MF)(图 13.3(f))、微米海胆形(MU)(图 13.3(g))和微米球形(MS)(图 13.3(h))的分层结构,它们的平均尺寸为 1.5~2μm。可以看到大量的 ZnO 纳米花瓣从中心均匀生长,并在 c 轴方向尺寸还原,形成花状的纳米结构,而随机定向的 ZnO 纳米针和纳米片相互纠缠,形成了海胆状和一束纳米片状的 ZnO NS。三维纳米结构的形成可能与 ZnO 的各向异性生长有关,受到 pH 值的显著影响。在水热过程中,首先通过分解 $Zn(OH)_2$ 沉淀形成 $(Zn(OH)_4)^{2-}$[9,36]。随着反应过程的持续,这些离子团聚在一起形成具有不同浓度 NH_4OH 的 ZnO 纳米花瓣、纳米针和纳米片,并逐渐组装形成三维 ZnO MF、MU 和 MS。

13.3.2 氧化石墨烯和还原氧化石墨烯的形貌及元素研究

图 13.4 所示为 SiO_2 基底上的氧化石墨烯和还原氧化石墨烯片的表面形貌(图 13.4(a)和(b))和相应的 EDS 分析(图 13.4(c)和(d))。图 13.4(a)所示为几个团聚形式的氧化石墨烯纳米片。然而,氧化石墨烯还原到还原氧化石墨烯形成了具有许多褶皱和折叠的少层纳米层,如图 13.4(b)所示,显示了一个还原氧化石墨烯良好的二维结构。此外,具有大褶皱或折叠的还原氧化石墨烯纳米片表明存在少层还原氧化石墨烯。重要的是,氧化石墨烯的还原完全减少了含氧官能团的存在,而形成了还原氧化石墨烯和部分剥

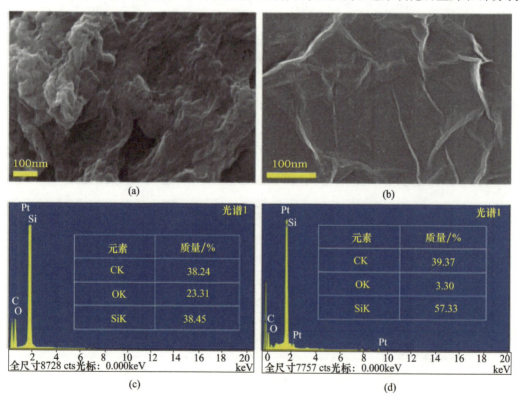

图 13.4 合成(a)氧化石墨烯和(b)还原氧化石墨烯的 FESEM 显微图,制备的(c)氧化石墨烯和(d)还原氧化石墨烯的 EDS 分析

离的氧化石墨烯,这有利于建构具有少层纳米片且厚度较低的还原氧化石墨烯纳米薄片。此外,图13.4(c)和(d)所示的EDS结果证实,在制备的氧化石墨烯和还原氧化石墨烯样品中存在碳和氧。值得注意的是,图13.4(c)和(d)所示的铂(Pt)和硅峰值分别来自于样品制备过程中使用的金属涂层和基底。EDS分析表明,氧化石墨烯和还原氧化石墨烯的碳含量分别为38.24%和39.37%。然而,还原氧化石墨烯的氧含量较之氧化石墨烯的23.31%显著降低到3.3%。氧化石墨烯中碳/氧质量比为1.6,在还原氧化石墨烯中质量比提高到11.9。还原氧化石墨烯中氧含量为3.3%,这说明部分含氧官能团仍存在于还原氧化石墨烯样品中。

13.3.3 氧化石墨烯和还原氧化石墨烯的化学成分研究

为了进一步证实氧化石墨烯向还原氧化石墨烯的还原,采用傅里叶变换红外光谱研究了它们的化学成分。图13.5所示为所制备的氧化石墨烯和还原氧化石墨烯样品的红外光谱。在1095cm^{-1}、1404cm^{-1}和1740cm^{-1}的氧化石墨烯的含氧官能团分别对应氧化后的官能氧化物、环氧和羧基。在3400cm^{-1}处的宽吸收峰表明在氧化石墨烯中存在O—H基团[37]。相关人员观察到在还原过程中,含氧官能团几乎完全被除去。

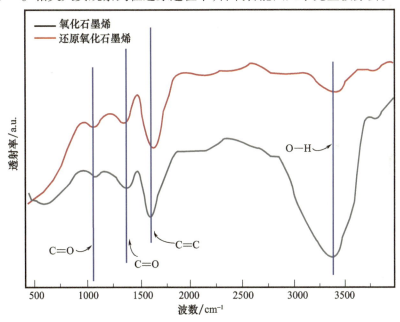

图13.5 氧化石墨烯和还原氧化石墨烯的红外光谱

氧化石墨烯和还原氧化石墨烯的拉曼光谱如图13.6所示。在拉曼光谱采集过程中,在521cm^{-1}处(为了获得更好的清晰度而从图中去掉)出现了一个尖锐而强烈的峰,这是与硅基底相关的特征峰(用作支撑晶圆片)。1349cm^{-1}和1588cm^{-1}的特征峰分别对应于氧化石墨烯和还原氧化石墨烯样品中的D能带和G能带,这是由于sp^{2}结合碳原子的振动和缺陷位置的无序结构。2D特征峰与石墨化学结构有关。2D能带形状、频率和强度与石墨原始材料中石墨化学结构的完善程度和石墨层数量有很大关系。D峰表示碳材料中的物理缺陷(空穴、折叠或应变)和化学缺陷(外来或氧功能化),而G峰与碳材料质量或石墨结构域有关[38]。氧化石墨烯和还原氧化石墨烯的 D/G 的强度比 $I(D)/I(G)$ 分别为 0.98 和 1.18。结果表明,还原氧化石墨烯的 D/G 强度比氧化石墨烯高,这说明化学还原过程引发氧化石墨烯中出现缺陷,并在 D 和 G 能带引起了显著的拉曼强度。

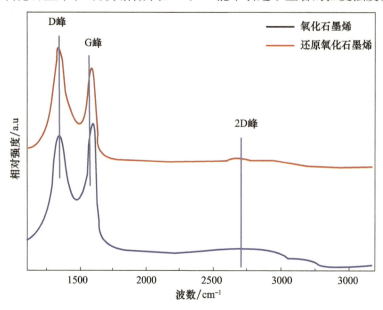

图 13.6　氧化石墨烯和还原氧化石墨烯的拉曼光谱

13.3.4　ZnO 纳米结构－还原氧化石墨烯混合物的形貌和元素分析

图 13.7 为 ZnO NS－rGO 混合物的典型 FESEM 显微图。图 13.7 表明,所制备的 ZnO NS 混合良好,与 5~10 层厚的还原氧化石墨烯纳米片紧密相连。这些结果表明,氧化石墨烯功能化含氧基团在合成过程中起着至关重要的作用,并促进了 ZnO NS 牢固连接还原氧化石墨烯网络,最终获得了团聚较少的优良混合物[39]。在 ZnO NS－rGO 混合物中,ZnO NP、ZnO NC、ZnO NG、ZnO NR 和 ZnO NFl 与还原氧化石墨烯纳米片紧密相连(图 13.7(a)~(e)),rGO 在这中间作为模板。在这些混合物中没有明显的团聚或变形,这可能是由于 NP、NC、NG、NR 和 NFl 的尺寸较小且均匀。然而,在 ZnO MF、ZnO MU 和 ZnO MS(图 13.7(f)~(h))的混合物中发现了一些团聚和破坏现象,这可能是由于网状物中 ZnO NS 体积较大且高度拥挤。

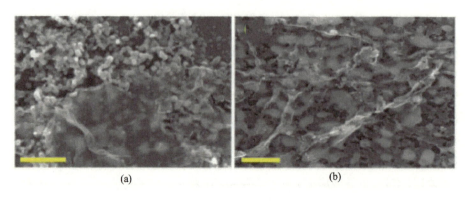

(a)　　　　　　　　　　(b)

图 13.7 合成 ZnO NS-rGO 混合物的 FESEM 显微图

(a)ZnO NP-rGO;(b)ZnO NC-rGO;(c)ZnO NG-rGO;(d)ZnO NR-rGO;(e)ZnO NFl-rGO;(g)ZnO MU-rGO;(h)ZnO MS-rGO(注:整个标尺在100nm范围内)。

用 EDS 分析的方法研究了 ZnO NS-rGO 混合物的元素成分,并对结果进行了总结,见表 13.1。Zn、O、C 等多种精细化元素的存在证实了高纯 ZnO NS-rGO 混合物的形成。

表 13.1　ZnO NS-rGO 混合物元素成分概述

元素	质量/%							
	NP	NC	NG	NR	NFl	MF	MU	MS
CK	2.60	2.82	2.52	2.59	3.10	1.67	1.88	2.09
OK	22.37	19.23	19.33	18.22	17.97	16.72	15.87	15.61
Zn k	13.09	15.28	16.32	16.29	16.47	18.97	19.55	20.23
Si k	61.24	61.97	61.13	62.20	61.76	62.64	62.00	61.37

13.3.5 氧化石墨烯、还原氧化石墨烯、ZnO 纳米结构和 ZnO 纳米结构－还原氧化石墨烯混合物的结构研究

为研究材料的相纯度和结构性能,对制备的氧化石墨烯、rGO、ZnO、ZnO 纳米结构和 ZnO 纳米结构－还原氧化石墨烯混合物进行了 XRD 分析,结果如图 13.8 所示。在图 13.8(a)中,以 2θ 为 12.3°的中心上的特征反射峰对应于氧化石墨烯的(001)晶面,层间间距(d－间距)为 0.7nm,大于天然石墨的 d－间距(0.34nm)。以 2θ 值为 24.6°的中心上的强峰,可与还原氧化石墨烯的特征反射峰(002)关联,层间距离为 0.40nm。这个峰与氧化石墨烯去除插入水分子和氧化物基团后的剥离和还原过程有关[40]。此外,这个峰的出现也表明碳层重叠成有序的还原氧化石墨烯晶体结构[41]。衍射峰通常出现在 $2\theta = 26.5°$的石墨主峰平面(002)上,层间间距为 0.33nm。石墨的衍射峰由 26.5°变为 24.6°,这可能是由于堆叠层的短程有序以及氧化石墨烯中残余含氧官能团或其他结构缺陷的部分还原[42]。此外,氧化石墨烯和还原氧化石墨烯样品在 $2\theta = 43.3°$(石墨峰)时没有(002)反射峰,这表明由于层间基团的插入,碳片之间的距离增加[41]。

图 13.8(b)中,纯 ZnO 纳米结构的特征衍射峰对应于(100)(002)(101)(102)(110)(103)(112)和(201)平面上 $2\theta = 31.8°$、34.4°、36.3°、47.5°、56.6°、62.9°、68°和 69.1°,与六边形纤锌矿型结构的 ZnO 晶体的标准 XRD 峰一致(JCPDS 卡号:36－1451)。样品中没有发现 $Zn(OH)_2$ 等中间体的特征峰,这表明 ZnO NS 的纯度较高。

在图 13.8(c)中,观察到的混合物的特征峰表现出结构良好的结晶性质以及与 ZnO 纳米结构和还原氧化石墨烯的混合相。ZnO 的衍射峰(100)(002)(101)(102)(110)(103)(112)和(201)类似于标准 ZnO 六边形纤锌矿型结构(JCPDS 卡号:36－1451)。然而,混合物样品中 ZnO 的展宽峰(100)(002)和(101)表明,由于还原氧化石墨烯纳米片的插入,ZnO 纳米结构的晶体结构出现了小但有限的退化[31,41]。另外,$2\theta = 24.6°$的中心上的峰值与还原氧化石墨烯的特征反射峰(002)有关。在混合物样品中没有发现其他中间体的特征峰,也没有发现图形显著变化或转变,这表明高纯混合物的形成。

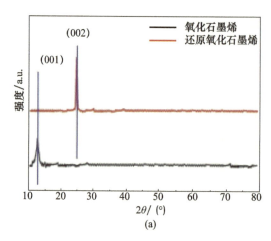

(a)

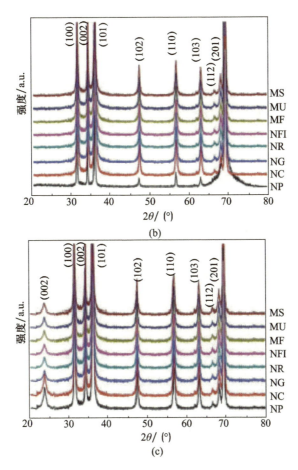

图 13.8 （a）氧化石墨烯和还原氧化石墨烯、（b）纯 ZnO 纳米结构和
（c）ZnO 纳米结构 - 还原氧化石墨烯混合物的 XRD 图形

13.3.6 气敏机理

图 13.9 所示为纯 ZnO 纳米结构和 ZnO 纳米结构 - 还原氧化石墨烯混合物传感器的整体传感机理。ZnO 基传感器的气敏机理可以用传感材料表面的氧吸收和吸附在材料表面的气体分子的反应来描述[43-47]。当传感器暴露在空气中时，空气中的氧分子可以化学吸附在传感材料表面，并通过捕获 ZnO 纳米结构氧化传导带和电子耗尽层的电子，形成化学吸附平衡的氧阴离子（O_{nads}^{n-}）。产生的反应可描述如下：

$$O_2 + 2e^- \longleftrightarrow 2O_{nads}^{n-} \qquad 反应1$$

这种现象导致自由电子浓度的降低，使得传感表面电阻的增加。Takata 等[43]发现化学吸附的氧阴离子强烈依赖于温度，稳定的氧离子 O_2^-、O^- 和 O^{2-} 在 100℃以下、100~300℃内、300℃以上运动。因此，氧吸附反应可以表现为

$$O_2(气体) + e^- \longleftrightarrow O_2^-(吸收)（低温） \qquad 反应2$$

$$O_2(气体) + e^- \longleftrightarrow O_{ads}^-（中温） \qquad 反应3$$

$$O_2(气体) + e^- \longleftrightarrow O_{ads}^{2-}（高温） \qquad 反应4$$

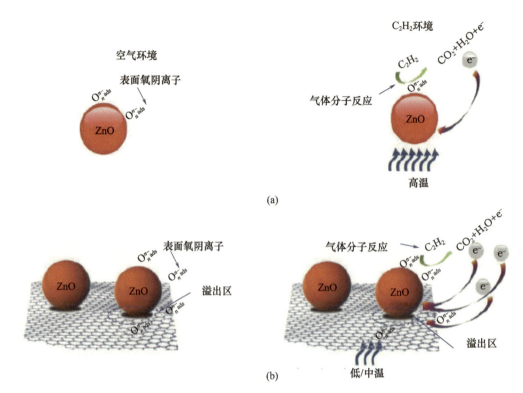

图 13.9 （a）ZnO 纳米结构传感器和（b）ZnO 纳米结构－还原氧化石墨烯混合物传感器的总体传感机理

当 ZnO 纳米结构传感器在特定工作温度下暴露于目标气体（考虑目标气体为 C_2H_2）时，被吸附的气体分子会与 ZnO 纳米结构表面的化学氧离子发生反应，从而可以描述如下：

$$C_2H_2 + 5O_{nads}^{n-} \xrightarrow{K_{Eth}} 2CO_2 + H_2O + 5e^- \qquad 反应\ 5$$

该反应中的电子发射增加了自由电子浓度，并最终降低了传感器的传感表面的电阻，可进一步用于目标气体的探测。图 13.9（a）显示了纯 ZnO 基传感器在空气和 C_2H_2 环境中的传感机理。

在 ZnO 纳米结构－还原氧化石墨烯混合物中，还原氧化石墨烯可以作为电子受体，从而增加 ZnO 纳米结构的耗尽层。因此，与原始 ZnO 纳米结构相比，电阻的变化较大，从而增加响应。此外，还原氧化石墨烯可以激活分子氧的离解[22-23,33]，这可以增加氧的数量，以重新填充 ZnO 纳米结构表面的氧空位，电子从 ZnO 纳米结构－还原氧化石墨烯混合物撤离的重新填充速率高于 ZnO 纳米结构。根据反应 5，电子密度的速率方程可以写成：

$$\frac{dn}{dt} = K_{Eth}(T)[O_{nads}^{n-}][C_2H_2] \qquad (13.3)$$

或

$$n = K_{Eth}(T)[O_{nads}^{n-}][C_2H_2]t + n_0$$

式中：$K_{Eth}(T)$ 为反应速率常数或系数；n 为乙炔气氛下的电子密度；n_0 为大气下的电子密度。通常反应速度系数和电子密度与工作温度有很强的关系，能量级随温度的升高而呈指数级增长。然而,传感器响应($S = R_a/R_g$)与反应速率系数成正比,与电子密度成反比[48]。在 C_2H_2 气敏过程中,这两个参数相互竞争,使 ZnO 纳米结构 – 还原氧化石墨烯混合物在较低的最佳工作温度下的灵敏度提高,高于纯 ZnO 纳米结构传感器(图 13.9(b))。

13.3.7 气体传感器研究

众所周知,金属氧化物基气体传感器的传感性能受传感材料结构缺陷的影响很大,晶粒尺寸、气孔、比表面积等因素在其中扮演着重要的角色。为了确定对目标气体高度敏感的可用 ZnO 纳米结构,将所有合成的 ZnO 纳米结构传感器在不同工作温度下暴露于 C_2H_2 气体中。图 13.10 所示为在 25~450℃ 工作温度范围内,不同 ZnO 纳米结构在 $100×10^{-6} C_2H_2$ 中的响应。由于实验的限制,最高工作温度限制在 450℃。随着温度的升高,所有样品的传感器响应都得到增加。一般来说,原始 ZnO 纳米结构基的 C_2H_2 传感器在高温下工作(超过 400℃)[19]。这种现象可能与化学吸附氧离子(O_{nads}^{n-})在 ZnO 表面形成的势垒有关,这可以阻止 C_2H_2 气体分子在低温下发生反应。然而,与其他纳米结构相比,零维纳米粒子和一维纳米杆表现出最大的灵敏度。这种现象可能是由于纳米粒子高度均匀和形状良好,且具有更好的结晶度和更小的晶粒尺寸。此外,这些特性可以为气体分子暴露提供更大的比表面积,并最终有助于形成更佳传感性能[49]。

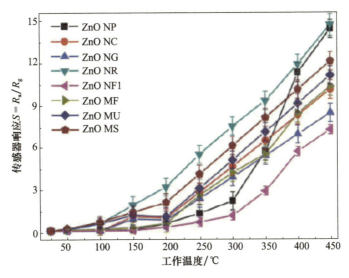

图 13.10 不同工作温度下纯 ZnO 纳米结构对 100mg/L C_2H_2 浓度的响应变化

重要的是,传感器的性能也受到适当数量的有效添加剂的显著影响[29]。在 C_2H_2 传感中,ZnO 纳米结构 – 还原氧化石墨烯混合物传感器中的还原氧化石墨烯可以通过增加氧的数量促进分子氧的离解,能够重新填充 ZnO 表面的氧空位[22-23]。此外,工作温度对金属氧化物基和金属氧化物/添加剂基气体传感器的基本传感机理有重要影响[22-25,50]。因此,为了研究还原氧化石墨烯成分对 ZnO 纳米结构传感行为的影响,并确定工作温度对混合物样品的影响,在 25~350℃ 的温度范围内研究了 ZnO 纳米结构 – 还原氧化石墨烯混合物传感器。图 13.11 所示为在 $100×10^{-6} C_2H_2$ 气体浓度下,混合物传感器的响应大小与工作温度之间的关系。结果表明,在 ZnO 纳米结构中加入还原氧化石墨烯纳米片,使混合物样品的工作温度显著降低,同时传感器响应能量级显著增大。值得注意的是,在较低的工作温度下,所有混合物样品的响应均较低,而随着温度的升高,响应值逐渐增大,在一定的工作温度下达到最大值,然后随着温度的进一步升高而减小。

在图 13.11 中,所有被测试的混合物传感器在 250℃时显示了更好的功能。在环境温度较高的情况下,混合物通过捕获氧分子来改性传感器表面,形成化学氧离子(O_{nads}^-)。在这种情况下,传感器获得足够的能量与 C_2H_2 气体分子反应。然而,在较高的温度(250℃以上),由于过度的化学活化,被吸附的气体分子可能在反应前逃逸,更多的氧分子的离解超过渗透阈值,最终阻碍了有效的氧传递系统,降低了 C_2H_2 吸附的可能性,从而导致反应下降。另外,由于还原氧化石墨烯的加入,ZnO 纳米结构周围的耗尽带的形成是由于纳米 Schottky 势垒的调制,从而提高了表面反应性。同时,随着 C_2H_2 气体分子的加入,复合材料表面的化学吸附氧离子变得更加活跃,这有助于在复合材料表面留下更多的电子,高于纯 ZnO 纳米结构。因此,适当数量的还原氧化石墨烯可以增加这些自由电子,这有助于提高传感器的响应。此外,在原始 ZnO 纳米结构中加入还原氧化石墨烯后(由于溢出效应),还可在 ZnO 表面形成额外的活性传敏点,这会增加 C_2H_2 气体分子的吸附速率,降低解吸速率[22-24]。

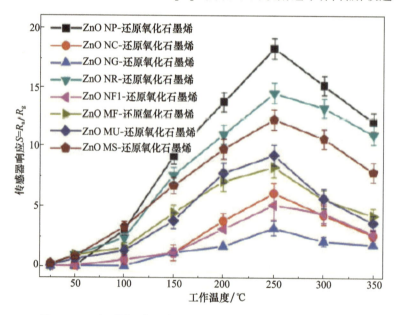

图 13.11　在不同工作温度下 ZnO 纳米结构 - 还原氧化石墨烯
混合物传感器对 100mg/L C_2H_2 浓度的响应变化

在图 13.11 中,还观察到在零维、一维、二维和三维 ZnO 纳米结构中,ZnO NP - 还原氧化石墨烯混合物与其他基于纳米结构基的混合物传感器相比表现出最大的响应值。此外,ZnO NR - 还原氧化石墨烯混合物比 ZnO MS - 还原氧化石墨烯混合物具有更高的响应值。这种现象的原因如下:首先,与较长且光滑的 ZnO NR 和随机取向的 ZnO MS 相比,ZnO NP 表现出高度均匀、形状良好的颗粒,其结晶度更好,且晶粒尺寸更小,这些特征为可能的纳米结合点提供了更大的表面积和更多的接触点,这对提高传感性能非常重要[49]。同样,定向长 ZnO NR 由于其表面面积大、孔隙大,能在 ZnO 表面捕获更多的电子,从而使表面原子配位不足和出现较高表面能,可以增强氧吸附[30]。其次,ZnO NP 和支持性的还原氧化石墨烯的良好接触可能会促进有效的电荷转移,这有助于 ZnO NP – rGO 混合物比 ZnO NR – rGO 和 ZnO MS – rGO 混合物显示更好的 C_2H_2 传感性能。ZnO NP – rGO 杂化材料在气浓度为 100×10^{-6} 时的最大响应值为 18.3,ZnO NR – rGO 和 ZnO MS – rGO 混合物的最大响应值分别为 14.6 和 12.3。

换句话说,不同 ZnO 纳米结构 – 还原氧化石墨烯混合物传感器对 C_2H_2 分子灵敏度的提高与 H—C≡C—H 键能(490kJ/mol)有关[51-54]。在较低的工作温度下,ZnO 纳米结构 – 还原氧化石墨烯混合物传感器比纯 ZnO NS 回响灵敏,因为还原氧化石墨烯的加入加速了反应机理。C_2H_2 中的 C—H 键合能很大,因为 C—C 键和 C—H 键都有碳杂化能[53]。在原始 ZnO 纳米结构传感器中,在较低的工作温度(低于 300℃)下,不能提供在 ZnO 纳米结构和 C_2H_2 分子的表面反应中破坏 C_2H_2 键合所需的能量。此外,在 ZnO 纳米结构表面分解 H_2 和 CO 可能需要较高的工作温度(超过 300℃)。但在 200~250℃ 的温度范围内,ZnO NS – rGO 的催化活性可能极大促进 C_2H_2 分解。在这个阶段,ZnO NS – rGO 和 C_2H_2 分子之间的反应可能是一个放热和自发的过程,它优先促进 ZnO 纳米结构 – 还原氧化石墨烯混合物传感器,以便获得足够的表面能量来处理 C_2H_2 的结合能,因而表现出更高的灵敏度。

响应恢复时间特性是评价传感器性能的重要参数。所有实验样品的响应恢复时间特性见表 13.2。我们观察到还原氧化石墨烯加入 ZnO 纳米结构也促进了反应恢复时间特性。ZnO – NS 与还原氧化石墨烯的界面配位有利于 C_2H_2 在化学反应过程中在传感器表面的吸附和解吸,因此这种结构的反应恢复时间比纯 ZnO 纳米结构传感器快。另外,还原氧化石墨烯纳米片作为模板,可以支持 ZnO 纳米结构,形成额外的导电通道,使电荷在传敏表面转移,因此表面反应(C_2H_2 分子的吸附和解吸)很快速。当气体停止导致 C_2H_2 暴露并返回到初始基线值时,混合传感器的电阻迅速降低。这种现象可能与混合物传感器中主导的 ZnO 纳米结构的 n – 型行为有关,并揭示了合成的杂化传感材料具有良好的可逆性。

表 13.2 原始 ZnO 纳米结构传感器和 ZnO 纳米结构 – 还原氧化石墨烯
混合物传感器响应恢复时间特性的总结

原始 ZnO 纳米结构传感器@250℃								
参数	NP	NC	NG	NR	NFl	MF	MU	MS
反应时间/min	>17	>17	>17	>4	>25	>5	>8	>4
恢复时间/min	>22	>28	>30	>10	>38	>43	>41	>36
ZnO 纳米结构 – 还原氧化石墨烯混合传感器@250℃								
参数	NP	NC	NG	NR	NFl	MF	MU	MS
反应时间/s	100	118	127	62	126	76	70	70
恢复时间/s	24	86	106	46	90	115	110	94

13.4 小结

总之,本章研究了具有不同维度 ZnO 纳米结构的还原氧化石墨烯纳米片在气敏行为中的作用。通过水热和化学方法合成了不同维度 ZnO 纳米结构(纳米粒子、纳米胶囊、纳米谷粒、纳米杆、纳米片、微米花型、微米海胆型和微米球型）和 ZnO 纳米结构 – 还原氧化石墨烯混合物，并研究了它们对 C_2H_2 的传感行为。需要注意 ZnO 纳米结构传感器的结构缺陷，如晶粒尺寸、孔隙、比表面积等，这些对特定气体分子检测有积极的影响。然而，这些传感器对高工作温度的要求在很多情况中限制了它们的实际功能。碳材料，如还原氧化石墨烯和它们的复合材料，可以提供有吸引力的方法来制造高功能的传感器，使传感器具有低能量消耗和在较低的操作温度下的能力。还原氧化石墨烯的独特性能，如高比表面积、力学强度以及更好的电气/温度容忍性，也可以在成分中提供特殊的化学和/或物理改性，最终增强与目标气体分子的表面反应，并显示出更好的传感性能。在实验中，观察到还原氧化石墨烯加入到 ZnO 纳米结构中在较低的工作温度下可以显著提高灵敏度。结果表明，ZnO 纳米结构 – 还原氧化石墨烯混合物传感器具有开发低成本、简单、灵敏度高的 C_2H_2 传感器的潜力，并可在较低的工作温度下运行。

参考文献

[1] Sun, Y. – F., Liu, S. – B., Meng, F. – L., Liu, J. – Y., Jin, Z., Kong, L. – T., Liu, J. – H., Metal oxide nanostructures and their gas sensing properties：A review. *Sensors*, 12, 2610, 2012.

[2] Wei, A., Pan, L., Huang, W., Recent progress in the ZnO nanostructure – based sensors. *Mater. Sci. Eng. B*, 176, 1409, 2011.

[3] Wang, Z. L., Zinc oxide nanostructures：Growth, properties and applications. *J. Phys. Condens. Matter.*, 16, 829, 2004.

[4] Kolmakov, A. and Moskovits, M., Chemical sensing and catalysis by one – dimensional metal – oxide nanostructures. *Annu. Rev. Mater. Res.*, 34, 151, 2004.

[5] Forleo, A., Francioso, L., Capone, S., Siciliano, P., Lommens, P., Hens, Z., Synthesis and gas sensing properties of ZnO quantum dots. *Sens. Actuators, B*, 146, 111, 2010.

[6] Calestani, D., Zha, M., Mosca, R., Zappettini, A., Carotta, M., Natale, V., Zanotti, L., Growth of ZnO tetrapods for nanostructure – based gas sensors. *Sens. Actuators, B*, 144, 472, 2010.

[7] Ra, Y. W., Choi, K. S., Kim, J. H., Hahn, Y. B., Im, Y. H., Fabrication of ZnO nanowires using nanoscale spacer lithography for gas sensors. *Small*, 4, 1105, 2008.

[8] Gupta, S. K., Joshi, A., Kaur, M., Development of gas sensors using ZnO nanostructures. *J. Chem. Sci.*, 122, 57, 2010.

[9] Guo, W., Liu, T., Zhang, H., Sun, R., Chen, Y., Zeng, W., Wang, Z. C., Gas – sensing performance enhancement in ZnO nanostructures by hierarchical morphology. *Sens. Actuators, B*, 166, 492, 2012.

[10] Ozturk, S., Kilinc, N., Tasaltin, N., Ozturk, Z. Z., A comparative study on the NO_2 gas sensing properties of ZnO thin films, nanowires and nanorods. *Thin Solid Films*, 520, 932, 2011.

[11] Wang, C., Yin, L., Zhang, L., Xiang, D., Gao, R., Metal oxide gas sensors：Sensitivity and influencing factors. *Sensors*, 10, 2088, 2010.

[12] Eriksson, J., Khranovskyy, V., Soderlind, F., Kall, P. O., Yakimova, R., Spetz, A. L., ZnO nanoparticles or ZnO films：A comparison of the gas sensing capabilities. *Sens. Actuators, B*, 137, 94, 2009.

[13] Sberveglieri, G., Barrato, C., Comini, E., Faglia, G., Ferroni, M., Ponzani, A., Vomiero, A., Synthesis and characterization of semiconducting nanowires for gas sensing. *Sens. Actuators, B*, 121, 208, 2007.

[14] Dong, L. F., Cui, Z. L., Zhang, Z. K., Gas sensing properties of nano – ZnO prepared by arc plasma meth-

od. *Nanostruct. Mater.* ,8,815,1997.

[15] Qi,Q. ,Zhang,T. ,Zheng,X. ,Fan,H. ,Liu,L. ,Wang,R. ,Zeng,Y. ,Electrical response of Sm_2O_3-doped SnO_2 to C_2H_2 and effect of humidity interference. *Sens. Actuators*,B,134,36,2008.

[16] Li,C. ,Su,Y. ,Lv,X. ,Xia,H. ,Wang,Y. ,Electrochemical acetylene sensor based on Au/MWCNTs. *Sens. Actuators*,B,149,427,2010.

[17] Miller,K. L. ,Morrison,E. ,Marshall,S. T. ,Medlin,J. W. ,Experimental and modeling studies of acetylene detection in hydrogen/acetylene mixtures on PdM bimetallic metal – insulator – semiconductor devices. *Sens. Actuators*,B,156,924,2011.

[18] Tamaekong,N. ,Liewhiran,C. ,Wisitsoraat,A. ,Phanichphant,S. ,Acetylene sensor based on Pt/ZnO thick films as prepared by flame spray pyrolysis. *Sens. Actuators*,B,152,155,2011.

[19] Zhang,L. ,Zhao,J. ,Zheng,J. ,Li,L. ,Zhu,Z. ,Hydrothermal synthesis of hierarchical nanoparticle – decorated ZnO microdisks and the structure – enhanced acetylene sensing properties at high temperatures. *Sens. Actuators*,B,158,144,2011.

[20] Chen,W. ,Zhou,Q. ,Gao,T. ,Su,X. ,Wan,F. ,Pd – doped SnO_2 based sensor detecting characteristic fault hydrocarbon gases in transformer oil. *J. Nanomater.* ,2013,127345,2013.

[21] Wang,X. ,Zhao,M. ,Liu,F. ,Jia,J. ,Li,X. ,Cao,L. ,C_2H_2 gas sensor based on Ni – doped ZnO electrospun nanofibers. *Ceram. Int.* ,39,2883,2013.

[22] Uddin,A. S. M. I. and Chung,G. – S. ,Synthesis of highly dispersed ZnO nanoparticles on graphene surface and their acetylene sensing properties. *Sens. Actuators*,B,205,338,2014.

[23] Uddin,A. S. M. I. ,Phan,D. – T. ,Chung,G. – S. ,Low temperature acetylene gas sensor based on Ag nanoparticles – loaded ZnO – reduced graphene oxide hybrid. *Sens. Actuators*,B,207,362,2015.

[24] Uddin,A. S. M. I. ,Lee,K. – W. ,Chung,G. – S. ,Acetylene gas sensing properties of an Ag – loaded hierarchical ZnO nanostructure – decorated reduced graphene oxide hybrid. *Sens. Actuators*, B, 216, 33,2015.

[25] Lee,K. – W. ,Uddin,A. S. M. I. ,Phan,D. – T. ,Chung,G. – S. ,Fabrication of low temperature acetylene gas sensor based on Ag nanoparticles – loaded hierarchical ZnO nanostructures. *Electron. Lett.* ,51, 572,2015.

[26] Uddin,A. S. M. I. ,Yaqoob,U. ,Phan,D. – T. ,Chung,G. – S. ,A novel flexible acetylene gas sensor based on PI/PTFE – supported Ag – loaded vertical ZnO nanorods array. *Sens. Actuators*, B, 222, 536,2016.

[27] Liewhiran,C. ,Tamaekong,N. ,Wisitsoraat,A. ,Phanichphant,S. ,Highly selective environmental sensors based on flame – spray – made SnO_2 nanoparticles. *Sens. Actuators*,B,163,51,2012.

[28] Rashid,T. R. ,Phan,D. – T. ,Chung,G. – S. ,A flexible hydrogen sensor based on Pd nanoparticles decorated ZnO nanorods grown on polyimide tape. *Sens. Actuators*,B,185,777,2013.

[29] Rai,P. ,Kim,Y. S. ,Song,H. M. ,Song,M. K. ,Yu,Y. T. ,The role of gold catalyst on the sensing behavior of ZnO nanorods for CO and NO_2 gases. *Sens. Actuators*,B,165,133,2012.

[30] Rashid,T. R. ,Phan,D. – T. ,Chung,G. – S. ,Effect of Ga – modified layer on flexible hydrogen sensor using ZnO nanorods decorated by Pd catalysts. *Sens. Actuators*,B,193,869,2014.

[31] Singh,G. ,Choudhary,A. ,Haranath,D. ,Joshi,A. G. ,Singh,N. ,Singh,S. ,Pasricha,R. ,ZnO decorated luminescent graphene as a potential gas sensor at room temperature. *Carbon*,50,385,2012.

[32] Yuan,W. and Shi,G. ,Graphene – based gas sensors. *J. Mater. Chem. A*,1,10078,2013.

[33] Basu,S. and Bhattacharyya,P. ,Recent developments on graphene and graphene oxide based solid state gas sensors. *Sens. Actuators*,B,173,1,2012.

[34] Phan, D. -T., Gupta, R. K., Chung, G. -S., Al-Ghamdi, A. A., Al-Hartomy, O. A., El-Tantawy, F., Yakuphanoglu, F., Photodiodes based on graphene oxide-silicon junctions. *Solar Energy*, 86, 2961, 2012.

[35] Polsongkram, D., Chamninok, P., Pukird, S., Chow, L., Lupan, O., Chai, G., Khallaf, H., Park, S., Schulte, A., Effect of synthesis conditions on the growth of ZnO nanorods via hydrothermal method. *Physica B*, 403, 3713, 2008.

[36] Zhang, H., Yang, D., Li, D., Ma, X., Li, S., Que, D., Controllable growth of ZnO microcrystals by a capping-molecule-assisted hydrothermal process. *Cryst. Growth Des.*, 5, 547, 2005.

[37] Ju, H. M., Huh, S. H., Choi, S. H., Lee, H. L., Structures of thermally and chemically reduced graphene. *Mater. Lett.*, 64, 357, 2010.

[38] Dang, T. T., Pham, V. H., Hur, S. H., Kim, E. J., Kong, B. -S., Chung, J. S., Superior dispersion of highly reduced graphene oxide in N,N-dimethylformamide. *J. Colloid Interface Sci.*, 376, 91, 2012.

[39] Wu, J., Shen, X., Jiang, L., Wang, K., Chen, K., Solvothermal synthesis and characterization of sandwich-like graphene/ZnO nanocomposites. *Appl. Surf. Sci.*, 256, 2826, 2010.

[40] Gao, W., Alemany, L. B., Ci, L., Ajayan, P. M., New insights into the structure and reduction of graphite oxide. *Nat. Chem.*, 1, 403, 2009.

[41] Ullah, K., Zhu, L., Meng, Z. D., Ye, S., Sun, Q., Oh, W. C., A facile and fast synthesis of novel composite Pt-graphene/TiO_2 with enhanced photocatalytic activity under UV/Visible light. *Chem. Eng. J.*, 231, 76, 2013.

[42] Park, S., An, J., Potts, J. R., Velamakanni, A., Murali, S., Ruoff, R. S., Hydrazine-reduction of graphite- and graphene oxide. *Carbon*, 49, 3019, 2011.

[43] Takata, M., Tsubone, D., Yanagida, H., Dependence of electrical conductivity of ZnO on degree of sintering. *J. Am. Cer. Soc.*, 59, 4, 1976.

[44] Bai, S. L., Chen, L. Y., Li, D. Q., Yang, W. H., Yang, P. C., Liu, Z. Y., Chen, A. F., Chung, C. L., Different morphologies of ZnO nanorods and their sensing property. *Sens. Actuators*, B, 146, 129, 2010.

[45] Lim, S. K., Hwang, S. H., Kim, S., Park, H., Preparation of ZnO nanorods by microemulsion synthesis and their application as a CO gas sensor. *Sens. Actuators*, B, 160, 94, 2011.

[46] Lin, Q., Li, Y., Yang, M., Tin oxide/graphene composite fabricated via a hydrothermal method for gas sensors working at room temperature. *Sens. Actuators*, B, 173, 139, 2012.

[47] Afzal, A., Cioffi, N., Sabbatini, L., Torsi, L., NO_x sensors based on semiconducting metal oxide nanostructures: Progress and perspectives. *Sens. Actuators*, B, 171, 25, 2012.

[48] Hongsith, N., Wongrat, E., Kerdcharoen, T., Choopun, S., Sensor response formula for sensor based on ZnO nanostructures. *Sens. Actuators*, B, 144, 67, 2010.

[49] Mende, L. S. and Driscoll, ZnO-Nanostructures, defects, and devices. *Mater. Today*, 10, 40, 2007.

[50] Dan, Y., Cao, Y., Mallouk, T. E., Evoy, S., Johnson, A. T. C., Gas sensing properties of single conducting polymer nanowires and the effect of temperature. *Nanotechnology*, 20, 434014, 2009.

[51] Swaddle, T. W., *Inorganic Chemistry: An Industrial and Environmental Perspective*, Academic Press, USA, 1997.

[52] Cottrell, T. L., *The Strengths of Chemical Bonds*, 2nd edition, Academic Press, New York, USA, 1961.

[53] Bauschlicher, C. W., Jr. and Langhoff, S. R., Theoretical study of the C-H bond dissociation energies of CH_4, C_2H_2, C_2H_4, and H_2C_2O. Chem. Phy. Lett., 177, 133, 1991.

[54] Blanksby, S. J. and Ellison, G. B., Bond dissociation energies of organic molecules. *Acc. Chem. Res.*, 36, 255, 2003.

第14章 高防护性功能化氧化石墨烯/环氧树脂纳米复合涂层

H. Alhumade[3]*, R. P. Nogueira[2], A. Yu[1], L. Simon[1], A. Elkamel[1,2]
[1]加拿大滑铁卢,滑铁卢大学化学工程系
[2]阿联酋阿布扎比石油研究所哈利法大学化学工程系
[3]沙特阿拉伯宰赫兰法赫德国王石油与矿产大学(KFUPM)纳米技术卓越研究中心(CENT)

摘　要　通过简单的一步制备工艺,将氨基附着在氧化石墨烯表面,合成了功能性氧化石墨烯(functional graphene oxide,FGO)。在环氧(E)树脂中加入FGO作为填充物,相关人员认为E/FGO复合材料可以作为冷轧钢(CRS)金属基底上的保护层。利用X射线衍射和傅里叶变换红外光谱表征合成的涂层,并用透射电镜(transmission electron microscopy,TEM)观察和评价了填充物在聚合物树脂中的分散情况。采用电化学阻抗谱(electrochemical impedance spectroscopy,EIS)和动电位极化法,在3.5% NaCl溶液中研究了制备涂层的抗蚀性能。通过导电重量分析,在3.5% NaCl溶液中进行120天检测,研究了涂层的长期抗蚀性能。根据ASTM-D3359标准,对复合涂层与CRS金属基底的界面附着力进行了检测和评价。采用热重分析(thermogravimetric analysis,TGA)和差示扫描量热法(differential scanning calorimetry,DSC)评价了复合材料的热力学稳定性和热行为性能。此外,根据ASTM-D2794和ASTM-D4587标准,分别对制备的复合材料的抗冲击变形和紫外线降解性能进行了测试。结果表明,FGO作为环氧树脂的填充物,比环氧树脂和E/GO复合涂层具有更好的保护性能。

关键词　纳米复合材料,石墨烯,腐蚀,涂层,附着力,紫外线降解,冲击

14.1　引言

由于金属与环境的相互作用导致金属基底性能劣化,这就是腐蚀,在这一过程中电子从金属基底逃逸到周围,导致金属释放出离子,并可能通过反应形成金属氧化物。金属与环境之间的这种电化学相互作用的速率可能受到不同因素的影响,包括金属的性质和周围环境。例如,多雾环境可能会加速腐蚀速度,并加深对金属基底的损伤程度。工业和经济都面临着可能是无法减缓腐蚀所造成的严重威胁。因此,越

来越多的研究人员致力于研究利用各种技术来防止或减轻各种环境中的腐蚀过程。此类技术包括使用阳极/阴极保护、缓蚀剂和防护涂层[1-3]。特别需要注意,使用防护涂层是各种减缓腐蚀的应用领域中主要使用方法之一,但也要考虑防护涂层的易用性和成本效益。在防护涂层领域中,涂层是金属基底与周围环境之间的物理屏障,它可以保护氧、氯化物和水分等腐蚀性物质,使其无法到达涂层金属基底的表面。然而,防护涂层的固化化学反应过程可能涉及氢气或水等副元素的产生,这些元素可能会被捕获并在防护涂层内部形成孔隙。防护涂层内部孔隙的形成可能会减弱涂层的抗蚀性能。此外,还取决于各种因素,包括防护涂层的性质、固化工艺条件以及副产物的含量,这些防护涂层内部的孔隙可能会形成网络和通道,使腐蚀剂能够通过涂层迁移,并到达金属基底下面。防护涂层与涂层金属基底的界面处防腐剂的团聚可能会加速腐蚀过程,还会带来其他效应,比如涂层起泡或涂层与金属基底之间的界面粘连。越来越多的研究侧重于通过加入填充物提高防护涂层的抗腐蚀性能,比如通过在环氧树脂涂层聚合物基体中加入添加剂或抗腐蚀颜料。例如,Jiang 等的研究表明,加入活性(氨基丙基三甲氧基)和非活性(双-1,2-[三乙氧基硅烷]乙烷)硅烷前驱体,可能提高环氧树脂的防腐性能和界面黏附性能[4-5]。在另一项研究中,研究人员利用掺杂 TiO_2 的聚吡咯涂层来提高铝基底材料的抗腐蚀性能[6],同时他们利用羟基磷灰石和八磷酸钙涂层来延长镁合金的使用寿命[7]。相关人员已经探索了使用耐腐蚀颜料的不同填充物用于防护涂层[8-10]。然而,为进一步提高防护涂层的抗蚀性能,越来越多的研究集中于纳米材料的使用。例如,人们将石墨烯和石墨烯衍生物作为填充物广泛应用于不同的聚合物基体中,以改善高分子复合材料的各种性能,包括但不限于抗蚀性[11-15]。此外,研究人员研究了利用 CVD 法在金属基底上沉积石墨烯作为防护涂层。研究表明,石墨烯沉积防护涂层作为钝化层可以扩展防腐剂的路径,延缓腐蚀物防腐剂到达金属基底的下面,并减弱涂层金属基底和环境之间电子、离子的传输速率,从而延长涂层金属基底的寿命。研究人员关注石墨烯和石墨烯衍生物材料的原因有很多,其中包括石墨烯具有独特性能,例如与黏土等其他填充物相比石墨烯拥有更大的比表面积、长径比以及更低的密度[16]。相关人员对石墨烯和石墨烯衍生物材料的研究已经不仅仅局限于原始石墨烯作为高分子复合材料防护涂层的填充物或使用 CVD 技术将石墨烯作为屏障涂层。例如,越来越多的研究集中于提高石墨烯基复合材料各种性能,包括通过石墨烯和氧化石墨烯的表面改性来提高其抗蚀性。比如,一项研究中,研究人员在环氧树脂中加入填充物之前,以 3-氨基丙基三乙氧基硅烷为偶联剂,将二氧化钛黏附在 GO 片上,对其表面进行改性,研究结果表明环氧树脂和环氧树脂/GO 复合材料的抗蚀性能增强 GO 片的功能化[17]。在另一项不同的研究中,研究人员考察了氟乙烯颗粒加入聚乙烯醇丁醛复合材料防护涂层对缓蚀作用的影响[18]。研究表明,石墨烯材料的功能化可以通过屏蔽防腐剂和水分的扩散途径,进一步增强涂层的抗蚀性能。

本研究将硅烷材料中的氨基官能团黏附到 GO 片,对其表面进行化学改性。利用 FTIR 和 XRD 技术对处理后的 GO 片进行表征,以确定成功合成 FGO 材料。利用 TEM 技术观察了 GO 和 FGO 在高分子复合材料基体中的分散。本研究调查了 FGO 掺入对基体聚合物树脂各项性能的影响，以及 GO 表面改性对 E/GO 复合材料保护性能的影响。例如，本研究显示了 FGO 作为填充物对环氧树脂和 E/GO 复合材料的抗蚀性、热力学稳定性、热行为、抗冲击性和紫外线降解性能的影响。在控温的 3.5% NaCl 溶液中进行 120 天的重量分析，研究了制备复合涂层的长期抗蚀性能。此外，还利用 EIS 和动电位测量等电化学测试技术，在控温的 3.5% NaCl 溶液中对环氧树脂、E/GO 和 E/FGO 的缓蚀性能进行了测试与比较。本研究采用 TGA 和 DSC 评估了制备的复合涂层的热力学稳定性和热行为。最后，根据 ASTM - D4587 和 ASTM - D2794 标准，对制备的复合材料涂层的紫外线降解性能和抗突变性能进行了测试和评估。

14.2 实 验

14.2.1 材料

研究人员将抛光后的 CRS 片（McMASTER - CARR）作为金属基底，在使用涂层前，依次用 SIC800 和 1200 目砂盘对 CRS 基底进行抛光，再用丙酮洗涤，然后用 DDI 水冲洗，最后用 KIMTECH 湿布擦拭干净。以双酚 A 二缩水甘油醚（bisphenol A diglycidyl ether，BADGE，Sigma - Aldrich）为环氧树脂，以聚丙二醇双(2 - 氨基丙基醚)（B230，Sigma - Aldrich）为固化剂。采用改良 Hummer 法合成了 GO 片（ACS 材料），并对 GO 片进行了热处理以提高其分散性。根据供应商的要求，GO 片的平均直径为 1~5μm，平均厚度为 0.8~1.2nm。利用(3 - 氨基丙基)三乙氧基硅烷（(3 - Aminopropyl) triethoxysilane，APS，Sigma - Aldrich）对 GO 表面进行功能化。使用的所有材料未作其他处理。

14.2.2 复合材料合成

合成过程始于 GO 片的功能化，将 200mg GO 片与 2g APS 在 250mL DDI 和 250mL 乙醇的混合物中混合。所得 GO 悬浮液在 70℃ 水槽中搅拌过夜。在低压真空下收集 GO 悬浮液，用 DDI 和乙醇洗涤 3 次，将 FGO 材料在 90℃ 真空干燥过夜。再将 2.1mg 的 FGO 分散在 1.5g 的 BADGE 中，回流 4h，超声 2h。将 0.5g 的固化剂（B230）添加到 BADGE 的 GO 悬浮液中，将得到的混合物回流 2h，超声浴槽中 2h，最终均匀化（125，Fisher Scientific）1h。用不同规格的材料对 CRS 金属基底进行抛光，再用丙酮和 DDI 水清洗，在使用 FGO 悬浮液前用细刷将其干燥。采用自旋涂层机（SC100，Smart Coater）控制在 CRS 基底上的复合材料涂层厚度，在 400r/min 转速下将 FGO 悬浮液旋转 1min。最后，在真空炉中以 50℃ 真空条件将 FGO/预聚合混合物在 CRS 基底上固化 4h，生成 E/FGO 涂层的（123±2）μm CRS 基底。图 14.1 所示为 GO 的功能化过程和 E/FGO 涂层 CRS 基底的制备过程。采用相同的方法合成环氧和 E/GO 复合材料涂层的 CRS 基底，将 1.5g 的 BADGE 和 0.5g 的 B230 与 2.1mg 的 GO 混合或不混合，产生 E/GO 和环氧涂层的（123±2）μm CRS 金属基底。

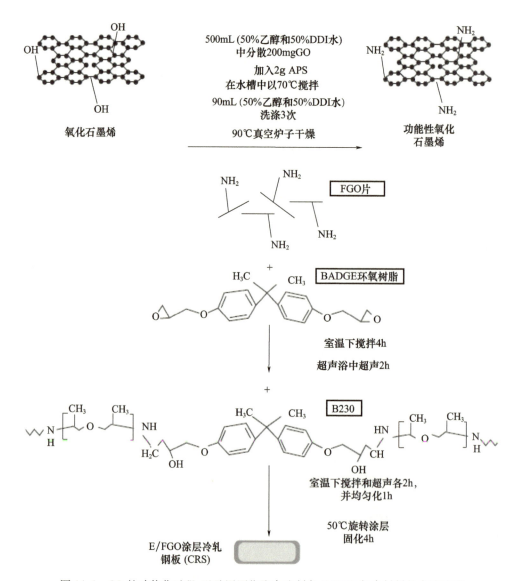

图 14.1　GO 的功能化过程,以及用原位聚合法制备 E/FGO 复合材料的合成流程

14.2.3　复合材料表征

傅里叶变换红外光谱和 X 射线衍射等技术可对制备的高分子复合材料防护涂层进行表征。此外,利用扫描电子显微镜和透射电镜可研究填充物在高分子复合材料中的分散。本章是为了说明每种技术制备样品的步骤。

在制备 FTIR 样品时,用锋利的小刀刮取高分子复合材料,收集到少量的复合材料。再把采集到的复合材料样品与一定数量的溴化钾(KBr)混合,以使样品中混合物的含量保持在 2%~5%(质量分数)。然后将混合物在 5000 磅(1 磅 =0.45kg)下压缩 2min 形成 FTIR 圆盘样品。在 $4cm^{-1}$ 分辨率下扫描 64s,得到的 FTIR 数据为 400~4000 波数。与 FTIR 样品不同,在制备 XRD 样品时不需要遵循特定的流程。但是制备的高分子复合材料的厚度保持在 $20\mu m$ 以下,以最大限度地提高衍射峰的质量。以 0.24(°)/s 的扫描速度和 0.02°坐标距离,在 $2\theta = 3° \sim 90°$ 范围内记录了所有制备复合材料的 XRD 衍射图谱。

用 TEM 收集到了填充物在高分子复合材料中的分散情况。用锋利的小刀刮取制备的高分子复合材料样品得到 TEM 样品,并将所得样品分散在甲醇中。在用 TEM 铜网捕样品前,在超声浴中进行 30min 的超声波分散。最后,将采集到的样品在室温下真空干燥过夜,然后捕捉到 TEM 成像。

14.2.4 附着力

根据 ASTM – D3359 标准,对高分子复合材料涂层与涂层金属基底的界面附着力进行了评价。为此使用了带有标准的 11 齿和 1mm 的间隔刀片的胶带测试套件。在涂层上实施平行划痕,然后在涂层上粘贴胶带,从而开展实验。从复合材料涂层表面剥离胶带后,用扫描电子显微镜技术观察和评价了各种制备涂层的附着力性能,用溅射技术对这些样品进行 120s 涂金处理。此外,在实施附着力胶带测试后,根据 ASTM 标准,依据从涂层样品上剥离材料的含量,对各涂层的附着力性能进行了评价和评定。

14.2.5 电化学测量

以 3.5% NaCl 溶液为电解液,在 25℃条件下,在 1 – L 双包温控腐蚀电池中进行了电化学测试。采用三电极构型进行电化学测量,并将银/氯化银(Ag/AgCl)电极作为参考电极(reference electrode,RE)、石墨棒作为对电极,以及涂层样品作为工作电极(working electrode,WE)。将涂覆的样品清洗并干燥后,放置在曝露面积为 $1cm^2$ 的 Teflon 支架上,在进行电化学测量前,测试样品的电位需稳定至少 30min。在稳定后测量样品的电位为开路电位(open circuit potential,OCP)。采用电化学阻抗谱(electrochemical impedancespectroscopy,EIS)和电位动态测量技术对涂层样品的电化学行为进行了评价。

在 200kHz ~ 100mHz 频率范围内开始 EIS 测量,采用 Bode 和 Nyquist 图显示收集的原始阻抗数据。此外,利用具有特定元件组合的等效电路来拟合原始阻抗数据,并利用电路中不同元素大小的变化来评估制备复合材料防护涂层的抗蚀性能。在进行 EIS 无损检测之后,再利用电位动态检测方法,使用相似的检测装置对制备的防护涂层的抗蚀性能进行评估。这里以 0.02V/min 速率为 OCP 为 – 0.5 ~ 0.5V 的范围内,通过检测样品的电位实施电位动态测量。利用所采集的电位动态测量结果生成 Tafel 图,目的是提取有价值的腐蚀参数,如腐蚀电流 I_{corr} 和腐蚀电位 E_{corr}。研究了这些腐蚀参数的变化,以评估不同防护涂层的抗蚀性能。

14.2.6 重量分析

采用失重法测定了制备防护涂层的长期抗蚀性能。以 25℃温控的 500mL 3.5% NaCl 溶液为腐蚀介质。用丙酮清洗实验样品,再用 KIMTECH 纸擦干,在进行失重实验前进行称重。然后将样品安放在曝露面积为 $1cm^2$ 的 Teflon 支架上,将其在腐蚀介质中浸泡 120 天。在腐蚀处理结束后,将样品从支架取出,再用蒸馏水清洗样品,并将样品浸泡在水浴中超声处理 10min,以去除腐蚀残留物。在记录最终重量之前,在真空下晾干样品。通过对比腐蚀介质暴露前后试样的重量,评估了不同涂层的抗蚀性能。此外,将所有的失重测量都进行三次,以检验结果的重现性。

14.2.7 热分析和紫外线降解

一些制备的复合材料防腐涂层将用于室外环境,因此评估制备涂层的热力学稳定性和 UV 降解性能具有重要意义。采用热分析(thermal gravimetric analysis,TGA)和差示扫描量热法(differential scanning calorimetry,DSC)对其热力学稳定性进行了评估。在 25~800℃温度范围内,将升温速率设定为 10℃/min,然后进行 TGA;在 25~200℃范围内,将升温速率设定为 10℃/min,然后进行 DSC 分析。热分析有助于评估玻璃化转变温度 T_g 和起始温度 T_{onset} 等重要的热性能,即当复合材料初始重量减少 5% 时的温度。

除了热行为外,也很有必要评估用于室外涂层的 UV 降解性能。根据 ASTM-D4587 标准,使用加速耐候性测试仪进行紫外线分析并进行评估。在本实验中,先后经过 8h(60±2.5)℃的温度范围下紫外线持续暴露,再在(50±2.5)℃的温度范围内进行 4h 水凝结,实验循环持续 30 天。用 SEM 观察了样品的表面形貌,并采用溅射技术对样品进行 120s 的表面涂金处理。

14.2.8 抗冲击性能

除了热力学稳定性和紫外线降解外,耐冲击性能也是评估各种环境应用中涂层的重要性能,在这些环境中,防护涂层可能在冲击变形中遭到破坏。根据 ASTM-D2794 标准对抗冲击变形力进行了评估,使用了带有一个直径为 0.5 英寸(1 英寸=2.54cm)球的 2 磅落重的通用冲击实验机。实验是将落重提高到涂层表面 1 英寸以上,然后释放落重来冲击涂层。不断重复这个过程,将落重和涂层表面增加 1 英寸距离,直到涂层开裂。为了研究掺入填充物对复合材料涂层抗冲击性能的影响,记录并比较了涂层开裂时的高度。

14.3 成果与讨论

14.3.1 复合材料表征

使用 FTIR 和 XRD 证实了 GO 片与 APS 中的氨基功能化,以此制备 FGO 片。图 14.2 所示的 FTIR 光谱显示了一些典型的特征峰对应于黏附在 GO 表面的典型官能团,如 1226cm^{-1} 处的峰对应于环氧基团,而 1602cm^{-1} 和 3410cm^{-1} 处的峰分别对应于羧基和羟基。此外,GO 的 FTIR 光谱还反映了 GO 片热还原的影响,可以在 3410cm^{-1} 下观察到 O—H 特征峰的衰减。

化学改性的 GO 片可以代替附着在带有 APS 颗粒的 GO 片表面的羟基基团。在 GO 片基面的碳原子之间可能发生 C—C 键合,这使得 APS 上的(H_3CO-SI)基团中的 OH 基团带有碳原子。FGO 的 FTIR 光谱根据特征峰的出现,证实了 APS 与 GO 片的连接,如 2800~3000cm^{-1} 处的强吸收峰对应于 APS 中的 C—H 振动,而 1574cm^{-1} 处的吸收峰对应于黏附在 APS 偶联剂上的 NH_2 基团[19]。XRD 技术证实了 GO 片表面的化学改性,如图 14.3 所示。GO 和 FGO 的 XRD 图谱反映了 GO 表面功能化对 GO 片晶体结构和 d 间距的影响。根据 XRD 图谱和布喇格定律,计算得出 GO 和 FGO 的 d 间距值分别为 7.96Å 和 29.4Å。

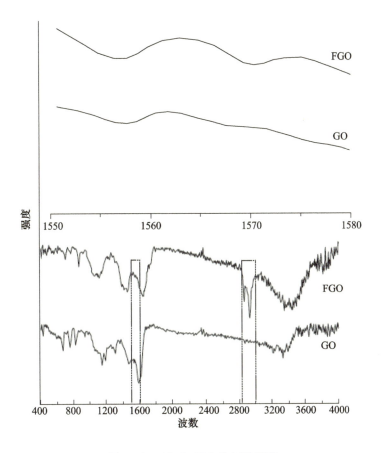

图 14.2 GO 和 FGO 的红外光谱

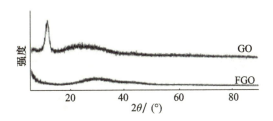

图 14.3 GO 和 FGO 的 XRD 图谱

利用 FTIR 和 XRD 技术研究了环氧树脂聚合物链固化过程与所有复合材料中固化剂的关系。图 14.4 所示为环氧树脂、E/GO 和 E/FGO 的 FTIR 光谱,所有光谱都显示了确定环氧树脂固化完成的特征峰。例如,在 3380 cm^{-1} 处的特征峰代表—OH 拉伸,这是环氧树脂与固化剂中氨基开环反应的结果。FTIR 光谱还显示了环氧树脂复合材料的一些常见特征峰,如 1508 cm^{-1} 和 1609 cm^{-1} 处的峰(C—C 骨架拉伸)和 915 cm^{-1}(环氧环)处的峰。此外,图 14.5 所示为环氧树脂、E/GO 和 E/FGO 的 XRD 图谱,描述了环氧树脂复合材料的典型 XRD 图谱。在这些 XRD 图谱中,2θ 值在 10°~30°间的宽衍射峰代表了环氧树脂复合材料的均匀无定形相。除了 XRD 衍射峰的位置外,保留所有制备复合材料的衍射峰振幅表明，在 E/GO 和 E/FGO 复合材料中，加入 GO 和 FGO 填充物对环氧的结晶程度没有影响。

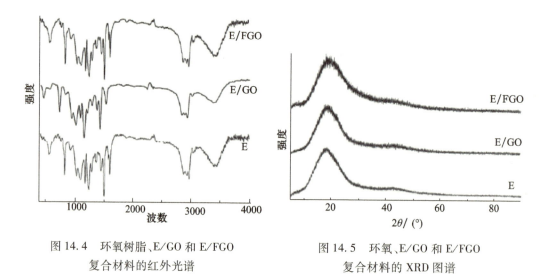

图 14.4　环氧树脂、E/GO 和 E/FGO 复合材料的红外光谱

图 14.5　环氧、E/GO 和 E/FGO 复合材料的 XRD 图谱

利用 TEM 技术研究了 E/GO 和 E/FGO 复合材料中 GO 和 FGO 片的分散程度如图 14.6 所示。E/GO 的 TEM 图像表明，GO 片在复合材料中团聚，GO 片表现为厚堆叠层。然而，E/FGO 的 TEM 图像清楚地说明了功能基团在 GO 片表面化学改性的优势，在 E/FGO 复合材料中可以观察到薄层 FGO。FGO 片分散程度的提高，可归因于在 FGO 片表面的接枝氨基官能团与环氧树脂环氧基团之间的相互作用。

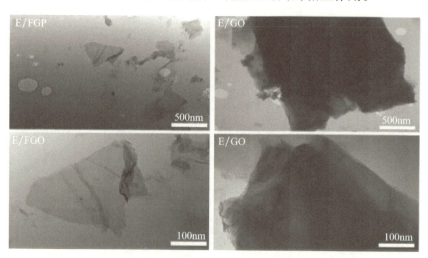

图 14.6　E/GO 和 E/FGO 的 TEM 图像

14.3.2　附着力

在涂层工业，特别是防腐应用中，使用涂层金属基底的主要目的是防止涂层金属基底受到水分、氧和氯离子等腐蚀物质的腐蚀，以延长涂层金属基底的寿命。然而，在某

些区域内,防护涂层与金属基底之间的界面附着力丧失可能导致界面处出现空隙。腐蚀物质会在空隙中积聚,加速腐蚀过程造成点蚀,而且这些腐蚀在遇到严重损坏前不易发现和修复。因此,需要仔细评估界面附着力,这是防护涂层的关键性能之一,在对防护涂层抗蚀性等进行进一步分析之前,人们一直希望能够增强防护涂层与涂层金属基底之间的显著界面附着力。本研究中,为了考察涂层的长期界面附着力,使用了轻敲测试附件将涂层在控温的 3.5% NaCl 溶液中暴露后 120 天,测定了制备的防护涂层与 CRS 金属基底的界面附着力。

根据 ASTM‐D3359 标准,使用标准刀片(11 齿,间距为 1mm)进行界面附着力实验和评估,在实验中垂直切割涂层表面,并在涂层表面粘贴附着力实验胶带,2min 后将胶带剥离。将附着力胶带剥离后,采用 SEM 技术,用溅射技术将试样涂金 120s,以便观察涂层表面的状况,并根据从防护涂层剥离材料的量,评估涂层的附着力实验结果。图 14.7 所示为环氧树脂、E/GO 和 E/FGO 涂层 CRS 基底后附着力实验结果。图 14.7 中没有观察到任何防护涂层的剥离,因此按照 ASTM 标准制备的所有涂层被评为 5B 涂层(0% 剥离)。

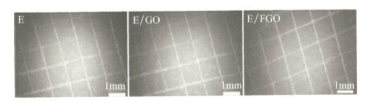

图 14.7　环氧树脂、E/GO 和 E/FGO 涂层 CRS 基底的后附着力测试的 SEM 图像

14.3.3　重量分析

通过重量分析,将涂层暴露于某腐蚀介质一定时间,可以评估复合材料防护涂层的长期腐蚀防护性能。重量分析有助于评估防护涂层的长期耐久性,并确认当防护涂层暴露于腐蚀性元素等各个地方时,使用防护涂层的可能性。这里通过将重量分析,将涂层放入控温的 3.5% NaCl 溶液中暴露 120 天,以此研究了制备复合材料防护涂层的长期抗蚀性能。此外,所有的减重测量都进行了三次,以检验涂层抗腐蚀性能的重现性。根据式(14.1)进行了失重测量,通过比较样品在暴露前后的重量,计算了各试样的腐蚀速率 R_{corr}。此外,根据不同实验样品的腐蚀速率,用式(14.2)计算了复合材料防护涂层的保护效率 P_{EF}:

$$R_{corr} = \frac{W_o - W}{A \times t} \tag{14.1}$$

$$P_{EF}[\%] = \left(1 - \frac{R_{corr}}{R_{corr}^\circ}\right) \times 100 \tag{14.2}$$

式中: A 为实验样品的暴露表面积(1cm^2); t 为暴露于腐蚀介质的时间(120 天); R_{corr}、R_{corr}° 分别为涂层 CRS 和裸 CRS 基底的平均腐蚀速率; W、W_o 分别为样品暴露在腐蚀介质前后的重量(mg)。最后,用三重失重法对重量分析进行了统计分析,计算了所有样品的腐蚀速率平均值和标准偏差 $R_{corr,STD}$。表 14.1 所列为所有失重测量数据,包括统计分析结果。

表 14.1 在 3.5% NaCl 溶液中,对纯 CRS 和环氧树脂、E/GO 和 E/FGO 涂层 CRS 基底进行失重测量

样品	W_0/mg	W/mg	R_{corr}/(mg/cm·d)	$R_{corr,STD}$/(mg/cm·d)	P_{EF}/%
CRS	120	82	0.42	0.03	—
环氧	140.5	136.8	0.04	0.05	90.3
E/GO	142.2	139.7	0.028	0.009	93.4
E/FGO	142	141.9	0.001	0.001	99.7

表 14.1 中的失重测量结果表明,在 CRS 上使用环氧树脂涂层可以改善 CRS 金属基底的抗蚀性能。此外,在聚合物树脂中加入 GO 片为填充物,可进一步提高环氧树脂涂层的防腐性能。然而,有关失重测量的结果清楚地说明了在将 GO 片加入聚合物树脂之前进行化学改性的优势。当 E/FGO 涂层的腐蚀速率进一步衰减而防护效率提高时,就清楚证明了这一点。除了 E/FGO 优异的抗蚀性能外,重量测量的统计分析说明 E/FGO 复合材料防护涂层抗蚀性能的重现性比其他防护涂层的更好,这个观察说明了腐蚀速率标准偏差的较低能量级。

14.3.4 阻抗力

在腐蚀研究和腐蚀工业领域,可以用多种技术检测金属基底的腐蚀行为,并评价防护涂层的腐蚀防护性能。例如,其中一个电化学技术是电化学阻抗谱,这种技术广泛应用于评估裸金属基底和涂层金属基底的电化学行为,并研究防护涂层的缓蚀性能。在阻抗研究中,替代电流通过可能由不同的元素以一定的顺序和组合组成的电路,包括电阻器、电容器和绝缘体。我们观察到,替代电流通过电化学电路带来的结果是被称为阻抗的复杂电阻。在腐蚀研究中,替代电流在一定频率范围内通过裸金属和涂层金属基底,产生的变化阻抗可以解释裸金属和涂层金属基底的电化学行为,并评估防护涂层的腐蚀防护性能。此外,由电容和电阻等不同电气元件以特殊组合组成的等效电路可以模拟原始阻抗数据。通过按特定的顺序排列等效电路中的元素,并调整等效电路中各元素的量级,可以控制拟合的特征。在获得裸金属基底和涂层 CRS 金属基底的原始阻抗结果的最佳拟合后,可以利用等效电路中不同元素量级变化来解释和比较裸 CRS 基底和涂层 CRS 基底的电化学行为和抗蚀性能。

采用三电极构型,在温控的 1L 3.5% 的 NaCl 溶液中进行了电化学阻抗实验,所有实验进行了三次,以确定原始阻抗结果的重现性。在三电极构型中,以银/氯化银电极为参考电极、以石墨棒为辅助电极并以裸露或涂层的 CRS 金属基底为工作电极。将工作电极浸泡在 3.5% NaCl 溶液电解液中,在进行阻抗研究之前,将工作电极的电位稳定 1h。一旦收集到裸露 CRS 基底和涂层的 CRS 基底的原始阻抗结果,就使用图 14.8 中描述的等效电路拟合原始阻抗数据。值得注意的是,要选择电路各元件的具体类型和顺序,以便所有测试样品获得原始阻抗数据最佳拟合。在该电路中,R_s 代表温控电解质溶液的电阻,R_{ch} 代表裸露 CRS 金属基底或涂层 CRS 金属基底的电荷转移电阻,CPE 代表恒定相元。

第 14 章 高防护性功能化氧化石墨烯/环氧树脂纳米复合涂层

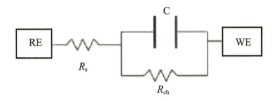

图 14.8 用于拟合原始电化学阻抗数据的等效电路

原始阻抗数据和拟合结果如图 14.9 所示,这在腐蚀工业中被称为奈奎斯特图。这些图给出了阻抗结果的实部和虚部,并利用裸露金属基底和涂层金属基底阻抗行为的变化来评估所制备的防护涂层的抗蚀性能。一般来说,阻抗半圆尺寸的增加代表了缓蚀性能的提高。奈奎斯特图表明,在金属基底上涂上环氧防护涂层,可以保护 CRS 金属基底在富含氯化物的环境下不受腐蚀。此外,可以清楚地看到,将 GO 作为填充物加入聚合物基体,其防腐性能可能优于树脂的防腐性能。然而,我们观察到很有趣的现象,通过 GO 表面的化学改性,E/GO 复合材料涂层的抗蚀性可进一步增强。这可以看作 E/FGO 比环氧树脂和 E/GO 复合涂层更强的缓蚀性能,缓蚀性能显著增加表现为阻抗结果的实部和虚部的量级在最低记录频率范围内显著提高。

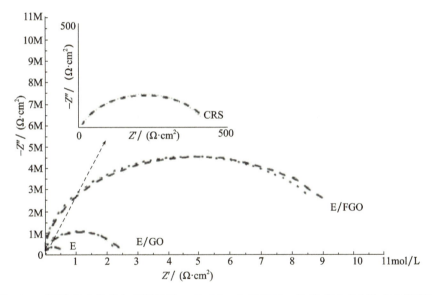

图 14.9 裸露 CRS 基底和环氧树脂 –、E/GO – 和 E/FGO – 涂层 CRS 基底的奈奎斯特图

利用奈奎斯特图所显示的原始阻抗数据,对裸露 CRS 基底和涂层 CRS 基底的电化学行为和抗蚀性进行了定性分析。除了对原始阻抗结果进行定性分析外,还可利用拟合数据进行定量分析,以评价制备的复合材料防护涂层的电化学行为和腐蚀防护性能。在这种定量分析中,需要检查图 14.8 中描述的等效电路各元件的量级变化,这些变化用来拟合原始阻抗结果。值得注意的是,这里选择了用于配置等效电路的元件,并独特排列这些元件,以便为原始阻抗结果提供最好的拟合数据。表 14.2 报告了等效电路各元件的量级,对所有样品的阻抗力进行三次测量,有助于计算等效电路某些元件的标准偏差。电荷转移电阻是解释裸露金属基底和涂层金属基底电化学行为的重要参数。此外,裸露涂

层金属试样和涂层金属试样的电荷转移电阻的变化情况可用于评价涂层的抗蚀性能。在本研究中,电荷转移电阻的量级表明,通过在 CRS 基体表面涂环氧防护涂层,可以减缓 CRS 金属基底在腐蚀环境中的腐蚀过程。另外,在环氧树脂中加入 GO 可以提高环氧树脂的抗蚀性能。此外,通过 GO 片与氨基的表面功能化,E/GO 复合材料涂层可以进一步提高防腐性能。可以观察到 CRS 基底的电荷转移电阻为 $432.8\Omega \cdot cm^2$、环氧的电荷转移电阻增加到 $6.2 \times 10^5 \Omega \cdot cm^2$、原始 E/GO 涂层则为 $2.6 \times 10^6 \Omega \cdot cm^2$,而 E/FGO 涂层 CRS 基底为 $9.8 \times 10^6 \Omega \cdot cm^2$。最后,观察到很有趣的结果,除了 E/FGO 先进的防腐蚀性能外,GO 片的功能化也增加了复合材料防护涂层的可靠性。可以观察到 E/FGO 电荷转移电阻标准差与环氧和 E/GO 复合涂层相比显著衰减。

表 14.2　通过 EIS 原始测量从等效电路获得 3.5% NaCl 溶液中 CRS 和环氧、E/GO 和 E/FGO 涂层 CRS 的电化学腐蚀参数

样品	$R_s/(\Omega \cdot cm^2)$	C/F	$R_{ch}/(\Omega \cdot cm^2)$	$R_{ch,STD}/(\Omega \cdot cm^2)$
CRS	18.1	4.2×10^{-4}	432.8	2
环氧	18.2	6.1×10^{-11}	6.2×10^5	150
E/GO	18.3	1.5×10^{-10}	2.6×10^6	390
E/FGO	18.0	6.1×10^{-11}	9.8×10^6	160

Bode 图也可用于表示裸露金属基底和涂层金属基底电化学阻抗行为,并比较不同防护涂层的抗蚀性能。在 Bode 图中,阻抗模量的对数 $|Z|$ 表示为整个频率范围的对数,用阻抗模量在最低记录频率下的变化来比较不同复合材料防护涂层的抗蚀性能。所有样品的 Bode 图如图 14.10(a)所示,而图 14.10(b)所示为原始阻抗数据的相图。Bode 图的结果说明了 GO 片在环氧树脂涂层中的应用优势,以提高环氧树脂的抗蚀性能。此外结果表明,在聚合物基体中使用 FGO 作为填充物,可显著提高聚合物抗蚀性能,可以观察到最低频率范围内阻抗模量对数增加,CRS 基底的阻抗模量对数从 $2.7\Omega \cdot cm^2$ 增加到 $5.7\Omega \cdot cm^2$,原始 E/GO 为 $6.3\Omega \cdot cm^2$,E/FGO 涂层 CRS 基底为 $6.9\Omega \cdot cm^2$。

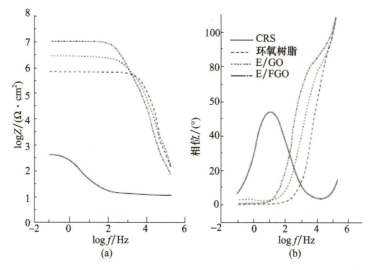

图 14.10　CRS 和环氧树脂、E/GO 和 E/FGO 涂层 CRS 基底的(a)Bode 图和(b)相图

阻抗研究表明,用环氧树脂复合材料防护涂层覆盖金属基底,可以延长 CRS 金属基底的寿命。此外,阻抗结果也说明了在复合材料中加入 GO 片可能会增强环氧树脂的抗蚀性能。环氧树脂中加入 GO 片对缓蚀性能会产生积极影响,可能是 GO 片的屏蔽性能起作用[13],GO 片可作为壁垒去延长腐蚀剂遵循的路径,以到达 CRS 金属基底下端和复合材料防护涂层之间的界面。此外,用各种方法评价不同防护涂层的阻抗性能和防腐性能,这些方法说明了在环氧树脂中加入 GO 片之前,对 GO 片表面改性的好处。E/FGO 复合材料涂层比其他防护涂层的抗蚀性更高,这主要是由于 FGO 填充物在树脂基体中的分散程度,如 TEM 图像所示,这可能进一步增加如氧、水分、氯离子等腐蚀剂路径的曲折性,从而到达涂层 CRS 金属基底的表面。

14.3.5 动电位极化

动电位测量是另一种电化学技术,可以用来说明裸露金属和涂层金属基底的电化学行为和抗蚀性。该方法采用三电极构型作为裸露或涂层的 CRS 金属基底为工作电极、银/氯化银(Ag/AgCl)电极为参考电极、石墨棒为辅助电极,并将温控 1L3.5% NaCl 溶液作为测试电解质。在动电位测量中,为了观察裸露金属基底和涂层金属基底的阳极和阴极行为,工作电极的电位以相对于参考电极的恒定电位在一定范围的电位差范围内移动。将工作电极浸入电解液后,需要将工作电极的电位稳定 1h,并且观察到工作电极的电位为开路电位(open circuit potential, OCP)。为了检验数据的重现性,重复三次动电位测量。此外,为每个实验准备一种新的电解质溶液,因为动电位测量是一种破坏性电化学测试,可能会把腐蚀残渣引入电解液中。在本研究中,动电位测量从腐蚀电池的 OCP 开始,将恒定速率设定为 20mV/min,然后在 $-0.5 \sim 0.5$V 之间的电位范围内去扫描工作电极。

值得注意的是,这项研究侧重于观察工作电极电位在阳极和阴极行为之间的转换。在腐蚀研究中一般用 Tafel 图描述工作电极的电位在阳极和阴极行为之间的转换以及往返工作电极的相关电流,如图 14.11 所示。Tafel 图的描述有助于提取重要的腐蚀参数,如腐蚀电位 E_{corr} 和腐蚀电流 I_{corr}。从动电位测量中提取的腐蚀参数见表 14.3。此外,利用三次测量数据对腐蚀参数进行统计分析,并计算表描述的 $E_{corr}(E_{corr,STD})$ 和 $I_{corr}(I_{corr,STD})$ 的标准偏差。除了从 Tafel 图上提取的腐蚀参数外,还可以利用 Stern - Geary 方程计算出裸露 CRS 基底和涂层 CRS 基底的极化电阻 R_p,如式(14.3)所定义。此外,还可利用所提取的腐蚀参数,用式(14.4)计算各种制备的复合材料防护涂层的防腐效率 P_{EF}:

$$R_p = \frac{(b_a \times b_c)}{2.303 \times (b_a + b_c) \times I_{corr}} \tag{14.3}$$

$$P_{EF}[\%] = (1 - I_{corr}/I°_{corr}) \times 100 \tag{14.4}$$

在式(14.3)中,b_a 和 b_c 表示 Tafel 图的阳极和阴极斜率,这些斜率的外推线性部分之间的交点有利于提取 E_{corr} 和 I_{corr},而用裸露($I°_{corr}$)和涂层(I_{corr}) CRS 金属基底的腐蚀电流来计算防护涂层的保护效率。此外,定量分析了动电位测量提取和计算的腐蚀参数,I_{corr} 量级的下降和 E_{corr} 和 R_p 的提高表明复合材料防护涂层的腐蚀防护性能有了显著的提高。

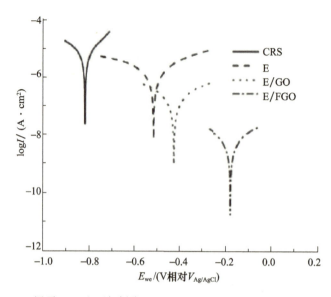

图 14.11 裸露 CRS 和环氧树脂、E/GO 和 E/FGO 涂层 CRS 基底的 Tafel 图

表 14.3 对 3.5% NaCl 溶液中的裸露 CRS 和环氧树脂、E/GO 和 E/FGO 涂层 CRS 进行动电位测量,得到了电化学腐蚀参数

样品	E_{corr}/mV (相对 Ag/AgCl)	$E_{corr,STD}$/V (相对 Ag/AgCl)	I_{corr}/ ($\mu A/cm^2$)	$I_{corr,STD}$/ ($\mu A/cm^2$)	b_a	b_c	R_p/ ($\Omega \cdot cm^2$)	P_{EF}/%
CRS	−751	0.1	6.9	0.001	161.5	268.5	6.3	—
环氧树脂	−529	2.3	0.52	0.002	292.8	397.2	139.5	92.4
E/GO	−362	12.5	0.09	0.009	218.6	207.5	509.2	98.7
E/FGO	−122	3.9	0.007	0.001	272.3	251.1	8033.6	99.9

所收集和提取的动电位测量数据表明,环氧树脂涂层在腐蚀介质中具有良好的防腐性能。然而结果表明,加入少量的 GO 片作为填充物,可以显著增强环氧树脂的抗蚀性能,可以观察到腐蚀电流下降及腐蚀电位及保护效率的正变化。此外,研究表明,GO 片的表面功能化可以显著提高腐蚀防护性能,这可以看作 E/FGO 涂层 CRS 金属基板腐蚀电流的进一步衰减和腐蚀电位及保护效率的进一步正变化。最后,通过对所收集的各种腐蚀参数的统计分析,可以看到一个有趣的发现。尽管 E/GO 具有增强的防腐蚀性能,但统计分析表明所采集的 E/GO 样品腐蚀参数重复性差,可以观察到 $E_{corr,STD}$ 和 $E_{corr,STD}$ 量级高。然而,统计分析表明,当 $E_{corr,STD}$ 和 $I_{corr,STD}$ 量级较小时,E/FGO 增强防腐性能与腐蚀参数的显著重现性一致。E/FGO 防腐性能提高和所收集的腐蚀参数的显著重现性,是因为 FGO 在 E/FGO 复合材料涂层中高度分散。在这种情况下,FGO 片的壁垒性能也可以防止腐蚀性物质穿透复合材料防护涂层,阻止它到达可能发生腐蚀的涂层/金属基底界面。

14.3.6 热力学稳定性及紫外线降解

复合材料防护涂层的热力学稳定性的评估是检查防护涂层抵抗热影响的耐久性的一个指标。采用 TGA 和 DSC 技术研究了加入 GO 和 FGO 片对环氧树脂热力学稳定性的影响。特别注意利用 TGA 评估加入填充物对环氧树脂热降解性能的影响,同时利用 DSC 研究了 GO 和 FGO 片对复合材料玻璃化转变温度 T_g 的影响。以 10℃/min 的升温速率,在 25~800℃ 范围内研究了制备复合材料涂层的热降解行为,结果如图 14.12 所示。TGA 结果表明,在环氧树脂中加入 GO 片后,起始分解温度 T_{onset} 略有升高,即高分子复合材料的原始重量降解 5%(质量分数)时的温度。此外,结果表明 GO 片的功能化对 E/FGO 复合材料涂层的热力学稳定性有进一步的增强作用。可以观察到 T_{onset} 增加,环氧树脂的起始温度为 355℃,E/GO 起始温度增加到 355.9℃,E/FGO 起始温度增加到 363.5℃。

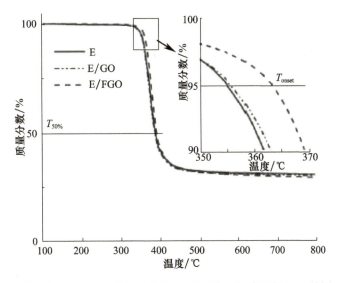

图 14.12 环氧树脂、E/GO 和 E/FGO 复合材料涂层的 TGA 热图

以 10℃/min 的升温速率在 25~200℃ 范围内进行 DSC 分析,结果如图 14.13 所示。在 E/GO 复合涂层中,加入作为填充物的 GO 片,可以使环氧树脂的 T_g 由 79.5℃ 提高到 81.6℃,而加入作为填充物的 FGO,则使环氧树脂的 T_g 提高到 86.4℃。表 14.4 总结了环氧树脂、E/GO 和 E/FGO 的热分析结果。

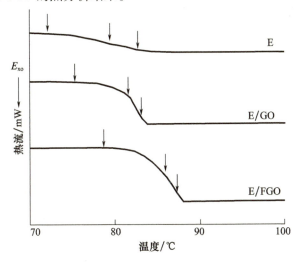

图 14.13 环氧树脂、E/GO 和 E/FGO 复合材料涂层的 DSC 热图

表 14.4　环氧树脂、E/GO 和 E/FGO 复合材料的热分析结果

样品	初始重量/mg	T_{onset}/℃	$T_{50\%}$/℃	残余率/%	T_g/℃
环氧树脂	34.9	355	389.5	28.8	79.5
E/GO	34.8	355.9	391.3	28.7	81.6
E/FGO	34.9	363.5	394.3	28.9	86.4

抗 UV 降解是复合材料涂层需要具备的性能，根据 ASTM‑D4587 标准，采用加速耐候性实验机对此性能进行评估。将制备复合材料涂层在 30 天连续暴露于交替紫外线循环的(60±2)℃范围内 8h，并暴露于压缩循环的(50±2)℃范围内 4h，由此开展紫外线降解实验。在涂层样品的暴露期结束时，采用溅射技术对试样进行 120s 涂金，使用 SEM 观察了环氧树脂、E/GO 和 E/FGO 复合材料的表面形貌，如图 14.14 所示。

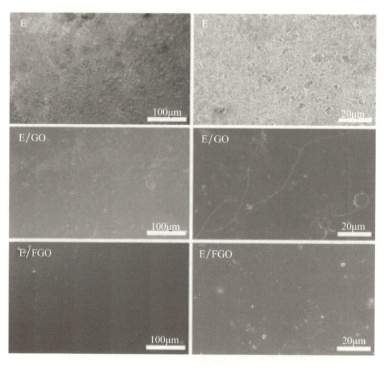

图 14.14　环氧树脂、E/GO 和 E/FGO 复合材料涂层紫外线降解后的 SEM 图像

紫外线降解后的实验结果表明，环氧树脂涂层表面存在严重的损伤，主要表现为广泛分布的点坑和裂纹，而 E/GO 表面存在轻微的损伤，在紫外线暴露后出现了部分裂纹。尽管在 E/GO 复合材料防护涂层中加入 GO，增强了环氧树脂的抗紫外线降解性能，但在 E/GO 表面的裂纹可能会进一步加深，从而到达下端 CRS 基体的表面。这种防护涂层表面的损伤可能导致防护涂层完全失效，并在特定区域暴露表面涂层金属基底。腐蚀介质通过 E/GO 涂层表面的这些裂纹迁移，可能造成一种难以检测或评价的危险腐蚀形式，即点蚀。另外，E/FGO 复合材料涂层的紫外线降解后图像没有损伤迹象，这表明环氧树脂的抗紫外线降解性能有显著提高。紫外线降解实验证实，在环氧树脂中加入 FGO 作为填充物，可以延长下端金属基底在室外应用时的使用寿命，涂层金属基底可以暴露在紫外线

下。观察到的 E/FGO 复合涂层比 E/GO 复合涂层的抗紫外线降解性能更高,其原因是在 TEM 分析中,FGO 在环氧基体中比聚结 GO 片在 E/GO 的分散度程度更高。

GO 和 FGO 的加入对环氧树脂玻璃化转变温度有积极影响,这是因为填充物在树脂非晶态相中限制聚合物分子链运动的作用[20]。此外,在环氧树脂中加入填充物后,环氧树脂的热降解和紫外线降解性能增强,这可能是因为 GO 和 FGO 表面官能团的相互作用,比如羟基、环氧基,特别是 FGO 上的氨基与环氧树脂的相互作用。

14.3.7 耐冲击性

复合材料防护涂层于突然冲击产生的变形具有抗力,这是除了抗蚀性、热力学稳定性和 UV 降解外需要评估的另一个初始特性。特别需要注意,为了评价涂层的耐久性,需要检测涂层在使用条件下对突然冲击的抗力。按照 ASTM - D2795 标准中描述的程序进行冲击实验。前面的研究中报道了 GO 片和石墨烯材料对环氧树脂复合材料力学性能的影响[21-24]。然而,本研究的主要目的是评估加入 GO 和 FGO 对 E/GO 和 E/FGO 复合涂层对突然冲击变形抗力的影响。图 14.15 所示为所制备的复合材料防护涂层失效的高度。

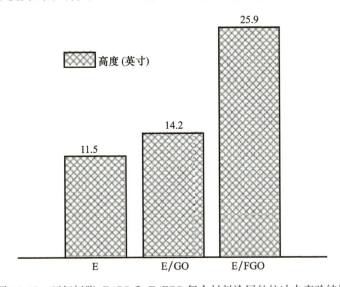

图 14.15 环氧树脂、E/GO 和 E/FGO 复合材料涂层的抗冲击实验结果

图 4.15 的结果表明,在环氧树脂中加入 GO 可以增强聚合物树脂对突然冲击的影响。此外,GO 的表面改性可以增强环氧树脂的抗冲击性能。在此,GO 和 FGO 的加入也对 E/GO 和 E/FGO 复合材料涂层抗冲击性能具有积极影响,这可归因于 GO 和 FGO 表面官能团与环氧树脂的相互作用,这可能会增加环氧树脂复合材料的韧性。

14.4 小结

采用简单的一步合成工艺,将氨基官能团固定在 GO 片上,制备了功能性氧化石墨烯片。采用原位预聚合技术,将 FGO 片加入到环氧树脂中制备 E/FGO 复合涂层,研究 CRS 金属基底上作为防护涂层的复合材料涂层。研究结果表明,通过 GO 片化学改性,可以提高环氧树脂和 E/GO 复合材料的抗蚀性能。此外,该发现还证实了在复合材料树脂基体中加入 FGO 片作为填充物,可以显著提高树脂和 E/GO 复合材料的性能,如热力学稳定性、紫外线降解和抗冲击性能等。在环氧树脂中加入 FGO 片后,环氧树脂各种防护性能有所提高,这是由于 FGO 填充物可在复合材料涂层中高度分散,以及 FGO 表面的氨基和其他官能团和基体高分子树脂可能的相互作用。

参考文献

[1] Shen, G. X., Chen, Y. C., Lin, C. J., Corrosion protection of 316 L stainless steel by a TiO_2 nanoparticle coating prepared by sol – gel method. *Thin Solid Films*, 489, 130 – 136, 2005.

[2] Cecchetto, L., Delabouglise, D., Petit, J. P., On the mechanism of the anodic protection of aluminium alloy AA5182 by emeraldine base coatings. Evidences of a galvanic coupling. *Electrochim. Acta*, 52, 3485 – 3492, 2007.

[3] Moretti, G., Guidi, F., Grion, G., Tryptamine as a green iron corrosion inhibitor in 0.5 M deaeratedsulphuric acid. *Corros. Sci.*, 46, 387 – 403, 2004.

[4] Jiang, M. – Y., Wu, L. – K., Hu, J. – M., Zhang, J. – Q., Silane – incorporated epoxy coatings on aluminum alloy (AA2024). Part 1: Improved corrosion performance. *Corros. Sci.*, 92, 118 – 126, 2015.

[5] Jiang, M. – Y., Wu, L. – K., Hu, J. – M., Zhang, J. – Q., Silane – incorporated epoxy coatings on aluminum alloy (AA2024). Part 2: Mechanistic investigations. *Corros. Sci.*, 92, 127 – 135, 2015.

[6] Mert, B. D., Corrosion protection of aluminum by electrochemically synthesized composite organic coating. *Corros. Sci.*, 103, 88 – 94, 2016.

[7] Hiromoto, S., Self – healing property of hydroxyapatite and octacalcium phosphate coatings on pure magnesium and magnesium alloy. *Corros. Sci.*, 100, 284 – 294, 2015.

[8] Liu, L. and Xu, J., A study of the erosion – corrosion behavior of nano – Cr_2O_3 particles reinforced Ni – based composite alloying layer in aqueous slurry environment. *Vacuum*, 85, 687 – 700, 2011.

[9] Dhoke, S. K., Khanna, A. S., Sinha, T. J. M., Effect of nano – ZnO particles on the corrosion behavior of alkyd – based waterborne coatings. *Prog. Org. Coatings*, 64, 371 – 382, 2009.

[10] Li, J. et al., In – situ AFM and EIS study of a solventborne alkyd coating with nanoclay for corrosion protection of carbon steel. *Prog. Org. Coatings*, 87, 179 – 188, 2015.

[11] Chang, K. C. et al., Advanced anticorrosive coatings prepared from electroactive polyimide/graphene nanocomposites with synergistic effects of redox catalytic capability and gas barrier properties. *Express Polym. Lett.*, 8, 243 – 255, 2014.

[12] Alhumade, H., Abdala, A., Yu, A., Elkamel, A., Simon, L., Corrosion inhibition of copper in sodium chloride solution using polyetherimide/graphene composites. *Can. J. Chem. Eng.*, 94, 896 – 904, 2016.

[13] Alhumade, H., Yu, A., Elkamel, A., Simon, L., Abdala, A., Enhanced protective properties and UV stability of epoxy/graphene nanocomposite coating on stainless steel. *Express Polym. Lett.*, 10, 1034, 2016.

[14] Liu, S., Gu, L., Zhao, H., Chen, J., Yu, H., Corrosion resistance of graphene – reinforced waterborne epoxy coatings. *J. Mater. Sci. Technol.*, 32, 425 – 431, 2016.

[15] Chang, C. H. et al., Novel anticorrosion coatings prepared from polyaniline/graphene composites. *Carbon*, 50, 5044 – 5051, 2012.

[16] Xu, Z. and Buehler, M. J., Geometry controls conformation of graphene sheets: Membranes, ribbons, and scrolls. *ACS Nano*, 4, 3869 – 3876, 2010.

[17] Yu, Z. et al., Preparation of graphene oxide modified by titanium dioxide to enhance the anti-corrosion performance of epoxy coatings. *Surf. Coatings Technol.*, 276, 471-478, 2015.

[18] Yang, Z. et al., Liquid-phase exfoliated fluorographene as a two-dimensional coating filler for enhanced corrosion protection performance. *Corros. Sci.*, 103, 312-318, 2016.

[19] Zheng, L., Wang, R., Young, R. J., Deng, L., Yang, F., Hao, L., Jiao, W., Liu, W., Control of the functionality of graphene oxide for its application in epoxy nanocomposites. *Polymer*, 54, 6437-6446, 2013.

[20] Liao, K.-H., Aoyama, S., Abdala, A. A., Macosko, C., Does graphene change T_g of nanocomposites? *Macromolecules*, 47, 8311-8319, 2014.

[21] Wan, Y.-J. et al., Covalent polymer functionalization of graphene for improved dielectric properties and thermal stability of epoxy composites. *Compos. Sci. Technol.*, 122, 27-35, 2016.

[22] Rafiee, M. A. et al., Enhanced mechanical properties of nanocomposites at low graphene content. *ACS Nano*, 3, 3884-3890, 2009.

[23] Chandrasekaran, S. et al., Fracture toughness and failure mechanism of graphene-based epoxy composites. *Compos. Sci. Technol.*, 97, 90-99, 2014.

[24] Bortz, D. R., Heras, E. G., Martin-Gullon, I., Impressive fatigue life and fracture toughness improvements in graphene oxide/epoxy composites. *Macromolecules*, 45, 238-245, 2011.

第15章 基于超分子石墨烯的药物传递系统

Sandra M. A. Cruz[1], Paula A. A. P. Marques[1], Artur J. M. Valente[2]
[1] 葡萄牙阿威罗,阿威罗大学机械工程系,TEMA
[2] 葡萄牙科英布拉,科英布拉大学化学系,CQC

摘　要　伴随着不断上升的发病率和死亡率,癌症已被认为是现如今全球范围内存在的公共健康问题。随着早期检测技术的革新,人们也做出了许多努力来改进治疗方法。癌症是指能够影响身体任何部位的一大类疾病的总称。这类疾病具有异质性和复杂性,阻碍了新治疗方法的临床结果。在典型的治疗方法中,化疗是一种有效的药物治疗方法,可以杀死不同类型癌症患者身上的癌细胞。然而,因为化疗使用的化学试剂会无差别地破坏所有的细胞,这种治疗方式的临床效果有限,并会产生一些副作用,产生耐药性,发生非特异性和非靶向治疗。为了克服这些缺点,至少是克服某一些缺点,人们在过去的几十年中已经开发了数种药物传递系统(drug delivery system,DDS),以实现癌症药物的靶向传递以及治疗剂在病变位置的可控和持续释放。

在过去几十年中,纳米技术与纳米医学的接合促进了众多药物纳米平台的发展。其中,GO 及其衍生物因其惊人的性能而引起了人们的广泛关注:优良的生物相容性、生理稳定性、高比表面积、丰富的含氧官能团、经济性好、易于规模化生产等性能,使其成为医药应用的理想之选。氧化石墨烯与环糊精(cyclodextrin,CD)的结合已经成为 DDS 的一个新的纳米平台,并用于癌症治疗。这两个成分组成一个系统,提高了药物负载的容量,并能够对癌细胞内外的不同 pH 值做出反应。此外,用亲水性物质,如环糊精分子,对氧化石墨烯进行表面功能化可最小化血液相容性问题,这个问题是氧化石墨烯纳米片与血液成分之间非特异性相互作用所致,这种作用会导致多种类型的沉淀物。环糊精是具有亲水性外表面和疏水性腔的环状低聚糖,因此是实现氧化石墨烯表面功能化的最佳选择。环糊精腔的疏水特性能诱导主客体超分子与疏水分子(如药物)的相互作用,从而改善客体分子的溶解性和稳定性等性能。此外,环糊精作为有效的药物载体,能够实现药物的可控和持续释放,并避免毒性作用。

本章将介绍氧化石墨烯-环糊精纳米复合材料作为抗癌 DDS 的最新研究进展,重点介绍了其合成、生物相容性和药物释放行为。

关键词　氧化石墨烯,环糊精,药物传递,癌症,化疗

15.1 引言

癌症的发病率和死亡率都在上升,已经是全球主要的公共医疗问题之一[1]。尽管我们在医疗技术方面取得了重大进展,但癌症的死亡率仍然高于预期,人们对癌症治疗进行进一步研究需求也愈发强烈。目前,手术、化疗和放疗是最常见的治疗方法。在一些病例中,手术不能完全清除原发肿瘤,但是其替代疗法无法对癌细胞实现特异性治疗,因而会对健康细胞产生严重的毒性副作用[2],包括耐药性、严酷肿瘤微环境对药物渗透的阻碍以及剂量限制性毒性。这些问题均与单一疗法低下的效率有关[3]。相关人员已经开始组合使用两种或两种以上的典型药物,但这种组合仅仅是单纯的混合治疗,会带来治疗0的不确定性[1]。

在过去的几年,人们将纳米技术应用于纳米医学等领域,研发了各种类型的纳米粒子:聚合物胶束、脂质体、树枝状大分子、碳质基材料等[2,4-5]。通过诊断、影像学和诊断治疗学等方法治疗癌症是上述研发的目的之一。相关人员致力于创造刺激反应性的DDS,这种DDS不仅具有良好的体内药代动力学和肿瘤逆转能力,而且在一定的刺激触发下,还能增强受影响区域的细胞吸收和对药物的高选择性调控[6-7]。此外,由于大多数抗癌药物在水介质中的溶解度都很低,DDS必须具有能够锚定不同亲水性药物的能力[2,8-9]。这样,就有可能在减少药物副作用的同时提高治疗效率。

石墨烯基纳米材料由于其高的表面积、生物相容性和多种化学特性,成为有潜力的药物传递载体[10]。氧化石墨烯作为石墨烯氧化衍生物具有显著的氧含量,使得其表面可以生长化学结构,因此受到了科学界的关注。此外,氧化石墨烯保留了高价值纳米本征石墨烯的许多特性,如更容易制备和加工,以及更便宜[11]。

相关人员已将氧化石墨烯的亲水性与大环化合物,如环糊精CD的两亲性相结合,将其用于携带疏水性和亲水性的药物,因为大多数抗癌药物都为疏水性。然而,如前所述,两种药物的组合会更有效。

在本章节中,我们打算通过使用基于氧化石墨烯和环糊精复合的DDS来解释纳米技术如何在癌症治疗中发挥作用。首先,描述将单一组分(氧化石墨烯和环糊精)作为DDS的性能。之后,将重点介绍作为DDS的氧化石墨烯-环糊精复合材料的潜力和最新发展。

15.2 氧化石墨烯和环糊精在药物传递中的应用

15.2.1 氧化石墨烯

石墨烯是一种单层sp^2杂化碳材料,其比表面积大,具有优越的电学、力学和光学性能[10-12]。石墨烯的亲水衍生物氧化石墨烯含碳量较低(40%~60%),有利于含氧基团(羟基、环氧基和羧基)在石墨烯碳网络的sp^3轨道上的分布,这使氧化石墨烯易分散在水性介质以及生理环境中[4]。氧化石墨烯的大比表面积和含氧官能团也使其具有易于功能化、药物负载率高和分散性好等优点[13]。

氧化石墨烯中有机基团的性质和 sp^3/sp^2 与其制备路径类型和所用石墨源密切相关。化学剥离法是生产氧化石墨烯最常用的方法。这种方法始于 1859 年,当时 Brodie 首次尝试使用化学氧化法生产"氧化石墨"。他在石墨和硝酸的混合物中加入氯酸钾,产生了一种主要成分为氢、氧和碳的材料。40 年后,Staudenmaier(1989)经过进一步氧化使氧化石墨的碳氧比达到了 2∶1[15]。然而,在 20 世纪 50 年代后期,Hummers[16] 使用强氧化剂(高锰酸钾)和强酸(硫酸和硝酸)将石墨烯层从石墨源中分离,并达到了与 Staudenmaier 相当的氧化程度。"Hummer 方法"有许多变体,是目前大规模生产氧化石墨烯所采用的方法。随着化学过程的进行,碳层之间的键合被机械搅拌或超声波作用打破。因为超声场产生的气泡空化会产生能够分裂石墨片的冲击波,后者有助于石墨烯更快速高效的解离。氧化过程中引入基面的含氧官能团(环氧基和羟基)与水分子之间的强相互作用,实现了氧化石墨烯的剥离(图 15.1),其亲水性促使水分子易于插入氧化石墨烯片层中,并将其分散成独立的个体[11]。

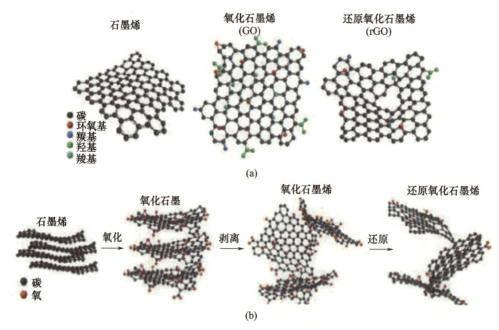

图 15.1 (a)石墨烯、氧化石墨烯和还原氧化石墨烯的化学结构示意图,
(b)从石墨到还原氧化石墨烯的制备路线(转载自文献 [26] InTechOpen。开放获取)

可以通过氧化石墨烯的还原过程控制氧化石墨烯表面上氧的数量和类型,从而获得众所周知的还原氧化石墨烯,这可通过对氧化石墨烯进行化学还原(如肼、对苯二酚、硼氢化钠和抗坏血酸)、热处理或紫外线处理实现[2,17-18]。事实上,这些石墨烯衍生物的含氧官能团和横向尺寸可以调节分子的吸附动力学和容量[19-20]。非均相电子转移动力学与石墨烯衍生物的氧含量和缺陷位密度直接相关,对石墨烯的功能化效率起着关键作用[21]。

石墨烯衍生物由于其性质,已广泛应用于药物[2,4,6,13,19,22-23]和基因[4,19,24-25]传递的纳米载体。

阿霉素(doxorubicin,DOX)是一种本征荧光抗癌药物,可能是最广泛研究和使用的,基于石墨烯传递系统的药物。由于其具有与芳香结构,通过非共价 π - π 堆叠和疏水相互作用,可以简单将 DOX 和其他疏水分子负载在石墨烯上[27]。据报道,这种负载机制使 DOX 在石墨烯片上的负载比其他纳米载体上更有效[28]。由于氧化石墨烯上存在羧基、环氧基团和羟基基团,各种药物也可以通过共价共轭、氢键和静电作用负载在氧化石墨烯表面上[29-31]。例如,在 pH 为中性时,氧化石墨烯和 DOX 上的每个—OH 基之间以及氧化石墨烯上的—OH 基和其他药物上的—NH$_2$ 基之间可以形成氢键[32]。

DOX 作为蒽环类抗肿瘤药,具有芳香环和氨基,它们可以在氧化石墨烯表面上实现高负载[27,32-36]。氧化石墨烯传递的 DOX 对乳腺癌 MCF - 7 细胞的治疗效果优于单独使用 DOX[37]。物理吸附在氧化石墨烯表面的 DOX 具有 pH 响应释放能力(特别是在酸性条件下)。

虽然石墨烯基系统可以用作 DDS,但其生物相容性仍然是科学界关注的问题。用稳定剂对石墨烯及其衍生物进行功能化可以防止石墨烯在生理条件下团聚,提高生物相容性。研究人员使用的一些稳定剂包括合成高分子、表面活性剂、天然多糖和蛋白质。一些研究已经表明,稳定的石墨烯可以作为 DDS,因为其不仅具有较低的毒性,而且具备循环稳定性和抗癌药物负载能力[23]。

Dai 等[38]证明了芳香性和疏水性药物,如喜树碱及其类似物,能够通过非共价范德瓦耳斯力相互作用与石墨烯表面结合。喜树碱类似物 SN38 负载在氧化石墨烯上并用聚乙二醇(PEG)修饰后,其溶解度提高了两三个数量级。一些研究表明,PEG 接枝可以降低氧化石墨烯的细胞毒性,从而提高生物相容性和生理稳定性[27,39]。然而,PEG 的性质(支链数目)也会影响细胞的生存能力和吸收速度[40]。Fan 等[41]研究了用聚合物修饰石墨烯表面的其他例子,比如氧化石墨烯 - 海藻酸钠(sodium alginate,SA)复合物用作 DOX 的载体。在这种情况下,药物是通过 π - π 堆叠和氢键相互作用负载的。研究人员还研究了几种聚合物的组合,试图提高石墨烯衍生物对药物负载的效果:PEG 与海藻酸钠[42]或低分子量聚乙烯亚胺(polyethylenimine,PEI)[43-44]相结合,后者是最有效的非病毒基因传递载体之一。

为了使蒽环类抗肿瘤药物的副作用最小化,相关人员已经开发了包括脂质体[45-46]在内的几种纳米制剂。表面活性剂也可用于氧化石墨烯改性,以获得较高的药物负载效率。已观察到在生理条件下,羟乙基纤维素 - 中性和羟乙基纤维素 - 阴离子表面活性剂通过非共价附着可提高 GO - DOX 复合材料的稳定性和分散性[47]。

靶向传递是最小化抗癌药物副作用的另一种方法。例如,用抗体或受体对还原氧化石墨烯进行改性,也可以实现 DOX 传递。特定的癌细胞配体乳糖酸被用来功能化氧化石墨烯,这种复合物可以特异性识别癌细胞过表达唾液酸糖蛋白(asialoglycoprotein,ASGPR)受体,并抑制癌细胞[44,48]。将叶酸(folic acid,FA)与还原氧化石墨烯结合也获得了较好的 DOX 释放效率。FA - rGO 可以特异性识别 MDA - MB231 癌细胞(表达 FA 受体)[49]。Miao 等[50]合成了胆固醇透明质酸(cholesteryl hyaluronic acid,CHA)包覆的还原氧化石墨烯,得到的复合物的 DOX 负载容量比还原氧化石墨烯大 4 倍。此外,CHA - 还原氧化石墨烯的胶体稳定性和体内安全性均高于还原氧化石墨烯。结果表明,CHA - 还原氧化石墨烯的药物传递效率相比 DOX 和 rGO - DOX 明显更高。用 CHA - rGO/DOX 治疗的小鼠与未治疗的小鼠相比,肿瘤重量降低了 14.1%(±0.1%)(图 15.2)。

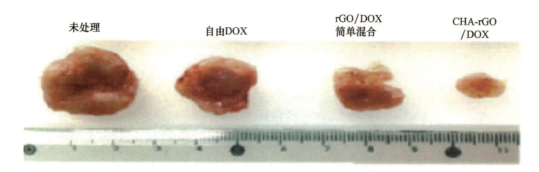

图 15.2　CHA-rGO 纳米物理复合体的抗癌作用。KB 肿瘤小鼠自第 7 天开始,每 3 天单独使用 DOX,或组合使用普通还原氧化石墨烯或 CHA-rGO(DOX,2mg/kg)进行静脉注射治疗。在第 24 天,为观察肿瘤组织将其切除(经 Miao 等授权改编[50],爱思唯尔版权所有(2018))

Miao W. 等研究了用聚-L-赖氨酸(poly-L-lysine,PLL)改性的还原氧化石墨烯,并与 anti-HER2 抗体结合,以促进 DOX 对癌细胞核的靶向传递[51]。细胞摄取结果表明,这些纳米载体在 MCF7/HER2 细胞中的内化程度明显高于没有几何 anti-HER2 抗体的载体。良好的细胞摄取是由于特异性抗体和细胞穿透肽 PLL 的共轭,从而提高了抗肿瘤的效率。

药物纳米载体可以通过调控产生对外界刺激的响应性,并且只有在特定条件下才能做出响应,从而提高了药物传递的效率。例如,在介孔硅包覆的磁性氧化石墨烯(Fe_3O_4@GO@mSiO_2$)周围引入了具有 pH 响应性的超分子聚合物壳,以便以可控的方式将 DOX 传递到癌变组织中。氧化石墨烯复合材料由于 Fe_3O_4 的存在获得了磁场敏感性,并且能够在外加磁场作用下将 DOX 传递到目标位置[52]。其他体外刺激源,如光(光热疗法,photo-thermal therapy,PTT)和温度[53-54],可用于增强系统的治疗作用。在 PTT 方法中,可将氧化石墨烯作为一种治疗剂使用,因为它对近红外(near-infrared,NIR)辐照有反应。氧化石墨烯在 NIR 范围(700~900nm)对光有强吸收,这通常称为"治疗窗",这种辐照不仅无创无害,还可以穿透皮肤[55]。相关人员还进行了其他的研究,比如将石墨烯/氧化石墨烯与无机粒子结合,以负载抗癌药物并在 NIR 刺激下释放[56-62]。

其他类型功能化方法可将其内源性响应特性归因于药物载体[6]。这种响应特性可能将病变的环境视作药物传递的目标。研究人员最常利用的是 pH 值的变化,因为众所周知肿瘤环境比其他细胞组织更具酸性。在 pH 值较低的情况下,DOX 等疏水药物可被质子化,药物分子与石墨烯表面的 π-π 堆叠和疏水相互作用减弱,从而释放药物[63-65]。

谷胱甘肽(glutathione,GSH)水平是细胞氧化还原环境的主要调节因子[66]。过量的谷胱甘肽通常会增加细胞的抗氧化能力和氧化应激,而缺乏谷胱甘肽则会增加氧化应激的敏感性。因此,GSH 水平可以作为刺激来触发纳米载体的药物释放。例如,将甲氧基聚乙二醇(methoxy polyethylene glycol,mPEG)通过二硫键对纳米氧化石墨烯(nano-GO,NGO)进行改性,然后通过 π-π 相互作用将 DOX 堆叠到纳米氧化石墨烯形成的纳米共轭区域上,得到了 NGO-SS-mPEG[67]。在细胞内 GSH 存在时,NGO-SS-mPEG 的二硫键断裂,从而迅速释放 DOX,提高化疗效果(图 15.3)。

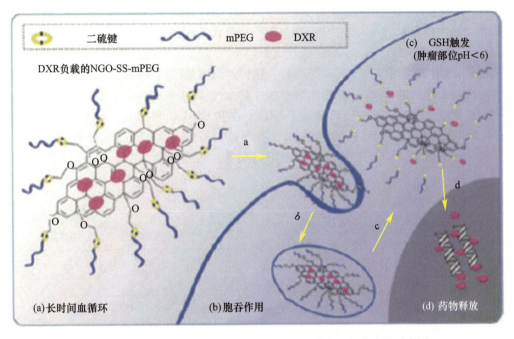

图 15.3 氧化还原敏感的 NGO – SS – mPEG 癌症细胞化疗的示意图

(a)带有二硫键可延长血液循环的 PEG 壳 NGO;(b)NGO – SS – mPEG 通过 EPR 效应在肿瘤细胞中的胞吞作用;(c)GSH 触发诱导 PEG 脱离;(d)快速释放药物杀死癌细胞(经 Yang 等授权改编[6],爱思唯尔版权所有(2018))。

可以通过石墨烯及其衍生物传递一些生物分子,如多肽[68]、蛋白质[69]或核酸[70-74](图 15.4)。核酸碱基的环状结构允许高亲水性核酸与氧化石墨烯的 π – π 堆叠相互作用。这种组合促进了氧化石墨烯作为基因传递系统发挥作用。

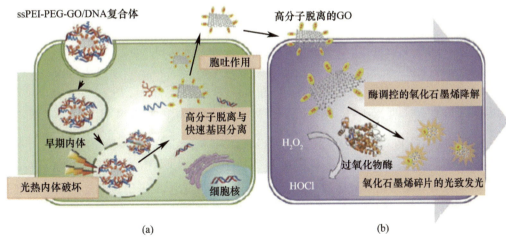

图 15.4 ssPEG – PEI – GO/DNA 复合物从细胞摄取、光热促进基因传递、在癌细胞中的基因快速
释放到酶调节的生物降解,及其在巨噬细胞中的监测作用的总过程

(a) 细胞内基因传递增强;(b) 巨噬细胞降解氧化石墨烯

(经文献[56]授权转载,美国化学学会版权(2018))。

He 等[71]合成的氧化石墨烯基多色荧光 DNA 纳米探针,能够快速、灵敏和有选择性地检测溶液中的 DNA 目标,并分析 DNA 分子和氧化石墨烯之间的相互作用。该传感器能够区分 DNA 的次级结构(即单链或双链 DNA),当它与所使用的功能性核酸结构(如核酸适配体)互补时它可以检测其他分析物。这种传感器是靶向基因传递研究的一个进展。

正如前面提到的,PEG 广泛用作表面改性剂,以提高纳米材料在生物和医学应用中的生物相容性及生理稳定性。比较研究了 ssRNA 在 PEG – GO 和 PEG – rGO 上的负载和释放[75]。计算模拟(图 15.5)表明,还原氧化石墨烯与 ssRNA 之间的 π – π 堆叠作用明显强于氧化石墨烯与 ssRNA 之间的堆叠作用,这与实验结果一致。

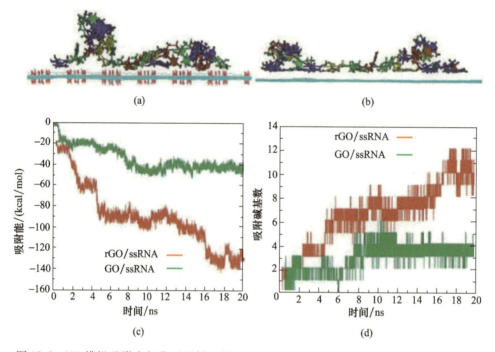

图 15.5 MD 模拟吸附在氧化石墨烯上的 ssRNA 的侧视图(a)初始状态,(b)20ns 后的状态。(a)和(b)中的红色代表氧化石墨烯基底的含氧基团,蓝色、绿色、棕色和黄色分别代表 ssRNA 中 A、U、C、G 的碱基;(c)范德瓦耳斯力相互作用能;(d)ssRNA – rGO 和 ssRNA – GO 杂化系统中核酸序列上被吸附的碱基数量与模拟时间的关系(编辑自 Zhang 等[75],经英国皇家化学学会授权转载自文献[75])

通过二硫键将 PEG 与支链聚乙烯亚胺(branched polyethylenimine,bPEI)结合,对氧化石墨烯进行了改性,并设计了一种传递载体(ssPEG – PEI – GO)。质粒 DNA(plasmid DNA,pDNA)有效地与纳米载体发生相互作用,通过静电力形成了稳定的复合物。在细胞吸收后,ssPEG – PEI – GO/pDNA 具备了一些优势,能在 NIR 下利用氧化石墨烯的光热转换效应,通过光热诱导的内体破坏,其可以很容易地从内体中逃逸。在进入细胞后,细胞内的环境使聚合物脱离,这一快速的基因传递过程表现出高效基因转染和低毒的特性[74]。

肿瘤细胞的多重耐药性(multiple drug resistance,MDR)是化疗中的一个常见问题,可以通过短干扰 RNA(short interfering RNA,siRNA)来解决这个问题,这可以引起靶向蛋白的特异性沉默[76]。研究发现聚乙烯亚胺(polyethylenimine,PEI)功能化氧化石墨烯(PEI – 氧化石墨烯)可以作为 Bcl – 2 靶向传递 siRNA 和 DOX 的载体。结果证明这种纳米载体能够实现上述两种物质的有效同时传递,从而提高了显著的治疗效果[77]。Kim 等进行了另一项研究,利用低分子量 bPEI 对氧化石墨烯进行功能化[73]。虽然 bPEI-GO 具有较高的基因传递效率和细胞生存能力,但通过以协同方式与 bPEI 结合,氧化石墨烯的光致发光性能(图 15.6)得到了提高,从而使 bPEI-氧化石墨烯可以同时作为荧光探针来发挥作用。这些特性可以用于基因传递和生物成像。

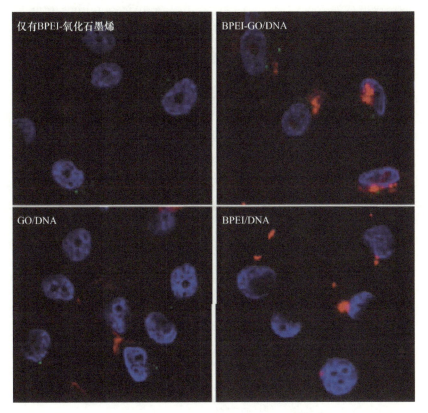

图 15.6　经 BPEI-GO、DNA 与 BPEI-GO 复合材料、氧化石墨烯和 BPEI 处理的 PC-3 细胞共聚焦荧光显微图像。本研究中,用 TOTO-3 标记 pDNA、用 DAPI 染色细胞核并用 488nm 激光观察光致发光(经授权转载自文献[73],美国化学学会版权所有(2018))

上述基于氧化石墨烯的双功能基因传递系统也可用于药物传递。研究者制备了 Fe_3O_4-PEG-GO 用于磁性成像和药物传递,实现了对 DOX 的高负载,并且具有良好的生理稳定性和细胞活力。同时,比较了纳米复合材料与裸露 Fe_3O_4 纳米粒子对磁共振成像(magnetic resonance imaging,MRI)的增强效果[78]。采用类似的方法,在氧化石墨烯上接枝树状聚合物,并用二乙烯三胺五醋酸钆(gadolinium diethylene triaminepentaacetate,Gd-DTPA)对其功能化,使用针对前列腺干细胞抗原(prostate stem cell antigen,PSCA)的抗体靶向癌细胞,并对癌细胞中过表达 PSCA 进行 MR 成像[79]。

实时成像和药物释放可能是被研究最多的 DDS 双重功能应用,因为由此可以更容易观察到释放药物的内化过程。氧化石墨烯基纳米载体与叶酸结合,可以靶向抗癌药物,并能作为荧光素标记蛋白在体外和体内实现自监测。通过共聚焦荧光成像可以观察到癌细胞的凋亡[22]。另一个类似的体系是荧光锰掺杂硫化锌(manganese-doped zinc sulfide,

ZnS/Mn)纳米晶共价结合在 GO – PEG 上,可以实现药物传递和细胞标记[80]。

15.2.2 环糊精

环糊精是由吡喃型葡萄糖形成的一组天然环状低聚体。1891 年,Villiers[81]首次报道了利用酶促降解由淀粉合成环糊精,但在下述两项成果发表后,科学界才对这些分子产生了兴趣,这两项成果分别由 Schardinger[82]和 Szejtli[83]在 1930 年和 1975 年发表,在这两个成果发表期间,Freudenberg 和 Meyer – Delius 报道了环糊精的第一个准确的化学结构[84]。环糊精是由 α – 1,4 糖苷键连接的多个葡糖分子组成。最常见的天然环糊精是 α – 、β –和 γ – 环糊精,它们分别具有 6 个、7 个和 8 个葡萄糖分子(图 15.7),并通过 α – 1,4 糖苷键连接。由于吡喃葡萄糖分子的椅状构型,环糊精呈截锥或圆环形状[85],内部空腔直径为 5.7 ~ 9.5Å(α – 至 γ – 环糊精从小到大),高度为 7.9Å。环糊精具有羟基全部朝向外侧的结构特征;伯羟基和仲羟基分别位于截锥的窄边和宽边,形成亲水外表面[86-88]。另外,C—H 键合向内,产生疏水腔。内腔由于糖苷氧桥的非结合电子对而具有较高的电子密度,使其具有一定的路易斯碱基特征。所述环糊精官能团的空间排布使其结合了腔内疏水性和外表面亲水性的特点。环糊精的两亲性能使其形成主客体超分子复合物。疏水分子可被环糊精腔包埋,包括药物[89-97]、聚合物[98-99]、无机盐[100-104]、表面活性剂[87,105-109]和染料[110-115]。

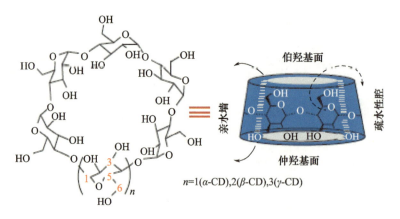

图 15.7 环糊精的空间排布(经英国皇家化学学会授权转载自文献[116])

一般来说,非共价相互作用(如范德瓦耳斯力、疏水、静电和电荷转移相互作用)、金属配位和氢键驱动了环糊精和客体分子之间的相互作用[87]。在水溶液中,客体进入疏水腔,同时会发生腔分子和客体分子的脱水,这个过程通常由熵驱动,并取决于环糊精腔和客体分子的尺寸、客体分子的几何形状[117-118]以及水 – 水、水 – 环糊精在腔内的相互作用[119-120]。

环糊精的主客体复合物可以改善客体分子的某些性质,如增加溶解度[121-124]、改善稳定性[124-126]、调控挥发和升华作用以及实现不相容化合物的物理分离[127-129]。环糊精分子的这些特性以及对人体的无毒性,使环糊精分子成为可以应用于许多不同的行业的独特物质,包括化学合成和催化[130-134]、分析化学[135-137]、腐蚀涂层[138-140]、废水和土壤处理[141-145]、制药和生物制药[122,146-150]、化妆品[151]、食品技术[152-153]和纺织[154-156]、如前所述,一些药物的主要缺点是在水相中的溶解性差,这是因为它们具有疏水性,通常表现为辛醇－水分配系数高。为了克服这一问题,环糊精已经用来捕获这些药物,结果表明这些环状低聚体作为有效的药物载体,可以实现药物的可控持续释放,从而避免了不良的毒性作用[88,157]。然而,这一过程也可能受到环糊精自身在水中溶解度的限制。α－、β－和γ－环糊精在水中的溶解度分别为13%、2%和26%(质量分数)[158]。从这些值可以清楚地看出,它在水中的溶解度和吡喃型葡萄糖的数量之间没有任何联系。此外,最常用的环糊精是β－环糊精,其合成简单,水溶性也最差。β－环糊精应用广泛,这是因为它合成过程简单,成本低廉,其内腔的大小与大量客体分子(如含有芳香族基团或烷基链的分子)相匹配。因此,将环糊精处理为与β－环糊精腔体积相同但在水中溶解度更高的结构,对于许多应用都具有重要意义,而这可以通过功能化实现。例如,羟丙基－β－环糊精(hydroxypropyl－β－CD,HPβCD)的水溶性约为60%(质量分数)[88,159]。其他化学改性环糊精的例子有磺丁醚－β－环糊精和随机甲基化－β－环糊精,其溶解度大于500～600mg/mL。此外,聚合环糊精环如氧氯丙烷－β－环糊精和羧甲基环氧氯丙烷β－环糊精的水溶解度也相对较高(分别大于500mg/mL和250mg/mL)[160]。

随着溶解度的提高,实现最佳的药物负载和更有效的释放,是纳米技术研究人员必须面对的主要挑战。自组装环糊精能够面对这些挑战,因为这种结构可以有效地携带药物。为实现此目的,研究人员合成了许多环糊精基聚合物纳米体系[161],可分为胶束、单层/多层囊泡、纳米球、纳米胶囊、纳米凝胶、纳米储层或环糊精丛(图15.8)。表15.1给出了此类纳米组装系统在抗癌药物负载/释放过程中封装和传递的应用实例。

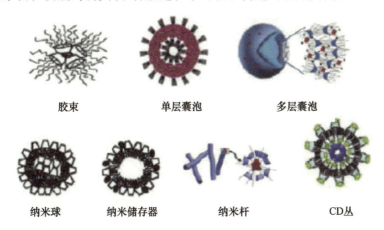

图15.8 一些环糊精纳米组件和超分子结构的示意图(经爱思唯尔授权转载自文献[161])

通常,环糊精胶束只由其浓度决定[162]。这些纳米大小的胶体颗粒(5～2000nm)具有亲油性的中心部分和亲水性外壳,其疏水核心可以捕获药物。因此,有害的副作用和药物降解程度被最小化,表现出更好的治疗效果[163]。

两亲性环糊精复合物具有疏水端和亲水端,可以通过引入额外的聚合物或表面活性剂制备[164-170]。由于其具有两亲性,层状囊泡可同时传递亲水和疏水药物:亲水性药物保留在内部水相中,疏水药物保留在脂双层间,可以携带药物前往目的地[160,171-172]。Arima等[173]通过聚乙二醇化脂质体包覆的γ－环糊精/DOX超分子复合物,研究了环糊精基脂质体的性能。结果表明,将BALB/c静脉注射入colon－26小鼠结肠肿瘤细胞后,肿瘤生长减慢、药物存留率增加且小鼠存活率提高。根据体内和体外实验得到的结果发现,复合 2-HP-γ-环糊精/姜黄素在治疗乳腺癌方面有应用潜力[174]。

环糊精基纳米海绵具有超支化和多孔结构,其利用活性羰基化合物作为交联剂[175-178]。抗癌药物喜树碱能有效地负载在环糊精纳米海绵中,在磷酸盐缓冲液(pH=7.4)和血浆中表现出良好的缓释特性和稳定性[179]。在另一项研究中,研究者将紫杉醇(Paclitaxel,PTX)负载在环糊精纳米海绵中,这种药物的口服生物利用度比市场上的Taxol©增加了2.5倍[180]。

表15.1 抗癌药物环糊精基载体(© 2015 Bina Gidwani 和 Amber Vyas 版权所有[160],开放获取)

药物	环糊精	制备的纳米载体	结果	文献
阿霉素	γ-环糊精	脂质体	肿瘤细胞保留率增高	[173]
姜黄素	HP-γ-环糊精	脂质体	疗效提高	[174]
喜树碱	β-环糊精	纳米海绵	疗效提高与毒副作用降低	[179]
紫杉醇	β-环糊精	纳米海绵	延长保质期	[181]
阿霉素	β-环糊精基星形共聚物	胶束	强化药物释放	[182]
β-拉帕酮	α-环糊精	聚合微囊	持续释放药物	[183]

通过聚合物的改性,可以合成包括凝胶在内的大量超分子系统。纳米凝胶具有与凝胶相同的性质,但在纳米尺度上,它们可以作为药物分子的基体保护药物分子,同时能够通过聚合物网络中的刺激响应性构象或生物降解性化学键来调控药物的释放。Moya-Ortega 等[148]对环糊精基纳米凝胶在生物医学和药学问题上的应用进行了综述。

一些研究者面临着新的挑战:他们探索如何将石墨烯基纳米复合材料作为反应性 DDS。因为 pH 值在肿瘤组织中的变化是众所周知且较为明确的,这方面大部分工作都集中在 pH 响应系统的研发上。此类 DDS 的优点是对正常组织的损伤较小且能够提高药物生物利用度[116]。

利用苯并咪唑封端的聚乙二醇(poly(ethylene glycol),PEG-BM)与环糊精修饰的 L-聚乳酸(cyclodextrinmodified poly(L-lactide),CD-PLLA)的主客体相互作用,研究者成功将 DOX 负载到 pH 响应胶束中。释放速率表明,随着 pH 值环境从 7.4 降低到 5.5[184],模型药物能够不从超分子胶束中迅速释放(图 15.9)。此外,将药物静脉注射给裸鼠后,这些超分子胶束显示出比自由 DOX 更好的抑瘤效果和更低的系统毒性。

Cai 等[185]制备了其他环糊精基的 pH 响应超分子基体,其用作肿瘤组织抗肿瘤药的载体。将 3-(3,4-二羟基苯基)丙酸(3-(3,4-dihydroxyphenyl)propionic acid,DHPA)功能化的环糊精结合到中空介孔二氧化硅纳米粒子(hollow mesoporous silica nanoparticle,HMSN)表面上,然后利用金刚烷(adamantane,ADA)和环糊精的主客体相互作用,将 PEG 接枝的 ADA 与 HMSN-β-环糊精结合在一起。DOX 能有效地负载在 HMSN-β-CD/Ada-PEG 中,并在对 pH 值刺激产生响应实现药物在肿瘤环境中的释放,从而诱导细胞凋亡、抑制肿瘤生长,并最大化小毒性副作用。

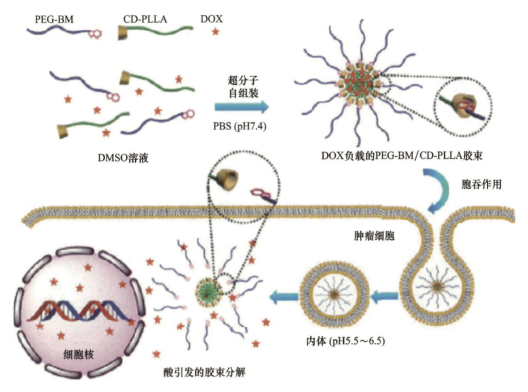

图15.9 超分子胶束细响应胞内微环境时,其形成和触发释药过程的示意图
(经授权转载(改编)自文献[184],美国化学学会版权所有(2018))

与pH值刺激相反,肿瘤中氧化还原物质的浓度非常低,而且变化非常突然。虽然相关人员试图利用环糊精[186-187]对氧化还原分子机制进行响应,但由于上述原因,目前难以实现。

由于环糊精与核酸的结合亲和性,可以将环糊精应用于基因的传递[189-190]。例如,研究者成功研发了以金刚烷功能化叶酸(adamantane - functionalized folic acid,FA - ADA)、金刚烷功能化聚乙二醇衍生物(poly(ethylene glycol) derivative,PEG - ADA)和环糊精接枝低分子量支化聚醚酰亚胺(cyclodextrin - grafted low - molecular - weight branched polyethylenimine,PEI - CD)组成的基因载体。该基因载体以主-客体相互作用为基础,可以有效地将pDNA传递到靶细胞,并具有低毒性[191]。

药物与基因共传递是一种有前景的协同癌症治疗方法,前者能够消除受损细胞,后者能够改变导致细胞增殖的核酸编码。相关人员合成了由超支化线性超分子两亲物构成的组装囊泡,同时负载DNA和盐酸DOX(DOX hydrochloride,DOX·HCl)。将胺类化合物引入以cCD为中心的超支化聚甘油(CD - centered hyperbranched polyglycerol,CD - HPG - TAEA)中,并将其与金刚烷封端的正十八烷(adamantane - terminated octadecane,C18 - AD)结合组成两亲物,纳米囊泡由上述两亲体自组装而成(图15.10)。pH值在5以下时囊泡破裂,累积释药量能达到约80%。同时,细胞核内也有基因传递发生[188]。

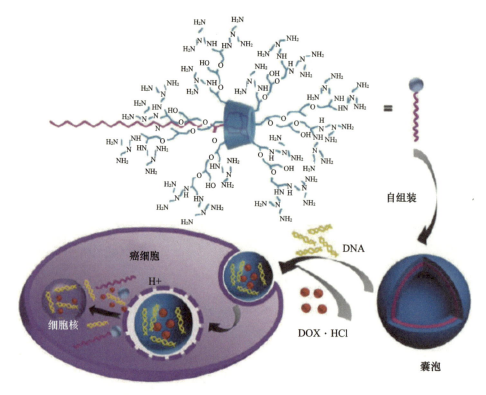

图 15.10　AD – C18 与 CDHPG – TAEA 基因传递与药物封装过程中,主 – 客体相互作用驱动的纳米囊泡细胞工程示意图(经授权转载自文献[188],美国化学学会版权所有 2018)

15.3 用作药物传递系统的氧化石墨烯 – 环糊精纳米复合材料

单药治疗不足可能导致化疗耐药和肿瘤复发[192]。因此,迫切需要开发能够解决药物配方限制以及药物传递问题的治疗方法,比如首先解决非特异性摄取和低水溶性问题[193]。

如前所述,一些 DDS 可以对外部刺激做出响应,以传递携带的药物。除了这个特性,氧化石墨烯还可以与特定的药物分子官能团相互作用,从而提高药物的负载能力。环糊精除了对外界刺激,特别是对 pH 值变化的响应外,还具有因主 – 客体与某些低水溶性药物的相互作用而形成包合物的能力。环糊精与氧化石墨烯的结合将综合它们的优点,有希望能够以协同的方式最大限度地发挥它们在药物传递中的潜力[192]。

15.3.1　氧化石墨烯 – 环糊精制备方法

有多重途径可以实现环糊精和氧化石墨烯的结合,可以通过功能化不使用赋形剂将这两种化合物与药物结合,也可将这两种物质形成凝胶。在后一种方法中,首先可以将药物装入环糊精内腔,然后添加氧化石墨烯以促进交联,或者将药物堆叠在氧化石墨烯表面,然后添加环糊精以形成有利于凝胶形成的连接。

Pourjavadi 等[194]将 β – 环糊精接枝的超支化甘油非共价接枝到石墨烯边缘((rGO@

(β-CD-g-HPG)n)),通过主客体相互作用制备了纳米结构。还原氧化石墨烯的功能化使其在中性水溶液中具有很好的溶解性,并且能够长期保持稳定。DOX被预先负载到还原氧化石墨烯表面以得到(DOX-rGO@(β-CD-g-HPG)n)。

以抗癌药物喜树碱(camptothecin,CPT)为模型,研究了基于β-CD功能化氧化石墨烯的水溶性纳米载体的药物释放和生物相容性。通过氨基-环氧基反应在氧化石墨烯纳米片上接枝β-环糊精以实现功能化,然后通过β-环糊精内腔与金刚烷基的非共价相互作用,用透明质酸钠(hyaluronated adamantane,HA-ADA)链对产物进行改性[195]。通过氧化石墨烯表面与药物分子芳香环的π-π堆叠作用引入CPT[193]。HA-ADA链具有一些优势,包括在肿瘤转移过程中识别HA受体表达的肿瘤细胞,并利用这种水溶性超分子载体增强肿瘤治疗的效果。

用叶酸对氧化石墨烯超分子表面进行改性,将含有的平面卟啉结构作为结合基团,并使用包裹在环糊精腔内的金刚烷分子,共同合成双功能分子,从而得到类似的DDS。由药物的芳香环与卟啉、氧化石墨烯间的π-π相互作用所驱动,DOX也被负载到基体中。金刚烷接枝的卟啉和叶酸改性的β-环糊精通过叶酸受体阳性恶性细胞和DOX释放,最终获得了以石墨烯为基础的超分子DDS[196]。

化学疗法的效率可以通过同时传递两种化学药物来提高。在Wu等[192]的研究中,DOX和拓扑替康(topotecan,TPT)两种药物被用于测试新纳米载体平台。DOX通过共价键与金刚烷羧酸(adamantane carboxylic acid,ADA-COOH)结合,以此形成ADA-DOX。通过乙二氨基β-环糊精(ethylenediamino-β-CD,EDA-CD)改性氧化石墨烯,以此形成氧化石墨烯-β-环糊精(GO-β-cyclodextrin,GO-CD)。氧化石墨烯-CD通过主客体相互作用与ADA-DOX进行组装,而TPT通过π-π堆叠作用负载在氧化石墨烯上。

磁性功能化是另一种潜在的制备药物载体的方法,目的是强化DOX在细胞中的释放过程。合成了两种介孔二氧化硅包覆的磁性氧化石墨烯,Fe_3O_4@GO@$mSiO_2$[197],经3-氨基丙三乙氧基硅烷、丙烯酸甲酯和五乙烯改性,形成树枝状结构。α-环糊精被应用于其结构组装,使其具有储存药物并防止其在健康组织的pH值下释放的作用。

通过还原氧化石墨烯共价连接p-氨基苯甲酸,合成了药物传递材料(rGO—C_6H_4—COOH)。通过PEI接枝提高了rGO—C_6H_4—COOH的水溶性,同时将生物素与PEI结合以提高其靶向性。β-环糊精也被引入到DDS中,不仅降低了PEI和rGO—C_6H_4—COOH的细胞毒性,还形成了主客体相互作用的不溶性药物(本例中为DOX)。rGO—C_6H_4—COOH—NH—PEI—CD—生物素可以同时作为肿瘤治疗的传递和纳米治疗材料,而对正常细胞没有细胞毒性[198]。

Ko等还制备了其他的纳米治疗药和药物载体[199]。为治疗乳腺癌,开发了氨基功能化GQD(GQD—NH_2)、赫赛汀(herceptin,HER)和β-环糊精标记的纳米载体。在这里,GQD通过发出蓝光来提供诊断效果。通过简单的1,10-羰基二咪唑(1,10-carbonyldiimidazole,CDI)偶联反应,GQD—NH_2氨基β-环糊精羟基产生共轭。通过HER羧基和GQD的氨基之间的酰胺键,将活性靶向HER添加到GQD-β环糊精中。HER的存在为HER2过度表达的乳腺癌提供了有效的靶向性,增强了药物在癌细胞中的积累。本例采用主客体化学方法将DOX负载到β-环糊精腔中(图15.11)。

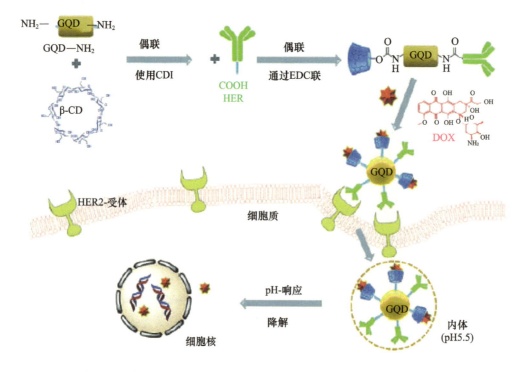

图 15.11 制备 DOX 负载 HER 标记的 GQD 基纳米载体,通过胞吞释放药物以主动靶向乳腺癌细胞[199]（英国皇家化学学会出版）

通过加入 PTX - HPβCD,成功制备了氧化石墨烯纳米微米球型和凝胶。在这里,通过主客体机制将 PTX 引入到 HPβCD 腔中,而 PTX - HPβCD 则通过酯键、氢键、π - π 堆叠和强范德瓦耳斯力相互作用固定到氧化石墨烯上[200]。

Tan 等提出了另一种负载 PTX 的纳米球的制备方法[201]。用 HPβCD 对羧基化氧化石墨烯(carboxylated GO,GO—COOH)进行改性,得到了 GO—COO—HPβCD 纳米复合物(GO—COO—HPβCD nanohybrid,GN)。将 PTX 与乙醇、GN 水溶液在碱性介质中混合,从而把 PTX 负载到 GN 上。戊二醛(glutaraldehyde,GA)作为交联剂,形成水凝胶纳米球。在这个阶段,GA 两端的醛基与 GN 中的羟基发生反应,从而与 PTX 一起混合。

口服对于病人来说是最舒服的给药方法,所以理想的方法是将药物集成在一个系统中,该系统既可以释放药物,又能在消化道中的不同环境下保持稳定。然而,因为药物可以很容易地集成到亲水聚合物水溶液中,聚合物溶胶又可以在目标部位原位变成凝胶,相关人员也在开发注射型水凝胶药物[202]。水凝胶可以获得三维多孔结构,并能够对外界刺激做出响应,从而释放药物。此外,这些三维聚合物网络易于合成,具有生物相容性和生物可降解性。现在已经有几种制备氧化石墨烯/环糊精基凝胶的方法,其主要目的是引入抗癌药物。

利用 PVA 合成一种基于氧化石墨烯的水凝胶,可形成物理交联的水凝胶复合材料。通过将氧化石墨烯的悬浮液和 PVA 溶液混合在一起,在形成凝胶前对持续剧烈震荡,从而得到三维结构。通过单水包油(o/w)乳化技术,获得了乙酸 - β - 环糊精(acetalated -

β-cyclodextrin, Ac-β-环糊精)纳米粒子包覆的抗癌药物喜树碱,将其与 PVA 水溶液一同制备。通过扫描电镜观察到了典型的多孔交联结构凝胶,氧化石墨烯的褶皱结构也非常明显。当纳米粒子浓度较高时,多孔结构变得更加均匀,且孔径变小,这可以通过产生了更多的交联位点进行解释[203]。

将 DOX 盐酸盐和 CPT 掺入由氧化石墨烯和 α-环糊精组成的水凝胶中,以 Pluronic F-127 为介质。将药物溶解,然后添加到 Pluronic 共聚物功能化的氧化石墨烯或 rGO 溶液中,再与 α-环糊精溶液混合。由于 PEO 链受到氢键和疏水相互作用驱动进入环糊精腔,在一定时间内通过 α-环糊精和 PEO 在 Pluronic F-127 介质中的超分子组装,可以自发形成水凝胶[204]。

通过氧化石墨烯和低分子量线性聚乙二醇(poly(ethylene glycol),PEG)组成的准聚轮烷(pseudopolyrotaxane,PPR)的自组装,再加入 α-环糊精,获得了三维规则多孔结构。线性高分子量 PEG、其共聚物和 α-环糊精是用于生物医学和医药应用的水凝胶的前驱体,它们不需要进行化学交联[205-206]。由于 PEG 片段的存在,低分子量的 PEG 和 α-环糊精只交联而无法形成网络[207-209]。此处,邻近 PPR 的存在有助于网络的形成。氧化石墨烯也可以作为超分子如水凝胶的结构单元,以提供更好的性能,如高强度和生物相容性[210-212]。通过芘-聚乙二醇(pyrene-poly(ethylene glycol),Py-PEG)共轭聚合物和氧化石墨烯间的强 π-π 相互作用,使用此聚合物对氧化石墨烯表面进行改性。氧化石墨烯片的平行排列产生了 GO-Py-PEG 层状团聚体(图 15.12)。在 GO-Py-PEG 溶液中同时加入抗癌药物 DOX 和 α-环糊精。当把 α-环糊精引入该系统时,由于刚性项链状 PPR 超分子结构引起了众所周知的主客体包结相互作用,PEG 由此穿入一系列 α-环糊精腔。刚性 PPR 之间发生强氢键相互作用,因此迅速获得了水凝胶的刚性结构[213]。

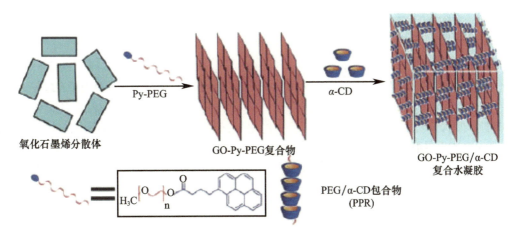

图 15.12 基于 Py-PEG 改性氧化石墨烯和 α-环糊精自组装的超分子混合水凝胶制备方法的示意图(经英国皇家化学学会授权转载自文献[213])

我们已经提到了 DDS 的优点,其可以携带多种抗癌药物,同时能够增强靶向药物传递。Ha 等研发的水凝胶实现了所有上述特征[214]。其所制备出的氧化石墨烯基水凝胶具有系统的微观结构,以及 NIR 光响应,可以携带和释放亲水性和疏水性药物。CPT 由于具有非共价疏水作用和 π-π 堆叠作用,可通过将 CPT-低分子量聚乙二醇(camptothecin-low-MW poly(ethylene glycol),CPT-PEG)前驱药物与氧化石墨烯水溶液混合,附着在 GO 表面。在这里,水凝胶形成的过程与先前描述的过程非常相似。将 α-CD 通过超声混入 GO-CPT-PEG 溶液中,溶液逐渐浑浊,将其在室温下培养后形成了均匀的水凝胶(GO-CPT-PEG/α-CD)(图 15.13)。水溶性抗癌药物 5-FU 可与 CPT 结合,增强治疗效果,可在氧化石墨烯水凝胶高度水化时将其装入。5-FU 负载的氧化石墨烯水凝胶在 CPT 和 5-FU 共传递过程中表现出典型的双相行为[214]。

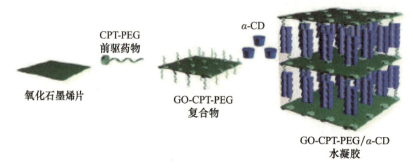

图 15.13 基于前驱药物改性氧化石墨烯与 α-环糊精的主客体相互作用的复合水凝胶制备的示意图(经英国皇家化学学会授权转载自文献[214])

15.3.2 生物相容性

DDS 作为生物医学材料,其细胞毒性是评估其可行性的关键。虽然这是一个可能限制其未来应用的指标,但在上述一些使用氧化石墨烯和环糊精的研究中并没有体现生物相容性。这是一个需要与 DDS 研发同时处理的重要问题。

在活细胞研究中,主要是将传统的小鼠或人源细胞作为模型细胞系。例如,Yang 等[196]以 OCT-1 细胞系(小鼠成骨细胞,叶酸受体阴性)为模型细胞进行细胞毒性实验。研究表明,DOX/GO-CD 超分子组装体在 24h 内对正常细胞几乎无毒。DOX 负载的 DDS 的相对细胞活性达到 97%,自由 DOX 仅达到 57%。分析了 DO/GO-CD 存在时,肿瘤和正常细胞形貌,比较了自由 DOX 和 DOX/GO-CD 对 OCT-1 和 HeLa 癌细胞的影响。自由 DOX 和 DOX 负载的 DDS 对癌细胞的损伤相似,但自由 DOX 对正常细胞的毒性作用高于 DOX 负载的 DDS。这一研究结果非常有应用前景,因为使用自由 DOX 或 DOX 负载在 GO-CD 超分子组装体上时,两者对癌细胞的治疗效果似乎差不多,但后者对正常细胞的毒性较低。叶酸和叶酸受体在氧化石墨烯-CD 表面的强亲和力可能是导致这种结果的原因,因为这种亲和力有利于癌细胞对的药物吸收。这个过程不可能应用到 OCT-1,因为该细胞系是叶酸受体阴性。

HeLa 细胞系是人宫颈癌细胞,也用于评价 GN/PTX[201] 和 TPT/GO-CD/AD-DOX[192]作为 DDS 的毒性。在第一种情况中,评估了 PTX、GN/PTX 和 GN 在 24h、48h 和 72h 内的细胞毒性。如图 15.14 所示,GN 对 HeLa 细胞的生长没有毒性作用,而 PTX/GN 与 PTX 和 GN 相比,对同一细胞毒性很大。这些结果表明,GN 可作为一种有效的 DDS,对细胞无毒性作用。

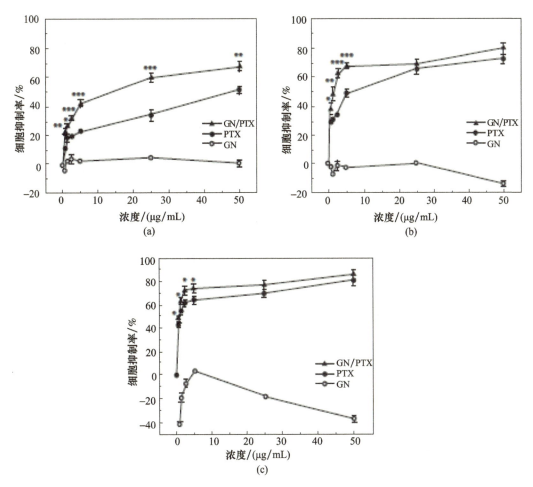

图 15.14 分别在(a)24 h、(b)48h 和(c)72h 的培养后,GN/PTX 和 PTX 对 HeLa 细胞的抑制率。结果表明,平均 ± SD,$n \geqslant 3$(＊＊＊$p < 0.001$、＊＊$p < 0.01$,＊$p < 0.05$ 对比 PTX 细胞)(转载自文献[201])

Wu 等[192]进行了一个非常相似的研究,在研究中可以看到 GO－CD/AD 和 GO 对细胞活性的影响很小。在某些情况下,利用癌细胞和健康细胞两种细胞来研究细胞活性(图 15.15)。Zhang 等[193]对此进行了比较研究,他们在研究中使用 MDA－MB－231 癌细胞,这是一种人乳腺癌细胞,在其表面有大量过度表达的 HA 受体。这些研究者不仅证明了 GO－CD－HA－ADA 能够维持细胞活性,而且证明了 CPT@ GO－CD－HA－ADA 具有更好的抗癌效果。用 GO－CD－HA－ADA、CPT 和 CPT@ GO－CD－HA－ADA 对正常成纤维细胞 NIH3T3 进行细胞毒性实验。使用 CPT@ GO－CD－HA－ADA 时,正常成纤维细胞的相对细胞活性为 82.5%,远高于自由 CPT(63.0%)。这些结果表明,本研究中开发的载体可以作为一种有前景的安全 DDS,也可以应用于其他生物医学设备中。

在研究中,还使用了 BT－474 和 MCF－7 等其他类型的人类乳腺癌的癌细胞系。活性靶向效率能够补充生物相容性,以提高抗癌效果并减少副作用。MCF－7 和 BT－474 分别为 HER2 阴性和 HER2 阳性乳腺癌细胞系。在最近研究中,用 GQD 和 CD 制备了 GQD－comp DDS。赫赛汀(HER)是对 HER2 的抗增殖具有特异性的抗体,HER2 在乳腺癌细胞中过表达,用其对 GQD－comp DDS 功能化是治疗这类肿瘤的一种策略[199]。在不同浓度（0mg/mL、20mg/mL、100mg/mL、200mg/mL、300mg/mL、500mg/mL）的 GQD – comp 作用下，测定 MCF – 7 和 BT – 474 细胞在 48h 内的细胞活性。结果表明，GQD – comp 作为 DDS 具有较低的细胞毒性（达到 500mg/mL 时大于 95%），但随着 GQD – comp 浓度的增加，BT – 474 活性逐渐下降。

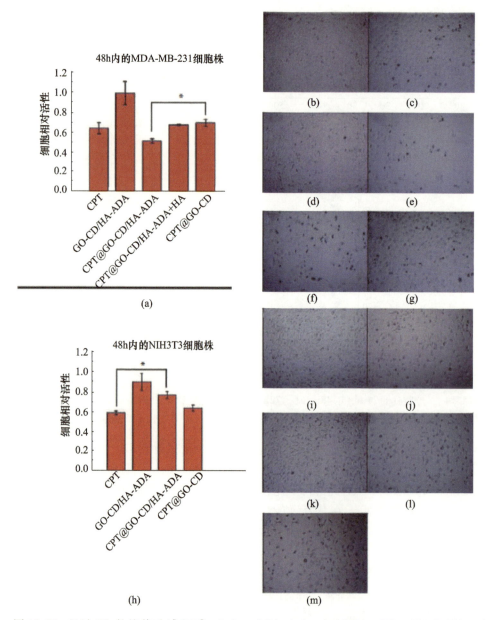

图 15.15　经过 48h 的培养后（[CPT] = 1.0mmol/L），(a) ~ (g) MDA – MB – 231 和 (h) ~ (m) NIH3T3 细胞株的相对细胞活性和细胞照片，其中显微照片为经过空白 (b) 和 (i)、CPT (c) 和 (j)、GO – CD – HA – ADA (d) 和 (k)、CPT@ GO – CD – HA – ADA (e) 和 (l) 以及具有过量 HA 的 CPT@ GO – CD – HA – ADA (f) 和 CPT@ GO – CD (g) 和 (m) 处理后的样品。统计学上有显著性差异（$p < 0.05$）（经英国皇家化学学会授权转载自文献 [193]）

用 MTT 法检测 A549 肺癌细胞株,以此研究了 GO – CPT – PEG/α – CD 的体外细胞毒性,该材料是基于 α – CD 和 CPT – GO 改性 GO 的水凝胶[214]。首次评价了 CPT – PEG 和 CPT – PEG/α – CD 水凝胶的整体细胞毒性,并与作为自由药物的 CPT 进行了比较。图 15.16(a)显示 CP、CPT – PEG 和 CPT – PEG/α – CD 水凝胶对细胞毒性的影响很小,说明 CPT – PEG 前药在凝胶中仍有释放能力。

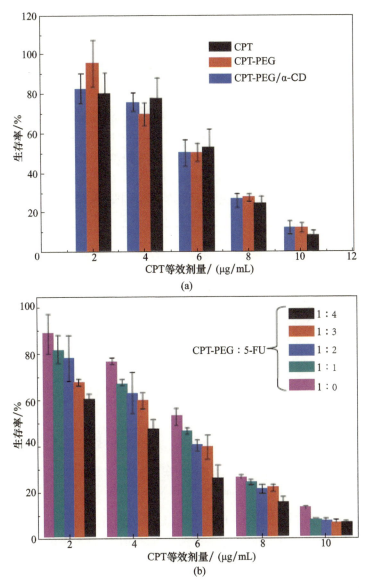

图 15.16 通过 MTT 测定,(a)自由 CPT、CPT – PEG 前药、CPT – PEG/α – CD 水凝胶和(b)加载了不同量 5 – FU 的 GO – CPT – PEG/α – CD 水凝胶,对 A549 肺癌细胞的体外细胞毒性(经英国皇家化学学会授权改编自文献[214])

15.3.3　药物释放曲线

可控和快速释放药物是实现 DDS 成功应用的关键。

在上述基于 GO 和 CD 的 DDS 中,有三种可能的释放研究方式:①在 37℃ 的磷酸盐缓冲(phosphate-buffered saline,PBS)溶液中进行实验;②pH 值在 5.0~7.5 之间的,包括人体正常组织和肿瘤微环境的模拟条件;③体内实验。

在药物释放的实验中,在 37℃ 的 PBS 溶液里,PTX-GO[200] 与 GO 或 rGO 的 α-CD 水凝胶[204] 分别表现出不同的 PTX 和 CPT 释放速率。在第一个实验中,在纳米球上负载了两个不同的 PTX 含量,含量较高,释放量越多。在第二个研究中,对 GO 和 rGO 系统进行了比较。然而,得出的结论是,无论使用 GO 或 rGO 系统,都会呈现可控释放。

在释放研究②组中,对 pH 响应特性进行了研究。表 15.2 显示了一些基于 GO 和 CD 的 DDS 的主要结果曲线概要。pH 敏感性意味着其在酸性肿瘤细胞外液体中作为传递系统的潜力[215]。

在 GO-CD-HAADA[190] 和 Ac-β-CD/GO[200] 系统中,实现了 CPT 分别在超过 10h 和 4 天时间范围内的可控释放。在 GO-CD-HAADA 的情况中,当 pH 值为 5.7 时,药物释放速率更快,这种 pH 响应的释放行为肯定能抑制肿瘤细胞在癌细胞环境中的生长和繁殖。在 Ac-β-CD/GO 的情况中,在 pH 值为 7.5 溶液中,CPT 在 20h 内逐渐释放,而同时在 pH 值为 5.5 溶液中的释放量只有 15%~20%(图 15.17)。

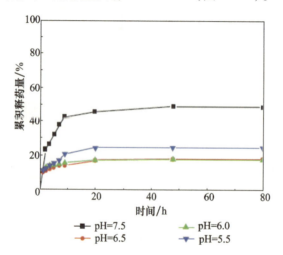

图 15.17 在 37℃ 条件下,可注射水凝胶在不同介质中的累积 CPT 释放行为
(版权所有© 2016 年 Yuanfeng Ye 和 Xiaohong Hu[203],开放获取)

Tan 等[198] 用 PTX 对 GO-COO-HP-β-CD 系统进行了药物实验。在 37℃ 条件下,分别在 pH 值为 7.4、6.5 和 5.0 时进行了释药研究。pH 值为 5.0、6.5 和 7.4 时,在超过 150h 的连续释放过程中,PTX 分别释放了 70.2%、65.1% 和 58.9%。可以得出结论,药物释放依赖于介质 pH 值,pH 值较低(如肿瘤组织)时更有利。

在表 15.2 中列举了其他系统的测试结果,其中所用的模型药物均是 DOX。对 GO-Py-PEG[213] 和 GQD+β-CD[199] 而言,pH 值为 5.0 或 5.5 时,DOX 释放达到 70% 以上,而对于 Fe_3O_4@GO@$mSiO_2$ 系统,释放度为 100%[197]。除了 pH 响应外,GQD+β-CD 的行为还依赖于温度刺激。当温度从 25℃ 升高到 37℃ 时,在 pH 值为 5.5 时,DOX 在 28h 内累积提高了约 60%(图 15.18)。这种双重刺激响应的药物释放行为是因为疏水性药物和 β-CD 复合物的形成受到 pH 值和温度的强烈影响[216]。

表 15.2　几种基于 GO 和 CD 的 DDS 药物释放曲线

DDS	药物	pH 值	主要结果	文献
GO-CD-HAADA	CPT	PBS(7.2)、5.7	药物释放曲线在 pH 值为 5.7 时比 pH 值为 7.2 时(10h 内)更快,这有望抑制肿瘤细胞在癌细胞环境中的生长和繁殖	[193]
Ac-β-CD/GO	CPT	5.5~7.5	初始释药(10%)与 pH 介质无关。在 pH 值为 7.5 时,药物释放率明显高于其他 pH 溶液中的释放率。4 天后,CPT 不再被释放	[203]
GO-COO-HP-β-CD	PTX	7.4、6.5、5	在 pH 值为 5.0、6.5 和 7.4 时,PTX 的可连续释放超过 150h,释放量分别为 70.2%、65.1% 和 58.9%	[201]
GO-CD/AD	DOX 和 TPT	7.4、5.9	DOX 和 TPT 可累积释放超过 95h,累积释放百分比在 pH 值为 7.4 时分别为 18.9% 和 20.9%,在 pH 值为 5.9 时分别为小于 70.3% 和 77.6%	[192]
rGO-C_6H_4-CO-NH-PEI-NH-CO-生物素	DOX	7.4(PBS)、5.5(ABS)	在早期阶段,DOX 的释放率在 PBS 溶液中比在 ABS 溶液中的释放速率快,但在 14h 以后的释放速率变慢	[198]
GO-Py-PEG	DOX	7.4、5.0	在 pH 值为 7.4 或 5.0 时,药物释放几乎保持不变,pH 值为 7.4 在 45h 内的总释放量为 90%,pH 值为 5.0 在 70h 内的释放量为 75%	[213]
GQD+β-CD	DOX	7.4、5.5	在 pH 值为 5.5 时,从 DL-GQD 释放的 DOX 约为 70%,而在 pH 值为 7.4 时 28h 内释放的 DOX 仅为 20%	[199]
Fe_3O_4@GO@$mSiO_2$	DOX	7.4、5.5	在 pH 值为 5.5(内体 pH)时,48h 内的释药率约为 100%,而在 pH 值为 7.4 时,释药率则为 0	[197]

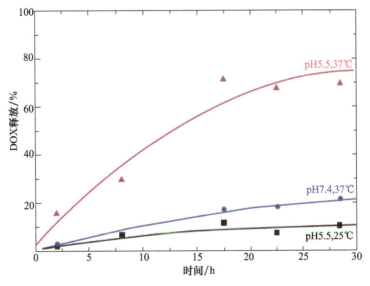

图 15.18　不同条件下 DL-GQD 的 DOX 在 PBS 中的体外释放曲线:pH 值为 5 在 37℃时、pH 值为 7.4 在 37℃时,pH 值为 5 在 25℃时[199](英国皇家化学学会出版)

在 Wu 等[192]的工作中,他们展示了双重 GO-CD/AD 的释放曲线。在人体正常组织(pH7.4)和肿瘤微环境(pH5.9)的模拟条件下,对这种特殊的双重药物系统进行了测试。当 pH 值为 5.9 时,DOX 和 TPT 在 95h 以上的累积释放率分别为 70.3% 和 77.6%。结果表明,π-π 堆叠相互作用和主客体键对 pH 值均敏感。这些非共价键的断裂由于 pH 值的降低而加快,从而导致 TPT 和 DOX 释放加快。

Ha 等[214]在体外和体内条件下测定了研究的 GO-CPT-PEG/α-CD 水凝胶的释放能力。该水凝胶作为上述 DDS,也具有双载药能力,同时负载 CPT 和 5-FU。在第一阶段,5-FU 在 24h 内以几乎以恒定的速率从水凝胶中释放,而 CPTPEG 在 37℃ 的 PBS(pH7.4)中的释放持续了 6 天以上(图 15.19(b))。由于水凝胶有规则的孔隙,5-FU 的释放为扩散控制方式。水凝胶键的断裂可能是 CPT 可控、缓慢释放的原因。在第二阶段,GO-CPT-PEG/α-CD 水凝胶受到 NIR 光辐照,为比较对 CPT-PEG/α-CD 也进行了 NIR 光辐照。如图 15.19(c)所示,在 NIR 光辐照时,5-FU 和 CPT-PEG 以较慢的速率从 CPT-PEG/α-CD 水凝胶中释放,而在相同的条件下,将他们以较快的速度从 GO-CPT-PEG/α-CD 凝胶中释放。

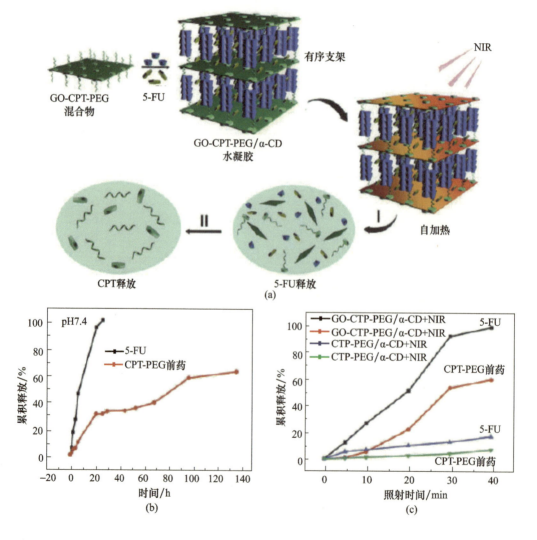

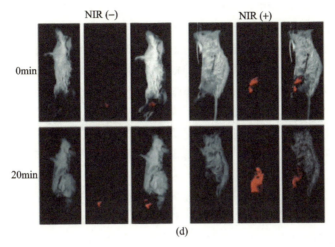

图 15.19 在 PBS 中,当 pH 值为 7.4 且温度为 371℃ 时,(a) 5-FU 和 CPT 的 NIR 光响应级联释放的示意图。(b) GO-CPT-PEG/α-CD 水凝胶的 5-FU 和 CPT-PEG 前药释放动力学。(c) NIR 光照射下 GO-CPTPEG/α-CD 水凝胶和天然 CPT-PEG/α-CD 水凝胶。(d) GO-CPT-PEG/α-CD 水凝胶体内 NIR 光触发染料释放。当用 CyN-PEG 加载的 GO-CPT-PEG/α-CD 水凝胶注射患有 H22 腹水肉瘤的中国昆明小鼠全身时,显示的 NIR 荧光图像。用活体全动物荧光成像系统(625nm 激发,700nm 发射)在 0min 和 20min 时拍摄的图像。对于每个小组,图像从左到右显示光场、CyN-PEG 通道和合并的两个图像(经皇家化学学会授权转载自文献[214])

为研究 NIR 引发的体内药物释放行为,在患有 H22 腹水肉瘤的中国昆明小鼠身上,将 CyN-PEG(近红外荧光 IR-780 染料)加载的 GO-CPT-PEG/α-CD 水凝胶注入其肿瘤内,并通过活体成像系统(IVIS)拍摄体内全身荧光图像。在辐照 20min 后,肿瘤部位的荧光面积明显增加(右边小组),而无 NIR 照射的荧光面积基本保持不变(左边小组)(图 15.19(d))。结果表明,在没有 NIR 光照射的情况下,CyN-PEG 从凝胶中的释放量最小,而当进行 NIR 光照射时,其释放量显著增加。这些数据表明,NIR 光照射能有效地触发 GO-CPT-PEG/α-CD 水凝胶的凝胶-溶胶转变,从而导致药物在体内释放。

Yang 等[196]报告了另一个体内药物释放的研究。实验是在带有 HeLa 癌细胞的 BALB/c 裸鼠模型上进行的。将有肿瘤的小鼠分为 3 组,其中 1 组未经治疗(对照组),其余 2 组采用尾静脉注射 DOX 或 1/2/DOX/GO。未治疗组显示肿瘤体积增长。DOX 组显示肿瘤生长被抑制,在第 20 天肿瘤生长抑制率为 46%。然而,由于 DOX 对正常细胞和组织的毒性很高,该组的体重降低且存活率较低。从第 21 天开始,老鼠开始死亡,在第 27 天后存活的老鼠不到 30%。在 1/2/DOX/GO 治疗组中,第 20 天肿瘤生长抑制率为 71%。而且,4 周后,老鼠仍然存活。由于 DDS 中叶酸与肿瘤细胞表面叶酸受体之间的特异性结合,恶性肿瘤组织中累积下 1/2/DOX/GO,从而抑制肿瘤组织生长。此外,靶向效应维持了正常组织中的低组装水平,从而减少了副作用。

15.4 小结

氧化石墨烯及其衍生物作为材料科学的璀璨之星,在各个领域都有潜在的应用前景。

其中,氧化石墨烯在 DDS 中的应用近年来引起了越来越多的关注。大多数药物,特别是那些具有抗癌活性的药物,由于其芳香结构而具有疏水性,因此它们可以在 DDS 中通过 π-π 堆叠实现负载。氧化石墨烯具有较高的表面积、π-共轭结构且具有能引入含氧功能基团的特性,这些特征使这种纳米材料具有很好的药物固定化能力。氧化石墨烯所具有的良好低毒生物相容性引发诸多研究小组的兴趣,他们致力于探索氧化石墨烯作为分子载体在体外和体内药物传递中的应用。为了提高载药能力,同时减少传递药物所需的纳米载体的量,相关人员正在研究将氧化石墨烯与环糊精结合,环糊精是另一种具有药物载体潜力的有趣分子群。此双相氧化石墨烯-环糊精系统具有极高的载药能力,可同时负载不同的药物,并解决药物溶解度问题,从而协同提高治疗效率。据一些研究报道,氧化石墨烯-环糊精药物系统也存在于刺激响应水凝胶内,这可以增加药物的靶向释放作用,由于不同区域的 pH 值不同,这是克服药物不稳定和胃肠道溶解差的关键。在进行临床实验前,需要仔细研究生物相容性筛选的问题,并且还需要研究同时传递大量不同的药物到肿瘤细胞而不影响周围健康组织的可能性。本书综述了氧化石墨烯-环糊精平台作为潜在 DDS 的可能性,并对经典的癌症治疗如外部和内部放疗、化疗或手术提出了有应用前景的策略。

参考文献

[1] Zhang,B.,Song,Y.,Wang,T.,Yang,S. et al.,Efficient co-delivery of immiscible hydrophilic/hydrophobic chemotherapeutics by lipid emulsions for improved treatment of cancer. *Int. J. Nanomed.*,12,2871-2886,2017.

[2] Zhou,Q.,Zhang,L.,Wu,H.,Nanomaterials for cancer therapies. *Nanotechnol. Rev.*,6,2017.

[3] Zhang,R. X.,Wong,H. L.,Xue,H. Y.,Eoh,J. Y.,Wu,X. Y.,Nanomedicine of synergistic drug combinations for cancer therapy—Strategies and perspectives. *J. Control. Release*,240,489-503,2016.

[4] Lam,P.-L.,Wong,W.-Y.,Bian,Z.,Chui,C.-H.,Gambari,R.,Recent advances in green nanoparticulate systems for drug delivery:Efficient delivery and safety concern. *Nanomedicine*,nnm-2016-0305,2017.

[5] Davis,M. E.,Chen,Z. G.,Shin,D. M.,Nanoparticle therapeutics:An emerging treatment modality for cancer. 7,771-782,2008.

[6] Yang,K.,Feng,L.,Liu,Z.,Stimuli responsive drug delivery systems based on nano-graphene for cancer therapy. *Adv. Drug Delivery Rev.*,105,228-241,2016.

[7] Das,D.,Ghosh,P.,Ghosh,A.,Haldar,C. et al.,Stimulus-responsive,biodegradable,biocompatible,covalently cross-linked hydrogel based on dextrin and poly(N-isopropylacrylamide) for *invitro/in vivo* controlled drug release. *ACS Appl. Mater. Interfaces*,7,14338-14351,2015.

[8] Costa,D.,Valente,A. J. M.,Miguel,M. G.,Queiroz,J.,Plasmid DNA hydrogels for biomedical applications. *Adv. Colloid Interface Sci.*,205,257-264,2014.

[9] Costa,D.,Valente,A. J. M.,Miguel,M. G.,Queiroz,J.,Gel network photodisruption:A new strategy for the codelivery of plasmid DNA and drugs. *Langmuir*,27,13780-13789,2011.

[10] Reina,G.,González-Domínguez,J. M.,Criado,A.,Vázquez,E. et al.,Promises,facts and challenges for graphene in biomedical applications. *Chem. Soc. Rev.*,4400-4416,2017.

[11] Marques,P.,Gonalves,G.,Cruz,S.,Almeida,N. et al.,*Adv. Nanocomposite Technol.*,A. Hashim

(Ed.),InTech,Rijeka,2011.

[12] Cruz,S.,Girão,A.,Goncalves,G.,Marques,P.,Graphene: The missing piece for cancer diagnosis? *Sensors*,16,137,2016.

[13] Ma,N.,Zhang,B.,Liu,J.,Zhang,P. et al.,Green fabricated reduced graphene oxide: Evaluation of its application as nano-carrier for pH-sensitive drug delivery. *Int. J. Pharm.*,496,984-992,2015.

[14] Brodie,B. C.,On the atomic weight of graphite. *Proc. R. Soc.* London,10,11-12,1859.

[15] Staudenmaier, L., Verfahren zur Darstellung der Graphitsäure. *Ber. Dtsch. Chem. Ges.*, 31, 1481-1487,1898.

[16] Hummers, W. S. and Offeman, R. E., Preparation of graphitic oxide. *J. Am. Chem. Soc.*, 80, 1339-1339,1958.

[17] Park,S.,An,J.,Jung,I.,Piner,R. D. et al.,Colloidal suspensions of highly reduced grapheme oxide in a wide variety of organic solvents. *Nano Lett.*,9,1593-1597,2009.

[18] Zhu,Y.,Murali,S.,Cai,W.,Li,X. et al.,Graphene and graphene oxide: Synthesis, properties, and applications. *Adv. Mater.*,22,3906-3924,2010.

[19] Teradal,N. L. and Jelinek,R.,Carbon nanomaterials in biological studies and biomedicine. *Adv. Healthcare Mater.*,6,1-36,2017.

[20] Lee,J.,Yim,Y.,Kim,S.,Choi,M. H. et al.,In-depth investigation of the interaction between DNA and nano-sized graphene oxide. *Carbon N. Y.*,97,92-98,2016.

[21] Morales-Narváez,E.,Baptista-Pires,L.,Zamora-Gálvez,A.,Merkoçi,A.,Graphene-based biosensors: Going simple. *Adv. Mater.*,29,2017.

[22] Tian,J.,Luo,Y.,Huang,L.,Feng,Y. et al.,Pegylated folate and peptide-decorated graphene oxide nanovehicle for *in vivo* targeted delivery of anticancer drugs and therapeutic self-monitoring. *Biosens. Bioelectron.*,80,519-524,2016.

[23] Shim,G.,Kim,M.-G. G.,Park,J. Y.,Oh,Y.-K. K.,Graphene-based nanosheets for delivery of chemotherapeutics and biological drugs. *Adv. Drug Delivery Rev.*,105,205-227,2016.

[24] Chen,B.,Liu,M.,Zhang,L.,Huang,J. et al.,Polyethylenimine-functionalized graphene oxide as an efficient gene delivery vector. *J. Mater. Chem.*,21,7736,2011.

[25] Teimouri, M., Nia, A. H., Abnous, K., Eshghi, H., Ramezani, M., Graphene oxide-cationic polymer conjugates: Synthesis and application as gene delivery vectors. *Plasmid*,84-85,51-60,2016.

[26] Jimenez-Cervantes,E.,López-Barroso,J.,Martínez-Hernández,A. L.,Velasco-Santos,C.,*Recent Adv. Graphene Res.*,P. Nayak(Ed.),InTech,2016.

[27] Sun,X. M.,Liu,Z.,Welsher,K.,Robinson,J. T. et al.,Nano-graphene oxide for cellular imaging and drug delivery. *Nano Res.*,1,203-212,2008.

[28] Shen,A. J.,Li,D. L.,Cai,X. J.,Dong,C. Y. et al.,Multifunctional nanocomposite based on graphene oxide for *in vitro* hepatocarcinoma diagnosis and treatment. *J. Biomed. Mater. Res. Part A*, 100 A, 2499-2506,2012.

[29] You,P.,Yang,Y.,Wang,M.,Huang,X.,Huang,X.,Graphene oxide-based nanocarriers for cancer imaging and drug delivery. *Curr. Pharm. Des.*,21,3215-3222,2015.

[30] Bikhof Torbati,M.,Ebrahimian,M.,Yousefi,M.,Shaabanzadeh,M.,GO-PEG as a drug nanocarrier and its antiproliferative effect on human cervical cancer cell line. *Artif. Cells Nanomed. Biotechnol.*,45,0-6,2017.

[31] Zhao,X.,Yang,L.,Li,X.,Jia,X. et al.,Functionalized graphene oxide nanoparticles for cancer cell-specific delivery of antitumor drug. *Bioconjugate Chem.*,26,128-136,2015.

[32] Yang, X., Zhang, X., Liu, Z., Ma, Y., Huang, Y., Chen, Y., High-efficiency loading and controlled release of doxorubicin hydrochloride on graphene oxide. *J. Phys. Chem. C*, 112, 17554, 2008.

[33] Mahdavi, M., Rahmani, F., Nouranian, S., Molecular simulation of pH-dependent diffusion, loading, and release of doxorubicin in graphene and graphene oxide drug delivery systems. *J. Mater. Chem. B*, 4, 7441-7451, 2016.

[34] Zhang, Q., Li, W., Kong, T., Su, R. et al., Tailoring the interlayer interaction between doxorubicin-loaded graphene oxide nanosheets by controlling the drug content. *Carbon*, 51, 164-172, 2013.

[35] Wu, S., Zhao, X., Cui, Z., Zhao, C. et al., Cytotoxicity of graphene oxide and graphene oxide loaded with doxorubicin on human multiple myeloma cells. *Int. J. Nanomed.*, 9, 1413-1421, 2014.

[36] Wu, S., Zhao, X., Li, Y., Du, Q. et al., Adsorption properties of doxorubicin hydrochloride onto graphene oxide: Equilibrium, kinetic and thermodynamic studies. *Materials (Basel)*, 6, 2026-2042, 2013.

[37] Wu, J., Wang, Y., Yang, X., Liu, Y. et al., Graphene oxide used as a carrier for adriamycin can reverse drug resistance in breast cancer cells. *Nanotechnology*, 23, 355101, 2012.

[38] Liu, Z., Robinson, J. T., Sun, X., Dai, H., PEGylated nano-graphene oxide for delivery of water insoluble cancer drugs (b). *J. Am. Chem. Soc.*, 130, 10876-10877, 2008.

[39] Yang, K., Zhang, S., Zhang, G., Sun, X. et al., Graphene in mice: Ultrahigh in vivo tumor uptake and efficient photothermal therapy. *Nano Lett.*, 10, 3318-3323, 2010.

[40] Vila, M., Portolés, M. T., Marques, P. A. A. P., Feito, M. J. et al., Cell uptake survey of pegylated nanographene oxide. *Nanotechnology*, 23, 465103, 2012.

[41] Fan, L., Ge, H., Zou, S., Xiao, Y. et al., Sodium alginate conjugated graphene oxide as a new carrier for drug delivery system. *Int. J. Biol. Macromol.*, 93, 582-590, 2016.

[42] Zhao, X., Liu, L., Li, X., Zeng, J. et al., Biocompatible graphene oxide nanoparticle-based drug delivery platform for tumor microenvironment-responsive triggered release of doxorubicin. *Langmuir*, 30, 10419-10429, 2014.

[43] He, Y., Zhang, L., Chen, Z., Liang, Y. et al., Enhanced chemotherapy efficacy by co-delivery of shABCG2 and doxorubicin with a pH-responsive charge-reversible layered graphene oxide nanocomplex. *J. Mater. Chem. B*, 3, 6462-6472, 2015.

[44] Lv, Y., Tao, L., Annie Bligh, S. W., Yang, H. et al., Targeted delivery and controlled release of doxorubicin into cancer cells using a multifunctional graphene oxide. *Mater. Sci. Eng. C*, 59, 652-660, 2016.

[45] O'Brien, M. E. R., Wigler, N., Inbar, M., Rosso, R. et al., Reduced cardiotoxicity and comparable efficacy in a phase III trial of pegylated liposomal doxorubicin HCl (CAELYX^{TM}/Doxil$^©$) versus conventional doxorubicin for first-line treatment of metastatic breast cancer. *Ann. Oncol.*, 15, 440-449, 2004.

[46] Gabizon, A., Shmeeda, H., Barenholz, Y., Pharmacokinetics of pegylated liposomal doxorubicin: Review of animal and human studies. *Clin. Pharmacokinet.*, 42, 419-436, 2003.

[47] Zhang, Q., Chi, H., Tang, M., Chen, J. et al., Mixed surfactant modified graphene oxide nanocarriers for DOX delivery to cisplatin-resistant human ovarian carcinoma cells. *RSC Adv.*, 6, 87258-87269, 2016.

[48] Pan, Q., Lv, Y., Williams, G. R., Tao, L. et al., Lactobionic acid and carboxymethyl chitosan functionalized graphene oxide nanocomposites as targeted anticancer drug delivery systems. *Carbohydr. Polym.*, 151, 812-820, 2016.

[49] Park, Y. H., Park, S. Y., In, I., Direct noncovalent conjugation of folic acid on reduced grapheme oxide as anticancer drug carrier. *J. Ind. Eng. Chem.*, 30, 190-196, 2015.

[50] Miao, W., Shim, G., Kang, C. M., Lee, S. et al., Cholesteryl hyaluronic acid-coated, reduced graphene oxide nanosheets for anti-cancer drug delivery. *Biomaterials*, 34, 9638-9647, 2013.

[51] Zheng, X. T., Ma, X. Q., Li, C. M., Highly efficient nuclear delivery of anti-cancer drugs using a bio-functionalized reduced graphene oxide. *J. Colloid Interface Sci.*, 467, 35-42, 2016.

[52] Pourjavadi, A., Mazaheri Tehrani, Z., Jokar, S., Chitosan based supramolecular polypseudorotaxane as a pH-responsive polymer and their hybridization with mesoporous silica-coated magnetic graphene oxide for triggered anticancer drug delivery. *Polymer (United Kingdom)*, 76, 52-61, 2015.

[53] Zhu, S., Li, J., Chen, Y., Chen, Z. et al., Grafting of graphene oxide with stimuli-responsive polymers by using ATRP for drug release. *J. Nanopart. Res.*, 14, 2012.

[54] Pan, Y., Bao, H., Sahoo, N. G., Wu, T., Li, L., Water-soluble poly(N-isopropylacrylamide)-graphene sheets synthesized via click chemistry for drug delivery. *Adv. Funct. Mater.*, 21, 2754-2763, 2011.

[55] Gonçalves, G., Vila, M., Portoles, M.-T. T., Vallet-Regi, M. et al., Nano-graphene oxide: A potential multifunctional platform for cancer therapy. *Adv. Healthcare Mater.*, 2, 1072-1090, 2013.

[56] Song, J., Yang, X., Jacobson, O., Lin, L. et al., Sequential drug release and enhanced photothermal and photoacoustic effect of hybrid reduced graphene oxide-loaded ultrasmall gold nanorod vesicles for cancer therapy. *ACS Nano*, 9, 9199-9209, 2015.

[57] Kurapati, R. and Raichur, A. M., Near-infrared light-responsive graphene oxide composite multilayer capsules: A novel route for remote controlled drug delivery. *Chem. Commun.*, 49, 734-736, 2013.

[58] Chen, J., Liu, H., Zhao, C., Qin, G. et al., One-step reduction and PEGylation of graphene oxide for photothermally controlled drug delivery. *Biomaterials*, 35, 4986-4995, 2014.

[59] Kim, H. and Kim, W. J., Photothermally controlled gene delivery by reduced grapheme oxide-polyethylenimine nanocomposite. *Small*, 10, 117-126, 2014.

[60] Shi, J., Wang, L., Zhang, J., Ma, R. et al., A tumor-targeting near-infrared laser-triggered drug delivery system based on GO@Ag nanoparticles for chemo-photothermal therapy and X-ray imaging. *Biomaterials*, 35, 5847-5861, 2014.

[61] Wang, Y., Wang, K., Zhao, J., Liu, X. et al., Multifunctional mesoporous silica-coated grapheme nanosheet used for chemo-photothermal synergistic targeted therapy of glioma. *J. Am. Chem. Soc.*, 135, 4799-4804, 2013.

[62] Tang, Y., Hu, H., Zhang, M. G., Song, J. et al., An aptamer-targeting photoresponsive drug delivery system using "off-on" graphene oxide wrapped mesoporous silica nanoparticles. *Nanoscale*, 7, 6304-6310, 2015.

[63] Kavitha, T., Haider Abdi, S. I., Park, S.-Y., pH-Sensitive nanocargo based on smart polymer functionalized graphene oxide for site-specific drug delivery. *Phys. Chem. Chem. Phys.*, 15, 5176-5186, 2013.

[64] Zhang, L., Xia, J., Zhao, Q., Liu, L., Zhang, Z., Functional graphene oxide as a nanocarrier for controlled loading and targeted delivery of mixed anticancer drugs. *Small*, 6, 537-544, 2010.

[65] Hu, H., Yu, J., Li, Y., Zhao, J., Dong, H., Engineering of a novel pluronic F127/graphene nanohybrid for pH responsive drug delivery. *J. Biomed. Mater. Res. Part A*, 100 A, 141-148, 2012.

[66] Ballatori, N., Krance, S. M., Notenboom, S., Shi, S. et al., Glutathione dysregulation and the etiology and progression of human diseases. *Biol. Chem.*, 390, 191-214, 2009.

[67] Wen, H., Dong, C., Dong, H., Shen, A. et al., Engineered redox-responsive PEG detachment mechanism in PEGylated nano-graphene oxide for intracellular drug delivery. *Small*, 8, 760-769, 2012.

[68] Shim, G., Lee, J., Kim, J., Lee, H.-J. et al., Functionalization of nano-graphenes by chimeric peptide engineering. *RSC Adv.*, 5, 49905-49913, 2015.

[69] Shen, H., Liu, M., He, H., Zhang, L. et al., PEGylated graphene oxide-mediated protein delivery for cell function regulation. *ACS Appl. Mater. Interfaces*, 4, 6317-6323, 2012.

[70] Lu,C.-H.,Yang,H.-H.,Zhu,C.-L.,Chen,X.,Chen,G.-N., A graphene platform for sensing biomolecules. *Angew. Chem. Int. Ed.*,48,4785-4787,2009.

[71] He,S.,Song,B.,Li,D.,Zhu,C. *et al.*, A graphene nanoprobe for rapid, sensitive, and multicolor fluorescent DNA analysis. *Adv. Funct. Mater.*,20,453-459,2010.

[72] Varghese,N.,Mogera,U.,Govindaraj,A.,Das,A. *et al.*, Binding of DNA nucleobases and nucleosides with graphene. *ChemPhysChem*,10,206-210,2009.

[73] Kim,H.,Namgung,R.,Singha,K.,Oh,I. K.,Kim,W. J., Graphene oxide-polyethylenimine nanoconstruct as a gene delivery vector and bioimaging tool. *Bioconjugate Chem.*,22,2558-2567,2011.

[74] Kim,H.,Kim,J.,Lee,M.,Choi,H. C.,Kim,W. J., Stimuli-regulated enzymatically degradable smart graphene-oxide-polymer nanocarrier facilitating photothermal gene delivery. *Adv. Healthcare Mater.*,5,1918-1930,2016.

[75] Zhang,L.,Wang,Z.,Lu,Z.,Shen,H. *et al.*, PEGylated reduced graphene oxide as a superior ssRNA delivery system. *J. Mater. Chem. B*,1,749-755,2013.

[76] Elbashir,S. M.,Harborth,J.,Lendeckel,W.,Yalcin,A. *et al.*, Duplexes of 21-nucleotide RNAs mediate RNA interference in cultured mammalian cells. *Nature*,411,494-498,2001.

[77] Zhang,L.,Lu,Z.,Zhao,Q.,Huang,J. *et al.*, Enhanced chemotherapy efficacy by sequential delivery of siRNA and anticancer drugs using PEI-grafted graphene oxide. *Small*,7,460-464,2011.

[78] Chen,W.,Wen,X.,Zhen,G.,Zheng,X., Assembly of Fe_3O_4 nanoparticles on PEG-functionalized graphene oxide for efficient magnetic imaging and drug delivery. *RSC Adv.*,5,69307-69311,2015.

[79] Guo,L.,Shi,H.,Wu,H.,Zhang,Y. *et al.*, Prostate cancer targeted multifunctionalized grapheme oxide for magnetic resonance imaging and drug delivery. *Carbon*,107,87-99,2016.

[80] Dinda,S.,Kakran,M.,Zeng,J.,Sudhaharan,T. *et al.*, Grafting of ZnS:Mn-doped nanocrystals and an anticancer drug onto graphene oxide for delivery and cell labeling. *ChemPlusChem*,81,100 107,2016.

[81] Villiers,A., Sur la fermentation de la fecule par l'action du ferment butyrique. *C. R. Acad. Sci.*,112,536-538,1891.

[82] Schardinger,F., Über thermophile bakterian aus verschiedenen speisen und milch, sowie über einige umsetzungsprodukte derselben in kohlenhydrathaltigen nährlösungen, darunter krystallisierte polysaccharide (dextrin) aus stärke. *Z. Untersuch. Nahr. Genussm.*,6,865-880,1930.

[83] Szejtli,J. and Bankyelod,E., Inclusion complexes of unsaturated fatty-acids with amylose and cyclodextrin. *Starke*,27,368-376,1975.

[84] Freudenberg,K. and Meyer-Delius,M., Über die Schardinger—Dextrine aus Stärke. *Ber. Dtsch. Chem. Ges. (A B Ser).*,71,1596-1600,1938.

[85] Loftsson,T. and Brewster,M. E., Pharmaceutical applications of cyclodextrins. 1. Drug solubilization and stabilization. *J. Pharm. Sci.*,85,1017-1025,1996.

[86] Saenger,W.,Jacob,J.,Gessler,K.,Steiner,T. *et al.*, Structures of the common cyclodextrins and their larger analogues—Beyond the doughnut. *Chem. Rev.*,98,1787-1802,1998.

[87] Valente,A. J. M. M. and Söderman,O., The formation of host-guest complexes between surfactants and cyclodextrins. *Adv. Colloid Interface Sci.*,205,156-176,2014.

[88] Teixeira,R. S.,Veiga,F. J. B.,Oliveira,R. S.,Jones,S. A. *et al.*, Effect of cyclodextrins and pH on the permeation of tetracaine: Supramolecular assemblies and release behavior. *Int. J. Pharm.*,466,349-358,2014.

[89] Figueiras,A.,Sarraguca,J. M. G.,Carvalho,R. A.,Pais,A. A. C. C.,Veiga,F. J. B., Interaction of omeprazole with a methylated derivative of β-cyclodextrin: Phase solubility, NMR spectros-copy and mo-

lecular simulation. *Pharm. Res.* ,24 ,377 – 389 ,2007.

[90] Figueiras, A. , Sarraguça, J. M. G. , Pais, A. A. C. C. , Carvalho, R. , Veiga, J. F. , The role of L – arginine in inclusion complexes of omeprazole with cyclodextrins. *AAPS PharmSciTech* ,11 ,233 – 240 ,2010.

[91] Santos, C. I. A. V. , Esteso, M. A. , Sartorio, R. , Ortona, O. et al. , A comparison between the diffusion properties of theophylline/β – cyclodextrin and theophylline/2 – hydroxypropyl – β – cyclodextrin in aqueous systems. *J. Chem. Eng. Data* ,57 ,1881 – 1886 ,2012.

[92] Bom, A. , Bradley, M. , Cameron, K. , Clark, J. K. et al. , A novel concept of reversing neuromuscular block: Chemical encapsulation of rocuronium bromide by a cyclodextrin – based synthetic host. *Angew. Chem. Int. Ed.* ,41 ,265 – 271 ,2002.

[93] Fernandes, C. M. , Carvalho, R. A. , Pereira da Costa, S. , Veiga, F. J. B. , Multimodal molecular encapsulation of nicardipine hydrochloride by β – cyclodextrin, hydroxypropyl – β – cyclodextrin and triacetyl – β – cyclodextrin in solution. Structural studies by 1H NMR and ROESY experiments. *Eur. J. Pharm. Sci.* ,18 , 285 – 296 ,2003.

[94] Junquera, E. and Aicart, E. , Potentiometric study of the encapsulation of ketoprophen by hydroxypropyl – β – cyclodextrin. Temperature, solvent, and salt effects. *J. Phys. Chem. B* ,101 ,7163 – 7171 ,1997.

[95] Junquera, E. and Aicart, E. , A fluorimetric, potentiometric and conductimetric study of the aqueous solutions of naproxen and its association with hydroxypropyl – β – cyclodextrin. *Int. J. Pharm.* ,176 ,169 – 178 ,1999.

[96] Michel, D. , Chitanda, J. M. , Balogh, R. , Yang, P. et al. , Design and evaluation of cyclodextrin – based delivery systems to incorporate poorly soluble curcumin analogs for the treatment of melanoma. *Eur. J. Pharm. Biopharm.* ,81 ,548 – 556 ,2012.

[97] Gerola, A. P. , Silva, D. C. , Jesus, S. , Carvalho, R. A. et al. , Synthesis and controlled curcumin supramolecular complex release from pH – sensitive modified gum – arabic – based hydrogels. *RSC Adv.* ,5 ,94519 – 94533 ,2015.

[98] Hashidzume, A. and Harada, A. , Recognition of polymer side chains by cyclodextrins. *Polym. Chem.* ,2 , 2146 ,2011.

[99] Martínez – Tomé, M. J. , Esquembre, R. , Mallavia, R. , Mateo, C. R. , Formation and characterization of stable fluorescent complexes between neutral conjugated polymers and cyclodextrins. *J. Fluoresc.* , 23, 171 – 180 ,2013.

[100] Buvari, A. and Barcza, L. , Complex formation of inorganic salts with β – cyclodextrin. *J. Inclusion Phenom. Mol. Recognit. Chem.* ,379 – 389 ,1989.

[101] Norkus, E. and Vaitkus, R. , Interaction of lead(II) with b – cyclodextrin in alkaline solutions. 337 ,1657 – 1661 ,2002.

[102] Ribeiro, A. , Esteso, M. , Lobo, V. , Valente, A. et al. , Interactions of copper (II) chloride with β – cyclodextrin in aqueous solutions. *J. Carbohyd. Chem.* ,25 ,173 – 185 ,2006.

[103] Ribeiro, A. C. F. , Lobo, V. M. M. , Valente, A. J. M. , Simoes, S. M. N. et al. , Association between ammonium monovanadate and β – cyclodextrin as seen by NMR and transport techniques. *Polyhedron* ,25 ,3581 – 3587 ,2006.

[104] Kurokawa, G. , Sekii, M. , Ishida, T. , Nogami, T. , Crystal structure of a molecular complex from native β – cyclodextrin and copper(II) chloride. *Supramol. Chem.* ,16 ,381 – 384 ,2004.

[105] Carlstedt, J. , Bilalov, A. , Krivtsova, E. , Olsson, U. , Lindman, B. , Cyclodextrin – surfactant coassembly depends on the cyclodextrin ability to crystallize. *Langmuir* ,28 ,2387 – 2394 ,2012.

[106] Haller, J. and Kaatze, U. , Octylglucopyranoside and cyclodextrin in water. Self – aggregation and complex

formation. *J. Phys. Chem. B*, 113, 1940 – 1947, 2009.

[107] Jiang, L., Yan, Y., Huang, J., Versatility of cyclodextrins in self – assembly systems of amphiphiles. *Adv. Colloid Interface Sci.*, 169, 13 – 25, 2011.

[108] Sehgal, P., Mizuki, T., Doe, H., Wimmer, R. et al., Interactions and influence of α – cyclodextrin on the aggregation and interfacial properties of mixtures of nonionic and zwitterionic surfactants. *Colloid Polym. Sci.*, 287, 1243 – 1252, 2009.

[109] Carvalho, R. A., Correia, H. A., Valente, A. J. M., Söderman, O., Nilsson, M., The effect of the head – group spacer length of 12 – s – 12 gemini surfactants in the host – guest association with β – cyclodextrin. *J. Colloid Interface Sci.*, 354, 725 – 732, 2011.

[110] Jeong, S., Kang, W. Y., Song, C. K., Park, J. S., Supramolecular cyclodextrin – dye complex exhibiting selective and efficient quenching by lead ions. *Dyes Pigm.*, 93, 1544 – 1548, 2012.

[111] Kyzas, G. Z., Lazaridis, N. K., Bikiaris, D. N., Optimization of chitosan and β – cyclodextrin molecularly imprinted polymer synthesis for dye adsorption. *Carbohydr. Polym.*, 91, 198 – 208, 2013.

[112] Lao, W., Song, C., You, J., Ou, Q., Fluorescence and β – cyclodextrin inclusion properties of three carbazole – based dyes. *Dyes Pigm.*, 95, 619 – 626, 2012.

[113] Zhao, J., Wang, J., Yu, C., Guo, L. et al., Prognostic factors affecting the clinical outcome of carcinoma ex pleomorphic adenoma in the major salivary gland. 1 – 8, 2013.

[114] Mohanty, J., Bhasikuttan, A. C., Nail, W. M., Pal, H., Host – guest complexation of neutral red with macrocyclic host molecules: Contrasting pKa shifts and binding affinities for cucurbit[7] uril and β – cyclodextrin. *J. Phys. Chem. B*, 110, 5132 – 5138, 2006.

[115] García – Río, L., Leis, J. R., Mejuto, J. C., Navarro – Vázquez, A. et al., Basic hydrolysis of crystal violet in β – cyclodextrin/surfactant mixed systems. *Langmuir*, 20, 606 – 613, 2004.

[116] Liao, R., Lv, P., Wang, Q., Zheng, J. et al., Cyclodextrin – based biological stimuli – responsive carriers for smart and precision medicine. *Biomater. Sci.*, 5, 1736 – 1745, 2017.

[117] Nilsson, M., Valente, A. J. M., Olofsson, G., Söderman, O., Bonini, M., Thermodynamic and kinetic characterization of host – guest association between bolaform surfactants and α – and β – cyclodextrins. *J. Phys. Chem. B*, 112, 11310 – 11316, 2008.

[118] García – Río, L., Mejuto, J. C., Rodríguez – Dafonte, P., Hall, R. W., The role of water release from the cyclodextrin cavity in the complexation of benzoyl chlorides by dimethyl – β – cyclodextrin. *Tetrahedron*, 66, 2529 – 2537, 2010.

[119] De Brauer, C., Germain, P., Merlin, M. P., Energetics of water/cyclodextrins interactions. *J. Inclusion Phenom.*, 44, 197 – 201, 2002.

[120] Pajzderska, A., Czarnecki, P., Mielcarek, J., Wasicki, J., 1H NMR study of rehydration/dehydration and water mobility in β – cyclodextrin. *Carbohydr. Res.*, 346, 659 – 663, 2011.

[121] Murtaza, G., Solubility enhancement of simvastatin: A review. *Acta Pol. Pharm. Drug Res.*, 69, 581 – 590, 2012.

[122] Loftsson, T. and Brewster, M. E., Cyclodextrins as functional excipients: Methods to enhance complexation efficiency. *J. Pharm. Sci.*, 101, 3019 – 3032, 2012.

[123] Singh, A., Worku, Z. A., Van den Mooter, G., Oral formulation strategies to improve solubility of poorly water – soluble drugs. *Expert Opin. Drug Delivery*, 8, 1361 – 1378, 2011.

[124] Yuan, C., Du, L., Jin, Z., Xu, X., Storage stability and antioxidant activity of complex of astaxanthin with hydroxypropyl – β – cyclodextrin. *Carbohydr. Polym.*, 91, 385 – 389, 2013.

[125] Kim, S., Cho, E., Yoo, J., Cho, E. et al., β – CD – mediated encapsulation enhanced stability and solu-

[126] Yuan,C.,Jin,Z.,Xu,X.,Zhuang,H.,Shen,W.,Preparation and stability of the inclusion complex of astaxanthin with hydroxypropyl-β-cyclodextrin. *Food Chem.*,109,264-268,2008.

[127] Chun,J.Y.,You,S.K.,Lee,M.Y.,Choi,M.J.,Min,S.G.,Characterization of β-cyclodextrin self-aggregates for eugenol encapsulation. *Int. J. Food Eng.*,8,2012.

[128] Wang,G.,Wu,F.,Zhang,X.,Luo,M.,Deng,N.,Enhanced TiO_2 photocatalytic degradation of bisphenol E by β-cyclodextrin in suspended solutions. *J. Hazard. Mater.*,133,85-91,2006.

[129] Polyakov,N.E.,Khan,V.K.,Taraban,M.B.,Leshina,T.V. et al.,Complexation of lappaconitine with glycyrrhizic acid: Stability and reactivity studies. *J. Phys. Chem. B*,109,24526-24530,2005.

[130] Afkhami,A. and Khajavi,F.,Effect of β-cyclodextrin,surfactants and solvent on the reactions of the recently synthesized Schiff base and its Cu(II) complex with cyanide ion. *J. Mol. Liq.*,163,20-26,2011.

[131] Hu,J.,Huang,R.,Cao,S.,Hua,Y.,Unique structure and property of cyclodextrin and its utility in polymer synthesis. 1-15,2008.

[132] Li,J.,Tang,Y.,Wang,Q.,Li,X. et al.,Chiral surfactant-type catalyst for asymmetric reduction of aliphatic ketones in water. *J. Am. Chem. Soc.*,134,18522-18525,2012.

[133] Faugeras,P.A.,Boëns,B.,Elchinger,P.H.,Brouillette,F. et al.,When cyclodextrins meet click chemistry. *Eur. J. Org. Chem.*,4087-4105,2012.

[134] Gref,R. and Duchêne,D.,Cyclodextrins as "smart" components of polymer nanoparticles. *J. Drug Delivery Sci. Technol.*,22,223-233,2012.

[135] Oka,Y.,Nakamura,S.,Uetani,Y.,Morozumi,T.,Nakamura,H.,Determination of SDS using fluorescent γ-cyclodextrin based on TICT in aqueous solution. *Anal. Sci.*,28,973-978,2012.

[136] Oka,Y.,Nakamura,S.,Morozumi,T.,Nakamura,H.,Triton X-100 selective chemosensor based on β-cyclodextrin modified by anthracene derivative. *Talanta*,82,1622-1626,2010.

[137] Zhu,G.,Yi,Y.,Chen,J.,Recent advances for cyclodextrin-based materials in electrochemical sensing. *TrAC,Trends Anal. Chem.*,80,232-241,2016.

[138] Zheng,S. and Li,J.,Inorganic-organic sol gel hybrid coatings for corrosion protection of metals. *J. Sol-Gel Sci. Technol.*,54,174-187,2010.

[139] Antonijevic,M.M.,Inhibitory action of non toxic compounds on the corrosion behaviour of 316 austenitic stainless steel in hydrochloric acid solution: Comparison of chitosan and cyclodextrin (vol 7, pg 6599, 2012). *Int. J. Electrochem. Sci.*,7,9042,2012.

[140] Chen,T. and Fu,J.,An intelligent anticorrosion coating based on pH-responsive supramolecular nanocontainers. *Nanotechnology*,23,2012.

[141] Karim,Z.,Adnan,R.,Husain,Q.,A β-cyclodextrin-chitosan complex as the immobilization matrix for horseradish peroxidase and its application for the removal of azo dyes from textile effluent. *Int. Biodeterior. Biodegrad.*,72,10-17,2012.

[142] Crini,G.,Recent developments in polysaccharide-based materials used as adsorbents in wastewater treatment. *Prog. Polym. Sci.*,30,38-70,2005.

[143] Crini,G.,Peindy,H.N.,Gimbert,F.,Robert,C.,Removal of C.I. Basic Green 4 (Malachite Green) from aqueous solutions by adsorption using cyclodextrin-based adsorbent: Kinetic and equilibrium studies. *Sep. Purif. Technol.*,53,97-110,2007.

[144] Guo,H.,Zhang,J.,Liu,Z.,Yang,S.,Sun,C.,Effect of Tween80 and β-cyclodextrin on the distribution of herbicide mefenacet in soil-water system. *J. Hazard. Mater.*,177,1039-1045,2010.

[145] Viglianti,C.,Hanna,K.,De Brauer,C.,Germain,P.,Removal of polycyclic aromatic hydrocarbons from

aged – contaminated soil using cyclodextrins: Experimental study. *Environ. Pollut.* , 140, 427 – 435, 2006.

[146] Stella, V. J. and Rajewski, R. A. , Cyclodextrins: Their future in drug formulation and delivery. *Pharm. Res.* , 14, 556 – 567, 1997.

[147] Tomatsu, I. , Peng, K. , Kros, A. , Photoresponsive hydrogels for biomedical applications. *Adv. Drug Delivery Rev.* , 63, 1257 – 1266, 2011.

[148] Moya – Ortega, M. D. , Alvarez – Lorenzo, C. , Concheiro, A. , Loftsson, T. , Cyclodextrin – based nanogels for pharmaceutical and biomedical applications. *Int. J. Pharm.* , 428, 152 – 163, 2012.

[149] Messner, M. , Kurkov, S. V. , Jansook, P. , Loftsson, T. , Self – assembled cyclodextrin aggregates and nanoparticles. *Int. J. Pharm.* , 387, 199 – 208, 2010.

[150] Kurkov, S. V. and Loftsson, T. , Cyclodextrins. *Int. J. Pharm.* , 453, 167 – 180, 2013.

[151] Auzély – Velty, R. , Self – assembling polysaccharide systems based on cyclodextrin complexation: Synthesis, properties and potential applications in the biomaterials field. *C. R. Chim.* , 14, 167 – 177, 2011.

[152] Fang, Z. and Bhandari, B. , Encapsulation of polyphenols—A review. *Trends Food Sci. Technol.* , 21, 510 – 523, 2010.

[153] Astray, G. , Gonzalez – Barreiro, C. , Mejuto, J. C. , Rial – Otero, R. , Simal – Gándara, J. , A review on the use of cyclodextrins in foods. *Food Hydrocolloids* , 23, 1631 – 1640, 2009.

[154] Vivod, V. and Jaus, D. , β – Cyclodextrin as retarding reagent in polyacrylonitrile dyeing. *Dyes &Pigments* , 74, 642 – 646, 2007.

[155] Lisa, G. , Cyclodextrins' Applications in the Textile Industry. *Cellulose Chemistry and Technology* , 42, 103, 2008.

[156] Voncina, B. and Vivo, V. , Eco – Friendly Text. Dye. *Finish* , InTech, 2013.

[157] Castronuovo, G. and Niccoli, M. , Thermodynamics of inclusion complexes of natural and modified cyclodextrins with propranolol in aqueous solution at 298 K. *Bioorg. Med. Chem.* , 14, 3883 – 3887, 2006.

[158] Davis, M. E. and Brewster, M. E. , Cyclodextrin – based pharmaceutics: Past, present and future. *Nat. Rev. Drug Discovery* , 3, 1023 – 1035, 2004.

[159] Qi, Z. H. and Sikorski, C. T. , Intell. Mater. Control. Release, vol. 728, S. M. Dinh, J. D. DeNuzzio, A. R. Comfort (Eds.), pp. 113 – 130, *American Chemical Society* , 1999.

[160] Gidwani, B. and Vyas, A. , A comprehensive review on cyclodextrin – based carriers for delivery of chemotherapeutic cytotoxic anticancer drugs. *Biomed. Res. Int.* , 2015, 2015.

[161] Adeoye, O. and Cabral – Marques, H. , Cyclodextrin nanosystems in oral drug delivery: A mini review. *Int. J. Pharm.* , 531, 521 – 531, 2017.

[162] Loftsson, T. , Self – assembled cyclodextrin nanoparticles and drug delivery. *J. Inclusion Phenom. Macrocycl. Chem.* , 80, 1 – 7, 2014.

[163] Oerlemans, C. , Bult, W. , Bos, M. , Storm, G. et al. , Polymeric micelles in anticancer therapy: Targeting, imaging and triggered release. *Pharm. Res.* , 27, 2569 – 2589, 2010.

[164] Sallas, F. and Darcy, R. , Amphiphilic cyclodextrins—Advances in synthesis and supramolecular chemistry. *Eur. J. Org. Chem.* , 957 – 969, 2008.

[165] Zhang, J. and Ma, P. X. , Cyclodextrin – based supramolecular systems for drug delivery: Recent progress and future perspective. *Adv. Drug Delivery Rev.* , 65, 1215 – 1233, 2013.

[166] Roux, M. , Perly, B. , Djedaïni – Pilard, F. , Self – assemblies of amphiphilic cyclodextrins. *Eur. Biophys. J.* , 36, 861 – 867, 2007.

[167] Bonnet, V. , Gervaise, C. , Djedaïni – Pilard, F. , Furlan, A. , Sarazin, C. , Cyclodextrin nanoassemblies: A

promising tool for drug delivery. *Drug Discovery Today*, 20, 1120 – 1126, 2015.

[168] Sun, T., Ma, M., Yan, H., Shen, J. et al., Vesicular particles directly assembled from the cyclodextrin/UR – 144 supramolecular amphiphiles. *Colloids Surf.*, A, 424, 105 – 112, 2013.

[169] Sun, T., Yan, H., Liu, G., Hao, J. et al., Strategy of directly employing paclitaxel to construct vesicles. *J. Phys. Chem. B*, 116, 14628 – 14636, 2012.

[170] Ma, M., Guan, Y., Zhang, C., Hao, J. et al., Stimulus – responsive supramolecular vesicles with effective anticancer activity prepared by cyclodextrin and ftorafur. *Colloids Surf.*, A, 454, 38 – 45, 2014.

[171] Zerkoune, L., Angelova, A., Lesieur, S., Nano – assemblies of modified cyclodextrins and their complexes with guest molecules: Incorporation in nanostructured membranes and amphiphile nanoarchitectonics design. *Nanomaterials*, 4, 741 – 765, 2014.

[172] Aktaβ, Y., Yenice, I., Bilensoy, E., Hincal, A. A., Amphiphilic cyclodextrins as enabling excipients for drug delivery and for decades of scientific collaboration: Tribute to a distinguished scientist, French representative and friend—A historical perspective. *J. Drug Delivery Sci. Technol.*, 30, 261 – 265, 2015.

[173] Arima, H., Hagiwara, Y., Hirayama, F., Uekama, K., Enhancement of antitumor effect of doxorubicin by its complexation with β – cyclodextrin in pegylated liposomes. *J. Drug Targeting*, 14, 225 – 232, 2006.

[174] Dhule, S. S., Penfornis, P., Frazier, T., Walker, R. et al., Curcumin – loaded γ – cyclodextrin liposomal nanoparticles as delivery vehicles for osteosarcoma. *Nanomed. Nanotechnol. Biol. Med.*, 8, 440 – 451, 2012.

[175] Trotta, F. and Cavalli, R., Characterization and applications of new hyper – cross – linked cyclodextrins. *Compos. Interfaces*, 16, 39 – 48, 2009.

[176] Ansari, K. A., Vavia, P. R., Trotta, F., Cavalli, R., Cyclodextrin – based nanosponges for delivery of resveratrol: *In vitro* characterisation, stability, cytotoxicity and permeation study. *AAPSPharmSciTech*, 12, 279 – 286, 2011.

[177] Trotta, F., Zanetti, M., Cavalli, R., Cyclodextrin – based nanosponges as drug carriers. *Beilstein J. Org. Chem.*, 8, 2091 – 2099, 2012.

[178] Castiglione, F., Crupi, V., Majolino, D., Mele, A. et al., Vibrational dynamics and hydrogen bond properties of β – CD nanosponges: An FTIR – ATR, Raman and solid – state NMR spectroscopic study. *J. Inclusion Phenom. Macrocycl. Chem.*, 75, 247 – 254, 2013.

[179] Swaminathan, S., Pastero, L., Serpe, L., Trotta, F. et al., Cyclodextrin – based nanosponges encapsulating camptothecin: Physicochemical characterization, stability and cytotoxicity. *Eur. J. Pharm. Biopharm.*, 74, 193 – 201, 2010.

[180] Torne, S. J., Ansari, K. A., Vavia, P. R., Trotta, F., Cavalli, R., Enhanced oral paclitaxel bioavailability after administration of paclitaxel – loaded nanosponges. *Drug Delivery*, 17, 419 – 425, 2010.

[181] Mognetti, B., Barberis, A., Marino, S., Berta, G. et al., *In vitro* enhancement of anticancer activity of paclitaxel by a cremophor free cyclodextrin – based nanosponge formulation. *J. InclusionPhenom. Macrocycl. Chem.*, 74, 201 – 210, 2012.

[182] Liu, T., Li, X., Qian, Y., Hu, X., Liu, S., Multifunctional pH – disintegrable micellar nanoparticles of asymmetrically functionalized β – cyclodextrin – based star copolymer covalently conjugated with doxorubicin and DOTA – Gd moieties. *Biomaterials*, 33, 2521 – 2531, 2012.

[183] Wang, F., Blanco, E., Ai, H. U. A., Boothman, D. A., Gao, J., Modulating β – lapachone release from polymer millirods through cyclodextrin complexation. *J. Pharm. Sci.*, 95, 2309 – 2319, 2006.

[184] Zhang, Z., Lv, Q., Gao, X., Chen, L. et al., pH – responsive poly(ethylene glycol)/poly(L – lactide) supramolecular micelles based on host – guest interaction. *ACS Appl. Mater. Interfaces*, 7, 8404 –

8411,2015.

[185] Liu,J.,Luo,Z.,Zhang,J.,Luo,T. et al.,Hollow mesoporous silica nanoparticles facilitated drug delivery via cascade pH stimuli in tumor microenvironment for tumor therapy. *Biomaterials*,83,51 – 65,2016.

[186] Sun,T.,Shu,L.,Shen,J.,Ruan,C. et al.,Photo and redox – responsive vesicles assembled from Bola – type superamphiphiles. *RSC Adv.*,6,52189 – 52200,2016.

[187] Liu,J.,Xu,L.,Jin,Y.,Qi,C. et al.,Cell – targeting cationic gene delivery system based on a modular design rationale. *ACS Appl. Mater. Interfaces*,8,14200 – 14210,2016.

[188] Yang,B.,Dong,X.,Lei,Q.,Zhuo,R. et al.,Host – guest interaction – based self – engineering of nano – sized vesicles for co – delivery of genes and anticancer drugs. *ACS Appl. Mater. Interfaces*,7,22084 – 22094,2015.

[189] Lai,W. – F.,Cyclodextrins in non – viral gene delivery. *Biomaterials*,35,401 – 411,2014.

[190] Mellet,C. O.,Fernandez,J. M. G.,Benito,J. M.,Cyclodextrin – based gene delivery systems. *Chem. Soc. Rev.*,40,1586 – 1608,2011.

[191] Liao,R.,Yi,S.,Liu,M.,Jin,W.,Yang,B.,Folic – acid – targeted self – assembling supramolecular carrier for gene delivery. *ChemBioChem*,16,1622 – 1628,2015.

[192] Wu,H.,Peng,J.,Wang,S.,Xie,B. et al.,Fabrication of graphene oxide – β – cyclodextrin nanoparticle releasing doxorubicin and topotecan for combination chemotherapy. *Mater. Technol.*,30,242 – 249,2015.

[193] Zhang,Y. – M.,Cao,Y.,Yang,Y.,Chen,J. – T.,Liu,Y.,A small – sized graphene oxide supramolecular assembly for targeted delivery of camptothecin. *Chem. Commun. (Camb)*.,50,13066 – 13069,2014.

[194] Pourjavadi,A.,Eskandari,M.,Hosseini,S. H.,Nazari,M.,Synthesis of water dispersible reduced graphene oxide via supramolecular complexation with modified β – cyclodextrin. *Int. J. Polym. Mater. Polym. Biomater.*,66,235 – 242,2017.

[195] Liu,J.,Chen,G.,Jiang,M.,Supramolecular hybrid hydrogels from noncovalently functionalized graphene with block copolymers. *Macromolecules*,44,7682 – 7691,2011.

[196] Yang,Y.,Zhang,Y. M.,Chen,Y.,Zhao,D. et al.,Construction of a graphene oxide based noncovalent multiple nanosupramolecular assembly as a scaffold for drug delivery. *Chem. Eur. J.*,18,4208 – 4215,2012.

[197] Pourjavadi,A.,Tehrani,Z. M.,Shakerpoor,A.,Dendrimer – like supramolecular nanovalves based on polypseudorotaxane and mesoporous silica – coated magnetic graphene oxide：A potential pH – sensitive anticancer drug carrier. *Supramol. Chem.*,28,624 – 633,2016.

[198] Wei,G.,Dong,R.,Wang,D.,Feng,L. et al.,Functional materials from the covalent modification of reduced graphene oxide and β – cyclodextrin as a drug delivery carrier. *New J. Chem.*,38,140 – 145,2014.

[199] Ko,N. R.,Nafiujjaman,M.,Lee,J. S.,Lim,H. – N. et al.,Graphene quantum dot – based theranostic agents for active targeting of breast cancer. *RSC Adv.*,7,11420 – 11427,2017.

[200] He,Y.,Chen,D.,Xiao,G.,Hydroxypropyl – β – cyclodextrin functionalized graphene oxide nanospheres as unmodified paclitaxel carriers. *Asian J. Chem.*,26,6005 – 6009,2014.

[201] Tan,J.,Meng,N.,Fan,Y.,Su,Y. et al.,Hydroxypropyl – β – cyclodextrin – graphene oxide conjugates：Carriers for anti – cancer drugs. *Mater. Sci. Eng. C*,61,681 – 687,2016.

[202] Hu,X.,Ma,L.,Wang,C.,Gao,C.,Gelatin hydrogel prepared by photo – initiated polymerization and loaded with TGF – b1 for cartilage tissue engineering. *Macromol. Biosci.*,9,1194 – 1201,2009.

[203] Ye,Y. and Hu,X. ,A pH-Sensitive injectable nanoparticle composite hydrogel for anticancer drug delivery. *J. Nanomater.* ,2016,1-8,2016.

[204] Hu,X. ,Li,D. ,Tan,H. ,Pan,C. ,Chen,X. ,Injectable graphene oxide/graphene composite supramolecular hydrogel for delivery of anti-cancer drugs. *J. Macromol. Sci. Part A Pure Appl. Chem.* ,51,378-384,2014.

[205] Li,J. ,Harada,A. ,Kamachi,M. ,Sol-Gel Transition during inclusion complex formation between α-cyclodextrin and high molecular weight poly(ethylene glycol)s in aqueous solution. *Polym. J.* ,26,1019-1026,1994.

[206] Li,J. ,Ni,X. ,Leong,K. W. ,Injectable drug-delivery systems based on supramolecular hydrogels formed by poly(ethylene oxide)s and α-cyclodextrin. *J. Biomed. Mater. Res.* ,65A,196-202,2003.

[207] Li,J. ,Li,X. ,Ni,X. ,Wang,X. *et al.* ,Self-assembled supramolecular hydrogels formed by biodegradable PEO-PHB-PEO triblock copolymers and α-cyclodextrin for controlled drug delivery. *Biomaterials*,27,4132-4140,2006.

[208] Ren,L. ,He,L. ,Sun,T. ,Dong,X. *et al.* ,Dual-responsive supramolecular hydrogels from water-soluble PEG-grafted copolymers and cyclodextrin. *Macromol. Biosci.* ,9,902-910,2009.

[209] Ha,W. ,Yu,J. ,Song,X. ,Zhang,Z. *et al.* ,Prodrugs forming multifunctional supramolecular hydrogels for dual cancer drug delivery. *J. Mater. Chem. B* ,1,5532-5538,2013.

[210] Mao,S. ,Lu,G. ,Chen,J. ,Three-dimensional graphene-based composites for energy applications. *Nanoscale* ,7,6924-6943,2015.

[211] Li,C. and Shi,G. ,Three-dimensional graphene architectures. *Nanoscale*,4,5549,2012.

[212] Jiang,L. and Fan,Z. ,Design of advanced porous graphene materials：From graphene nanomesh to 3D architectures. *Nanoscale*,6,1922-1945,2014.

[213] Ha,W. ,Yu,J. ,Chen,J. ,Shi,Y. ,3D graphene oxide supramolecular hybrid hydrogel with well-ordered interior microstructure prepared by a host-guest inclusion-induced self-assembly strategy. *RSC Adv.* ,6,94723-94730,2016.

[214] Ha,W. ,Zhao,X. -B. ,Jiang,K. ,Kang,Y. *et al.* ,A three-dimensional graphene oxide supramolecular hydrogel for infrared light-responsive cascade release of two anticancer drugs. *Chem. Commun.* ,52,3-6,2016.

[215] Wang,L. ,Ren,K. ,Wang,H. ,Wang,Y. ,Ji,J. ,pH-sensitive controlled release of doxorubicin from polyelectrolyte multilayers. *Colloids Surf. B*,125,127-133,2015.

[216] Stella,V. J. ,Rao,V. M. ,Zannou,E. A. ,Zia,V. ,Mechanisms of drug release from cyclodextrin complexes. *Adv. Drug Delivery Rev.* ,36,3-16,1999.

第16章　含有石墨烯纳米微片的聚合物纳米复合材料

Ismaeil Ghasemi, Sepideh Gomari
伊朗德黑兰,伊朗聚合物与石化研究所塑料部

摘　要　近年来,以碳质纳米材料为基础的聚合物纳米复合材料,特别是石墨烯纳米微片引起了人们的广泛关注。石墨烯作为1nm厚的碳原子层具有非常独特的性质。在聚合物中使用石墨烯纳米片面临的主要挑战是如何在基体中获得良好的分散。本章在介绍石墨烯生产方法的基础上,首先综述了石墨烯功能化的各种策略。然后阐述了制备聚合物/石墨烯纳米复合材料的不同途径。这些纳米复合材料显示出了更好的热学、电子、力学和气体阻隔性能。此外,本章还综述了聚合物/石墨烯纳米复合材料的结晶行为、导电性能、力学性能、阻气性能、导热性能和流变行为。讨论了石墨烯和其他纳米填充物的杂化纳米复合材料。最后本章对未来聚合物/石墨烯纳米复合材料的应用进行了阐述。

关键词　石墨烯,聚合物纳米复合材料,功能化,结晶,导电性能,流变行为,物理性能

16.1　引言

石墨烯作为一种新型碳同素异形体,由Novoselov等于2004年首次提出[1]。石墨烯是1nm厚的sp^2杂化碳原子晶格,是石墨的合成砌块。石墨和石墨烯的典型结构如图16.1所示。在碳同素异形体中,布基球和碳纳米管分别称为零维和一维,而石墨烯纳米微片(graphene nanoplatelet,GnP)的特点是二维纳米片。相关人员报道了单层石墨烯的独特性能,例如高导电性能(高达6000S/cm)、高导热性(5000W/(m·K))、优良的弹性模量(1TPa)和抗拉强度(130GPa),这些特性使得石墨烯成为可获得的最坚固材料[2]。

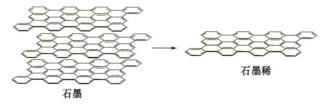

图16.1　石墨和单层石墨的典型结构

制作石墨烯纳米片不同的方法包括自下而上和自上而下法。自下而上法始于碳原子产生单层石墨烯，包括化学气相沉积、电弧放电、SiC 表面外延生长、化学转化、CO 的还原、碳纳米管的解压和表面活性剂的自组装。每一种方法都有其优点和缺点。例如，CVD 和 SiC 外延生长可以产生少量的石墨烯，但是会产生自由缺陷和较大的纳米片。另外，自上而下的方法始于石墨的化学处理。采用机械劈理、直接超声、电化学和超酸溶解等方法分离石墨层。通过这些方法可以在石墨烯表面形成一些含氧基团（羧基、羟基和环氧树脂基团）。

大规模生产石墨烯的最有利方法开始于剥离石墨，需采用强氧化过程，如使用 Hummer 法生产氧化石墨烯。随后，将氧化石墨烯通过热还原或化学还原方法还原到 GnP。在热还原法中，将氧化石墨烯在惰性气氛下快速加热到 1000℃，持续 30s，以此制备热还原石墨烯（thermally reduced graphene，TRG）；而在化学还原中，则是用肼、二甲基肼和硼氢化钠，然后是用肼、对苯二酚或紫外线照射的 TiO_2 等生产化学还原石墨烯（chemically reduced graphene，CRG）[2]。

16.2 石墨烯纳米片的功能化

在聚合物中使用石墨烯纳米片面临的主要挑战是如何在基体中获得良好的分散。如果能将其适当剥离，就能提高其性能。由于石墨烯层的强相互作用，比如范德瓦耳斯力和 π-π 相互作用，获得含有单层石墨烯的纳米复合材料存在很多困难。改善纳米粒子分散的主要策略是与化学基团功能化。石墨烯表面存在与聚合物基体相容的化学基团，这使得填充物-基体相互作用比填充物-填充物相互作用更强。换句话说，纳米片表面存在的基体相容化学基团抑制了分离的纳米片的重叠。

石墨烯的化学功能化可分为共价修饰和非共价修饰两种主要方法。共价功能化通常会使石墨烯纳米片发生从 sp^2 到 sp^3 杂化的结构变化，并伴随电子共轭减少。这种反应既可以在石墨烯片表面完成，也可以在石墨烯片的末端完成。共价修饰包括以下方法：亲核取代、亲电取代、冷凝和加成[3]。

16.2.1 共价修饰

亲核取代是一种适合于大规模生产功能化 GnP 的方法，这种方法让环氧树脂基团与 NH_2 改性基团反应。这是因为在环境温度下环氧树脂基团反应的速率很高。使用这种方法应考虑到环境温度只适用于具有短链的初级胺类。在此方法中，首先用 Hummer 法制备氧化石墨烯，然后与含 NH_2 的分子反应。Kuila 等用十二烷基胺在室温下通过亲核取代制备改性氧化石墨烯[4]，而使用长链胺如十八烷基胺（octadecyl amine，ODA）则需要较高的温度来进行反应[5]。

在亲电取代方法中，用亲电基团取代氢原子。这种反应最常见的例子是在氧化石墨烯表面嵌入芳基重氮盐。Lomeda 等[6]用十二烷基苯磺酸盐（dodecyl benzene sulfonate，SDBS）包封氧化石墨烯，然后与芳基重氮盐功能化，得到有机可溶纳米片。改性后的纳米片在 DMF、DMAc 和 NMP 中易于溶解，浓度可达 1mg/ml。

冷凝方法是指两个分子之间发生化学反应，得到一个较大的分子，并产生一个小分子

如 H_2O 等副产品。这种冷凝方法是使石墨烯功能化最普遍的方法,能够将异氰酸酯、二异氰酸酯、胺化合物和烷基锂反应物接枝到石墨烯上。通过接枝这些反应物,由于酰胺键的形成(与羧酸基团发生反应)和氨基甲酸酯键(与羟基发生反应),石墨烯表面的疏水性降低。Salavagione 等[7]将二环己基碳二亚胺(dicyclohexyl carbodiimide,DCC)和 4 - 二甲基氨基吡啶(dimethyl amino pyridine,DMAP)当作催化剂,使氧化石墨烯的羧酸与 PVA 的羟基发生反应,以此改性氧化石墨烯。然后通过水合肼还原得到功能化石墨烯纳米片,其可溶于二甲基亚砜和水。这个反应的示意图如图 16.2 所示。

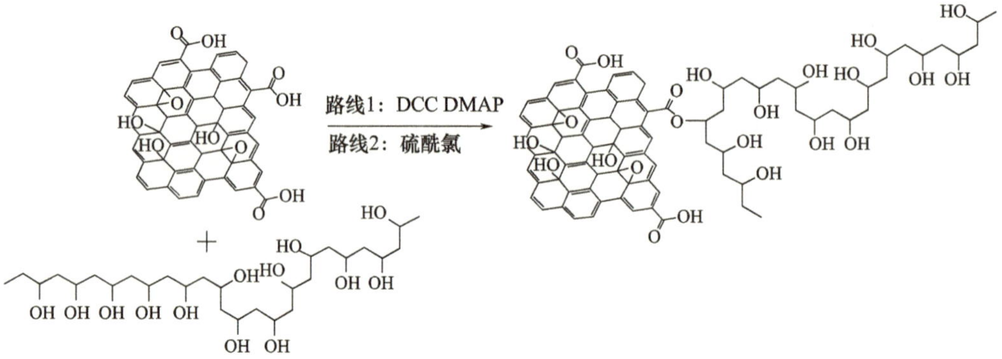

图 16.2　石墨氧化物与 PVA 酯化的示意图[7]

加成法是将一个分子与另一个分子结合起来,形成一个不带有其他副产物的较大分子。这种反应的主要限制是存在多个边界,如具有碳 - 碳双键的分子,或有三键的分子。在此方法中,大部分工作都通过环加成反应完成,即　类加成反应。例如,Zhong 等[8]在温和条件下,用芳炔环加成反应得到化学转化的石墨烯。得到的功能化石墨烯在乙醇中均匀分布。Choi 等[9]通过偶氮三甲基硅烷的环加成制备了功能化的外延石墨烯。他们通过去除 N_2 和硝基及石墨烯之间的[2 + 1]亲电环加成反应或双根途径解释了反应机理。由于加成方法易于应用,可以将多种功能分子接枝到石墨烯上。

16.2.2　非共价修饰

目前已有大量研究报道了通过非共价功能化改性碳基纳米材料,这些报道说明了该方法的有效性和可行性。非共价修饰需要一些分子通过疏水性、范德瓦耳斯力或静电力物理吸附在石墨烯表面。通常通过水合肼来实现水分散体氧化石墨烯的还原,从而导致石墨烯片的团聚和聚集。为了避免聚集,需要使用合适的表面活性剂还原氧化石墨烯。

SDBS 作为一种知名的表面活性剂,广泛应用于碳基纳米材料的改性中。若使用 SDBS,石墨烯的还原会生产出表面活性剂包裹石墨烯片,其在不牺牲导电性能的情况下,在水中表现出良好的分散性[10]。Stankovich 等[11]使用聚 4 - 苯乙烯磺酸盐(Poly(sodium 4 - styrenesulfonate),PSS)对石墨烯纳米片进行非共价修饰。他们报道了通过此方法成功地还原、剥离的高水分散性的氧化石墨烯。Bai 等[12]使用具有良好的导电性能、电化学活性和水溶性的磺化聚苯胺(sulfonated polyaniline,SPANI)作为表面改性剂对石墨烯进行非共价修饰导电性能。他们报道了 SPANI 功能化石墨烯片的良好水分散性(>1mg/mL)、令人满意的导电性能(30S/m)和独特的电化学性能。Keramati 等[13]用锆英离子表面活性剂对石墨烯纳米微片进行表面改性。XRD 结果表明,用两性离子表面活性剂可以制备完全剥离的纳米片。

16.3 聚合纳米复合材料的制备方法

由于 GnP 在基体中的分散状态会影响纳米复合材料的最终性能,因此选择的制备方法以及制备的条件非常重要。石墨烯纳米微片被剥离成几层,甚至到单层,这将使这些纳米微片在每单位体积上获得高比表面积的优势。因此,选择合适的方法为纳米微片实现完全剥脱状态具有重要意义。在制备纳米复合材料的过程中,纳米片之间存在范德瓦耳斯力相互作用,使得纳米片的堆叠不可避免。如前所述,纳米片的功能化可能是一个用以防止堆叠的好策略。

与纳米粒子(有机黏土、CNT、纳米 SiO_2 等)等纳米复合材料的制备方法类似,合成含 GnP 的纳米复合材料的方法主要有三种:原位聚合、溶液共混和熔化共混。

在原位聚合技术中,将 GnP 分散在单体或单体溶液中,由热或辐射引发聚合反应。在聚合反应过程中,形成的大分子可以在纳米片之间扩散,促进形成剥离结构。Liu 等[14]通过原位插层热聚合法反应制备了聚醋酸乙烯插层石墨氧化物纳米复合材料。在另一项工作中,研究人员利用大氮引发剂的新方法制备了聚甲基丙烯酸甲酯(poly(methyl methacrylate),PMMA)/氧化石墨烯纳米复合材料[15]。Lee 等[16]通过这一方法用 TRG 纳米片制备了水性聚氨酯纳米复合材料。

相关人员采用溶液共混方法制备了含氧化石墨烯或 GnP 的纳米复合材料。将石墨烯在溶剂中剥离,将聚合物通过机械搅拌或超声波溶解。然后,聚合物吸附石墨烯纳米片,之后用溶剂将其去除。需要考虑的是,较长时间和较高超声功率可能导致纳米片的断裂。在这种方法中,与 CRG 相比,使用 TRG 将获得分散性更好的纳米片。获得的这种性能主要原因是 TRG 的褶皱结构阻止了堆叠,而 CRG 的扁平结构和强烈的界面相互作用可能导致更多的堆叠[17]。通过这种方法可以制备基于水溶性聚合物的纳米复合材料,如聚氧乙烯(poly(ethylene oxide),PEO)[18]或聚乙烯醇[19]等,这是由于氧化石墨烯在水中易于剥离。对于溶解在非质子溶剂中的非极性聚合物,氧化石墨烯应该与有机部分进行功能化,如异氰酸酯或胺。Ren 等[20]采用溶液共混法对氧化石墨烯进行功能化,并制备了高密度聚乙烯(high-density polyethylene,HDPE)纳米复合材料。

熔化混合比其他上述方法更受欢迎,因为它在挤压等可用工业设备中具有可扩展性。然而,这种方法仍有一些局限性。首先,在制备温度下,功能化程度最高的基团不稳定。在 200℃ 的典型混合温度下,含氧基团发生热降解。因此,在熔化共混法中通常使用 TRG,而不是氧化石墨烯和其他类型的功能化 GnP[21]。然而,Reghat 等[22]采用熔化共混方法在 175℃ 下制备了基于 PLA/GO 的纳米复合材料,发现纳米片具有良好分散性。在熔化共混法中第二个挑战是难以供料,这是由于石墨烯体积密度低。在 GnP 含量较高的情况下,不可能实现均匀供料。第三个限制是熔体搅拌过程中在强剪切力作用下微片出现断裂。从发表的文献报道中可以看出,石墨烯在溶液中的分散性优于熔化混合方法。Kim 等[17]对这两种方法制备聚氨酯/石墨烯纳米复合材料进行了直接比较。

16.4 聚合物/石墨烯纳米复合材料的结晶行为

在聚合物/石墨烯纳米复合材料中,大多数聚合物作为基体表现为半晶性质。对结晶行为进行研究非常重要,因为它直接影响纳米复合材料的各种性能,如力学性能。聚合物中的结晶过程通常有两个步骤:成核和晶体生长,均受到石墨烯纳米片的影响。在初始阶段,当聚合物样品通过熔化结晶时,球粒向外生长直到它们撞击到周围部分,并且在交叉点停止生长。然后,当聚合物在其余的层间区域结晶时,出现二次结晶。

16.4.1 等温结晶动力学

研究人员研究了含有 GnP 的聚合物的结晶动力学,以了解 GnP 对结晶时间发展的影响。这里有几种不同的实验方法来评价结晶动力学,包括差示扫描量热法(differential scanning calorimetry,DSC)、小角度 X 射线散射法(small-angle X-ray scattering,SAXS)、振动光谱法、核磁共振法(nuclear magnetic resonance,NMR)和偏振光显微镜(polarized optical microscopy,POM)。然而,研究人员最普遍且最常用的方法是在等温和非等温条件下的 DSC 和 POM[23-24]。一般情况下,在 DSC 的等温实验中,聚合物熔体在结晶温度附近突然冷却(液氮过冷),并在此温度下监测结晶过程。通过这个过程可以得到结晶的总速率。

在文献中,并未观察到 GnP 对结晶总速率的影响也有相同的趋势,但是发现了矛盾的结果。这种矛盾源于在基体中 GnP 的聚合物结构和分散状态。这些参数可能影响结晶的两个步骤(成核和生长)。总结晶速率是晶体生长速率和成核速率的乘积。聚合填充物的相互作用可以抑制聚合物链的迁移率,以此降低整体结晶速率。另外,分散良好的纳米粒子可以作为非均相成核剂,提高成核率。然而,在某些情况下,纳米粒子降低了成核效率,并观察到了反成核行为[23]。Xu 等[25]采用溶液凝固法制备了等规聚丙烯(isotactic polypropylene,iPP)/氧化石墨烯纳米复合材料,并用 DSC 和 POM 研究了等温结晶。他们发现在等温结晶过程中,纳米复合材料的诱导期和半结晶时间显著缩短(图 16.3)。此外,由于适当的表面积,在极低的氧化石墨烯加载下发现了相当大的微晶成核。他们将得到的数据与 Lauritzen-Hoffman 二次成核理论拟合[26],并证实了成核增强。Lauritzen-Hoffman 方程表示如下:

$$G = G_0 \exp\left[-\frac{U}{R(T_c - T_\infty)}\right] \exp\left[-\frac{K_g}{T_c \Delta T f}\right] \quad (16.1)$$

式中:G 为球晶生长速率;U 为片段转化为晶体的活化能;K_g 为成核常数;ΔT 为过冷($T_m^0 - T_c$);T_m^0 为平衡熔点;f 为 $2T_c/(T_m^0 + T_c)$ 因子,其表示温度降低到 T_m^0 以下时热函数的变化;R 为气体常数;$T_\infty = T_g - 30K$ 为所有段迁移率冻结、黏度接近无限大时的温度。

在氧化石墨烯和功能化 GnP 存在下,研究了聚 L-乳酸(poly(l-lactic acid),PLLA)的等温结晶过程[24,27]。Wang 等使用溶液法加入质量分数为 0.5%、1% 和 2% GO,制备了基于 PLLA 的纳米复合材料。他们发现在不改变结晶结构和结晶机理的前提下,总结晶速率增加。总结晶速率在质量分数为1%氧化石墨烯的情况下通过率最高,这可能与在高氧化石墨烯加载下存在一些团聚有关。尽管氧化石墨烯在含量较低时作为成核剂,但由于团聚体的形成,在较高的加载下,成核密度降低(图16.4)。此外,在较高的结晶温度(123～138℃)下,总结晶速率较低。

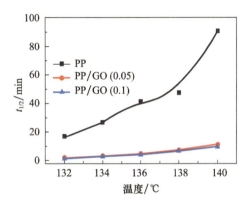

图16.3 在不同温度T_c下,净PP、PP/GO(0.05%(质量分数))和PP/GO(0.1%(质量分数))纳米复合材料的$t_{1/2}$[25]

Manafi等研究了GnP官能化对等温结晶行为的影响[24]。在此研究中,PLA经氧化和酰化后接枝GnP表面。研究了在不同温度(115℃、120℃、125℃和130℃)下的等温结晶动力学,并将所得数据与Avrami模型拟合[28]:

$$X_t = 1 - \exp(-kt^n) \tag{16.2}$$

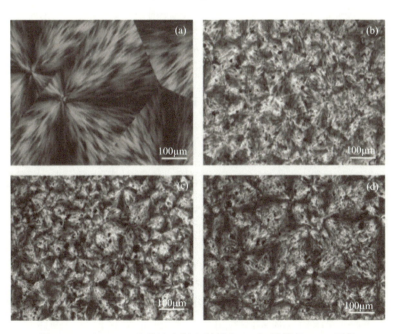

图16.4 净PLLA及其纳米复合材料在138℃结晶的POM图像
(a)净PLLA;(b)PLLA/GO(0.5);(c)PLLA/GO(1);(d)PLLA/GO(2)。

表 16.1 所列为 Avrami 参数与半结晶时间 $t_{1/2}$。结果表明,在相同的结晶温度下,含有功能化石墨烯(functionalized graphene,FGnP)的样品显示了较低的 $t_{1/2}$。在 Avrami 方程中,n 依赖于晶体的成核机制和生长几何,k 是晶化速率常数,涉及成核和生长速率参数。他们计算得出 $n=2.4$,这意味着在层状结构上的循环扩散。如表 16.1 所列,在相同保温温度下,含 FGnP 的纳米复合材料的 k 值大于含 GnP 纳米复合材料的 k 值。这意味着在 FGnP 存在下,PLA 在纳米复合材料中的结晶速率更高。

表 16.1 不同保温温度下,PLA/GnP 和 PLA/FGnP 纳米复合材料等温结晶的 Avrami 动力学参数概述[24]

样品	保温温度/℃	n	k/min^{-1}	$t_{1/2}/\text{min}$
PLA/GnP(0.5)	115	2.2	0.160	1.9
	120	2.6	0.120	2.2
	125	2.7	0.100	2.5
	130	2.3	0.109	2.7
PLA/FGnP(0.5)	115	2.3	0.200	1.5
	120	2.3	0.196	1.5
	125	2.0	0.130	2.7
	130	2.5	0.070	4.0
PLA/GnP(1)	115	2.1	0.180	1.8
	120	2.2	0.160	2.0
	125	2.2	0.110	2.9
	130	2.0	0.060	5.8
PLA/FGnP(1)	115	2.4	0.200	1.4
	120	2.3	0.202	1.5
	125	2.0	0.230	1.5
	130	2.5	0.099	2.8

一些研究报告了结晶速率的降低,这是由于功能化 GnP 的存在[23],因此一些研究重点调查了加入链促进剂的纳米复合材料。例如,Liu 等[29]使用 PEG 作为 PLA/GnP 纳米复合材料的链促进剂。他们使用冷冻干燥法制备了 PEG 和石墨烯的母粒,并通过溶液法将其加入 PLA 中。结果表明,在该母粒的存在下,PLA 的结晶度和结晶速率有了很大的提高。在 Xu 等[30]的另一项研究中,将 PEG 化学接枝到 GnP 上,将其作为同时异相成核剂和链转移促进剂。图 16.5 为 PEG-g-GO 的性能机制示意图。由于 PEG 分子不能与 PLA 结晶,因此一旦当前区域凝固,PEG-g-GO 在生长前就不能为新形成的介晶层做出贡献。根据 Lauritzen-Hoffaman 理论,他们还报告了含质量分数为1%的 PEG-g-GO(1887J/mol)样品与净 PLA(2809J/mol)和 PLA/GO(2938J/mol)相比具有较小的活化能。较小的 U 意味着分子链需要较少的活化能,才能穿过晶界/非晶区的间期。

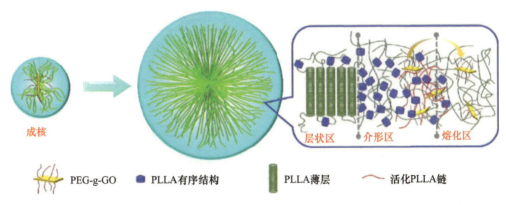

图 16.5 PLA/PEG－g－GO 纳米复合材料的结晶进程[30]

16.4.2 非等温结晶动力学

非等温结晶条件与聚合物制备的实际情况更为相似。这种研究结晶的方法通常用 DSC 完成,包括加热、冷却和再加热三个步骤。以比熔点更高的热度加热样品,并将其保持几分钟来消除热力和应力记录,然后将它冷却到正确的温度,再重新加热到熔化温度以上。可以在不同的加热和冷却速率下进行这个程序。从冷却和再加热步骤中提取出这些有用的数据:结晶起始温度 T_{onset}、结晶初始斜率 S_i、结晶峰半峰全宽(full width at the half height maximum,FWHM)、结晶焓 H_c、放热结晶温度 T_c、熔点 T_m、熔合焓 H_m、结晶度 X_c 等。研究发现提及的热学性能受到 GnP 纳米微片的影响[31-32]。

Tarani 等[31]研究了在 GnP 存在下 HDPE 的非等温结晶。他们采用改进的 Avrami 模型研究了石墨烯尺寸(直径为 $5\mu m$、$15\mu m$、$25\mu m$)对结晶行为的影响。结果表明,在不同尺寸的纳米粒子加入后,HDPE 聚合物的整体结晶速率、活化能和折叠表面自由能都发生了变化。GnP 的加入导致 HDPE 的 T_c 增大,而 GnP 直径变小,产生了更高效的非均相成核和更高的结晶速率。从改进的 Avrami 模型得到的数据表明,初生结晶包括结晶生长,直到叠片重叠。第二阶段包括填充球粒间隙,其显示的速度比第一阶段更慢。

在 P3HT 的存在下,通过原位还原氧化石墨烯,制备了含有 rGO 的聚3-己基噻吩(poly(3-hexylthiophene),P3HT)纳米复合材料[33]。研究人员利用 Avrami、Ozawa 和 Mo 模型研究了纳米复合材料的非等温结晶行为。rGO 的加入显著提高了 P3HT 的 T_c 和 X_c。研究发现,rGO 有两个相互矛盾的角色:首先,它作为成核剂促进 P3HT 的结晶;其次,它限制了 P3HT 的链迁移率,减缓了结晶。

Zhang 等[34]研究了原位聚合尼龙 6/GnP 的非等温结晶动力学。根据改进的 Avrami 方程得到的结果表明,在较低的冷却速率(5℃/min、10℃/min、20℃/min)下,尼龙 6/石墨烯纳米复合材料的结晶速率降低,而在较高的冷却速率(40℃/min)下,其结晶速率提高(表 16.2)。

他们称这一观测结果与在结晶速率下石墨烯存在的两种矛盾效应的平衡有关,在较高的冷却速率下,石墨烯的正面效应起了主导作用。然而,在较低的冷却速率下,石墨烯的负面效应占主导地位。

表 16.2　根据改进的 Avrami 方程,不同冷却速率下尼龙 6/石墨烯纳米
复合材料的非等温动力学参数[34]

样品	冷却速率/(℃/min)	$\log Z_t$	N	$\log Z_c$	Z_c
尼龙6	40	1.96	2.39	0.049	1.119
	20	1.59	2.47	0.0795	1.201
	10	1.15	2.58	0.113	1.297
	5	0.40	2.54	0.08	1.202
尼龙/GnP(0.1)	40	2.08	2.45	0.052	1.127
	20	1.25	2.33	0.0625	1.155
	10	0.58	2.49	0.058	1.143
	5	0.18	2.32	0.036	1.086
尼龙/GnP(0.5)	40	2.29	2.30	0.0573	1.141
	20	1.37	2.24	0.0685	1.171
	10	0.88	2.32	0.088	1.225
	5	0.17	2.21	0.034	1.081
尼龙/GnP(1)	40	2.09	2.26	0.0523	1.128
	20	1.10	2.19	0.055	1.135
	10	0.83	2.25	0.083	1.211
	5	0.30	2.21	0.06	1.148

Gomari 等[23]研究了含有/不含有 $LiClO_4$ 盐的 PEO/PEG‑g‑GnP(FGnP)纳米复合材料在锂离子电池中作为电解质时的非等温结晶作用。他们采用改进的 Avrami 方程和结合的 Avrami‑Ozawa 方程,结果表明在 PEG‑g‑GnP 存在下,Avrami 指数值并未发生变化,这意味着其成核机制和晶体生长不受影响。但是,在 PEO 和 PEO:$LiClO_4$ 系统中加入 PEG‑g‑GnP 后,半结晶时间增加。图 16.6 显示了 PEG‑g‑GnP 对非等温结晶参数的影响,如 T_c、ΔH_c、$t_{1/2}$,该图还显示了基于改进的 Avrami 方程,PEO 和 PEO:$LiClO_4$ 系统的动力速率常数 Z_c。他们的结论是 PEG‑g‑GnP 对 PEO:$LiClO_4$ 结晶行为的影响比 PEG 更为显著。

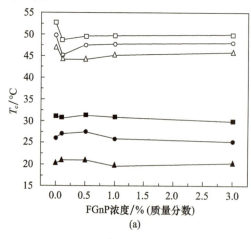

(a)

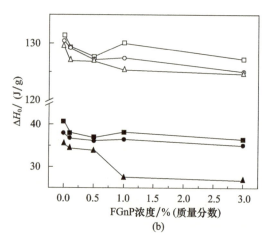

(b)

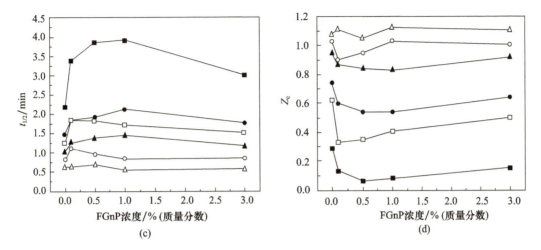

图16.6 （a）结晶温度，（b）结晶焓，（c）半结晶时间，（d）在2℃/min（正方形）、5℃/min（圆形）和10℃/min（三角形）下，PEO和纳米复合材料样品（空心符号）以及SPE和纳米复合电解质（实心符号）基于改进的Avrami方程的动力速率常数与FGnP浓度的函数关系[23]

16.5 导电性能

由于GnP具有很高的固有导电性能，可以通过电子途径的形成来改善导电性。GnP的分散状态是提高导电性能的主要因素，它决定了达到渗透阈值所需的最小GnP含量。与其他碳基填充物相比，极低含量的GnP能够将绝缘聚合物转变为导电材料。需要注意的是，虽然化学功能化的GnP改善了分散质量，但GnP碳结构的破坏，使得导电性能较低。换句话说，导电性能有两个因素平衡：功能化（负效应）和分散（正效应），其中分散因子通常占主导，可以增加总导电性能。由于GnP的分散受制备方法的影响，溶液法具有较好的分散性，导致较高的导电性能。导电性能也受聚合物基体的影响，热固性聚合物在相同加载下比热塑性材料具有更高的导电性能[35]。

在渗透阈值处，通过聚合物基体形成互连的纳米片网络，导电性能突然增加到导电材料的普通值（约10^{-3} S/cm）。在基体中电子传递有两种机制：隧穿与接触。当电子能在两个相邻的石墨烯片之间传输时，这两个石墨烯片可以彼此足够接近，并由一层薄的聚合物隔开，这就是通常发生的隧穿机制。在接触机制中，电子的直接通路由GnP纳米片之间的物理接触产生。在GnP浓度较低的情况下，隧穿是占主导的机制，因为石墨烯片的数量不足以提供物理接触。另外，在较高的浓度和超过渗透阈值点的情况下，导电性受接触机制的控制。上述两种机制都受GnP的分散状态和比表面积的影响。石墨烯纳米片的长径比是决定渗透阈值的重要因素。很明显，随着长径比的增加，可得到较低的渗流阈值浓度。

渗流阈值通常由实验数据与幂律方程的拟合得出：

$$\sigma_c = \sigma_f [(\phi - \phi_c)/(1 - \phi_c)]^t \tag{16.3}$$

式中：σ_f为填充物的导电性；ϕ为填充物体积分数；ϕ_c为渗透阈值；t为普遍的临界指数。纳米复合材料的导电性σ_c可以用填充物体积分数ϕ描述。此外，还绘制了$\log\sigma_c$和$\log(\phi - \phi_c)$的对比，可以计算t和ϕ_c。典型的图表如图16.7所示。

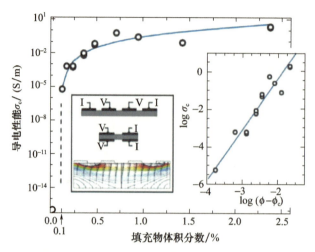

图 16.7 聚苯乙烯/苯基异氰酸酯 – 功能化石墨烯纳米复合材料的电导率与填充物体积分数的函数关系;插图显示导电性能的幂律关系[36]

近年来,包括 GnP 在内的导电复合纳米复合材料的制备引起了人们广泛的研究兴趣。相关人员制备了包括还原 GO 在内的基于各种复合材料的导电纳米复合材料,这些复合材料包括 PET[37]、PA6[38]、PVDF[39]、PS[40]、PI[41]、PU[17] 和 HDPE[42]。

在大多数报告中,电渗流阈值的数据在 1%(体积分数)以下[17,37-38,40-41]。然而,一些研究也获得了较高的数值[39,42]。Stankovich 的著作中报道了一个最低渗透阈值(体积分数为 0.1%),他通过溶液混合合成 PS/异氰酸酯处理的 GO[36]。在该研究中,他们用二甲基肼还原 GO。石墨烯片具有极高的比表面积和较好的均匀分散,达到了较低的渗流阈值。

Zheng 等[38]观察到另一个低渗透阈值。他们发现了基于 PA6 和热还原 GO(rGO)的纳米复合材料的渗透阈值为 0.41%(体积分数)。随着 ε – 己内酰胺的原位聚合,同时发生了 GO 的还原。在 rGO 为 1.64%(体积分数)时,测得了 0.028S/cm 的极高导电性能。这是由于基体中 rGO 纳米片的比表面积、大比表面积和均匀分散。因此可以得出结论,为了在极性聚合物中达到低的电渗透阈值,必须使用 rGO。Ansari 和 Giannelis 对比了 TRG 和剥离石墨(exfoliated graphite,EG)对基于 PVDF 纳米复合材料的导电性能的影响[39]。实验结果表明,与 PVDF/EG 试样(质量分数为 5%)相比,获得的 PVDF/TRG 纳米复合材料的渗流阈值(质量分数为 2%)更低,如图 16.8 所示。

已有报道在弹性体中使用石墨烯纳米片增强电学性能。例如,Araby 等[43]通过溶液共混制备 SBR/GnP。如图 16.9 所示,在(体积分数)5% ~7%范围内,固化 SBR 的绝缘性质被破坏。这些较高的渗透阈值是由于弹性体的高阻性(与热塑性弹性体相比)和 GnP 的不适当分散所导致。

Zhang 等[37]通过熔化复合制备了 PET/石墨烯导电纳米复合材料。本研究采用原始石墨氧化法制备石墨烯纳米片,然后进行热还原和剥离。他们报道了 0.47%(体积分数)石墨烯可以达到低渗流阈值和只需要 3.0%(体积分数)石墨烯就可以达到高导电性能 2.11S/m。石墨烯表面含氧基团与 PET 的活性极性基团之间存在良好的相互作用,使得石墨烯纳米片均匀分散,这导致低渗流阈值。图 16.10 所示为 PET/TRG(体积分数为

3%)的低高倍 TEM 显微照片。在低倍率图像中(图 16.10(a)),可以观察到整个基体的互连网络。另外,在高倍率图像中(图 16.10(b)),可以观测到分散良好的纳米片。在图像中可以检测到褶皱和重叠的石墨烯片,这将单个石墨烯片连接在一起,从而产生高的导导电性能。

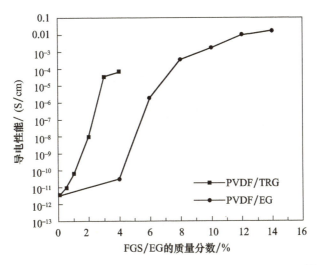

图 16.8　PVDF/TRG 和 PVDF/EG 纳米复合材料的导电性能[39]

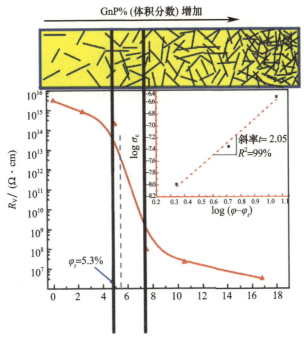

图 16.9　净 SBR 及其固化 GnP 纳米复合材料的体积电阻率[43]

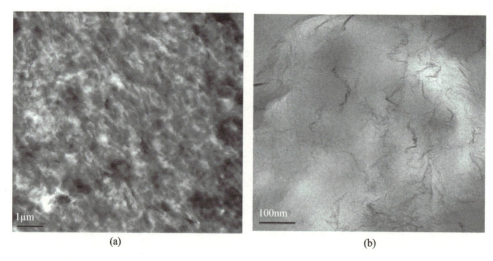

图 16.10 PET/TRG(3%(体积分数))纳米复合材料的两种不同 TEM 图像放大图[37]

Qi 等比较了 PS/MWCNT 和 PS/TRG 纳米复合材料的导电性能,通过溶液法制备这些材料,并将其压缩成型[40]。他们发现 PS/TRG 样品的导电性能比 PS/MWCNT 高 2~4 个数量级。他们还在复合物中增加了 PLA(40%(质量分数)),以此形成双渗流网络。PS/PLA/TRG 样品的渗透阈值为 0.075%(体积分数),比 PS/TRG 约低 4.5 倍。这种行为的主要原因是纳米粒子在 PS 相上的选择性局域化,这导致在相对较低的石墨烯浓度下形成一个网络结构。这些样品的渗流阈值和石墨烯的局域化分别如图 16.11(a)和(b)所示。Mao 等[44]在聚苯乙烯/聚甲基丙烯酸甲酯/功能化石墨烯的情况下,采用了双渗流网络的策略。

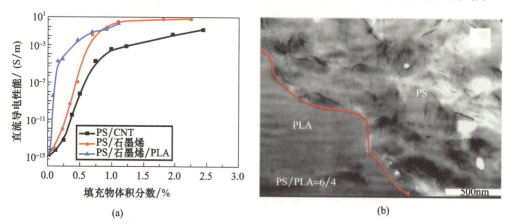

图 16.11 (a)纯 PS 及其纳米复合材料的填充物体积含量对导电性能的影响,(b)含体积分数约 0.46%(1%(质量分数))石墨烯的 PS/PLA(6/4)纳米复合材料的 TEM 图像[40]

16.6 力学性能

相关人员发现,在非缺陷条件下,石墨烯的模量约为 1TPa,强度约为 130GPa[2]。事实上,石墨烯是自然界中最坚硬的物质。尽管在功能化过程中石墨烯表面不可避免会存在缺陷,但含有缺陷的石墨烯模量还不足以增强聚合物基体的性能(CRG片的弹性模量仍然高达0.25TPa[45])。

拉伸性能,包括弹性模量、拉伸强度和断裂伸长率等通常用来评估力学性能。值得注意的是,石墨烯纳米微片的加入通常会增加弹性模量。有趣的是,弹性材料中弹性模量的增加更为明显。石墨烯纳米片的加入使得材料的模量提高,主要原因是石墨烯纳米片具有高模量和与界面黏附无关的模量。换句话说,由于是在低伸长(<5%)时确定模量,所以界面不能起主要作用。另外,填充物与基体相互作用的性质对拉伸强度和断裂伸长率有很大的影响。改善填充物–基体相互作用的一种方法是纳米粒子与适当分子的化学功能化,这与基体表现出良好的亲和性。

一般情况下,只要达到以下条件,就可以使聚合物纳米复合材料的力学性能增强:①纳米填充物在基体中的均匀分散;②纳米填充物与基体强相互作用。石墨烯的均匀分散和剥离成片,甚至单纳米片,使得这些纳米片在聚合物中有一个重要优势,即较大的比表面积。此外,界面的强附着力确保了从聚合物链到石墨烯纳米片具有良好加载转移。

Wang 等[46]基于PA6和两种石墨烯制备了纳米复合材料:用3–氨基丙三乙氧基硅烷制备了石墨烯和改性石墨烯。样品拉伸强度和模量的变化如图16.12所示。可见,两

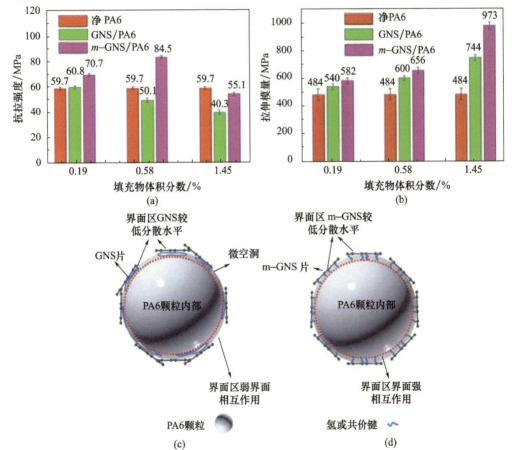

图 16.12　净(GNS)和改性(m–GNS)石墨烯(a)拉伸强度(b)拉伸模量;(c)PA6/GNS 的增强力学模型和(d)PA6/m–GNS 纳米复合材料的模型[46]

种纳米复合材料的弹性模量均逐渐增大。然而,在含有功能化石墨烯的样品中,检测到增量较高。在含有净石墨烯的样品中,由于 GnP 与 PA6 分子不兼容,拉伸强度降低。在这种情况下,由于 GnP 和 PA6 之间存在大量的微空洞或应力集中点,加载转移不足。然而,除了加载高外,含有功能化石墨烯的试样的抗拉强度比净 PA6 高,这可能与较高的团聚形成概率有关。图 16.12(c)和(d)示意图显示了 FGnP 矩阵和净石墨烯基体之间的不同相互作用。FGnP 与基体的良好相互作用抑制了微空洞的形成。

Luong 等[41]研究了聚酰亚胺/功能化石墨烯(polyimide/functionalized graphene, FGS)的拉伸性能。在异氰酸乙酯化学改性石墨烯的存在下,获得了原位聚合聚酰亚胺。图 16.13 所示为应力-应变曲线和导出的数据。由于 FGS 与聚合物基体之间具有良好的附着力,而 FGS 添加量仅为 0.38%(质量分数),因此弹性模量显著增加(从 1.8GPa 提高到 2.3GPa,与纯聚合物相比提高了约 30%)。此外,拉伸强度由 122MPa 提高到 131MPa。

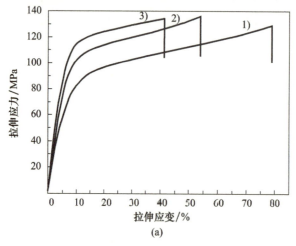

序号	样品	拉伸强度/MPa	模量/GPa	断裂伸长率/%
1	净 PI	122±6	1.8±0.2	69±19
2	PI/FGS (0.38%(质量分数))	131±4	2.3±0.4	42±10
3	PI/FGS (0.75%(质量分数))	127±5	2.4±0.3	36±10

(b)

图 16.13 (a)净 PI(1)和 0.38%(质量分数)(2)和 0.75%(质量分数)(3)PI/FGS 纳米复合材料的典型应力-应变曲线;(b)纳米复合薄膜力学性能概述[41]

Gomari 等[47]报道了含 GnP 的聚氧乙烯(polyethylene oxide, PEO)薄膜和功能化 GnP 与 PEG 的复合材料(functionalized GnP, FGnP)的拉伸性能。采用溶液法制备试样,应力-应变曲线如图 16.14 所示。PEO 和纳米复合样品均表现出屈服行为。含 1%(质量分数)纳米微片 FGnP 与 GnP 纳米复合材料的抗拉强度分别为 148% 和 29%、韧性为 466% 和 165%,断裂伸长率为 186% 和 87%。

Steurer 等[48]以 PA6、PP、PC 和 SAN 为原料,使用 TRG 制备了纳米复合材料,并对其力学性能进行了研究。结果表明,与净树脂相比,加入 TRG 后,复合材料的弹性模量增加,而断裂伸长率降低。

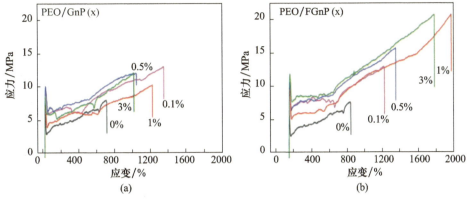

图 16.14　净 PEO 及其纳米复合材料的应力 – 应变曲线
(a)PEO/GnP(x);(b)PEO/FGnP(x)[47]。

16.7　阻气性能

众所周知,有机黏土和石墨烯等平面纳米填充物的加入会阻碍气体向聚合物扩散。实际上,平面填充物为气体分子的渗透创造了更长的曲折路径。纳米复合材料的阻隔性能受以下因素控制:聚合物基体的性质、填充物的性能(长径比、含量和填充物的固有阻隔性能)以及填充物的分散状态。此外,填充物的定向、填充物/基体界面以及基体的结晶度也会影响阻隔性能。

在添加石墨烯后,PET、EVOH 和 PVA 的阻隔性能大大增加,且具有固有不可穿透性。Al – Jabareen 等[49]研究了石墨烯纳米片对 PET 氧阻隔性能的影响。他们发现,加入 1.5% (质量分数)的 GnP,复合材料的氧穿透性降低 99%(0.1 $cm^3/(m^2·天·原子)$)。这种行为是由于 GnP 的分散性好所导致,并且因为 GnP 的存在,其结晶度高。氧透过率(oxygen transmission rate,OTR)和结晶程度与 GnP 含量的变化如图 16.15(a)所示。图 16.15(b)所示为 PET/GnP(1.5%(质量分数))断口表面的典型 SEM 图像,这意味着 GnP 片平行于薄膜平面。

在 Shim 等[50]有关聚乙烯对苯二甲酸酯/石墨烯纳米复合材料的另一项研究中,他们发现与未功能化石墨烯相比,烷基和烷基醚基团的 GO 官能化能提高阻气性能。图 16.16 所示为含 GO 和 fGO 的 PET 的氧流量和渗透系数。

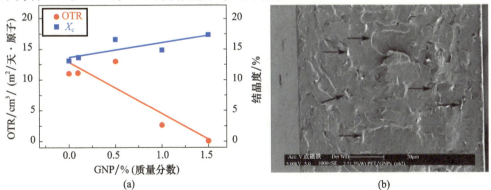

图 16.15　(a)纳米复合薄膜中 OTR 和结晶度与 GnP 含量的关系,(b)PET/GnP(1.5%(质量分数))断裂表面的 SEM 图像[49]

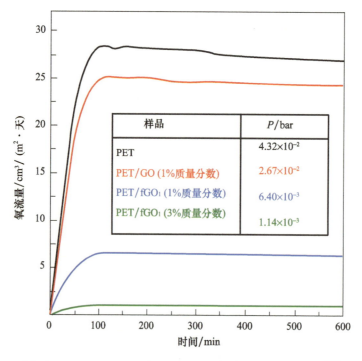

图 16.16　PET、PET/GO 和 PET/fGO 的氧流量和氧渗透系数[50]

EVOH 可以应用于包装材料,能够延长食品和药品的保质期。Yang 等[51]报道了 EVOH/TRG 纳米复合薄膜的 O_2 渗透系数下降到 8.517×10^{-15} $cm^3 \cdot cm/(cm^2 \cdot s \cdot Pa)$,这比 EVOH 原膜低 1671 倍。他们将实验数据用著名模型(Nielsen[52] 和 Cussler 理论模型[53])拟合,以此分析穿过薄膜的氧透过率,如图 16.17 所示。可以看出,他们的实验数据符合 Cussler 理论。在这个模型中,纳米微片也许可以在整个聚合物基体上完全定向阵列。

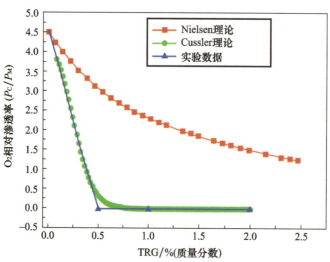

图 16.17　根据 Nielsen 和 Cussler 理论,EVOH/TRG(0.5%(质量分数))的实验值和预测值的相对渗透率图[51]

相关人员研究发现加入石墨烯纳米片提高了复合材料的弹性体(如IIR[54]、XNBR[55]、SBR[56]和PDMS[57])的阻气性能。Ha 等[57]制备了氨丙基封端的远螯PDMS/GO,并检测了常见气体的透气性,如H_2、N_2、CO_2、CH_4和O_2。所得结果如图16.18所示,结果显示了仅在PDMS基体加入3.55%(体积分数)(8%(质量分数))GO 后,复合材料对上述气体的透气性降低了99.9%。此外,在CO_2/N_2和CO_2/CH_4情况下,与纯PDMS 相比,纳米复合材料样品的气体选择性更丰富。研究人员采用了Nielsen 模型和Cussler 模型的实验数据,并进行了SEM 分析。基于这些结果,他们提出了气体渗透遵循不同的模型,这取决于纳米填充物的浓度和排列。如图16.18所示,在低浓度下,改进的Nielsen(随机)为合适模型;在中等GO 含量时,改进的Nielsen(对齐)为合适模型;在高含量GO 时,改进的Cussler 为合适模型。

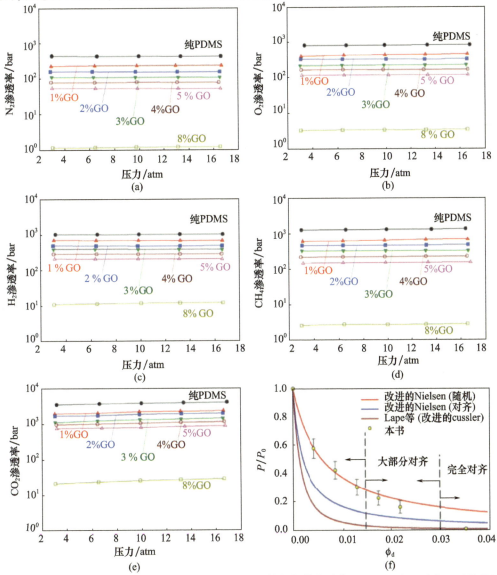

图 16.18 净 PDMS 和 PDMS/GO 纳米复合材料弹性体的气体渗透率,(a)N_2、(b)O_2、(c)H_2、(d)CH_4和(e)CO_2;相对渗透函数与 GO 体积含量的关系,根据 GO 阵列状态和 GO 的浓度分成三个不同的区域。数据点是所有气体(N_2、O_2、H_2、CH_4和CO_2)的平均相对渗透系数 R 值,而误差条是这些数据的标准偏差[30](图中数据皆为质量分数)

Sadasivuni 等[54]比较了 IIR/TRG 与 IIR/纳米黏土的阻气性能。他们发现,净 IIR、IIR/纳米黏土(5g/100g)和 IIR/TRG(5 份/100 份)的 OTR 分别等于 38.4mL/(m^2·24h)、35.6mL/(m^2·24h)和 28.4mL/(m^2·24h)。这一观测结果与石墨烯的大长径比(130 比 108)和高比表面积(2630m^2/g 比 750m^2/g)有关。

16.8 导热性能

石墨烯的另一个显著特性是高导热性能。相关人员已经报道了单层石墨烯的导热性能为 4840~5300W/(m·K)。这一数值远远高于聚合物(0.1~1W/(m·K)),甚至高于其他碳基填充物(如 CNT 和 CNF(约为 3000W/(m·K))[2]。然而,值得注意的是,在加入石墨烯纳米片后,导热性能提高的程度不如导电性能。这是因为石墨烯和聚合物的导热性能的差异(0.1W/(m·K)比 5000W/(m·K))比它们的导电性能差异(6000S/cm 对比 10^{-15}S/cm)更小。所获得的导热聚合物可用于树脂糊剂、热活化形状记忆体聚合物和电子设备。

固体材料中的传热可以通过声子进行。声子及其二维传输在室温下主导石墨烯和石墨的导热性能。通过基底、边缘或界面的声子散射可以调节石墨烯或石墨烯纳米复合材料的热流。值得注意的是,石墨烯优异的热学性能可能产生许多有趣的应用,如聚合纳米复合材料的热管理。

导热性能可用下列公式来确定:

$$K = \alpha \times \rho \times C \tag{16.4}$$

式中:K 为导热性能(W/(m·K));α 为热扩散率(mm^2/s);ρ 为密度(g/cm^3);C 为比热(J/(g·K))。在这些参数中,测量 α 比较困难,通常需要用激光闪光技术来评估。在这种方法中,样品的一侧被激光的热脉冲照射。用红外照相机测量厚度方向的传热。热扩散率用下列方程计算[58]:

$$\alpha = \frac{1.38 L^2}{\pi^2 t_{1/2}} \tag{16.5}$$

式中:$t_{1/2}$ 为在样品的另一端达到 1/2 最大温度的时间;π 为激光的输入功率;L 为样品的厚度。

关于聚合物/石墨烯纳米复合材料的导热性能的报道很少。Araby 等[43]用溶液法制备 SBR/石墨烯纳米复合材料。他们发现,在加入 24%(体积分数)的石墨烯后,SBR 的导热性能从 0.177W/(m·K)增加到 0.480W/(m·K)(图 16.19)。如前所述,由于界面电阻(即 Kapitza 电阻)高,且石墨烯和聚合物的导热性能差异比导电性能差异更小,因此导热性能的增强比导电性能低。

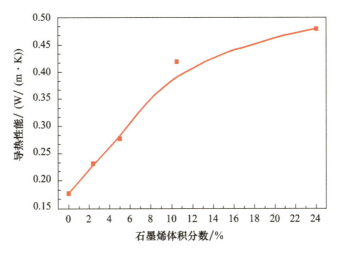

图 16.19　SBR 及其 GnP 固化纳米复合材料的导热性能[43]

16.9　流变性能

众所周知,聚合物的流变行为和制备性能之间有着密切的关系。事实上,流变性能表明了聚合物不同制备工艺的熔体制备行为,如挤压和注塑等。在纳米复合材料中,由于流变性能受纳米填充物尺寸、形状、结构和表面的影响,因此可以通过测量流变参数来确定纳米分散相的分散状态。

稳态剪切和动态振荡剪切测量技术都可以用来分析材料的流变行为。随着填充物的增加,纳米复合材料在低剪切速率下的黏度变化趋势逐渐增强。在这个区域,通常会观察到类似固体的行为,这是由于物理干扰或通过聚合基体形成一个固体网络。为了评价纳米复合材料的类固体行为,测量了末端区的储存模量斜率 G'。在这个区域,净聚合物的共同趋势是 G' 和 G'',分别与 ω^2 和 ω 成比例。然而,纳米复合材料的 G' 和 G'' 斜率偏离了上述值,并观察到它的非末端行为。Sabzi 等[59]确定了 G' 曲线的斜率,并将其绘制成与两种石墨烯浓度相关的函数,如图 16.20 所示。可以看出,NO_2 型石墨烯与 xGn 相比较快速下降,这与这种石墨烯较高的比表面积和较强的网络结构有关。

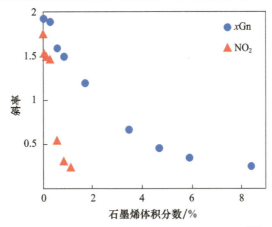

图 16.20　G' 曲线低频区的斜率与石墨烯浓度[59]

在高剪切速率下,通常会检测到假塑性。这种行为的主要原因是纳米填充物在熔体流动方向上的定向。图 16.21 所示为不同石墨烯含量的聚丙烯的典型黏度 – 频率曲线。

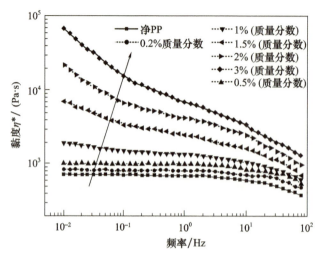

图 16.21　在 200℃下,不同石墨烯含量的净 PP 及其纳米复合材料的复合黏度 η^* 与频率的比较[60]

加入石墨烯纳米片通常会使弹性增加。两个模(G'和G'')的交点可以说明纳米复合材料的弹性性质。这个频率称为交叉频率,在该频率下 G' 和 G'' 相等。假定在交叉点,发生从黏弹性固体($G' > G''$)到黏弹性液体($G' < G''$)的流变变化。结果表明,随着石墨烯含量的增加,交叉频率降低,这意味着石墨烯的加入增强了弹性。Basu 等[61]采用原位聚合法制备了基于普通聚苯乙烯和石墨烯的纳米复合材料,并测定了交叉频率及其相应的松弛时间,见表 16.3。可以观察到样品的交叉频率随着石墨烯含量的增加而降低,这表明纳米石墨烯的加入使聚合物熔体表现出更多的伪固态行为。从表中可以发现随着石墨烯含量的增加,松弛时间增加。结果表明,聚合物链的松弛时间反映了在制备操作中聚合物链松弛所需的时间。松弛时间的重要性在于它能反映样品中残余应力的存在。Deborah 数定义为聚合物制备时间与最长松弛时间的比值。如果 Deborah 数大于 1,聚合物链就有足够的松弛时间,因此样品中没有残余应力。由于石墨烯纳米片限制了样品的链迁移率,因此完全松弛需要更长的时间。

表 16.3　聚苯乙烯/石墨烯纳米复合材料的交叉频率和特征松弛时间[61]

石墨烯含量	0	0.25	0.5	0.75	1.00	1.50	2.00	2.50
交叉频率/s^{-1}	36.902	24.708	0.6608	0.8827	0.8523	1.4423	3.1264	0.1843
松弛时间 λ/s	0.027	0.040	1.513	1.133	1.173	0.693	0.319	5.426

在某些情况下,石墨烯纳米片对弹性的影响非常大,以至于无法观察到交叉点。换句话说,在整个频率范围内,G' 比 G'' 高。例如,在净 PMMA 中,交叉频率为 26rad/s,而 PMMA/石墨烯纳米复合材料代表主要的弹性响应($G' > G''$),如图 16.22 所示[62]。

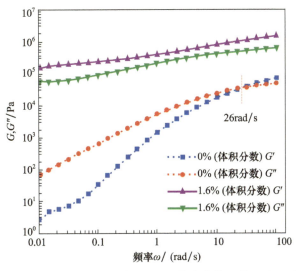

图 16.22　净 PMMA 和 PMMA/石墨烯(1.6%(体积分数))的 G' 和 G'' 交叉频率[62]

另一个重要的流变参数是渗流阈值。在渗流阈值前后,流变行为通常会发生改变。用不同的方法测定填充物聚合物的渗流阈值。一种方法是基于随机方向磁盘的总排斥体积 V_{ex}。在此方法中,可通过以下方法确定渗流阈值:

$$\varphi_c = 1 - \exp\left(-\frac{\langle V_{ex}\rangle t}{\pi r}\right) \tag{16.6}$$

式中:t、r 分别为碟片的厚度和半径。

在另一种方法中,在低频时纳米复合材料的弹性模量 G'_0 与纳米粒子的体积含量相关。这种关联可以通过幂律模型描述如下:

$$G'_0 \propto (\varphi - \varphi_{cG'})^v \tag{16.7}$$

式中:v 为弹性指数,它受到承载应力机制影响。Zhang 等[62]制备了含有三种不同 C/O 比石墨烯的 PMMA 纳米复合材料,并计算了流变渗流阈值。如图 16.23 所示,最低渗流阈值与含石墨烯-13.2(0.3%(体积分数))的纳米复合材料有关。在图中,石墨烯前面的数字代表 C/O 比率。C/O 比值较高的石墨烯分散性较好,这是由于界面相互作用较高,且极性匹配较好。

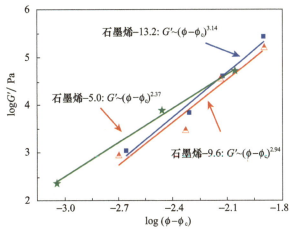

图 16.23　当 $\omega = 0.1\text{rad/s}$ 时,含有不同石墨烯类型 PMMA 的存储模量与不同石墨烯含量和流变渗流阈值的关系[62]

研究人员对比较聚合物纳米复合材料的流变性和电渗流阈值有浓厚兴趣。通常有三种类型：$\varphi_{c\,rheo} < \varphi_{c\,elec}$、$\varphi_{c\,rheo} \approx \varphi_{c\,elec}$ 和 $\varphi_{c\,rheo} > \varphi_{c\,elec}$。当 $\varphi_{c\,rheo} > \varphi_{c\,elec}$ 时，石墨烯纳米片之间直接接触形成了导电网络，从而达到了电渗透阈值。然而，只有当通过基体形成刚性网络时，才能实现流变性渗流。由此可以得出结论，石墨烯含量不够高就不能提高基体的刚度。当 $\varphi_{c\,rheo} < \varphi_{c\,elec}$ 时，石墨烯纳米片之间不直接接触，因此无法通过基体形成互连的网络。然而，吸附在石墨烯表面的聚合物链可以提高填充物的有效体积含量，并在相邻的两个纳米片之间起到桥梁作用，从而促进石墨烯的渗流。在这种情况下，聚合物链与石墨烯表面的亲和力起主导作用。值得注意的是，当相邻纳米片之间的距离小于临界值时，就会达到流变渗流。该临界值介于聚合物纠缠距离和 2 倍旋转半径之间（这取决于聚合物的温度、性质和分子量）。当石墨烯与石墨烯的距离小于纯聚合物的收缩管直径时，可以用蠕变理论解释聚合物链的运动为刚性。由于流变渗流的临界值一般小于电渗流的临界值，可以观察到在大多数情况下，$\phi_{c\,rheo} < \phi_{c\,elec}$。

16.10 石墨烯和其他纳米填充物等杂化纳米材料

在同一基体中组合两种或两种以上不同类型的填充物来形成杂化纳米复合材料。实际上，其中一种填充物应该是纳米级，另一种填充物可以是微型/纳米级。这些杂化纳米复合材料具有单一填充物无法实现的许多性能。石墨烯纳米片与其他填充物进行杂化是利用新特性的一个很好的选择。通过石墨烯与不同增强材料的杂化，可以提高其力学性能和阻隔性能，提高其导电性能和导热性能。

Chaharmahali 等[63]研究了 GnP 对 PP/蔗糖酶复合材料物理、力学和形态性能的影响。蔗糖酶含量分别为 15% 和 30%（质量分数），而使用的 GnP 在 0.1~1%（质量分数）范围内。结果表明，加入 GnP 对复合材料的物理力学性能有较大的影响，与没有含有石墨烯的样品相比，在复合材料中加入 30%（质量分数）蔗糖酶和 0.1%（质量分数）GnP，抗拉强度提高了 22.5%、抗拉模量提高了 29%、抗弯强度提高了 6.8%、抗弯模量提高了 30%。

Patole 等[64]制备了自组装石墨烯/碳纳米管/聚苯乙烯杂化纳米复合材料，并对其热学、力学和电学性能进行了研究。他们采用水基原位微乳液聚合制备样品，示意图见图 16.24。如图 16.24 所示，自组装纳米复合材料被用作聚苯乙烯的填充物。他们的结论是，涂有聚合物纳米粒子的石墨烯片之间的 CNT 间隙桥接，使得电性能得到了提高。TEM 显微镜可以检测到 CNT 桥接，典型的显微图如图 16.24(b) 和 (c) 所示。

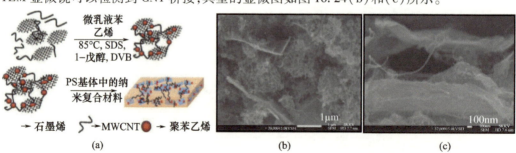

图 16.24 (a) 聚苯乙烯/碳纳米管/石墨烯的合成方法，(b) 和 (c) 聚苯乙烯/碳纳米管/石墨烯纳米复合材料 SEM 不同程度放大图像[64]

Hsiao 等[65]采用 TRG-硅杂化填充物,在保持电阻率的同时,提高了环氧树脂的导热性能。采用溶胶-凝胶法合成了氧化石墨烯-硅纳米片"三明治"结构,并在 700℃氩气氛下进行了热还原。样品制备的步骤如图 16.25 所示。

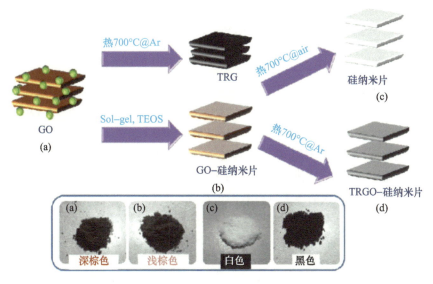

图 16.25　(a)GO、(b)氧化石墨烯-硅、(c)硅和(d)TRG-硅纳米片的制备流程示意图[65](每个产品的颜色也显示在底部的盒子里)

样品的导电性能和导热性能的变化如图 16.26 所示。可以看出,加入 1%(质量分数)热还原石墨烯-硅后,纳米复合材料的导热性能显著提高,导致其导热性能比纯基体高 61%。另外,图 16.26(b)显示加入这种含量填充物的复合材料的导电性能没有变化。这种行为的主要原因可能是硅层对电路径产生的阻碍作用。换而言之,硅层覆盖 TRG 的表面,并导致能够提高导热性能的三维声子传输通道的形成。

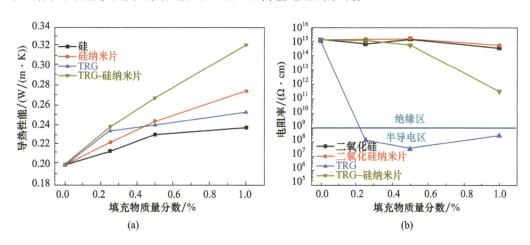

图 16.26　含三种不同填充物的纳米复合材料的(a)导热性能和(b)电阻率[65]

16.11 聚合物/石墨烯纳米复合材料的应用

由于石墨烯的杰出性能,其在光学、电子、热学、阻隔等领域产生了新的应用。相关人员已经报道了石墨烯基聚合物纳米复合材料在阻气膜、传感器、超级电容器、光电器件、锂离子电池、水处理、药物输送系统和组织工程中的应用。

有必要保护一些设备或材料不受氧气和水分的影响。例如,锂离子电池、燃料电池和其他一些电子设备对氧气和水汽很敏感,在这些气体的存在下,它们的应用性能会恶化。另外,在食品包装中,抑制气体和水汽扩散非常关键。与金属薄膜(如铝箔)相比,聚合物薄膜具有更好的柔韧性和透明度。然而,聚合膜对气体和蒸气具有固有的渗透性,这使得它们不适合包装应用。石墨烯作为一种具有非多孔性质的片状纳米填充物,有效地提高了聚合物薄膜的阻隔性能。实际上,石墨烯纳米片使得气体分子的扩散过程变得曲折而漫长,从而显著降低聚合物纳米复合材料的渗透性。

基于磺化四氟乙烯共聚物(Nafion)、聚吡咯(polypyrrole,PPy)、聚苯胺(polyaniline,PANI)和聚异丁烯异戊二烯共聚物的含石墨烯纳米复合材料已应用于传感领域。磺化四氟乙烯共聚物/还原石墨烯纳米复合材料对铅、镉等金属离子表现出很高的敏感性[66]。PANI/石墨烯或氧化石墨烯分别用于 H_2 气体和甲醇的感测[67-68]。采用原位聚合的 PPy/GO 水凝胶对氨气进行灵敏度感测,与净 PPy 相比,这种水凝胶的灵敏度提高了 40%[69]。导电聚合物,如聚苯胺、聚吡咯、聚噻吩(polythiophene,PTh)及其衍生物是高性能能量器件的理想选择。近年来,基于共轭聚合物和石墨烯的聚合物纳米复合材料广泛应用于超级电容器的电极材料中。超级电容器是一种能量存储设备,能够提供高功率密度。由于石墨烯具有较高的比表面积,可以改善假电容聚合物与电解质之间的相互作用,从而促进双电层的产生。石墨烯功能化为聚合物基体提供了较高的界面相互作用,为储能提供了良好的协同作用。

太阳能电池作为一种具有成本效益的能源,近年来引起了人们的极大兴趣。聚合物太阳能电池是一种光伏装置,利用导电聚合物吸收光,并通过电荷传输将阳光转化为电能。尽管石墨烯的光电性能较弱,但异质结纳米结构的形成可以改善原始石墨烯的性能。由于石墨烯具有很高的导电性能,它可以很大程度上接受光致电荷载流子,提高半导体导电带的电子转移速率,这将显著提高太阳能电池的效率。石墨烯/聚3,4-乙基二氧噻吩:聚苯乙烯磺酸(石墨烯/PEDOT:PSS)纳米复合膜在氟掺杂的锡氧化物导电基底上电沉积,并在染料敏化太阳能电池中作为对电极[70]。纳米复合膜在电解质/电极界面上具有较低的电荷转移电阻和较高的催化活性。

锂离子电池(lithium ion battery,LIB)是一种非常有用的长期存储和供电设备,具有良好的容量和循环稳定性。因此,它们作为主要电源可以应用于许多不同的电动汽车中。LIB 的性能很大程度上取决于电极材料,即阳极和阴极。传统的 LIB 分别采用石墨和含锂过渡金属氧化物作为阳极和阴极。然而,新的研究集中在使用新型的高性能电极材料上。石墨烯具有较高的电化学活性、较高的电荷载流子迁移率和较强的力学性能,是一种应用于 LIB 的新型电极材料,特别是作为柔性电极[71-72]。此外,相关人员还研究了不同的电活性聚合物,如 PPy 和 PANI 作为纳米复合聚合物基电极[73],并采用聚偏二氟乙烯/

石墨烯纳米复合材料作为活性材料的导电结合层以及 LIB 电流集电极,从而提高了阳极的电化学性能[74]。

水过滤是石墨烯基纳米复合材料的主要应用之一。GO 由于含有大量的氧官能团,因此对重金属离子、合成染料和其他一些有机化合物有很强的吸附能力。由于 GO 容易在水中分散,吸附过程后 GO 片很难与水介质分离。一种合适的分离方法是将它们与聚合物混合并制成聚合物纳米复合材料。在此背景下,相关人员致力于研究基于 GO 的纳米复合材料和生物聚合物,如海藻酸盐和壳聚糖[75]。GO 的存在将同时提高这些聚合物的吸附性能和力学性能。

研究人员已经报道了石墨烯在药物传递系统中的应用。适当的聚合物接枝在 GO 的表面,并用作药物传递的纳米载体。聚 N-乙烯基己内酰胺、聚乙二醇和聚乙烯亚胺的接枝在 GO 上,从而应用于药物传递系统[76]。

基于可生物降解和生物相容性聚合物的纳米复合材料,如聚丙酯(poly(propylene carbonate),PPC)、聚己内酯(polycaprolactone,PCL)和聚乳酸(polylactic acid,PLA)有望应用于组织工程领域[77]。一般情况下,在聚合物中加入高电导纳米填充物(如石墨烯)可能通过电触发促进细胞生长。换而言之,通过电刺激促进细胞的生长形成导电基底。生物聚合物/石墨烯纳米复合材料的生物相容性得到了保留,力学性能和电导性能显著提高。可生物降解泡沫和环保发泡工艺是生产多孔材料的优选,可用于组织工程支架。石墨烯存在于这些泡沫中可以克服热机械的弱点,扩大此类支架的应用范围。

参考文献

[1] Novoselov,K. S.,Geim,A. K.,Morozov,S. V.,Jiang,D.,Zhang,Y.,Dubonos,S. V.,Grigorieva,I. V.,Firsov,A. A.,Electric field effect in atomically thin carbon films. *Science*,306,666 – 669,2004.

[2] Kim,H.,Abdala,A. A.,Macosko,C. W.,Graphene/polymer nanocomposites. *Macromolecules*,43,6515 – 6530,2010.

[3] Kuila,T.,Bose,S.,Mishra,A. K.,Khanra,P.,Kim,N. H.,Lee,J. H.,Chemical functionalization ofgraphene and its applications. *Prog. Mater. Sci.*,57,1061 – 1105,2012.

[4] Kuila,T.,Bose,S.,Hong,C. E.,Uddin,M. E.,Khanra,P.,Kim,N. H.,Lee,J. H.,Preparation offunctionalized graphene/linear low density polyethylene composites by a solution mixingmethod. *Carbon*,49,1033 – 1037,2011.

[5] Li,W.,Tang,X.,Zhang,H.,Jiang,Z.,Yu,Z.,Du,X. – S.,Mai,Y. – W.,Simultaneous surface functionalizationand reduction of graphene oxide with octadecylamine for electrically conductivepolystyrene composites. *Carbon*,49,4724 – 4730,2011.

[6] Lomeda,J. R.,Doyle,C. D.,Kosynkin,D. V.,Hwang,W. – F.,Tour,J. M.,Diazonium functionalizationof surfactant – wrapped chemically converted graphene sheets. *J. Am. Chem. Soc.*,130,16201 – 16206,2008.

[7] Salavagione,H. J.,Gomez,M. A.,Martinez,G.,Polymeric modification of graphene throughesterification of graphite oxide and poly(vinyl alcohol). *Macromolecules*,42,6331 – 6334,2009.

[8] Zhong,X.,Jin,J.,Li,S.,Niu,Z.,Hu,W.,Li,R.,Ma,J.,Aryne cycloaddition:Highly efficientchemical modification of graphene. *Chem. Commun.*,46,7340 – 7342,2010.

[9] Choi,J.,Kim,K.,Kim,B.,Lee,H.,Kim,S.,Covalent functionalization of epitaxial graphene byazidotrimethylsilane. *J. Phys. Chem. C*,113,9433 – 9435,2009.

[10] Chang, H., Wang, G., Yang, A., Tao, X., Liu, X., Shen, Y., Zheng, Z., A transparent, flexible, low-temperature, and solution-processable graphene composite electrode. *Adv. Funct. Mater.*, 20, 2893-2902, 2010.

[11] Stankovich, S., Piner, R. D., Chen, X., Wu, N., Nguyen, S. T., Ruoff, R. S., Stable aqueous dispersionsof graphitic nanoplatelets via the reduction of exfoliated graphite oxide in the presence ofpoly (sodium 4-styrenesulfonate). *J. Mater. Chem.*, 13, 16, 155-158, 2006.

[12] Bai, H., Xu, Y., Zhao, L., Li, C., Shi, G., Non-covalent functionalization of graphene sheets bysulfonated polyaniline. *Chem. Commun.*, 1667-1669, 2009.

[13] Keramati, M., Ghasemi, I., Karrabi, M., Azizi, H., Sabzi, M., Dispersion of graphene nanoplateletsin polylactic acid with the aid of a zwitterionic surfactant: Evaluation of the shape memorybehavior. *Polym. Plast. Technol. Eng.*, 55, 1039-1047, 2016.

[14] Liu, P., Gong, K., Xiao, P., Xiao, M., Preparation and characterization of poly (vinyl acetate)-intercalated graphite oxide nanocomposite. *J. Mater. Chem.*, 10, 933-935, 2000.

[15] Jang, J. Y., Kim, M. S., Jeong, H. M., Shin, C. M., Graphite oxide/poly (methyl methacrylate) nanocomposites prepared by a novel method utilizing macroazoinitiator. *Compos. Sci. Technol.*, 69, 186-191, 2009.

[16] Lee, Y. R., Raghu, A. V., Jeong, H. M., Kim, B. K., Properties of waterborne polyurethane/functionalized graphene sheet nanocomposites prepared by an *in situ* method. *Macromol. Chem. Phys.*, 210, 1247-1254, 2009.

[17] Kim, H., Miura, Y., Macosko, C. W., Graphene/polyurethane nanocomposites for improved gasbarrier and electrical conductivity. *Chem. Mater.*, 22, 3441-3450, 2010.

[18] Matsuo, Y., Tahara, K., Sugie, Y., Structure and thermal properties of poly (ethylene oxide)-intercalated graphite oxide. *Carbon*, 35, 113-120, 1997.

[19] Hirata, M., Gotou, T., Horiuchi, S., Fujiwara, M., Ohba, M., Thin-film particles of graphiteoxide 1: High-yield synthesis and flexibility of the particles. *Carbon*, 42, 2929-2937, 2004.

[20] Ren, P., Wang, H., Huang, H., Yan, D., Li, Z., Characterization and performance of dodecyl aminefunctionalized graphene oxide and dodecyl amine functionalized graphene/high-density polyethylenenanocomposites: A comparative study. *J. Appl. Polym. Sci.*, 131, 39803-39812, 2014.

[21] Kim, H. and Macosko, C. W., Processing-property relationships of polycarbonate/graphenecomposites. *Polymer*, 50, 3797-3809, 2009.

[22] Reghat, M., Ghasemi, I., Farno, E., Azizi, H., Namin, P. E., Karrabi, M., Investigation on shearinduced isothermal crystallization of poly (lactic acid) nanocomposite based on graphene. *SoftMater.*, 15, 103-112, 2017.

[23] Gomari, S., Ghasemi, I., Esfandeh, M., Effect of polyethylene glycol-grafted graphene on thenon-isothermal crystallization kinetics of poly (ethylene oxide) and poly (ethylene oxide): Lithium perchlorate electrolyte systems. *Mater. Res. Bull.*, 83, 24-34, 2016.

[24] Manafi, P., Ghasemi, I., Karrabi, M., Azizi, H., Ehsaninamin, P., Effect of graphene nanoplateletson crystallization kinetics of poly (lactic acid). *Soft Mater.*, 12, 433-444, 2014.

[25] Xu, J.-Z., Liang, Y.-Y., Huang, H.-D., Zhong, G.-J., Lei, J., Chen, C., Li, Z.-M., Isothermal andnonisothermal crystallization of isotactic polypropylene/graphene oxide nanosheet nanocomposites. *J. Polym. Res.*, 19, 9975, 2012.

[26] Hoffman, J. D. and Miller, R. L., Kinetic of crystallization from the melt and chain foldingin polyethylene fractions revisited: Theory and experiment. *Polymer*, 38, 3151-3212, 1997.

[27] Wang, H. and Qiu, Z., Crystallization kinetics and morphology of biodegradable poly (1 - lacticacid)/graphene oxide nanocomposites: Influences of graphene oxide loading and crystallizationtemperature. *Thermochim. Acta*, 527, 40 - 46, 2012.

[28] Avrami, M., Kinetics of phase change. I General theory. *J. Chem. Phys.*, 7, 1103 - 1112, 1939.

[29] Liu, C., Ye, S., Feng, J., Promoting the dispersion of graphene and crystallization of poly (lacticacid) with a freezing - dried graphene/PEG masterbatch. *Compos. Sci. Technol.*, 144, 215 - 222, 2017.

[30] Xu, J. - Z., Zhang, Z. - J., Xu, H., Chen, J. - B., Ran, R., Li, Z. - M., Highly enhanced crystallizationkinetics of poly (1 - lactic acid) by poly (ethylene glycol) grafted graphene oxide simultaneouslyas heterogeneous nucleation agent and chain mobility promoter. *Macromolecules*, 48, 4891 - 4900, 2015.

[31] Tarani, E., Wurm, A., Schick, C., Bikiaris, D. N., Chrissafis, K., Vourlias, G., Effect of graphenenanoplatelets diameter on non - isothermal crystallization kinetics and melting behavior of highdensity polyethylene nanocomposites. *Thermochim. Acta*, 643, 94 - 103, 2016.

[32] Li, C., Vongsvivut, J., She, X., Li, Y., She, F., Kong, L., New insight into non - isothermal crystallizationof PVA - graphene composites. *Phys. Chem. Chem. Phys.*, 16, 22145 - 22158, 2014.

[33] Yang, Z. and Lu, H., Nonisothermal crystallization behaviors of poly (3 - hexylthiophene)/reduced graphene oxide nanocomposites. *J. Appl. Polym. Sci.*, 128, 802 - 810, 2013.

[34] Zhang, F., Peng, X., Yan, W., Peng, Z., Shen, Y., Nonisothermal crystallization kinetics of *in situ* nylon 6/graphene composites by differential scanning calorimetry. *J. Polym. Sci. Part B Polym. Phys.*, 49, 1381 - 1388, 2011.

[35] Zhang, J., Mine, M., Zhu, D., Matsuo, M., Electrical and dielectric behaviors and their origins inthe three - dimensional polyvinyl alcohol/MWCNT composites with low percolation threshold. *Carbon*, 47, 1311 - 1320, 2009.

[36] Stankovich, S., Dikin, D. A., Dommett, G. H. B., Kohlhaas, K. M., Zimney, E. J., Stach, E. A., Piner, R. D., Nguyen, S. T., Ruoff, R. S., Graphene - based composite materials. *Nature*, 442, 282 - 286, 2006.

[37] Zhang, H. - B., Zheng, W. - G., Yan, Q., Yang, Y., Wang, J. - W., Lu, Z. - H., Ji, G. - Y., Yu, Z. - Z., Electrically conductive polyethylene terephthalate/graphene nanocomposites prepared by meltcompounding. *Polymer*, 51, 1191 - 1196, 2010.

[38] Zheng, D., Tang, G., Zhang, H. - B., Yu, Z. - Z., Yavari, F., Koratkar, N., Lim, S. - H., Lee, M. - W., Insitu thermal reduction of graphene oxide for high electrical conductivity and low percolationthreshold in polyamide 6 nanocomposites. *Compos. Sci. Technol.*, 72, 284 - 289, 2012.

[39] Ansari, S. and Giannelis, E. P., Functionalized graphene sheet—Poly (vinylidene fluoride) conductivenanocomposites. *J. Polym. Sci. Part B Polym. Phys.*, 47, 888 - 897, 2009.

[40] Qi, X. - Y., Yan, D., Jiang, Z., Cao, Y. - K., Yu, Z. - Z., Yavari, F., Koratkar, N., Enhanced electricalconductivity in polystyrene nanocomposites at ultra - low graphene content. *ACS Appl. Mater. Interfaces*, 3, 3130 - 3133, 2011.

[41] Luong, N. D., Hippi, U., Korhonen, J. T., Soininen, A. J., Ruokolainen, J., Johansson, L. - S., Nam, J. - D., Seppälä, J., Enhanced mechanical and electrical properties of polyimide film by graphenesheets via *in situ* polymerization. *Polymer*, 52, 5237 - 5242, 2011.

[42] Fim, F., de C., Basso, N. R. S., Graebin, A. P., Azambuja, D. S., Galland, G. B., Thermal, electrical, and mechanical properties of polyethylene - graphene nanocomposites obtained by *in situ* polymerization. *J. Appl. Polym. Sci.*, 128, 2630 - 2637, 2013.

[43] Araby, S., Meng, Q., Zhang, L., Kang, H., Majewski, P., Tang, Y., Ma, J., Electrically and thermallyconductive elastomer/graphene nanocomposites by solution mixing. *Polymer*, 55, 201 - 210, 2014.

[44] Mao, C., Zhu, Y., Jiang, W., Design of electrical conductive composites: Tuning the morphology to improve the electrical properties of graphene filled immiscible polymer blends. *ACS Appl. Mater. Interfaces*, 4, 5281–5286, 2012.

[45] Gomez-Navarro, C., Burghard, M., Kern, K., Elastic properties of chemically derived single graphene sheets. *Nano Lett.*, 8, 2045–2049, 2008.

[46] Wang, P., Chong, H., Zhang, J., Lu, H., Constructing 3D graphene networks in polymer composites for significantly improved electrical and mechanical properties. *ACS Appl. Mater. Interfaces*, 9, 22006–22017, 2017.

[47] Gomari, S., Esfandeh, M., Ghasemi, I., All-solid-state flexible nanocomposite polymer electrolytes-based on poly(ethylene oxide): Lithium perchlorate using functionalized graphene. *Solid State Ionics*, 303, 37–46, 2017.

[48] Steurer, P., Wissert, R., Thomann, R., Mülhaupt, R., Functionalized graphenes and thermoplastic nanocomposites based upon expanded graphite oxide. *Macromol. Rapid Commun.*, 30, 316–327, 2009.

[49] Al-Jabareen, A., Al-Bustami, H., Harel, H., Marom, G., Improving the oxygen barrier properties of polyethylene terephthalate by graphite nanoplatelets. *J. Appl. Polym. Sci.*, 128, 1534–1539, 2013.

[50] Shim, S. H., Kim, K. T., Lee, J. U., Jo, W. H., Facile method to functionalize graphene oxide and its application to poly(ethylene terephthalate)/graphene composite. *ACS Appl. Mater. Interfaces*, 4, 4184–4191, 2012.

[51] Yang, J., Bai, L., Feng, G., Yang, X., Lv, M., Zhang, C., Hu, H., Wang, X., Thermal reduced graphene based poly(ethylene vinyl alcohol) nanocomposites: Enhanced mechanical properties, gas barrier, water resistance, and thermal stability. *Ind. Eng. Chem. Res.*, 52, 16745–16754, 2013.

[52] Nielsen, L. E., Models for the permeability of filled polymer systems. *J. Macromol. Sci.*, 1, 929–942, 1967.

[53] Cussler, E. L., Hughes, S. E., Ward, W. J., III, Aris, R., Barrier membranes. *J. Memb. Sci.*, 38, 161–174, 1988.

[54] Sadasivuni, K. K., Saiter, A., Gautier, N., Thomas, S., Grohens, Y., Effect of molecular interactions on the performance of poly(isobutylene-co-isoprene)/graphene and clay nanocomposites. *Colloid Polym. Sci.*, 291, 1729–1740, 2013.

[55] Kang, H., Zuo, K., Wang, Z., Zhang, L., Liu, L., Guo, B., Using a green method to develop graphene oxide/elastomers nanocomposites with combination of high barrier and mechanical performance. *Compos. Sci. Technol.*, 92, 1–8, 2014.

[56] Xing, W., Tang, M., Wu, J., Huang, G., Li, H., Lei, Z., Fu, X., Li, H., Multifunctional properties of graphene/rubber nanocomposites fabricated by a modified latex compounding method. *Compos. Sci. Technol.*, 99, 67–74, 2014.

[57] Ha, H., Park, J., Ando, S., Kim, C., Bin, Nagai, K., Freeman, B. D., Ellison, C. J., Gas permeation and selectivity of poly(dimethylsiloxane)/graphene oxide composite elastomer membranes. *J. Memb. Sci.*, 518, 131–140, 2016.

[58] Xie, H., Cai, A., Wang, X., Thermal diffusivity and conductivity of multiwalled carbon nanotube arrays. *Phys. Lett. A*, 369, 120–123, 2007.

[59] Sabzi, M., Jiang, L., Liu, F., Ghasemi, I., Atai, M., Graphene nanoplatelets as poly(lactic acid) modifier: Linear rheological behavior and electrical conductivity. *J. Mater. Chem. A*, 1, 8253–8261, 2013.

[60] El Achaby, M., Arrakhiz, F., Vaudreuil, S., el Kacem Qaiss, A., Bousmina, M., Fassi-Fehri, O., Mechanical, thermal, and rheological properties of graphene-based polypropylene nanocomposites prepared

by melt mixing. *Polym. Compos.* ,33,733-744,2012.

[61] Basu, S., Singhi, M., Satapathy, B. K., Fahim, M., Dielectric, electrical, and rheological characterizationof graphene-filled polystyrene nanocomposites. *Polym. Compos.* ,34,2082-2093,2013.

[62] Sim, L. H., Gan, S. N., Chan, C. H., Yahya, R., ATR-FTIR studies on ion interaction of lithiumperchlorate in polyacrylate/poly(ethylene oxide) blends. *Spectrochim. Acta Part A Mol. Biomol. Spectroscopy*, 76,287-292,2010.

[63] Chaharmahali, M., Hamzeh, Y., Ebrahimi, G., Ashori, A., Ghasemi, I., Effects of nano-grapheneon the physico-mechanical properties of bagasse/polypropylene composites. *Polym. Bull.* ,71,337-349,2014.

[64] Patole, A. S., Patole, S. P., Jung, S.-Y., Yoo, J.-B., An, J.-H., Kim, T.-H., Self assembled graphene/carbon nanotube/polystyrene hybrid nanocomposite by *in situ* microemulsion polymerization. *Eur. Polym. J.* ,48,252-259,2012.

[65] Hsiao, M.-C., Ma, C.-C. M., Chiang, J.-C., Ho, K.-K., Chou, T.-Y., Xie, X., Tsai, C.-H., Chang, L.-H., Hsieh, C.-K., Thermally conductive and electrically insulating epoxy nanocompositeswith thermally reduced graphene oxide-silica hybrid nanosheets. *Nanoscale*,5,5863-5871,2013.

[66] Li, J., Guo, S., Zhai, Y., Wang, E., High-sensitivity determination of lead and cadmium based onthe Nafion-graphene composite film. *Anal. Chim. Acta*,649,196-201,2009.

[67] Al-Mashat, L., Shin, K., Kalantar-zadeh, K., Plessis, J. D., Han, S. H., Kojima, R. W., Kaner, R. B., Li, D., Gou, X., Ippolito, S. J., Graphene/polyaniline nanocomposite for hydrogen sensing. *J. Phys. Chem. C*,114,16168-16173,2010.

[68] Konwer, S., Guha, A. K., Dolui, S. K., Graphene oxide-filled conducting polyaniline compositesas methanol-sensing materials. *J. Mater. Sci.* ,48,1729-1739,2013.

[69] Bai, H., Sheng, K., Zhang, P., Li, C., Shi, G., Graphene oxide/conducting polymer compositehydrogels. *J. Mater. Chem.* ,21,18653-18658,2011.

[70] Yue, G., Wu, J., Xiao, Y., Lin, J., Huang, M., Lan, Z., Fan, L., Functionalized graphene/poly(3,4-ethylenedioxythiophene):Polystyrenesulfonate as counter electrode catalyst fordye-sensitized solar cells. *Energy*,54,315-321,2013.

[71] Liu, Y., Wang, W., Gu, L., Wang, Y., Ying, Y., Mao, Y., Sun, L., Peng, X., Flexible CuO nanosheets/reduced-graphene oxide composite paper:Binder-free anode for high-performance lithium-ionbatteries. *ACS Appl. Mater. Interfaces*,5,9850-9855,2013.

[72] Liang, J., Zhao, Y., Guo, L., Li, L., Flexible free-standing graphene/SnO_2 nanocomposites paperfor Li-ion battery. *ACS Appl. Mater. Interfaces*,4,5742-5748,2012.

[73] Zhao, Y., Huang, Y., Wang, Q., Graphene supported poly-pyrrole(PPY)/Li_2SnO_3 ternary compositesas anode materials for lithium ion batteries. *Ceram. Int.* ,39,6861-6866,2013.

[74] Lee, S. and Oh, E.-S., Performance enhancement of a lithium ion battery by incorporation of agraphene/polyvinylidene fluoride conductive adhesive layer between the current collector andthe active material layer. *J. Power Sources*,244,721-725,2013.

[75] Platero, E., Fernandez, M. E., Bonelli, P. R., Cukierman, A. L., Graphene oxide/alginate beads asadsorbents:Influence of the load and the drying method on their physicochemical-mechanicalproperties and adsorptive performance. *J. Colloid Interface Sci.* ,491,1-12,2017.

[76] Liu, Z., Robinson, J. T., Sun, X., Dai, H., PEGylated nanographene oxide for delivery ofwater-insoluble cancer drugs. *J. Am. Chem. Soc.* ,130,10876-10877,2008.

[77] Sayyar, S., Murray, E., Thompson, B. C., Gambhir, S., Officer, D. L., Wallace, G. G., Covalentlylinked biocompatible graphene/polycaprolactone composites for tissue engineering. *Carbon*,52,296-304,2013.

第17章 氧化石墨烯-聚丙烯酰胺复合材料的光学和力学表征

GülşenAkın Evingür[1*], Önder Pekcan[2]

[1] 土耳其伊斯坦布尔图兹拉,Piri Reis 海事大学工程学院
[2] 土耳其伊斯坦布尔 Cibali,卡迪尔哈斯大学工程与自然科学学院

摘 要 氧化石墨烯是一种类似单原子厚度的二维碳材料,也是具有极高强度和热力学稳定性的轻质材料[1]。因此,氧化石墨烯是增强复合材料电子、力学和热学性能的有效填充物[2]。本章主要侧重研究氧化石墨烯作为聚丙烯酰胺水凝胶和 GO-PAAm 复合材料的纳米填充物,并研究了复合材料的光学和力学性能。在本章中,采用 UV-Vis 和荧光光谱技术对复合材料进行凝胶化、分形分析和光能带隙测量,对溶胶-凝胶相变及其普适性进行了监测,并测试了其与氧化石墨烯含量的函数关系。通过分形分析给出了凝胶过程中氧化石墨烯的几何分布。利用标度模型、幂律指数值估算了复合凝胶的分形维数。利用 UV-Vis 研究了氧化石墨烯-PAAm 复合材料的光学带隙行为。另外,采用力学方法测定了高分子复合材料在膨胀前后的韧性和压缩模量,用橡胶弹性理论解释了压缩模量行为。

关键词 氧化石墨烯,复合材料,凝胶,分形分析,光学带隙,弹性

17.1 引言

复合材料是由两种或两种以上不同的材料混合而成的产物,其性质因成分不同而有差异。聚合物复合体系有许多,包括生物聚合物黏土和水凝胶复合材料,由于它们的吸附性能[3]和组织工程应用[4]成为非常有趣的材料。聚丙烯酰胺(polyacrylamide,PAAm)水凝胶是由丙烯酰胺与 N,N'甲基烯基(丙烯酰胺)(BIS)自由基交联聚合而成,其聚合发生在单体水溶液中。当其与纳米材料掺杂时,它们是一类复合材料水凝胶。近年来,由于复合材料凝胶在光学设备中的应用,相关人员致力于对其光学和电子特性的研究[5]。

另外,氧化石墨烯是石墨氧化物的单层,也是一种二维碳材料,具有相似单原子厚度但含有大量亲水氧化官能团[1]。氧化石墨烯是一种具有极高强度和热力学稳定性的轻质材料。因此,其作为一种有效填充物可以增强复合材料的电子、力学和热学性能[2]。氧化石墨烯具有可调谐的电子特性。可以通过控制环氧和羟基的覆盖度、排列和相对比例来

调整氧化石墨烯的带隙。氧化石墨烯的光学吸收主要受到 $\pi-\pi^*$ 转变影响，一般在 225~275nm 的范围内产生吸收峰。常规氧化石墨烯的绝缘性也限制了其在电子设备和储能中的应用[6]。它也用于各种应用中，如纳米电子设备、气体传感器、超级电容器、组织工程和药物输送系统等[2]。

相关人员已经报道了石墨烯/聚丙烯酰胺复合材料通过非共价相互作用具有 pH 响应性能[7]。虽然聚丙烯酰胺本身并不具有这种特性，但所得复合物表现出可逆的 pH 响应性能。对凝胶的监测能够改变凝胶的结构和动力学。荧光技术需要使用荧光探针来监测凝胶。测量了荧光探针的发射和激发谱、发射强度和寿命[8-10]，以此研究了系统的极性[11]和黏度[12]。近年来，使用 Pyranine 内源性荧光探针，在 PAAm-海藻酸钠 (sodium alginate, SA)[13]、PAAm-kappa(κ)卡拉胶[14]、PAAm-N-异丙基丙烯酰胺 (N-isopropylacrylamide, NIPA)[15]、PAAm-多壁碳纳米管复合材料 (multiwalled carbon nanotube, MWNT)[16]和 PAAm-聚(N-乙烯基吡咯烷酮)(poly(Nvinyl pyrrolidone), PVP)[17]的溶胶-凝胶相变过程中，可以用经典和渗透模型描述复合凝胶的普适性。在这种转变过程中，交联单体（称为簇合物）相互发生反应，产生更大的分子，从而达到溶胶-凝胶转变点[18]。Flory-Stockmayer 经典理论和渗透理论被用作溶胶-凝胶相变建模[18-20]。

分形分析是连接凝胶微观结构和宏观性质的桥梁[21]。分形结构通常可以用作定义交联分子的复杂性。凝胶体系的复杂性用分形维数 D_f 来描述。分形分析广泛应用于蛋白质、碳水化合物多糖、DNA 等生物大分子的微观结构研究[22]。研究了亚麻籽胶凝胶在不同离子强度值 0~1000mmol/L 范围内的流变特性和分形维数[22]。根据所选择的模型和实施的离子强度计算出凝胶的分形维数为 2.06~2.49 或 1.42~2.18。在不同离子强度和蛋白质含量下，研究了酸（葡萄糖酸-δ-内酯）引起的分离大豆蛋白 (soy protein isolate, SPI) 凝胶的黏弹性和结垢行为[23]。应用流变分析和共聚焦激光扫描显微分析对凝胶的分形维数 D_f 进行了估算，结果表明凝胶的分形维数在 2.319~2.729 之间。采用流变小振幅振荡剪切测量，研究了罗勒种子胶与三偏磷酸钠交联的结垢行为和分形分析[24]。D_f 值位于蛋白质凝胶的分形维数 (1.5~2.8) 范围内。

形成的簇在渗透转变点以下和以上具有定义良好的分形维数或紧实性，这取决于从较小的分子产生较大分子的机制[21]。在这种情况下，至少可以在转变点以下的团聚体中得到两个分形维数，这些维数与渗透阈值下的渗透簇的分形维数不一致。

测定材料带隙在半导体和纳米材料领域中具有重要意义[25]。带隙是指充满电子的价带顶部和无电子导带底部之间的能量差。绝缘体的带隙能量较大 (>4eV)，而半导体的带隙能量较低 (<3eV)[26]。从 0.08~1.6eV 范围内的光子能量，获得了非晶锗的光学性能和电子结构[27]。通过比较理论与实验结果，可以预估导带波函数的局域化。本章讨论了辉铜矿玻璃间隙状态的实验证据[28]。从光学和光发射测量中估算了这些状态的浓度。相关人员研究了聚（缩水甘油酯-甲基丙烯酸甲酯）共聚物的合成和光学表征，以此计算了其光学常数 n 和 k[29]。在 3.421~3.519eV 范围内，确定了共聚物的能量带隙与交联剂、EGDMA 浓度和单体重量的函数关系。用傅里叶变换红外光谱、紫外光谱和扫描电镜对二氧化硅 (SiO_2) -聚吡咯纳米复合材料的输运和光学性能进行了表征[30]。光学吸收光谱表明，随着二氧化硅含量的增加，聚吡咯的 $\pi-\pi^*$ 转变由 3.9eV 转变为 4.58eV。研究人员用 NMR、UV-Vis 光谱、热分析和循环伏安法研究了低能带隙共聚物的合成、光

学、热学和电化学性能[31]。共聚物具有 1.3 ~ 1.4eV 的小光带间隙。相关人员研究了聚吡咯 – 壳聚糖复合材料薄膜的光学性能和导电性能,以此确定了复合材料薄膜的光学转变特性和能带隙[32]。在 1.30 ~ 2.32eV 范围内获得了光学带隙。利用 Tauc 模型和吸收光谱拟合方法估算了 CdSe 纳米结构薄膜的光学带隙[33]。将沉积时间分别定为 6h、8h 和 24h,据此计算了局域态的能带间隙,分别为 3.93eV、3.58eV 和 2.52eV,尾部宽度分别为 1.07eV、1.05eV 和 2.32eV。采用氧化石墨烯纳米片和二氧化钛代理复合物通过悬浮体热水解,制备了 TiO_2 – GO 纳米复合材料[34]。在紫外线和可见光条件下进行了纳米复合材料的光催化活性研究。当纯 TiO_2 的带隙为 3.20eV 时,纳米复合材料的带隙从 3.15eV 变小。在室温下,用葡萄糖、果糖和抗坏血酸还原了氧化石墨烯[35]。用 UV – Vis 光谱仪测定了其光学特性,并有效地将氧化石墨烯的光学带隙从 2.70eV 降低到 1.15eV。用还原氧化石墨烯纳米复合材料层修饰聚吡咯纳米粒子[36]。利用 UV – Vis 光谱仪和光声技术分别对光学带隙和热扩散系数进行了表征。光学带隙在 3.580eV 和 3.853eV 之间。制备了还原氧化石墨烯/PAAm 纳米复合材料,以此研究了 Pb(Ⅱ) 和亚甲基蓝的吸附动力学[37]。将 PAAm 链接枝到还原氧化石墨烯片上,提高了还原氧化石墨烯在水溶液中的分散性能,并提高了还原氧化石墨烯的吸附性能。将氧化石墨烯加入到 PAAm 水凝胶中,改性其力学性能和热性能[38]。GO – N' – 甲基双丙烯酰胺(BIS)凝胶的均匀聚合物网络能均匀地分布各链上的应力,GO – BIS 凝胶显示了较强的拉伸行为。

另外,由于水凝胶的力学性能较差,限制了凝胶在某些应用中的性能。加入黏土 – 碳纳米管等纳米填充物[39],可以增强水凝胶的力学强度和韧性[40-41]。在不同温度和交联剂浓度下,测定了聚 N – 异丙基丙烯酰胺和聚丙烯酰胺水凝胶的弹性性能[42]。根据交联剂的浓度,发现弹性模量与温度有关。以 N,N' – 甲基双丙烯酰胺为交联剂研究了高交联聚丙烯酰胺凝胶的弹性性能[43]。将交联剂浓度固定后发现 PAAm 凝胶的模量随共聚单体浓度而增加。

本章报道了凝胶 – 聚丙烯酰胺互穿网络的溶胀特性和力学性能[44]。与交联 PAAm 水凝胶相比,半 IPN 表现出较大的弹性模量。在 25 ~ 40℃ 的温度范围内,通过机械压缩测量确定了表观交联密度值。相关人员通过衣康酸与丙烯酰胺或其部分酯的聚合反应制备了水凝胶族,研究了这些水凝胶的平衡膨胀和高弹模量与成分和交联程度的函数关系,以此制备出令人满意的膨胀和弹性性能的材料[45]。与纯 PVA 水凝胶相比,GO/PVA 的力学性能得到提高[2],加入质量分数为 0.8% 的氧化石墨烯后,其拉伸强度提高了 132%。GO – BIS 凝胶的力学性能和热学性能随氧化石墨烯含量和 BIS 含量而变化[38]。GO – BIS 凝胶的拉伸强度随氧化石墨烯含量的增加而提高。采用原位自由基聚合法合成了 PAAm – GO 纳米复合材料制备的纳米复合材料,并研究了交联剂的种类和含量[46]。用 TEM、DSC、ATR – FTIR 和 XRD 对纳米复合材料的微观结构进行了表征。采用 FTIR、X 射线衍射、DMA、场发射扫描电镜、光学显微镜等方法研究了氧化石墨烯 – 聚丙烯酸 – 丙烯酰胺共聚物纳米复合材料的溶胀性能[1]。相关人员以 pH 行为比较了纳米复合材料的溶胀性能与纯丙烯酰胺的溶胀性能。另外,氧化石墨烯在魔芋葡甘聚糖/海藻酸钠中用作抗癌药物的结合剂[47]。研究人员利用 FTIR 和 SEM 研究了水凝胶的控释行为。以石墨烯过氧化物作为多功能引发剂和交联中心,以此制备了硬质氧化石墨烯复合材料水凝胶[48]。研究人员研究了水凝胶的愈合时间、温度、氧化石墨烯含量和化学交联剂对其力学性能的影响,从而揭示了复合材料凝胶的愈合特性和愈合机理。制备了氧化石墨烯/海藻酸钠/聚丙烯酰胺三元复合水凝胶,以此提高力学性能[49]。

我们研究了溶胀型聚丙烯酰胺-多壁碳纳米管复合材料的弹性渗透[50],结果表明通过增加纳米管的含量,压缩弹性模量显著提高至1%(质量分数)MWNT,随后弹性模量降低,出现MWNT临界值,表明材料弹性发生突变。相关人员研究了κC含量对复合材料的影响[51]。在实验中将PAAm-κC复合材料用于确定弹性临界指数[52]。PAAm-κC复合材料的弹性性能与κC含量高度相关,这直接影响PAAm和κC单体在复合材料中的相互作用。这种单体的相互作用在加载传递和界面黏结中起着重要作用,这将决定复合材料弹性性能。最后,采用自由基交联法共聚,加入质量分数为0.1%~50%不同含量MWNT,制备了PAAm-MWNT复合材料[53]。结果表明,当温度由30℃提高到60℃时,弹性模量增加。但与弹性模量相比,韧性表现出与温度的相反行为。

本章介绍了不同氧化石墨烯含量下,在AAm共聚合和分形分析中的原位荧光实验。采用经典理论和渗透理论建立了凝胶分数模型,并分别应用分形分析法确定了复合凝胶的D'_f。利用标度模型和幂律指数值估计了复合材料凝胶的分形维数。另外,利用UV-Vis光谱研究了GO-PAAm复合材料的光带间隙。本部分的主要目的是研究和计算复合材料的光学带隙,并将其变化与复合材料的韧性作为氧化石墨烯含量的函数进行比较。最后,研究了复合材料的力学性能。用压缩技术确定这种行为,并用橡胶弹性理论进行建模。

17.2 理论研究

17.2.1 普适性

水凝胶在溶胶-凝胶相变过程中受到了广泛的关注。Bethe晶格是一个特殊的晶格,用来定义闭环上的溶胶-凝胶相变[18-20]。另外,替选理论是晶格渗透理论。单体占据了周期晶格的位置[54-55]。这些晶格位置之间的键按照概率p随机形成。无限簇开始在热力学极限中形成。p_c在聚合物语言中称为渗透簇,也被定义为一定键含量的渗透阈值。这两种理论中的临界指数由于其普适性而彼此不同。在渗透阈值附近,指数γ和β分别表示聚合的重量平均程度DP_w和凝胶分数G(在渗透语言中,平均簇尺寸S_{av},以及无限网络的强度P_∞)。它们被定义为

$$DP_w \propto (p_c - p)^{-\gamma}, p \to p_c^- \tag{17.1}$$

$$G \propto (p - p_c)^\beta, p \to p_c^+ \tag{17.2}$$

根据Flory-Stockmayer理论,给定$\beta = \gamma = 1$,这与维数无关,而基于计算机模拟的渗透研究得出三维γ和β分别为1.7和0.43[54-55]。

在我们的研究中,在渗透阈值附近,临界点$|p - p_c|$与$|t - t_c|$成线性比例,键合吡喃酮的荧光强度监测凝胶点以下和以上的DP_w和G[56-57],其中t_c为凝胶点。当$t < t_c$时,最大的荧光强度I_{max}测量聚合物的重量平均程度。另外,当$t > t_c$时,修正后的强度$I_{max} - I_{ct}$只测量凝胶含量G。因此,式(17.1)和式(17.2)可以总结出:

$$I_{max} \propto DP_w = C_+(t_c - t)^{-\gamma}, t \to t_c^- \tag{17.3}$$

$$I_{ct} \propto DP_w = C_- (t_c - t)^{-\gamma'}, t \to t_c^+ \qquad (17.4)$$

$$I' = I_{max} - I_{ct} \propto G = B(t - t_c)^{\beta}, t \to t_c^+ \qquad (17.5)$$

式中：C_+、C_-、B 为临界振幅；I_{ct} 为有限簇分布在无限网络中的强度；γ、γ'、β 为临界指数[54-55,58-59]。文献[54-55,60]讨论了临界振幅的比率。

17.2.2 分形分析

在确定凝胶点之后，最终出现了异质网络结构的连接点。当氧化石墨烯含量增加时，在不改变单体间距的情况下，结合点的密度增加[21]。

由于在交联的氧化石墨烯-PAAm 复合材料凝胶中，单体的密度与氧化石墨烯含量成正比，在 427nm 处的荧光强度与氧化石墨烯含量之间的关系为[21]

$$I_{427nm} = (GO)^{D_f} \qquad (17.6)$$

式中：D_f 为复合材料凝胶的分形维数。

17.2.3 光学能带隙

17.2.3.1 Tauc 模型

绝缘体/半导体中的带隙可分为直接带隙和间接带隙。如果导带中最小能态的 k 矢量（动量）和价带中最大能态的 K 矢量（动量）相同，则被称为"直接隙"。如果这两个矢量不同，则被称为"间接隙"。通过 Tauc 模型确定了非晶半导体的光学带隙 E_g[27-28]：

$$[\alpha h\nu]^{2/n} = K(h\nu - E_g) \qquad (17.7)$$

式中：K 为常数；$h\nu$ 为光子的能量；n 为跃迁的性质，容许直接跃迁、容许间接跃迁、禁止直接变迁和禁止间接变迁可能有不同的值，如 1/2、2、3/2 或 3。

不同波长下吸收系数 $\alpha(\nu)$ 由样品的吸收率 A 和厚度 t 计算：

$$\alpha(\nu) = (2.303/t)A(\nu) \qquad (17.8)$$

通过 $(\alpha h\nu)^{2/n}$ 与 $h\nu$ 的关系图，以线性段外推法得到光学带隙 E_g。对于直接跃迁 $n = 1$，有

$$[\alpha h\nu]^2 = K(h\nu - E_g) \qquad (17.9)$$

17.2.3.2 吸收限尾部

Urbach 定律被建议用来解释吸收系数与入射光子能量的关系[33]：

$$\alpha(\nu) = \alpha_0 \exp(h\nu/E_{tail}) \qquad (17.10)$$

式中：α 为常数；E_{tail} 为局域态（Urbach 能量）尾部的宽度，对应于与价带相邻的局部态与导带中的扩展态之间的光学跃迁。

在吸收谱拟合（absorption spectrum fitting，ASF）中，从吸收与波长图出发，可以从吸收的最小值确定截止波长，然后 E_{tail} 可计算如下：

$$E_{tail} = 1239.83/\lambda_{cut-off} \qquad (17.11)$$

17.2.4 弹性

生物凝胶在大变形时的应力/应变比不是常数，因此应力-应变关系为非线性关系。线性偏差是与产品相关的特性。在这个非线性区域，产品仍然可以用模量来表征[61]。通过比较理论与实验，Erman 和 Flory 建立了聚合物网络的应力、应变和分子组成的关

系[62]。通过施加应力的图进行压缩测量，τ（$\tau = f/A$，f 是作用力，A 是未变形溶胀试样的横截面）对比 $\lambda - \lambda^{-2}$，其中 $\lambda = L/L_0$ 是由于沿应力方向压缩溶胀样品的长度 L 而引起的相对变形，与膨胀但未扭曲试样的初始长度 L_0 有关。通常将最小变形范围内的典型曲率归因于凝胶样品表面的不完美几何形状[63]。通过线性回归确定弹性模量计算曲线斜率：

$$S \approx \frac{(f/A)}{\alpha - \alpha^{-2}} \tag{17.12}$$

17.3 实验

17.3.1 PAAm-GO 复合材料的制备

在室温下，使用 2mol/L 丙烯酰胺（AAm，Merck 公司），以 5~50μL 等不同含量的 GO（Graphenea 公司）制备了复合材料凝胶[64]。AAm，线性结构；BIS（N，N'-甲基双丙烯酰胺，Merck 公司），交联剂；过硫酸铵（APS），引发剂；四甲基乙二胺（TEMED，Merck 公司），加速剂，将它们在蒸馏水中溶解。引发剂和吡喃（8-羟基芘-1,3,6-三磺酸、三钠盐，Sigma Aldrich 公司）浓度分别保持在 7×10^{-3} mol/L 和 4×10^{-4} mol/L。将溶液搅拌（200r/min）15min，获得 14mL 的均匀溶液。所有样品在聚合前 10min 均采用鼓泡氮气脱氧。制备溶液后，将每个 4mL 的预复合材料凝胶溶液倒入石英电池中，然后放入光谱仪的样品盒中进行凝胶、光学带隙和分形分析。此外，将 6mL 的溶液倒入一个塑料注射器中进行力学测量。

17.3.2 荧光测量

利用 Perkin Elmer LS 55 荧光光谱对荧光强度进行了测量。在 90°位置上进行所有测量，将狭缝宽度保持在 10nm。当样品在 340nm 处被激发时，这是吡喃的激发波长，在 427nm 和 512nm 处的荧光强度分别说明了单体和游离吡喃分子的结合吡喃。监测了这些波长与聚合时间的函数关系。

17.3.3 紫外检测

在凝胶过程中，利用 UV-Vis 光谱仪对复合材料的光学性能进行了研究。利用 Schimadzu 1800UV-Vis 光谱仪获得了光学吸收数据，并以蒸馏水作为光学吸收测量的参考溶液。

17.3.4 力学测量

采用 Instron 3345 实验机以及 500-N 力传感器进行压缩测量，如图 17.1 所示。用数字卡尺测量每个圆盘的直径，所有的测量至少进行三次。

将含不同氧化石墨烯含量的复合材料分别切成直径为 10mm、厚度为 4mm 的圆片，作为溶胀前后的两个样品。采用平端探针对样品进行压缩。在溶胀前，将温度设定为 30℃、探头尺寸为 10cm、变形比例为 40%，以 0.1mm/min 的速度进行压缩测量。

另外,在 30℃的蒸馏水中保持试样,以此实现溶胀试样压缩测量的溶胀平衡。在室温下,用蒸馏水清洗所有最终样品 1 周,以去除未反应的重复单位,并使凝胶达到溶胀平衡。采用与上述方法相同的方法进行压缩测量。

图 17.1　压缩加载单元照片

17.4　结果与讨论

采用稳态荧光(steady state fluorescence,SSF)对不同氧化石墨烯含量的氧化石墨烯-PAAm 复合凝胶进行了溶胶-凝胶转变分析。检测了该转变的普适性与凝胶含量和时间的函数关系。研究了氧化石墨烯-PAAm 复合凝胶在不同时间聚合的荧光光谱。

在氧化石墨烯-PAAm 聚合过程中,随着 427nm 峰强度增加,512nm 峰强度降低。图 17.2(a)显示了复合物中自由吡喃在 512nm 峰值处的荧光强度 I_{512nm},与加入 20μL 和 30μL 含量氧化石墨烯后的反应时间的函数有关。在 20μL 和 30μL 含量氧化石墨烯的反应结束时,自由吡喃的荧光强度先下降,然后上升到凝胶点,然后再下降到 0。图 17.2(b)显示了结合吡喃胺的荧光强度与 20μL 和 30μL 含量氧化石墨烯的凝胶时间的关系。自光谱的最大值 I_{427nm} 与结合吡喃胺相对应,聚合反应已经取得了进展。然后利用图 17.2(b)中的荧光光谱 I_{427nm} 与时间的函数关系来评价溶胶-凝胶相变的临界行为。

图 17.3(a)显示了复合材料凝胶中 30μL 含量氧化石墨烯在凝胶过程中的强度曲线。曲线用圆圈数据描述,表示强度的镜像对称 I_{ms},依赖于时间轴的垂直轴 $t = t_c$。凝胶点以上的簇的强度为 $I_{ct} = \dfrac{C_-}{C_+} I_{ms}$。因此,对称轴下面的强度监测平均簇的大小 $t < t_c$,并在

式(17.3)和式(17.4)中给出。

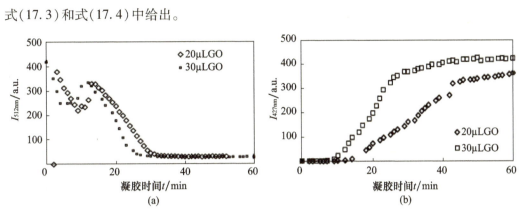

图 17.2 （a）自由吡喃在 512nm 处的荧光强度 I_{512nm} 与凝胶时间的关系，以及（b）吡喃的荧光强度的变化与 PAAm 和 $20\mu L$ 和 $30\mu L$ 含量的氧化石墨烯凝胶时间的关系有关

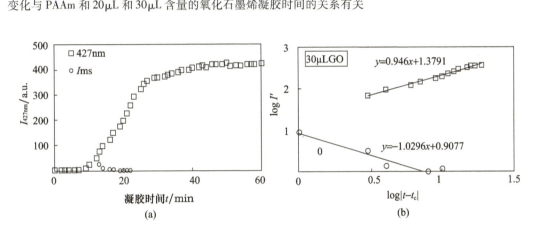

图 17.3 （a）复合材料中荧光强度与 $30\mu L$ 氧化石墨烯凝胶时间的关系。黑圈数据所描绘的曲线分别代表了强度镜像对称性 I_{ms} 与时间轴的垂直轴 $t=t_c$ 的关系；（b）当氧化石墨烯含量为 $30\mu L$ 时 ($C_-/C_+ = 0.28$)，强度 I' 与 t_c 以上的时间曲线关系的双对数图，直线斜率确定 β 指数

在式(17.5)中，$I' = I_{427nm} - I_{ct}$，检测了 $t > t_c$ 时的增强凝胶含量。表 17.1 中总结了 t_c 与其他参数。图 17.3(b) 表示凝胶点以下和以上的典型强度时间数据的对数曲线，t_c 是 $30\mu L$ 氧化石墨烯含量复合材料（$C_-/C_+ = 0.28$）中的值，直线的斜率接近凝胶点，分别给出 γ 和 β 指数。

表 17.1 列出了各种氧化石墨烯含量中所得到的 γ 和 β 值以及 t_c。表 17.1 所列的 β 和 γ 指数强烈支持 AAm-氧化石墨烯复合材料凝胶在凝胶过程中服从渗透图（$<25\mu L$ 含量的氧化石墨烯），但复合材料凝胶中氧化石墨烯含量大于 $25\mu L$ 时，得出经典的结果。

图 17.4 所示为在三个不同时间（20min、30min 和 50min）的氧化石墨烯的情况下，I_{427nm} 与氧化石墨烯含量的关系。在图 17.4 中，I_{427nm} 强度随着氧化石墨烯含量的增加而增加，这表明在凝胶过程中发生了不均匀性。凝胶点以上的荧光强度必须与渗透网络有效包围的吡喃分子数成正比[56]。凝胶点后，最终出现了异质网络结构的连接点。当氧化石墨烯含量增加时，在不改变单体间距的情况下，结合点的密度增加[21]。

表 17.1 GO-PAAm 复合材料的实验测量参数

模型	丙烯酰胺/(mol/L)	氧化石墨烯/μL	C^-/C^+	t_c/min	β	γ
渗滤	2	0	1.0	5	1.04	—
			0.37		0.59	
			0.28		0.58	
			0.23		0.52	
			0.1		0.45	
		5	1.0	11	0.62	1.83
			0.37		0.61	1.83
			0.28		0.61	1.83
			0.23		0.60	1.83
			0.1		0.60	1.83
		8	1.0	14	0.60	1.83
			0.37		0.47	1.83
			0.28		0.45	1.83
			0.23		0.44	1.83
			0.1		0.43	1.83
		10	1.0	15	0.66	1.74
			0.37		0.68	1.74
			0.28		0.66	1.74
			0.23		0.65	1.74
			0.1		0.68	1.74
		15	1.0	16	0.62	1.76
			0.37		0.61	1.76
			0.28		0.60	1.76
			0.23		0.60	1.76
			0.1		0.66	1.76
		20	1.0	18	0.54	1.76
			0.37		0.53	1.76
			0.28		0.53	1.76
			0.23		0.52	1.76
			0.1		0.59	1.76
		25	1.0	19	0.66	1.88
			0.37		0.57	1.88
			0.28		0.55	1.88
			0.23		0.53	1.88
			0.1		0.50	1.88

续表

模型	丙烯酰胺/(mol/L)	氧化石墨烯/μL	C^-/C^+	t_c/min	β	γ
经典	2	30	1.0	10	1.05	1.02
			0.37		0.95	1.02
			0.28		0.94	1.02
			0.23		0.93	1.02
			0.1		0.94	1.02
		40	1.0	13	1.04	1.05
			0.37		0.92	1.05
			0.28		0.91	1.05
			0.23		0.90	1.05
			0.1		0.98	1.05
		50	1.0	16	1.00	1.01
			0.37		0.95	1.01
			0.28		0.95	1.01
			0.23		0.94	1.01
			0.1		0.95	1.01

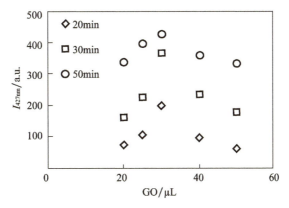

图 17.4 荧光强度 I_{427nm} 与不同的凝胶时间
20min、30min 和 50min 的氧化石墨烯的关系

在交联的 GO-PAAm 复合凝胶中,由于单体密度与氧化石墨烯的含量成正比,式(17.6)给出了 427nm 处的荧光强度与氧化石墨烯含量的关系。在图 17.5 中,在不同的凝胶时间(20min、30min 和 50min),分别绘制了 I_{427nm} 强度与氧化石墨烯含量的对数曲线图,从线性曲线的斜率得出 D_f 值。

图 17.6 为分形维数与凝胶时间的关系图,从图中可以观察到分形维数随凝胶时间的增加而减小。20min 的凝胶使分形维数为 2.38,与三维渗透簇的分形维数 2.52 非常接近[58,61]。当 $D_f = 1.4$ 时,将分形维数转化为扩散受限的簇,然后在 $D_f = 1.14$ 时,以随机间隔排列到 Von Koch 曲线[21]。

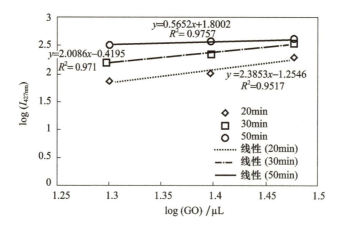

图 17.5　在 20min、30min 和 50min 下，I_{427nm} 与氧化石墨烯的对数

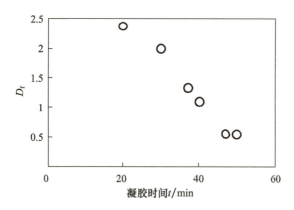

图 17.6　分形维数 D_f 与凝胶时间的关系

图 17.7 所示为 PAAm – 10μL 氧化石墨烯复合材料在 300~900nm 范围内的 UV – Vis 光谱。复合材料的最大吸收峰位于 314nm、364nm、377nm 和 400nm 处。在 350~380nm 处的吸收带可以被分配到最低的 π – π* 跃迁。

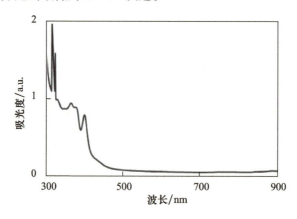

图 17.7　PAAm – 10μL 氧化石墨烯复合材料
在 300~900nm 之间的吸光度

对于允许的直接跃迁,可以绘制 $(\alpha h\nu)^2 - h\nu$ 关系图,如图 17.8 所示,并将其线性段外推到 $\alpha=0$ 值,以获得相应的带隙。

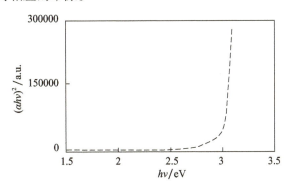

图 17.8　PAAm-10μL 氧化石墨烯复合材料中,$(\alpha h\nu)^2 - h\nu$ 的
关系图,以确定光学带隙

PAAm-10μL 氧化石墨烯复合材料在 3eV 和 3.09eV 范围内的图 17.8 的缩放图见图 17.9。在氧化石墨烯为 0~8μL 范围内,带隙随氧化石墨烯含量的增加而减小,随氧化石墨烯含量的增加而增大。根据式(17.9)给出的 Tauc 关系,UV-Vis 光谱的基本吸收边缘可以与光学带隙 E_{gap} 相关。

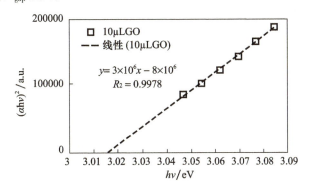

图 17.9　PAAm-10μL 氧化石墨烯复合材料能带隙的计算
(在 3~3.09eV 范围内,图 17.2 的缩放图)

表 17.2 列出了含氧化石墨烯复合材料的预估光学带隙。除了 8μL 氧化石墨烯含量样品的临界值外,光学带隙对氧化石墨烯含量的依赖性较弱。

表 17.2　Tauc 模型和 ASF 过程中,不同氧化石墨烯含量的
GO-PAAm 复合材料的光学能隙值

氧化石墨烯/μL	E_{gap}/eV	λ_{cutoff}/nm	E_{tail}/eV
0	3.016	423	2.93
4	3.018	422	2.93
5	3.015	424	2.92
8	3.007	428	2.89
10	3.015	425	2.91

续表

氧化石墨烯/μL	E_{gap}/eV	λ_{cutoff}/nm	E_{tail}/eV
15	3.018	422	2.93
25	3.022	421	2.94
40	3.023	417	2.96

利用吸收光谱拟合方法计算了局域态的尾部宽度。在 PAAm - 10μL 氧化石墨烯复合材料上得到的光谱如图 17.10 所示。记录的光谱数据显示,在 425nm 处存在强临界值,导致吸收值最小。表 17.2 总结了复合材料中所有氧化石墨烯含量的临界波长和局域态的尾部宽度。E_{tail} 是产生尾部深度水平指示的能量,该深度延伸到吸收边缘以下的禁能隙中。E_{tail} 值越大,成分、拓扑或结构就更加无序[5]。用式(17.11)得到的纯 PAAm 和掺氧化石墨烯复合材料的能量 E_{tail},见表 17.2,且可以看出低氧化石墨烯含量 PAAm 中氧化石墨烯含量增加会导致 E_{tail} 下降。纯 PAAm 的 E_{tail} 值为 2.93eV,E_{tail} 会在高氧化石墨烯含量复合材料区域增加。这表明,与纯 PAAm 相比,复合材料就会产生更多的成分和结构无序[5]。

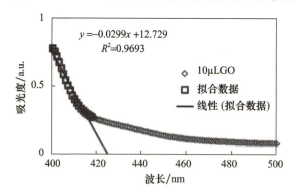

图 17.10 400~600nm 范围内的 PAAm - 10μL 氧化石墨烯复合材料的吸光度,可以决定临界波长并计算 E_{tail}

PAAm - GO 复合材料的间隙值在 3.016~3.023eV 范围内,如图 17.11(a)所示。图 17.11(b)所示的局域态的尾部宽度从 2.93 下降到 2.89,然后从 2.89 增加到 2.96,在 8μL 的氧化石墨烯含量下产生临界值。在 PAAm 中加入氧化石墨烯导致 E_{gap} 值和 E_{tail} 值微弱变化。

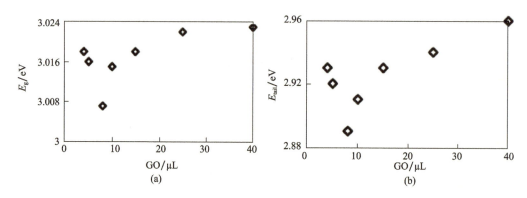

图 17.11 (a)光学带隙随氧化石墨烯含量而变化和(b)E_{tail} 与氧化石墨烯含量的关系

在所有研究的复合材料的各种成分中均发现了这种变化。掺杂氧化石墨烯的 PAAm 光学带隙的变化是因为复合材料结构无序度的增加,这导致局域能级浓度的增加,从而反映了光学带隙的减小。然而,氧化石墨烯含量从 8μL 进一步增加到 40μL,导致局域能级的低浓度。低浓度局域态的存在导致了光学带隙的增加,这可以通过在 417~423nm 范围内的临界波长的变化来证明(给定表 17.2)。

图 17.12(a) 和 (b) 分别显示 5μL、8μL 和 20μL 氧化石墨烯含量复合材料在 30℃ 溶胀过程前后的压缩加载 $F(N)$ 和压缩伸长(mm)曲线。如图 17.12(a)所示,在溶胀前(5μL)氧化石墨烯复合材料的力为 4N 左右,压缩伸长在 6mm 左右。另外,溶胀状态下复合材料单体间的相互作用要比塌陷状态下的相互作用弱得多。换而言之,在溶胀后,复合材料很容易变形,如图 17.12(b)所示。这种现象的原因可以用热力学解释,因为长度的减少会导致熵的增加,这是因为在 GO-PAAm 复合材料中网络链端到端距离的改变[50]。

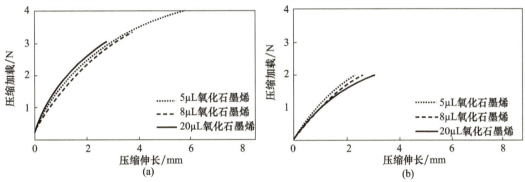

图 17.12 在 30℃ 下,氧化石墨烯含量分布为 5μL、8μL 和 20μL 时,(a)溶胀过程前,(b)溶胀过程后,压缩加载 $F(N)$ 与压缩伸长曲线(mm)之间的关系

图 17.13(a) 和 (b) 分别给出了不同(5μL、8μL 和 20μL)氧化石墨烯含量的 GO-PAAm 复合材料在溶胀前后的典型应变-应力曲线。5μL 氧化石墨烯含量的 GO-PAAm 复合材料在溶胀前的曲线比溶胀后的曲线模量约大 5 倍,这是复合材料的最低值。如图 17.13(b)所示,在溶胀后,复合材料的应变变小,约为 2%。另外,在溶胀前,5μL 氧化石墨烯含量的 GO-PAAm 复合材料中,应变超过 100%。在这种情况下,似乎介质压缩力的增加阻碍了自由基、单体的移动,并且增加了氧化石墨烯和 PAAm 分子之间链转移的可能性。

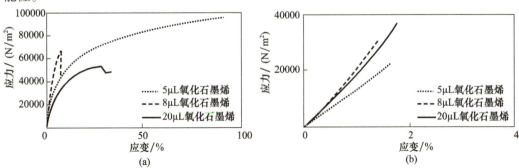

图 17.13 在 30℃ 下,氧化石墨烯含量分布为 5μL、8μL 和 20μL 时,(a)溶胀过程前,(b)溶胀过程后,应力应变曲线的关系

图 17.14(a)清楚地显示,当氧化石墨烯含量增加到 8μL 以上时,GO-PAAm 复合材料在溶胀前后的剪切模量变小。在氧化石墨烯含量为 8μL 以上时,溶胀后的剪切模量高于溶胀前。另外,如图 17.14(b)所示,氧化石墨烯含量为 8~50μL 时,复合材料在溶胀后的韧性 U_T 低于溶胀前的韧性。这些发现并不令人惊讶。结果表明,含水的复合材料凝胶的韧性一定比没有水的复合材料凝胶的韧性低。众所周知,复合材料凝胶的溶胀特性主要影响复合材料凝胶的剪切模量和韧性,主要是因为在氧化石墨烯和 PAAm 网络存在的情况下,根据分子间氢键或其他非共价相互作用构建了复合材料凝胶,从而进一步影响了复合材料的溶胀性能[40]。可以推断出,氧化石墨烯含量可作为多功能交联剂,在 GO-PAAm 复合材料中形成更多的连接点,增加交联密度,从而降低溶胀能力[47]。另外,我们还研究了 PAAm-MWNT 复合材料的弹性与 MWNT 含量(质量分数)的函数关系[40,53]。在 PAAm-MWNT 系统中,通过增加纳米管的含量,模量显著增加到 1%(质量分数) MWNT,然后降低,并呈现临界 MWNT 值,这表明材料弹性发生突变。

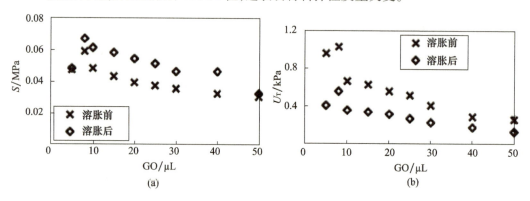

图 17.14 在温度 30℃下,不同氧化石墨烯含量对氧化石墨烯-PAAm 复合材料在溶胀前后的(a)剪切模量 S 和(b)韧性 U_T 的影响

17.5 小结

本章采用自由基交联共聚法制备了聚丙烯酰胺-氧化石墨烯复合材料。对凝胶过程中不同氧化石墨烯含量的复合材料进行了分形分析,用荧光技术对其进行了研究。512nm 处的荧光强度降低时,凝胶过程中在 427nm 处的荧光强度增加。吡喃结合的复合材料的荧光强度表明,在溶胶-凝胶相变附近可以测定复合材料的凝胶含量。用经典渗透理论和渗透理论建立凝胶含量模型,氧化石墨烯含量在 25μL 以下时,临界指数 β 和 γ 符合渗透理论。在氧化石墨烯含量为 25μL 以下时,可以用经典理论观察。将分析结果应用于估算复合材料的 D_f 数值。利用标度模型,利用幂律指数值估计复合材料的分形维数。此外,我们的目的是给出凝胶过程中氧化石墨烯的几何分布[66]。

采用 UV-Vis 光谱技术对 PAAm-GO 复合材料进行了表征,以监测 GO-PAAm 复合材料光学带隙[65]。采用 Tauc 模型和吸收谱拟合方法解释了光学带隙行为,给出了复合材料能带尾部宽度。需要注意的是,低氧化石墨烯(氧化石墨烯含量小于 8μL)和高氧化石墨烯(氧化石墨烯大于 8μL)复合材料的光学带隙较高,在氧化石墨烯含量为 8μL 时产生临界值。$0\sim8\mu L$ 的低氧化石墨烯含量的带隙 E_g 减小是因为复合材料结构无序度的增加，因为从弹性的测量中知道，低氧化石墨烯含量（氧化石墨烯含量小于 $8\mu L$）和高氧化石墨烯含量（氧化石墨烯含量大于 $8\mu L$）复合材料的韧性更高，表明在氧化石墨烯含量为 $8\mu L$ 时复合材料达到临界值。但进一步增加氧化石墨烯含量到 $8\sim40\mu L$，导致局部能级低浓度。低浓度局域态的存在增加了光学带隙，因为在氧化石墨烯含量增加到 $8\mu L$ 时，复合材料的韧性显著增加。有趣的是，氧化石墨烯含量的临界值（$8\mu L$）在三种情况下都出现在相同的位置，即光学带隙 E_{gap}、尾宽 E_{tail} 和韧性 U_T，它们都呈现相同的临界氧化石墨烯值。也就是说，较低的 U_T 值提供了较高的 E_{gap} 值和 E_{tail} 值，这预测了 GO - PAAm 复合材料的物理性质和电子行为之间的强烈关系。

采用压缩实验技术，对溶胀过程前后不同氧化石墨烯含量的氧化石墨烯 - PAAm 复合材料的力学性能进行了测定。这种技术被用来测量复合材料的受力和压缩的关系，即应力和应变。研究表明，氧化石墨烯含量为 $5\sim50\mu L$ 时可提高剪切模量。相关人员已经发现 GO - PAAm 复合材料的力学性能与氧化石墨烯含量密切相关。用橡胶弹性理论解释了剪切模量的行为。需要注意的是，低氧化石墨烯（氧化石墨烯含量小于 $8\mu L$）和高氧化石墨烯（氧化石墨烯含量大于 $8\mu L$）复合材料的剪切模量更低，说明在氧化石墨烯含量为 $8\mu L$ 时复合材料出现临界值。在溶胀过程前后，氧化石墨烯含量为 $50\mu L$ 时，发现了最低剪切模量。另外，在 30℃下，氧化石墨烯含量为 $8\mu L$ 时，剪切模量达到最大。溶胀过程后，GO - PAAm 复合材料的剪切模量和韧性随氧化石墨烯含量的增加而降低，溶胀过程前也发现了相似情况。已经发现 GO - PAAm 复合材料的整体应力松弛由三个贡献组成：弹性体一般存在的松弛、物理交联的破坏和溶胀引起的松弛。因此，该复合材料可能应用于许多领域，如生物医学、建筑和组织工程。

参考文献

[1] Huang, Y., Zeng, M., Ren, J., Wang, J., Fan, L., Xu, Q., Preparation and swelling properties of graphene oxide/poly (acrylic acid - co - acrylamide) super - absorbent hydrogel nanocomposites. *Colloids Surf.*, *A*, 401, 97, 2012.

[2] Zhang, L., Wang, Z., Xu, C., Li, Y., Gao, J., Wang, W., Lui, Y., High strength graphene oxide/ polyvinyl alcohol composite hydrogels. *J. Mat. Chem.*, 2, 10399, 2011.

[3] Kabiri, K. and Zohuriaan - Mehr, M. J., Super absorbent hydrogel composites. *Polym. Adv. Technol.*, 14, 6, 438, 2003.

[4] Park, H., Temenoff, J. S., Tabata, Y., Caplan, A. I., Mikos, A. G., Injectable biodegradable hydrogel composites for rabbit marrow mesenchymal stem cell and growth factor delivery for cartilage tissue engineering. *Biomaterials*, 28, 21, 3217, 2007.

[5] Rawat, A., Mahavar, H. K., Chauhan, S., Tanwar, A., Singh, P. J., Optical band gap of polyvin - ylpyrrolidone (polyacrylamide blend film thin films). *Indian J. Pure App. Phys.*, 50, 100, 2012.

[6] Li, F., Jiang, X., Zhao, J., Zhang, S., Graphene oxide: A promising nanomaterial for energy and environmental applications. *Nano Energy*, 16, 488, 2015.

[7] Ren, L., Liu, T., Guo, J., Guo, S., Wang, X., Wang, W., A smart pH responsive graphene/ polyacrylamide complex via noncovalent interaction. *Nanotechnology*, 21, 335701, 2010.

[8] Barrow, G. M., *Introduction to Molecular Spectroscopy*, McGraw-Hill, New York, NY, 1962.

[9] Birks, J. B., *Photophysics of Aromatic Molecules*, Wiley, Interscience, New York, NY, 1971.

[10] Herculus, D. M., *Fluorescence and Phoshoperence Analysis*, Wiley Intersicence, New York, NY, 1965.

[11] Jager, W. F., Volkers, A. A., Neckers, D. C., Solvatochromic fluorescent probes for monitoring the photopolymerization of dimethacrylates. *Macromolecules*, 28, 8153, 1995.

[12] Vatanparast, R., Li, S., Hakala, K., Lemmetyinen, H., Monitoring of curing of polyurethane polymers with fluorescence method. *Macromolecules*, 33, 438, 2000.

[13] Evingür, G. A., Tezcan, F., Erim, F. B., Pekcan, Ö., Monitoring of gelation of PAAm – sodium alginate (SA) composite by fluorescence technique. *Phase Transitions*, 85, 6, 530, 2012.

[14] Aktaş, D. K., Evingur, G. A., Pekcan, Ö., Universal behaviour of gel formation from acrylamide – carregeenan mixture around the gel point: Fluorescence study. *J. Biomol. Struct. Dyn.*, 24, 1, 83, 2006.

[15] Aktaş, D. K., Evingur, G. A., Pekcan, Ö., Steady state fluorescence technique for studying phase transitions in PAAm – PNIPA mixture. *Phase Transitions*, 82, 1, 53, 2009.

[16] Aktaş, D. K., Evingur, G. A., Pekcan, Ö., Critical exponents of gelation and conductivity in multiwalled carbon nanotubes doped polyacrylamide gels. *Compos. Interfaces*, 17, 301, 2010.

[17] Evingür, G. A., Kaygusuz, H., Erim, F. B., Pekcan, Ö., Gelation of PAAm – PVP composites: A fluorescence study. *Int. J. Mod. Phys. B*, 28, 20, 1450122 (11 pages), 2014.

[18] Flory, P. J., Molecular size distribution in three dimensional polymers. I. Gelation, *J. Am. Chem. Soc.*, 63, 3083, 1941; Molecular size distribution in three dimensional polymers. II. Trifunctional branching units, *J. Am. Chem. Soc.*, 63, 3091, 1941; Molecular size distribution in three dimensional polymers. III. Tetrafunctional branching units. *J. Am. Chem. Soc.*, 63, 3096, 1941.

[19] Stockmayer, W., Theory of molecular size distribution and gel formation in branched chain polymers. *J. Chem. Phys.*, 11, 45, 1943.

[20] Stockmayer, W., Theory of molecular size distribution and gel formation in branched polymers II. General cross-linking. *J. Chem. Phys.*, 12, 125, 1944.

[21] Pietronero, L. and Tosatti, E., *Fractals in Physics*, Elsevier Science Publishers B. V, 1986.

[22] Wang, Y., Li, D., Wang, L.-J., Wu, M., Özkan, N., Rheological study and fractal analysis of flaxseed gum gels. *Carbohydr. Polym.*, 86, 594, 2011.

[23] Bi, C., Li, D., Wang, L., Adhikari, B., Viscoelastic properties and fractal analysis of acid – induced SPI gels at different ionic strength. *Carbohydr. Polym.*, 92, 98, 2013.

[24] Rafe, A. and Razavi, S. M. A., Scaling law, fractal analysis and rheological characteristics of physical gels cross-linked with sodium trimetaphosphate. *Food Hydrocolloids*, 62, 58, 2017.

[25] Schimadzu, Measurements of band gap in compound semiconductors band gap determination from diffuse reflectance spectra. *Spectrophotometric Analysis*, A428.

[26] Dharma, J. and Pisal, A., *Simple Method of Measuring the Band Gap Energy Value of TiO_2 in the powder form using UV/Vis/NIR Spectrometer*, Perkin Elmer Center, Shelton CT USA, Application Note.

[27] Tauc, J., Optical properties and electronic structure of amorphous germanium. *Phys. Stat. Solids*, 15, 627, 1966.

[28] Tauc, J. and Menth, A., States in the gap. *J. Non Cryst. Solids*, 8–10, 569, 1972.

[29] Khafagi, M. G., Salem, A. M., Essawy, H. A., Synthesis and optical characterization of poly (glycidylmethacrylate – co – butylacrylate) copolymers. *Mater. Lett.*, 58, 3674, 2004.

[30] Dutta, K. and De, S. K., Transport and optical properties of SiO_2 – polypyrrole *nanocomposites. Solid State Commun.*, 140, 167, 2006.

[31] Kminek, I., Vyprachticky, D., Kriz, J., Dybal, J., Cimrova, V., Low band gap copolymers containing thienothiadiazole units: Synthesis, optical, and electrochemical properties. *J. Polym. Sci. Part A: Polym. Chem.*, 48, 2743, 2010.

[32] Abdi, M. M., Ekramul Mahmud, H. N. M., Chuah Abdullah, L., Kassim, A., Ab. Rahman, M. Z., Ying Chyi, J. L., Optical band gap and conductivity measurements of polypyrrole-chitosan composite thin films. *Chin. J. Polym. Sci.*, 30, 9, 2012.

[33] Ghobadi, N., Band gap determination using absorption spectrum fitting procedure. *Int. Nano Lett.*, 3, 2, 2013.

[34] Stengl, V, Bakardjieva, S., Grgar, T. M., Bludska, J., Kormunda, M., TiO_2-graphene oxide nanocomposite as advanced photocatalytic materials. *Chem. Cent. J.*, 7, 41, 2013.

[35] Velasco-Soto, M. A., Perz-Garcia, S. A., Quintana, J. A., Cao, Y., Nyborg, L., Jimenez, L. L., Selective bang gap manipulation of graphene oxide by its reduction with mild reagents. *Carbon*, 93, 967, 2015.

[36] Sadrolhosseini, A. R., Optical band gap and thermal diffusivity of polypyrole nanoparticles decorated reduced graphene oxide nanocomposite layer. *J. Nanomat.*, 1949042 (8 pages), 2016.

[37] Yang, Y., Xie, Y., Pang, L., Li, M., Song, X., Wen, J., Zhao, H., Preparation of reduced graphene oxide/polyacrylamide nanocomposite and its adsorption of Pb(II) and methylene blue. *Langmuir*, 29, 10727, 2013.

[38] Shen, J., Yan, B., Li, T., Long, Y., Li, N., Ye, M., Study on graphene oxide based polyacrylamide composite hydrogels. *Composites Part A*, 43, 1476, 2012.

[39] Haraguchi, K. and Li, H. J., Mechanical properties and structure of polymer clay nanocomposite with high clay content. *Macromolecules*, 39, 1898, 2006.

[40] Evingür, G. A. and Pekcan, Ö., Effect of multiwalled carbon nanotube (MWNT) on the behavior of swelling of polyacrylamide-MWNT composites. *J. Reinf. Plast. Compos.*, 33, 13, 1199, 2014.

[41] Das, S., Irin, F., Ma, L., Bhattacharia, S. K., Hedden, R. C., Green, M. J., Rheology and morphology of pristine graphene/polyacrylamide gels. *ACS Appl. Mater. Interfaces*, 5, 8633, 2013.

[42] Matzelle, T. R., Geuskens, G., Kruse, N., Elastic properties of poly(N-isopropylacrylamide) and poly (acrylamide) hydrogels studied by scanning force microscopy. *Macromolecules*, 36, 2926, 2003.

[43] Baselga, J. and Hernandez-Fuentes., I., Pierola, M. A., Llorente. F., Elastic properties of highly cross-linked polyacrylamide gels. *Macromolecules*, 20, 3060, 1987.

[44] Kaur, H. and Chatterji, P. R., Interpenetrating hydrogel networks. 2. Swelling and mechanical properties of the gelatin-polyacrylamide interpenetrating networks. *Macromolecules*, 23, 4868, 1990.

[45] Valles, E., Durando, D., Katime, I., Mendizabal, E., Puig, J. E., Equilibrium swelling and mechanical properties of hydrogels of acrylamide and itaconic acid or its esters. *Polym. Bull.*, 44, 109, 2000.

[46] Liu, R., Liang, S., Tang, X. Z., Yan, D., Li, X., Yu, Z. Z., Tough and highly stretchable graphene oxide/polyacrylamide nanocomposite hydrogels. *J. Mat. Chem.*, 22, 14160, 2012.

[47] Wang, J., Liu, C., Shuai, Y., Cui, X., Nie, L., Controlled release of anticancer drug using graphene oxide as a drug-binding effector in konjac glucomannan/sodium alginate hydrogels. *Colloids Surf.*, B, 113, 223, 2014.

[48] Liu, J., Song, G., He, C., Wang, H., Self-healing in tough graphene oxide composite hydrogels. *Macromol. Rapid Commun.*, 34, 1002, 2013.

[49] Fan, J., Shi, Z., Lian, M., Li, H., Yin, J., Mechanically strong graphene oxide/sodium alginate/ polyacrylamide nanocomposite hydrogel with improved dye adsorption capacity. *J. Mat. Chem.*, 1, 7433, 2013.

[50] Evingur, G. A. and Pekcan, Ö., Elastic percolation of swollen polyacrylamide (PAAm)-multiwall carbon

nanotubes composite. *Phase Transitions*, 85, 553, 2012.

[51] Evingur, G. A. and Pekcan, Ö., Kinetics models for the dynamical behaviors of PAAm – κ – carrageenan composite gels. *J. Bio. Phys.*, 41, 37, 2015.

[52] Evingur, G. A. and Pekcan, Ö., Superelastic percolation network of polyacrylamide (PAAm) – kappa carrageenan (kC) composite. *Cellulose*, 20, 1145, 2013.

[53] Evingur, G. A. and Pekcan, Ö., Temperature effect on elasticity of swollen composite formed from polyacrylamide (PAAm) – multiwall carbon nanotubes (MWNTs). *Engineering*, 4, 619, 2012.

[54] Stauffer, D., Coniglio, A., Adam, M., Gelation and critical phenomena. *Adv. Polym. Sci.*, 44, 103, 1982.

[55] Stauffer, D. and Aharony, A., *Introduction to Percolation Theory*, 2nd ed., Taylor and Francis, London, 1994.

[56] Yilmaz, Y., Erzan, A., Pekcan, Ö., Critical exponents and fractal dimension at the sol – gel phase transition via in situ fluorescence experiments. *Phys. Rev. E*, 58, 7487, 1998.

[57] Yilmaz, Y., Erzan, A., Pekcan, Ö., Slow regions percolate near glass transition. *Euro. Phys. J. E.*, 9, 135, 2002.

[58] Sahimi, M., *Application of Percolation Theory*, Taylor and Francis, London, 1994.

[59] de Gennes, P. G., *Scaling Concepts in Polymer Physics*, Cornell University Press, Ithaca, 1988.

[60] Aharony, A., Universal critical amplitude ratios for percolation. *Phys. Rev. B*, 22, 400, 1980.

[61] Holdt, S. L. and Kraan, S., Bioactive compounds in seaweed: Functional food applications and legislation. *J. App. Phys. Coll.*, 23, 543, 2011.

[62] Erman, B. and Flory, P. J., Relationships between stress, strain, and molecular constitution of polymer networks. Comparison of theory with experiments. *Macromolecules*, 15, 806, 1982.

[63] Valencia, J., Baselga, J., Pierola, I. F., Compression elastic modulus of neutral, ionic, and amphoteric hydrogels based on N – vinylimidazole. *J. Polym. Sci. B: Polym. Phys.*, 47, 1078, 2009.

[64] Evingur, G. A. and Pekcan, Ö., Mechanical properties of graphene oxide – polyacrylamide composites before and after swelling in water. *Polym. Bull.*, 75, 4, 1431 – 1439, 2018.

[65] Evingur, G. A. and Pekcan, Ö., Optical band gap of PAAM – GO composites. *Compos. Struct.*, 183, 212, 2018.

[66] Evingur, G. A. and Pekcan, Ö. et al., Gelation and fractal analysis of graphene oxide – polyacrylamide composite gels. *Phase Transitions*, 85, 530 – 541, 2012.

第18章 聚合物/氧化石墨烯复合材料的合成、表征及应用

Carmina Menchaca-Campos[1], César García-Pérez[1], Miriam Flores-Domínguez[1], Miguel A. García-Sánchez[2], M. A. Hernández-Gallegos[3], Alba Covelo[3], Jorge Uruchurtu-Chavarín[1]

[1] 墨西哥库埃纳瓦卡莫雷洛斯州,IICBA-UAEM,工程与应用科学研究中心
[2] 墨西哥城伊扎帕拉帕自治大学化学系
[3] 墨西哥城,墨西哥国立自治大学工程学院表面工程与表面处理中心

摘　要　本章介绍了以氧化石墨烯和聚合物为基础的复合材料,其制备和表征的实例。在不同的基底上沉积了复合材料,并用不同的技术在不同电极中对其电化学性能和特征进行了评价,展示了其潜在的应用前景。利用扫描电子显微镜、傅里叶变换红外光谱、X射线衍射、紫外-可见光谱(ultraviolet-visible spectroscopy,UV-Vis)、拉曼光谱等技术对这些材料的化学和结构进行了表征,目的是确定复合材料所构成的材料之间的相互作用。氧化石墨烯的共价功能化使聚合物能够被接枝。它们的特征表明,复合材料各成分之间的相互作用和集成水平很高,这可以提高材料的力学性能和导热性能及导电性能,材料性能提高能够适应不同的应用。

关键词　石墨烯,氧化石墨烯,溶胶-凝胶,静电纺丝,涂层,电化学,能源应用

18.1 引言

现今人们将材料化学中取得的进展应用于能源系统、纳米科学和技术研究中。功能化材料,即聚合物纳米复合材料和杂化金属-有机多孔结构等,现在可用于各种应用,如储氢、二氧化碳捕获、有毒气体燃料和碳氢分子分离等[1-3]。

Geim、Novoselov等[4-6]于2004年从石墨中分离出了二维同素异形碳,即石墨烯,石墨烯独特的电子结构和迷人的光学、热学、化学和力学性能,引起了许多研究人员的关注[7-15]。石墨烯具有优异的力学性能,因此可用于制备复合材料,例如,石墨烯与聚合物基体的结合可以改善复合材料的性能。此外,增强这种形式的纤维可以改善它们在各种应用中的性能,如导热性能等[16]。

众所周知,石墨烯是其他碳材料的构造块。它是一种二维材料,由碳原子组成的薄片

并通过 sp^2 杂化结合,且有序地排列在一个原子宽度的正六边形上。如果把薄片卷起来,就会得到简单的壁碳纳米管,将各种薄片卷起来就能形成多壁碳纳米管,而圆形的石墨烯称为富勒烯[17]。

制备石墨烯的方法多种多样,每种方法有不同的优点和缺点,如最开始是利用丰富廉价的矿物石墨制备石墨烯。获得石墨烯最简单的方法是通过机械剥离石墨的磨蚀表面(通常是 Si/SiO),并通过现有的胶带获得颗粒[18-19]。通过这个简单的过程,可以获得大尺寸的单层石墨烯薄片(最高可达 0.2mm),这种石墨烯具有很高的结构质量和优异的电学性能。它是一个巨大的芳香大分子且为二维结构,具有极好的热学、电子、光学和力学性能、热导和电导性。

可惜的是,由于上述方法得到的石墨烯产量低且层分离过程繁琐,这一方法并不实用。目前,为了降低石墨烯的生产成本并增加石墨烯的产量,人们正在开发更加精细的替代方法。制备石墨烯最有前景的方法包括化学气相沉积、电绝缘碳化硅表面外延生长和石墨氧化物片(高氧化石墨烯)的化学制备工艺[20-22]。

石墨氧化物是由碳、氧和氢以不同比例组成的化合物,通常通过在酸性介质(H_2SO_4)中用强氧化剂($KMnO_4$)处理石墨而得到。在氧化过程后,得到了一种由氧化石墨烯片堆叠而成的层状结构材料[23]。

严格地说,"氧化物"是一个错误的名称,因为石墨不是金属[1]。块状物质分散在基本溶液中,生成单分子层,即氧化石墨烯,类似于石墨烯,也就是石墨的单层形式。氧化石墨烯片引起了人们的极大兴趣,其不仅作为一种制备石墨烯的潜在中间体,而且可以作为复合材料和杂化体系的组成部分。不同于疏水特性的石墨烯,它不仅具有亲水特性,还赋予了这种系统特殊特性。一般情况下,它保留了母石墨的层结构,但是层被扣住,层间距离比石墨大 2 倍(约 0.7nm)。此外,氧化石墨烯层厚度为 $(1.1±0.2)$ nm[2-3,7-8]。每层的边缘端是羧基和羰基。我们还没有完全了解详细的结构,因为它具有无序和松散层包装[24]。

用来分离石墨层的方法之一是积极的氧化过程,这种方法使石墨烯表面周围和某些地方功能化,主要是存在缺陷的地方。因此,氧化的有机官能团可以附着在这些地方,加强与极性物种和溶剂的吸引力,并排斥石墨烯层的疏水区域[25]。石墨烯层表面和外围的有机官能团有望使石墨烯与其他化学或生化物种产生共价结合,这便于在不同的技术领域使用石墨烯。这种改性会导致石墨烯层失去其平面性,从而促进层的分离[26]。

B. C. Brodie 在 150 年前制备了氧化石墨烯,一个世纪后,W. S. Hummers 和 R. E. Offerman 对此做出了改进[23],包括前面提到的在硫酸介质中的强氧化剂物质。氧化后得到了层状结构的氧化石墨烯。这些层高度氧功能化,因此具有高度亲水性[27]。这些含氧基团和水吸附分子极大地增加了层间距离;因此,层间相互作用能减小,很容易在水介质中剥离氧化石墨烯。得到了氧化石墨烯单层片的胶体悬浮液,这些悬浮液很稳定,因为某些官能团的电离在分散过程中负电荷产生了静电斥力[28]。

氧化石墨烯是一种非化学计量材料,由脂肪区域分开的芳香区域形成,在基面上含有大量羟基和环氧基团,在其基片边缘只有少量的羰基和羧基(图 18.1)。由于这些基团的存在,氧化石墨烯具有电绝缘性,限制了其在许多情况下的适用性。为了进行还原,必须对其进行处理以获得导电片[25]。

可以采用不同的方法来控制还原,如化学和电化学方法,最广泛使用的方法是将肼(H_2N-NH_2)作为还原剂。还原后,可以在 150～1100℃ 范围内进行附加热处理,以提高还原效率,提高石墨烯片的结构质量。由于肼具有危害和毒性,现在有很多其他的安全还原剂可以代替它[29-31]。

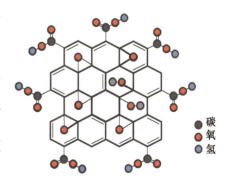

图 18.1　氧化石墨烯结构

还原氧化石墨烯片的导电性大大提高,比原来的量级大 3～4 倍,这可能是原石墨结构恢复的结果。但是还没有完全恢复石墨结构,氧化阶段引入的氧化功能也没有完全从氧化石墨烯片上消除。虽然在还原后碳/氧原子间的比值提高,氧化石墨烯的碳/氧原子间的比值约为 2,用肼对氧化石墨烯进行还原后比值为 10 或以上,但所达到的较低的值表明氧的存在仍然显著。这影响了获得的氧化石墨烯片的低结构质量。所有这些得到的不同类型的石墨烯质量与机械剥离获得的高质量薄片相去甚远。易于生产和制备的质量使化学改性石墨烯(chemically modified graphene,CMG)成为许多新材料应用的理想匹配材料,包括具有高机械电阻的电子导体复合材料、用于滤网的柔性导电涂料、气体分子传感器等[26]。

聚合物是由许多重复的亚基组成的大分子或宏观分子。由于其广泛的性能,合成聚合物和天然聚合物在日常生活中起着重要的作用。聚合物包括合成塑料如聚苯乙烯,以及天然生物聚合物,如 DNA 和蛋白质,这些聚合物是生物结构和功能的基础。天然和合成聚合物都是通过许多小分子聚合而合成的,称为单体。因此,相对于小分子化合物,它们的大分子质量能产生独特的物理性质,包括韧性、黏弹性和趋于形成玻璃和半晶结构[1-3]。

聚合物纤维的长度与其直径比有关。在电纺纤维中加入纳米材料可以改善其性能,从而带来了一系列新的应用,特别是机械改进的混合物和复合材料。这种类型的纤维具有直径小、表面积大、孔径小等特点,这些特点都是系统的催化、过滤和吸附等应用的关键。功能化材料包括石墨烯和氧化石墨烯聚合纳米复合材料,多孔杂化和有机金属结构的发展使其能应用于各种应用中,例如储氢、二氧化碳捕集、燃料和有毒气体方面的应用以及烃分离[14-15]。

18.2　氧化石墨烯合成

获得石墨烯的方法很多,可以通过微机械剥离高度有序的吡咯烷石墨、外延生长、化学气相沉积和还原氧化石墨烯等方法进行制备。然而,氧化石墨烯是我们寻找的衍生物,因为分子周围的功能化基团允许与聚合物或任何其他类型的分子相互作用或结合,从而使得我们将其连接到单分子层或石墨烯上。

一般来说,比如在我们的著作中,通过两种方法得到氧化石墨烯:首先,用改进的 Hummers 法,然后进行电化学还原;其次,使用机械剥离石墨法,然后进行热和氧化处理,以获得所需的含氧官能团。

18.2.1 改进的 Hummers 法合成氧化石墨烯

通过直接氧化石墨粉尘合成氧化石墨烯,方法是采用改进 Hummers 法[32-33]。之前剥离石墨是为了完全将其氧化成石墨氧化物。不同的温度下使用 H_2SO_4、$K_2S_2O_8$ 和 P_2O_5 进行这个过程。当这种氧化混合物与石墨接触时,开始形成气泡,这表示插入反应,在 30min 后结束其形成过程。然后,在水中稀释混合物,并静置过夜。第二天,必须过滤和冲洗混合物,以消除所有酸。获得的固体保存在干燥器中以保持干燥。

这个过程后,由于放热反应,需要将石墨氧化物放置在硫酸中。然后,使用 $KMnO_4$ 作为氧化剂,目的是使石墨片具有含氧官能团,此外还必须增加沿链轴的平面间距,即从 3.4Å(石墨)增加到 6.25~7.5Å(氧化石墨烯)[34]。这种氧化避免了石墨烯的堆叠,因为石墨烯极性的增加,还促进了石墨烯在水溶液中和极性有机溶剂中的分散。在完全溶解后,必须在热水浴中持续反应 2h。为了避免由于放热反应而导致温度升高,需要在冷浴中将蒸馏水加入到混合物中。蒸馏水降低了混合物的反应性。经过几次稀释后,加入 30% H_2O_2。混合物变成了亮黄色,1 天后表面的物质被去除。用质量分数为 10% 的 HCl 冲洗剩下的混合物,然后用蒸馏水继续冲洗。剩下的固体再经过过滤、透析、离心和冻干过程。最后制备出氧化石墨烯。

18.2.2 剥落法合成氧化石墨烯

开始时通过机械剥离石墨,并进行不同的处理得到最佳的氧化石墨烯条件,从而合成氧化石墨烯。过程包括在恒定氧流量的马弗炉中进行高温处理煅烧,以去除有机物质杂质、污染物和不受欢迎的官能团以及保持氧化石墨烯层结合的氧化石墨物种。处理温度为 700℃,时间为 2h。这个程序可以更大程度地分离石墨片。然后,在室温下冷却这种材料,然后进行化学处理,60℃ 的条件下在甲酸、KOH-NaOH 和过氧化氢溶液中进行超声搅拌 3h。然后分离在此过程中产生的粒子,清洗漂浮的更轻的粒子,并在环境温度下干燥,并对其进行定性。最好的条件是 H_2O_2 化学处理获得氧化石墨烯[1]。

18.2.3 氧化石墨烯电还原

一旦得到氧化石墨烯,便应将其放置在合适的电极中,与所需的材料混合,以此定制复合材料或混合物,并进行电化学还原以消除官能团,使其更导电并更加适用于各种应用,例如能源应用。

在这些研究中,采用了电化学技术,即极化曲线(CP 动电位和 CA 恒电位)和循环伏安(cyclic voltammetry, CV)。电化学条件取决于所研究的特定系统。对基体材料进行 CP 实验,通常在 0~3mV 之间寻找腐蚀电位,并由此建立还原条件,以减少氧化石墨烯中存在的含氧官能团。还原发生在肼环境中。恒电位主要控制所应用的参数(电位和还原时间)。这种技术能产生高质量的氧化石墨烯[35]。

循环伏安法已经用来还原修饰氧化石墨烯片的官能团,并作为一种工具来确定在电极中发生的反应,如可逆和不可逆过程。此外,该技术也可用于计算电极的比电容[36-37]。

18.3 氧化石墨烯表征

氧化石墨烯的 SEM 表征如图 18-2 所示。图 18.2 为 SEM 显微图,用以表征机械剥离石墨和石墨烯颗粒,它们受温度和超声溶液的影响(图 18.2(a)~(d))。经过酸性或碱性处理后,团聚固体获得较小、无序和略微折叠的层状氧化石墨烯。在热处理的样品中,由于原始石墨中存在杂质,因此发现石墨存在多孔结构,在 700℃ 热处理过程中将其消除(图 18.2(a))。

图 18.2 机械剥离石墨的 SEM 显微图

(a)热处理(700℃);(b)热处理(700℃)+甲酸;(c)热处理(700℃)+KOH+NaOH;(d)热处理(700℃)+H_2O_2。

热处理后,为了便于从多孔结构中分离石墨片,后续在酸性、碱性和过氧化物溶液(甲酸、KOH、NaOH 或 H_2O_2)中进行化学处理和超声振动测试(图 18.2(b)(c)和(d))。通过过氧化物溶液中的流程使得固体在氧化石墨烯片中具有较低尺寸,并在表面上获得平面或稍折叠分离的氧化石墨烯层。在图 18.3 和图 18.4 中,SEM 的表面概貌和放大图显示了这种处理的效果,可以看到折叠的片变得更薄,尺寸也发生了变化。

用 SEM 和 EDX 对折叠的颗粒样品进行了表征,如图 18.4 所示。氧化石墨烯薄片表征的化学组成显示了其结构中存在碳和氧,这证实了其存在碳构成结构和附着在其上的氧基团。与其他化学氧化过程相比,如 Hummers 方法,氧含量低的原因是过氧化物氧化过程较弱。在我们的流程中得到的 O/C 比值是 0.048，这个值在原始石墨(0.014)和氧化石墨烯(0.582)之间[38-39]。

(a)   (b)

图 18.3   GO 的 SEM 显微图
(a)概貌；(b)6kX 详细视图。

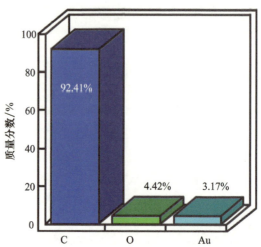

图 18.4   SEM 和 EDX 表征

用 SEM(图 18.5(a))和 FT-IR(图 18.5(b))分析了在过氧化物溶液中获得的具有更好条件的氧化石墨烯颗粒。研究人员观察到了材料结构的变化，并与机械剥蚀石墨坯料进行了比较。在过氧化物溶液中化学处理后，机械剥离石墨的光谱显示出与氧化石墨烯有关的特征带，大约在 1628 cm^{-1} 处，对应于 C=C 键的拉伸振动，这是由于 π 键可以形成延伸的石墨烯的共轭层和芳香层。

其他能带对应于 C—O 键的特征振动(约 1050 cm^{-1} 处)，以及与 OH 键的拉伸和弯曲有关的能带(3000～3500 cm^{-1} 和 1419 cm^{-1} 处)。此外，尽管 1700 cm^{-1} 区域附近的小能带与石墨板层边缘形成的羰基(C=O)或羧基(—COO)的存在有关，但是还观察到了在 880 cm^{-1} 处的与环氧基团的振动有关的能带。氧化石墨烯的红外光谱特征主要表现为吸收能带,分别对应于 1733cm^{-1} 处的 C═O 羰基拉伸、1412cm^{-1} 处的 O—H 形变振动、1226cm^{-1} 处的 C—OH 拉伸和 1053cm^{-1} 的 C—O 拉伸。根据文献[40],O—H 拉伸出现在 3400cm^{-1} 处,作为宽能带强信号。1621cm^{-1} 处的共振是由于被吸附的水分子的振动,并与未氧化石墨结构域的 C═C 骨架振动重叠。

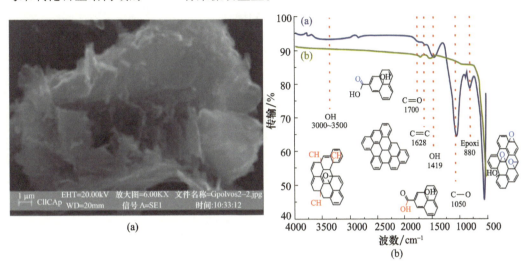

图 18.5 用(a)SEM 和(b)FT-IR 分析了在过氧化物溶液中得到的具有更好条件的氧化石墨烯颗粒

这些结果证实了氧化石墨烯片形成的最佳条件。GO 层中氧的存在伴随着受影响碳的平面性丧失,这与这些基团的亲水性质一起诱导了水溶剂分子的渗透,使某些层的分离成为可能。

18.4 聚合物/氧化石墨烯复合材料的应用

目前,基于杂化或纳米复合材料的薄膜和涂层在防腐蚀方面的应用越来越成功。这些发展利用了单个组分的特性,可以使产出的材料具有增强的新性能。

氧化石墨烯的潜在用途之一是作为腐蚀涂层添加剂,以限制侵略性种类的扩散。材料的平面形式可以减少扩散,并降低离子种类的有效途径。这可能会对具有阻挡层性能的防腐涂层和材料产生影响。

18.4.1 防腐涂层的应用

石墨是由范德瓦耳斯力结合的二维碳层[41]。当石墨层被分离时,形成一个单原子碳板,称为石墨烯。由于石墨烯具有独特的结构和电学特性以及其巨大的比表面积[42],其已应用于各种复合材料[40,43]、聚合物功能化设备[44-45]、电化学/腐蚀应用[46-48]等领域[49-50]。根据研究目的和用途,存在不同的传统方法可以获得石墨烯片,如机械制备、化学合成和电化学提取[50-52]。Alanyalioglu 等[50]广泛开发了后一种方法,这种方法是通过阴极和阳极极化将阴离子表面活性剂插入石墨层。将最后得到的石墨烯薄片在碱性溶液中溶解。当需要非团聚石墨烯层时,通常使用这种方法。另外,利用化学气相沉积生成石墨烯已经成为沉积大面积表面石墨烯的最常用的方法[53]。

在电化学领域,石墨烯广泛用作金属上的阻挡层或涂层,可以在不同的温度和氧浓度条件下防腐且不改变或增加基体的额外重量[54]。石墨烯是金属的离子屏障,在极端侵略性条件下与最上层涂层一起提供了多重保护系统[55-56]。然而,石墨烯与功能化的氧化石墨烯(含硅烷)已被证明是有效防腐替代品,可以用于不同金属,如钢基体[57],而得到的最终表面材料是一种疏水或超疏水材料,适合于防腐蚀[58]。

当把石墨烯或氧化石墨烯作为纳米片、纳米粒子或纳米填充物加入涂层时,这些元素既可以作为缓蚀剂,也可以作为阻挡层。因此,有效的防腐蚀保护取决于加载的石墨烯/聚合物基体与金属基底的良好的疏水性、高表面保护面积以及良好的附着力。

18.4.1.1　铝的石墨烯纳米粒子增强溶胶-凝胶涂层的防腐性能

基于硅氧烷的溶胶-凝胶涂层在铝、钢、锌、镁基底等不同金属中,主要在碱性介质和中性介质上[59-60],已经显示了有效防止或延缓金属基底的腐蚀。由于溶胶-凝胶涂层不含有基于铬酸盐的化合物,其有效性取决于无机和有机前驱体的组成和形态性质[61]。

溶胶-凝胶涂层既可以作为单层,也可以作为多层涂层系统的一部分。涂层的平均厚度($1 \sim 10 \mu m$)允许加入纤维、黏土或颜料,以改善涂层的物理、力学和电化学性能。因此,将石墨烯加入溶胶-凝胶基体,可以作为防止腐蚀物种渗透的有效屏障,以此在不增加涂层厚度或增加额外重量的情况下,提高涂层的耐久性。在溶胶-凝胶基质中加入纳米粒子最常见的方法是冷凝和水解反应。然后,采用浸渍涂层、旋涂、喷涂或电沉积的方法,将溶胶涂层沉积在金属基体上[62]。其他人员也报道了防腐蚀的溶胶-凝胶涂层的演变[62]。

1. 杂化溶胶-凝胶涂层/石墨烯制备

将石墨烯加入溶胶-凝胶涂层作为防腐蚀层具有积极效果,比如,图 18.2 显示了在 2800h 测试后,涂层铝样品在 NaCl 0.1mol/L 中的电化学阻抗结果。在详细解释这些结果之前,先描述石墨烯/溶胶-凝胶的形成。在 700℃下热处理 2h 高纯石墨棒,目的是消除堵塞气体、燃烧杂质并诱导石墨膨胀。然后使用 Alanyalioglu 等[50,52]描述的电化学剥离过程。这个过程包括在十二烷基硫酸钠溶液(sodium dodecyl sulfate solution,SDS)中施加 +2.0V 的氧化电位 12h,以此对处理后的石墨棒进行剥离,然后在 -1.0V 的阴极中还原 2h。最后,在 4000r/min 的速度下,按照 1.1 比值用丙酮离心分离出最终的溶液,离心时间为 20min。然后在甲醇溶液中收集和清洗石墨烯片。

剥离过程的电化学设置是将石墨棒作为工作电极,并把两根铂丝作为参考电极和对电极。将该石墨烯/甲醇混合物溶解于聚乙烯醇中,然后经由附装在商用注射泵上的商用塑料注射器组成的静电纺丝在 AA2024-T333 铝样品上沉积。金属针与高压电源的正端连接,而接地端与铝样品电连。静电纺丝条件如下:10kV,集电极与金属针之间的距离为 3cm,流量为 2.2μL/min,持续 20min。石墨烯沉积后,样品采用旋涂法覆盖溶胶-凝胶涂层。

在杂化溶胶-凝胶复合涂层,制备了有机和无机两种不同的前驱体。在 pH 值为 5 的条件下,混合 2-丙醇、3-环氧丙基三甲氧基硅烷和硝酸溶液形成有机溶胶,而通过混合乙酰醋酸-乙酯、四正丙氧基锆和酸性硝酸溶液合成了无机溶胶。最后,将两种溶胶经机械和超声搅拌 1h。

2. 表征-形态

图 18.6 显示了石墨烯颗粒在 1000× ~50000× 的范围内、不同放大率下的 SEM/EDX

评估。从这些结果可以看出,电化学剥离产生石墨烯纳米粒子而不是氧化石墨烯,因为主要的元素信号峰值大多属于碳。如图18.6(c)所示,沿着整个片上的纹理和颜色不同,显微图显示石墨烯含有叠加层;因此,从较高的放大率来看,石墨烯的平均粒径从0.5μm下降。此外,对这些颗粒进行了拉曼分析,以确定拉曼信号是否属于石墨烯。如图18.6(d)所示,1593cm^{-1}(G峰)和2700cm^{-1}(2D能带)的两个信号对应于石墨烯sp^{2}轨道[63-64]。2D峰强度与G峰强度的比值较低以及2D峰形状不对称,这表明样品与单个单层样品不对应,SEM显微图也证明了这一点。

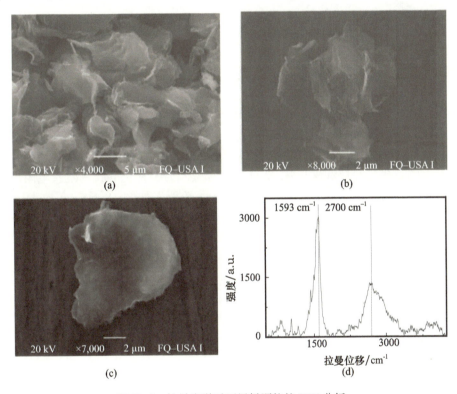

图18.6 拉曼光谱对石墨烯颗粒的SEM分析

图18.7为整个系统的横截面显微图。在AA2024-T3基底上可以看到不同的层。聚乙烯醇/石墨烯纳米纤维具有平均均质层,厚度为3.2μm,而溶胶-凝胶涂层的公称厚度为15.8μm。这两个层的形状都很好,因此在样品上能看出明显的区别。

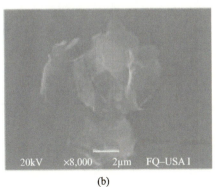

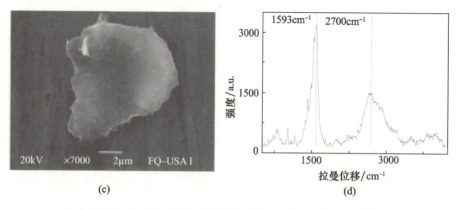

图 18.7 铝/聚乙烯醇 – 石墨烯/溶胶 – 凝胶的截面显微图

在图 18.8 中,得到的阻抗(电阻)在低频时约为 $2 \times 10^7 \Omega \cdot cm^2$。相角结果(图 18.8(b))显示了至少三个可识别的不同时间常数与频率的函数关系。高频率一位于千赫级,与溶胶 – 凝胶涂层的介电性能有关,频率二和频率三常数分别与金属/石墨烯界面上的石墨烯片层和氧化物/氢氧化物有关。为了量化溶胶 – 凝胶电阻 R_c,有必要估计第一半圆直径的量级,在这里呈现了介电性能。如图 18.8(a)(放大区域)所示,在 2800h 的测试中,R_c 变化幅度在 $200 \sim 800 k\Omega \cdot cm^2$ 之间,这代表了溶胶 – 凝胶表面的变化。

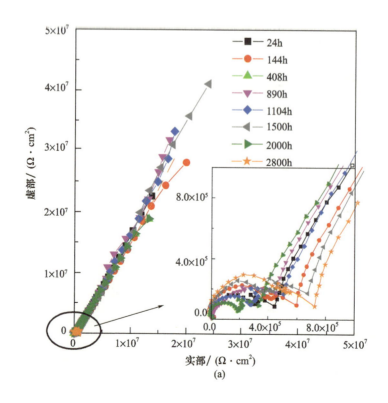

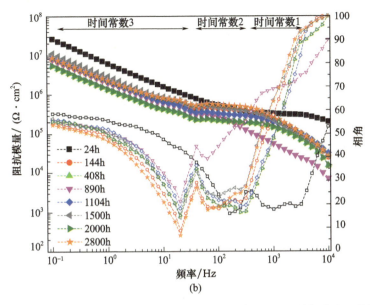

图18.8 在2880h测试中，在0.1mol/L NaCl中的铝/聚乙烯醇-石墨烯/溶胶-凝胶EIS光谱
(a) Nyquist；(b) Bode和相角。

奈奎斯特图表明整个系统的一般行为对应于电容响应，在低频时具有高保护特性。这种稳定的行为表明石墨烯作为一个有效的阻挡层可以在金属界面提供持久的保护。因此，石墨烯与杂化溶胶-凝胶体系的结合和相互作用对铝在盐水介质中的防腐起到了非常积极的作用。

这些防腐性能与系统的良好附着力有关。溶胶-凝胶具有醇水解硅醇基团，能够与金属羟基相互作用产生金属-氧-铝键[65]，这与羧基-石墨烯纳米片的羧基基团的氢键结合，可以产生更强的分子相互作用。这种黏合性能的改善表现为在更长的曝光时间下涂层未损坏，EIS的结果证明了此现象，而且在浸泡测试后的原子力显微镜评估也提供了支持证据(图18.9)。

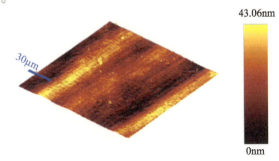

图18.9 在NaCl浸泡2880h后AA2024-T3涂层的AFM评估

我们观察得到的复合材料的外观非常光滑且剖面粗糙度低。结果表明，在NaCl中浸泡2280h后，溶胶-凝胶涂层没有产生团聚体或空隙，这意味着PVA加载石墨烯片后，会引起铝基底上额外锚固键。平均粗糙度约为347.2nm。

18.4.1.2 钢的GO-尼龙涂层体系

研究人员正在进行研究试图寻找废金属和聚合物废物在有用的回收应用中的附加价

值。防腐涂料是一个重要的工业涂装行业,由于在大部分环境中都会发生金属腐蚀,造成的经济损失约占各国国民生产总值的 4% ~6%。腐蚀是指金属和合金的不良降解或变质。这个定义也可以应用于非金属材料,如陶瓷、玻璃、混凝土等[2]。

例如,在燃烧单元中,双极板通常由低腐蚀和良好的表面接触电阻的石墨化合物制成[3]。然而,与金属相比,双极板的制造、渗透性和抗振耐久性都不乐观。另外,金属板受到腐蚀,形成钝化膜,从而减少催化剂和离聚物的接触电阻和污染[14-15,24]。解决这些问题的一个潜在办法是将金属板镀膜,以避免腐蚀和钝化膜的形成,从而改善通过燃烧单元的电荷传输和能量传递[66-68]。

尼龙是一种常用的低成本聚合物,由于氢键和交联作用,它们的链相互吸引而产生机械阻力,使得其具有优异的力学性能,如强度、刚度、硬度和韧性。工业尼龙 66 的一个潜在应用是电纺纤维和功能化氧化石墨烯(Ny/FGO),可以通过电化学方法在金属基底上产生一种防腐复合涂层[69]。

1. 尼龙 66 电纺膜流程

Formhals 发明了电纺丝方法[70],这种方法包含三个基本设置:高压电源、一个带有金属针的注射器用于储存聚合物溶液和一个接地连接的收集器(滤网)。在制备聚合物溶液后,将注射器注满并置于高压(1~30kV)下,将针尖放置在距离收集器 5~30cm 的距离处。要不断持续这一过程,因为聚合物溶液上施加的电动势破坏了表面张力,产生了流向滤网的溶液,并且溶剂蒸发后带电纤维沉积在收集器上。Jia 等[71]和 Wang 等[72]报道了加入纳米粒子后,从聚合物混合物中获得电纺纳米纤维的可能性,他们提到了有望增强复合材料的性能。在本章介绍的一些例子中采用了这个流程。

在室温(25℃)条件下,将 1.20g 尼龙 66 溶解在 7mL 甲酸中,以此制备了电纺尼龙(nylon,Ny)纤维的涂膜样品,并将此混合物温和搅拌约 12h。使用电源和剂量注射器进行电纺,电压设置为 12kV,尖端收集器的距离为 12cm,流量为 0.2mL/h(图 18.10)。在几小时后生成了电纺尼龙 66(Ny)/GO 涂层,并在作为滤网的一个多孔二氧化硅(因为它是一种导电材料)板上将其收集[73]。

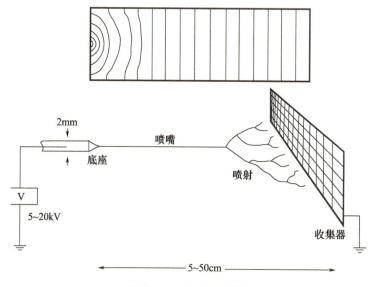

图 18.10　电纺示意图

2. 电极制备

在聚合溶液中制备了两种不同的电纺 Ny/GO 涂料,聚合溶液为 90% 甲酸、0.36% 或 2% 重量的 GO,溶液的其余成分为 Ny。为了使 GO 功能化形成复合涂层,对该系统进行了电化学处理,以多孔二氧化硅制备电化学电池,用作为电极的电纺 Ny/GO 薄膜将其覆盖。采用极化曲线测定了在不同酸性(H_2SO_4)、碱性(KOH – NaOH)和过氧化物(H_2O_2)溶液中的最佳电化学氧化/还原条件。采用电化学方法进一步氧化并还原,以此制备 Ny/FGO 复合材料。

3. 极化曲线

为获得 Ny/FGO 涂层形成的最佳电化学条件,在酸性、中性、碱性条件下得到了极化曲线,以此考察最佳氧化 – 还原条件。根据极化曲线,两种电化学动力学反应都受到不同溶液的影响。在 KOH 和过氧化物溶液中得到更高的氧化条件,而在反应过氧化物或 H_2SO_4 溶液中得到更高的还原条件。

在得到最佳的电化学条件后,采用的流程为在碱性溶液中氧化并在酸性溶液中还原,加入几滴肼来抑制氧还原反应,提高还原过程的效率,从而在此过程获得 Ny/GO 复合材料结合[1]。

4. 电化学涂层形成

采用 KOH(pH12)或 H_2SO_4(pH2)的恒电位氧化和还原曲线(±1000mV),进一步氧化碳种类,然后在含有电纺 Ny/GO 复合膜或包覆一层 GO 的电纺尼龙膜的多孔二氧化硅基底上还原,在两种情况下形成 Ny/GO 复合材料涂膜。

5. 涂层表征

作者利用 SEM EDX、紫外可见和 FTIR 技术对功能化的氧化石墨烯和尼龙纤维样品进行表征,并在此前展示了研究结果[69]。

这些条件用来形成电纺 Ny/GO 复合材料涂层。通过 SEM 分析确定了 3h 内形成的尼龙膜厚度。通过静电纺沉积得到了厚度平均约为 9.5μm 的尼龙纤维膜。在复合材料片中,大型和清晰的尼龙纤维可以形成覆盖基底的复杂紧凑的网格。GO 层的尺寸,使得其不容易被观察到[1]。

6. 电化学阻抗光谱

使用电化学阻抗测量法对 Ny/GO 进行评估,评估了在不同 Na_2SO_4 浓度溶液中电纺复合材料涂层为 0.36% 和 2% 重量的 Ny/GO(表 18.1),并给出了在不同浓度溶液中 Ny/GO 薄膜样品的总阻抗值。一般情况下,整个阻抗与溶液浓度呈反比关系,可以展示涂层的性能[74]。这是因为侵略性种类很难在涂层中扩散,并难以改变阴极反应的电子放电,因此改变了金属的降解[75-76]。这也反映了溶液对多孔二氧化硅基底的影响。

表 18.1 Ny/GO 电化学阻抗参数与溶液浓度的函数关系

Na_2SO_4 浓度/(mol/L)	Z_T/(Ω·cm^2) Ny/GO 0.36% 电纺	C_{dl}/(F/cm^2) Ny/GO 0.36% 电纺	Z_T/(Ω·cm^2) Ny/GO 0.36% 电纺	C_{dl}/(F/cm^2) Ny/GO 0.36% 电纺
0.01	1.5×10^4	2.66×10^{-5}	3.5×10^7	1.06×10^{-7}
0.1	8×10^3	4.48×10^{-5}	3.0×10^4	8.58×10^{-7}
1.0	7×10^3	4.49×10^{-5}	2.0×10^4	7.47×10^{-7}

Ny/GO 薄膜的电容值显示了涂层条件的电荷存储能力。在 0.36% 的 Ny/GO 电纺样品中获得的电容值更高,因此电荷存储量也更大。另外,在 2% 的 GO 涂层条件下,总阻抗值较高。相关人员提出使用功能化的氧化石墨烯,并通过偶极-偶极和氢桥相互作用产生了聚合物联络纤维。

18.4.2 储能应用

史前时期以来,人类一直在寻找不同的方式来储存能量以维持生存。然而,技术应用的发展表明现在的存储设备必须比以前更便宜、更便携、更可持续,并且具有更高质量的容量。超级电容器(电化学电容器)使用比普通电容器容量更大的材料,并已成功应用于一些商用电子设备中,而且它的应用可以扩展到其他技术应用中。

相关人员正在寻找在极端温度条件下具有超长使用寿命、高充放电效率、可循环度($>1\times10^6$ 循环)和快速能量释放的超电容器(电化学电容器),且不损失其电荷容量,并含有较少的有毒成分,包括碳基多孔材料、过渡金属氧化物和导电聚合物。所有这些物质都有优点和缺点,因此在制备电极时,倾向于使用复合电极,结合有利方面并弥补每一种材料的局限性[69]。

基于氧化石墨烯-聚合物-电子供体掺杂的纳米多孔材料有望应用于超电容器。氧化石墨烯和聚合物的结合表现出电阻性,并且在加入电子供体后,其电传输性能大大提高。Garcia 等[69]提出将氧化石墨烯与尼龙-卟啉(电纺、糊状)结合。他们对这两个系统进行了电化学和物理化学表征。

卟啉(H_2P)已经表现出可逆性的质子化/去质子化的能力,且首次表征了卟啉纳米复合材料在超级电容器中的应用。得到的结果令人满意,可以发展这些材料在超级电容器应用中的最佳条件。

18.4.2.1 GO-尼龙-卟啉系统

根据上述方法,使用相似推理制备了一种三组分复合材料。在芳香分子中,将卟啉改性,或使用其取代芳香四吡咯大环化合物,其表现出一系列有趣的配位:适用于高科技设备的催化、医用、光电和医用性能。卟啉由于其丰富的电子/光子性能(包括电荷传输、能量转移、光吸收或发射)在电子学领域引起了人们广泛关注[77]。取代的四苯基卟啉($H_2(S)TPP$)的合成和纯化相对容易,因此其在各种技术系统的制备中具有较大吸引力。

卟啉由四个吡咯环通过甲烷(=CH)桥结合而成,形成了由四个中心氮原子组成的平面高度共轭大环,使其具有较高的络合特性。合成卟啉复合物涉及几乎所有的金属元素,分子的中心空间只能容纳原子半径小于 0.201nm 的离子[77]。较大的离子位于分子平面之外。周围残留的吡咯氢化物以及在=CH 桥上局域化的吡咯氢化物,都可以被不同的化学基团取代,形成一个不同化合物的家族。

大多数聚合物材料具有高电阻率、塑性变形、低导电性和热力学稳定性等特点,因此其技术应用受到限制。然而,卟啉和氧化石墨烯具有极好的性能,可以消除这些缺点,将它们加入到聚合物基体中,形成复合材料或混合物。

尼龙是一种常用的重要技术高分子材料,由于其在不同条件下的形态变化复杂,成本低廉,因而得到了广泛的应用。由于氢键和交联作用,它们的链相互吸引而产生机械阻力,从而使其具有良好的力学条件,如强度、刚度、硬度和韧性。在不同的研究领域,合成或制造复合材料和混合物的目的是利用材料本身具有的特殊特性以及由于不同材料之间相互作用而产生的新特性。比如尼龙/$H_2T(p-NH_2)$PP/GO 化合物,由于其特性[69],它在能源应用中具有较大吸引力,如燃料电池、电容器、太阳能电池等。

18.4.2.2 尼龙/$H_2T(p-NH_2)$PP 体系的制备

为了形成尼龙/卟啉复合材料,制备了两种溶液。溶液 A:在蒸馏水中混合 6.1% 和 2.3% 的六乙二胺和氢氧化钠。溶液 B:将 2mL 的二甲酰氯溶解于 22mL 的氯仿,所需反应卟啉的用量为 5mg 和 100mg 的 $H_2T(p-NH_2)$PP。在制备好溶液后,将六乙二胺溶液 A 小心地倒入己二酰氯中和卟啉溶液 B 中。立刻可以在两个液体体积的界面上观察到溶液的分离和尼龙/$H_2T(p-NH_2)$PP 化合物的形成。使用镊子缓慢移除在界面形成的聚合物,允许两种溶液接触和反应,以促进复合尼龙/$H_2T(p-NH_2)$PP 的形成。最后,用蒸馏水冲洗化合物,以除去试剂痕迹,并在 80℃ 干燥 12h。

18.4.2.3 尼龙/$H_2T(p-NH_2)$PP/GO 化合物的制备

为形成尼龙/$H_2T(p-NH_2)$PP 复合材料,将该化合物在甲酸中溶解,并加入氧化石墨烯,然后在 60~65℃ 下超声处理 12h。

这个过程从聚合物溶液的制备开始。在尼龙/GO 的情况中,GO 的质量分数是 25% 或 50%。复合尼龙/$H_2T(p-NH_2)$PP 中卟啉的浓度为 5mg 或 100mg,对应于 0.1% 或 1% 重量的总混合化合物。以 25% 或 50% 的 GO 浓度制备尼龙/GO 薄膜,在尼龙/$H_2T(p-NH_2)$PP 中,$H_2T(p-NH_2)$PP 的百分比为 0.1% 或 1%。此外,在尼龙/$H_2T(p-NH_2)$PP/GO 系统中,将 GO 的质量分数设置为 25%,而 $H_2T(p-NH_2)$PP 的质量分数设置为 0.1% 或 1%,在两种情况下电纺时间分别为 5min、1h 和 2h,将其作为沉积聚合物纤维的不锈钢滤网或收集器。所有化合物均溶于甲酸,搅拌 12h。通过切割和研磨针头的斜面部分制备注射器(3mL),当连接到电源时,该部分应带电。详细的实验过程可以参见以前的著作[69]。实验参数见表 18.2。

表 18.2 电纺实验参数设置

复合材料	溶剂	电荷/kV	流量/(μL/min)	黏度/cP	尖头收集器距离/cm
尼龙	甲酸	12	0.3	122.24	15
Nylon/GO	甲酸	12	0.4	102.16	12
尼龙/$H_2T(p-NH_2)$PP	甲酸/氯仿	12	0.4	101.86	12
尼龙/$H_2T(p-NH_2)$PP/GO	甲酸/氯仿	13	0.2	106.96	12

注:1cP = 1mpu·s

18.4.2.4 表征

1. 扫描电子显微镜

使用 SEM 对四-(对-氨基苯酚)卟啉(Ny/$H_2T(p-NH_2)$PP/GO)进行表征表明,质量分数为 25% 和 50% 的 GO 片均匀分布在聚合物基 Ny/$H_2T(p-NH_2)$PP 上。还可以观察到整个复合材料的复杂网络(图 18.11)。功能化 GO 片的存在以及 Ny/$H_2T(p-NH_2)$PP/GO 复合纤维之间可能的结合表明,表面上存在亲水基团,这使得其有望与复合纤维中的酰胺基(—CO—NH)相互作用,FTIR 表征也证实了这一点。

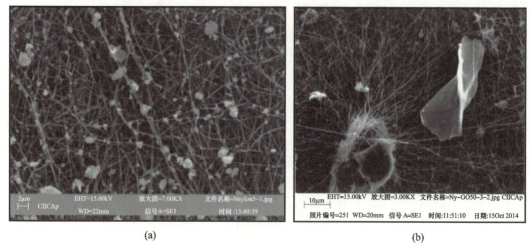

图 18.11 聚合基体 Ny/H$_2$T(p-NH$_2$)PP 上均匀分布的 GO 片
(a)概貌;(b)详细视图。

2. 傅里叶变换红外

游离碱类的 FTIR 光谱(图 18.12)在 3300cm^{-1}左右出现一个能带,在 960cm^{-1}左右出现另一个能带,这归因于 NH$_2$ 取代基以及环卟啉游离碱的中心氮原子的 NH 键拉伸和弯曲频率。在 2850~3150cm^{-1} 范围内的能带是由于苯和吡咯环的 C—H 键振动。位于 1490~1650cm^{-1} 之间的能带是由于 C=C 振动,而位于 1350cm^{-1} 和 1272cm^{-1} 附近的能带是由于—C=N 和 C—N 拉伸振动。在 1800~1900cm^{-1} 之间的信号以及在 800cm^{-1} 和 750cm^{-1} 处的能带是由于对取代苯基的 C—H 键弯曲振动[78]。

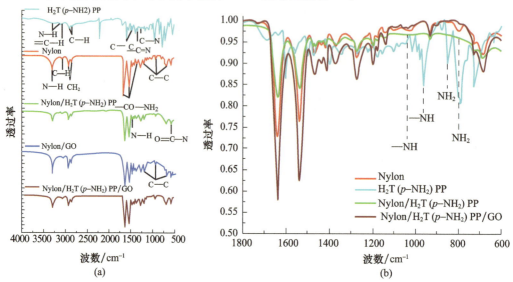

图 18.12 尼龙/H$_2$T(p-NH$_2$)PP 的红外光谱
(a)光谱;(b)放大区。

可以观察到在 3314cm^{-1} 和 3221cm^{-1} 处的纯尼龙 66FTIR 光谱带以及在 1450cm^{-1} 和 750cm^{-1} 处产生的光谱带,这是由于 N—H 键的拉伸、变形和摇摆振动。在 2946cm^{-1} 和 2867cm^{-1} 处的能带与 CH$_2$ 拉伸振动有关。在 1717cm^{-1} 处观察到 C=O 的拉伸振动。在

1654cm^{-1}、1547cm^{-1}和1376cm^{-1}处分别观察到 NH 酰胺基团的拉伸、不对称变形和摇摆。在 1140cm^{-1}左右的能带是由于 CO—CH 对称弯曲振动与 CH$_2$ 扭曲。在 936cm^{-1}和 600cm^{-1} 处的能带与 C—C 键的拉伸和弯曲振动有关,在 583cm^{-1}处的能点可能是 O═C—N 弯曲所致。此外,出现在 936cm^{-1}和 1140cm^{-1}处的能带分别与尼龙 66 的结晶和非晶结构有关[79]。

图 18.12 所示为质量分数 25% 或 50% 复合材料的尼龙/H$_2$T(p-NH$_2$)PP、尼龙/H$_2$T(p-NH$_2$)PP/GO 以及尼龙/GO 样品的光谱特征带。在放大的光谱中比较不同化合物与碱基材料(Ny)(图 18.12(b))放大了在 1100cm^{-1}、1030cm^{-1}和 800cm^{-1}处消失的小能带,对应于一级(NH$_2$)和二级(—NH—)胺,同样也观察到在不同化合物光谱中其他能带的消失。与—NH 群有关的卟啉谱带出现在 966cm^{-1}波长处,在 850cm^{-1}和 793cm^{-1}处的能带是由于 NH$_2$ 取代基的拉伸振动。

上述能带的消失可能是由于碱基材料(尼龙 66)和卟啉(H$_2$T(p-NH$_2$)PP)之间的相互作用,也可能只是由于这些最后物种的外围胺基的反应,以及 GO 片外存在的官能团,主要是羧基(COOH)或羰基(C═O)[69]。

3. X 射线衍射

图 18.13 为 Ny、Ny/H$_2$T(p-NH$_2$)PP、Ny/GO 和 Ny/H$_2$T(p-NH$_2$)PP/GO 样品的 X 射线衍射图,显示出具有一定结晶度的主要非晶材料的相同衍射图样。在 20.47°和 23.56°处的能带对应于位于三斜细胞内的 Ny 晶体 α 相(100)和(010、110)的反射。α$_1$ 相对应 Ny 相邻链之间的距离,通过氢键相互作用,而 α$_2$ 相是由于聚合物片层间的距离。Ny/H$_2$T(p-NH$_2$)PP 样品的两个 α 相谱带比原始 Ny 更强烈。这种差异可能是由于在聚酰胺网络中加入卟啉而略微增加了结晶度[78]。化合物 Ny/GO 和 Ny/H$_2$T(p-NH$_2$)PP/GO 的 X-R 衍射谱表现出在 26.64°和 9.54°衍射 2θ 角处的能带;在 Ny/GO 中,氧化石墨烯的特征是能带。

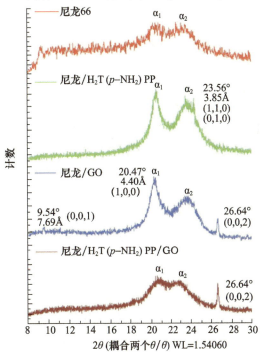

图 18.13　Ny、Ny/H$_2$T(p-NH$_2$)PP、Ny/GO 和 Ny/H$_2$T(p-NH$_2$)PP/GO 的 X-R 衍射图

4. 紫外可见尼龙/$H_2T(p-NH_2)$PP/GO 表征

在 Ny/$H_2T(p-NH_2)$PP/GO 系统的紫外可见吸收光谱中,观察到 280nm 处出现的吸收峰,这是由于芳香 C═C 键的 $\pi-\pi^*$ 跃迁(图 18.14),此吸收峰为 GO 结构和卟啉结构。此外,在 427nm 处观察到代表 Soret 或 B 能带的吸收峰,这是卟啉的特征,并与 GO 光谱重叠[80]。

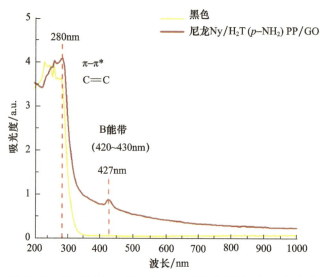

图 18.14　Ny/$H_2T(p-NH_2)$PP/GO 系统的紫外可见吸收光谱

18.4.2.5　电化学评估

1. 尼龙/$H_2T(p-NH_2)$PP/GO 复合材料的电化学阻抗谱

利用电化学阻抗谱(EIS)评估不锈钢基底上的复合涂层在 H_2SO_4 酸性溶液中的表现。当 GO 浓度从 25% 提高到 50% 时,未发现明显变化后,研究人员决定使用 25% 浓度的 GO,只是将 $H_2T(p-NH_2)$PP 的浓度由 5mg 改为 100mg,以及电纺时间从 5min 改为 1h 和 2h。在 GO 和 $H_2T(p-NH_2)$PP 都存在时,与胚料(不锈钢)样品相比,总阻抗降低了大约 6 个数量级,从而极大地增加了金属的溶解。

图 18.15 给出了 Ny/$H_2T(p-NH_2)$PP/GO 复合材料在不同电纺时间下的 EIS 评价,结果表明阻抗与不同 $H_2T(p-NH_2)$PP 浓度的函数关系,这要求更高的浓度和更长的电纺时间,从而导致较低的总阻抗模量(图 18.15(a))。相角显示了在所有情况下可能存在的三种不同时间常数:第一种是由于涂层电阻值低;第二种是由于电荷传递过程和金属溶解;第三种是与传质有关。在尼龙/$H_2T(p-NH_2)$PP(100mg)/GO 复合材料中(图 18.15(b)),当电纺时间从 5min 提高到 2h 时,由于时间常数中的值的变化和下降,Bode 图的总阻抗和相角响应发生了变化。因此,对于二元系统,需要保护金属基底,而对于尼龙/$H_2T(p-NH_2)$PP/GO 三元系统,涂层不能提供保护[81]。

不同系统的电容值表明涂层条件的存储容量存在电荷。Ny/$H_2T(p-NH_2)$PP(100mg)/GO 系统的电容值更高,因此电荷存储能力更强,这可能适合于各种应用。不同的系统的电容值表明涂层的加载存储容量。图 18.16 显示了样品的孔阻和总电容与不同涂层制备的函数关系。可以看出,这两个参数都呈现相反的趋势。这意味着,当孔阻降低时,总电容会增加。

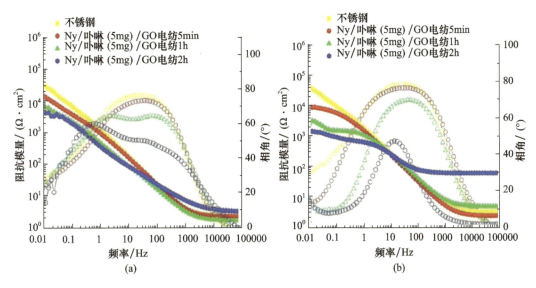

图 18.15 不同电纺时间下,在 1mol/L 的 H_2SO_4 溶液中(a)尼龙/$H_2T(p-NH_2)$PP(5mg)/GO(25%)和(b)尼龙/$H_2T(p-NH_2)$PP(100mg)/GO(25%)的 EIS Bode 和相角电化学评估

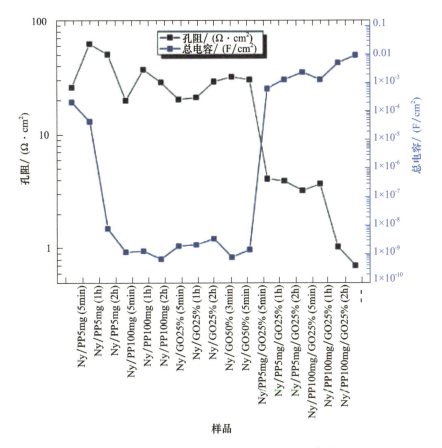

图 18.16 孔阻和总电容作和系统涂层的函数关系

在 $H_2T(p-NH_2)PP$ 或 GO 存在下,电纺 Ny 的势垒效应占优势,显示了较高的孔阻值[82],这场与电纺时间无关。随着 GO 的加入,$H_2T(p-NH_2)PP$ 进一步降低了孔阻值,最终触发了总电容,这是由于 $H_2T(p-NH_2)PP$ 和 GO 可能的协同效应。这种效应通过三组分相互作用增强了多孔涂层从而促进了传质。这意味着在较小的孔阻值之间,表面有更多多孔,从而允许更多的接触表面,并促进了金属表面双层和复杂膜网络的扩散和电荷储存。下面的伏安曲线证实了这一点。

2. 碳布电极循环伏安法

通过伏安实验,测定了具有 80% 重量复合材料的尼龙/$H_2T(p-NH_2)PP$/GO 在碳布上的比电容,方法是测量电子转移反应产生的电流,该电流发生在电极表面与电位有关。图 18.17 所示为在电势范围内的 Ny/$H_2T(p-NH_2)PP$/GO 复合化合物的电容,显示了电容伏安响应。可以看出:比电容与扫描速率具有函数关系;在较低的扫描速率下,系统得到了较高的比电容值。这是因为在较低的扫描速率下,有足够的时间显示并揭示这些现象,如电荷和传质,这些现象发生在双电化学层并存在于电解液和电极表面之间。然而,所获得的电容值低于文献[10,83-85]所报道的值。

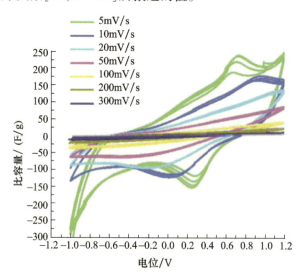

图 18.17　不同扫描速率下尼龙/$H_2T(p-NH_2)PP$/GO(80% GO)化合物循环伏安法

结果表明,在 Ny/$H_2T(p-NH_2)PP$/GO 涂层中,$H_2T(p-NH_2)PP$/GO 的结合效应降低了与不锈钢值相似的总阻抗,这表明复合物的相互作用促进了金属溶解,降低了涂层作为物理势垒的作用。良好的离子传输性能导致孔阻值较低,这反映了在电纺涂层应用中使用的涂层类型。尼龙/$H_2T(p-NH_2)PP$/GO 涂层形成的低电纺时间表现出这种离子效应,而由于接触面较大,较长的时间进一步降低了阻抗值。

最新研究提出了石墨烯的质子渗透率[86]。为了减少这种势垒并增加透气性,可以在石墨烯上涂上一层非连续催化金属(铂),这些物质可以作为氢离子通过的催化剂。在尼龙/$H_2T(p-NH_2)PP$/GO 系统的测试中,发现了相同的现象,这是由于 GO 与 $H_2T(p-NH_2)PP$ 结构之间的协同作用,可以观察到卟啉的中心氮原子可以可逆质子化,从而充当质子通过涂层的受体和启动子。另一个强化理论解释的现象[86]是不锈钢(胚料)的总阻抗减少约两个数量级,如 Bode 阻抗图(图 18.15(b))所示,这表明系统的离子导电性能大幅度增加。

所得到的伏安结果表明,反应过程缓慢,这可以从形成涂层的电容特性上观察到。如图 18.17 所示,伏特率显示了曲线形状的影响,对于较高的伏特率,伏安图变平,而对于较低伏特率,伏安图往往呈现矩形形状,能看到两个与阳极反应和阴极反应有关的峰,并且比电容增加[85]。

18.4.3 太阳能热水器应用

在太阳能集热器中,效率与通过传导和辐射的热损失及热传递直接相关。如果集热器表面与环境的温差较大,传热速度会更快。集电器表面和流体也是如此。

太阳能集热器最重要的部分是吸收器,其决定集热器的效率,它是系统的一部分,能够让入射太阳能转化为热能并传输到流体介质,如水。传统太阳能集热器的吸收板一般是由金属(不锈钢、铝和铜)制成,这使得系统不仅昂贵而且沉重。目前,研究的重点是在不牺牲系统热效率的前提下,用更经济的材料替代金属材料。

聚合物材料比目前使用的金属材料具有潜在的优势,如能够降低材料成本和制造成本、具有抗腐蚀性以及能够更好地与其他部件组装。聚合物材料作为集热器吸收剂也存在一定的缺点,主要是与金属材料相比,聚合物材料的导热性能较低。为了提高聚合物材料的导热性能,相关人员研究了石墨、炭黑、碳纤维、金属和金属氧化物微粒等团聚复合材料和高热导材料的发展情况[87-89]。石墨烯是碳基集料之一,由于其优良的导热性能、良好的机械强度、轻重量、低成本以及聚合物基体中的均匀分散等特性,近年来受到了广泛的关注[90-95]。

制造太阳能热水器组件(盖、储水箱、吸收板、管道等)时,采用了不同的聚合物材料[96-99]。聚丙烯(polypropylene,PP)是最重要和最常用的热塑性材料之一,通过加入各种团聚体可以提高其性能,以获得更好的力学、热学和导电性能等性能[100-105]。此外,已证明聚丙烯复合材料适合制造太阳能热水器集热器[106-107]。

在聚丙烯基体中加入氧化石墨烯作为填充物,可以提高导热性能,并获得一种化合物,可将此化合物作为太阳能热水器的集热器材料。

18.4.3.1 氧化石墨烯-聚丙烯复合材料

基于回收聚丙烯的基体、汽车产业的废料,并通过改进的 Hummers 方法从石墨中合成 GO,以此来合成复合材料。

将 GO(质量分数为 10%)和聚丙烯混合获得复合材料,可以得到均匀的聚合物-填充物化合物。磨碎回收的聚合物,然后用一个 1mm 的筛网过滤,得到均匀粒度的聚丙烯。然后,将 GO 加入到聚丙烯粉末中,搅拌 10min 得到均匀的混合物。利用压缩成型原理将所产生的粉末制模成型,在熔炉中加热样品 2h,温度高于聚合物基体熔点(220℃)的温度,根据所需的厚度设定恒定的压力,允许材料在模具中熔化。

最后,在模具中冷却复合材料直到达到固体状态,并符合模具的形状。所得标本呈圆形、直径 100mm,厚度为 5mm(图 18.18)。

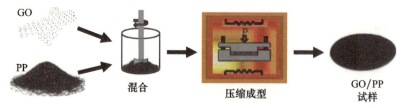

图 18.18　获得 GO/PP 化合物试样的方法

在太阳能热水器应用中,材料的导热性能和机械材料电阻性能非常重要。导热性能是通过施加温度梯度来传递热能(热量)的能力。材料电阻是指承受机械应力的能力。

采用防护式热板装置测定复合材料的导热性能。按照 ASTM E1225-99 标准进行分析[108]。该方法的工作原理是基于带护罩的冷却板和加热板之间处于稳定状态的情况下,使用传导技术进行热传递[109]。在两个板之间建立一个温度梯度,使通过试样的热流稳定、单向且均匀(图 18.19)。在这些条件下,根据以下关系确定了导热系数:

$$\lambda = \varphi \frac{d}{S\Delta T} \tag{18.1}$$

式中:φ 为提供给计量部分的功率(W);S 为试样的面积(m^2);ΔT 为板之间的平均温度差(K);d 为试样的平均厚度(m)。

图 18.19　试样的带护罩热板设备配置的截面,以测量导热性能

从 3mm 厚和 100mm 直径的圆形 GO/PP 复合材料样品中得到导热性能。在环境条件下进行测试。将冷板和热板的温度分别设定为 25℃ 和 35℃。在 7h 后达到稳态状态,0.5h 后测量温度梯度。通过式(18.1)得到导热性能。

图 18.20 中结果表明,GO/PP 复合材料的导热性能为 2.816W/(m·K),比回收 PP (0.988W/(m·K))提高了 2.85 倍左右。这说明 GO 的加入增加了复合材料的导热性能。

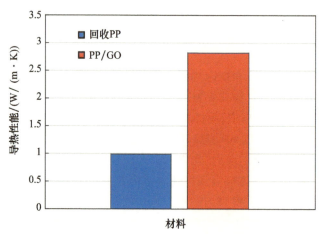

图 18.20　GO/PP 与回收 PP 的导热性能的比较

在聚合物材料中加入 GO 作为团聚体,可以增加导热性能,也改变了材料的力学性能,如弹性模量。

在拉伸实验中,通过 GO/PP 的模压板制备试样,以获得标准化尺寸的样品。按照 ASTM D638 标准,通过万能实验机测试了试样的力学性能[110]。一直持续测试,直到最后试样破裂。

通过测试材料的应力-应变曲线(化合物和回收材料)所得的拉伸结果如图 18.21 所示。曲线的第一部分(无应力)与测试要求的初始调整有关。在曲线的第二部分中,观察到线性行为,这表示被测试材料的弹性行为,并允许用式(18.2)得到弹性模量 E。在曲线的第三部分中,恒定应变增加,这是指塑性变形,直到试样破裂。如图 18.21 所示,GO/PP 复合曲线呈现更大的斜率,这意味着 E 更大,代表了比回收 PP 更脆弱的性能:

$$E = \frac{\Delta \sigma}{\Delta \varepsilon} \tag{18.2}$$

式中:σ 为应力;ε 为应变。

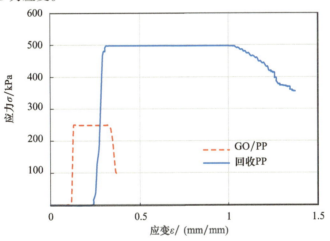

图 18.21　GO/PP 材料和 PP 材料的应力-应变曲线示意图

图 18.22 的结果表明,GO/PP 的弹性模量比回收 PP 提高了约 2.85 倍。GO 的存在增强了复合材料的力学性能,这是因为 GO 具有很高的机械强度和弹性模量。

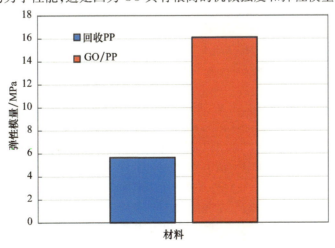

图 18.22　GO/PP 和回收 PP 的弹性模量比较

导热性能和拉伸实验的结果表明,氧化石墨烯(10%(质量分数))/PP 复合材料是太阳能集热器吸波材料的良好选择,因为其具有显著的导热性能和机械刚度。此外,使用这种材料可以降低加热器的总重量,从而降低成本并减少聚合物废料对环境的污染。

参考文献

[1] Menchaca – Campos,C.,García – Pérez,C.,Castañeda,I.,García – Sánchez,M. A.,Guardián,R.,Uruchurtu,J.,Nylon/graphene oxide electrospun composite coating. *J. Polym. Sci.*,2013,1,2013.

[2] Licona – Sánchez,T. deJ.,Álvarez – Romo,G. A.,Mendoza – Huizar,L. H.,Galán – Vidal,C. A.,Palomar – Pardavé,M.,Romero – Romo,M.,Herrera – Hernández,H.,Juárez – García,J. M.,Uruchurtu,J.,Nucleation and growth kinetics of electrodeposited sulfate – doped polypyrrole:Determination of the diffusion coefficient of SO_4^{2-} in the polymeric membrane. *J. Phys. Chem. B*,114,9737,2010.

[3] Wang,H. and Turner,J. A.,Ferritic stainless steels as bipolar plate material for polymer electrolyte membrane fuel cells. *J. Power Sources*,128,193,2004.

[4] Geim,A. K. and Novoselov,K.,The rise of graphene. *Nat. Mater.*,6,183,2007.

[5] Novoselov,K. S.,Geim,A. K.,Morozov,S. V.,Jiang,D.,Katsnelson,M. I.,Grigorieva,I. V.,Two – dimensional gas of massless Dirac fermions in graphene. *Nature*,438,197,2005.

[6] Gómez,N. C.,Meyer,J. C.,Sundaram,R. S.,Chuvilin,A.,Kurasch,S.,Burghard,M.,Kern,K.,Kaiser,U.,Atomic structure of reduced graphene oxide. *Nano Lett.*,10,1144,2010.

[7] Reddy,K. R.,Jeong,H. M.,Lee,Y.,Raghu,A. V.,Synthesis of MWCNTs – core/thiophene polymer – sheath composite nanocables by a cationic surfactant – assisted chemical oxidative polymerization and their structural properties. *J. Polym. Sci.,Part A:Polym. Chem.*,48,1477,2010.

[8] Khan,M. U.,Reddy,K. R.,Snguanwongchai,T.,Haque,E.,Gomes,V. G.,Polymer brush synthesis on surface modified carbon nanotubes via *in situ* emulsion polymerization. *Colloid Polym. Sci.*,294,1599,2016.

[9] Gnädinger,F.,Middendorf,P.,Fox,B.,Interfacial shear strength studies of experimental carbon fibres,novel thermosetting polyurethane and epoxy matrices and bespoke sizing agents. *Compos. Sci. Technol.*,133,104,2016.

[10] Hassan,M.,Reddy,K. R.,Haque,E.,Minett,A. I.,Gomes,V. G.,High – yield aqueous phase exfoliation of graphene for facile nanocomposite synthesis via emulsion polymerization. *J. Colloid Interface Sci.*,410,43,2013.

[11] Han,S. J.,Lee,H.,Jeong,H. M.,Kim,B. K.,Raghu,A. V.,Reddy,K. R.,Graphene modified lipophilically by stearic acid and its composite with low density polyethylene. *J. Macromol. Sci. Part B:Phys.*,53,1193,2014.

[12] Choi,S. H.,Kim,D. H.,Raghu,A. V.,Reddy,K. R.,Lee,H.,Yoon,K. S.,Properties of graphene/waterborne polyurethane nanocomposites cast from colloidal dispersion mixtures. *J. Macromol. Sci. Part B:Phys.*,51,197,2012.

[13] Lee,Y. R.,Kim,S. C.,Lee,H.,Jeong,H. M.,Raghu,A. V.,Reddy,K. R.,Kim,B. K.,Graphite oxides as effective fire retardants of epoxy resin. *Macromolecular Research*,19,66,2011.

[14] Reddy,K. R.,Sin,B. C.,Ryu,K. S.,Noh,J.,Lee,Y.,*In situ* self – organization of carbon black – polyaniline composites from nanospheres to nanorods:Synthesis,morphology,structure and electrical conductivity. *Synth. Met.*,159,1934,2009.

[15] Mehta, V. and Cooper, J. S., Review and analysis of PEM fuel cell design and manufacturing. *J. Power Sources*, 144, 32, 2003.

[16] Sing, V., Joung, D., Zhai, I., Das, S., Khondaker, S. L., Seal, S., Graphene based materials past, present and future. *Prog. Mat. Sci.*, 56, 1178.

[17] Prezhdo, O. V, Graphene—The ultimate surface material. *Surf. Sci.*, 605, 1607, 2011.

[18] Yang, R. T., *Chemistry and Physics of Carbon*, vol. 19, P. A. Thrower (Ed.), pp. 163–210, Marcel Dekker, New York, 1984.

[19] Paredes, J. I., Martínez Alonso, A., Tascón, J. M., Multiscale imaging and tip-scratch studies reveal insight into the plasma oxidation of graphite. *Langmuir*, 23, 8932, 2007.

[20] Lahaye, J. and Ehrburger, P., *Fundamental Issues in Control of Carbon Gasification Reactivity*, Kluwer Academic Publishers, Dordrecht, 1991.

[21] Kobayashi, Y., Fukui, K. I., Enoki, T., Kusakabe, K., Observation of zigzag and armchair edges of graphite using scanning tunneling microscopy and spectroscopy. *Phys. Rev. B*, 71, 193406, 2006.

[22] Ishigami, M., Chen, J. H., Cullen, W. G., Fuhrer, M. S., Williams, E. D., Atomic structure of graphene on SiO_2. *Nano Lett.*, 7, 1643, 2007.

[23] Leconte, N., Moser, J., Ordejón, P., Tao, H., Lherbier, A. I., Bachtold, A., Alsina, F., Sotomayor, T. C., Charlier, J. C., Roche, S., Damaging graphene with ozone treatment: A chemically tunable metal-insulator transition. *ACS Nano*, 4, 4033, 2010.

[24] Borup, R. and Vanderborgh, N., Design and testing criteria for bipolar plate materials for pem fuel cell applications. *MRS. Proc.*, 393, 151, 1995.

[25] Clark, D. T., Cromarty, B. J., Dilks, A., A theoretical investigation of molecular core binding and relaxation energies in a series of oxygen-containing organic molecules of interest in the study of surface oxidation of polymers. *J. Polym. Sci., Part A: Polym. Chem.*, 16, 3173, 1978.

[26] Paredes, J. I., Martínez-Alonso, A., Tascón, J. M. D., Scanning probe microscopies for the characterization of porous solids: Strengths and limitation. *Stud. Surf. Sci. Catal.*, 144, 1, 2002.

[27] Lerf, A., He, H., Forster, M., Klinowski, J., Structure of graphite oxide revisited. *J. Phys. Chem. B*, 102, 4477, 1998.

[28] Zhang, G., Sun, S., Yang, D., Dodelet, J. P., Sacher, W, The surface analytical characterization of carbon fibers functionalized by $H_2SO_4 HNO_3/$ treatment. *Carbon*, 46, 196, 2008.

[29] McCarley, R. L., Hendricks, S. A., Bard, A., Controlled nanofabrication of highly oriented pyrolytic graphite with the scanning tunneling microscope. *J. Phys. Chem.*, 96, 10089, 1992.

[30] Wei, Z., Wang, D., Kim, S., Kim, S. Y., Hu, Y., Yakes, M. K., Laracuente, A. R., Dai, Z., Marder, S. R., Berger, C., King, W. P., de Heer, W. A., Sheehan, P. E., Riedo, E., Nanoscale tunable reduction of graphene oxide for graphene electronics. *Science*, 328, 1373, 2010.

[31] Schrier, J., Helium separation using porous graphene membranes. *J. Phys. Chem. Lett.*, 1, 2284, 2010.

[32] Albañil-Sánchez, L., *Preparación de Nanocompuestos Nylon/Grafeno: Electrohilado y Microestructura*, M. Sci. Thesis, Universidad del Autónoma del Estado de Morelos, México, 2010.

[33] Hummers, W. S., Jr. and Offeman, R. E., Preparation of graphitic oxide. *J. Am. Chem. Soc.*, 80, 1339, 1958.

[34] Wang, G., Yang, J., Park, J., Gou, X., Wang, B., Liu, H., Yao, J., Facile synthesis and characterization of graphene nanosheets. *J. Phys. Chem.*, 112, 8192, 2008.

[35] Peng, X. P., Liu, X. X., Diamond, D., Lau, K. T., Synthesis of electrochemically-reduced graphene oxide film with controllable size and thickness and its use in supercapacitor. *Carbon*, 49, 3488, 2011.

[36] Liu,C.,Teng,Y.,Liu,R.,Luo,S.,Tang,Y.,Chen,L.,Cai,Q.,Fabrication of graphene films on arrays for photocatalytic application. *Carbon*,49,5312,2011.

[37] Kauppila,J.,Kunnas,P.,Damlin,P.,Viinikanoja,A.,Kvarnström,C.,Electrochemical reduction of graphene oxide films in aqueous and organic solutions. *Electrochim. Acta*,89,84,2013.

[38] Lopez,V.,Sundaram,R. S.,Gomez–Navarro,C.,Olea,D.,Burghard,M.,Gomez–Herrero,J.,Zamora,F.,Kern,K.,Chemical vapor deposition repair of graphene oxide：A route to highly–conductive graphene monolayers. *Adv. Mater.*,21,4683,2009.

[39] Mattevi,C.,Eda,G.,Agnoli,S.,Miller,S.,Mkhoyan,K. A.,Celik,O.,Mastrogiovanni,D.,Granozzi,G.,Garfunkel,E.,Chhowalla,M.,Evolution of electrical,chemical,and structural properties of transparent and conducting. *Adv. Funct. Mater.*,19,2577,2009.

[40] Stankovich,S.,Dikin,D. A.,Dommett,G. H. B.,Kohlhaas,K. M.,Zimney,E. J.,Stach,E. A.,Piner,R. D.,Nguyen,S. T.,Ruoff,R. S.,Graphene–based composite materials. *Nature*,442,282,2006.

[41] Zou,H.,Wu,S.,Shen,J.,Polymer/silica nanocomposites：Preparation,characterization,properties,and applications. *Chem. Rev.*,108,3893,2008.

[42] Novoselov,K. S.,Geim,A. K.,Morozov,S. V.,Jiang,D.,Zhang,Y.,Dubonos,S. V.,Grigorieva,I. V.,Firsov,A. A.,Electric field effect in atomically thin carbon films. *Science*,306,666,2004.

[43] Paton,K. R.,Varrla,E.,Backes,C.,Smith,R. J.,Khan,U.,O'Neill,A.,Boland,C.,Lotya,M.,Istrate,O. M.,King,P.",Higgins,T.,Barwich,S.,May,P.",Puczkarski,P.",Ahmed,I.,Moebius,M.,Pettersson,H.,Long,E.,Coelho,J.,O'Brien,S. E.,McGuire,E. K.,Sanchez,B. M.,Duesberg,G. S.,McEvoy,N.,Pennycook,T. J.,Downing,C.,Crossley,A.,Nicolosi,V.,Coleman,J. N.,Scalable production of large quantities of defect–free few–layer graphene by shear exfoliation in liquids. *Nat. Mater.*,13,624,2014.

[44] Gu,Z.,Zhang,L.,Li,C.,Preparation of highly conductive polypyrrole/graphite oxide composites via in situ polymerization. *J. Macromol. Sci.*,Part B,48,1093,2009.

[45] Ramanathan,T.,Abdala,A. A.,Stankovich,S.,Dikin,D. A.,Herrera–Alonso,M.,Piner,R. D.,Adamson,D. H.,Schniepp,H. C.,Chen,X.,Ruoff,R. S.,Nguyen,S. T.,Aksay,I. A.,Prud'Homme,R. K.,Brinson,L. C.,Functionalized graphene sheets for polymer nanocomposites. *Nat. Nanotechnol.*,3,327,2008.

[46] Chang,K. C.,Hsu,M. H.,Lu,H. I.,Lai,M. C.,Liu,P. J.,Hsu,C. H.,Ji,W. F.,Chuang,T. L.,Wei,Y.,Yeh,J. M.,Liu,W. R.,Room–temperature cured hydrophobic epoxy/graphene composites as corrosion inhibitor for cold–rolled steel. *Carbon*,66,144,2014.

[47] Hernandez,M.,Genesca,J.,Ramos,C.,Bucio,E.,Bañuelos,J. G.,Covelo,A.,Corrosion Resistance of AA2024–T3 coated with graphene/sol–gel films,in：*Solid State Phenomena*,*Corrosion and Surface Engineering*,vol. 227,J. Michalska and M. Sowa（Eds.）,pp. 115–118,Scientific. Net,Trans Tech Publications,2015.

[48] Lin,Y. M.,Jenkins,K. A.,Valdes–Garcia,A.,Small,J. P.,Farmer,D. B.,Avouris,P.,Operation of graphene transistors at gigahertz frequencies. *Nano Lett.*,9,422,2008.

[49] Liu,X.,Xiong,J.,Lv,Y.,Zuo,Y.,Study on corrosion electrochemical behavior of several different coating systems by EIS. *Prog. Org. Coat.*,64,497,2009.

[50] Alanyalioglu,M.,Segura,J. J.,Oró–Solè,J.,Casan–Pastor,N.,The synthesis of graphene sheets with controlled thickness and order using surfactant–assisted electrochemical processes. *Carbon*,50,142,2012.

[51] Wang,G.,Zhang,L.,Zhang,J.,A review of electrode materials for electrochemical supercapacitors.

Chem. Soc. Rev. ,41,797,2012.

[52] Kaniyoor,A. ,Baby,T. T. ,Ramaprabhu,S. ,Graphene synthesis via hydrogen induced low temperature exfoliation of graphite oxide. *J. Mater. Chem.* ,20,8467,2010.

[53] Robin,J. ,Ashokreddy,A. ,Vijayan,C. ,Pradeep,T. ,Single – and few – layer graphene growth on stainless steel substrates by direct thermal chemical vapor deposition. *Nanotechnology*,22,165701,2011.

[54] Bunch,J. S. ,Verbridge,S. S. ,Alden,J. S. ,Van der Zande,A. M. ,Parpia,J. M. ,Craighead,H. G. ,McEuen,P. L. ,Impermeable atomic membranes from graphene sheets. *Nano Lett.* ,8,2458,2008.

[55] Ramezanzadeh,B. ,Ahmadi,A. ,Mahdavian,M. ,Enhancement of the corrosion protection performance and cathodic delamination resistance of epoxy coating through treatment of steel substrate by a novel nanometric sol – gel based silane composite film filled with functionalized graphene oxide nanosheets. *Corros. Sci.* ,109,182,2016.

[56] Ikhe,A. B. ,Kale,A. B. ,Jeong,J. ,Reece,M. J. ,Choi,S. H. ,Pyo,M. ,Perfluorinated polysiloxane hybridized with graphene oxide for corrosion inhibition of AZ31 magnesium alloy. *Corros. Sci.* ,109,238,2016.

[57] Lee,C. Y. ,Bae,J. H. ,Kim,T. Y. ,Chang,S. H. ,Kim,S. Y. ,Using silane – functionalized graphene oxides for enhancing the interfacial bonding strength of carbon/epoxy composites. *Composites Part A*,75,11,2015.

[58] Yin,B. ,Fang,L. ,Hu,J. ,Tang,A. Q. ,Wei,W. – H. ,He,J. ,Preparation and properties of super – hydrophobic coating on magnesium alloy. *Appl. Surf. Sci.* ,257,1666,2010.

[59] Figueira,R. B. ,Silva,C. J. R. ,Pereira,E. V. ,Organic – inorganic hybrid sol – gel coatings for metal corrosion protection:A review of recent progress. *J. Coat. Technol. Res.* ,12,1,2015.

[60] Hernandez,M. ,Covelo,A. ,Menchaca,C. ,Uruchurtu,J. ,Genesca,J. ,Characterization of the protective properties of hydrotalcite on hybrid organic – inorganic sol – gel coatings. *Corrosion*,70,828,2014.

[61] Hernandez,M. ,Inti – Ramos,O. ,Guadalupe – Bañuelos,J. ,Bucio,E. ,Covelo,A. ,Correlation of high – hydrophobic sol – gel coatings with electrochemical and morphological measurements deposited on AA2024. *Surf. Inter. Anal.* ,48,670,2016.

[62] Menchaca – Campos,C. ,Uruchurtu,J. ,Hernández – Gallegos,M. ,Covelo,A. ,García – Sanchez,M. A. ,Smart protection of polymer – inhibitor doped systems,in:*Intelligent Coatings for Corrosion Control*,A. Tiwari,L. Hihara,J. Rawlins(Eds.),pp. 447 – 454,Elsevier,2015.

[63] Nemes – Incze,P. ,Magda,G. ,Kamarás,K. ,Biró,L. P. ,Crystallographic orientation dependent etching of graphene layers. *Phys. Status Solidi C*,7,1241,2010.

[64] Sonde,S. ,Giannazzo,F. ,Raineri,V. ,Rimini,E. ,Nanoscale capacitive behaviour of ion irradiated graphene on silicon oxide substrate. *Phys. Status Solidi B*,247,907,2010.

[65] Álvarez,D. ,Collazo,A. ,Hernández,M. ,Nóvoa,X. R. ,Pérez,C. ,Characterization of hybrid sol – gel coatings doped with hydrotalcite – like compounds to improve corrosion resistance of AA2024 – T3 alloys. *Prog. Org. Coat.* ,67,152,2010.

[66] Obreja,V. V. N. ,On the performance of supercapacitors with electrodes based on carbon nanotubes and carbon activated material—A review. *Physica E*,40,2596,2008.

[67] Wu,F. C. ,Tseng,R. L. ,Hu,C. C. ,Wang,C. C. ,Physical and electrochemical characterization of activated carbons prepared from firewoods for supercapacitors. *J. Power Sources*,138,351,2004.

[68] Kierzek,K. ,Frackowiak,E. ,Lota,G. ,Gryglewicz,G. ,Machnikowski,J. ,Electrochemical capac¬itors based on highly porous carbons prepared by KOH activation. *Electrochim. Acta*,49,515,2004.

[69] García – Pérez,C. ,Menchaca – Campos,C. ,García – Sánchez,M. A. ,Pereyra – Laguna,E. ,Rodríguez –

Pérez, O., Uruchurtu – Chavarín, J., Nylon/porphyrin/graphene oxide fiber ternary composite, synthesis and characterization. *Open J. Compos. Mater.*, 7, 146, 2017.

[70] Formhals, A., Process and apparatus for preparing artificial threads. US Patent 1975504, assigned to Richard Schreiber Gastell and Anton Formhals, 1934.

[71] Jia, Y., Gong, J., Gu, X., Kim, H., Dong, J., Shen, X., Fabrication and characterization of poly (vinyl alcohol)/chitosan blend nano fibers produced by electrospinning method. *Carbohydr. Polym.*, 1, 7, 2006.

[72] Wang, H., Lu, X., Zhao, Y., Wang, C., Preparation and characterization of ZnS:Cu/PVA composite nanofibers via electrospinning. *Mater. Lett.*, 60, 2480, 2006.

[73] Soto – Quintero, A., Uruchurtu Chavarín, J., Cruz Silva, R., Bahena, D., Menchaca, C., Electrospinning smart polymeric inhibitor nanocontainer system for copper corrosion. *ECS Trans.*, 36, 119, 2011.

[74] Kendig, M. and Scully, J., Basic aspects of electrochemical impedance application for the life prediction of organic coatings on metals. *Corrosion*, 46, 22, 1990.

[75] Khanna, A. S., Totlani, M. K., Singh, S. K., *Corrosion and Its Control*, Elsevier, Amsterdam, The Netherlands, 1998.

[76] Reneker, D. H. and Chun, I., Nanometre diameter fibres of polymer, produced by electrospinning. *Nanotechnology*, 7, 216, 1996.

[77] García – Sánchez, M. A., Rojas – González, F., Menchaca – Campos, E. C., Tello – Solís, S. R., Quiroz – Segoviano, R. I. Y., Diaz – Alejo, L. A., Salas – Bañales, E., Campero, A., Crossed and linked histories of tetrapyrrolic macrocycles and their use for engineering pores within sol – gel matrices. *Molecules*, 18, 588, 2013.

[78] Díaz – Alejo, L. A., Menchaca – Campos, E. C., Uruchurtu – Chavarín, J., Sosa – Fonseca, R., García – Sánchez, M. A., Effects of the addition of ortho – and para – NH_2 substituted tetraphenylporphy – rins on the structure of nylon 66. *Int. J. Polym. Sci.*, 2013, 323854, 2013.

[79] Starkweather, H. W and Moynihan, R. E., Density, infrared absorption, and crystallinity in 66 and 610 nylons. *J. Polym. Sci. Part A*, 22, 363, 1956.

[80] Smith, K. M., *Porphyrins and Metalloporphyrins*, Elsevier Scientific Publishing, Amsterdam, The Netherlands, 1976.

[81] Njoku, D. I., Cui, M., Xiao, H., Shang, B., Li, Y., Understanding the anticorrosive protective mechanisms of modified epoxy coatings with improved barrier, active and self healing functionalities: EIS and spectroscopic techniques. *Sci. Rep.*, 7, 15597, 1, 2017.

[82] Uruchurtu Chavarin, J., Electrochemical investigations of the activation mechanism of aluminum. *Corrosion*, 47, 472, 1991.

[83] Qu, G., Cheng, J., Li, X., Yuan, D., Chen, P" Chen, X., Wang, B., Peng, H., Supercapacitors: A fiber supercapacitor with high energy density based on hollow graphene/conducting polymer fiber electrode. *Adv. Mater.*, 28, 3646, 2016.

[84] Cakici, M., Reddy, K. R., Alonso – Marroquin, F., Advanced electrochemical energy storage supercapacitors based on the flexible carbon fiber fabric – coated with uniform coral – like MnO_2 structured electrodes. *Chem. Eng. J.*, 309, 151, 2017.

[85] Wang, H., Maiyalagan, T., Wang, X., Review on recent progress in nitrogen – doped graphene: Synthesis, characterization, and its potential applications. *ACS Catal.*, 2, 781, 2012.

[86] Hu, S., Lozada – Hidalgo, M., Wang, F. C., Mishchenko, A., Schedin, F., Nair, R. R., Hill, E. W., Boukhvalov, D. W., Katsnelson, M. I., Dryfe, R. A. W., Grigorieva, I. V., Wu, H. A., Geim, A. K., Proton transport through one atom thick crystals. *Nature*, 516, 227, 2014.

[87] Stankovich, S., Synthesis of graphene-based nanosheets via chemical reduction of exfoliated graphite oxide. *Carbon*, 45, 1558, 2007.

[88] Veca, L. M., Polymer functionalization and solubilization of carbon nanosheets. *Chem. Commun. Camb.*, 18, 2565, 2009.

[89] Balandin, A. A., Superior thermal conductivity of single-layer graphene. *Nano Lett.*, 8, 902, 2008.

[90] Luo, W., Cheng, C., Zhou, S., Zou, H., Liang, M., Thermal, electrical and rheological behavior of high-density polyethylene/graphite composites. *Iran. Polym. J.*, 24, 573, 2015.

[91] Breuer, O. and Sundararaj, U., Big returns from small fibers: A review of polymer/carbon nanotube composites. *Polym. Compos.*, 25, 630, 2004.

[92] Coleman, J. N., Khan, U., Blau, W. J., Gunko, Y. K., Small but strong: A review of the mechanical properties of carbon nanotube-polymer composites. *Carbon*, 44, 1624, 2006.

[93] Kuilla, T., Bhadra, S., Yao, D., Kim, N. H., Bose, S., Lee, J. H., Recent advances in graphene based polymer composites. *Prog. Polym. Sci.*, 35, 1350, 2010.

[94] Goli, P., Legedza, S., Dhar, A., Salgado, R., Renteria, J., Balandin, A. A., Graphene enhanced hybrid phase change materials for thermal management of Li-ion batteries. *J. Power Sources*, 248, 37, 2014.

[95] Renteria, J. D., Strongly anisotropic thermal conductivity of free-standing reduced graphene oxide films annealed at high temperature. *Adv. Funct. Mater.*, 25, 4664, 2015.

[96] Ariyawiriyanan, W., Meekaew, T., Yamphang, M., Tuenpusa, P., Boonwan, J., Euaphantasate, N., Chungpaibulpatana, S., Thermal efficiency of solar collector made from thermoplastics. *Energy Procedia*, 34, 500, 2013.

[97] de la Peña, J. L. and Aguilar, R., Polymer solar collectors. A better alternative to heat water in Mexican homes. *Energy Procedia*, 57, 2205, 2014.

[98] Dorfling, C., Hornung, C. H., Hallmark, B., Beaumont, R. J. J., Fovargue, H., Mackley, M. R., The experimental response and modelling of a solar heat collector fabricated from plastic microcapillary films. *Sol. Energy Mater. Sol. Cells*, 94, 1207, 2010.

[99] Ango, D. A. M., Medale, M., Abid, C., Optimization of the design of a polymer flat plate solar collector. *Sol. Energy*, 87, 64, 2013.

[100] Logakis, E., Pollatos, E., Pandis, C., Peoglos, V., Zuburtikudis, I., Delides, C. G., Structure-property relationships in isotactic polypropylene/multi-walled carbon nanotubes nanocomposites. *Compos. Sci. Technol.*, 70, 328, 2010.

[101] Song, M. Y., Cho, S. Y., Kim, N. R., Jung, S. H., Lee, J. K., Yun, Y. S., Alkylated and restored graphene oxide nanoribbon-reinforced isotactic-polypropylene nanocomposites. *Carbon*, 108, 274, 2016.

[102] Feng, C. P., Ni, H. Y., Chen, J., Wang, W., Facile method to fabricate highly thermally conductive graphite/PP composite with network structures. *ACS Appl. Mater. Inter.*, 8, 19732, 2016.

[103] Zha, J. X., Li, T., Bao, R. Y., Bai, L., Liu, Z. Y., Yang, W., Yang, M. B., Constructing a special 'sosatie' structure to finely dispersing MWCNT for enhanced electrical conductivity, ultra-high dielectric performance and toughness of iPP/OBC/MWCNT nanocomposites. *Compos. Sci. Technol.*, 139, 17, 2017.

[104] Zhang, D. L., Zha, J. W., Li, C. Q., Li, W. K., Wang, S. J., Wen, Y. Q., Dang, Z. M., High thermal conductivity and excellent electrical insulation performance in double-percolated three-phase polymer nanocomposites. *Compos. Sci. Technol.*, 144, 36, 2017.

[105] Yang, J. L., Huang, Y. J., Lv, Y. D., Li, S. R., Wang, Q., Li, G. X., The synergistic mechanism of thermally reduced graphene oxide and antioxidant in improving the thermo-oxidative stability of polypropylene. *Carbon*, 89, 340, 2015.

[106] Povacz, M., Wallner, G. M., Grabmann, M. K., BeiEmann, S., Grabmayer, K., Buchberger, W., Lang, R. W., Novel solar thermal collector systems in polymer design – Part 3: Aging behavior of PP absorber materials. *Energy Procedia*, 91, 392, 2016.

[107] Kim, S., Kissick, J., Spence, S., Boyle, C., Design, analysis and performance of a polymer – carbon nanotubes based economic solar collector. *Sol. Energy*, 134, 251, 2016.

[108] Standard Test Method for thermal conductivity of solid by the guarded comparative longitudinal heat flow technique, ASTM E1225 – 99, 1999.

[109] Standard Test Method for Steady – State Thermal Properties by means of the Guarded – Hot – Plate apparatus, ASTM C – 177 – 97, 1993.

[110] Standard Test Method for Tensile Properties of Plastics, ASTM D638.638 – 03, 2008.